Die Städteordnung

für die sechs östlichen Provinzen der Preußischen Monarchie vom 30. Mai 1853

und das

Gesetz, betreffend die Verfassung und Verwaltung der Städte und Flecken in der Provinz Schleswig-Holstein vom 14. April 1869

mit deren Ergänzungen und Erläuterungen.

Dritte Auflage.

Bearbeitet von

F. Marcinowski,

Geheimem Ober-Finanzrath zu Berlin

und

E. Hoffmann,

Rechtsanwalt und Stadtverordnetem zu Tangermünde.

Berlin.

Druck und Verlag von Georg Reimer.

1890.

Vorwort zur ersten Auflage.

Es mangelt nicht an Werken, welche den reichen Stoff der Preußischen Städteordnung vom 30. Mai 1853 nebst den darauf bezüglichen Grundsätzen der oberen Spruch- und Verwaltungsbehörden enthalten, theils aber fehlt denselben die für den praktischen Handgebrauch geeignete Form, theils sind sie veraltet, diejenigen aber, welche von diesen Mängeln frei sind, haben so hohen Preis, daß sie sich in die Kreise, die des vollständigen Materials für die Anwendung der Städteordnung am meisten bedürfen — Magistratsmitglieder, Stadtverordnete, städtische Beamte — nicht leicht einführen lassen. Diese Wahrnehmung hat mich zur Herausgabe der nachfolgenden Zusammenstellung veranlaßt. Es sind dabei nach gewissenhafter Durchsicht und Prüfung die vorhandenen, mir erreichbaren Werke und Sammlungen benutzt worden, insbesondere die Bearbeitungen der Städteordnung von Rönne und Simon, Gräff, Hübner und Möller, die Kamptz'schen Annalen, die Justiz- und Verwaltungs-Ministerialblätter, die Entscheidungen des Obertribunals, die Monatsschrift für Städte- und Gemeindewesen, die deutsche Gemeindezeitung, Wallmann's Zeitschrift für Gemeinde- und Städterecht, die stenographischen Berichte des Landtags u. s. w.

Einen wissenschaftlichen Werth soll das Schriftchen nicht haben; es ist bestimmt, von den zur Beaufsichtigung, Verwaltung und Vertretung der Stadtgemeinden berufenen Personen als Hand- und Hülfsbuch benutzt zu werden, und als solches wird es hoffentlich brauchbar sein. —

Aken, im März 1869.

G. Stein.

Vorwort zur zweiten Auflage.

Die umfangreichen legislatorischen Bewegungen der letzten Jahre haben die bestehenden Gesetze in so mannigfacher und tief eingreifender Weise berührt, daß die Umarbeitung und Vervollständigung der mit der älteren Gesetzgebung im Zusammenhang stehenden Werke nicht versäumt werden darf. Demgemäß habe ich mich veranlaßt gesehen, unter Festhaltung der von dem Verfasser der ersten Auflage gewählten Methode die durch die neuere Gesetzgebung und Verwaltungspraxis herbeigeführten Veränderungen als Ergänzungen und Erläuterungen hervortreten zu lassen, wobei namentlich die einschlagenden Bestimmungen der Gewerbeordnung vom 21. Juni 1869, des Armenpflegegesetzes vom 8. März 1871, des Pensionsgesetzes vom 27. März 1872, sowie der Kreisordnung vom 13. Dezember 1872 Berücksichtigung gefunden haben.

Um diese neue Auflage auch für die Provinz Schleswig-Holstein verwendbar zu machen, ist das Gesetz betreffend die Verfassung und Verwaltung der Städte und Flecken in der Provinz Schleswig-Holstein vom 14. April 1869 in geeigneter Form in den Text eingefügt.

Königsberg i/Pr. im März 1873.

F. Marcinowski.

Vorwort zur dritten Auflage.

Die Nothwendigkeit der Ergänzung und Umarbeitung des Werkes hat sich bereits seit längerer Zeit als ein dringendes Bedürfniß fühlbar gemacht. Mit der neuen Bearbeitung durfte indeß im Interesse der Gewinnung einer festen Grundlage nicht eher vorgegangen werden, bis die für die Selbstverwaltung der Kreise und Provinzen maßgebende Gesetzgebung ihren Abschluß gefunden, insbesondere die Regelung dieser Verhältnisse in den Provinzen Schleswig-Holstein und Posen die endgültige Gestaltung angenommen hatte.

Im Allgemeinen ist in der Eintheilung des Stoffs die bei den früheren Auflagen gewählte Anordnung beibehalten, zur Erleichterung des Ueberblicks aber der Schleswig-Holsteinschen Städteordnung eine gesonderte Stelle eingeräumt. Die auf die Kreis- und Provinzialverfassung der betreffenden Provinzen bezüglichen Bestimmungen sind in dem Anhange in geeigneter Darstellung zusammengefaßt, auch die inzwischen ergangenen die Kommunalsteuer betreffenden Reichs- und Landesgesetze in vollständiger, namentlich auch die Rechtsprechung des Oberverwaltungsgerichts umfassender Kommentirung in das Werk aufgenommen. Dasselbe hat auch insofern noch eine wesentliche Bereicherung des Stoffs dadurch erfahren, daß in der Einleitung eine historische Entwickelung der Städteverfassung gegeben wird, daß ferner die in die Gemeindeverfassung hineingreifenden Bestimmungen der Reichsgewerbegesetzung, der Reichsversicherungs- und der Militärgesetze zusammengestellt, endlich auch das Gesetz betreffend die Anlegung und Veränderung von Straßen und Plätzen in Städten und ländlichen Ortschaften vom 2. Juli 1875 mit vollständigem Kommentar Aufnahme gefunden hat. Den vielfachen in den Kreisen der Betheiligten ausgesprochenen Wünschen gemäß ist auch eine vollständige Uebersicht der gesetzlichen und Verwaltungsvorschriften betreffend die Veranlagung und Erhebung der direkten Staatssteuern so wie der Wanderlagersteuer, so weit die Stadtgemeinden hiebei in Betracht kommen, beigefügt. Die dem Anhange angeschlossene Uebersicht der Servisklassen-Eintheilung der Orte im Königreich Preußen, wie sie zur Zeit in Gemäßheit der Bestimmungen des Reichsgesetzes vom 28. Mai 1887 besteht, wird, da die Kenntniß derselben vielfach in die kommunalen Verhältnisse eingreift, als eine nützliche Beigabe zu betrachten sein. Das chronologische Inhaltsverzeichniß und das umfassende Sachregister werden die Handhabung des Werks wesentlich erleichtern.

Berlin im März 1890.

Die Verfasser.

Inhalt.

Anhang I.

Anhang II.

Chronologisches Inhaltsverzeichniß.

Einleitung.

Die Kommunalverfassung der Städte in den östlichen Provinzen hat sich unter dem Schutz der denselben verliehenen Freiheiten und Privilegien schon frühzeitig zur Selbstständigkeit entwickelt. Die wesentliche Verschiedenheit der einzelnen städtischen Verfassungen stellte sich indeß der grundsätzlichen und gleichmäßigen Regelung im Wege der allgemeinen Gesetzgebung als ein besonders schwieriges Hinderniß entgegen. Dieser Umstand, so wie die Absicht, der Staatsregierung einen möglichst bedeutenden Einfluß auf die Verwaltung der Stadtkommunen zu sichern, sind auch die hauptsächlichste Veranlassung dafür gewesen, daß die Redaktoren des allgemeinen Landrechts vom 5. Februar 1794 von der ausführlichen Kodifikation einer Städteordnung Abstand genommen und sich lediglich auf die Normirung genereller Bestimmungen beschränkt haben.

Das Landrecht unterscheidet im städtischen Organismus drei Gruppen: die Bürger, die Eximirten und die Schutzverwandten. Als Bürger galten nur diejenigen, welche das Bürgerrecht erworben hatten; als Schutzverwandte wurden diejenigen städtischen Einwohner behandelt, welche weder mit dem Bürgerrecht, noch mit dem Vorrecht der Eximirten ausgestattet waren. Die Ertheilung des Bürgerrechts lag in der Hand des Magistrats. Die Vortheile der Erlangung des Bürgerrechts bestanden nicht allein in der Befähigung zur Theilnahme an der städtischen Verwaltung, sondern auch in der Zulassung zum Betriebe der sogenannten bürgerlichen Gewerbe (Handel, Handwerk). Die Bürger wurden nach Ableistung des Bürgereides in die Bürgerrolle eingetragen. Nur die in dieser Urliste verzeichneten Bürger wurden zur Theilnahme an den Berathungen und Beschlüssen in Gemeindeangelegenheiten zugelassen. Die Form und der sachliche Umfang dieser Mitwirkung regelte sich zunächst nach der bestehenden Ortsverfassung, in deren Ermangelung aber nach den gesetzlichen Vorschriften über die Organisation und Verwaltung der privilegirten Korporationen.

Die Vertretung der Kommune durch Repräsentanten bildete auch in jener Zeit schon die Regel. Die Vertreter wurden jedoch meistentheils nicht von der Bürgerschaft, sondern von den Zünften und sonstigen in der Stadtgemeinde bestehenden Korporationen gewählt, und waren auch in Ausübung ihrer Funktionen von den bezüglichen Beschlüssen der Körperschaften abhängig, von denen sie ihr Mandat erhalten hatten. Ortsstatuten zur Regelung des Kommunalwesens bedurften der Bestätigung der Staatsregierung. Der Magistrat bildete den Gemeindevorstand. Er wurde, je nach der Ortsverfassung, entweder von der Gemeinde gewählt, oder vom Landesherrn bestellt. In zweifelhaften Fällen sollte der Gemeinde zwar das Wahlrecht zugebilligt werden, dieses aber, der Regel nach, nicht von der Gemeindevertretung, sondern von dem bestehenden Magistrat ausgeübt werden. Letzterer hatte dann zu den erledigten Stellen geeignete Personen zu wählen und die Bestätigung des Landeskollegiums (Regierung) herbeizuführen. Für die Wahl des Stadtsekretärs waren dieselben Bestimmungen maßgebend. Dem Magistrat gebührt auch im Auftrage und als Organ der Regierung die Verwaltung der städtischen Polizei. Eine ganz eigenthümliche Stellung nehmen die mittelbaren Städte, d. h. solche Städte ein, welche, abgesehen von der staatlichen Oberaufsicht, unter der besonderen Botmäßigkeit einer andern Herrschaft standen. Diese waren hinsichtlich der Wahl ihrer Beamten, der Ausführung ihrer Beschlüsse und sogar in Betreff der Verleihung des Bürgerrechts von der genehmigenden, beziehungsweise bestimmenden Mitwirkung dieser Herrschaft abhängig. Der staatlichen Oberaufsicht waren keine festen, gesetzlichen Schranken gesetzt. Die Staatsregierung sollte — namentlich auch in wirthschaftlicher Beziehung — zu jeder Einwirkung auf die Verwaltung des Vermögens und der Einkünfte der Kommunen befugt sein, so weit man nicht durch bestimmte Privilegien oder staatlich genehmigte Statuten engere Grenzen gezogen und der Selbstverwaltung Raum gegeben hatte. Die Verschiedenartigkeit der zahllosen Provinzial- und Lokal-Sonderverfassungen der Städte, die hierdurch hervorgerufene Ungleichheit und Unsicherheit in der Behandlung der Geschäfte, der fühlbare Mangel an angemessenen Bestimmungen über das städtische Gemeinwesen und die Vertretung der Stadtgemeinde, das nach Klassen und Zünften getheilte Interesse der Bürger und das dringende Bedürfniß einer wirksamen Theilnahme der Bürgerschaft an der Kommunalverwaltung führte schon im Jahre 1808 zu der Nothwendigkeit, den Städten eine selbstständigere und bessere Verfassung zu geben, in der Bürgergemeinde einen festen Vereinigungspunkt gesetzlich herauszubilden, ihnen eine thätige Mitwirkung auf die Verwaltung des Gemeinwesens zuzubilligen und dadurch den Gemeinsinn zu wecken und zu erhalten. Das Ergebniß dieser Erwägungen war die Emanation der Städteordnung vom 19. November 1808. Dieses Gesetz hat die für die staatsrechtliche Stellung der Stadtgemeinden maßgebenden Verhältnisse in der eingehendsten und erschöpfendsten Weise geregelt, und den Grundstein für die Entwickelung im Sinne freier und selbstständiger Bewegung der Stadtkommunen gelegt. Die Oberaufsicht der Staatsregierung wurde auf die Prüfung der Jahresrechnungen, die Entscheidung in Beschwerdefällen und die Bestätigung der Wahlen der Magistratsmitglieder beschränkt. Die Unterscheidung der Einwohner in Bürger (im Sinne des allgemeinen Landrechts) und Schutzverwandte blieb zwar bestehen, es kamen aber sowohl die Exemtionen, als auch die Hoheitsrechte andrer Herrschaften, als der Staatsgewalt in Wegfall. Die Sonderung der Bürger in Groß- und Kleinbürger wurde gleichfalls beseitigt. Die Zulassung zum Betriebe der bürgerlichen Gewerbe blieb nach wie vor von dem Besitz des Bürgerrechts abhängig. Die Mitglieder des Magistrats, so wie die städtischen Beamten sollten von den Vertretern der Bürgerschaft, den Stadtverordneten, erwählt werden. Letztere wurden von den Bürgern gewählt; für die Stimmberechtigung bei der Wahl war aber das Vorhandensein gewisser persönlicher Eigenschaften, so wie bei unangesessenen Bürgern ein bestimmtes Einkommen (150 bis 200 Thlr.) maßgebend. Die passive Wählbarkeit wurde nur insofern beschränkt, als die betreffenden Personen in dem Wahlbezirk als Bürger wohnhaft und in jedem Bezirk mindestens zwei Drittel der zu wählenden Stadtverordneten Hausbesitzer sein mußten. Die Stadtverordneten-Versammlung bildete die alleinige Gemeindevertretung. Ihre Sitzungen waren aber nicht öffentlich. Dem Magistrat wurde hinsichtlich der Kommunalverwaltung lediglich der Karakter eines ausführenden Organs beigelegt. Sämmtliche Mitglieder, mit Ausnahme der Oberbürgermeister in den großen Städten (mit Ausschluß des Militärs 10,000 Einwohner und darüber), sollten von der Stadtverordneten-Versammlung gewährt und von der Regierung bestätigt werden. Für die Stelle des Oberbürgermeisters wurde den Stadtverordneten aber nur das Präsentationsrecht in der Art eingeräumt, daß dieselben drei Kandidaten zur landesherrlichen Bestätigung in Vorschlag zu bringen hatten. Alle mit Administration verbundenen oder die anhaltende Aufsicht und Kontrole oder Mitwirkung an Ort und Stelle erheischenden Geschäfte sollten durch Deputationen, Kommissionen und durch die Bezirksvorsteher besorgt werden, welche der Regel nach aus der Zahl der Stadtverordneten und Bürger von der Stadtverordneten-Versammlung gewählt wurden und der Bestätigung des Magistrats bedurften. Die Zusammensetzung und die Geschäftsordnung in diesen Kommissionen, so wie ihr Geschäftskreis ist sehr ausführlich erörtert, auch eine Geschäftsinstruktion für die Stadtverordneten-Versammlung erlassen. Die Anwendung dieser für die ganze Monarchie erlassenen Städteordnung hatte den gewünschten Erfolg. Die Elemente der Selbstverwaltung entfalteten sich unter dem Schutz der Selbstständigkeit zur wirksamen Thätigkeit und arbeiteten im Allgemeinen in ersprießlicher Weise. Die Städteordnung vom 19. November 1808 wurde später einer Revision unterzogen, aus welcher die revidirte Städteordnung vom 17. März

1831 hervorging. Aus dem Inhalt derselben ist namentlich bemerkenswerth, daß jede Stadt ein Statut erhalten sollte, welches alle Vorschriften über die Verfassung in sich aufzunehmen hatte. Es wurde ferner die Berechtigung und Verpflichtung zur Erwerbung des Bürgerrechts genauer erörtert, den Schutzverwandten die Erwerbung städtischer Grundstücke und der Gewerbebetrieb freigestellt, die Sonderung der Städte in große, mittlere und kleine Städte aufgehoben, die Grundsätze für die Feststellung der Zahl der Stadtverordneten festgesetzt. Die passive Wahlfähigkeit zu letzterem Amte wurde an die Bedingung geknüpft, daß der Gewählte entweder mit einem Grundbesitze im Werthe von mindestens 1000 Rthlr. — in größeren Städten von mindestens 12,000 Rthlr. im Stadtbezirk angesessen war, oder ein Jahreseinkommen von 200 beziehungsweise 1200 Rthlr. besaß. Minder vermögenden Bürgern sollte die Wählbarkeit nur durch übereinstimmenden Beschluß des Magistrats und der Stadtverordneten zugesprochen werden dürfen. Mindestens die Hälfte der Stadtverordneten sollte aus Grundbesitzern bestehen. Die Stellung des Magistrats wird nach zwei Richtungen hin

1. als Verwalter der Gemeinde-Angelegenheiten,
2. als Organ der Staatsgewalt

präzisirt. In letzterer Beziehung wird bestimmt, daß derselbe nicht allein befugt und verpflichtet sein soll, darauf zu sehen, daß überall die bestehenden Landesgesetze und Vorschriften gehörig beobachtet werden, sondern daß er auch verbunden sei, die ihm in Angelegenheiten der allgemeinen Landesverwaltung von den Staatsbehörden ertheilten Aufträge, so weit sie sich auf Geschäfte im Stadtbezirk bezogen, zu übernehmen und auszuführen. In dieser Hinsicht sollte er ganz unabhängig von der Stadtgemeinde und lediglich den betreffenden Staatsbehörden untergeordnet sein. Die Veräußerung und der Ankauf von Grundstücken, die Aufnahme von Anleihen und die Einführung von Gemeindeauflagen bedurfte der Genehmigung der Regierung. Für den Fall einer ganz besonderen Pflichtverletzung der Bürgerschaft wurde dem Landesherrn das Recht vorbehalten, einer solchen Stadt die ihr durch die Städteordnung verliehene Verfassung wieder zu entziehen.

Den Städten, in welchen bereits die Städteordnung vom 19. November 1808 galt, wurde die Wahl gelassen, ob sie dieselbe beibehalten oder auf Verleihung der revidirten Städteordnung antragen wollten. Die hierdurch hervorgerufene Ungleichmäßigkeit, im Zusammenhange mit der Nothwendigkeit der den Grundgesetzen der Verfassungsurkunde anzupassenden Reform der Städteordnungen gab die Veranlassung zu einer neuen Kodifikation der Städteordnung, welche für die sechs östlichen Provinzen der Monarchie mit Ausschluß von Neuvorpommern und Rügen — für diesen Landestheil wurde die städtische Kommunalverfassung durch ein Gesetz vom 31. Mai 1853 geregelt — am 30. Mai 1853 die gesetzliche Gestaltung erhielt. Diese Gesetze sind noch gegenwärtig die Grundlage der städtischen Kommunalverwaltung. Die Kreisordnung vom 13. Dezember 1872, die Provinzialordnung vom 29. Juni 1875 und die Zuständigkeitsgesetze haben nur die zur Einfügung des städtischen Kommunalwesens in das neue Verwaltungssystem unerläßlichsten Abänderungen zur Geltung gebracht. Die durchgreifende Reform der Städteordnung, namentlich in Betreff der Kommunalbesteuerung wurde der späteren Legislatur vorbehalten.

Diese Reform konnte sich im Wesentlichen darauf beschränken, die durch die neuen organischen Verwaltungsgesetze eingeführten Aenderungen in einer den Kommunalverhältnissen der Städte entsprechenden Weise zur Geltung zu bringen und demgemäß die Städteordnung von diesem Gesichtspunkte aus der Umarbeitung zu unterziehen. Außerdem mußte sich selbstredend die Gesetzgebung die Aufgabe stellen, etwaigen, während der Geltungsperiode der *Städteordnung vom 30. Mai 1853 hervorgetretenen Mißständen* näher zu treten und auf legislatorische Abhülfe in diesem Sinne Bedacht zu nehmen. Ein von der Staatsregierung dem Landtage vorgelegter Gesetzentwurf einer neuen Städteordnung für die Provinzen Preußen, Brandenburg, Pommern, Schlesien und Sachsen vom 9. März 1876 hat diesen Anforderungen zu genügen gesucht. Derselbe war nach Inhalt der Motive dazu bestimmt, die Intentionen der neuen Verwaltungsgesetze auch für die städtischen Kommunalverhältnisse zur Geltung zu bringen und die Bestimmungen der Kreis-, Provinzial-Ordnung und des Gesetzes über die Verfassung der Verwaltungsgerichte zu ergänzen. Den Bezirks- und Provinzialräthen wird die entsprechende Mitwirkung bei der Beaufsichtigung der städtischen Kommunalangelegenheiten und den Bezirksverwaltungsgerichten, beziehungsweise dem Oberverwaltungsgericht die Entscheidung der städtischen Verwaltungsstreitsachen übertragen. Neben dieser Hauptaufgabe der projektirten Reform sind jedoch auch noch verschiedene wesentliche Aenderungen der bestehenden Städteverfassung in Aussicht genommen, von denen namentlich folgende hervorzuheben sind:

1. Das Bürgerrecht soll von dem Klassensteuer-Census von 6 Mark abhängig gemacht, auch die Klasseneintheilung der wahlberechtigten Bürger künftig nur nach der Klassen- und klassifizirten Einkommensteuer gebildet werden.
2. Die Bestimmung, wonach die Stadtverordnetenversammlung mindestens zur Hälfte aus Hausbesitzern bestehen sollte, kommt in Wegfall.
3. Die Wahl der Stadtverordneten erfolgt durch Abgabe von Stimmzetteln.
4. Das Bestätigungsrecht der Staatsregierung wird nur noch für die Stelle der Bürgermeister und Beigeordneten beibehalten.
5. In allen Stadtgemeinden darf auf Grund statutarischer Bestimmung statt des Magistratskollegiums der Bürgermeister allein den Gemeindevorstand bilden.

6. In Berücksichtigung der Erfahrung, daß eine zu zahlreiche Gemeindevertretung meistens weniger ersprießlich thätig ist, als eine kleine Anzahl, wird eine nach der Civilbevölkerung der Städte geregelte Skala für die Normalzahl der Stadtverordneten aufgestellt, die Zulässigkeit der Abänderung durch Ortsstatut indeß beibehalten.

7. In Betreff der Verwaltung der örtlichen Polizei und der Geschäfte der allgemeinen Landesverwaltung soll nach Analogie der entsprechenden Bestimmungen der Kreisordnung für die zu erlassenden ortspolizeilichen Verordnungen die Zustimmung des Gemeindevorstandes erforderlich, eine Ergänzung desselben durch den Bezirksrath aber statthaft sein.

Die Staatsaufsicht und das *Verwaltungsstreitverfahren* sind, wie bereits oben erwähnt, auf eine durchgreifend veränderte Grundlage gebracht. Während sich nach der Städteordnung von 1853 die Aufsichtsrechte des Staates und zugleich das Entscheidungsrecht in solchen Streitsachen, in denen es sich um angeblich verletzte, aus den Bestimmungen der Städteordnung herzuleitende Rechte handelt, ungesondert in der Beziersregierung, in höherer Instanz in dem Oberpräsidenten und in höchster Instanz in dem Minister des Innern ihren Vereinigungspunkt finden, scheidet der Entwurf in übersichtlicher Zusammenstellung diejenigen Fälle aus, in denen die Entscheidung fortan in dem durch das Gesetz vom 3. Juli 1875 geordneten Verwaltungsstreitverfahren erfolgen soll. Für alle anderen Fälle wird in erster Instanz der Regierungspräsident, in zweiter der Oberpräsident und in letzter Instanz der Minister des Innern für die Kontrole über die Verwaltung der städtischen Kommunalangelegenheiten und der örtlichen Polizei als Aufsichtsbehörde hingestellt, soweit es sich darum handelt, darüber zu wachen, daß die Verwaltung den gesetzlichen Bestimmungen gemäß geführt und in ordnungsmäßigem Gange erhalten wird. Der Regierungspräsident ist bezüglich der Ausübung seines Aufsichtsrechts — wenige Fälle ausgenommen — an die beschließende Mitwirkung des Bezirksrathes, der Oberpräsident in gleicher Weise an die Betheiligung des Provinzialrathes gebunden, so weit es sich darum handelt, das Selbstbestimmungsrecht der städtischen Behörden innerhalb des ihnen an und für sich zugewiesenen kommunalen Wirkungskreises zu beschränken oder in besonderen Fällen an deren Stelle von Aufsichtswegen zu beschließen. Das Verhältniß der Landräthe zu den Stadtgemeinden wird dahin geregelt, daß dem Landrath zwar als dem den Verhältnissen näher stehenden Organ, dessen der Regiernngspräsident zur wirksamen Beaufsichtigung der örtlichen Polizeiverwaltung der Stadtgemeinden bedarf, für dringende Fälle die Befugniß beigelegt wird, unmittelbar das Erforderliche zu veranlassen, daß er aber in Zukunft nicht mehr als die eigentliche vorgesetzte Aufsichtsinstanz betrachtet werden soll.

Die erörterten Reformen der städtischen Kommunalverfassung ergeben sich, so weit sie die Einfügung in das System der neuen Verwaltungsgesetzgebung betreffen, als eine nothwendige Folge der weiteren Ausbildung dieses Zweiges der Gesetzgebung. Die anderweiten Aenderungen der Städteordnung von 1853 sind gleichfalls als entschiedene Verbesserungen anzuerkennen, zumal die auf die Reorganisation der Gemeindebehörden, beziehungsweise der Gemeindevertretung bezüglichen Bestimmungen dem Belieben der einzelnen Kommunen vollständig freien Spielraum lassen.

Der erwähnte Gesetzentwurf hat nun, da eine Einigung über die Reform nicht zu erzielen war, zu keinem Resultat geführt. Das Abgeordnetenhaus hat die Gesetzesvorlage in wesentlichen Punkten amendirt, und die beiden anderen Gesetzesfaktoren haben diesen Aenderungen ihre Zustimmung versagt. Die hauptsächlichsten Differenzpunkte und Abweichungen von der Regierungsvorlage bestanden in folgenden Vorschlägen des Abgeordnetenhauses:

1. Während die Regierungsvorlage für die Aufstellung der Urliste zur Wahl der Stadtverordneten das Dreiklassensystem in bisheriger Weise festhält, proponirt das Abgeordnetenhaus die Vertheilung der Wahlberechtigten in drei Klassen in der Art, daß die erste Klasse mindestens $^1/_{12}$, die zweite mindestens $^2/_{12}$ der Wahlberechtigten umfaßt, will auch das der Städteordnung von 1853 entlehnte Recht der nicht mit dem Bürgerrecht ausgestatteten Höchstbesteuerten an der Wahlbetheiligung beseitigt wissen.
2. Das Bestätigungsrecht der Staatsregierung soll auf den Bürgermeister und den ersten Beigeordneten beschränkt und dahin geregelt werden, daß in Gemeinden über 10,000 Einwohner die Bestätigung dem Könige, in allen anderen dem Oberpräsidenten zustehen soll. Die Bestätigung soll nur dann versagt werden dürfen, wenn Thatsachen vorliegen, welche Bedenken gegen die technische oder sittliche Qualifikation des Gewählten begründen. Diese Thatsachen müssen in dem Bescheide mitgetheilt werden. Bei der Wiederwahl bereits amtirender Kommunalbeamten der gedachten Kategorie soll es der Bestätigung gar nicht bedürfen. Die kommissarische Besetzung einer erledigten Bürgermeisterstelle soll der Oberpräsident nur dann anordnen dürfen, wenn der erste Beigeordnete die Uebernahme der diesfälligen Verwaltung ablehnt.
3. Die Zahl der besoldeten Magistratsmitglieder soll die der unbesoldeten niemals übersteigen.
4. Die Normalzahl der Stadtverordneten soll obligatorisch und eine Abänderung durch Ortsverfassung unstatthaft sein.

Diese Reformvorschläge, so wie anderweite, theils auf die Ausdehnung des Bürgerrechts, theils auf die Erweiterung der Befugnisse der Stadtverordneten, Beschränkung der Disziplinar- und Direktionsbefugnisse des Bürgermeisters und Regelung der örtlichen Polizeigewalt bezüglichen Beschlüsse des Abgeordnetenhauses stießen im Herrenhause auf den lebhaftesten Widerspruch und fanden auch bei der Staatsregierung keine Zustimmung. Die Reform der Städteordnung ist sonach noch eine offene und brennende Frage. Die mit derselben im Zusammenhange stehende allgemeine Regelung des Kommunalbesteuerungsrechts wurde gleichfalls seitens der Staatsregierung zum Gegenstande eines Gesetzentwurfs gemacht, welcher dem Prinzip Eingang verschaffen sollte, daß die Gemeinden die Mittel zur Bestreitung ihrer, in Ermangelung anderweiter Einnahmequellen nur im Wege der Besteuerung zu erledigenden Bedürfnisse durch Zuschläge zu den direkten Staatssteuern aufbringen dürfen.

Dieser Entwurf blieb indeß ohne Erfolg und wurde demnächst erst im Jahre 1885 eine neue Gesetzesvorlage gemacht, welche die Reform auf die Regelung der Gemeindebesteuerung des Einkommens der juristischen Personen, Aktiengesellschaften, Bergwerkschaften, eingetragenen Genossenschaften u. s. w. so wie der Forensen beschränkte, die zur Vermeidung von Doppelbesteuerungen erforderlichen Bestimmungen in Aussicht nahm und das Steuerdomizil der Beamten erzielte. Aus dieser Vorlage ist das Gesetz vom 27. Juli 1885 (Anhang) hervorgegangen. Schon vorher war durch das Reichsgesetz vom 31. Mai 1881 (Anhang) die Besteuerung der Dienstwohnungen der Reichsbeamten zum Gegenstand der Gesetzgebung gemacht worden. Durch das Gesetz vom 14. Mai 1885 (Anhang) ist den Kommunalverbänden ein wesentlicher Antheil von dem Ertrage der Getreide- und Viehzölle zugebilligt und dadurch ihre Leistungsfähigkeit erheblich gekräftigt.

Durch das Gesetz vom 29. Juni 1886 (Anhang) ist ferner nach vorgängiger Modifikation der Verordnung vom 22. Dezember 1868 durch das Reichsgesetz vom 28. März 1886 (Anhang) die Heranziehung der Militärpersonen zu Abgaben für Gemeindezwecke gesetzlich geregelt.

Die für die Städte des ehemaligen Herzogthums Holstein vor Emanation der Städteordnung von 1869 geltende Städteordnung vom 11. Februar 1854 hatte durch die seit Einverleibung in Preußen eingetretenen Veränderungen der Gesetzgebung nicht nur die äußeren Voraussetzungen ihrer Anwendbarkeit für eine große Zahl wesentlicher Bestimmungen sondern in noch weiterem Umfange auch die innere rationelle Begründung verloren. Zu Folge des Ueberganges der bisher von den Magistraten in den Städten geübten Rechtspflege auf die Gerichte waren nicht allein die Vorschriften der Städteordnung über den Modus der Besetzung der Magistrats-Aemter der Ergänzung bedürftig geworden, sondern auch der bisherigen Stellung der Magistrats-Mitglieder im Allgemeinen, wonach sie in den wichtigsten Beziehungen, namentlich hinsichtlich der Ernennung, Entlassung und Pensionirung als unmittelbare Königliche Beamte angesehen wurden, auch in verschiedenen Städten und Stellen ihre Dienstbezüge antheilig aus der Staatskasse erhielten, die hauptsächlichste Grundlage entzogen. Ingleichen führte die Förderung, welche die gewerbliche Freiheit und die Freizügigkeit durch die Preußische so wie durch die Bundesgesetzgebung erfahren hatten, in Verbindung mit der vorgeschrittenen Entwickelung des Gemeindelebens und der Gemeindebedürfnisse, den Uebergang zu einem erweiterten Begriff das städtischen Bürgerrechts mit sich, wonach dasselbe nicht mehr vorzugsweise das in Rechten wie in Lasten privilegirte Korrelat bürgerlichen Gewerbebetriebes und Grundbesitzes bilden durfte. Ebenso war hinsichtlich des Verhältnisses der Stadtgemeinden zur Ortspolizei-Verwaltung in Folge der veränderten Stellung der Magistrats-Kollegien zum Staate, ferner auch in Betreff des Kommunal-Besteuerungswesens eine an die allgemeinen staatlichen Einrichtungen und Grundsätze sich anschließende Aenderung der bisherigen Vorschriften geboten.

Das ehemalige Herzogthum Schleswig hatte vor der Emanation der Städteordnung von 1869 noch keine generell gültige Städteverfassung. Im Allgemeinen beruhte dieselbe auf Lübischem Rechte, in den nördlichen Distrikten auf dem Jütischen Low. Einige Städte besaßen ihr besonders geschriebenes Stadtrecht, andere nur partielle statutarische oder staatlich vorgeschriebene Rechtsnormen, noch andere folgten lediglich dem Gewohnheitsrecht. Dieser Rechtszustand bereitete der Handhabung der Verwaltung vielfache Schwierigkeiten, zumal es sogar an einer maßgebenden Zusammenstellung der einzelnen lokalen Stadtrechte fehlte. Die gesetzliche Regelung hatte sich daher schon lange vor der Emanation der Städteordnung von 1869 als ein fühlbares Bedürfniß geltend gemacht.

Diese Verhältnisse in den Elbherzogthümern hatten in der Landtagssession 1867/68 dem Abgeordneten Dr. Hänel Veranlassung gegeben, dem Hause der Abgeordneten den Entwurf einer Städteordnung für Schleswig-Holstein vorzulegen, welcher der Staatsregierung mit dem Ausspruche der Erwartung überwiesen wurde, daß der von der Staatsregierung selbst erklärten Initiative gemäß in der nächsten Landtags-Session der Entwurf einer neuen Städteordnung für die Provinz Schleswig-Holstein eingebracht werden möge. Die demnächst vorgelegte Städteordnung hat die Preußische Städteordnung vom 30. Mai 1853 im Wesentlichen zur Grundlage genommen und Abweichungen von derselben nur insoweit Raum gegeben, als dieselben entweder als Verbesserungen an sich oder als landesübliche Besonderheiten von überwiegendem Werthe anzusehen waren. Für provinzielle oder lokale Eigenthümlichkeiten von geringerem Gewicht, bei denen aber gleichwohl erhebliche Gründe nicht obwalteten, ihnen die im Lande gewünschte Konservirung zu versagen, ist außerdem im Wege des Lokalstatuts ein angemessener Spielraum gelassen. Die Fleckens-Verfassung ist nach Analogie des Tit. VIII der Städteordnung von 1853 dem Gesetze als eine einfachere Form der städtischen Verfassung eingefügt.

I.

Städte-Ordnung

für die

sechs östlichen Provinzen der Preußischen Monarchie vom 30. Mai 1853.

Wir Friedrich Wilhelm, von Gottes Gnaden König von Preußen ꝛc. ꝛc. verordnen, unter Zustimmung beider Kammern, was folgt:

§. 1.

Die gegenwärtige Städte-Ordnung soll in den bisher auf dem Provinzial-Landtage, im Stande der Städte vertretenen Städten der Provinzen Preußen, Brandenburg, Pommern, Schlesien, Posen und Sachsen zur Anwendung kommen, desgleichen in den im Stande der Städte nicht vertretenen Ortschaften dieser Provinzen, in welchen bisher eine der beiden Städte-Ordnungen vom 19. November 1808 und vom 17. März 1831 gegolten hat.

In Ansehung derjenigen im Stande der Städte auf den Provinzial-Landtagen nicht vertretenen Ortschaften (Flecken), wo bisher weder eine dieser Städte-Ordnungen gegolten, noch die ländliche Gemeindeverfassung bestanden hat, bleibt die nähere Festsetzung ihrer Gemeindeverhältnisse mit Berücksichtigung der Vorschriften im Titel VIII. der gegenwärtigen Städte-Ordnung der Bestimmung des Königs nach Anhörung des Provinzial-Landtages vorbehalten [1–3].

1. In den Flecken (das Allg. Landr. enthält in §§. 176—178. Tit. 8. Thl. II. für die Entwickelungsgeschichte derselben beachtenswerthe Bestimmungen) bleibt die zur Zeit der Einführung der Städteordnung bestehende Gem.-Verfassung, auch da, wo die Gem.-Ordn. vom 11. März 1850 eingeführt worden, bis zum

Wegen der Städte in Neuvorpommern und Rügen ergeht ein besonderes Gesetz[4]).

Titel I.
Von den Grundlagen der städtischen Verfassung.

§. 2.

Den städtischen Gemeinde-Bezirk (Stadtbezirk) bilden alle diejenigen Grundstücke, welche demselben bisher angehört haben[5–8]).

Erlasse der vorbehaltenen Königl. Bestimmung aufrecht erhalten. (Art. I. der M.-Instr. vom 20. Juni 1853. BMB. S. 138.)

2. Wenn Flecken sich in dem Verhältniß mittelbarer Ortschaften zu einem Grundbesitzer befinden, so wird dasselbe durch die Ausführung der Städteordnung nicht berührt, da überhaupt die nähere Festsetzung der Gem.-Verhältnisse der Flecken der Bestimmung des Königs vorbehalten ist. (M.-R. vom 7. Sept. 1853. I. C. 1690. — ungedr. —)

2a. Nach §. 22. Abs. 1 des Zuständigkeitsgesetzes vom 1. August 1883 kommen die daselbst im Titel IV („Angelegenheiten der Stadtgemeinden") gegebenen Vorschriften auch auf die in §. 1. Abs. 2 der Städteordnung vom 31. Mai 1853 erwähnten Flecken zur Anwendung. Mit diesen Flecken sind aber nicht nur solche Ortschaften gemeint, die eine der städtischen analoge Verfassung erhalten haben, sondern vielmehr alle Ortschaften, denen nicht ausdrücklich eine ländliche Gemeindeverfassung verliehen worden ist.

Erk. d. O.-V.-G. v. 17. Juni 1886. XIII. S. 182.

2b. Hinsichtlich der „Flecken" vgl. Instr. des Min. d. J. betr. die Bildung der Amtsbezirke 2c. vom 18. Juni 1873 (B.M.B S. 153) Art. 2 Nr. 3 Abs. 4 und Instr. des Min. d. J. betr. Zusammensetzung des Kreistages 2c. vom 10. März 1873 (B.M.Bl. S. 81) Nr. 10 zu Art. 4.

3. Stadtgem. kann die Abnahme der Landgem.-Verfassung, ebenso Landgem. die Annahme der Städteordnung durch den König gestattet werden. (Ges. v. 14. April 1856. Ges.-S. S. 363.)

Die Einführung der städtischen Verfassung in eine Landgem. geschieht nur auf Antrag der letzteren. Welchen Gang die desfallsigen Verhandlungen zu nehmen haben, schreibt die Min.-Instr. vom 14. Juli 1856 (BMB. S. 180.) vor.

4. Die Städte-Verfassung für Neuvorpommern und Rügen, den jetzigen Regierungsbezirk Stralsund, ist unterm 31. März 1853 (Ges.S. S. 291.) publicirt.

5. Es ist hier ausgesprochen, daß mit Einführung der neuen Städteordn. am seitherigen Umfange des Stadtbezirks nichts geändert werde. Der Umfang eines solchen Bezirks ist jedoch in manchen Fällen zweifelhaft geworden. Die Gem.-Ordn. v. 1850 enthielt im §. 146. die Vorschrift, daß einzelne Besitzungen und Güter, welche noch keiner Gem. angehören, für selbständige Gem. erklärt, oder mit einander zu Gem. vereinigt, oder auch mit schon bestehenden Gem. verbunden werden sollten. Ebenso sollten Grundstücke, welche im Bezirk einer Gem. lagen, aber zu einem anderen Gem.-Bez. gehörten, der ersteren einverleibt wer-

den. Die Ausführung dieser Bestimmungen sollte durch Kreis- resp. Bezirks-Kommissionen geschehen, durch den Min. d. J. genehmigt und durch das Amtsblatt veröffentlicht werden. Diejenigen Stadtbezirke, hinsichtlich deren dies Verfahren zum vollständigen Abschluß gelangte, haben den damals festgestellten Umfang beibehalten. Wo die zur Gemeindebezirksbildung von den Kreis- u. Bezirks-Kommissionen geführten Verhandlungen zwar die min. Bestätigung erlangt haben, aber wegen mangelnder Publication durch's Amtsblatt nicht rechtskräftig geworden sind, ist es von der Entsch. des Min. abhängig, ob nach Bewandtniß der Umstände die ertheilte Bestätigung zurückgenommen und damit der frühere Umfang des Gem.-Bez. wieder hergestellt werden soll. (M.-Instr. v. 20. Juni 1853, Art. IV. BMB. S. 138.)

Die nach Maßgabe der Gem.-Ordn. zur Bildung der städt. Bezirke eingeleiteten *Verhandlungen, welche noch nicht die Genehmigung des Min.* erlangt hatten, sind als nicht geschehen zu betrachten, bei Einführung der Städteord. gehörten mithin alle diejenigen Bestandtheile zum Bezirk der betr. Stadtgem., welche vor Erlaß der Gem.-Ordn. v. 1850 Zubehör desselben waren. Hiernach können zur Beurtheilung der Zugehörigkeit eines Grundstücks zum Stadtbezirke noch folgende ältere Bestimmungen Bedeutung haben: §§. 3. u. 4. der Städte-Ordn. v. 1808, §§. 5. 7. u. 8. der Städte-Ordn. v. 1831, M.-R. v. 6. Sept. 1836 (Ann. S. 643.), M.-R. v. 24. Dec. 1836 (Ann. S. 952.), M.-R. v. 12. Juli 1837 (Ann. S. 453.). Nach denselben gehörten zum städtischen Gem.-Bezirk sämmtliche Grundstücke innerhalb der Vorstädte – derjenigen zusammenhängenden Etablissements, welche außerhalb der eigentlichen Stadt auf städt. Gebiete liegen — und der städt. Feldmark. Ausgeschlossen blieben nur die Dominial-Grundstücke der Besitzer mittelbarer Städte, sowie die innerhalb der Städte oder Vorstädte belegenen Königl. Grundstücke oder Rittergüter, welche bei Publ. der Städteordn. noch für sich bestanden.

6. Wenn Grundstücke eines Rittergutes in dem Flurbezirke einer Stadtgem. liegen, so folgt daraus noch nicht, daß sie auch zu dem städt. Gem.-Bez. gehören. Jene Lage erweckt nur eine Präsumtion für die Zugehörigkeit zu dem betr. Gem.-Bez., diese Präsumtion wird aber dann schon wieder abgeschwächt, wenn die fr. Grundstücke Pertinenzien eines Ritterg. sind, indem Ritterg. im Allgemeinen die Vermuthung einer Exemtion vom Gem.-Verbande für sich haben. Aber auch der Umstand, daß ein Grundstück pertinentialiter zu einem Rittergute gehört, ist an sich noch nicht dafür entscheidend, daß dasselbe auch einen Theil des qu. Gutsbezirks bildet. Die Pertinenzqualität begründet nur privatrechtl. Beziehungen und hat, ebenso, wie sie durch reine Acte des Privatrechts entsteht und erlischt, auch in ihrem Bestehen keinen directen Einfluß auf die öffentlichen Rechtsverhältnisse der Pertinenzstücke oder der Hauptsache.

7. Oeffentliche Land- und Wasserstraßen sind nicht schon um ihrer Eigenschaft als res extra commercium willen als von dem Gem.-Verbande eximirt anzusehen. Wenn nicht im einzelnen Falle Gründe für das Gegentheil anzuführen sind, so werden sie den sie umgebenden oder bis zu ihrer Mitte den auf jeder Seite an sie stoßenden Gem.-Bezirken zuzurechnen sein. (M.-R. vom 17. Juni 1868. BMB. S. 244.) E.O.V.G. VI S. 93.

Grundstücke, welche bisher noch keinem Gemeinde- oder selbstständigen Gutsbezirke[9 10]) angehört haben, können nach Vernehmung

8. Ueber den Umfang eines Gem.-Bezirks, gleichviel ob es sich um die Feststellung der bereits bestehenden, oder um die neue Begründung solcher Verhältnisse handelt, ist der Rechtsweg ausgeschlossen und demgemäß eben so wenig darüber statthaft, zu welchem Gem.-Verb. dieses oder jenes Grundstück gehört, oder ob eine Gem. die Grenzen ihres Bezirks überschritten habe, wie darüber, welchem Bezirk ein solches Grundstück noch erst zuzuschlagen sei. (E.K. vom 10. Jan. 1852. JMB. S. 69., v. 16. Sept. 1854. JMB. S. 423. u. VMB. S. 242., v. 4. Oct. 1856. JMB. 1857. S. 22., v. 13. Febr. 1858. JMB. S. 275. u. v. 12. April 1862. JMB. S. 288, sowie O.-Tr.-Erk. v. 30. Nov. 1852. Strieth. Bd. 7. S. 323.) Ist jedoch zwischen zwei Gem. die Grenze ihrer beiderseitigen Bezirke streitig und bilden nicht die Zubehörigkeit zu einem Gem.-Verb. selbst, sondern die daraus hergeleiteten Eigenthumsrechte das eigentliche Streitobjekt, so ist der Rechtsweg zulässig. (E.K. vom 22. Oct. 1853. JMB. S. 423.) Ebenso wurde wiederholt zu Gunsten des Rechtsweges in Fällen erkannt, wo zwei Armenverbände im Sinne des §. 34. des Armen-Ges. vom 31. Dec. 1842 mit einander procedirten, obgleich die Entscheidung lediglich von der Beantwortung der streitigen Vorfrage abhing, ob das Gebäude, in welchem der Arme wohnte, zum Bezirke des einen oder des anderen Verbandes gehöre. O.Tr.Erk. v. 9. März 1855. Strieth. Bd. 17. S. 72 u. E.K. v. 4. Juli 1857. J.M.B. 1858. S. 63.)

9. Wenn oben von selbstständigen Gutsbezirken die Rede ist, so ist damit kein neuer Begriff in die Gesetzgebung eingeführt, die auf die selbst. Güter bezüglichen Bestimmungen schließen sich vielmehr an Verhältnisse an, die von jeher bestanden haben. Insbesondere ist, was die neuere Gesetzgebung anlangt, daran zu erinnern, daß das Armenpfl.-Ges. v. 31. Dec. 1842 im §. 5 die selbständigen Gutsbez. den Gemeinden gleichstellt. Da also der Begriff eines selbst. Gutsbez. als bekannt vorausgesetzt werden konnte und weil es überdies nicht wohl möglich ist, eine erschöpfende und für alle Fälle passende Definition aufzustellen, hat der Gesetzgeber es unterlassen, näher anzugeben, was unter einem selbst. Gutsbez. zu verstehen sei und die Entscheidung darüber wird im konkreten Falle den Behörden überlassen bleiben müssen. Ausschließlich das Recht der Standschaft oder die Prästationsfähigkeit als Kennzeichen der Selbständigkeit eines Gutes hinzustellen, würde zu weit gehen; zutreffender würde im Allgemeinen schon die Annahme sein, daß ohne Rücksicht auf Größe, Standschaft und Prästationsfähigkeit alle Güter, die, ohne zu einer Gem zu gehören, mit der Eigenschaft eines Ritterguts, eines köllmischen, eines Chatoull-Guts u. s. w. beliehen sind, den selbstständigen Gütern zuzuzählen seien, obgleich dieselbe als unbedingt maßgebend auch nicht anerkannt werden kann. (M.R. v. 14. April 1859. V.M.B. S. 172.)

Der Begriff eines selbständigen Gutsbezirks beruht auf der Einheit des Besitzes. Wo diese Einheit in Folge von Abverkäufen und Zerstückelungen verloren gegangen ist, da lag und liegt noch jetzt die Veranlassung vor, in Gemäßheit der Vorschriften des Gesetzes über die Landgemeindeverfassungen

der Betheiligten¹¹ ¹²) und nach Anhörung des Kreistages durch Be-

- -

vom 14. April 1856 eine anderweite Regelung der kommunalen Verhältnisse solcher Gutsbezirke vorzunehmen — sei es in der Weise, daß ein völlig dismembrierter Gutsbezirk aufgehoben und die in Folge dessen kommunalfrei gewordenen Trennstücke zu einem selbständigen Gemeindebezirk erklärt oder mit einer oder mehreren benachbarten Gemeinden vereinigt, sei es, daß ein oder mehrere von einem selbständigen Gut abveräußerte größere Besitzungen (Vorwerke ꝛc.), welche zur Führung einer eigenen kommunalen Existenz befähigt sind, zu besondern selbständigen Gutsbezirken erhoben werden.

Die Abveräußerung einzelner kleiner Parzellen von einem Gutsbezirke an dritte Personen wird, wenn neben denselben noch ein größeres leistungsfähiges Restgut bestehen bleibt, die anderweite Regelung der communalen Verhältnisse eines solchen Gutsbezirks noch nicht nothwendig machen. In derartigen Fällen ist der Begriff des selbständigen Gutsbezirks: „die Einheit des Besitzes" noch im Wesentlichen aufrecht erhalten.

M.Instr. wegen der Kreistagswahlen vom 10. März 1873 (B.M.Bl. S. 81) Nr. 8 Abs. 4. u. 5 zu Art. 3.

Nach der Entscheidung des O.V.G. v. 13. October 1876 (I S. 102) kommt es bei der Bestimmung der Eigenschaft als selbständiger Gutsbezirk darauf an, ob ein Gut früher scharwerkspflichtige Hintersassen gehabt hat und ob bei der Zersplitterung eines ehemaligen Guts ein Zusammenhang der einzelnen Theile in kommunaler Beziehung aufrecht erhalten werden kann. Durch Zersplitterung werden Gutsbezirke nicht in eine Mehrheit sogenannter kommunalfreier Grundstücke aufgelöst, denn das kommunalrechtliche Bestehen der Gutsbezirke ist von den privatrechtlichen Dispositionen des Eigenthümers am Grund und Boden über diesen abhängig; es können also Gutsbezirke als solche niemals durch Zerstückelungen des Guts allein, sondern nur durch einen entsprechenden Akt der Staatshoheit aufgehoben werden. Vgl. Entsch. d. O.V.G. Bd. VII S. 201. 204. 206. Bd. I S. 147 VII. S. 177 II. S. 117.

10. Domainen und Königl. Forsten stehen in kommunaler Beziehung den selbständigen Gutsbezirken gleich. (M.R. v. 3. März 1859. B.M.B. S. 95).

11. Unter den Betheiligten sind außer den Besitzern der betr. Grundstücke selbst die Stadtbehörden (Magistrat und Stadtverordnete) der Gem., welcher die Grundstücke einverleibt werden sollen, zu verstehen. (M.R. v. 21. April 1831. Ann. 1839. S. 392.) Andere Gemeinden gehören blos deshalb, weil auch ihre Bezirke an die zu inkommunalisirenden Grundstücke grenzen, noch nicht zu den Betheiligten. (M.R. v. 20. Sept. 1859. B.M.B. S. 259). Bei Inkommunalisirung von Domainen-Grundstücken ist die Erklärung derjenigen Behörde einzuholen, welcher die Disposition über dieselben zusteht. (M.R. v. 30. Nov. 1857. B.M.B. 1858. S. 4.)

12. Die Grundbesitzer können zu ihrer Vernehmung ohne Präjudiz vorgeladen werden, in der Vorladung muß aber der Gegenstand der betr. Verhandlung speciell angegeben sein. (M.R. vom 3. März 1863. I. B. 1048. — ungedr. —).

schluß des Bezirksausschusses[12a]) mit dem Stadtbezirk vereinigt werden[13]).

Eine Vereinigung eines ländlichen Gemeinde- oder eines selbstständigen Gutsbezirks mit einer Stadtgemeinde kann nur unter Zustimmung der Vertretungen der betheiligten Gemeinden, so wie des betheiligten Gutsbesitzers nach Anhörung des Kreistages mit Genehmigung des Königs erfolgen[14 15]).

Die Abtrennung einzelner Grundstücke von einem Stadtbezirk und deren Vereinigung mit einem angrenzenden Gemeinde- oder selbstständigen Gutsbezirk, so wie die Abtrennung einzelner bisher zu einer andern Gemeinde oder zu einem selbstständigen Gute gehörender Grundstücke und deren Vereinigung mit einem angrenzenden Stadtbezirk kann nach Anhörung des Kreistages durch Beschluß

12a. An Stelle der Genehmigung des Ministers des Innern ist durch §. 8 des Zuständigkeitsgesetzes vom 1. August 1883 der Beschluß des Bezirksausschusses getreten. Für den Stadtkreis Berlin tritt an die Stelle des Bezirksausschusses der Oberpräsident als Beschlußbehörde (L.V.G. §. 43 Abs. 3).

13. Ist eine Veränderung des Gem.-Bez. durch die competenten Organe der Staatsgewalt angeordnet worden, so kann sie im Rechtswege nicht angefochten werden. (E.K. v. 12. April 1862. B.M.B. S. 288 u. v. 4. Juli 1863. J.M.B. S. 231.)

14. Diese Vorschrift kann nicht auf Fälle angewendet werden, in denen es sich um die Vereinigung von Theilen eines Gutsbez. mit verschiedenen anderen Bezirken handelt, selbst dann nicht, wenn dabei eine vollständige Auflösung des Gutsbez. eintritt. In Fällen dieser Art ist vielmehr ein anderes Verfahren einzuschlagen. Hat z. B. das betr. Gut durch Zerstückelung die Eigenschaft eines selbst. Gutsbez. verloren, so gehören sämmtliche Parzellen einem Kommunalbezirk nicht mehr an und sie sind nach §. 2 al. 2 zu behandeln. Ist noch ein größeres Restgut vorhanden, dann kann die Kommunalisirung der kleineren Parzellen nach al. 4 behandelt und die Vereinigung des Restgutes nach al. 3 herbeigeführt werden. Endlich kann nach Anleitung der für Korporationen maßgebenden gesetzl. Bestimmungen lediglich die Aufhebung des selbst. Gutsbezirks Allerh. Orts nachgesucht werden, in Folge deren dann, wie bei dem zuerst bezeichneten Verfahren, die einzelnen Parzellen in die Kategorie der gemeindefreien Grundstücke treten und gemäß al. 2 auch ohne Einwilligung der Interessenten einem Kommunalbezirke zugeschlagen werden können. (M.R. v. 29. Mai 1867. B.M.B. S. 200.)

15. Nach §. 49 Abs. 4 der Kreisordnung vom 13. December 1872 ziehen Veränderungen solcher Gemeinde- oder Gutsbezirksgrenzen, welche zugleich Amtsbezirksgrenzen sind, die Veränderung der Letzteren ohne Weiteres nach sich. Es bedarf also nicht mehr des in dem M.R. v. 27. Mai 1867 (B.M.Bl. S. 255) für nöthig erachteten ausdrücklichen Ausspruchs.

des Bezirksausschusses[15a]) vorgenommen werden, wenn außer den Vertretungen der betheiligten Gemeinden und den betheiligten Gutsbesitzern auch die Eigenthümer jener Grundstücke darin einwilligen. In Ermangelung der Einwilligung aller Betheiligten kann eine Veränderung dieser Art in den Gemeinde- oder Gutsbezirken nur in dem Falle, wenn dieselbe im öffentlichen Interesse als nothwendiges Bedürfniß sich ergiebt, und alsdann nur mit Genehmigung des Königs nach Vernehmung der Betheiligten und nach Anhörung des Kreistages stattfinden[16 17]).

In allen vorstehenden Fällen[18]) ist der Beschluß des Kreistages vor Einholung der höheren Genehmigung den Betheiligten nachrichtlich mitzutheilen.

Wo und soweit in Folge einer derartigen Veränderung eine

15a. Siehe Note 12a.

16. Es ist wichtig, möglichst prästationsfähige Kommunal-Verbände herzustellen resp. ungeschwächt zu erhalten. Diesem Grundsatze würde es nicht entsprechen, wenn man eine Theilung eines größeren selbst. Gutsbez. in zwei für sich bestehende Bezirke ohne dringende Veranlassung und lediglich auf den Wunsch der betheiligten Besitzer zulassen wollte, ohne daß sich im öffentlichen Interesse ein Bedürfniß dafür ergiebt. (M.R. v. 31. März 1860. B.M.B. S. 73.)

Auch die Bildung eines selbst. Gutsbez. aus den von einem Gutsbesitzer zusammen gekauften und wirthschaftlich vereinigten Grundstücken unter Abtrennung derselben von den betr. Kommunalverbänden ist nur dann gestattet, wenn die Besitzung den an einen selbst. Gutsbez. zu stellenden Anforderungen nachhaltig und unbedingt zu entsprechen im Stande ist. (M.R. vom 26. Oct. 1859. B.M.B. 1860. S. 113.)

Ueberhaupt ist das Nebeneinanderbestehen eines Gemeinde- und eines selbst. Gutsbez. in derselben Ortschaft für einen Uebelstand zu erachten, auf dessen Beseitigung möglichst hinzuwirken ist. (M.R. v. 4. Juni 1860. B.M.B. S. 114.)

17. Kreis-Veränderungen, welche lediglich im Gefolge von Veränderungen eines Guts- oder Gem.-Bez. erforderlich werden, auch wenn sie zugleich die Grenze zweier gesetzlich festgestellten Wahlbezirke für das Abgeordnetenhaus alteriren, werden rechtsgültig, sobald die entsprechende Aenderung in dem oben geordneten gesetzlichen Wege festgesetzt ist. Der Feststellung durch Specialgesetz bedürfen sie nicht. (M.R. v. 6. Sept. 1864. B.M.B. S. 267.) Kreisordnung vom 13. December 1872 §. 3, Abs. 3.

Auch ziehen die Veränderung solcher Gemeinde- oder Gutsbezirksgrenzen, welche zugleich Provinzial- oder Regierungsbezirksgrenzen sind die Veränderung dieser Grenzen ohne Weiteres nach sich. (§. 4 der Provinzialordnung vom 29. Juni 1875, M.R. v. 14. Juli 1878. B.M.Bl. 1879 S. 3.)

18. „In allen vorstehenden Fällen“ soll heißen: in den al. 2, 3 u. 4 gedachten Fällen.

Auseinandersetzung[19]) zwischen den Betheiligten sich als nothwendig ergiebt, ist solche durch Beschluß des Bezirksausschusses vorbehaltlich der den betheiligten Gemeinden gegen einander zustehenden Klage im Verwaltungsstreitverfahren[19a]) zu bewirken[20]).

---

19. Ueber die Grundsätze, welche bei der Auseinandersetzung zu befolgen sind, bestimmten die M.R. v. 21. April 1831 (Ann. S. 392) und vom 13. Mai 1845 (V.M.B. S. 116) — neuere Vorschriften sind nicht publicirt — folgendes:

a. Kein Interessent soll ohne ausreichende Entschädigung in seinen Nutzungsrechten beeinträchtigt und zu Beiträgen stärker als früher angezogen, und den übrigen Gem.-Mitgl. soll keine stärkere Last auferlegt werden. Ganz unzulässig ist es, die Interessenten gleichzeitig zu städtischen und *ländlichen Lasten und Abgaben von demselben Objecte anzuziehen*; jene sollen daher erst erhoben werden, wenn diese abgesetzt sind, und umgekehrt.

b. Das Bürgerrecht ist den Besitzern der in die Stadtgem. einzuverleibenden Etablissements unentgeltlich einzuräumen. Einkaufsgeld für die Einräumung besonderer Gem.-Nutzungen kann gefordert werden.

c. Sie sind zur Abbürdung der vor ihrer Aufnahme in den Gem.-Verband entstandenen Schulden nur dann verpflichtet, wenn die letzteren durch das Activvermögen der Gem. vollständig gedeckt werden. Auch zur Unterhaltung solcher Anstalten, von denen sie gar keinen Nutzen haben, sind keine Beiträge von ihnen zu fordern.

d. Wenn Grundstücke von Gem. getrennt werden, so müssen ihre Besitzer dasjenige, was sie an Erstere zu leisten hatten, so lange fortleisten, bis die Verbindlichkeit, aus welcher die Leistung herrührt, gelöst ist; sie bleiben dagegen auch im Besitze der zeitherigen Nutzungen.

e. Wenn dergleichen Grundstücke einer andern Gem. zugeschlagen werden, so ist dahin zu wirken, daß die beiden Gem. unter einander sich über das, was die Eine gewinnt und die Andere verliert, ausgleichen.

f. Wo über gemeinschaftl. Erhaltung der öffentlichen Wege, Brücken, Gräben u. s. w. unter den Besitzern eines erst zu inkommunalisirenden Grundstücks vertrags- resp. rezeßmäßige Bestimmungen bestehen, ist es zur Vermeidung künftiger Weiterungen wünschenswerth, daß bei Zulegung solcher Grundstücke zu verschiedenen Kommunalbezirken die Unterhaltung jener Wege 2c. anderweit und möglichst derartig regulirt werde, daß dieselbe von dem Kommunalbezirk, in den sie zu liegen kommen, übernommen werde.

19a. Zuständigkeitsgesetz §. 8 Abs. 2.

20. Für diese Auseinandersetzung gilt als Grundsatz, daß eine im öffentlichen Interesse als nothwendiges Bedürfniß erkannte Bezirksveränderung niemals zu einem Entschädigungsanspruch — sei es der verkleinerten Korporation wegen Verminderung der Steuerkraft oder der vergrößerten wegen Vermehrung ihrer Bedürfnisse — führen kann, weil das Anerkenntniß der Nothwendigkeit der Veränderung auf der Voraussetzung beruht, daß das bisherige rechtliche Ver-

Privatrechtliche Verhältnisse dürfen durch dergleichen Veränderungen niemals gestört werden [21]).

Eine jede solche Veränderung ist durch das Amtsblatt bekannt zu machen. Veränderungen, welche bei Gelegenheit einer Gemeinheitstheilung vorkommen, unterliegen diesen Bestimmungen nicht [21a–21d]).

§. 3.

Alle Einwohner des Stadtbezirks, mit Ausnahme der servisberechtigten Militairpersonen des aktiven Dienststandes [22]), gehören zur Stadtgemeinde.

---

hältniß zwischen den betheiligten Korporationen und Grundstücken hinsichtlich der kommunalen Bedürfnisse und Pflichten ein unrichtiges war, welches aber durch die Veränderung den realen Verhältnissen entsprechend berichtigt werden soll.

Entsch. d. O.V.G. v. 28. Februar 1877. II. 1. Parey S. 68.

21. Die öffentlich-rechtlichen Verhältnisse sind dagegen nach den für den gesammten Stadtbezirk geltenden Normen zu regeln.

Entsch. d. O.V.G. v. 18. März 1880. VI. S. 212.

21a. Die bei Separationen, Ablösungen, ꝛc. für abgetretene Grundstücke und Berechtigungen gewährten Landabfindungen erhalten in Ansehung ihrer privatrechtl. und kommunalen Verhältnisse die Eigenschaften derjenigen Grundstücke und Gerechtigkeiten, für welche sie gegeben werden, gehen also ohne Weiteres in den Kommunalverband der berechtigten Gem. über. (M.R. v. 13. Aug. 1860. V.M.B. S. 235.)

Vgl. O.V.G. III S. 99, IV S. 89.

21b. Eine auf Anerkennung der Kommunalfreiheit eines Grundstückes gerichtete Klage ist unzulässig.

Entsch. d. O.V.G. VII 182.

21c. Streitigkeiten über die bestehenden Grenzen der Stadtbezirke unterliegen der Entscheidung im Verwaltungsstreitverfahren.

Ueber die Festsetzung streitiger Grenzen beschließt vorläufig, sofern es das öffentliche Interesse erheischt, der Bezirksausschuß. Bei dem Beschlusse behält es bis zur rechtskräftigen Entscheidung im Verwaltungsstreitverfahren sein Bewenden.

§ 9 des Zuständigkeitsgesetzes v. 1. Aug. 1883.

21d. Streitigkeiten über die Eigenschaft einer Ortschaft als Stadtgemeinde können nach dem System des Zuständigkeitsgesetzes nur im Verwaltungsstreitverfahren vor dem Bezirksausschuß zum Austrag gebracht werden.

22. Es sind hiernach nicht blos die activen Militärpersonen des Soldatenstandes, sondern auch die des activen Dienststandes von der Gemeindemitgliedschaft ausgeschlossen. Zu den letzteren gehören auch die Militärbeamten, während sie dem Soldatenstande nicht beigezählt werden. Eine Klassification der zum activen Dienststande gehörigen Militairpersonen ist dem Allerh. Erlaß v. 17. Juli 1862 (Ges.S. S. 224) beigefügt und in Beilage I des Reichsgesetzes

betr. die Revision des Servistarifs u. s. w. vom 3. Aug. 1878 (R.G.Bl. S. 243) enthalten.

Alle diese Militairpersonen gehören daher nicht zu den Einwohnern einer Stadt, und zwar nach dem M.R. v. 22. Jan. 1852 (V.M.B. S. 8) selbst dann nicht, wenn sie an einem Orte in Garnison sich befinden, an welchem sie entweder als Minderjährige oder in väterlicher Gewalt befindliche, oder aus sonstigen Gründen ihren Wohnsitz bei der Aufnahme in den Militairdienst ferner nach dem M.R. v. 25. Aug. 1858. I. B. 5097. (ungedr.) auch nicht dann, wenn sie in der Stadt mit Grundeigenthum angesessen sind, oder ein Gewerbe betreiben.

War Jemand Angehöriger einer Gemeinde, ehe er die Eigenschaft einer servisberechtigten Militairperson erlangte, wie dies z. B. bei einem zum stehenden Heere eingezogenen Reservisten der Fall sein kann, dann ruhen die aus der Gemeinde-Angehörigkeit entspringenden Rechte und Pflichten während seines activen Militairdienstes; so jedoch, daß dieselben mit dem Wegfall des Grundes einer solchen Suspension von selbst wieder in's Leben treten, ohne daß es einer wiederholten neuen Erwerbung der Gemeinde-Angehörigkeit bedarf. M.R. v. 14. Dec. 1864. (V.M.B. 1865. S. 2) u. v. 9. Oct. 1866. (V.M.B. S. 214.)

Die im Verzeichnisse zum Erlasse v. 17. Juli 1862 bei der Beilage zum Servistarif nicht aufgeführten Beamten der Militairverwaltung sind als Civilbeamte zu betrachten. Sie gehören daher zu den Einwohnern der Stadt, sind zu den politischen Gemeinderechten unter den Bedingungen des § 5 befähigt und genießen nur die den Staatsdienern in Bezug auf die Beiträge zu den Gemeindelasten zustehenden Begünstigungen.

Zu den servisberechtigten Militairpersonen gehören nicht die Mitglieder der Gensdarmerie. Die bisher geübte Praxis der Freilassung der Gensdarmen von der Gemeindebesteuerung steht nicht auf dem Boden des Gesetzes, sie sind also mit ihrem halben Diensteinkommen (cf. zu §. 4 d. St.O.) zur Gemeindebesteuerung heranzuziehen. Für das Gebiet der durch die Gesetze vom 20. September und 24. December 1866 mit der preußischen Monarchie vereinigten Landestheile ist dieses — Angesichts der Vorschriften in den Verordnungen vom 23. Mai 1867 betr. die Organisation der Landgensdarmerie in den neu erworbenen Landestheilen und der Verordnung vom 23. September 1867 betr. die Heranziehung der Staatsdiener zu den Kommunalauflagen in den neu erworbenen Landestheilen — nicht bezweifelt worden. Aber auch den Gensdarmen der älteren Landestheile steht der bisher zur Begründung ihrer Steuerfreiheit angezogene §. 10e des Gesetzes vom 11. Juli 1822 betr. die Heranziehung der Staatsdiener zu den Gemeindelasten (G.S. S. 184), wonach die bei dem stehenden Heere in Reihe und Glied befindlichen activen Militairpersonen von allen direkten Beiträgen zu den Gemeindelasten befreit sind, nicht zur Seite.

Vgl. die ausführliche Begründung in der Entsch. d. O.V.G. vom 28. September 1888. Bd. XVII. S. 190 ff.

Diese Entscheidung ist indeß für die Veranlagung der Staatssteuer nicht maßgebend.

Hinsichtlich der Offiziere des Gensdarmeriecorps trifft ein Gleiches

Als Einwohner werden diejenigen betrachtet, welche in dem Stadtbezirk nach den Bestimmungen der Gesetze ihren Wohnsitz haben [23–25]).

---

zu, da sie nicht servisberechtigt sind, auch nicht dem Personalbestande der beim stehenden Heere in Reihe und Glied befindlichen Offizieren zuzuzählen sind.

Entsch. d. O.V.G. vom 1. März 1889. Bd. XVII. S. 206.

Die zur Disposition gestellten Offiziere gehören zu den Einwohnern der Stadt im Sinne des §. 3 d. St.O., sie genießen aber das Steuerprivilegium aus §. 10e des Ges. v. 11. Juli 1822. Letzteres fällt erst mit der Verabschiedung fort.

23. Welche Gesetze hier gemeint sind, kam früher in Frage und wurde durch M.R. v. 10. Oct. 1855 (V.M.B. S. 178) entschieden. Darin wird ausgeführt, daß in obiger Vorschrift keineswegs ausschließlich das Gesetz über Aufnahme Neuanziehender v. 31. Dec. 1842 gemeint ist. Das letztere handelt nur vom Wohnsitz im Sinne des Gesetzes über die Verpflichtung zur Armenpflege, d. h. vom Unterstützungs-Wohnsitz (Hülfs-Domicil); wenn es sich um einen Wohnsitz im Allgemeinen handelt, wie er im §. 3 der Städteordn. gemeint ist, so muß, bei dem Mangel einer allgemeinen ausdrücklichen gesetzlichen Vorschrift, bei der Frage, wie er erworben wird, auf die Vorschriften in den §§. 9 u. ff. Tit. 2, Thl. I, der Allg. Ger.Ordn. (die Civilprozeßordnung vom 30. Januar 1877 enthält hierüber keine Bestimmungen) zurückgegangen werden, und an diese hat man sich noch jetzt im Wesentlichen zu halten, insoweit nicht durch besondere Bestimmungen Ausnahmen bedingt werden, was z. B. hinsichtlich der servisberechtigten Militärpersonen der Fall ist. Dabei bleibt es indessen nicht ausgeschlossen, unter Umständen im Wege der Analogie auf Bestimmungen der Gesetze v. 31. Dec. 1842 Rücksicht zu nehmen.

Es findet also der Erwerb des Einwohnerrechts und die Begründung eines Wohnsitzes im Sinne des §. 3 der Städteordn. statt:

> wenn Jemand seinen Wohnsitz an einem Orte aufschlägt und die Absicht, dauernd daselbst zu bleiben, ausdrücklich erklärt, oder dieselbe durch Handlungen oder Thatsachen äußert. (§§. 9 u. 10, Tit. 2, Thl. I. Allg. Ger.Ordn.)

Selbstverständlich kann diese Absicht nur dann eine rechtliche Folge nach sich ziehen, wenn die Person, welche sie ausdrücklich oder stillschweigend äußert, die rechtliche Fähigkeit hat, sich durch Willenserklärungen zu verpflichten und über ihre Rechtsverhältnisse frei zu verfügen; es sind also Kinder, Unmündige und alle des Vernunftgebrauches beraubte Personen zur Bestimmung ihres Wohnsitzes unfähig, und Ehefrauen, Kinder unter väterlicher Gewalt und bevormundete Personen können nicht ohne Einwilligung des Ehemannes resp. des Vormundes ihren Wohnsitz wählen. (M.R. v. 1. Aug. 1840. V.M.B. S. 282 u. v. 14. März 1844. V.M.B. S. 167.)

Die zu dem ausgesprochenen Zwecke der Niederlassung erfolgte Meldung ist als eine ausdrückliche Erklärung, den beständigen Wohnsitz im Orte nehmen zu wollen, anzusehen. (M.R. v. 10. Oct. 1855. V.M.B. S. 178.) Die Handlungen und Thatsachen, aus welchen auf die Absicht, an einem Orte seinen Wohnsitz zu haben, mit Zuverlässigkeit geschlossen werden kann, lassen sich der Natur der Sache nach im Einzelnen nicht erschöpfend bestimmen. Die Gesetze stellen aber als rechtliche Vermuthungen, woraus auf jene Absicht zu schließen, auf, wenn Jemand an einem bestimmten Orte: a. ein Amt übernimmt, welches seine beständige Gegenwart daselbst erfordert; b. wenn er daselbst Handel und Gewerbe zu treiben anfängt, oder c. sich daselbst alles, was zu einer eingerichteten Wirthschaft gehört, anschafft, oder d. eine mit persönlichem Aufenthalt auf dem erpachteten Gute verbundene Pachtung übernimmt. (§§. 11, 12, Tit. 2, Thl. I. Allg. Ger.Ord.)

Die Regel, daß die Uebernahme eines Amtes den Wohnsitz begründe, erleidet in Beziehung auf gewisse Beamte eine Ausnahme. So erlangen z. B. Referendarien nur dann einen Wohnsitz, wenn aus ihren Handlungen oder Erklärungen zu entnehmen, daß sie einen bleibenden Wohnsitz, begründen wollen (z. B. durch Verheirathung), oder wenn sie bei einem Gerichte als Hülfsarbeiter gegen Diäten angestellt werden. (M.R. v. 10. März 1831. Ann. S. 106, v. 20. Mai 1834. Ann. S. 439, v. 7. Aug. 1835. Ann. S. 767 u. v. 11. Juli 1845. V.M.B. S. 254). Die außerordentlichen und einstweiligen Gehülfen in den Büreaus, wie Hülfsarbeiter, Diätarien, Supernumerarien und Lohnschreiber werden als solche überhaupt nicht für Einwohner des Orts gerechnet, sondern nur, wenn sie anderweitig ihren Wohnsitz im rechtlichen Sinne genommen haben. (§. 11 des Ges. v. 11. Juli 1822 u. M.R. v. 30. Juni 1825. Ann. S. 669.) Zollvereins-Bevollmächtigte und Stations-Kontroleure werden durch den bloßen Aufenthalt an einem Orte allein nicht Einwohner desselben, da sie sich ihren Aufenthaltsort nicht willkührlich wählen und zu jeder Zeit wieder abberufen werden können. (M.R. v. 9. Aug. 1854. V.M.B. S. 186).

Das Hauptkriterium der Begründung eines Wohnsitzes ist immer die ausdrücklich oder stillschweigend kund gegebene Absicht, für die Dauer seinen Aufenthalt an einem bestimmten Orte nehmen zu wollen. Wo also diese Absicht durch andere Umstände ausgeschlossen wird, tritt die Erwerbung eines Wohnsitzes nicht ein. Dies ist z. B. der Fall, wenn sich Jemand in einem Orte lediglich aus geschäftlichen oder Gesundheitsrücksichten, Studirens halber oder um einem drohenden Arreste oder einer Gefahr zu entgehen, aufhält. (§. 15, Tit. 2, Thl. I. Allg. Ger.-Ordn.) Dasselbe ist der Fall, wenn die Vermuthung, welche für die Begründung eines Wohnsitzes aus concludenten Handlungen gefolgert werden könnte, durch ausdrückliche Erklärung widerlegt wird. Wenn z. B. Jemand in einem Orte ein Gewerbe beginnt, zugleich aber der Ortsbehörde erklärt, daß er im Orte seinen Wohnsitz nicht nehmen, sondern nach kurzer Zeit wieder wegziehen wolle, so hat dies nicht die Begründung eines Wohnsitzes zur Folge. (§. 64, Tit. 4, Thl. I. Allg. Landr. u. M.R. v. 24. u. 30. März 1859. V.M.B. S. 124 u. 171.)

Mit der Auflösung des Haushalts in dem einen Orte und der Uebersiedelung mit dem ganzen Hauswesen in einen andern Ort in der Absicht, daselbst einen bleibenden Aufenthalt zu nehmen, sowie mit der häuslichen Niederlassung und Einrichtung daselbst sind die Voraussetzungen für die Begründung eines Wohnsitzes in dem andern Orte vollständig gegeben. Die Entrichtung der öffentlichen Abgaben am Ort der Niederlassung bildet keine Vorbedingung der Erwerbung des Wohnsitzes, wohl aber findet in dem Umstande, daß ein Uebersiedelnder seine Staats- und Kommunalabgaben sogleich mit dem Zeitpunkte des Umzuges an dem neuen Wohnorte entrichtet hat, die Absicht, daselbst einen Wohnsitz zu nehmen, noch eine weitere Bestätigung.

Die Frage der Begründung eines Wohnsitzes liegt wesentlich auf thatsächlichem Gebiete und ist, je nach den gesammten Umständen des einzelnen Falles, einer sehr verschiedenen Beantwortung selbst da fähig, wo in der einen oder andern Richtung die Umstände dieselben sind.

Ein fest angestellter Beamter kann auch an dem Orte seiner nur commissarischen Beschäftigung einen Wohnsitz begründen. Für den Beamten ist ein Domizil nur dann begründet, wenn das Amt die beständige Gegenwart des Beamten an dem Orte erfordert, und weiter ist weder nach gemeinem noch nach preußischem Rechte ausgeschlossen, daß ein Beamter neben dem durch seine Anstellung begründeten Wohnsitze noch einen zweiten habe.

Entsch. d. O.V.G. v. 31. Mai 1883. X S. 1. Parey S. 3.

Die Vorschrift in §. 8 des Ges. v. 11. Juli 1822 und §. 8 der Verordnung vom 23. September 1867 (G.S. S. 1648), wonach jeder Beamte bezüglich der Kommunalbesteuerung seines Diensteinkommens als Einwohner desjenigen Gemeindebezirks zu betrachten ist, in welchem die Behörde, der er angehört, ihren Sitz hat, ist durch §. 12 des Kommunalsteuernothgesetzes vom 27. Juli 1885 aufgehoben (vgl. Anhang).

Was unter eingerichteter Wirthschaft zu verstehen, muß nach den speciellen Verhältnissen beurtheilt werden; die Bedingungen werden für einen Verheiratheten andere sein, als für einen Unverheiratheten. Ein unverheiratheter Kapitalist, der eine eigene Wohnung hat, aber aus dem Gasthause speist, wird nicht als ein Fremder betrachtet werden dürfen. (M.R. v. 10. März 1831. Ann. S. 106.)

Zu den Einwohnern gehören auch minderjährige, unter väterlicher Gewalt stehende Personen, deren Vater die Gemeinde-Angehörigkeit besitzt, da die Wohnsitz-Erwerbung des Vaters gesetzlich denselben Wohnsitz für die Kinder begründet. (§. 18, Tit. 2, Thl. I. Allg. Ger.Ordn. u. M.R. v. 6. Oct. 1864. V.M.B. 1865. S. 1.)

Auch Ausländer können unter denselben Verhältnissen einen Wohnsitz erwerben, wie die Inländer. (M.R. v. 5. Mai 1857. V.M.B. S. 104.)

Es kann Jemand auch gleichzeitig an zwei (oder mehreren) verschiedenen Orten einen Wohnsitz haben, wenn er an mehreren Orten sich abwechselnd persönlich aufhält und daselbst entweder eine eingerichtete Wirthschaft hat, oder ein Gewerbe betreibt. (§. 27 der Einl. zum Allg. Landr., §. 15, Tit. 2, Thl. I. Allg. Ger.Ordn. u. M.R. v. 30. Nov. 1859. V.M.B. S. 336.)

Für die Beurteilung der Frage, ob Jemand einen Wohnsitz im rechtlichen Sinne, oder ob derselbe nur einen vorübergehenden Aufenthalt genommen habe,

§. 4.

Alle Einwohner des Stadtbezirks sind zur Mitbenutzung der öffentlichen Gemeinde-Anstalten[26]) der Stadt berechtigt und

ist die Erklärung der betr. Person zwar in Betracht zu ziehen, jedoch nicht ausschließlich als maßgebend zu erachten, da die Frage den Gesetzen gemäß von den Behörden zu entscheiden ist, nicht aber die Entscheidung lediglich von der Willens-Erklärung des Betheiligten abhängig gemacht werden kann. (M.R. vom 24. April 1856. B.M.B. S. 123 u. v. 24. März 1859. B.M.B. S. 171.)

24. Die Mitglieder des regierenden Königl. Hauses werden nicht als Mitglieder der Gemeinde ihres Residenzortes betrachtet (M.R. v. 30. Mai 1850. I. B. 8058 — ungedr. —), ebenso sind die Besitzer der mittelbaren Städte, d. h. derjenigen Städte, über welche noch einer Gutsherrschaft obrigkeitliche Rechte zustehen (§ 166 Tit. 8, Thl. II. Allg. Landr.), mit ihrem Dominialbesitze und dessen Bewohnern von dem städtischen Gemeindeverbande ausgeschlossen. (M.R. v. 7. Sept. 1853 I. C. 1690 — ungedr. —.)

25. Der gesetzlich begründete Wohnsitz und hiermit das Einwohnerrecht geht verloren, wenn Jemand seinen Wohnsitz gänzlich verläßt und einen solchen im gesetzlichen Sinne an einem anderen Orte aufschlägt. (§. 16, Tit. 2, Thl. I. Allg. Ger.-Ordn.)

25a. Vgl. das im Anhang abgedruckte Ges. betr. Ergänzung und Abänderung einiger Bestimmungen über Erhebung der auf das Einkommen gelegten directen Kommunalabgaben vom 27. Juli 1885.

26. Zu den öffentlichen Gem.-Anstalten gehören nach den Motiven zur Gem.Ordn. v. 1850 alle zum Besten der Gesammtheit bestehende Einrichtungen, wie die Sicherungs-Anstalten, Schulen, Armen- u. Krankenhäuser, Sparkassen, Wegeanlagen u. dergleichen. Dem Mitbenutzungsrechte der Einwohner steht die Pflicht der Gem. gegenüber, die Gem.-Anstalten so einzurichten, daß alle Einwohner, soweit ihre Lebensbedürfnisse dazu angethan sind, auch wirklich Gebrauch davon machen können. Natürlich ist es z. B. factisch gar nicht möglich, nur solche Wege zu bauen, welche allen Eingesessenen in gleicher Weise zu Gute kommen: wohl aber ist der Gem. die Befugniß zu bestreiten, solche Gem.Anstalten aus Gem.-Mitteln zu gründen und zu unterhalten, von deren Mitbenutzung trotz ihrer sonst dazu geeigneten Lebensverhältnisse gewisse Einwohnerklassen grundsätzlich ausgeschlossen sein sollen. Wenigstens dürfte dieselbe Gem. sich nicht weigern, neben jenen Anstalten auch solche zu unterhalten, welche für die aus der ersteren grundsätzlich Ausgeschlossenen einen genügenden Ersatz bieten. (M.R. v. 28. Juli 1861. B.M.B. S. 160.) Hat z. B. eine Gem. die Schul-Unterhaltungskosten auf den Gem.Etat übernommen, so ist sie zur Unterhaltung der Schulen aller im Orte vorhandenen Confessionen verpflichtet. (M.R. v. 25. Nov. 1862. B.M.B. 1863 S. 5.)

27. Die Einwohner müssen die ihnen zufallenden Beiträge leisten ohne Unter-

zur Theilnahme an den städtischen Gemeindelasten[27]) nach den Vorschriften dieses Gesetzes verpflichtet[28–31b]).

---

schied des Zweckes, für welchen die Gemeindelasten ausgeschrieben werden. (E.K. v. 14. Jan. 1860. B.M.B. S. 136.) Soweit die Unterhaltung einer Schule aus der Kämmereikasse erfolgt, hat die Schulunterhaltungslast die Natur einer Gemeindelast. (M.R. v. 21. Juli 1862. B.M.B. S. 306.) Dasselbe ist der Fall mit denjenigen Kosten, welche durch Kasernirung oder Einmiethung der Truppen während des mobilen Zustandes entstanden sind und in Form einer Gemeindesteuer wieder ausgeschrieben werden. (M.R. v. 23. Juli 1863. B.M.B. S. 173.)

28. Das Privatvermögen der Gemeindemitglieder ist nach §§. 94 u. 96 Tit. 6, Thl. II. Allg. Landr. verhaftet für Schulden, welche zu solchen Bedürfnissen der Gem. gemacht worden sind, zu deren Bestreitung die Mitglieder neue oder erhöhte Beiträge auch wider ihren Willen hätten übernehmen müssen. Nach §. 107 a. a. O. sind indessen die Erben verstorbener Mitglieder als solche zu ferneren Beiträgen nur dann verpflichtet, wenn die Schulden zu einem Zwecke gemacht wurden, der nicht das fortwährende Beste der Korporation, sondern nur die gegenwärtigen Mitglieder betraf.

29. Wer den Wohnsitz im Stadtbezirk aufgiebt und dadurch aus der Gem. Mitgliedschaft ausscheidet, muß dem Magistrat davon Anzeige machen; erst mit Ablauf des Monats, in welchem die Anzeige erfolgt ist, erlischt für ihn die Verpflichtung zur Tragung der städtischen Kommunallasten. (§. 183 Tit. 6 Thl. II. Allg. Landr. u. §. 1 des Ges. v. 18. Juni 1840 Ges.S. S. 140.) Hat er Vortheile, welche die Stadt ihren Mitgliedern gewährt, schon für eine darüber hinaus gehende Zeit vorweg genossen, so muß er auch die städtischen Lasten noch für einen entsprechenden Zeitraum tragen. (§§. 184 u. 185 Tit. 6 Thl. II. Landr.)

30. Personen, welche mit der Stadtgem. in keiner rechtlichen Verbindung stehen, können zu den städtischen Auflagen nicht herangezogen werden. Dies gilt namentlich von den Besitzern solcher Ländereien, welche von städtischen Grundstücken umgeben sind, ohne zum Stadtbezirk zu gehören. Diese haben deshalb auch z. B. zur Besoldung des städtischen Feldhüters nichts beizutragen. (M.R. v. 21. Juli 1833 Ann. S. 687 u. v. 10. Nov. 1834 Ann. S. 1050.)

31. Bei Streitigkeiten über die Verbindlichkeit zur Entrichtung der städtischen Einkommensteuer ist der Rechtsweg unzulässig. (E.K. v. 11. Dec. 1852. B.M.B. S. 260.) Ueberhaupt ist in Betreff aller Streitigkeiten über die Verpflichtung zur Entrichtung von Kommunalabgaben der Rechtsweg ausgeschlossen, ausgenommen die Fälle, in denen Jemand eine Ueberbürdung behauptet und diese Behauptung entweder auf einen speciellen Rechtstitel, oder auf den Nachweis einer Abweichung von dem zur Anwendung kommenden Vertheilungs-Maßstab stützt. (M.R. v. 14. April 1845. B.M.B. S. 119.)

Das Zuständigkeitsgesetz vom 1. August 1883 bestimmt Folgendes:

§. 18. Auf Beschwerden und Einsprüche, betreffend:

1) Das Recht zur Mitbenutzung der öffentlichen Gemeindeanstalten, sowie zur Theilnahme an den Nutzungen und Erträgen des Gemeindevermögens,

Die Bestimmungen besonderer Stiftungen, welche mit dergleichen städtischen Gemeinde-Anstalten verbunden sind, so wie die

2) Die Heranziehung oder die Veranlagung zu den Gemeindelasten beschließt der Gemeindevorstand.

Gegen den Beschluß findet die Klage im Verwaltungsstreitverfahren statt.

Der Entscheidung im Verwaltungsstreitverfahren unterliegen desgleichen Streitigkeiten zwischen Betheiligten über ihre in dem öffentlichen Rechte begründete Berechtigung oder Verpflichtung zu den im Abs. 1 bezeichneten Nutzungen beziehungsweise Lasten.

Einsprüche gegen die Höhe von Gemeindezuschlägen zu den direkten Staatssteuern, welche sich gegen den Prinzipalsatz der letzteren richten, sind unzulässig. Die Beschwerden und die Einsprüche haben keine aufschiebende Wirkung.

Dazu §. 21:

Zuständig in erster Instanz ist im Verwaltungsstreitverfahren der Bezirksausschuß. Die Frist zur Anstellung der Klage beträgt zwei Wochen.

Die Gemeindevertretung, beziehungsweise der kollegialische Gemeindevorstand können zur Wahrnehmung ihrer Rechte im Verwaltungsstreitverfahren einen besondern Vertreter bestellen.

Gegen die Entscheidung des Bezirksausschusses in den Fällen des §. 18 unter 2 ist nur das Rechtsmittel der Revision zulässig.

Zuständig für das Rechtsmittel der Revision ist das Oberverwaltungsgericht. (§. 93—99 L.V.G.)

31a. Hat der Steuerpflichtige gegen seine Veranlagung zur Staatssteuer mit Erfolg reklamirt, so hat die Herabsetzung auf die Veranlagung zur Kommunalsteuer keinen Einfluß, falls er nicht auch gegen diese rechtzeitig Einspruch erhoben hat.

E. O.V.G. v. 8. October 1885. XII. S. 59.

31b. Die Bestimmung, daß alle Einwohner des Stadtbezirks und alle juristischen Personen, welche in dem Stadtbezirke Grundeigenthum besitzen oder ein Gewerbe betreiben, zur Theilnahme an den Gemeindelasten nach den Vorschriften der Städteordnung verpflichtet sind, ist eine dem öffentlichen Recht angehörende Gesetzesvorschrift zwingender Natur und kann durch Privatdisposition (Vertrag der Stadt mit der Eisenbahngesellschaft behufs Befreiung der Letzteren von den städtischen Steuern) nicht rechtswirksam abgeändert werden.

Entsch. d. O.V.G. v. 14. October 1884. XII. S. 273. Grot. S. 52.

Eine blödsinnige Person, welche auf Anordnung des Vormunds in einer Stadt untergebracht ist und dort sich länger als drei Monate aufhält, ist kommunalsteuerpflichtig.

E.O.V.G. v. 29. März 1886. XIII. S. 111.

hinsichtlich solcher Anstalten auf besonderen Titeln beruhenden Privatrechte, werden hierdurch nicht berührt[32]).

Wer[33]), ohne in dem Stadtbezirk zu wohnen[34]), daselbst Grundbesitz[35]) hat, oder ein stehendes Gewerbe[36]) betreibt, ist dennoch verpflichtet, an denjenigen Lasten Theil zu nehmen, welche auf den Grundbesitz, oder das Gewerbe, oder auf das aus jenen Quellen fließende Einkommen gelegt sind[37]). Dieselbe Ver-

---

32. Inwieweit die Stiftungen (Hospitäler, Erziehungs-, Wittwen-Anstalten ꝛc.) von der Einwohnerschaft oder einzelnen Klassen derselben mitbenutzt werden können, darüber entscheiden die Stiftungs-Urkunden. Vergl. §. 49.

33. Es kann nicht zweifelhaft sein, daß unter diesem Wer auch Gesellschaften und Vereine zu verstehen sind, welche nicht die Eigenschaft juristischer Personen haben.

34. Nicht zu verwechseln ist hiermit der in der Städeordn. nicht vorgesehene Fall, wenn Jemand einen gesetzlich begründeten doppelten Wohnsitz hat. (Vergl. Note 23.) Dieser ist verpflichtet, an jedem dieser Orte zu den Gem.-Abgaben beizutragen. (M.R. v. 30. Nov. 1859. B.M.B. S. 336.) Das Nähere siehe in dem im Anhang abgedruckten Gesetz vom 27. Juli 1885 (§§. 7—11, Vermeidung der Doppelbesteuerungen).

35. Mit dem Einkommen aus Bergeigenthum verhält es sich ganz so, wie mit dem aus landwirthschaftlich benutzten Grundeigenthum. (M.B. v. 15. August 1859. B.M.B. S. 211.)

36. Nach der Gewerbe-Gesetzgebung bildet ein stehendes Gewerbe den Gegensatz zu einem Gewerbe, welches im Umherziehen, im Ziehen von Ort zu Ort betrieben wird (Hausirhandel). Das Obertrib.-Erk. v. 23. Mai 1856 (Striethorst Bd. 21 S. 217) erachtete das Gewerbe eines Steuermannes auf einem Stromfahrzeuge für ein nicht stehendes.

Wenn eine juristische Person in einem und demselben Gemeindebezirk verschiedene kommunalsteuerpflichtige Gewerbe betreibt, beziehungsweise verschiedene gewerbliche Etablissements und Anlagen besitzt, darf das gesammte Einkommen aus solchen verschiedenen gewerblichen Unternehmungen beziehungsweise aus den Grundbesitzungen derselben juristischen Person in demselben Gemeindebezirk nur als eine Einheit zur Kommunal-Einkommensteuer veranlagt werden. (M.R. v. 7. October 1869. B.M.B. S. 267.)

37. Selbstverständlich tritt diese Verpflichtung nur dann ein, wenn die Gem.-Lasten auf alle Grundbesitzer oder Gewerbetreibenden vertheilt sind. (M.R. v. 4. Februar 1848. B.M.B. S. 39.)

Wenn eine Stadtgem. die Kosten des städtischen Schulwesens in den Stadthaushalts-Etat aufnimmt, so ist über Anträge der Forensen auf Befreiung von Beiträgen dazu nicht von den Gerichten, sondern von den Verwaltungsbehörden zu entscheiden. (E.K. v. 4. October 1856. B.M.B. 1857 S. 4.)

Wenn der Magistrat die Forensen von ihrem Einkommen aus städtischem Grundbesitz und Gewerbebetrieb auf Grund des §. 4 Abs. 3 der St.O. zur

pflichtung haben juristische Personen[38]), welche in dem Stadt-

---

Kommunalsteuer heranziehen will, so muß daselbst zuvor eine Kommunal-Einkommensteuer, deren regulativmäßig festzustellende Grundsätze die Anwendung der vorgedachten gesetzlichen Bestimmung ermöglichen, gemäß §. 53 Abs. 2 II und Abs. 4 a. a. O. mit Genehmigung der Regierung eingeführt werden (M.R. v. 4. Mai 1871. V.M.B. S. 166.)

Wer ohne in dem Stadtbezirk zu wohnen, sich nur als stiller Gesellschafter an dem Betriebe eines dortigen Handelsgewerbes betheiligt, ist in Ansehung des ihm hieraus zufließenden Einkommens der Forensalbesteuerung nicht unterworfen, da er nicht als Gewerbetreibender im Sinne des §. 4 Abs. 3 der St.O. anzusehen ist. E.O.V.G. v. 30. November 1885 XII S. 106.

In dem Falle, wo die Mitglieder einer offenen Handelsgesellschaft für Zuckerfabrikation durch den Gesellschaftsvertrag verpflichtet sind, eine bestimmte Anzahl von Morgen für die Fabrik mit Zuckerrüben zu bebauen und für die gelieferten Rüben einen bestimmten, den Preis der sogen. Kaufrüben nicht übersteigenden Preis von der Gesellschaft erhalten, ist dieses als Einkommen aus Grundvermögen anzusehen und gehört die Zahlung des Preises seitens der Gesellschaft zu den Unkosten ihres Gewerbebetriebes, welche bei der Feststellung des Einkommens aus dem Gewerbebetriebe in Abzug zu bringen sind. Der Forensalbesteuerung können daher die Gegenleistungen der Gesellschaft für die Rübenlieferung der Gesellschafter nicht unterliegen. Dagegen bilden die Zinsen der auf Grund des Gesellschaftsvertrages gemachten Kapitaleinlagen einen Theil des aus dem Gewerbebetriebe bezogenen Einkommens und einen Gegenstand der Forensalbesteuerung, wenn die Gesellschafter außerhalb der Gemeinde, in deren Bezirk das Gewerbe betrieben wird, wohnen.

E. d. O.V.G. v. 1. Juni 1885 u. 7. Juni 1885 XII 113. 118. Grot. 1886 S. 22.

Die Mitglieder einer Kommanditgesellschaft sind als Gewerbetreibende anzusehen und unterliegen als Forensen der Forensalbesteuerung.

M.E. v. 3. Jan. 1882 V.M.B. S. 82 cf. §. 14 Kreisordnung, §. 1 Abs. 3 Ges. v. 27. Juli 1885.

Ist in dem Statut einer Feuerversicherungsactiengesellschaft bestimmt, daß nur die eine Hälfte des Reineinkommens unter den Actionären als Gewinn vertheilt wird, während die andere zu gemeinnützigen Zwecken innerhalb des Geschäftskreises der Gesellschaft verwendet werden soll, so stellt nur die erstere Hälfte das zu besteuernde Reineinkommen dar, und ist die letztere Hälfte kommunalsteuerfrei.

E. O.V.G. v. 12. Februar 1885 XI S. 77.

38. Die Eigenschaft juristischer (moralischer) Personen, d. h. selbständiger Subjecte von Rechten und Verbindlichkeiten, sind im Allg. Landr. beigelegt: den Stadt- und Landgemeinden, Innungen, Kirchen, Stiften, Schulen, Universitäten, Armen- und Versorgungs-Anstalten, dem Fiscus 2c. Außerdem kommen die Rechte einer juristischen Person allen den Gesellschaften und Anstalten zu, welchen solche landesherrlich besonders verliehen sind. (§. 25 Tit. 6 Thl. II. Allg. Landr.)

bezirke Grundeigenthum besitzen, oder ein stehendes Gewerbe betreiben [39-44]).

Die im Sinne des Handels-Gesetzbuches errichteten Handels-Gesellschaften gehören nicht zu den juristischen Personen, sofern ihnen dies Privilegium nicht ausdrücklich verliehen worden ist. (M.R. v. 30. April 1866. V.M.B. S. 135.)

Die den Vorschriften des Bundesgesetzes v. 4. Juli 1868 entsprechend in das Handelsregister eingetragenen Genossenschaften sind nicht als juristische Personen anzusehen (§. 12 a. a. O.), dürfen daher auch nicht als eine einheitliche steuerpflichtige Persönlichkeit zur Kommunalsteuer herangezogen werden. (M.R. v. 16. Oct. 1870. V.M B. S. 301.)

39. Zu dergleichen steuerpflichtigen juristischen Personen gehören auch die Eisenbahn-Gesellschaften (M.R. v. 29. Sept. 1856. V.M.B. S. 256) und selbst Fiscus kann wegen der Staats-Eisenbahnen sich dieser Verpflichtung nicht entziehen, da jetzt sich diese Bahnen hauptsächlich des Erwerbes wegen im Betrieb befinden und der Zeitpunkt, wo die Anlage-Kapitalien amortisirt sind und dem Unternehmen eine solche Einrichtung gegeben werden kann, daß der Ertrag des Bahngeldes die Kosten der Bahn-Unterhaltung und Verwaltung nicht übersteigen (§. 40 des Eisenbahn-Ges. vom 3. Nov. 1838) noch fern liegen dürfte

Wegen der Privatbahnen bestimmen die M.R. v. 29. Sept. 1856 (V.M B. S. 256), v. 16. Dec. 1857 (V.M.B. 1858 S. 17) u. v. 7. Aug. 1859 (V.M.B. S. 210), daß der gesammte, nach dem Durchschnitt der letzten drei Jahre zu ermittelnde Reinertrag des Eisenbahn-Unternehmens, welcher auf das Actien-Kapital zur Vertheilung kommt, zur Kommunalbesteuerung heranzuziehen ist, und zwar überall da, wo eine Eisenbahn-Station vorhanden. Eine erläuternde Anweisung für die Reinertrags-Berechnung ist dem M.R. v. 29. Sept. 1856 beigefügt.

Besitzt eine Eisenbahn-Gesellschaft Coaksöfen, verwendet aber die gewonnenen Coaks nicht zum Handel, sondern zum eigenen Gebrauch, so ist davon ein Kommunalsteuerbeitrag nicht zu entrichten. (M.R. v. 2. Juni 1860. M.B.B. S. 115.)

Ueber die Verbindlichkeit der Eisenbahn-Gesellschaften zur Entrichtung von Kommunalabgaben ist den betr. Gemeinden im Widerspruch mit den Anordnungen der Aufsichtsbehörden der Rechtsweg nicht gestattet (E.K. v. 11. Mai 1861. V.M B. S. 188), auch sind Streitigkeiten über die Verbindlichkeit der Eisenb.-Gesellschaften in Berlin zur Zahlung der Miethssteuer vom Rechtswege ausgeschlossen. (E.K. v. 7. Nov. 1857. V M.B. S. 108 u. v. 10. Dec. 1859. V.M.B. S. 232.)

39a. Wegen Besteuerung der Actiengesellschaften, Bergwerkschaften, eingetragenen Genossenschaften und juristischen Personen vgl. das Ges. v. 27. Juli 1885 (Anhang).

40. Die Post- und Staats-Telegraphen-Verwaltung sind nicht dauernd

Wo städtische Gemeinde-Abgaben durch Zuschläge zur Klassen- oder klassificirten Einkommensteuer erhoben werden, müssen alle die-

---

und wesentlich zum Zwecke des Erwerbes oder Gewinnes betriebene Geschäfte, können daher nicht besteuert werden. (O.Tr.Erk. v. 19. Dec. 1858 J.M.B. S. 74 u. M.R. vom 13. März 1868. V.M.B. S. 125.)

41. Auch in denjenigen Fällen, wo in Gebäuden von Instituten, welche ihres öffentlichen Zweckes halber von Real- und Personalsteuern befreit sind, ein öffentlicher Gewerbebetrieb (wie z. B. das Apothekergewerbe in Universitäts- oder Klostergebäuden rc.) stattfindet, ist das reine Einkommen der Kommunalsteuer unterworfen. (M.R. v. 26. Sept. 1856. I. B. 8284 ungedr.)

42. Versicherungs-Gesellschaften unterliegen beim Geschäftsbetriebe außerhalb ihres Domicils nur dann der Kommunalsteuerpflicht, wenn sie an dritten Orten eigene Komtoire errichten, von denen aus für Rechnung der Gesellschaft und durch ausschließlich in ihrem Dienste stehende, nicht selbständige Gewerbegehülfen Versicherungsgeschäfte abgeschlossen werden. Wo sie sich der Vermittelung anderer selbständiger Gewerbtreibenden (Agenten) bedienen, da sind es die letzteren, welche event. besteuert werden. (M.R. v. 9. Juni 1855. V.M.B. 1857 S. 105.)

43. Wenn Actien-Gesellschaften (z. B. zum Betriebe von Zuckerfabriken) und ähnliche Unternehmungen zwar in der Stadt ihr Forum und den Wohnsitz des Directoriums haben, aber innerhalb des städtischen Bezirks weder eine gewerbliche Anlage, noch ein eigenes festes Verkaufslokal besitzen, können sie hinsichtlich ihres Einkommens nicht in der Stadt besteuert werden. So entschieden in einem Specialfalle durch den Min. d. J.

Bergwerks-Unternehmungen sind da steuerpflichtig, wo der Bergbau betrieben wird, und dieser Betriebsort ist lediglich nach der Lage der unterirdischen Gewinnungsorte zu entscheiden. (M.R. v. 15. März 1861. V.M.B. S. 80.)

Die Actien-Gesellschaften sind als juristische Personen im Sinne des §. 4 Al. 3 der Städte-Ordnung zur Kommunal-Einkommensteuer heranzuziehen. Auch die Gewerkschaften (Bergbau) sind bezüglich der Kommunalbesteuerung als juristische Personen zu behandeln (M.R v. 6. März 1869. V.M.B. S. 74). Bei Heranziehung der Bergbautreibenden zur Kommunalsteuer ist das Einkommen aus dem Bergbaubetriebe als ein gewerbliches und nicht als Einkommen aus Grundeigenthum zu behandeln (M.R. v. 7. Oktober 1871. V.M.B. S. 293), vgl. das im Anhange abgedruckte Ges. v. 27. Juli 1885.

44. Die den Forensen und juristischen Personen oben auferlegte Verpflichtung hat nicht den Sinn, daß die Gemeinde von ihr, sobald sie eine Kommunalsteuer der hierzu geeigneten Art erhebt, nothwendig und in dem vollen gesetzlich zulässigen Umfange Gebrauch machen müsse. Wenn daher ein städt. Einkommensteuer-Regulativ die Forensen und jur. Personen von Steuerbeiträgen entbindet, so besteht die Exemtion zu Recht, und zwar so lange, bis das Regulativ in der durch § 53 vorgeschriebenen Weise abgeändert ist. (M.R. v. 29. Febr. 1868. V.M.B. S. 154.)

jenigen, welche im Stadtbezirk sich aufhalten, um dort ihren Unterhalt zu erwerben[45]), sobald sie daselbst eine dieser Steuern zu entrichten haben, auch die gedachten Zuschläge zahlen[46]). Wo eine Kommunalsteuer anderer Art eingeführt ist, sind dergleichen Personen bei einem Aufenthalt von mehr als 3 Monaten im Stadtbezirk vom Ablauf des dritten Monats an zu jener Steuer beizutragen verpflichtet[47]).

---

45. Die Beibehaltung eines den größten Theil des Jahres leerstehenden Absteigequartiers, um bei gelegentlichem Besuche ein bequemes Unterkommen zu finden, begründet keine Verpflichtung zu Gemeindesteuer-Beiträgen; sie tritt aber ein, *wenn aus den Umständen gefolgert werden muß, daß der Inhaber des* Quartiers bei wechselndem Aufenthalte auch in der Stadt ein Domizil constituirt hat. (M.R. v. 14. Febr. u. 10. März 1836. Ann. S. 147ff.) Dieser Grundsatz ist auch in neuerer Zeit in Specialfällen von Provinzialbehörden aufrecht erhalten worden.

46. Majorenne Söhne, wenngleich sie in dem Hausstande des Vaters leben, jedoch in dem Geschäfte desselben z. B. die Stelle eines Kommis vertreten und dafür neben freier Station und Bekleidung ein baares Einkommen beziehen, sind zu persönlichen Kommunalabgaben heranzuziehen. Es kann der Einwand nicht berücksichtigt werden, daß sie zum Hausstande des Vaters gehören, da nicht das Verhältniß des Vaters zum Sohne, sondern das als Kommis in Betracht kommt. So entschieden in Specialfällen auf erhobenen Recurs.

46a. Vgl. Art. I §. 9 a. b. des Ges. v. 25. Mai 1873 u. §. 4 Ges. vom 26. März 1883 Note 89a so wie die Noten zu §. 53 St.O.

47. Diese Bestimmungen sind durch §. 8 des Freizügigkeitsgesetzes vom 1. November 1867 abgeändert worden. Derselbe lautet:

> D i e G e m e i n d e i s t n i c h t b e f u g t v o n n e u A n z i e h e n d e n w e g e n d e s A n z u g e s e i n e A b g a b e z u e r h e b e n. Sie kann denselben gleich den übrigen Gemeindeeinwohnern zu den Gemeindelasten heranziehen. Uebersteigt die Dauer des Aufenthalts nicht den Zeitraum von drei Monaten, so sind die neu Anziehenden diesen Lasten nicht unterworfen.

Es kommt somit nicht mehr auf den Zweck des Aufenthalts an. Die Städteordnung verlangte, daß die zu Besteuernden ihren Unterhalt in der Stadt erwerben wollten, nach §. 8 a. a. O. ist aber — unter der Voraussetzung, daß der Aufenthalt länger als drei Monate dauert — ein Jeder kommunalsteuerpflichtig, der daselbst — sei es auch nur besuchsweise, als Sommergast, zur Kur, zur Abwickelung einzelner Geschäfte oder sonst vorübergehend — seinen Aufenthalt nimmt. Auf die Art der Steuer, ob Zuschlagsteuer oder Kommunalsteuer anderer Art, wie die Städteordnung unterschied, kommt nichts mehr an. Die Gemeinden haben ein selbständiges Recht, die Neuanziehenden sofort zur Kommunalsteuer heranzuziehen; sie haben nicht nöthig, erst den Ablauf von drei Monaten abzuwarten, können vielmehr die Anziehenden schon im ersten, zweiten oder

Zu den auf den Grundbesitz oder auf das stehende Gewerbe gelegten Lasten[48]) sind auch die in §. 3 erwähnten Militärpersonen verpflichtet, wenn sie im Stadtbezirk mit Grundeigenthum angesessen sind, oder ein stehendes Gewerbe treiben.

Von anderen direkten[49]) Gemeindeabgaben und Lasten sind dieselben, mit Ausnahme der Militärärzte, rücksichtlich ihres Einkommens aus einer Civilpraxis, frei[49a]).

Von Verbrauchssteuer bleiben nur die Militär-Speise-Einrichtungen und ähnlichen Anstalten[50]) in dem bisherigen Umfange befreit[51]).

---

dritten Monat ihres Aufenthalts besteuern, sie müssen nur später die bereits erhobenen Steuern wieder herauszahlen, wenn der Neubesteuerte seinen Aufenthaltsort bereits vor Ablauf eines dreimonatlichen Zeitraums wieder aufgiebt und fortzieht. Aus diesem Grunde empfiehlt es sich, mit der Bestimmung erst nach drei Monaten vorzugehen, diese aber auf den Tag des Anzuges zurückzubeziehen.

Vergl. E. O.V.G. v. 19. Januar 1879 (III S. 102), vom 11. December 1880 (VII S. 383).

48. Militairpersonen, welche Grundstücke besitzen, sind nach der Kab.-Ordre vom 29. Mai 1834 (Ges.-S. S. 74) auch zu den mit denselben verbundenen persönlichen Diensten verpflichtet. Obgleich nun hierbei nicht ausdrücklich die Befugniß zur Bestellung eines Stellvertreters für den Fall der Behinderung erwähnt ist, wie dies für die Beamten in Al. 15 §. 4 geschehen, so unterliegt doch die gleiche Befugniß der Militairpersonen keinem Bedenken.

48a. Wegen der Vertheilung von Gemeindeabgaben bei der Zutheilung von Grundstücken vergl. §. 2. 7—10 Ges. v. 25. August 1876.

49. Zu den indirecten Gemeindeabgaben (vergl. §. 53) sind die Militairpersonen beizutragen verpflichtet.

Von den Ehefrauen der Militairpersonen werden gleichfalls keine directen persönlichen Gemeindeabgaben erhoben werden können, weil diese ihren Ehemännern gleich behandelt werden müssen und überdies die Steuer den Ehemann als Nießbraucher des Vermögens seiner Frau treffen würde. (M.R. v. 20. Mai 1836. Ann. S. 377.)

49a. Diese Bestimmung ist abgeändert worden durch das im Anhange abgedruckte Gesetz vom 29. Juni 1886 (G.S. S. 181) betreffend die Heranziehung von Militärpersonen zu Abgaben für Gemeindezwecke.

50. Der Schlußsatz des Absatz 4 §. 4 der Städteordn. ist lediglich auf militairische Verhältnisse zu beziehen. (O.Tr.Erk. v. 17. November 1864. Entsch. Bd. 57 S. 104.) Hiernach kann es um so weniger zweifelhaft sein, daß unter den obengedachten „ähnlichen Anstalten" nur die den Militair-Speiseeinrichtungen ähnlichen Anstalten zu verstehen sind, als bei jeder Exemtion vom Gesetze allemal die Auslegung gegen das Privilegium spricht.

51. Der hier gewählte Ausdruck „in dem bisherigen Umfange" ist insofern

In wie weit zu den Gemeinde-Abgaben und Lasten auch **Waldungen**[52]) herangezogen werden können, ist nach den besonderen Verhältnissen derselben zu den Gemeinden zu bemessen. Der Provinzial-Landtag hat darüber nähere Bestimmungen zu treffen, welche der Genehmigung des Königs bedürfen.

Bis zum Erlaß solcher Bestimmungen können Waldbesitzer zu den Gemeinde-Abgaben und Lasten in höherem Maße, als seither, nicht herangezogen werden.

Die im §. 2 des Gesetzes vom 24. Februar 1850 (Ges.-Samml. S. 62) bezeichneten ertragsunfähigen oder zu einem öffentlichen Dienste oder Gebrauche bestimmten Grundstücke sind nach Maßgabe der Kabinets-Ordre vom 8. Juni 1834[53]) (Ges.-Samml. S. 87), die

---

inkorrekt, als die Gem.-Ordn. v. 1850 die bis dahin bestandenen Befreiungen aufgehoben hatte, mithin der bisherige Umfang in der Ausschließung der Immunität bestehen würde; es leidet indeß keinen Zweifel, daß unter dem gedachten Ausdruck der vor Einführung der Gem.-Ordn. v. 1850 bestehende Rechtszustand gemeint ist. Es sind hiernach von Verbrauchssteuern freizulassen:

a. die in Kasernen und Lazarethen befindlichen Speise-Einrichtungen und die in den nicht mit Kasernen versehenen Garnisonen unter Aufsicht der Militair-Vorgesetzten bestehenden Speisungs-Vereine. (M.R. vom 28. October 1824. Ann. S. 1201);

b. die Speiseanstalten der Militair-Straffectionen. (M.R. v. 6. März 1825 Ann. S. 270);

überhaupt die **eigenen** Militair-Speiseanstalten in allen Garnisonen (Kab.-Ordre v. 12. August 1824 Ann. S. 1200 u. M.R. vom 12. Mai 1837 Ann. S. 452.) Die besonders bestehenden Offizier-Speiseanstalten sind darunter nicht begriffen. (M.R. v. 7. Februar 1825 Ann. S. 268.)

Auch die etwa gezahlte Kommunalsteuer für die von den Truppen unter anderen Verhältnissen und namentlich in Lagern oder im Kantonnement consumirten Gegenstände ist zurück zu zahlen. (Kab.-Ordre vom 13. Februar 1836 Ann. S. 151.)

52. Hier sind die zum städt. Gem.-Bez. gehörigen Waldungen gemeint, welche nicht Eigenthum der Stadt sind, sondern Bürgervermögen bilden, oder einzelnen Einwohnern der Stadt oder Forensen gehören.

53. Soll die Befreiung stattfinden, so müssen zwei Voraussetzungen zusammentreffen: die Grundstücke müssen einmal zu den im §. 2 des Ges. vom 24. Februar 1850 bezeichneten gehören, und es müssen zweitens die Bedingungen der Kab.-Ordre v. 8. Juni 1834 erfüllt sein. Die sedes materiae für die Frage, welche Grundstücke befreit sein sollen, ist der §. 2 des Ges. v. 24. Februar 1850. Die Bezugnahme auf die Kab.-Ordre v. 8. Juni 1834 ist nicht als eine erweiternde, sondern als eine **beschränkende** Bestimmung hinzugefügt. Wenn daher auch gewisse Ländereien früher nach Maßgabe der Kab.-Ordre v. 1834 von Gem.-

Auflagen befreit gewesen sind, so folgt aus diesem Umstande allein noch nicht, daß diese Bestimmung auch gegenwärtig fortdauere, vielmehr bedarf es, um hierüber entscheiden zu können, noch einer Prüfung der Frage, ob sie unter den im §. 2 des Ges. v. 24. Februar 1850 bezeichneten Grundstücke begriffen seien. (M.R. v. 24. October 1855 B.M.B. S. 198.)

Nach §. 2 des Ges. v. 24. Februar 1850 sind steuerfrei die dem Staate, den Provinzen, den Kreisen oder den Gemeinden gehörigen, zu einem öffentlichen Dienste oder Gebrauche bestimmten Grundstücke, insonderheit alle Gossen, Plätze, Brücken, Straßen 2c., außerdem alle Brücken, Kunststraßen, Schienenwege der Eisenbahnen und schiffbaren Kanäle, welche mit staatlicher Genehmigung von Privatpersonen oder Actien-Gesellschaften zum öffentlichen Gebrauch angelegt sind. Die Worte „insonderheit also“, mit denen die in den Absätzen a—g §. 2 a. a. O. enthaltene Namhaftmachung der befreiten Grundstücke eingeleitet ist, bedeuten so viel als „beispielsweise“, lassen also zu, daß der Paragraph auch auf solche Grundstücke angewendet werde, welche, ohne speciell benannt zu sein, doch mit den namentlich aufgeführten in völlig gleiche Kategorie fallen. Demgemäß sind auch zu den befreiten Grundstücken zu rechnen:

a. die zu Kinderbewahranstalten angekauften Lokale, sofern sie nicht einzelne Zimmer, sondern selbständige Gebäude sind, und so lange sie ausschließlich zu diesem Zwecke dienen. (M.R. v. 27. Juni 1843 B.M.B. S. 317.)

b. Seminargebäude. (M.R. v. 22. November 1837 Ann. S. 1019.)

Dagegen gehören nicht dazu:

a. Theatergebäude. (M.R. v. 14. August 1843 B.M.B. S. 232),

b. Eisenbahngebäude. (M.R. v. 16. August 1843 B.M.B. S. 233),

c. die den Landschaften oder landschaftl. Kreditverbänden gehörigen Gebäude. (M.R. v. 25. Februar 1863 B.M.B. S. 60),

d. die nutzbaren Aecker der Kirchen, milden Stiftungen und anderer bevorzugter Institute. (M.R. vom 24. October 1855 B.M.B. S. 198).

Die Grundsteuerfreiheit ist zwar durch die beiden Gesetze vom 21. Mai 1861 über anderweite Regelung der Grundsteuer und die Einführung der Gebäudesteuer (Ges.S. S. 253 u. 317) weiter ausgedehnt, als im Gesetze vom 24. Febr. 1850, für die Befreiung von den Gemeinde-Auflagen aber sind die Grenzen des letzteren nicht erweitert worden. Ueberhaupt darf auch nicht außer Acht gelassen werden, daß die obengenannten ertragsunfähigen Grundstücke, wie auch im Komm.-Ber. der I. Kammer ausdrücklich hervorgehoben wurde, nur kommunalsteuerfrei sind, wenn und so lange sie direct und unmittelbar zum öffentlichen Dienste, also zu öffentlichen und gemeinnützigen Zwecken, zur Beförderung des Gemeinwohls wirklich gebraucht werden, und nur nach Maßgabe der Kab.-Ordre vom 8. Juni 1834, also nach deren Wortlaut nur dann, wenn sie bei Erlaß der letzteren davon frei gewesen sind. Insoweit sie damals zu städtischen Auflagen herangezogen wurden, behält es dabei sein Bewenden. Die zur obigen Kategorie gehörigen Grundstücke, welche erst nach Erlaß der qu. Kab.-Ordre erworben sind, oder noch erworben werden, sind von Gem.-Steuern nur frei, wenn sie nicht mit Gebäuden besetzt sind; für darauf vorhandene Gebäude müssen dieselben städt. Abgaben fortentrichtet werden, welche der Vorbesitzer zu leisten hatte. Die Realverpflichtungen, die von Gebäuden, oder von mit Gebäuden besetzten Grundstücken vermöge des Kommunalverbandes vor der Erwerbung geleistet sind, müssen fortentrichtet werden, selbst dann, wenn Fiscus oder die betr. Korporationen entweder diese Gebäude gänzlich niederreißen, oder nach deren Abbrechung neue Gebäude an deren Stelle setzen lassen. (Ob.-Trib.-Erk. v. 24. Mai 1844 Präj. Nr. 1447.) Doch sind Verträge, durch welche fiskalische Grundstücke von den darauf haftenden Real-Kommunallasten durch ein aversionelles Aequivalent befreit werden, durch M.-R. v. 26. Juni 1838 (Ann. S. 374) für zulässig erklärt worden.

Ein fiskalisches Grundstück ist kommunalsteuerpflichtig, wenn und so lange es nicht zu öffentlichen oder gemeinnützigen, sondern zu gewerblichen Zwecken bestimmt ist, wie Letzteres bei der Königl. Porzellanmanufaktur zu Berlin der Fall ist. Ist ein solches Grundstück zunächst zwar nicht zum öffentlichen Dienst oder Gebrauch erworben, wird aber später dazu bestimmt, so wird es mit dem Zeitpunkt, in welchem es zu dem öffentlichen Zweck verwandt wird, kommunalsteuerfrei.

E. d. O.V.G. v. 8. December 1884 (XI. S. 58).

Die Kabinetsordre vom 8. Juni 1834 setzt keinen neuen Titel zur Steuererhebung an die Stelle des ursprünglichen Titels. Daher muß mit Beseitigung des Letzteren auch die darauf gegründete Steuerpflicht erlöschen. Mit dem Wegfall der bisher getragenen fixirten Steuer werden die fiskalischen Grundstücke von der Beitragspflicht zu den Gemeindeabgaben überhaupt frei, da sie zu anderen als den früher getragenen Lasten nicht herangezogen werden dürfen. Mußten fiskalische Grundstücke zu dem alten Provinzialservis beitragen, so ist nach Aufhebung desselben die Belastung der Grundstücke mit Naturalquartier nicht zulässig.

E. d. O.V.G. v. 15. November 1887. XV. S. 142ff. Grot. 88 S. 25.

Hinsichtlich der von dem O.V.G. bei Beurtheilung der Steuerfreiheit bezw. Steuerpflicht von „zu einem öffentlichen Dienst oder Gebrauch bestimmter Grundstücke“ aufgestellten Grundsätze vgl. die Entscheidungen vom 30. Mai 1876 (I. S. 40), 9. December 1876 (I. S. 87), 3. Januar 1877 (II. S. 23), 15. December 1877 (III. S. 25), 20. Juni 1878 (IV. S. 19), 4. November 1878 (IV. S. 63). Hienach sind für steuerfrei erklärt fiskalische Exercierplätze und Artillerieschießplätze, selbst wenn nebenher noch eine gewisse anderweite Nutzung stattfindet und diese einen Reingewinn abwirft (II. S. 23), ferner die Haffe an der Ostseeküste (III. S. 25), die Dienstwohnungen der Königl. Forstbeamten (I. S. 40), die den Landgestüten gehörenden Marställe, Reitbahnen und Krankenställe. Dagegen sind für steuerpflichtig erachtet die der Gestütverwaltung zu gewöhnlicher landwirthschaftlichen Nutzung überwiesenen sogen. Gestütvorwerke (Erk. v. 16. Mai 1878, cf. IV. 68), fiskalische Weidenanpflanzungen an Strömen — sogen. Kämzen — (I. S. 87), die dem Gewerbebetrieb der Staatseisenbahnen dienenden fiskalischen Gebäude, insoweit sie nicht ganz oder überwiegend dazu dienen, Staatsbeamten Dienstwohnungen zu gewähren (IV. S. 11 u. 19). Kanaldämme als nothwen-

Dienstgrundstücke[54]) der Geistlichen[55]), der Kirchendiener[56]) und Ele-

dige Zubehörungen der ausdrücklich für befreit erklärten Kanäle sowie fiskalische Schleusenetablissements sind nach einer Entsch. d. O.V.G. vom 19. September 1877 (cf. Brauchitsch Bd. II S. 56) für steuerfrei erachtet. Desgleichen die den Kirchengemeinden gehörigen Begräbnißplätze, auch die der Juden (Entsch. v. 9. Mai 1879 V. S. 126).

Die im Eigenthum des Reiches befindlichen Gegenstände sind hinsichtlich der Befreiung von Steuern und sonstigen dinglichen Lasten den in Eigenthum des einzelnen Staates befindlichen gleichartigen Gegenständen gleichgestellt. (§. 1 Abs. 2 des Ges. v. 25. Mai 1873 über die Rechtsverhältnisse der zum dienstlichen Gebrauch einer Reichsverwaltung bestimmten Gegenstände R.G.B. S. 113.)

54. Dienstgrundstücke sind nach dem Wortsinne und dem allgemeinen Sprachgebrauche solche, deren Verwaltung und unmittelbare Nutznießung den Beamten als Theil ihres Diensteinkommens überwiesen ist. Die der Geistlichen, Kirchendiener und Elementar-Schullehrer sind unbedingt befreit von den Gemeinde-Auflagen, sie mögen diese Befreiung seither besessen haben, oder nicht, und sie mögen unmittelbar zum öffentlichen Dienst und Gebrauch bestimmt oder anderweitig benutzt, insbesondere also verpachtet oder vermiethet sein.

Grundstücke, deren Benutzung nicht einem Geistlichen rc. als Theil der Besoldung überwiesen ist, deren Erträge vielmehr zur Kirchen- oder Schulkasse fließen und zur Aufbringung der Gehälter der Kirchenbeamten und Lehrer und zur Bestreitung sonstiger Kirchen- und Schul-Ausgaben verwendet werden, sind nicht Dienstgrundstücke, werden daher nach dem dritten Alinea des §. 4 besteuert.

Die gesetzliche Befreiung der Pfarrgüter von Abgaben und Lasten für Kommunal- und Schulzwecke wird durch deren Verpachtung nicht aufgehoben. (R. d. M. d. g. A. u. d. M. d. J. v. 4. Juli 1871. V.M.B. S. 246.)

55. Als Geistliche bezeichnet §. 59 Tit. 11 Thl. II Allg. Landr. Diejenigen, welche bei einer christlichen Kirchengemeinde zum Unterricht in der Religion, zur Besorgung des Gottesdienstes und zur Verwaltung der Sakramente bestimmt sind. Zu ihnen gehören auch die Domgeistlichen. (M.R. v. 6. Dec. 1826. Ann. S. 1078 u. v. 6. April 1828. Ann. S. 433). Dagegen gehören nicht zu ihnen die Seminar-Directoren, wenn sie auch früher ein geistliches Amt bekleidet haben (M.R. v. 9. Sept. 1860 V.M.B. S. 204), eben so wenig die jüdischen Rabbiner. (M.R. v. 10. Januar 1848 V.M.B. S .40.)

Die Begriffsbestimmung eines Geistlichen ergiebt sich nicht aus der Städteordnung oder dem Ministerialerlaß vom 22. Januar 1864 (V.M.B. S. 121), sondern zunächst aus dem §. 59 II. 11. A.L.R., sodann aber hinsichtlich der Natur des Diensteinkommens aus dem Steuerregulative der betreffenden Stadt und aus der Auffassung, welche das Kirchenrecht bzw. die Verfassung der Kirche, welcher der Betreffende angehört, mit dem Worte Geistlicher verbindet. Unter diesen Umständen können auch Geistliche der sogen. innern Mission und der blos geduldeten Religionsgesellschaften in den Genuß der Steuerfreiheit gelangen. Ist ein Geistlicher von dem Vorstande eines Evangelischen Vereinshauses berufen und ist diese Berufung von dem Provinzialconsistorium bestätigt worden, so sind ihm seine Amtsbefugnisse durch einen Akt übertragen, welcher nur unter Mit-

mentar-Schullehrer [57]) aber überhaupt von den Gemeinde-Auflagen befreit.

---

wirkung der kirchlichen Oberbehörde zustande gekommen ist. Deshalb ermangelt derselbe auch nicht der „Vocirung durch die Kirche"; es steht mit ihm rechtlich nicht anders, als mit der Vocation eines jeden, durch einen Privatpatron oder eine Gemeinde gewählten Pfarrgeistlichen, denn auch hier wirkt die Kirche bei der Berufung in das Amt nur durch die Bestätigung der Vocation mit. Aus diesem Grunde und wenn der Geistliche außerdem den Nachweis führt, daß er Mitglied des Gemeindekirchenraths und der Kreissynode ist, daß ihm einzelne Amtshandlungen an einer Kirche eingeräumt sind, daß das hierfür bezogene Diensteinkommen die rechtliche Natur eines Diensteinkommens im Sinne des Ministerialerlasses vom 22. Januar 1864 annimmt, daß er vorschriftsmäßig in sein Amt eingeführt ist, seine Dienstinstruction durch den städtischen Kircheninspector genehmigt und er der Aufsicht der regelmäßig zuständigen Kirchenbehörden unterstellt ist, kann dem Geistlichen ein Anspruch auf Kommunalsteuerfreiheit nicht versagt werden.

E. O.V.G. v. 30. November 1885, XII S. 134. Par. S. 90.

Dienstgrundstücke der Geistlichen sind alle diejenigen Grundstücke, deren Ertrag bestimmungsmäßig einen Theil der Pfarrdotation bildet und zum Unterhalt des Pfarrers verwendet wird. Ob dieser das Grundstück selbst bewirthschaftet oder die Pacht davon zieht, ist gleichgiltig.

E. O.V.G. v. 6. Mai 1887. Par. u. Wied. S. 32.

Auch die innerhalb der Pfarrländereien belegenen, von den Pfarrpächtern und deren ländlichem Gesinde bewohnten sogen. Pfarr-Insthäuser theilen die Steuerfreiheit der Dienstgrundstücke der Geistlichen.

E. O.V.G. v. 21. April 1881. VIII S. 23.

56. Unter Kirchendienern verstehen §§. 550 u. 556 Tit. 11 Thl. II Allg. Landr. diejenigen Personen, welche zwar zum Dienste der Kirche, aber nur in mechanischen Verrichtungen oder weltlichen Angelegenheiten bestimmt sind, namentlich auch die Kirchenvorsteher. Die Allg. Ger.Ordn. rechnet außer den letzteren die Küster, Kantoren, Organisten, Kirchenknechte, Todtengräber und andere ihnen gleich zu achtende Kirchendiener dahin.

Das Amt des nach §. 24 Abs. 1 der Kichengemeinde- und Synodalordnung vom 10. September 1873 zum Rendanten der Kirchenkasse ernannten Mitgliedes des Gemeindekirchenraths ist, da nicht eine Besoldung erfolgt, als Ehrenamt anzusehen und hat daher nicht die Wirkung, daß das betr. Mitglied die Eigenschaft eines Kirchendieners im Sinne der Städteordnung (§§. 4. 17. 30) erhält. Dagegen kommt einem nach §. 24 Abs. 4 a. a. O. in der gesetzlich vorgesehenen Art angestellten besoldeten Rendanten die Eigenschaft eines Kirchendieners im Sinne der Städteordnung zu.

57. Unter Elementarschulen werden alle Schulen verstanden, denen die Berechtigung zu gültigen Abgangsprüfungen (siehe Prüfungsordn. v. 6. October 1859 V.M.B. S. 262) fehlt, selbst dann, wenn in ihnen eine über das Ziel der Elementarschule hinausgehende sprachliche oder Realbildung angestrebt wird, oder die Qualification ihres Vorstehers durch academische Studien bedingt ist.

(M.R. v. 21. Febr. 1865 V.M.B. S. 80). Dazu müssen auch die konzessionirten Privatanstalten gerechnet werden, welche den Mangel an hinreichenden öffentlichen Elementarschulen zu ersetzen bestimmt sind, und zwar so lange, bis die Stadtbehörde in anderer Art hinreichende Fürsorge für die Elementarschulen getroffen hat. (M.R. v. 28. Dec. 1843 V.M.B. 1844 S. 5.)

Zu den Elementar-Schullehrern gehören zweifellos sämmtliche an einer Elementarschule angestellten Lehrer, ohne Rücksicht auf ihre Individualität und die ihnen übertragenen Unterrichtsfächer; die Musiklehrer nach dem M.R. vom 16. April 1837 (Ann. S. 450) dann, wenn sie gegen ein festes Gehalt und auf Lebenszeit angestellt sind, was bei Elementarschulen allerdings selten vorkommen wird. Nicht gerechnet werden zu den Elementar-Schullehrern die Seminar-Directoren und Seminar-Lehrer (M.R. v. 4. April 1860 V.M.B. S. 69), die Lehrer an Taubstummen- und *Blinden-Anstalten* (*M.R. v. 28. Mai 1864* V.M.B. S. 154) und, wenn es sich um die Befreiung von Kommunalabgaben handelt, die jüdischen Schullehrer, da sich die diesfällige Immunität des Lehrstandes nur auf die Schullehrer der christlichen Konfessionen bezieht. (M.R. v. 10. Jan. 1848 V.M.B. S. 40.) Auch die an reinen Privatschulen angestellten Lehrer sind ganz wie die übrigen Einwohner zu den Gemeindelasten heranzuziehen, namentlich findet das Ges. v. 11. Juli 1822 auf sie keine Anwendung. (M.R. v. 15. Jan. 1830. Ann. S. 106.)

Die Lehrer an der Uebungsschule eines Seminars sind als Elementar-Lehrer anzusehen und deshalb von der Zahlung der Kommunalabgaben frei. R. d. M. d. g. A. u. d. M. d. J. v. 27. Aug. 1870 V.M.B. S. 265.

Das O.V.G. stellt hinsichtlich der „Elementarlehrer" folgende Grundsätze auf:

Ob ein Lehrer als Elementarlehrer im Sinne des §. 4 der St.O. anzusehen ist, entscheidet sich nicht nach dem Bildungsgang des betreffenden Lehrers, sondern nach dem Character der betreffenden Schulanstalt, und zwar sind nur die an den eigentlichen Volksschulen angestellten Lehrer vom Gesetze gemeint worden. Eigentliche Volksschulen sind nur solche Schulen, zu deren Errichtung und Unterhaltung für die Schulgemeinden, Schulverbände, bürgerliche Gemeinden u. s. w. eine allgemeine durch die Schulaufsichtsbehörden erzwingbare gesetzliche Verpflichtung vorhanden ist und deren Benutzung zugleich den Eltern oder deren Stellvertretern, sofern sie nicht anderweit für die Ertheilung von Unterricht an ihre Pflegebefohlenen sorgen, als eine gesetzliche Pflicht obliegt (§ 43 II. 12 A.L.R., Art. 21 Abs. 2 Verfass. v. 31. Jan. 1850). Sobald es an einem, insbesondere aber an dem letzgedachten dieser Kriterien fehlt, haben die an der Anstalt angestellten Lehrer auf vollständige Freiheit von der Gemeindeeinkommensteuer keinen Anspruch. Daher können die an einer Vorschule eines Realgymnasiums angestellten Lehrer — mögen sie in andern Richtungen als Elementarlehrer bezeichnet oder behandelt werden, die Steuerfreiheit nicht genießen.

E. O.V.G. vom 15. Februar 1889 XVII S. 157 ff.

Der Rektor einer Schule, die außer fünf Elementarklassen eine organische Verbindung mit vier Mittelschulklassen enthält, gehört nicht zu den von den directen persönlichen Gemeindeabgaben befreiten Elementarlehrern, da diese Schule

Zeitweilige Befreiungen von Gemeinde-Abgaben und Leistungen für neu bebaute Grundstücke sind zulässig.

Alle sonstige nicht persönliche[58]) Befreiungen können von den Stadtgemeinden abgelöst werden und hören auf, wenn die Entschädigung festgestellt und gezahlt ist; bis dahin bestehen dieselben in ihrem bisherigen Umfange fort, erstrecken sich jedoch nur auf den gewöhnlichen Zustand, nicht auf außerordentliche Leistungen.

Die Befreiung und der Anspruch auf Entschädigung erlöschen[59]), wenn sie in Städten, wo die Gemeinde-Ordnung vom 11. März 1850 bereits eingeführt ist, nicht binnen Jahresfrist nach deren Einführung bei dem Gemeinde-Vorstand (Magistrat) angemeldet sind, und in den anderen Städten nicht binnen Jahresfrist nach Einführung der gegenwärtigen Städte-Ordnung bei demselben angemeldet werden. Die Entschädigung wird zum zwanzigfachen Betrage des Jahreswerthes der Befreiung nach dem Durchschnitt der letzten 10 Jahre vor der Verkündigung dieser Städte-Ordnung geleistet.

Steht ein anderer Entschädigungs-Maßstab durch speciellen Rechtstitel fest, so hat es hierbei sein Bewenden. Der Entschädigungsbetrag wird durch Schiedsrichter, mit Ausschluß der ordentlichen Rechtsmittel, festgestellt; von diesen wird der eine von dem Besitzer des bisher befreiten Grundstücks, der andere von der Gemeinde-Vertretung ernannt. Der Obmann ist, wenn sich die Schiedsrichter über dessen Ernennung nicht verständigen können, von der Aufsichts-Behörde zu ernennen.

Die Geistlichen, Kirchendiener und Elementar-Schullehrer[60]) bleiben von den direkten persönlichen Gemeinde-Abgaben hin-

---

in den Mittelschulklassen über die Ziele einer Volksschule hinausgeht und somit als eine eigentliche Volksschule nicht mehr angesehen werden kann.

E. O.V.G. vom 22. März 1889. XVII S. 162.

58. Als nicht persönliche Abgaben sind diejenigen anzusehen, welche von einem andern Steuerpflichtigen entrichtet werden als von Personen, nämlich von besteuerten Grundstücken als solchen, und von dem Grundstücks-Eigenthümer nicht in seiner Qualität als Einwohner der Gemeinde, sondern wegen des Besitzes des als besteuertes Object dinglich zur Steuer verpflichteten Gegenstandes.

59. Gegenwärtig kann ein solcher Real-Entschädigungs-Anspruch nur in den Orten noch vorkommen, wo die Städteordn. erst neu eingeführt wird.

60. Darüber, wer als Geistlicher, Kirchendiener oder Elementar-Schullehrer

sichtlich ihres Dienst-Einkommens insoweit befreit, als ihnen diese Befreiung zur Zeit der Verkündigung der Gemeindeordnung vom 11. März 1850 zustand[61]). Geistliche und Schullehrer[62]) bleiben von allen

zu betrachten sei, vergl. Noten 55—57. Das M.R. v. 22. Jan. 1864 (B.M.B. S. 121) zählt die Seitens der Kirche ordinirten, von einer Missionsgesellschaft u. s. w. besoldeten Missionsprediger auch zu den Geistlichen, hält ihre Besoldung aber nicht für ein Diensteinkommen im Sinne der Städteord., weil ihre Function, als von einer Privatgesellschaft übertragen, nicht als ein öffentliches Amt anzusehen sei.

Die Vorschriften des ganzen 12ten Absatzes im §. 4 finden auch auf die emeritirten Geistlichen und Elementar-Schullehrer Anwendung. (M.R. v. 22. Juli 1854 B.M.B. S. 133.) E. O.V.G. v. 10. Jan. 1888. XVI 149, v. 14. September 1885, XII S. 142, §. 1 Nr. 3 V.O. v. 23. September 1867.

61. Die Frage, wie weit die Befreiungen der Geistlichen ꝛc. vor 1850 reichten, findet ihre Beantwortung durch den Inhalt des M.R. v. 28. Februar 1817 (Ann. S. 138), der noch durch M.R. v. 21. März 1831 (Ann. S. 109) für gültig erklärt wurde; danach waren die Geistlichen und Elementar-Schullehrer ehedem in Ansehung ihrer Amtseinkünfte und Amtswohnungen von allen directen persönl. Kommunallasten befreit. Dieser Grundsatz ist wieder im M.R. vom 25. November 1867 (B.M.B. S. 363) zur Geltung gekommen. Die Befreiung erstreckt sich auch auf diejenigen Kosten, welche während des mobilen Zustandes durch Kasernirung oder Einmiethung von Truppen entstanden sind und in Form einer Kommunalsteuer wieder aufgebracht werden. (M.R. v. 23. Juli 1863 B.M.B. S. 173 u. v. 5. Febr. 1866 B.M.B. S. 41.) Die Elementar-Schullehrer — nicht auch die Geistlichen — sind überdies von der Miethssteuer befreit. (M.R. v. 28. Dec. 1843 B.M.B. 1844 S. 5.) Von Entrichtung der indirecten Gemeindeabgaben sind Geistliche und Elementarlehrer nicht entbunden. Auch müssen sie Beiträge leisten wegen des etwaigen Einkommens aus Grundbesitz, Gewerbebetrieb und jedem sonstigen Einkommen, falls es nicht Diensteinkommen ist, z. B. aus Privatvermögen und Privat-Unterricht.

Wegen der Kirchendiener ist vor 1850 durch eine allgemeine Vorschrift eine Befreiung gar nicht ausgesprochen. Nach den M.R. v. 9. April u. 15. Juni 1842 (B.M.B. S. 100 u. 258) sind sie nur dann von den Kommunalsteuern und Diensten befreit, wenn sie in einer als Specialgesetz gültigen Kirchenordnung den Geistlichen hinsichtlich deren Vorrechte ausdrücklich und mit klaren Worten gleichgestellt sind. Andern Falls werden sie nach Vorschrift des Ges. v. 11. Juli 1822 behandelt.

Die Einquartierungslast gilt als ein directer Beitrag zu den Gemeindelasten, trifft also das Diensteinkommen der Geistlichen nicht. (M.R. v. 29. März 1871 B.M.B. S. 111.)

Die Frage, ob den Kirchenrendanten im Geltungsbereich der Pommerschen Kirchenordnung von 1563 zur Zeit der Verkündigung der Gemeindeordnung v. 11. März 1850 Steuerfreiheit zustand, ist zu bejahen, wenn auch der Kirchen-

persönlichen Gemeindediensten[63]), soweit dieselben nicht auf ihnen gehörigen Grundstücken lasten, befreit[64]); Kirchendiener insoweit, als ihnen diese Befreiung zur Zeit der Verkündigung der Gemeinde-Ordnung vom 11. März 1850 zustand[65]).

Alle übrigen persönlichen Befreiungen sind ohne Entschädigung aufgehoben[66]).

---

rendanten im heutigen Sinne in der Kirchenordnung nicht Erwähnung geschieht.

E. O.V.G. v. 22. April 1887 XV 79 ff.

62. Die „Schullehrer" sind von den mehrfach erwähnten Elementar-Schullehrern wohl zu unterscheiden. Während zu den letzteren nur die an Elementarschulen Angestellten zu rechnen sind (vergl. Note 57), gehören zu den Schullehrern überhaupt alle an öffentlichen Schulen angestellten Lehrer, namentlich auch die an Gymnasien angestellten Lehrer und Professoren (M.R. v. 27. Januar 1838 Ann. S. 140 u. v. 31. Mai 1839 Ann. S. 399), auch die jüdischen Lehrer an öffentlichen Schulen.

Für Beurtheilung der Frage, ob eine Schule als öffentliche anzuerkennen, ist nicht lediglich ihre Stellung gegenüber der politischen Gemeinde bezüglich ihrer Unterhaltung maßgebend, vielmehr der Character einer Schule aus den Verhältnissen zu bestimmen, unter denen sie sich entwickelt hat, und namentlich aus der Stellung, welche die Schulaufsichtsbehörde ihr gegenüber einnimmt. Insbesondere wird eine nähere Feststellung darüber, ob die Lehrer in Beziehung auf Anstellung, Disciplin und Entlassung als öffentliche Lehrer behandelt sind, ob ein Zwang zum Besuch der Schule ausgeübt, und ob der Schule resp. deren Beamten die administrative Hülfe behufs Einziehung der an sie zu entrichtenden Abgaben gewährt ist, den Character einer Schule leicht erkennen lassen. (M.R. v. 22. Mai 1865 V.M.B. S. 180.) Jüdische Schulen werden dann als öffentliche betrachtet, wenn die Anlegung einer eigenen Schule für die jüdischen Einwohner eines Orts oder Bezirks durch die Regierung angeordnet, und der Einrichtungsplan von der Regierung resp. dem Min. genehmigt worden ist. (§§. 64 ff. des Gesetzes über die Verhältnisse der Juden v. 23. Juli 1847. Ges.-S. S. 263.)

63. Vergl. §. 54.

64. Daß sie das Recht haben, die persönlichen Dienste in jedem Falle der Behinderung durch Stellvertreter leisten zu lassen, ist in den Verhandlungen der II. Kammer besonders erwähnt. Man hat sie jedenfalls nicht ungünstiger stellen wollen, als die übrigen Beamten nach al. 15 §. 4.

65. Vergl. Note 61.

66. Die Stadtbehörden sind nicht befugt, Personen, welche 50 Jahre lang Bürger gewesen, die persönliche Kommunalsteuerfreiheit zu bewilligen. (M.R. vom 23. März 1823 Ann. S. 634.) Die hier und da üblich gewesene Befreiung des Schützenkönigs ist ebenfalls unzulässig (M.R. v. 26. Juli 1839 Ann. S. 399), nicht minder die Freilassung der Standesherren. (M.R. v. 8. Januar 1840 V.M.B. S. 9.)

Wegen der Besteuerung des Diensteinkommens der Beamten sind die Vorschriften des Gesetzes vom 11. Juli 1822 (Gesetz-Sammlung S. 184) und der Kabinets-Ordnung vom 14. Mai 1832 (Gesetz-Sammlung S. 145) anzuwenden.

(Diese Vorschriften bestimmen im Wesentlichen Folgendes:

„Das Dienst-Einkommen der mittel- und unmittelbaren Civil- und Militärbeamten[67]) kann von den Gemeinden, zu welchen dieselben gehören[68]), zu Beiträgen zu den Gemeindebedürfnissen[69–71]) nur dann herangezogen werden, wenn auch der Beitrag der übrigen Einwohner des Orts in der Form einer allgemeinen Einkommensteuer erhoben wird[72–76]). Aber auch dann darf immer nur die Hälfte des Diensteinkommens besteuert werden, und auf alle Fälle dürfen die Beiträge der Beamten bei Gehältern unter 250 Thlr. nicht mehr als 1 Procent, bei Gehältern von 250—500 Thlr. nicht mehr als 1½ Procent und bei höhern Gehältern nicht mehr als 2 Procent des gesammten Diensteinkommens betragen“ [77]).

---

67. Das Gesetz vom 11. Juli 1822 hatte ursprünglich nur für die unmittelbaren Staatsbeamten Geltung, wurde jedoch durch Kab.-Ordre vom 14. Mai 1832 auch auf städtische, landschaftliche und alle anderen mittelbaren Staatsdiener ausgedehnt. Zu den letzteren gehören nur die Bedientesten solcher Korporationen, welche in die Verfassung des Staates organisch eingreifen und mit der Ausübung einer öffentlichen Gewalt beauftragt sind. (§. 69 Tit. 10 Thl. II. All. Landr., M.R. v. 8. Juni 1846 B M.B. S. 125, M.R. v. 18. April 1847 B.M.B. S. 76 u. O.Tr.Erk. v. 30. Juni 1853 Entsch. Bd. 26.)

Es findet das Gesetz vom 11. Juli 1822 auch Anwendung:

a. auf die mit fixirten Diäten angestellten Oeconomie-Kommissarien (M. R. v. 12. Juni 1823 Ann. S. 310);

b. auf die Königl. Hofbiener (M.R. v. 25. September 1837 Ann. S. 704);

c. auf die bei den Staats-Eisenbahnen angestellten Beamten (M. R. v. 13. Mai 1853 II. 3076 ungebr.), auch auf die bei der Ausführung von Staatseisenbahnbauten beschäftigten Hülfsarbeiter (Bauassistenten), sofern dieselben dauernd gegen fixirte Diäten beschäftigt sind und ihnen die Beamteneigenschaft in irgend einer Form (z. B. Vereidigung, nicht aber blos durch Abschluß eines Dienst- oder Engagementsvertrages) verliehen worden ist.

E. O.V.G. v. 26. Februar 1885 XIII S. 135), v. 26. October 1885 (XIII S. 139).

d. auf sämmtliche Empfänger von Wartegeldern und Pensionen (§. 9 des Ges. v. 11. Juli 1822);
e. auf die Civil-Supernumerare (M.R. v. 15. März 1858 I. B. 1621 ungedr.);
f. auf Feldmesser, Bauführer und Baumeister, denen von einer öffentlichen Behörde eine amtliche Funktion übertragen ist. (M.R. v. 31. Juli 1851 ungedr., Feldm.-Regl. vom 1. December 1857 Ges.-S. 1858 S. 234, Kab.-Ordre v. 19. Januar 1833 Ges.-S. S. 4, E.K. v. 8. April 1854 J.M.B. S. 355); M.E. v. 31. Januar 1883 B.M.B. S. 45 (Feldmesser);
E. d. O.V.G. vom 12. October 1886 (XIII S. 128) (bei einem Eisenbahnbetriebsamt vorübergehend beschäftigte Regierungsbauführer).
g. auf Gerichtsvollzieher, da dieselben als besoldete Staatsdiener anzusehen sind M.E. v. 22. März 1882 (M.B. 81).
h. auf die Beamten der kaufmännischen Korporationen, insbesondere die Börsen-Secretaire, (M.R. v. 1. Juli 1837 v. Kamptz Jahrb. 1866 Bd. 80 S. 84); E. O.V.G. vom 18. Mai 1888 (XVI S. 154);
i. auf Chausseegeld-Erheber bei Staats-, Kreis-, Gemeinde- und Actien-Chausseen (M.R. v. 4. December 1864 B.M.B. 1865 S. 81 u. v. 7. Juli 1866 B.M.B. S. 145);
k. auf Postillone einer reichseigenen Posthalterei, welche den Diensteid geleistet haben und ein festes Gehalt aus der Reichskasse beziehen,
E. O.V.G. v. 19. November 1885, Par. u. Wied. S. 14;
l. auf ständige Posthülfsboten, da ihre „Tagegelder" eine feste Besoldung darstellen. E. O.V.G. v. 24. Mai 1888 XVI S. 137. Hinsichtlich der Gleichstellung der Reichsbeamten mit den Staatsbeamten vergl. §. 19 des Reichsbeamtenges. v. 31. Mai 1873 (R.G.R. S. 61);
m. auf Hülfsaufseher bei Strafanstalten;
n. auf Geschäftsführer (Betriebscommissarien) der öffentlichen Provinzial-Feuersocietäten. E. O.V.G. v. 5. Februar 1885 XI S. 71.

Dagegen findet es keine Anwendung:
a. auf Rechtsanwalte und Notare (M.R. v. 15. April und 14. Juli 1836 Ann. 375 u. 657);
b. auf Arbeiter an Königl. Salinen (M.R. v. 29. Juni 1835 Ann. S. 441);
c. auf Beamte bei Privat-Eisenbahnen (M.R. v. 23. Mai 1847 B.M.B. S. 173), auch wenn sie bahnpolizeiliche Funktionen auszuüben haben.
(E. O.V.G. v. 6. Juni 1877 Band II S. 175.)
Zwar treten dieselben dem Publikum gegenüber in die rechtliche Stellung der staatlichen Polizeibeamten, stehen in geordneter Beziehung zu den sonstigen Organen der Polizei, werden vereidigt und sind der

Disciplin der staatlichen Aufsichtsbehörde unterworfen, diese polizeiliche Stellung ist aber immer nur eine Nebenstellung; im Wesentlichen und an erster Stelle gilt ihre Thätigkeit dem gewerblichen Unternehmen der Gesellschaft, dem Transportgewerbe. Par. S. 112.

d. auf fremde, im Preußischen Staate wohnhafte Staatsbeamte (M.R. v. 13. Juni 1837 Ann. S. 451);

e. auf besoldete stellvertretende Gutsvorsteher
E. O.V.G. v. 2. Juni 1880 VI S. 119;

f. auf Amtssecretäre, die auf Grund eines Privatvertrages von dem Amtsvorsteher angenommen worden sind und für ihre Dienstleistungen aus der Amtsunkostenentschädigung des Letzteren Bezahlung erhalten. Anders, wenn der Amtsausschuß die Creirung der Stelle des Amtssecretärs beschlossen und die zur Besoldung desselben erforderlichen Mittel im Etat bewilligt hat.
E. O.V.G. v. 2. Juni 1880 VI S. 119.

g. auf Personen, welche bei einer Behörde nur außerordentlich und einstweilig als Gehülfen beschäftigt werden, z. B. Referendarien, Diätarien und Lohnschreiber (§. 11 des Ges. v. 11. Juli 1822, M.R. v. 10. März 1831 Ann. S. 106, v. 20. Mai 1834 Ann. S. 439 u. v. 11. Juli 1836 Ann. S. 655).

Wollen die bei Königl. Behörden beschäftigten Büreaugehülfen ihre Befreiung von Kommunal-Leistungen auf Grund des Ges. v. 11. Juli 1822 geltend machen, so müssen sie das im Verwaltungswege thun; der Rechtsweg ist ausgeschlossen. (E.K. v. 13. October 1860 B.M.B. 1861 S. 162).

Die Diäten eines eine Amtsrichterstelle commissarisch verwaltenden Gerichtsassessors sind, da sie nicht eine fortlaufende Einnahme darstellen, nicht kommunalsteuerpflichtig.
E. O.V.G. v. 11. Jannar 1887 (XIV S. 143).

Lehrer, welche etatsmäßige Lehrerstellen an der Landwirthschaftsschule einer Stadtgemeinde kommissarisch verwalten, sind als Staatsdiener im Sinne des Ges. v. 11. Juli 1822 anzusehen.
E. O.V.G. v. 9. Februar 1880 (VI S. 132).

Zwischen den etatsmäßig angestellten Beamten und den außerordentlichen und einstweiligen Gehülfen im Sinne des §. 11 des Ges. v. 11. Juli 1822 giebt es eine zahlreiche Klasse von im Staatsdienste beschäftigten Personen, welchen die Staatsdienereigenschaft zweifellos zukommt, und welche in den Staatsdienst eben dadurch eintreten, daß ihnen die Verwaltung eines Staatsamts, wenngleich ohne etatsmäßige Anstellung, übertragen wird. Ob nun im einzelnen Falle eine Aufnahme in den Staatsdienst erfolgt ist oder ob der Betreffende von den Staatsbehörden lediglich in einer privaten Stellung beschäftigt wird, das entscheidet sich, sofern darüber keine gesetzlichen Bestimmungen ergangen sind, entweder nach der bei der Annahme speciell getroffenen Regelung (Engagementsverhandlung) oder nach der Dienstpragmatik d. h. nach den etwa von zuständiger Seite für die einzelnen Zweige der Staatsverwaltung ausdrücklich vorgeschriebenen Normen oder in Ermangelung derselben nach dem bestehenden Herkommen. Allgemein gültige feste Merkmale, aus welchen auf die Eigenschaft eines preußischen Staatsbeamten geschlossen werden könnte, giebt es nicht.

E. O.V.G. v. 28. Januar 1886 (XIII S. 123) Parey I S. 49.

68. Die Verlegung des Sitzes einer Reichs- oder Staatsbehörde z. B. eines Postamts, aus einer Stadt in einen benachbarten Kommunalbezirk hat für die Frage, als Einwohner welches Orts die Beamten der Behörde zu gelten haben, die Bedeutung, daß dieselben an dem Orte kommunalsteuerpflichtig sind, an welchem sie thatsächlich amtlich wirken.

E. O.V.G. v. 9. April 1885 XII S. 130. Parey I S. 90.

Wohnt der Beamte in einer anderen Gemeinde als in derjenigen des Amtssitzes, so wird er vom Diensteinkommen an dem Orte des letzteren, vom etwaigen übrigen Vermögen in der Gemeinde des wirklichen Wohnortes besteuert. (M.R. v. 28. April u. 29. Juli 1838 Ann. S. 387 u. 689, v. 5. März 1841 V.M.B. S. 57 u. v. 24. Februar 1863 V.M.B. S. 67.)

Fixirt angestellte Beamte einer Behörde, die an einem anderen Orte interimistisch beschäftigt sind, können nur an dem Orte besteuert werden, wo die Behörde ihren Sitz hat, auf deren Etat sie stehen, nicht aber an dem Orte ihrer interimistischen Beschäftigung. (M.R. v. 17. Januar u. 7. März 1837. Ann. S. 112 u. 121.)

69. Zu den Gemeindebedürfnissen in diesem Sinne sind die Staatssteuern, welche gemeindeweise erhoben werden, nicht zu rechnen, die Beiträge der Gemeinden aber zu provinziellen Institutionen und zur Abwickelung sowohl der Provinzial- u. Kreis-, als ihrer besonderen Kriegs- u. anderen Schulden, Rückstände u. Verpflichtungen sind darunter begriffen. (§. 4 des Ges. v. 11. Juli 1822.) Auch die Schulunterhaltungslasten gehören in der Provinz Preußen ausnahmlos, anderwärts dann zu den von den Beamten antheilig mit zu tragenden Gemeindebedürfnissen, wenn sie der politischen Gemeinde obliegen. Ob die Beamten ihre Kinder in die Schule des Orts schicken oder nicht, ist gleichgültig. (M.R. v. 28. April 1836 Ann. S. 377, v. 31. August 1838 Ann. S. 685, v. 9. April 1859 V.M.B. S. 142 u. v. 28. August 1862 V.M.B. S. 285.) Behauptet demungeachtet ein Beamter, daß ihm auf Grund des Ges. v. 11. Juli 1822 die Befreiung von den Schulunterhaltungslasten zustehe, so kann der streitige Fall auf dem Rechtswege zum Austrag gebracht werden. (C.K. v. 30. Juli 1847 V.M.B. S. 95.)

70. Die Beamten können zu allen denjenigen Gemeindesteuerbeiträgen herangezogen werden, welche innerhalb der Zeit, da sie der Gemeinde angehören, auf dieselbe vertheilt und zugleich fällig werden, wenn auch das Bedürfniß vor ihrem Eintritte entstanden ist. (§. 6 des Ges. v. 11. Juli 1822.) Sie müssen daher auch beitragen zu Steuern, welche zur Deckung von Ausfällen früher ausgeschriebener Gemeindeabgaben, früher contrahirter Schulden oder eines Deficits der Gemeindekasse bestimmt sind. (M.R. v. 31. August u. 20. October 1838 Ann. S. 687 u. 688 u. v. 14. Februar u. 14. März 1844 V.M.B. S. 60.) Wird die ganze Jahressteuer vom Einkommen der Einwohner erst im letzten

Quartal erhoben, so haben die Beamten zu dem auf die Zeit nach ihrem Eintritte in die Gemeinde zu rechnenden Theil beizutragen. (M.R. v. 23. Februar 1828 Ann. S. 128.)

Ueber die Bedeutung des §. 6 des Ges. v. 11. Juli 1822 vgl. die Ausführung des O.V.G. in der Entsch. v. 30. April 1885 (XII S. 70).

Wird die Kommunalsteuer für das ganze Jahr erst im letzten Quartal ausgeschrieben, so hat ein Beamter, welcher zu Anfang des Jahres noch nicht der Stadt angehörte, dennoch für das ganze Jahr zur Steuer beizutragen.

E. O.V.G. VI S. 119.

Gerichtsvollzieher sind als besoldete unmittelbare Staatsbeamte hinsichtlich der Besteuerung nach den Vorschriften des Ges. v. 11. Juli 1822 zu behandeln. Erk. O.V.G. v. 24. September 1889 J.M.B. S. 259.

71. Ueber die Frage, inwiefern Beamte auf Grund des Ges. v. 11. Juli 1822 auf Befreiung von der Kommunallast der Einquartierung Anspruch machen dürfen, ist der Rechtsweg zulässig. (E.K. v. 24. Juni 1851 V.M.B. S. 143). Sie genießen aber in dieser Hinsicht keiner Exemtion, selbst dann nicht, wenn sie Dienstwohnung inne haben. Vergl. M.R. v. 8. März 1871 (M.B. S. 110).

72. Diese Bestimmung kommt auch in dem Falle zur Anwendung, wenn nicht eine besondere und allgemeine Gemeinde-Einkommensteuer, sondern ein Zuschlag zur Klassen- und Einkommensteuer erhoben wird. (M.R. v. 2. Juni 1856 V.M.B. S. 167.) Dagegen haben die Beamten Beiträge zu leisten zu allen indirecten Gemeindeabgaben, und wenn in einem Orte nicht das Einkommen, sondern andere Gegenstände, z. B. das Grundeigenthum, das Gewerbe u. s. w. besteuert werden und die Beamten Grundeigenthum haben und Gewerbe treiben. (§. 12 des Ges. v. 11. Juli 1822 und M.R. v. 22. Sept. 1824 Ann. S. 853.)

Insoweit Kommunalsteuern lediglich in Form von Zuschlägen zu den Staatssteuern erhoben werden, liegt es in der Natur der Sache, daß bei der Heranziehung zu der Kommunalsteuer jede Beschwerde gegen die Angemessenheit des Ergebnisses der Veranlagung zur Staatssteuer ausgeschlossen ist, es kann sich dann nur darum handeln, ob die Staatssteuer geschuldet wird, wegen deren Zuschläge erhoben werden. In dieser Einschränkung des Rechts, Beschwerde zu erheben, liegt auch keine Unbilligkeit, weil der Steuerpflichtige in der Lage war, bei seiner Veranlagung zur Staatssteuer geeignetenfalls vorstellig zu werden. Insoweit dagegen Kommunalsteuern — wie bei der Heranziehung der Beamten zu denselben — auf Grund einer von der Veranlagung derselben zu den Staatssteuern verschiedenen Veranlagung zu den Kommunalsteuern erhoben werden, liegt es ebenso sehr in der Natur der Sache, daß eine Einschränkung der gedachten Art nicht stattfinde. Insbesondere sind die bei der Einschätzung zur Staatseinkommensteuer in Betracht gezogenen Einzelsätze des Einkommens für die Einschätzung zur Kommunalsteuer nicht ohne Weiteres als maßgebend zu erachten, weil die Veranlagung zur klassificirten Einkommensteuer gemäß §. 19 des Ges. v. 1. Mai 1851 lediglich nach Maßgabe des Gesammteinkommens des Steuerpflichtigen zu erfolgen hat, auch gemäß Art. III des Ges. v. 12. März 1877 dem Steuerpflichtigen nur die Steuerstufe, in welcher er eingeschätzt worden ist und der Betrag der von ihm zu entrichtenden Steuer bekannt gemacht werden sollen, somit der Steuerpflichtige sich außer Stande sieht, wegen einer anderweitigen Veranschlagung von Einzelsätzen seines Einkommens vorstellig zu werden.

Erl. d. Min. d. Inn. u. d. Fin. v. 4. December 1884 M.B. 1885 S. 10.

73. Für die Berechnung des Diensteinkommens gelten folgende Grundsätze:

a. Dienstemolumente, welche blos als Ersatz baarer Auslagen zu betrachten sind, werden abgerechnet, andere Emolumente aber gleich den fixen Gehalten besteuert. Die Entscheidung über das, was den Ersatz baarer Auslagen bildet und über die Höhe der übrigen steuerpflichtigen Emolumente steht lediglich der vorgesetzten Dienstbehörde des betr. Beamten zu. (§§. 5 und 10 d. Ges. v. 11. Juli 1822 und M.R. v. 25. Jan. 1824 Ann. S. 195.)

Die Dienstemolumente, welche als Ersatz baarer Auslagen dienen, sind im Wesentlichen identisch mit solchen Bezügen, welche das Ges. vom 1. Mai 1851 als Dienstaufwandsentschädigungen bezeichnet.

E. O.V.G. v. 9. Februar 1885 (Wochenschrift „Selbstverwaltung" Jahrgang XII S. 99).

b. Der Werth der Dienstwohnungen, mit Ausschluß der Geschäftslocale, ist mit einem verhältnißmäßigen, am Orte üblichen Miethsbetrage unter Berücksichtigung der etwa zu zahlenden Unterhaltungskosten anzurechnen; bei fixirten Miethsentschädigungen werden die jährlich ausgesetzten Beträge zur Steuer herangezogen. (M.R. v. 16. Jan. 1819 Ann. S. 555 u. v. 18. Juni 1848 V.M.B. S. 159);

c. Bezieht ein Beamter gleichzeitig Gehalt und Pension, so werden beide zusammengerechnet. (M.R. v. 22. Oct. und 18. Novbr. 1837 Ann. S. 1022);

d. Durch eidliche Angabe des Beamten darf das Einkommen desselben nicht ermittelt werden. (M.R. v. 22. März 1839 Ann. S. 144);

e. Abzüge für Gläubiger des Beamten kommen nicht in Abrechnung (M.R. v 18. Juli 1839 Ann. S. 650), wohl aber die Abzüge zum Pensionsfonds und die Wittwenkassen-Beiträge, sofern der Beamte gesetzlich verpflichtet ist, ebenso Diäten, welche für ein vorübergehendes Kommissorium außerhalb des Wohnortes gezahlt werden. (M.R. v. 7. März 1837 Ann. S. 112.)

f. Die einem Beamten auf Grund des Haftpflichtgesetzes gewährte Rente hat nicht den Character eines Gehaltsabzuges; sie stellt nicht eine Erfüllung des Dienstvertrages, sondern eine Entschädigung für die Nichterfüllung dar. Auf eine solche Rente finden daher die Communalsteuervorrechte auf Grund des Ges. v. 11. Juli 1822 keine Anwendung.

74. Von ihrem etwaigen besonderen Vermögen und anderem Einkommen haben die Beamten ihre Beiträge gleich allen anderen Einwohnern zu entrichten. (§. 7 des Gesetzes v. 11. Juli 1822.) Hier einige Beispiele, welche Berechnungsweise in solchen Fällen anzuwenden ist. In N. wird nach dem Gesammteinkommen aus allen vorkommenden Einnahmequellen der Censiten eine Gemeindesteuer erhoben, die nach Inhalt des Tarifs eine Progressivsteuer ist.

Daselbst wohnt ein Beamter, der ein Gehalt von 1800 Thlr., nebenbei aber aus Privatvermögen noch 700 Thlr. bezieht. Er ist nicht wegen des Diensteinkommens besonders in der Tarifstufe von 900 Thlr. Einkommen, und wegen des Privateinkommens wieder besonders in der Tarifstufe von 700 Thlr. Einkommen — mit anderen Worten wie zwei Bürger von 900 resp. 700 Thlr. Einkommen, sondern wie ein Bürger zu veranlagen mit dem Steuersatze der durch ein Gesammteinkommen von 1600 Thlr. repräsentirten Steuerstufe. (M.R. v. 4. Decbr. 1867 V.M.B. 1868 S. 62.) Werden in einem Orte Zuschläge zu der Klassen- und Einkommensteuer an Stelle einer Kommunal-Einkommensteuer erhoben, und ein Beamter hat neben seinem dienstlichen Einkommen noch ein solches aus Privatvermögen ꝛc., so ist nach der Entsch. d. O.V.G. vom 5. Februar 1885 (XI S. 67) nicht für jede der beiden genannten Einkommensquellen eine besondere Klasse der ferneren Berechnung zu Grunde zu legen, sondern das Privateinkommen und die zu besteuernde Quote des Diensteinkommens sind zusammenzurechnen und die Steuerklasse wird dann durch dieses so gefundene Gesammteinkommen bestimmt. Ist die Steuerstufe auf diese Weise ermittelt worden, so ist die so festgestellte Abgabe auf das halbe Diensteinkommen und auf das Privateinkommen nach Verhältnis beider Beträge zu vertheilen und der auf das Diensteinkommen entfallende Abgabentheil entsprechend herabzusetzen, sofern der für directe Beträge gesetzlich (§. 3 des Ges.) zugelassene höchste Prozentsatz des vollen Diensteinkommens überschritten wird.

75. Gänzlich befreit von Beiträgen zu städtischen Abgaben bleiben:

a. Pensionen und Wartegelder der Beamten, deren jährlicher Betrag sich auf weniger als 250 Thlr. beläuft (§ 10 d. Ges. v. 11. Juli 1822 und M.R. v. 25. Juli 1854 V.M.B. S. 133, v. 30. Nov. 1855 V.M.B. 1856 S. 3 u. v. 10. Mai 1858 V.M.B. S. 106);

Auch die Militärinvalidenpensionen

E. d. O.V.G. vom 21. Juni 1884 mitgetheilt von Brauchitsch III S. 120.

b. Pensionen der Wittwen und Erziehungsgelder für Waisen ehemaliger Staatsdiener, Geistlichen und Schullehrer, welche aus Staatskassen oder aus einer mit staatlicher Genehmigung errichteten Versorgungs-Anstalt gezahlt werden (§. 10 des Ges. v. 11. Juli 1822, Decl. v. 21. Jan. 1829 Ges.-S. S. 9 und M.R. v. 19. Juli 1855 V.M.B. S. 133);

Die Hinterbliebenen der Reichsbeamten sowie der Militärpersonen haben dieselbe Vergünstigung. §. 19 des Reichsges. v. 31. März 1873, §. 48 Ges. v. 9. Mai 1874 (R.G.B. S. 45);

c. das, was den Hinterbliebenen von Beamten für Sterbe- und Gnadenmonate gezahlt wird (§. 10 des Ges. v. 11. Juli 1822).

Auch die während des Gnadenjahres aus der Pfarr gezogenen Einkünfte.

E. d. O.V.G. v. 17. März 1881 VII S. 104.

d. alle Besoldungen und Emolumente der auf Inactivitätsgehalt gesetzten, also auch der zur Disposition gestellten

Durch die in diesen Gesetzen bestimmten Geldbeiträge sind die Beamten zugleich von persönlichen Diensten frei. Sind sie jedoch Besitzer von Grundstücken, oder betreiben sie ein stehendes Gewerbe, so müssen sie die mit diesem Grundbesitz resp. Gewerbe verbundenen persönlichen Dienste entweder selbst, oder für den Fall der Verhinderung durch Stellvertreter leisten.

§. 5.

Das **Bürgerrecht** besteht in dem Rechte zur Theilnahme an den Wahlen, sowie in der Befähigung[76]) zur Uebernahme unbe-

---

Offiziere (§. 10 des Ges. v. 11. Juli 1822 und M.R. v. 30. Nov. 1855 B.M.B. 1856 S. 3).

76. Die Frage, ob das Gehalt eines Beamten bei Festsetzung der von ihm zu entrichteten Kommunalsteuer mit in Anschlag gebracht werden dürfe, ist im streitigen Falle durch die Gerichte zu entscheiden, dagegen ist der Rechtsweg unzulässig, wenn die Beschwerde des Beamten dahin geht, daß sein Einkommen aus einem ihm gehörigen, außerhalb des Gemeindebezirks liegenden Grundbesitze mit in Berechnung gezogen werde. (E.K. v. 13. Oct. 1866 B.M.B. S. 239.)

77. Die Beiträge der Beamten sind also immer nur von dem halben Betrage des Diensteinkommens mit demjenigen Prozent- oder Verhältnißsatze zu berechnen, welchen die anderen Einwohner vom ganzen Einkommen zahlen. Ein Beamter mit einem Einkommen von 500 Thlr. bezieht beispielsweise der eine Einkommensteuer erhebenden Gemeinde gegenüber nur ein Diensteinkommen, welches dem Einkommen eines Bürgers im Betrage von 250 Thl. gleichkommt und eben so wie dieses behandelt werden muß. Wird der Bürger mit 250 Thlr. Einkommen steuerfrei gelassen, so hat der Beamte mit 500 Thlr. Gehalt ein gleiches Recht auf Freilassung. (M.R. v. 21. Mai 1854 B.M.B. 114.)

Es darf das oben bestimmte Maximum nur dann von den Beamten gefordert werden, wenn die übrigen Einwohner, deren Einkommen der Hälfte des Diensteinkommens der Beamten gleichkommt, das Doppelte jener Maximalsätze zu entrichten haben. Alsdann aber ist jenes Maximum von dem ganzen Diensteinkommen (nicht blos von der Hälfte des gesammten) zu berechnen. M.R. v. 5. Nov. 1822. Ann. S. 909, v. 26. Febr. 1823. Ann. S. 21 u. v. 20. Nov. 1837. Ann. 1020.)

Das Ges. v. 11. Juli 1822 ist auf alle Fälle anwendbar, in denen das Einkommen der Gemeindeangehörigen den Maßstab für ihre Heranziehung zu directen Gemeindelasten irgend einer Art bildet, also auch für den Fall, wenn eine Gemeinde die ihr als solcher in Mobilmachungszeiten obliegende Einquartierungslast durch Ausschreibung von Naturalpräßtationen auf die Gemeindeangehörigen abzubürden beschließt. (M.R. v. 8. März 1871 B.M.B. S. 111.)

78. Damit ist jedoch auch nach §. 74 der St.O. die Verpflichtung verbunden, unbesoldete Stellen in der Gemeindeverwaltung oder Gemeinde-Vertretung anzunehmen und mindestens drei Jahre lang zu versehen.

soldeter Aemter in der Gemeindeverwaltung und zur Gemeindevertretung.

Jeder selbständige Preuße[79-81]) erwirbt[82]) dasselbe, wenn er seit einem Jahre[83])

1. Einwohner[84]) des Stadtbezirks ist und zur Stadtgemeinde gehört (§. 3)[85]),

---

79. Die Erwerbung und der Verlust des Staatsbürgerrechts ist durch das Bundesgesetz v. 1. Juni 1870 (B.G.B. S. 355) geregelt.

80. Ob auch Frauen das Bürgerrecht erwerben können, darüber enthält die St.O. keine ausdrücklichen Bestimmungen. Die Städteordn. v. 1808 gestattete ihnen zwar die Erwerbung des Bürgerrechtes, mit dem damals weiter gehende Befugnisse verbunden waren, als jetzt, schloß sie aber von dem activen und damit auch von dem passiven Wahlrechte aus. Jetzt besteht das Bürgerrecht nur in dem activen und passiven Wahlrechte, und da aus der Fassung der §§. 13 u. 17 der St.Ordn. v. 1853 herzuleiten ist, daß dies Wahlrecht nur Männern zustehen soll, so wird die Frage, ob Frauen das Bürgerrecht erwerben können, verneint werden müssen.

81. Weder der Fiscus, noch Kirchen, noch Schulen und andere moralische Personen oder Korporationen können das eigentliche Bürgerrecht erlangen, denn der Begriff eines Bürgers ist nach der Städteordnung von dem einer physischen Person, eines Menschen, unzertrennlich. (M.R. v. 16. Mai 1838. Ann. S. 375 u. v. 13. Jan. u. 30. Juni 1845 B.M.B. S. 4 u. 252.) Das für den Fall des §. 8 der St.Ordn. den juristischen Personen eingeräumte active Wahlrecht wird hierdurch natürlich nicht berührt.

82. Die Fassung des Gesetzes: Jeder „erwirbt" das Bürgerrecht, läßt es zweifelhaft, ob darnach ein Gemeindeangehöriger zur Uebernahme der Rechte und Pflichten eines Bürgers gezwungen werden darf, da Niemand etwas gegen seinen Willen „erwerben" kann. Der Gesetzgeber hat aber ohne Zweifel, wie auch die Kammerverhandlungen über das Gesetz vom 14. Mai 1860, das Bürgerrechtsgeld betreffend, ergeben, in der obigen Bestimmung ausdrücken wollen, daß derjenige, welcher nach §. 5 der Städteordnung zur Erlangung des Bürgerrechts sich qualificirt, gleichviel, ob er es will oder nicht, in die Bürgerrolle eingetragen werden soll.

83. Wegen der Ausnahmen von dem Erforderniß des einjährigen Wohnsitzes vergl. §. 6.

84. Forensen können daher das Bürgerrecht nicht erlangen, selbst nicht diejenigen Beamten, die nach §. 8 des Ges. v. 11. Juli 1822 mit ihrem Diensteinkommen zu den städt. Steuern herangezogen werden, factisch aber außerhalb des Stadtbezirks wohnen. (M.R. v. 14. April 1855 B.M.B. S. 68.)

85. Die Vorschriften des §. 5 Nr. 1, 2, 3 St.O. sind durch §. 13 der Reichs-Gewerbeordnung dahin abgeändert, daß ein Bürgerrechtserwerb gegen den Willen des Gewerbetreibenden auf Grund des Zutrittes des einjährigen selbständigen Gewerbebetriebes nicht ferner stattfindet. Den Magistraten

2. keine Armenunterstützung aus öffentlichen Mitteln empfangen,
3. die ihn betreffenden Gemeinde-Abgaben gezahlt hat[86]) und außerdem
4. entweder
   a. ein Wohnhaus im Stadtbezirk besitzt (§. 16)[87]), oder
   b. ein stehendes[88]) Gewerbe selbständig als Haupterwerbsquelle und in Städten von mehr als 10,000 Ein-

---

ist nur das Recht verblieben, nach Maßgabe des §. 13 a. a. O. nach Ablauf von drei Jahren die Erwerbung des Bürgerrechts resp. die aus dem nunmehr eingetretenen Erwerbe desselben sich ergebenden gesetzlichen Leistungen von dem Gewerbetreibenden zu verlangen, dann aber unter Freilassung von der Zahlung des Bürgerrechtsgeldes. Wenn inzwischen vor Ablauf dieser drei Jahre resp. vor dem sich daran schließenden Erwerbe des Bürgerrechts einer der übrigen Rechtsgründe, welche in Verbindung mit den Voraussetzungen Nr. 1, 2, 3 des §. 5 der St.Ordn. den Erwerb des Bürgerrechts herbeiführen, bei einem Gewerbetreibenden zutrifft, so erfolgt der Erwerb des Bürgerrechts mit der Verpflichtung zur Zahlung des Bürgerrechtsgeldes ganz in der bisherigen Weise. Ebenso ist der Gewerbetreibende als solcher zur Zahlung des Bürgerrechtsgeldes verpflichtet, wenn er die Erwerbung resp. Ausübung des Bürgerrechts vor dem gemäß der bundesgesetzlichen Bestimmung eingetretenen Erwerbe verlangt. Ist er dagegen nach Ablauf von drei Jahren in das Bürgerrecht auf Verlangen der Gemeindebehörde eingetreten, und gelangt dann in den Besitz eines Wohnhauses u. s. w. (§. 4 St.O.), so hört für ihn die Möglichkeit, auf Grund dieser Voraussetzung noch einmal Bürger zu werden, auf, und fällt demgemäß für ihn auch die Verpflichtung zur Entrichtung des Bürgerrechtsgeldes fort. (§. 2, 3 der Gew.O. M.R. v. 27. August 1872. V.M.B. S. 224); vgl. die Ausführungen in der Entsch. d. O.V.G. vom 2. November 1885. XIII. S. 83.

Durch die Uebernahme eines besoldeten städtischen Amtes wird an sich das Bürgerrecht noch nicht erworben.

E. OV.G. V. S. 11.

86. Vgl. Note 85.

87. Wie der Hinweis auf §. 16 andeutet, so soll auch derjenige als Hausbesitzer angesehen werden, der den Nießbrauch oder ein erbliches Besitzrecht daran hat.

Die St.Ordn. enthält keine Bestimmung darüber, wie es gehalten werden soll, wenn ein Grundstück sich im gemeinschaftlichen Besitze Mehrerer befindet, am wenigsten aber die Vorschrift, daß dann Einer der Besitzer das Bürgerrecht allein und für die Andern mit erwerben solle. Da ein Mitbesitz auch ein Besitz ist, so muß angenommen werden, daß jeder im Hypothekenbuche eingetragene Mitbesitzer eines Hauses das Bürgerrecht erwirbt, sofern die sonstigen dazu erforderlichen Eigenschaften ihm nicht fehlen.

88. Ueber den Begriff des Ausdruckes „stehendes Gewerbe“ vgl. Note 36.

wohnern[89]) mit wenigstens zwei Gehülfen selbständig betreibt, oder

c. zur klassificirten Einkommensteuer veranlagt ist, oder

d[89a]). an Klassensteuer einen Jahresbetrag von mindestens vier Thalern entrichtet. In den mahl- und schlachtsteuerpflichtigen Städten[90]) sind statt dessen die Einwohner

---

89. Unter den Einwohnern, nach deren Zahl die Städte in Klassen getheilt sind, ist die Seelenzahl überhaupt, und nicht blos die Zahl derjenigen zu verstehen, welche im besonderen Sinne des Gesetzes als Einwohner zu betrachten sind. (M.R. v. 12. Aug. 1850 I. B. 11, 188 — ungedr. —) Bei Feststellung der Einwohnerzahl ist das Resultat der letzten allgemeinen Volkszählung zum Grunde zu legen. (M.R. v. 3. Mai 1866 B.M.B. S. 137.) Active Militair-Personen sind dabei außer Berechnung zu lassen. (M.R. v. 23. Nov. 1864. B.M.B. 1865 S. 2.) Vergl. auch M.R. v. 16. Februar 1872 (B.M.B. S. 75). Zuständ.Ges. v. 1. August 1883 §. 162.

89a. Die Vorschrift unter 4d. ist abgeändert worden durch §. 9b. des Ges. betreffend Abänderung des Klassensteuergesetzes v. 25. Mai 1873 (G.S. S. 213).

Soweit nach den bestehenden Bestimmungen in Stadt- und Landgemeinden das Bürgerrecht beziehentlich das Stimm- und Wahlrecht in Gemeindeangelegenheiten, an die Bedingung eines jährlichen Klassensteuerbetrages von 3 resp. 4 Thalern (9 bezüglich 12 Mark) geknüpft ist, tritt bis zur anderweitigen gesetzlichen Regelung des Gemeindewahlrechts an die Stelle der genannten Sätze der Stufensatz von zwei Thalern (6 Mark) Klassensteuer.

Ortsstatuten, welche das Wahlrecht an einen höhern Klassensteuersatz als den Betrag von 4 Thalern (12 Mark) knüpfen, verlieren mit dem 1. Januar 1874 ihre Gültigkeit. Wo solche Ortsstatuten nach bestehenden Kommunalordnungen zulässig sind, kann das Wahlrecht durch neue Ortsstatuten von der Veranlagung zur zweiten bis achten Steuerstufe abhängig gemacht werden. In den bisher mahl- und schlachtsteuerpflichtigen Städten der östlichen Provinzen können die in §. 5 unter Nr. 4 litt. d. der Städteordnung vom 30. Mai 1853 bezeichneten Einkommensbeträge, unabhängig von dem Fortbestande der Mahl- und Schlachtsteuer durch Kommunalbeschluß als Bedingung des Bürgerrechts beibehalten werden.

Vgl. Instr. v. 15. Juli 1873. B.M.B. S. 219. Das Gesetz über die Aufhebung der beiden untersten Klassensteuerstufen vom 26. März 1883 (G.S. S. 37) hat hierin nichts geändert. Der Ausdruck „entrichtet" ist im Sinne des §. 5 St.O. gleichbedeutend mit „veranlagt". O.V.G. E. v. 14. December 1885, abgedr. bei Par. u. Wied. S. 15.

90. Nach §. XI der Min.-Instr. v. 23. März 1850 (B.M.B. S. 60) werden zu den mahl- und schlachtsteuerpflichtigen Städten auch diejenigen gerechnet,

von dem Magistrat nach den Grundsätzen der Klassensteuer-Veranlagung einzuschätzen; es können jedoch auch die Stadtbehörden beschließen, an die Stelle des Klassensteuersatzes von mindestens vier Thalern ein jährliches Einkommen treten zu lassen, welches beträgt:

in Städten von weniger als 10,000 Einwohnern 200 Rthlr.,

in Städten von 10,000 bis 50,000 Einwohnern 250 Rthlr.,

in Städten von mehr als 50,000 Einwohnern 300 Rthlr.

Steuer-Zahlungen, Einkommen, Haus- und Grundbesitz der Ehefrau werden dem Ehemann, Steuer-Zahlungen, Einkommen, Haus- und Grundbesitz der minderjährigen, beziehungsweise der in väterlicher Gewalt befindlichen Kinder, dem Vater angerechnet.

In den Fällen, wo ein Haus durch Vererbung auf einen andern übergeht, kommt dem Erben bei Berechnung der Dauer des einjährigen Wohnsitzes die Besitzzeit des Erblassers zu Gute.

Als selbständig wird nach vollendetem vierundzwanzigsten Lebensjahre[90a]) ein Jeder betrachtet, der einen eigenen Hausstand[91]) hat, sofern ihm nicht das Verfügungsrecht über sein Vermögen oder dessen Verwaltung durch richterliches Erkenntniß entzogen ist.

---

deren Bevölkerung theilweise (in dem Umkreise außerhalb der Mauern) klassensteuerpflichtig ist.

90a. Das Ges. v. 9. Dec. 1869 (G.S. S. 1177) betr. die anderweite Feststellung des Termins der Großjährigkeit (mit dem vollendeten einundzwanzigsten Lebensjahre) hat diese Bestimmung unberührt gelassen. Desgl. das Ges. vom 17. Februar 1875 (R.G.B. S. 71).

91. Eine ausdrückliche Definition des Ausdruckes „eigener Hausstand" findet sich in der Städte-Ordn. nicht. Man muß daher auf den sprachgebräuchlichen Begriff zurückgehen, und in diesem Sinne heißt „einen eigenen Hausstand haben", nichts anderes, als dasjenige besitzen, was zur Einrichtung einer häuslichen Wirthschaft gehört. (M.R. vom 22. März 1856 I. B. 2003 u. v. 30. Juni 1857 I. B. 4680 ungedr.) Hierunter wird nun zwar nicht nothwendig ein eigener Heerd, also die Bereitung der Speisen in der eigenen Küche, zu verstehen, allein jedenfalls doch anzunehmen sein, daß eine eigene häusliche Einrichtung vorhanden sein müsse. Zu dieser gehört aber in engster Auffassung mindestens der eigenthümliche Besitz der Möbel und anderer zu häuslichen Bedürfnissen bestimmten Geräthschaften, und die Ausübung der häuslichen Hülfsleistungen durch solche Personen, welche

Inwiefern über die Erlangung des Bürgerrechts von dem Magistrat eine Urkunde (**Bürgerbrief**)[92]) zu ertheilen ist, bleibt den statutarischen Anordnungen vorbehalten[93])[93a]).

nicht im Lohne und Brode eines Dritten stehen. Dieser Auslegung darf nicht entgegengesetzt werden, daß die Selbständigkeit nach allgemeinen Rechtsbegriffen in weiterem Sinne aufgefaßt wird; es handelt sich bei Erwerbung des Bürgerrechts nicht um die Ausübung allgemeiner rechtlicher Befugnisse, sondern solcher, welche das **städtische Gemeinwesen** betreffen, und diese wollte die Städte-Ordnung, indem sie den Begriff der Selbständigkeit enger faßte, nur denen beilegen, von denen nach ihren äußerlichen Verhältnissen ein wirkliches Interesse am Gemeindeleben vorauszusetzen ist.

Nach der E. des O.V.G. v. 8. October 1886 — XIV. S. 170 haben auch **Chambregarnisten** einen eigenen Hausstand.

92. Die **Documente**, welche als Bürgerbriefe zu gelten haben, unterliegen nach der Position „Bürgerbriefe" zum **Stempeltarif** vom 7. März 1822 einer Stempelabgabe von 15 Sgr.

93. Im **Ortsstatut** kann mit Berücksichtigung der bisherigen Einrichtungen näher festgesetzt werden, inwiefern die Ertheilung des Bürgerbriefes auf gewisse Voraussetzungen und Fälle zu beschränken ist, z. B. mit besonderer Berücksichtigung derjenigen Personen, welche durch Hausbesitz oder selbständigen Gewerbebetrieb der Stadt angehören, oder als Auszeichnung derjenigen, welche durch regelmäßige oder verdienstliche Theilnahme an den öffentlichen Geschäften der Gemeinde (Wahlen, Thätigkeit in Deputationen, Kommissionen, Stadtverordneten-Versammlungen, Stadtämtern) ihr lebendiges Interesse für die Stadt an den Tag gelegt haben. (Min.-Instr. v. 20. Juni 1853 Art. VII. V.M.B. S. 138.)

Auch können durch das Statut Festsetzungen getroffen werden, daß der Aufnahme in die Bürgerschaft eine feierliche Form gegeben werde, dieselbe namentlich vor dem versammelten Magistrats-Kollegium erfolgt, und der neue Bürger ermahnt werde, die ihm als Bürger obliegenden Pflichten treu zu erfüllen und der Stadt Bestes nach Kräften zu fördern. Dagegen ist die Wieder Einführung des Bürger-Eides durch statutarische Anordnung nicht zulässig, da dies eine Angelegenheit ist, die ihrem Wesen nach sich mehr für die Regelung durch ein allgemeines Gesetz eignet und es daher bedenklich erscheint, die Bestimmung darüber den einzelnen städtischen Behörden zu überlassen. (M.R. v. 10. Mai 1855 I. B. 2067 ungedr.)

93a. Hierzu §. 10 Zust.-Ges. v. 1. August 1883.

Die Gemeindevertretung beschließt

1. auf **Beschwerden und Einsprüche** betreffend den **Besitz oder den Verlust des Bürgerrechts**, insbesondere des Rechts zur Theilnahme an den Wahlen der Gemeindevertretung, sowie des Rechts zur Bekleidung einer den Besitz des Bürgerrechts voraussetzenden Stelle in der Gemeindeverwaltung oder Gemeindevertretung, die Verpflichtung zum Erwerbe oder zur Verleihung des Bürgerrechts.

§. 6.

Verlegt ein Bürger seinen Wohnsitz nach einer andern Stadt, so kann ihm das Bürgerrecht in seinem neuen Wohnort, wenn sonst die Erfordernisse zur Erlangung desselben vorhanden sind, von dem Magistrate im Einverständnisse mit der Stadtverordneten-Versammlung (§. 12) schon vor Ablauf eines Jahres verliehen werden.

Diese Bestimmungen finden auch auf den Fall Anwendung, wenn der Besitzer eines, einen besonderen Gutsbezirk bildenden Gutes, *oder ein stimmberechtigter Einwohner einer Landgemeinde seinen Wohnsitz* nach einer Stadt verlegt[94]).

Der Magistrat ist, im Einverständniß mit der Stadtverordneten-Versammlung, befugt, Männern, welche sich um die Stadt[95]) verdient gemacht haben, ohne Rücksicht auf die oben gedachten besonderen Erfordernisse, das Ehrenbürgerrecht zu ertheilen, wodurch keine städtischen Verpflichtungen entstehen[96]).

---

§. 11 und 21.

Der Beschluß der Gemeindevertretung bedarf keiner Genehmigung oder Bestätigung von Seiten des Gemeindevorstandes oder der Aufsichtsbehörde. Gegen den Beschluß der Gemeindevertretung findet die Klage im Verwaltungsstreitverfahren statt. Die Klage steht auch dem Gemeindevorstande zu und hat keine aufschiebende Wirkung. Sie ist binnen zwei Wochen bei dem Bezirksausschuß anzubringen. Die Gemeindevertretung und der Gemeindevorstand können zur Wahrnehmung ihrer Rechte im Verwaltungsstreitverfahren einen besonderen Vertreter bestellen.

Ueber Form und Inhalt der Klage vgl. §. 63 L.V.G. v. 30. Juli 1883.

94. Die Genehmigung der Aufsichtsbehörde zu dieser ausnahmsweisen Verleihung des Bürgerrechts vor Ablauf der einjährigen Ortsangehörigkeit ist nicht erforderlich.

95. Bei den Berathungen des Entwurfs zur Städte-Ordnung war man allgemein der Ansicht, daß die Ertheilung des Ehrenbürgerrechts auch in dem Falle zulässig erscheine, wenn sich Jemand allgemeine Verdienste um das Vaterland, um Kunst und Wissenschaft u. s. w. erworben habe, da derjenige, der sich um den Staat verdient gemacht, auch als ein solcher angesehen werden könne, der sich um die Stadt Verdienste erworben hat.

96. Selbstverständlich gewährt das Ehrenbürgerrecht alle Befugnisse des Bürgerrechts, wie Theilnahme an den Wahlen rc. Die vorliegende Städte-Ordnung sagt dies nicht ausdrücklich, doch enthält §. 12 der rheinischen Städte-Ordnung vom 15. Mai 1856 eine desfallsige ausdrückliche Bestimmung, und

§. 7[97]).

Wem durch rechtskräftiges Erkenntniß die bürgerlichen Ehrenrechte aberkannt sind, der veeliert dadurch dauernd die von ihm bisher bekleideten Aemter in der Gemeindeverwaltung und Gemeindevertretung sowie für die im Urtheile bestimmte Zeit das Bürgerrecht überhaupt und die Fähigkeit dasselbe zu erwerben.

Die rechtskräftig erfolgte Aberkennung der Fähigkeit zur Bekleidung öffentlicher Aemter hat den dauernden Verlust der bisher bekleideten Aemter in der Gemeindeverwaltung und Gemeindevertretung sowie für die im Urtheile bestimmte Zeit die Unfähigkeit zur Uebernahme solcher Aemter zur Folge.

Ist gegen einen Bürger wegen eines Verbrechens oder eines Vergehens, welches die Aberkennung der bürgerlichen Ehrenrechte zur Folge haben kann, das Hauptverfahren eröffnet, beziehungsweise die Anklage erhoben, oder ist derselbe zur gerichtlichen Haft gebracht, so ruht die Ausübung des ihm zustehenden Bürgerrechts so lange, bis das Strafverfahren beendet ist.

Das Bürgerrecht geht verloren, sobald eines der zur Erlangung desselben vorgeschriebenen Erfordernisse bei dem bis dahin dazu Berechtigten nicht mehr zutrifft[98]).

Verfällt ein Bürger in Konkurs, so verliert er dadurch das Bürgerrecht auf so lange bis das Verfahren beendet ist[99]).

---

der im §. 13 der vorliegenden Städteordn enthaltene Hinweis auf die §§. 5-8 spricht für die Richtigkeit der vorstehenden Auslegung.

97. Die drei ersten Absätze des §. 7 sind durch die Bestimmungen des Reichsstrafgesetzbuchs über den Verlust der bürgerlichen Ehrenrechte (§§. 31—36) und durch die Vorschriften der Reichsstrafprozeßordnung (§§. 196 ff.) erheblich abgeändert worden.

Zelle giebt denselben die oben wiedergegebene zweckmäßige Fassung.

97a. Die älteren Städte-Ordnungen enthielten noch die Bestimmung, daß auch solchen Personen, welche sich durch niederträchtige Handlungen verächtlich gemacht resp. durch einzelne Handlungen oder durch ihre Lebensweise die öffentliche Verachtung zugezogen, das Bürgerrecht entzogen werden könne. Diese Bestimmungen sind fallen gelassen und es müssen jetzt diejenigen Kriterien der Unwürdigkeit vorhanden sein, an welche das Strafgesetz den Verlust der bürgerlichen Ehre knüpft.

98. Vgl. §§. 10, 11, 21 Zuständigkeits-Ges. (zu §. 5 oben).

99. Es sind Zweifel darüber erhoben worden, in welcher Art dieser Artikel nach Emanation der Konkursordnung vom 8. Mai 1855 (Ges.-S. S. 402) zur

§. 8.

Wer in einer Stadt seit einem Jahre mehr als einer der drei höchstbesteuerten Einwohner sowohl an direkten Staats- als an Ge-

Anwendung zu bringen sei, und namentlich, ob die volle Befriedigung der Gläubiger nachgewiesen werden müsse, oder ob auch ein Akkord Geltung habe; endlich aber ist es zweifelhaft geworden, ob überhaupt die Konkurrenz der städtischen Behörden bei der Rehabilitation einzutreten habe. Man muß unterscheiden zwischen kaufmännischem und gemeinem Konkurs. Im ersteren ist der Nachweis der Befriedigung der Gläubiger nicht mehr ausreichend, es bedarf vielmehr eines förmlichen gerichtlichen Verfahrens, wodurch der Gemeinschuldner die „Wiedereinsetzung in den vorigen Stand" erlangen kann, und so lange diese Seitens des Konkursgerichts nicht ausgesprochen ist, müssen die Nachtheile, welche als Folgen des Konkurses vermöge besonderer Bestimmungen den Gemeinschuldner treffen — dazu gehört eben der Verlust des Bürgerrechts — fortbestehen. (§§. 310. 318 der Konkursordn.) Im dem gemeinen Konkurs dagegen ist nur der Nachweis der Befriedigung der Gläubiger zu führen, der den Akkord nicht ausschließt.

Das durch das Wort „kann" im §. 7 der Städteordn. den Stadtbehörden verliehene Recht, ihrerseits unabhängig zu ermessen, ob ein Gemeinschuldner, auch nach Beibringung der erforderlichen Requisite, zu rehabilitiren ist oder nicht, ist mit der Konkursordnung keineswegs untergegangen, sondern besteht fort und muß von den Städten bei vorkommenden Fällen festgehalten werden; denn die Frage, ob Jemand Bürger sein könne, oder nicht, gehört so recht zu den innerlichsten der Städte-Verwaltung, für welche allein die Städteordnung als sedes materiae entscheidet, wenn in einem späteren Gesetz darüber nicht expressis verbis anderweit disponirt worden ist.

Von der Gesetzgebung ist auch die vorstehende Auslegung bereits ausdrücklich anerkannt worden, und zwar im §. 7 der unterm 19. März 1856, also 16 Monate nach dem Erscheinen der Konkursordnung, erlassenen Städteordnung für Westphalen.

Den Schlußsatz des §. 7 der vorliegenden Städteordnung für die östlichen Provinzen hat man sich hiernach in folgender Verfassung zu denken:

> „Verfällt ein Bürger in Konkurs, so verliert er dadurch das Bürgerrecht; die Befähigung, dasselbe wieder zu erlangen, kann ihm aber von den Stadtbehörden verliehen werden:
>
> a. falls er bei Eröffnung des Konkurses Kaufmann war, sobald ihm die Wiedereinsetzung in den vorigen Stand ertheilt worden ist;
>
> b. falls er nicht zu den Kaufleuten gehört, sobald er die Befriedigung seiner Gläubiger nachweist."

Diese Schmälerung des Bürgerrechts tritt indeß nur während der Dauer des Konkursverfahrens ein. Nach beendigtem Konkurs lebt es von selbst wieder im vollen früheren Umfange auf. Preuß. Ausführ.-Ges. zur Konk.-Ordnung v.

meinde-Abgaben entrichtet[99a]), ist, auch ohne im Stadtbezirke zu wohnen oder sich daselbst aufzuhalten, berechtigt, an den Wahlen Theil zu nehmen[100]), falls bei ihm die übrigen Erfordernisse dazu vorhanden sind.

Dasselbe Recht haben juristische Personen[101]), wenn sie in einem solchen Maße in der Gemeinde besteuert sind[101a]).

§. 9.

Die Stadtgemeinden sind Korporationen[102 103]); den-

6. März 1879 (G.S. S. 109) §. 52; M.E. v. 15. December 1881 B.M.B. 1882 S. 30.

99a. Eine Zusammenrechnung der Staats- und Gemeindesteuern darf nicht vorgenommen werden, vielmehr muß die betreffende Person bei der einen wie bei der andern Art von Abgaben mit ihrem Steuerbetrage die entsprechende Steuersumme des von den drei Höchstbesteuerten am niedrigsten herangezogenen Einwohners übersteigen.

E. O.VG. v. 18. Januar 1887 XIV S. 44.

100. Wegen des Rechtes der juristischen oder außerhalb des Stadtbezirks wohnenden höchst besteuerten Personen zur Ausübung des Stimmrechts durch Bevollmächtigte vgl. §. 25, sowie M.R. v. 23. Juni 1881 B.M.B. S. 206.

101. Hinsichtlich des Begriffes der juristischen Personen vgl. Note 38.

Gruben (Bergwerke, Gewerkschaften) können wahlberechtigt sein, wenn sie ihre Staats- und Gemeindesteuern in genügender Höhe bezahlen. Hinsichtlich der Staatssteuern ist aber zu beachten, daß die Bergwerksabgabe in dem hier maßgebenden Sinne eine directe Staatssteuer nicht ist.

E. O.V.G. v. 18. Januar 1887 XIV S. 44.

Vgl. Parey E.V. S. 61, der die Bergwerksabgabe nicht für eine indirecte Steuer ansieht, vielmehr der Ansicht ist, daß sie zwischen beiden steht.

Bei der Prüfung, ob ein Forense an Staats- und Gemeindesteuern mehr als einer der drei Höchstbesteuerten entrichtet, sind nur solche Steuern zu berücksichtigen, welche von der betreffenden Stadt örtlich angehörigen Steuerobjecten erhoben werden.

E. O.V.G. v. 23. September 1885, mitget. v. Par. u. Wied. S. 44.

101a. D. h. wenn sie in einem solchen Maße in der Gemeinde zu einer Steuer herangezogen sind. Eine Veranlagung, welche nicht zu dem Zwecke vorgenommen wird, um darauf eine Steuerforderung zu gründen — wie beim Fiscus — genügt nicht. Der Erlaß des M. d. J. v. 3. November 1874, daß es nach §. 8 d. St.O. nicht sowohl auf die Entrichtung der Staatssteuern als auf die Veranlagung zu denselben ankomme, widerspricht dem Wortlaute des Gesetzes.

E. O.V.G. v. 18. Januar 1887 XIV S. 44 u. v. 23. October 1888 XVII S. 94 ff.

102. Als Korporation hat die Stadtgemeinde die Eigenschaft

einer juristischen Person (Allg. Landr. Thl. II. Tit. 8 §. 108); sie kann als solche Vermögensrechte erwerben, besitzen, veräußern und vor Gericht verfolgen und vermögensrechtliche Verbindlichkeiten eingehen. Auf ihre Angelegenheiten finden, soweit die Gesetze über die städtischen Verhältnisse nicht besondere Bestimmungen treffen, subsidiarisch dieselben Rechtsregeln Anwendung, welche nach §. 26—202 Tit. 6 Thl. II. Allg. Landr. für Korporationen im Allgemeinen gelten.

103. Den Stadtgemeinden stehen folgende Privilegien und Vorrechte zu:

a. Sie haben rücksichtlich des Kämmerei-Vermögens die Rechte der Minderjährigen, d. h. diejenigen Rechtswohlthaten, welche den Minderjährigen hinsichtlich ihres Vermögens beigelegt sind, und welche sich *auf die Verhältnisse der Stadtgemeinden als juristischer Personen* überhaupt anwenden lassen. (A. L.R. Thl. II. Tit. 8 §. 157.)

b. Wegen gewisser ausstehender Forderungen haben sie bei eintretender Insolvenz ihrer Schuldner Vorzugsrechte. Reichskonkursordnung §§. 41—54, Ges. betr. die Zwangsvollstreckung in das unbewegl. Vermögen v. 13. Juli 1883 §§. 28, 36, 147, 148.

c. Es steht ihnen, vermöge des Weichbildrechts, das Eigenthum an den innerhalb ihres Weichbildes belegenen Gütern, welche nicht Anderen aus einem besonderen Titel gehören, zu, wenn sie diese zum Eigenthum annehmen wollen. Alsdann gehen alle Vortheile und Lasten eines solchen Grundstücks auf sie über. (Obertr.-Erk. v. 20. August 1821. Simon's Rechtsprüche Bd. I. S. 236—243 u. Kab.-Ordre v. 14. März 1825. v. Kamptz Ann. IX. S. 605.)

d. Sie erwerben den juristischen Besitz von Sachen oder Rechten, wenn er für sie von städtischen Beamten redlicher Weise ergriffen wird. (A.L.R. Thl. I. Tit. 7 §. 34.)

e. Die Frist, binnen welcher das Eigenthum einer Sache durch Verjährung erworben wird, beträgt in der Regel zehn, soll die Verjährung aber einer Stadtgemeinde gegenüber geltend gemacht werden, so beträgt sie zwanzig Jahre. (A.L.R. Thl. I. Tit. 9 §. 624.)

f. Die Stadtgemeinden haben das Recht, die Gemeindeabgaben ꝛc. von den Säumigen im Steuer-Exécutionswege beizutreiben. (§. 68 der Städteordn.) V.O. v. 7. September 1879 betr. das Verwaltungszwangsverfahren wegen Beitreibung von Geldbeträgen. (G.S. S. 591.)

g. Die Portofreiheit für die Sendungen, bei denen es sich um solche Gegenstände handelt, welche das Oberaufsichtsrecht des Staats über die Kommunalverwaltung betreffen, ist durch das Bundesgesetz vom 5. Juni 1869 (B.G.B. S. 141) aufgehoben.

h. Die den Stadtgemeinden in der V.O. v. 2. December 1837 (G.S.S. 1838 S. 1) u. V.O. v. 21. Juli 1846 (G.S. S. 292) u. Instr. v. 7. Apr. 1839 gewährten prozessualen Vorrechte sind durch die Reichscivilprozeßordnung beseitigt.

selben steht die Selbstverwaltung ihrer Angelegenheiten [104]) nach näherer Vorschrift dieses Gesetzes zu [105]).

§. 10.

In den Städten wird ein Magistrat (kollegialischer Gemeinde-Vorstand) und eine Stadtverordneten-Versammlung gebildet, welche nach näherer Vorschrift dieses Gesetzes dieselben vertreten. Der Magistrat ist die Obrigkeit der Stadt und verwaltet die städtischen Gemeinde-Angelegenheiten. Die Ausnahmen bestimmt Tit. VIII [106]).

§. 11.

Jede Stadt ist befugt, besondere statutarische Anordnungen zu treffen [107]):

---

104. Die Frage, was zu den Angelegenheiten der Gemeinde gehöre, beantworten die Motive zum Entwurfe der Gem.-Ordnung v. 1850 dahin, daß der Gemeindeverband wesentlich die Bestimmung habe, mittelst seines Eigenthums und der vereinten Kräfte seiner Angehörigen diejenigen Bedürfnisse zu befriedigen, die sich einerseits dem Einzelnen sowie der Familie und den Privatvereinen gegenüber als gemeinsame darstellen, während sie andererseits den größeren politischen Verbänden oder dem Staate gegenüber als besondere erscheinen.

Vgl. hierüber die Entsch. O.V.G. abgedruckt II S. 186 III S. 124.

105. Die Grenzen des Rechts der Selbstverwaltung, namentlich der Staatsaufsicht gegenüber, ergeben sich aus Tit. V. der Städteordnung, soweit dieselben nicht einzelnen Vorschriften außerhalb dieses Titels sogleich beigefügt sind.

106. Die im Tit. VIII. enthaltenen Ausnahme-Bestimmungen kommen nur für Städte von nicht mehr als 2500 Seelen zur Anwendung.

107. Der §. 11 ist einer der wichtigsten der Städte-Ordnung. Er trägt der Eigenthümlichkeit der verschiedenen Städte Rechnung und gewährt den letzteren die Möglichkeit, ihre Eigenthümlichkeit zu erhalten und auszubilden. Die Städte-Ordnung soll nicht die Verfassung und Verwaltung der Städte im Einzelnen darstellen, vielmehr nur der allgemeine Rahmen sein, innerhalb dessen die örtlichen Verhältnisse und Bedürfnisse der einzelnen Städte in statutarischen Anordnungen ihre Befriedigung finden können. Dabei muß sich natürlich die Autonomie der Städte in gewissen Grenzen halten; die allgemeinen Grundsätze der Städteordnung dürfen nicht der Willkür der Statuten Preis gegeben werden, letztere dürfen daher nichts gegen das Gesetz festsetzen. Der Sinn des §. 11 ist der:

a. Ueber Angelegenheiten, hinsichtlich deren die Städteordnung ausdrückliche Bestimmungen enthält, dürfen die Statuten nichts Abweichendes enthalten, wenn nicht darin zugleich Abweichungen (Verschiedenheiten) gestattet sind. Eine Ausnahme von dieser Regel findet nur dahin statt, daß den gewerblichen Genossenschaften in den Statuten bei Bildung

1. über solche Angelegenheiten der Stadtgemeinden, so wie solche Rechte und Pflichten ihrer Mitglieder [107a]), hinsichtlich deren das gegenwärtige Gesetz [108]) Verschiedenheiten gestattet oder keine ausdrücklichen Bestimmungen enthält [109]);

---

der Wahlkörper und in der städtischen Vertretung Rechte beigelegt werden können, die den ausdrücklichen Bestimmungen der Städteordnung, z. B. der Drei-Klasseneintheilung, dem ganzen Wahlsystem der §§. 13 u. ff. nicht entsprechen.

b. Ueber Angelegenheiten, hinsichtlich deren die Städteordnung keine ausdrücklichen Bestimmungen enthält, können die Statuten frei disponiren. (Komm. Ber. der II. Kammer.)

Im Allgemeinen werden die Bestimmungen des §. 11 fürsorglich zu benutzen sein, um die in den bisherigen Stadtverfassungen beruhenden gewohnten und bewährten Einrichtungen, insoweit sie den Vorschriften der vorliegenden Städteordnung nicht widersprechen, zu erhalten resp. weiter zu entwickeln. In diesem Sinne werden auch die unter der Herrschaft der älteren Städteordnungen zu Stande gekommenen Orts-Statuten beizubehalten, oder den nothwendigen Modificationen mit Schonung und Vorsicht zu unterwerfen sein. Die statutarischen Anordnungen brauchen nicht als ein vollständiger Kodex über alle dem Ortsstatut überlassenen Gegenstände zu ergehen, sondern können, je nachdem sich gerade bei dem einen oder dem anderen Punkte im Laufe der Zeit die Veranlassung und das Bedürfniß bietet, durch nacheinander folgende Festsetzungen geschehen, deren Zusammentragung nach Zeit und Gelegenheit vorbehalten bleiben kann. (M.Instr. v. 20. Juni 1853 Art. VII. V.M.B. S. 138.)

107a. Unter diese Mitglieder fallen nicht die Eigenthümer von außerhalb des Stadtbezirks belegenen Grundstücken.

E. O.V.G. v. 5. October 1888. XVII. S. 179.

108. Die Städte-Ordnung hat folgende Gegenstände der statutarischen Regelung speciell vorbehalten.

§. 5. die Ertheilung von Bürgerbriefen;

§. 12. die Festsetzung der Zahl der Stadtverordneten;

§. 21. eine von den Vorschriften der §§. 19—21 abweichende Regelung der Termine zur Berichtigung, Offenlegung und Anfechtung der Liste der stimmfähigen Bürger und zu den Wahlen für die Stadtverordneten-Versammlung;

§. 29. die Festsetzung der Zahl der Magistratspersonen;

§. 59. die Zusammensetzung der städtischen Deputationen und Kommissionen;

§. 70. die Fristen für die Legung und Feststellung der Jahresrechnung.

Von anderen Gesetzen, welche bestimmte Angelegenheiten der ortsstatutarischen Regelung überweisen, sind hervorzuheben:

1) Die Reichsgewerbeordnung:

a. §. 23 (Abgrenzung einzelner Ortstheile zu Anlagen gewerblicher Art)

b. §. 33 (Bedürfniß zum Betrieb der Gast- und Schankwirthschaft in Städten von mehr als 15000 Einwohnern)

c. §. 34 (Betrieb des Gewerbes der Pfandleiher)
d. §. 120 (Verpflichtung zum Besuch einer Fortbildungsschule)
e. §. 120a (Bestellung gewerblicher Schiedsgerichte)
f. §. 141 (Bildung von Hülfskassen)
g. §. 142 (vgl. §. 122 Zust.Ges.).

2) Das Gesetz betreffend die Quartierleistung für die bewaffnete Macht während des Friedenszustandes vom 25. Juni 1868 (B.G.B. S. 523) §. 7, das Gesetz über die Kriegsleistungen vom 13. Juni 1873 (R.G.B. S. 129) §. 236, das Gesetz über die Naturalleistungen für die bewaffnete Macht im Frieden vom 13. Februar 1875 (R.G.B. S. 52) §. 7, (sämmtlich die Vertheilung der Leistungen unter die Gemeindemitglieder angehend).

3) Das Gesetz betreffend die Anlegung und Veränderung von Straßen vom 2. Juli 1875 (G.S. S. 561); in dem Anhange abgedruckt.

4) Das Reichsgesetz über die Krankenversicherung vom 15. Juni 1883 (R.G.B. S. 73) §. 2. 52. 54.

Vgl. auch die im Anhange abgedruckte Zusammenstellung.

109. Zur statutarischen Regelung würden sich auch eignen:

ad §. 4. die Art der Auseinandersetzung mit einem ausscheidenden Einwohner hinsichtlich der über die Zeit seines Aufenthalts in der Stadt hinaus genossenen Nutzungen (vgl. Note 29), sofern an dem betr. Orte die Gemeindelasten ganz oder theilweise als Aequivalent für bestimmte, den Gemeindemitgliedern gewährte Nutzungen anzusehen sind (M.R. vom 15. Juli 1856 I. B. 5830 ungedr.);

ad §. 5. die der Aufnahme in die Bürgerschaft zu gebende feierliche Form, wogegen die Wiedereinführung des Bürgereides durch das Ortsstatut unzulässig ist (M.R. v. 10. Mai 1855 I. B. 2067 ungedr.);

ad §. 13. die Festsetzung, ob und in welcher Weise in den mahl- und schlachtsteuerpflichtigen Städten die Bildung der Wahlabtheilungen nach Maßgabe des Einkommens geschehen soll (fällt jetzt fort vgl. zu §. 13);

ad §. 15. die zwar der Regierung selbständig, nach den Kammerverhandlungen aber auch den Stadtbehörden zustehende Festsetzung der aus jeder einzelnen Ortschaft zu wählenden Mitgliederzahl;

ad §. 22. die Bestimmung, in welcher Weise geloost werden soll;

ad §. 23. die Bestimmung, ob die Zusammenberufung der Wähler durch schriftliche Einladung oder ortsübliche Bekanntmachung zu geschehen habe, resp. was unter der letzteren zu verstehen sei;

ad §. 28. die Form der Einführung der Stadtverordneten;

ad §. 32. die Anordnung, in welcher Weise bei Stimmengleichheit gelost werden soll;

ad §. 36. die Anordnung darüber, wie die gemeinschaftliche Kommission zusammengesetzt werden soll;

ad §. 38. die Vorschriften über die erforderliche Qualifikation eines nicht aus der Zahl der Stadtverordneten gewählten Protokollführers;

ad §. 45. die Bestimmung darüber, in welchen Fällen die Oeffentlichkeit der Berathungen in den Stadtverordneten-Sitzungen ausgeschlossen sein soll;

2. über sonstige eigenthümliche Verhältnisse und Einrichtungen[110]), insbesondere hinsichtlich der den gewerblichen Genossenschaften bei Eintheilung der stimmfähigen Bürger und

---

ad §. 47. die Form, in welcher die Stadtverordneten-Beschlüsse dem Magistrat mitzutheilen sind;
ad §. 52. die Festsetzung bestimmter Zahlungsfristen und Termine rücksichtlich der Erhebung des Bürgerrechts- und Einkaufsgeldes (vergl. Noten zu §. 68);
ad §. 53. die Ausschreibung der Gemeindesteuern;
ad §. 54. desgl. der Dienste;
ad §. 59. die Festsetzung der Dienstzeit der Mitglieder städtischer Deputationen;
ad §. 60. *die Eintheilung der Stadt in Ortsbezirke;*
ad §. 61 die Zeit der Abstattung des Verwaltungsberichts und die Bestimmung darüber, ob derselbe vervielfältigt und an die Bürger vertheilt werden soll;
ad §. 64. die Festsetzung, ob und welche Reisekosten und Diäten als Ersatz baarer Auslagen den Mitgliedern der städtischen Behörden gegeben werden sollen;
ad §. 66. die Verlängerung der Etatsperiode;
ad §. 69. die Bestimmung, in welcher Weise die Prüfung der Jahresrechnung Seitens der Stadtverordneten-Versammlung vorzunehmen ist;
ad §. 74. die Festsetzung der Ehrenstrafen für solche Bürger, welche die Annahme oder Fortführung eines städtischen Amtes ohne gesetzlichen Grund verweigern.

Es ist wünschenswerth, daß über alle vorstehend genannten Gegenstände die städtischen Behörden sich ein für alle Mal einigen, doch erscheint es räthlich, nur die zu den §§. 5, 15, 52, 53, 54 u. 74 hervorgehobenen Bestimmungen wie statutarische Anordnungen zu behandeln, da die übrigen von einer Genehmigung der Aufsichtsbehörde nicht abhängig sind, jede Abänderung und Erweiterung des Ortsstatuts aber der Bestätigung der Regierung bedarf und die Einholung dieser Genehmigung in unnöthigen Fällen die Autonomie der Städte freiwillig aufgeben hieße.

110. In dem Ortsstatute sind, soweit dies nicht bereits in Folge des §. 138 der rev. Städteordn. von 1831 geschehen ist, in den Mediatstädten die Rechte der Mediatherren und die daraus hervorgehenden eigenthümlichen Verhältnisse und Einrichtungen aufzuzeichnen. (M.R. v. 7. Sept. 1853 No. 1690 I. C. ungedr.)

Dem Ortsstatut können nützlicherweise alle diejenigen Vorschriften einverleibt werden, welche sämmtliche Einwohner der Stadt beobachten müssen und durch welche ihre Verpflichtungen gegen das Gemeinwesen näher bestimmt werden. Wenn die derartigen Verpflichtungen auch in besonderen Reglements näher nachgewiesen werden, so erscheint es doch nützlich, sie wenigstens den Hauptzügen nach unter Beziehung auf die Reglements im Statute auszusprechen, das letztere aber, soweit möglich, zu drucken und entweder unentgeltlich oder gegen Erlegung

bei Bildung der Wahlversammlungen und der städtischen Vertretung zu gewährenden angemessenen Berücksichtigung [111]).

des Kostenpreises an die Einwohner zu vertheilen. Das Statut soll ein Lokalgesetz sein, bestimmt, in Beziehung auf die innere Verfassung der Stadt alles das zu enthalten, was im allgemeinen Gesetz nicht vorgeschrieben und doch für die Einwohner bindende Norm ist, ihnen daher bekannt sein muß. (M.R. v. 29. Juni 1833 Ann. S. 425.)

111. Diese Bestimmung sollte die Möglichkeit gewähren, die lediglich durch den Census bedingte Klassen-Eintheilung der Wahlberechtigten in den §§. 13ff. zu modificiren, um den noch vorhandenen Korporationsverbänden bei den Wahlen und in der Gemeindevertretung eine angemessenere Vertretung ihrer Interessen zu sichern; man hielt eben damals die Fortbildung der gewerblichen Genossenschaften, namentlich in ihrem Zusammenhange mit der inneren Städteverfassung, als die wichtigste Aufgabe der individuellen Entwickelung der Ortsverfassungen der Städte. Der Ausdruck „gewerbliche Genossenschaften" ist im weiteren Sinne aufzufassen, er soll die Kaufmannschaft, den Handwerkerstand, das Ackerbaugewerbe und auch andere Genossenschaften, wie z. B. die Hausbesitzer, bezeichnen. Nach dem Vorbilde alter bewährter Städte-Verfassungen sollen beispielsweise im Sinne der obigen Gesetzesstelle bei Eintheilung der stimmfähigen Bürger und Bildung der Wahlversammlnngen die Kaufmannschaft und der Handwerkerstand, als die vorwiegenden städtischen Elemente, unterschieden und in Haupt-Abtheilungen neben einander gestellt werden können. Innerhalb dieser Haupt-Abtheilungen können alsdann die Kaufleute und die Mitglieder des Handwerkerstandes unter sich wählen. Bei Bildung der städtischen Vertretung selbst sollen die Genossenschaften in der Art berücksichtigt werden können, daß eine gewisse Anzahl Stellen in der Stadtverordneten-Versammlung jedenfalls durch Vorsteher oder Mitglieder der Genossenschaften zu besetzen ist, wobei nur stets im Sinne des §. 16 an dem Grundsatze festzuhalten, daß mindestens die Hälfte der Stadtverordneten aus Hausbesitzern bestehen muß.

Schon bei Berathung des Entwurfs der Städteordnung wurde darauf aufmerksam gemacht, daß die Nr. 2 des §. 11 im Widerspruch mit der Nr. 1 desselben sei, indem die Nr. 2 das jus statuendi auch contra legem zulasse. Der damalige Minister des Innern erklärte dagegen, daß durch die Nr. 2 allerdings Abweichungen von den Vorschriften der Städteordn. zugelassen werden sollen, man werde jedoch nicht sagen können, daß solche Abweichungen contra legem seien, weil eben der §. 11 die lex sei, welche sie gestatte. Demungeachtet hat die Staatsregierung in dem 1861 vorgelegten Gesetzentwurf, die Abänderung der Städteordn. betr., die Wiederbeseitigung der Vorschrift ad Nr. 2 vorgeschlagen, weil die daselbst den Städten eingeräumten autonomischen Befugnisse mit den Fundamental-Grundsätzen der Städteordn. im Widerspruche stehen. Auch die derzeitigen Vertreter der Staatsregierung bekennen sich anscheinend zu dieser Auffassung, denn die obige Nr. 2 des §. 11 findet sich weder in dem Gemeinde-Verfassungs-Gesetz für Frankfurt a. M. vom 25. März 1867 (Ges.-S. S. 401), noch in dem Entwurf der Städte-Ordnung für die Provinz Schleswig-Holstein wieder vor. In nicht zu langer Zeit wird sie auch aus der vorliegenden Städte-

Dergleichen Anordnungen bedürfen der Bestätigung des Bezirksausschusses (§. 16 Abs. 3 Zust.Ges.)[112]).

Titel II.

Von der Zusammensetzung und Wahl der Stadtverordneten-Versammlung.

§. 12.

Die Stadtverordneten-Versammlung besteht aus zwölf Mitgliedern in Stadtgemeinden von weniger als 2500 Einwohnern[113]),

---

ordnung verschwinden, es ist daher zu empfehlen, von ihr auch fernerhin nur mit der größten Vorsicht Gebrauch zu machen.

112. Die statutarischen Anordnungen müssen von beiden städtischen Behörden beschlossen sein; ist dies auch oben nicht ausdrücklich ausgesprochen, so folgt es doch aus der Fassung des ersten Satzes im §. 11, wonach „jede Stadt" statutarische Anordnungen treffen kann. Die Stadt wird aber nach §. 10 durch beide Stadtbehörden vertreten.

Die statutarischen Bestimmungen werden in Bezug auf Form und Inhalt möglichst gut ausgearbeitet werden müssen, präcis und klar, wie ein Gesetz es sein soll. Die Ausfertigung geschieht in urkundlicher Form zweifach, da die Regierung ein Exemplar an sich behält.

Gegen den Beschluß des Bezirksausschusses findet innerhalb zwei Wochen die Beschwerde an den Provinzialrath statt (§. 121 L.V.G.).

Für den Stadtkreis Berlin tritt an die Stelle des Bezirksausschusses der Oberpräsident; die Beschwerde geht an den Minister des Innern (§. 43 L.V.G.)

Durch die Bestätigung wird den Gerichten wie Verwaltungsgerichten nicht die Befugniß entzogen, zu prüfen ob die Ortsstatute mit den bestehenden Gesetzen im Einklange sind. Dagegen steht ihnen nicht das Recht der Prüfung der Zweckmäßigkeit der statutarischen Anordnungen zu, wenn Seitens der Aufsichtsbehörde die Bestätigung ertheilt ist.

O.V.G.E. II. S. 107, III. S. 97, IV. S. 97. 145.

Ist die Anordnung von Strafe gegen Zuwiderhandlungen gegen die ortsstatutarischen Vorschriften erforderlich und gesetzlich begründet, so kann dies nicht in dem Ortsstatute selbst sondern in einer gemäß den Vorschriften des Gesetzes vom 11. März 1850 über die Polizeiverwaltung erlassenen Polizeiverordnung geschehen.

Die Veröffentlichung der Ortsstatuten hat in ortsüblicher Weise zu erfolgen (§. 10 der Einleitung zum A.L.R., M.R. v. 30. August 1872, B.M.Bl. S. 225.)

Zur Aufhebung von Ortsstatuten ist die Genehmigung des Bezirksausschusses erforderlich.

113. Wegen Feststellung der Einwohnerzahl vgl. Note 89.

aus 18 in Gemeinden von 2500 bis 5000 Einwohnern,
aus 24 in Gemeinden von 5001 bis 10000 Einwohnern,
aus 30 in Gemeinden von 10001 bis 20000 Einwohnern,
aus 36 in Gemeinden von 20001 bis 30000 Einwohnern,
aus 42 in Gemeinden von 30001 bis 50000 Einwohnern,
aus 48 in Gemeinden von 50001 bis 70000 Einwohnern,
aus 54 in Gemeinden von 70001 bis 90000 Einwohnern,
aus 60 in Gemeinden von 90001 bis 120000 Einwohnern.

In Gemeinden von mehr als 120000 Einwohnern treten für jede weiteren 50000 Einwohner sechs Stadtverordnete hinzu[114]).

Wo die Zahl der Stadtverordneten bisher[115]) eine andere gewesen ist, verbleibt es bei dieser Zahl, bis durch statutarische Anordnung, welcher überhaupt abweichende Festsetzungen über die Zahl der Stadtverordneten vorbehalten werden, eine Aenderung getroffen ist.

§. 13.

Zum Zweck der Wahl der Stadtverordneten werden die stimmfähigen Bürger (§§. 5—8)[116]) nach Maßgabe der von ihnen zu entrichtenden direkten Steuern (Gemeinde-, Kreis-, Provinzial- und Staats-Abgaben) in drei Abtheilungen getheilt.

In den Städten, wo die Mahl- und Schlachtsteuer besteht, werden diejenigen stimmfähigen Bürger, welche zur Staats-Einkommensteuer nicht herangezogen werden, von dem Magistrat nach den Grundsätzen der Klassensteuer-Veranlagung eingeschätzt und der Be-

114. Ist in Folge eingetretener Zunahme der Bevölkerung die Zahl der Stadtverordneten zu vermehren, um dieselbe auf die durch die Städteordnung oder das Ortsstatut bestimmte Zahl zu bringen, so müssen die hierauf bezüglichen Anordnungen ohne Weiteres und ohne besondere statutarische Anordnung durch den Magistrat erfolgen, denn es handelt sich dabei lediglich um Ausführung einer bestimmten gesetzlichen Vorschrift. Das M.R. v. 27. April 1828 (Ann. S. 421) nahm an, es sei für solche Fälle die Zustimmung der Regierung erforderlich, diese Auslegung findet jedoch in der vorliegenden Städteordnung keine Stütze mehr.

115. „Bisher" soll heißen: vor Erlaß der Städteordnung.

Vgl. Note 147 zu §. 21 St.O. über die Wahlen zur Durchführung einer Erhöhung der Zahl der Stadtverordneten.

116. In die Wählerliste gehören also außer den nach §. 5 stimmberechtigten Bürgern auch die Ehrenbürger (§. 6) und die Forensen u. juristischen Personen (§. 8).

trag, welcher danach als Klassensteuer zu zahlen sein würde, bei den vorstehend gedachten Steuern mitberechnet. Doch können auch die Stadtbehörden in den gedachten Städten beschließen, die Bildung der drei Abtheilungen nach Maßgabe des Einkommens der stimmfähigen Bürger zu bewirken[117]).

Die erste Abtheilung besteht aus denjenigen, auf welche die höchsten Beträge bis zum Belauf eines Drittels des Gesammtbetrages der Steuer aller stimmfähigen Bürger fallen, oder welche das höchste Einkommen bis zum Belauf eines Drittels des Gesammmt-Einkommens aller stimmfähigen Bürger besitzen[118]). Die übrigen stimmfähigen Bürger bilden die zweite und dritte Abtheilung; die zweite reicht bis zum zweiten Drittel der Gesammtsteuer, beziehungsweise des Gesammt-Einkommens aller stimmfähigen Bürger.

In die erste, beziehungsweise zweite Abtheilung gehört auch derjenige, dessen Steuerbetrag oder Einkommen nur theilweise in das erste, beziehungsweise zweite Drittheil fällt.

Steuern, die für Grundbesitz oder Gewerbebetrieb in einer anderen Gemeinde entrichtet werden, so wie die Steuern für die im Umherziehen betriebenen Gewerbe, sind bei der Bildung der Abtheilung nicht anzurechnen[119]).

Kein Wähler kann zweien Abtheilungen zugleich angehören.

Läßt sich weder nach dem Steuerbetrage oder Einkommen, noch nach der alphabetischen Ordnung der Namen bestimmen, welcher

117. Ist dies geschehen, so bleiben bei der Bildung der Abtheilung die directen Steuern natürlich außer Betracht.

Satz 2 und 3 sind gegenstandslos geworden, nachdem durch Ges. v. 25. Mai 1873 (Ges.S. S. 222) die Mahl- und Schlachtsteuer aufgehoben worden ist. Vgl. auch Anm. 89a.

118. Das Gesetz enthält hier eine Lücke, indem es nicht vorschreibt, wie es gehalten werden soll, wenn ein Wähler volle zwei Drittel der aufkommenden Steuern entrichtet. Wo ein solcher Fall eintritt, bleibt nichts übrig, als die zweite und dritte Wählerabtheilung derartig zu bilden, daß man außer dem Höchstbesteuerten alle übrigen Wähler zur zweiten und dritten Abtheilung rechnet und die Grenze der zweiten Abtheilung zieht, wenn die Hälfte der Gesammtsteuer resp. des Gesammteinkommens dieser übrigen Wähler erreicht ist.

119. Eben so wenig die §. 54 erwähnten Dienste, da der Vorschlag, die letzteren gleich den Abgaben in Anrechnung zu bringen, von der I. Kammer verworfen wurde.

unter mehreren Wählern zu einer bestimmten Abtheilung zu rechnen ist, so entscheidet das Loos.

Jede Abtheilung wählt ein Drittel der Stadtverordneten, ohne dabei an die Wähler der Abtheilung gebunden zu sein[120 121]).

§. 14.

Gehören zu einer Abtheilung mehr als fünfhundert Wähler, so kann die Wahl derselben nach dazu gebildeten Wahlbezirken[122]) geschehen. Enthält eine Stadtgemeinde mehrere Ortschaften[123]), so kann dieselbe mit Rücksicht hierauf in Wahlbezirke eingetheilt werden. Die Anzahl und die Grenzen der Wahlbezirke, so wie die Anzahl der von einem jeden derselben zu wählenden Stadtverordneten, werden nach Maßgabe der Zahl der stimmfähigen Bürger von dem Magistrat festgesetzt[124 125]).

---

120. Auch an die Wähler des Bezirks ist die Abtheilung nicht gebunden, denn schon die Städteordn. v. 1831 hob diese Beschränkung auf. Es ist die freie Auswahl unter sämmtlichen an sich befähigten Gemeindegliedern gestattet und nur §. 15 läßt eine Ausnahme zu, indem durch die der Regierung dort vorbehaltene Bestimmung die freie Wahl der Stadtverordneten aus sämmtlichen Gemeindewählern beschränkt werden kann.

121. Die Hälfte der von jeder Abtheilung zu wählenden Stadverordneten muß aus Hausbesitzern bestehen (§. 16).

122. Diese Bezirke sind keine Verwaltungsbezirke, wie §. 60 solche vor Augen hat, sondern nur zum Zweck der Wahl vorgenommene Eintheilungen, die freilich nach §. 19 behufs Fortführung der Listen der Stimmfähigen in ihren örtlichen Begrenzungen einstweilen beibehalten, jedoch auch eben so gut, wenn Wohnungs-Aenderungen und Veränderung der Steuer- und Vermögensverhältnisse der von solchem Wahlbezirk bisher umfaßten Einwohner eine Veränderung dieser Wahlbezirks-Eintheilung für zweckmäßig oder nothwendig erkennen lassen, wieder einer veränderten Bestimmung unterworfen werden können.

123. Unter einer Stadtgemeinde, welche mehrere Ortschaften enthält, ist diejenige zu verstehen, deren Gemeindebezirk mehrere Ortschaften umfaßt, wie z. B. der Fall ist, wenn die Vereinigung eines ländlichen Gemeindebezirks mit der Stadtgemeinde stattgefunden hat. Der Begriff der Ortschaft ist überhaupt ein rein factischer; er bedeutet eine abgesondert liegende, zusammenhängende Gruppe von Wohngebäuden. Ist z. B. auf einer städtischen Feldmark in einiger Entfernung von der Stadt eine Anzahl von Ansiedelungen entstanden, die einen besonderen Namen führen, so gelten sie gewöhnlich als eine besondere Ortschaft, obwohl ihre Bewohner zur Stadtgemeinde gehören.

124. Es ist mit Bezug auf die regelmäßig wiederkehrenden Ergänzungswahlen (§. 18) angemessen, jeden Wahlbezirk so zu constituiren, daß die Zahl der von demselben überhaupt zu wählenden Stadtverordneten durch drei theilbar

§. 15.

Bei Stadtgemeinden, welche mehrere Ortschaften enthalten, kann der Bezirksausschuß[126]) nach Verhältniß der Einwohnerzahl bestimmen, wie viel Mitglieder der Stadtverordneten-Versammlung aus jeder einzelnen Ortschaft zu wählen sind[127]).

§. 16.

Die Hälfte[128]) der von jeder Abtheilung zu wählenden Stadtverordneten muß aus Hausbesitzern (Eigenthümern, Nießbrauchern und solchen, die ein erbliches Besitzrecht haben) bestehen[129]).

§. 17.

Stadtverordnete können nicht sein:

1. diejenigen Beamten[130]) und die Mitglieder derjenigen Be-

---

ist, indem sich dann erreichen läßt, daß jeder Wahlbezirk alle zwei Jahre bei den regelmäßigen Ergänzungswahlen wiederum zur Wahl berufen wird; es bleibt dann nur bei den ersten Ausloosungen zu beobachten, daß die Stadtverordneten jedes Wahlbezirks unter sich über die Zeit ihres Austretens loosen.

125. Die Anzahl der stimmfähigen Bürger der verschiedenen Wahlbezirke wird sich alle Jahre ändern; tritt eine Aenderung in dem Maße ein, daß dadurch die Repartition der Stadtverordneten alterirt wird, so wird diese darnach berichtigt werden müssen.

126. Es bleibt dem Ermessen der Regierung (jetzt des Bezirksausschusses, Zuf.Ges. §. 12 Nr. 1) überlassen, ob dieselbe von dieser Befugniß Gebrauch machen will; hat sie sich aber einmal zu einer derartigen Festsetzung entschlossen, so muß sie die Repartition nach dem Verhältniß der Einwohnerzahl vornehmen und darf einen anderen Vertheilungs-Maßstab nicht zur Anwendung bringen. (M.R. v. 3. September 1850 I. B. 13,047 ungedr.)

127. Die hier nachgegebene Festsetzung und resp. die Regelung der Mitgliederzahl kann nach §. 11 auch durch das mit Genehmigung des Bezirksausschusses zu erlassende Ortsstatut getroffen werden.

§. 12. Nr. 1 des Zust.Ges. lautet:

> Der Bezirksausschuß beschließt über die Zahl der aus jeder einzelnen Ortschaft einer Stadtgemeinde zu wählenden Mitglieder der Gemeindevertretung.

In Berlin der Oberpräsident (§. 43 L.V.G.)

128. Es muß wenigstens die Hälfte der Gewählten aus Hausbesitzern bestehen, doch kann auch eine größere Zahl, selbst die ganze Stadtverordneten-Versammlung zu dieser Kategorie gehören. In diesem Sinne sprach sich schon das M.R. v. 11. März 1837 (Ann. S. 99) aus.

129. Diese Bestimmung kann durch statutarische Anordnung nicht abgeändert werden. (M.Instr. v. 20. Juni 1853 B.M.B. S. 138.)

130. Gegen die Fassung des Satzes: „diejenigen Beamten und die Mit-

hörden, durch welche die Aufsicht des Staats über die Städte ausgeübt wird (§. 76)[131]);

2. die Mitglieder des Magistrats und alle besoldeten Gemeindebeamten[132]); die Ausnahmen bestimmen §§. 72 und 73[133]);

glieder derjenigen Behörden ꝛc." wurde in der ersten Kammer bei der Berathung des Gesetz-Entwurfs erinnert, daß danach angenommen werden könnte, auch die Beamten derjenigen Behörden, durch welche die Aufsicht des Staats ausgeübt wird, sollten nicht Stadtverordnete sein können, während doch der Satz so aufzufassen sei, daß die Mitglieder der Aufsichtsbehörden und daß auch solche Beamte, durch welche die Aufsicht geführt wird, zu Stadtverordneten nicht gewählt werden dürften. Es wurde vorgeschlagen, den Satz unzweideutiger zu fassen, auf die Bemerkung des Ministers des Innern, daß die Fassung des fr. Satzes die angeregten Zweifel wohl in der That nicht erzeugen werde, sah man jedoch von der Aenderung ab. Hiernach ist also z. B. ein Regierungs-Secretair zum Stadtverordneten wählbar.

131. Die Aufsichts-Behörden sind: die Regierung, der Regierungspräsident, der Ober-Präsident und der Minister des Innern. Die Landräthe sind zwar nicht Mitglieder der Regierungen, gehören aber zu den Beamten, durch welche die Aufsicht des Staates über die Städte ausgeübt wird, denn abgesehen davon, daß die Regierung den Landräthen, als ihren beständigen Kommissarien, eine Mitwirkung bei der Beaufsichtigung der städtischen Gemeinde-Angelegenheiten übertragen kann, sind auch alle Städte, welche einen eigenen Kreis nicht bilden, der Polizei-Aufsicht des Landraths unterworfen. Die Mitglieder des Bezirksausschusses sowie des Provinzialraths (§. 7 Nr. 1 des Zust. Gef.) sind auch zu den in §. 17 Nr. 1 gemeinten Personen zu rechnen. Ein Unterschied zwischen den gewählten und ernannten Mitgliedern zu machen (vgl. Oertel zu §. 17 Nr. 1) ist — wenn auch praktische Gründe dafür sprechen — juristisch wohl nicht zulässig.

132. Wer zu den Gemeinde-Beamten zu rechnen, ist in §. 56 näher erläutert.

Die Ausschließung der Mitglieder des Magistrats und der besoldeten Gemeindebeamten von der Wahl zum Stadtverordneten liegt der Gedanke zu Grunde, daß der Charakter der Stadtverordnetenversammlung als des die städtische Verwaltung controlierenden Organs diejenigen von derselben ausschließt, welche diese Verwaltung führen oder welche als Beamte von der verwaltenden Instanz abhängig sind, die letzteren wenigstens dann, wenn ihr Abhängigkeitsverhältniß dadurch verschärft wird, daß sie auf ihr Amt zum Zweck des Broterwerbs hingewiesen sind. — Als Besoldung im Sinne des §. 17 Nr. 2 St.O. gilt nach feststehender Theorie und Praxis der von dem Machtgeber — Staat, Gemeinde ꝛc. — dem Beamten zu seinem Lebensunterhalt gewährte Entgelt für die Gesammtheit seiner Dienste. Auf die Art und Weise der Leistung des Entgelts (ob festes oder schwankendes Einkommen, post- oder praenumerando erfolgende Zahlung ꝛc.) kommt es für den Begriff Besoldung nicht an. — Für

3. Geistliche, Kirchendiener und Elementarlehrer[134]);
4. die richterlichen Beamten[135]), zu denen jedoch die technischen Mitglieder der Handels-, Gewerbe- und ähnlicher Gerichte[136]) nicht zu zählen sind;
5. die Beamten der Staats-Anwaltschaft;
6. die Polizei-Beamten[136a]).

---

den Begriff des Staatsdienstes, des Beamtenthums ist es nicht wesentlich, daß der Dienst die volle Thätigkeit des Dieners in Anspruch nimmt, denn es haben sich die Verhältnisse des Staats- und Gemeindebienstes vielfach so gestaltet, daß zahlreiche Aemter geschaffen sind, welche nicht die volle Kraft und *Zeit des Inhabers erheischen, so daß oft in einer Person mehrere Aemter* oder Thätigkeiten verbunden werden. — Aus diesen Gründen muß ein Ortssteuererheber, dem von dem Magistrate die Erhebung der Staatssteuern im Stadtbezirke gegen den Bezug der vom Staate für die Erhebung zu zahlenden Tantiemen übertragen worden ist, ohne daß demselben der Diensteid abgenommen, sein Einkommen in den Haushaltsetat aufgenommen und eine Pension zugesichert ist, als besoldeter Gemeindebeamter, der nicht Stadtverordneter sein darf, angesehen werden.

E. O.V.G. v. 28. Oct. 1885 XII S. 52. Par. S. 93. Grot. 1886. S. 23.

Der Rendant einer städtischen Sparkasse, der mit festem Gehalt angestellt ist, gehört, auch wenn seine Anstellung nicht unmittelbar durch den Magistrat erfolgt ist, doch zu den besoldeten Gemeindebeamten, da die mit der Verwaltung einer städtischen Sparkasse beauftragten Kuratorien eine städtische Verwaltungsdeputation, eine dem Magistrat untergeordnete Behörde, deren Mitgliedern die Eigenschaft öffentlicher Beamten zukommt, bilden.

E. O.V.G. v. 24. Juni 1887, abgedr. bei Par. und Wied. S. 43.

133. Danach sind ausnahmsweise in Städten von weniger als 2500 Einwohnern, für welche eine Gemeinde-Verwaltung ohne collegialischen Vorstand eingerichtet ist, die Schöffen (Stadträthe, Rathsherren, Rathsmänner) zu Stadtverordneten wählbar.

134. Vergl. Noten 55—57. Lehrer an anderen als Elementarschulen sind von der Wählbarkeit zu Stadtverordneten nicht ausgeschlossen.

135. Hiermit ist nur das Richterpersonal, also die zum eigentlichen Rechtsprechen berufenen Personen gemeint, nicht die Rechtsanwalte oder die bei den Gerichten angestellten Büreaubeamten.

136. Diese aus dem Handels- und Gewerbestande den gedachten Gerichten beigefügten und auf Zeit darin einberufenen Personen dürfen, obschon sie an dem Rechtsprechen Theil zu nehmen haben, um deshalb doch nicht von der Theilnahme an der städtischen Vertretung und Verwaltung ausgeschlossen werden. Sie gehören auch nicht zu den eigentlichen Beamten.

136a) Der Landrath ist Polizeibeamter im Sinne des §. 17 Nr. 6 St.O. und kann als solcher nicht Stadtverordneter sein. Das Gleiche gilt von dem Kreissecretär als seinem gesetzlichen Vertreter für kürzere Behinderungsfälle,

Vater und Sohn, so wie Brüder, dürfen nicht zugleich Mitglieder der Stadtverordneten-Versammlung sein. Sind dergleichen Verwandte zugleich erwählt[137]), so wird der ältere allein zugelassen[138 139 139a]).

---

sofern nicht für den betreffenden Regierungsbezirk bezüglich der Vertretung der Landräthe im Allgemeinen oder des einzelnen Landraths im Speziellen abweichende Bestimmung getroffen ist.

E. O.V.G. v. 27. Januar 1886, XIII S. 79 Par. u. Wied. S. 44.

Zu den Polizeibeamten im Sinne des §. 17 Nr. 6 St.O. gehören auch die Eisenbahnpolizeibeamten (§ 66 des Bahnpolizei-Reglements vom 30. November 1885 (R.G.B. S. 313).

E. O.V.G. v. 17. Februar 1888, XVI S. 73.

Es sind dies folgende Eisenbahnbeamte:

1. Betriebsdirectoren und Ober-Ingenieure,
2. Ober-Betriebs-Inspectoren,
3. Betriebs-Inspectoren und Betriebs-Bau-Inspectoren (Transport-Ober-Inspectoren, Transport-Inspectoren und deren Assistenten),
4. Eisenbahn-Baumeister, Abtheilungs-Baumeister und Ingenieure,
5. Bahn-Controleure, und Betriebs-Controleure,
6. Stationsvorsteher (Stationsmeister, Bahnhofs-Inspectoren, Bahnhofsverwalter),
7. Stationsaufseher (Bahnhofsaufseher) und Stationsassistenten (Bahnhofs-Inspections-Assistenten),
8. Bahnmeister und Hilfsbahnmeister,
9. Weichensteller (Weichenwärter, Stationswärter und Hilfsweichenwärter),
10. Oberbahnwärter, Bahnwärter (Brücken-Schlag-Signal-Streckenwärter, und Hilfsbahnwärter (Beiwärter),
11. Oberzugmeister und Zugmeister (Zugführer, zugführende Schaffner, Oberschaffner),
12. Packmeister (Güterschaffner, Gepäckschaffner),
13. Schaffner (Personenschaffner, Conducteur),
14. Rangirmeister (Oberkoppler, Schirrmeister),
15. Wagenwärter und Bremser (Schmierer, Zugsöler),
16. Thürhüter (Portiers), Perrondiener,
17. Nachtwächter.

137. Unter „zugleich gewählt" kann nur zu verstehen sein: bei Gelegenheit derselben Ergänzungswahlen überhaupt.

138. Daß die Wahl zum Stadtverordneten nur auf des Lesens und Schreibens kundige Bürger fallen dürfe, ist nirgends vorgeschrieben; ein dahin zielender Antrag wurde sogar ausdrücklich von der Komm. der I. Kammer abgelehnt.

139. Jüdische Bürger können Stadtverordnete sein. (Gesetz vom 23. Juli 1847 Ges.-S. S. 263.)

139a. Für Staatsbeamte ist zur Annahme der Wahl als Stadtver-

§. 18.

Die Stadtverordneten werden auf sechs Jahre gewählt[140]). Jedoch verliert jede Wahl ihre Wirkung, sobald einer der Fälle eintritt, in denen nach den Bestimmungen im §. 7 der Gewählte des Bürgerrechts verlustig geht oder von der Ausübung desselben für eine gewisse Zeit ausgeschlossen wird. Tritt einer der Fälle ein, in denen nach jenen Bestimmungen die Ausübung des Bürgerrechts ruhen muß, so ist der Gewählte zugleich von der Theilnahme an den Geschäften der Stadtverordneten-Versammlung einstweilen bis zum Austrage der Sache ausgeschlossen[141]). Alle zwei Jahre scheidet ein Drittheil der Mitglieder aus und wird durch neue Wahlen ersetzt. Die das erste und zweite Mal Ausscheidenden werden für jede Abtheilung durch das Loos bestimmt.

---

ordneter nach dem Staatsministerialbeschluß vom 2. März 1851 (V.M.B. S. 109) die Genehmigung der vorgesetzten Dienstbehörde erforderlich. Dieses sollte nach einer Entscheidung des O.Tr. (J.M.Bl. 1865 S. 76) Oppenhoff Rspr. V 485 sich auch auf Rechtsanwälte und Notare beziehen. Für Rechtsanwälte, die nicht zugleich Notare sind, trifft dieses heute keineswegs mehr zu, da nach der Rechtsanwaltordnung vom 1. Juli 1878 die Rechtsanwaltschaft nicht mehr ein Staatsamt sondern ein Beruf ist. Hinsichtlich der Notare ist die Entscheidung des O.Tr. mindestens sehr zweifelhaft. Bei der besonderen Natur des Staatsdienstes, wie er sich im Notariat verkörpert, können die für Beamte erlassenen Vorschriften nicht unterschiedslos auf Notare angewendet werden. Demgemäß ist der gedachte Staatsministerialbeschluß, dessen Verbindlichkeit erst durch die dem Beschlusse entsprechende Anweisung des Ressortchefs entsteht, Seitens des Justizministers auch nur den Gerichten und Beamten der Staatsanwaltschaft durch Verf. v. 25. März 1851 (J.M.Bl. 1859 S. 151) zur Nachachtung bekannt gemacht worden. Vgl. Weißler, Das preuß. Notariat, Berlin 1888 S. 240. Zu beachten ist noch, daß die Schleswig-Holsteinische St.O. vom 14. April 1869 in §. 38 für Rechtsanwälte und Notare die Genehmigung der vorgesetzten Dienstbehörde zur Annahme der Wahl als Stadtverordneter ausdrücklich nicht mehr für erforderlich erachtet.

Aktive Militairpersonen — vgl. die Ausführungen in Anm. 22 — bedürfen zur Annahme von Aemtern in der Verwaltung und Vertretung der . . . politischen Gemeinden . . . der Genehmigung ihrer Dienstvorgesetzten. §. 47. Reichsmilitärgesetz v. 2. Mai 1874 (R.G.B. S. 45.)

140. Werden sie nur zum Ersatze innerhalb der Wahlperiode ausgeschiedener Mitglieder gewählt, dann bleiben sie nur bis zum Ende derjenigen sechs Jahre in Thätigkeit, auf welche die Ausgeschiedenen gewählt werden. (§. 21 Abs. 2.)

141. Vgl. §. 75, Zust.Ges. §. 10. 11. 21; vgl. Anm. 93.

§. 19.

Eine Liste der stimmfähigen Bürger, welche die erforderlichen Eigenschaften derselben nachweist[142]), wird von dem Magistrat geführt und alljährlich im Juli berichtigt[143]).

Die Liste wird nach den Wahlabtheilungen und im Falle des §. 14 nach den Wahlbezirken eingetheilt.

§. 20.

Vom 1. bis 15. Juli schreitet der Magistrat zur Berichtigung der Liste.

Vom 15. bis zum 30. Juli wird die Liste in einem oder mehreren zu öffentlicher Kenntniß gebrachten Lokalen in der Stadtgemeinde offen gelegt.

142. Es wird hier die Führung einer Liste verlangt, welche die erforderlichen Eigenschaften der stimmfähigen Bürger nachweist, aus der also ersichtlich ist, ob und welchergestalt bei jedem einzelnen Wähler die Voraussetzungen des §. 5 der Städteordn. vorhanden sind. Die Liste muß also unter besonderen Colonen bestimmt angeben, daß und seit welchem Zeitpunkte jeder einzelne Wähler 1. Einwohner des Stadtbezirks ist und zur Stadtgemeinde gehört; 2. keine Armen-Unterstützung aus öffentl. Mitteln empfangen; 3. die ihn betreffenden Gemeinde-Abgaben bezahlt hat; und außerdem 4. entweder a. ein Wohnhaus im Stadtbezirk besitzt, oder b. ein stehendes Gewerbe selbständig als Haupt-Erwerbsquelle, und in Städten von mehr als 10,000 Einwohnern mit wenigstens zwei Gehilfen betreibt, oder c. zur Einkommensteuer veranlagt ist, oder d. an Klassensteuer einen Jahresbetrag von mindestens 4 Thlr., jetzt 6 Mark (vgl. Anm. 89a) entrichtet; und ob er 5. das 24. Lebensjahr zurückgelegt hat und einen eigenen Hausstand besitzt, auch ob ihm nicht das Verfügungsrecht über sein Vermögen und dessen Verwaltung durch richterliches Erkenntniß entzogen worden ist. Es versteht sich hierbei von selbst, daß in der Colonne ad 4 d für mahl- und schlachtsteuerpflichtige Städte die auf diese bezüglichen Bestimmungen des §. 5 unter Nr. 6 d zur Anwendung zu bringen sind.

143. Hier hätte die Städteordnung besser sagen können, die Liste wird alljährlich im Juli neu aufgestellt, denn da dieselbe nach den Wahl-Abtheilungen eingerichtet werden soll, dies aber bei dem steten Wechsel der Steuersätze ein immerwährendes Verschieben der einzelnen Namen je nach der Höhe der Steuern im Gefolge hat, so ist eine bloße Berichtigung der Bürgerliste zeitraubender, als eine vollständige neue Aufstellung derselben.

Wenn ein Magistrat Ersatzwahlen zur Stadtverordnetenversammlung angeordnet hat und der Regierungspräsident auf erhobene Beschwerde verfügt, daß der Wahlact aufzuschieben sei, und wenn dann diese Ersatzwahlen erst im fol-

Während dieser Zeit kann jedes Mitglied der Stadtgemeinde [144]) gegen die Richtigkeit der Liste bei dem Magistrat Einwendungen erheben.

Die Stadtverordnetenversammlung hat darüber bis zum 15. August zu beschließen; der Beschluß bedarf keiner Zustimmung des Magistrats.

Soll der Name eines einmal in die Liste aufgenommenen Einwohners wieder ausgestrichen werden, so ist ihm dieses acht Tage vorher von dem Magistrate unter Angabe der Gründe mitzutheilen.

Dazu Zust.-Ges. §. 10. 11. 21:

Die Gemeindevertretung beschließt auf Beschwerden und Einsprüche betreffend die Richtigkeit der Wählerliste. Einsprüche gegen die Richtigkeit der Wählerliste sind während der Dauer der

---

genden Jahre erfolgen, so ist bei diesem Wahlacte nicht die Wählerliste des Vorjahres, sondern die des laufenden Jahres zu Grunde zu legen.

E. O.V.G. vom 17. September 1886 XIV 56. Par. E.V. S. 62.

Die in manchen Städten an Stelle von Naturalleistungen (Gemeindedienste) erhobene Pflastersteuer der Hausbesitzer ist eine bei der Aufstellung der Wählerliste zu berücksichtigende directe Gemeindesteuer.

E. O.V.G. vom 6. Juli 1886 XIII S. 70. Par. E. V. S. 60.

Die von den Grundstücken einer offenen Handelsgesellschaft zu zahlenden directen Staats- und Gemeindesteuern müssen — bei Aufstellung der Wählerliste auf die einzelnen Gesellschafter — eventuell nach Köpfen vertheilt werden.

E. O.V.G. vom 6. Juli 1886. XIII S. 70.

Wird gegen die Wahl eines Stadverordneten wegen der Unrichtigkeit der Wählerliste in Gemäßheit des §. 20 Abs. 3 St.O. Einspruch erhoben, so ist bei Entscheidung des Streites die Liste des laufenden Jahres und nicht die des Vorjahres zu Grunde zu legen, wenn sich etwa die Wahl durch die Erledigung des Verwaltungsstreitverfahrens bis dahin verzögert hat.

E. O.V.G. v. 17. September 1886. XIV S. 56. Wochenschrift „Selbstverwaltung" Jahrgang VIII S. 386. 387.

144. Wer Mitglied der Stadtgemeinde ist, ergiebt sich aus §. 3 und dessen Erläuterungen.

Daraus daß jedes Mitglied gegen die Richtigkeit der Wählerliste Einwendungen erheben kann, folgt das Klagerecht eines jeden Mitgliedes, das Einwendungen erhoben hat, mag dasselbe in seinen eigenen Rechten verletzt sein, oder nicht.

E. O.V.G. v. 18. Januar 1887. XIV S. 44.

Der Einspruch und die Klage müssen auf bestimmt bezeichnete Unrichtigkeiten der Wählerliste gerichtet sein. Es darf sich also dabei nicht nur um theoretische Erörterungen und den Streit um solche handeln.

E. O.V.G. v. 6. Juli 1886. XIII S. 70.

Auslegung der letzteren ... bei dem Gemeindevorstande zu erheben. Der Beschluß der Gemeindevertretung bedarf keiner Genehmigung oder Bestätigung von Seiten des Gemeindevorstandes oder der Aufsichtsbehörde. Gegen den Beschluß findet die Klage im Verwaltungsstreitverfahren statt. Die Klage steht auch dem Magistrate zu. Die Klage hat keine aufschiebende Wirkung; jedoch dürfen Ersatzwahlen vor ergangener rechtskräftiger Entscheidung nicht vorgenommen werden. Zuständig in erster Instanz (auch für Berlin) ist der Bezirksausschuß. Die Gemeindevertretung beziehungsweise der Magistrat können zur Wahrnehmung ihrer Rechte im Verwaltungsstreitverfahren einen besondern Vertreter bestellen.

§. 21.

Die Wahlen zur regelmäßigen Ergänzung der Stadtverordneten-Versammlung finden alle zwei Jahre im November statt[145]). Bei dem zunächst vorhergehenden wöchentlichen Hauptgottesdienst ist auf die Wichtigkeit dieser Handlung hinzuweisen[146]). Die Wahlen der dritten Abtheilung erfolgen zuerst, die der ersten zuletzt.

Außergewöhnliche Wahlen zum Ersatze innerhalb der Wahlperiode ausgeschiedener Mitglieder müssen angeordnet werden, wenn die Stadtverordneten-Versammlung, oder der Magistrat, oder der Bezirksausschuß durch Beschluß[147]) für erforderlich erachten[147a]).

145. D. h. sie müssen alle zwei Jahre im November stattfinden.

146. Die Geistlichen können nicht gezwungen werden, dies zu thun; es hat nach den Kammerverhandlungen hier nur der Wunsch ausgesprochen werden sollen, daß der Wahl eine Ermahnung von kirchlicher Seite vorangehe. Unterbleibt sie, so ist dies nach Absatz 4 §. 27 für einen Ungültigkeitsgrund der Wahl nicht zu erachten.

Die Theilnahme an dieser kirchlichen Feier darf nicht zur Bedingung der Ausübung des Wahlrechts gemacht werden. (M.R. v. 12. Mai 1848. B.M.B. S. 148).

147. §. 12. Zust.Ges., §. 43 L.V.G.

Der Bezirksausschuß — für Berlin der Oberpräsident — beschließt über die Vornahme außergewöhnlicher Ersatzwahlen zur Gemeindevertretung oder in den Gemeindevorstand.

147a. Die Ersatzwahl muß auch von dem Magistrat veranlaßt werden, wenn ein ausgeschiedenes Mitglied Hausbesitzer war und nach seinem Abgange die Stadtverordneten-Versammlung nicht mehr zur Hälfte aus Hausbesitzern besteht. (§§. 16 u. 22.)

Der Ersatzmann bleibt nur bis zum Ende derjenigen sechs Jahre in Thätigkeit, auf welche der Ausgeschiedene gewählt war.

Alle Ergänzungs- oder Ersatzwahlen werden von denselben Abtheilungen und Wahlbezirken[147b]) (§. 14) vorgenommen, von denen der Ausgeschiedene gewählt war. Ist die Zahl der zu wählenden Stadtverordneten nicht durch drei theilbar, so ist, wenn nur einer übrig bleibt, dieser von der zweiten Abtheilung zu wählen. Bleiben zwei übrig, so wählt die erste Abtheilung den einen und die dritte Abtheilung den andern.

Die in den §§. 19—21 bestimmten Termine können durch statutarische Anordnungen abgeändert werden.

Die in §. 21 St.O. gegebenen Vorschriften sind nicht anzuwenden, wenn es sich um Vornahme von Neuwahlen zur Durchführung einer Erhöhung der Zahl der Stadtverordneten (§. 12 St.O.) handelt. In diesem Falle wird eine neue Körperschaft in's Leben gerufen und sind daher Mangels besonderer Vorschriften diejenigen Bestimmungen, welche sich über die erste oder Neubildung von Stadtverordnetenversammlungen verhalten (§§. 13. 18 St.O.), analog anzuwenden. Von dem Grundsatz, daß von der Gesammtzahl der Stadtverordneten auf jede der drei Abtheilungen ein Drittel entfallen soll, ausgehend sind bei einer solchen Wahl in jeder Abtheilung so viel Personen zu wählen, daß mit den vorhandenen die Zahl von einem Drittel der Stadtverordneten erreicht wird. Die Wahl erfolgt stets auf sechs Jahre. Die Bestimmung im §. 21 Abs. 2 St.O., daß für außergewöhnliche Wahlen zum Ersatz innerhalb der Wahlperiode ausgeschiedener Mitglieder der Ersatzmann nur bis zum Ende derjenigen sechs Jahre in Thätigkeit bleibt, auf welche der Ausgeschiedene gewählt war (vgl. hierüber die Ausführung in der E. d. O.V.G. vom 14. September 1888. XVII. S. 105), ist für die Wahlen zur Vermehrung der Zahl der Abgeordneten nicht anwendbar. Zur Herbeiführung eines gleichmäßigen Turnus muß ein Theil der Neugewählten schon vor Ablauf ihrer Wahlperiode ausscheiden und kommen hierfür die Vorschriften in den beiden letzten Sätzen des §. 18 St.O. zur entsprechenden Anwendung (vgl. die genannte E. d. O.V.G.).

147b. Als „derselbe" Wahlbezirk kann nicht ein solcher angesehen werden, dessen örtliche Grenzen durch den Magistrat abgeändert worden sind. Eine Auslegung der Vorschrift des §. 21 Abs. 3 Satz 1 St.O. dahin, daß die in der Ergänzungswahl eintretenden Bezirke auch dann die von dem Gesetz berufenen sind, wenn sie sich zwar nicht als „ganz und in allen Theilen dieselben" aber doch als „im Wesentlichen dieselben" bezeichnen, ist nicht zulässig. Eine von dem abgeänderten Wahlbezirk vorgenommene Ergänzungswahl ist somit als von einer unberufenen Körperschaft vorgenommen ungültig.

E. O.V.G. v. 2. November 1888. XVII S. 115.

In dem durch dieses Urtheil entschiedenen Fall waren von dem Wahlbezirk sieben früher dazu gehörige Häuser abgetrennt und dreizehn bisher nicht dazu gehörige einverleibt worden.

§. 22.

Der Magistrat hat jederzeit die nöthige Bestimmung zur Ergänzung der erforderlichen Anzahl von Hausbesitzern (§. 16) zu treffen.

Ist die Zahl der Hausbesitzer, welche zu wählen sind, nicht durch die Zahl der Wahlbezirke theilbar, so wird die Vertheilung auf die einzelnen Wahlbezirke durch das Loos bestimmt.

Mit dieser Beschränkung können die ausscheidenden Stadtverordneten jederzeit wieder gewählt werden.

§. 23.

Vierzehn Tage vor der Wahl werden die in der Liste (§§. 19 und 20) verzeichneten Wähler durch den Magistrat zu den Wahlen mittelst schriftlicher Einladung oder ortsüblicher[148]) Bekanntmachung berufen[149]).

Die Einladung oder Bekanntmachung muß das Lokal[150]), die

Bei der bestehenden Gesetzgebung und der vorstehend wiedergegebenen Judikatur des O.V.G. ist, da eine Stadtverordnetenversammlung sich abgesehen von dem Falle der Auflösung niemals im Ganzen erneuert, sondern sich fortlaufend ergänzt und die zu diesem Zwecke vorzunehmenden Ergänzugswahlen von denselben Abtheilungen bezw. Wahlbezirken vorzunehmen sind, von welchen die Ausgeschiedenen gewählt waren, eine Abänderung der Wahlbezirke unthunlich.

148. Für die Publicationsform ist das Herkommen jedes Ortes maßgebend; der Beobachtung der Formen, welche für Veröffentlichung localpolizeilicher Verordnungen vorgeschrieben sind, bedarf es nicht.

149. Die Theilnahme der Bürger an der Wahl durch Androhung von Strafen für die Ausbleibenden erzwingen zu wollen, ist nicht zuläſſig. (M.R. v. 6. September 1838 Ann. S. 677.)

Da dem Magistrat die Wahl zwischen schriftlicher Einladung oder ortsüblicher Bekanntmachung gelassen ist, kann er in jedem Falle den einen oder den andern Modus zur Anwendung bringen, falls nicht — was sich allerdings empfiehlt — die Art und Weise der Berufung ein für allemal durch Ortsstatut festgestellt worden ist. Ist dieses nicht der Fall, so kann der Magistrat dadurch daß er bisher stets nach der einen der beiden Einladungsformen verfahren ist, in seinem Wahlrecht nicht beschränkt werden.

E. O.V.G. v. 18. Februar 1887. XIV S. 70.

150. Es unterliegt keinem Bedenken, den Wahlact in der Kirche abhalten zu lassen, die diesfällige Erlaubniß ist jedoch nach den Localitäten und Persönlichkeiten mit Vorsicht zu ertheilen, damit nicht durch dieselbe bei besonderen Umständen ein Aergerniß veranlaßt werde. (M.R. v. 10. Juli 1828 Ann. S. 1029.)

Tage und die Stunden[151]), in welchen die Stimmen bei dem Wahlvorstande abzugeben sind, genau bestimmen.

§. 24.

Der **Wahlvorstand** besteht in jedem Wahlbezirk aus dem Bürgermeister oder einem von diesem ernannten Stellvertreter als Vorsitzenden und aus zwei von der Stadtverordneten-Versammlung gewählten Beisitzern. Für jeden Beisitzer wird von der Stadtverordneten-Versammlung ein Stellvertreter gewählt[152]).

§. 25.

Jeder Wähler muß dem Wahlvorstande mündlich und laut zu Protokoll erklären, wem er seine Stimme geben will[153]). Er hat so viele Personen zu bezeichnen, als zu wählen sind[154]).

---

151. Daß die Städte-Ordnung nicht eine sogenannte uno actu-Wahl im Sinne hat, bei der eine förmliche Wahlversammlung zu dem Zwecke constituirt wird, das Wahlgeschäft von Anfang bis zu Ende, bis das Resultat feststeht, in Einem durchzuführen, ergiebt sich aus den Motiven zur Gemeinde-Ordnung von 1850, deren §. 21 im Wortlaut mit §. 23 der Städte-Ordnung übereinstimmt. Es wird dort ausdrücklich die Absicht ausgesprochen, zur Förderung einer allgemeineren Theilnahme an den Wahlen dem Wähler zu ermöglichen, mehrere Tage hindurch in den gewöhnlich arbeitsfreien Stunden mit möglichst geringem Zeitverlust seine Stimme abzugeben. Vgl. auch Note 160.

152. Die Städte-Ordnung von 1808 enthält specielle Vorschriften über die Functionen des Wahlvorstandes, und beide ältere Städte-Ordnungen legen demselben im Allgemeinen die Verpflichtung auf, über die Legalität und Ordnungsmäßigkeit des Wahlactes zu wachen. Da die Städte-Ordnung v. 1853 hierüber nichts bestimmt, so ist anzunehmen, daß dem Vorsitzenden die Vertheilung der Geschäfte und insbesondere die Bestimmung, wer das Protokoll zu führen, die Stimmen zu zählen hat 2c., zusteht.

Eine Wahlhandlung, welche unter Leitung eines in ungesetzlicher Weise gebildeten Wahlvorstandes vollzogen ist, muß als eine ohne jeden Wahlvorstand vorgenommene angesehen werden (E. O.V.G. III S. 60ff., IV S. 5ff., VIII S. 120ff., X S. 24ff., XVII S. 120). Bei unvollständiger Besetzung des Wahlvorstandes ist Ungültigkeit des gesammten Wahlgeschäfts nur dann anzunehmen, wenn die unvollständige Besetzung so lange gedauert hat, daß davon das Ergebniß der Wahl selbst beeinflußt wird.

E. O.V.G. v. 14. September 1888. XVII S. 120.

153. In der Min.-Verfügung vom 10. Juli 1841 (V.M.B. S. 207) ist zwar ausgesprochen, daß bei Stadtverordnetenwahlen Jeder, der selbst zum Kandidaten vorgeschlagen worden, sich des Mitstimmens über die übrigen Kandidaten zu enthalten habe; diese Ansicht findet jedoch in den gesetzlichen Vorschriften

Nur die in §. 8 erwähnten juristischen oder außerhalb des Stadtbezirks wohnenden höchstbesteuerten Personen können ihr Stimmrecht durch Bevollmächtigte ausüben. Die Bevollmächtigten müssen selbst stimmfähige Bürger sein. Ist die Vollmacht nicht in beglaubigter Form[155]) ausgestellt, so entscheidet über die Anerkennung derselben der Wahlvorstand endgültig[156]).

§. 26.

Gewählt sind diejenigen, welche bei der ersten Abstimmung die meisten Stimmen und zugleich absolute Stimmenmehrheit (mehr als die Hälfte der Stimmen) erhalten haben[157]).

---

keine Begründung. (M.R. v. 6. Mai 1844 V.M.B. S. 122.) Daß ein Stimmberechtigter sich selbst wähle, erscheint ebenfalls ganz unbedenklich.

154. Die Oeffentlichkeit der Wahlhandlung ist nicht angeordnet. Bei Berathung des §. 23 der Gemeinde-Ordnung, der fast wörtlich mit obigem §. übereinstimmt, wurde ein dahin gerichteter Antrag ausdrücklich abgelehnt. Somit steht ein unbedingter Anspruch darauf, dem betreffenden Wahlact dauernd beizuwohnen, außer dem Wahlvorstande zwar Niemand zu. Es entspricht aber der Tendenz des §. 25 St.O., daß den sich einfindenden Abtheilungswählern der Aufenthalt im Wahllokale auch vor oder nach der Stimmabgabe der Regel nach nicht verschränkt und von dieser Regel nur abgewichen werde, insoweit es sich aus räumlichen Gründen oder sonst im Interesse der öffentlichen Ordnung als nothwendig erweist. M.E. v. 13. November 1883 V.M.B. S. 276. Damit übereinstimmend die E. O.V.G. v. 18. Februar 1887. XIV S. 70, v. 9. September 1887 (abgedr. bei Par. u. Wied. S. 44).

155. Die Beglaubigung der Vollmacht wird nicht nothwendig eine gerichtliche zu sein brauchen, es wird vielmehr genügen, wenn dieselbe überhaupt nur von einer Behörde oder einem Beamten unter Beidrückung des Dienstsiegels erfolgt ist.

156. Da die Prüfung der Vollmacht dem Wahlvorstande endgültig übertragen worden, so wird die Regierung selbst in der Zulassung eines offenbar nicht genügend Legitimirten einen Grund für die Nichtig-Erklärung der Wahl nicht finden können.

157. Sind mehrere (etwa drei) Stadtverordnete gleichzeitig zu wählen und bezeichnet ein Wähler nicht drei sondern nur zwei Personen, so sind diese beiden Stimmen bei der Ermittelung des Wahlresultats mit in Rechnung zu stellen, während hinsichtlich des dritten (nicht bezeichneten) Kandidaten angenommen werden muß, daß sich der Wähler der Abstimmung enthalten habe. Behufs Ermittelung der absoluten Majorität sind in solchen Fällen diejenigen Stimmen, welche drei Personen gewählt haben durch drei, dagegen diejenigen von dem Wähler, der nur zwei Personen gewählt hat, durch zwei zu theilen.
E. O.V.G. v. 2. November 1886. XIV S. 64. Par. E.V. S. 62.

Wenn sich bei der ersten Abstimmung nicht für so viel Personen, als zu wählen sind, die absolute Stimmenmehrheit ergeben hat, wird zu einer zweiten Wahl geschritten [158]).

Der Wahlvorstand stellt die Namen derjenigen Personen, welche nächst den Gewählten die meisten Stimmen erhalten haben, so weit zusammen, daß die doppelte Zahl der noch zu wählenden Mitglieder erreicht wird. Diese Zusammenstellung gilt alsdann als die Liste der Wählbaren.

Zu der zweiten Wahl werden die Wähler durch eine, das Ergebniß der ersten Wahl angebende Bekanntmachung des Wahlvorstandes sofort oder spätestens innerhalb acht Tagen aufgefordert [159]). Bei der zweiten Wahl ist die absolute Stimmenmehrheit nicht erforderlich [160]).

Da die Stimmenden mehrere Personen, denen sie ihre Stimme geben, zu gleicher Zeit benennen, so kann es vorkommen, daß mehr Personen, als zu wählen sind, die absolute Mehrheit von Stimmen erhalten. Für diesen Fall ist mit den Worten „die meisten Stimmen und zugleich" die Bestimmung getroffen worden, daß unter allen, welche die absolute Mehrheit erhalten haben, die relative Mehrheit den Vorzug geben muß.

158. Hat ein in der ersten Abstimmung Gewählter das Mandat abgelehnt, so muß dann zu einer anderweiten, ganz neuen Wahl geschritten werden, und es ist dies dann nicht eine zweite Wahl im Sinne des 4ten Absatzes im §. 26, vielmehr richtet sich das Verfahren bei solchem Act wieder nach Abs. 1 a. a. O.

159. Die Aufforderung, d. h. die Einladung zur zweiten Wahl muß sofort oder spätestens innerhalb 8 Tagen erfolgen; der Wahltermin selbst muß aber nach §. 23 soweit hinausgeschoben werden, daß zwischen Einladung und Termin ein Zeitraum von 14 Tagen liegt.

Während in §. 23 der Magistrat die Wähler beruft, werden letztere hier durch den Wahlvorstand aufgefordert. Derselbe hat außer der Angabe des Ergebnisses der ersten Wahl Lokal, Tag und Stunden genau anzugeben. Haben die Wahlgänge entgegen der obigen Vorschrift im unmittelbaren Anschluß hinter einander stattgefunden, so ist die Wahl ungültig.

E. O.V.G. v. 28. Juni 1887. XV S. 34.

160. Den Grund, weshalb bei einer zweiten Wahl die absolute Stimmenmehrheit nicht erforderlich, geben die Motive zur Städteordnung dahin an, daß sich, weil die Wahl nicht in einer Wahlversammlung durch gleichzeitiges Abgeben der Stimmen, sondern in einem Wahltermine vorgenommen werde, in welchem die Wähler zu beliebiger Zeit erscheinen, falls in der ersten Abstimmung nicht die absolute Stimmenmehrheit für eine genügende Anzahl von Personen erreicht sei, die Wahl nicht in demselben Termine wiederholen lasse, vielmehr zu diesem Zwecke ein neuer Termin anberaumt werden müsse. Möglicher Weise falle aber auch dieser Wahlact fruchtlos aus und es müßte dann eine dritte und

Unter denjenigen, die eine gleiche Anzahl von Stimmen erhalten haben, giebt das Loos den Ausschlag[161]).

Wer in mehreren Abtheilungen oder Wahlbezirken gewählt ist, hat zu erklären, welche Wahl er annehmen will[162]).

§. 27.

Die Wahlprotokolle[163]) sind vom Wahlvorstande zu unterzeichnen und vom Magistrate aufzubewahren. Der Magistrat hat das Ergebniß der vollendeten Wahlen sofort bekannt zu machen[164]).

---

vierte Wahl vorgenommen werden, wenn die absolute Mehrheit erreicht werden sollte.

Wie es gehalten werden soll, wenn die bei der zweiten Wahlgewählte Person nicht annimmt, ist in der Städteordnung nicht vorgesehen. Vorkommenden Falls wird wie folgt zu entscheiden sein: Nach §. 26 ist als zum Stadtverordneten gewählt nur Derjenige anzusehen, welcher entweder im ersten Wahlgange die absolute, oder im zweiten Wahlgange mindestens die relative Majorität, d. h. einfach die meisten Stimmen für sich hat. Es kann Jemand im zweiten Wahlgange nicht als gewählt angesehen werden, so lange ein Anderer mehr Stimmen für sich hat, eine Ascension findet also nicht statt. Nimmt der per plurima Gewählte die Wahl nicht an, so ist dieselbe als erfolglos, resp. als nicht vollzogen zu betrachten und das Wahlgeschäft muß von Neuem vorgenommen werden.

161. Diese Bestimmung bezieht sich sowohl auf den ersten, als auf den zweiten Wahlgang. Wer das Loos ziehen soll, ist nicht näher bestimmt worden, die Entscheidung darüber steht daher dem Wahlvorstand zu.

162. Kommt der Gewählte der an ihn zur Abgabe seiner Erklärung gerichteten Aufforderung innerhalb der ihm gestellten Frist nicht nach, so wird anzunehmen sein, daß er beide Stellen ablehne und es kann demzufolge gegen ihn nach Maßgabe des §. 74 verfahren werden.

Nach Ablauf der von dem Magistrat festgesetzten Wahlzeit ist der Wahlvorstand befugt, das Wahllokal zu schließen und nur noch die in demselben bereits anwesenden Wähler zur Stimmabgabe zuzulassen.

E. O.V.G. v. 9. September 1887, abgedr. b. Par. u. Wied. S. 44.

163. Während die §§. 102—105 der St.O. v. 1808 specielle Vorschriften über Form und Inhalt der Wahlprotokolle enthielten, schweigt die neue Städte-Ordnung darüber. Es versteht sich von selbst, daß die Protokolle ihrem Zwecke entsprechen, mithin alles Dasjenige enthalten müssen, was zur Beurtheilung der Legalität und zur Feststellung des Ergebnisses der Wahl erforderlich ist.

Der Verlust des Wahlprotokolls zieht nicht die Nichtigkeit des Wahlacts nach sich, wenn nur die Ordnungsmäßigkeit der Wahl durch anderweite Beweismittel festgestellt werden kann (I 5 §. 169 A L R).

E. O.V.G. v. 22. October 1881 (VIII S. 124).

164. Nach dem Kommissionsberichte der I. Kammer über den Entwurf zur

Gegen das stattgehabte Wahlverfahren kann von jedem stimmfähigen Bürger innerhalb zwei Wochen nach Bekanntmachung des Wahlergebnisses bei dem Magistrat Einspruch erhoben werden [165–169].

St.Ordn. soll der Magistrat das Ergebniß der vollendeten Wahlen sofort bekannt machen und damit nicht etwa bis zur Vollendung aller Einzelwahlen, also des gesammten Wahlactes zögern, wenn vielleicht noch Nachwahlen erfolgen müssen.

165. Zust.Ges. §§. 10. 11. 21.

Die Gemeindevertretung beschließt über die Gültigkeit der Wahlen zur Gemeindevertretung. Einsprüche gegen die Gültigkeit der Wahlen zur Gemeindevertretung sind innerhalb zwei Wochen nach Bekanntmachung des Wahlergebnisses bei dem Gemeindevorstand zu erheben. Gegen den Beschluß der Gemeindevertretung findet binnen zwei Wochen die Klage bei dem Bezirksausschuß statt. Die Klage steht auch dem Gemeindevorstand zu und ist unmittelbar bei dem Bezirksausschuß anzubringen. Sie hat keine aufschiebende Wirkung, jedoch dürfen Ersatzwahlen vor ergangener rechtskräftiger Entscheidung nicht vorgenommen werden. Die Gemeindevertretung bzw. der Gemeindevorstand können zur Wahrnehmung ihrer Rechte im Verwaltungsstreitverfahren einen besonderen Vertreter bestellen. Der Bezirksausschuß ist auch für Berlin zuständig. (L.V.G. §. 43.)

166. Die Prüfung der Wahlen steht der Stadtverordnetenversammlung unbeschränkt, also auch dann zu, wenn gegen eine Wahl kein Einspruch erhoben wurde.

E. O.V.G. v. 17. September 1886. XIV S. 56.

167. Zur Klage gegen einen auf die Giltigkeit der Wahlen bezüglichen Beschluß der Stadtverordnetenversammlung ist außer dem Magistrate und denjenigen Personen, deren Wahl angefochten wird, nur noch derjenige legitimirt, welcher Einspruch erhoben hatte, nicht aber auch jeder andere stimmberechtigte Bürger.

E. O.V.G. v. 18. Februar 1887. XIV S. 70. E. O.V.G. v. 9. September 1887 (Par. u. Wied. S. 44).

Die Klage richtet sich nur gegen die Stadtverordnetenversammlung und nicht gegen den Magistrat.

E. O.V.G. v. 13. Mai 1887. XV S. 22.

168. Der §. 27 gestattet auch dann die Wahlen für ungültig zu erklären, wenn die Unregelmäßigkeiten vor dem eigentlichen Acte der Stadtverordneten-Wahl, also z. B. bei Aufstellung der Wählerlisten, vorgekommen sind.

Dafür, ob eine Unregelmäßigkeit für eine erhebliche zu erachten sei, hat das Gesetz bestimmte Merkmale nicht aufgestellt, mithin die Entscheidung in das Ermessen gestellt. Haben gegen die ausdrückliche Vorschrift der Städte-Ordn. (§§. 5. 7. 75) nicht befähigte Personen an den Wahlen Theil genommen, oder sind gar dergleichen Personen zu Stadtverordneten gewählt worden, dann erscheint dies ein ausreichender Grund, eine solche Wahl für ungültig zu erklären. (M.R. v. 19. Febr. 1854 I. B. 1097 ungedr.) Handelt es sich nur um formelle

Für einen Ungültigkeitsgrund ist es nicht zu erachten, wenn die der betreffenden geistlichen Behörde anheimzugebende Hinweisung auf die Wichtigkeit der Wahl (§. 21) unterblieben ist.

§. 28.

Die bei der regelmäßigen Ergänzung neu gewählten Stadtverordneten treten mit dem Anfang des nächstfolgenden Jahres ihre Verrichtungen an[170] [171]); die Ausscheidenden bleiben bis zur Einführung der neugewählten Mitglieder in Thätigkeit[172]).

Unregelmäßigkeiten, nicht aber um solche Fälle, bei denen die Qualification der Gewählten in Frage steht, so empfiehlt es sich, die Wahl nicht zu annulliren. (M.R. v. 17. April 1867 V.M.B. S. 117.) Vgl. die Entsch. des O.V.G. in III 20, IV 5, V 91, VI 136, VII 94, VIII 115, 117, 119, IX 87.

169. Wird die Wahl einer Person, die von der Stadtverordnetenversammlung als Mitglied zugelassen, an Abstimmungen theilgenommen hatte, späterhin durch Entscheidung der Verwaltungsgerichte anullirt, so können die in der Zwischenzeit gefaßten Beschlüsse der Stadtverordnetenversammlung nicht als ungültig angefochten werden, da die Klage nach §. 11 Zust.Ges. keine aufschiebende Wirkung hatte.

170. Die regelmäßigen Ergänzungswahlen finden im November statt und die Periode, für welche die Gewählten eintreten, beginnt mit dem nächsten 1. Januar, auch dann, wenn sich zufällig die regelmäßige Wahl bis in das nächstfolgende Jahr hinzieht und dadurch die Wahl einzelner Stadtverordneten erst in das Jahr trifft, welches das erste ihrer sechsjährigen Amtsdauer ist. Wenn also die regelmäßige Ergänzung im November 1869 stattfindet, ein Stadtverordneter aber erst im Januar oder Februar 1870 gewählt wird, so tritt dieser sein Amt nicht erst am 1. Januar 1871, sondern sogleich an, und die sechsjährige Dauer seines Amtes endet mit dem 31. Decbr. 1875. (M.R. v. 23. Febr. 1861 V.M.B. S. 65.)

171. Für Staatsbeamte ist zur Annahme der Wahl als Stadtverordneter die Genehmigung der vorgesetzten Behörde erforderlich. (Staatsmin.Beschl. v. 2. März 1851 V.M.B. S. 109.) Dieser Beschluß ist auch für die Rechtsanwalte verbindlich. (Obertr.-Erk. v. 10. Febr. 1865 V.M.B. S. 82.) Die vorgesetzte Behörde hat das Recht, die ertheilte Erlaubniß wieder zurück zu ziehen. (M.R. v. 23. April 1864 V.M.B. S. 138.)

172. Kann wegen besonderer Umstände die Abhaltung der regelmäßigen Ergänzungswahlen nicht im November stattfinden, so daß die Einführung der neugewählten Mitglieder sich über den Anfang des nächstfolgenden Januar hinaus verzögert, so müssen die ausscheidenden Mitglieder stets bis zum Eintritt ihrer Nachfolger in Thätigkeit bleiben, selbst wenn dadurch ihre sechsjährige Amtsdauer überschritten würde. (M.R. v. 23. Febr. 1861 V.M.B. S. 65.)

Ein jeder Ausscheidende muß bis zur Einführung des für ihn neugewählten Mitgliedes in Thätigkeit bleiben. Die Ansicht daß der Ausscheidende nur

Der Magistrat hat die Einführung[173]) der Gewählten und deren Verpflichtung[174]) durch Handschlag an Eidesstatt anzuordnen.

Titel III.

Von der Zusammensetzung und Wahl des Magistrats.

§. 29.

Der Magistrat besteht aus dem Bürgermeister[175]), einem Beigeordneten oder zweiten Bürgermeister[176]) als dessen Stellvertreter[176a]), einer Anzahl von Schöffen[177])

---

bis zum regelmäßigen Einführungstage der neugewählten Mitglieder in Thätigkeit bleibt, ist irrig.

E. O.V.G. v. 29. Juni 1888 XVI S. 59.

173. Der Magistrat hat die Einführung nur anzuordnen; wer sie bewirken soll, ist nicht vorgeschrieben, es erscheint daher nicht unzulässig, daß dies durch den Stadtverordneten-Vorsteher geschieht.

174. Eine allgemeine Verpflichtung zur Amtsverschwiegenheit kann den Stadtverordneten nicht auferlegt werden, denn sie sind Bevollmächtigte der Bürgerschaft und können um so weniger zur Verschwiegenheit gegen ihre Machtgeber verpflichtet werden, als die Oeffentlichkeit im Gemeindeleben die Regel bilden soll. Es können allerdings Fälle eintreten, wo auch Stadtverordnete das Amtsgeheimniß zu bewahren haben, z. B. in Steuersachen und überhaupt solchen Angelegenheiten, in welchen der Magistrat als Organ der Staatsgewalt eintritt und sich der Hülfe gemischter Verwaltungs-Deputationen bedient. Erscheint hierbei Geheimhaltung geboten, so wird der Dirigent die Mitglieder der Deputation zur Amtsverschwiegenheit speciell zu verpflichten haben. Auch in städtischen Verwaltungs-Angelegenheiten können Fälle vorkommen, in welchen es schädlich wäre, wenn sie noch vor vollständiger Abmachung ins Publikum gebracht würden. In solchen Fällen wird das Stadtverordneten-Kollegium die Geheimhaltung der Sache jederzeit zu beschließen haben und es ist ohne Zweifel jedes Mitglied sich darnach zu richten verpflichtet. (M.R. v. 24. Juli 1841 V.M.B. S. 207.)

175. Den Titel eines Ober-Bürgermeisters, welchen der Mag.-Dirigent nach den älteren Städteordn. in großen Städten von Amtswegen zu führen hatte, gewährt die neue Städteordn. nicht; derselbe kann nur durch specielle Königl. Verleihung erlangt werden.

176. Zur Führung des Titels als zweiter Bürgermeister Seitens des Beigeordneten bedarf es einer besonderen Verleihung nicht. (M.R. v. 1. Mai 1854 I. B. 2912 ungedr.).

176a. Der Beigeordnete tritt als gesetzlicher Stellvertreter des Bürgermeisters ohne Weiteres an die Stelle des behinderten oder fehlenden Bürger-

(Stadträthen, Rathsherren, Rathsmännern)[178]) und, wo das Bedürfniß es erfordert, noch[179]) aus einem oder mehreren besoldeten Mitgliedern (Syndikus, Kämmerer, Schulrath, Baurath ꝛc.). Es gehören zum Magistrat in Stadtgemeinden von weniger als

		2500	Einw.	2	Schöffen,
2500	bis	10000	„	4	„
10001	„	30000	„	6	„
30001	„	60000	„	8	„
60001	„	100000	„	10	„

Bei mehr als 100,000 Einwohnern[180]) treten für jede weiteren 50,000 Einwohner zwei Schöffen hinzu[181]).

Wo die Zahl der Mitglieder des Magistrats bisher eine andere gewesen ist, verbleibt es bei dieser Zahl, bis durch statutarische An-

meisters. Die Aufsichtsbehörde ist daher zur Anordnung einer anderen Stellvertretung — abgesehen von dem Fall des §. 33 Abs. 2 — nicht befugt.

E. O.V.G. v. 2. October 1884. XI S. 35.

177. Der §. 29 enthält in al. 1 die Norm, daß der Magistrat aus einer bestimmten Zahl von Schöffen neben besoldeten Mitgliedern zu bestehen hat. Wenn die Vorschrift in al. 3 die bisherige (bei Erlaß der Städteordn. vorhandene) Zahl fortbestehen läßt, so ist damit der wesentliche Unterschied zwischen unbesoldeten und besoldeten Mitgliedern nicht aufgehoben; es soll vielmehr ebensowohl bei der Zahl der unbesoldeten wie der besoldeten Magistrats-Mitglieder bis zu anderweiten statutarischen Anordnungen bewenden. (M.R. v. 7. März 1860 V.M.B. S. 29.)

178. Die Schöffen (die unbesoldeten Magistrats-Mitglieder ausschließlich der Beigeordneten) sollen denselben Titel beibehalten, welchen sie zur Zeit des Erlasses der Gem.-Ordn. v. 1850 geführt haben. (M.R. v. 3. Februar 1854 V.M.B. S. 24.) Wird für einzelne Städte ein anderer als der vor 1850 geführte Titel für die Schöffen für angemessen erachtet, so ist dieses durch Ortsstatut zu regeln. Das Ortsstatut bedarf der Genehmigung des Bezirksausschusses (§. 16 Abs. 3 Zust.Ges.). Für den Titel „Stadtrath" wird der Regel nach die Bevölkerungszahl von mindestens 10000, für den Titel „Rathsherr" die von mindestens 5000 Civileinwohnern maßgebend sein. Kab.O. v. 15. Februar 1873. M.E. von demselben Tage (V.M.B. S. 59).

179. In die vorgeschriebenr Zahl der Schöffen sind die etwa noch zu wählenden besoldeten Magistrats-Mitglieder nicht einzurechnen.

180. Wegen Feststellung der Einwohnerzahl vgl. Note 89.

181. Die Vorschriften des §. 29 gelten als unbedingte nur für Städte über 2500 Einwohner. Für kleinere Städte kann nach §. 72 ff. eine andere Einrichtung getroffen werden.

ordnung, welcher überhaupt abweichende Festsetzungen über die Zahl der Magistrats-Mitglieder vorbehalten werden, eine Aenderung getroffen ist[182]).

§. 30.

Mitglieder des Magistrats können nicht sein[183]):

1. diejenigen Beamten, und die Mitglieder derjenigen Behörden, durch welche die Aufsicht des Staats über die Städte ausgeübt wird (§. 76)[184]);
2. die Stadtverordneten, ingleichen Gemeinde-Unterbeamte[185]) und in Städten über 10000 Seelen die Gemeinde-Einnehmer (§. 56 Nr. 6)[186]);
3. Geistliche, Kirchendiener und Lehrer an öffentlichen Schulen[187]);

---

182. Wegen Vermehrung der Zahl der Mag.-Mitglieder in Folge eingetretener Zunahme der Bevölkerung gilt auch hier das Note 114 Gesagte.

183. Ein Erforderniß zur Wählbarkeit eines unbesoldeten Mag.-Mitgliedes ist nach §. 5 al. 1 der Besitz des Bürgerrechts oder Ehrenbürgerrechts §. 6.

Es können Christen jedes Bekenntnisses zu Mag.-Mitgliedern gewählt werden (M.R. v. 18. April 1842 V.M.B. S. 188). Bezüglich der Frage, ob auch Juden wählbar sind, bestimmt das Gesetz v. 23. Juli 1847 (Ges.S. S. 263) im §. 2, daß zu einem Kommunalamte ein Jude nur dann zugelassen werden könne, wenn mit einem solchen Amte die Ausübung einer richterlichen, polizeilichen oder executiven Gewalt nicht verbunden sei. Diese Vorschrift ist jedoch durch Art. 12 der Verf.-Urk. aufgehoben und die Juden sind jetzt nur noch von solchen Gemeindeämtern ausgeschlossen, mit welchen die Leitung und Beaufsichtigung christlicher Kultus- und Unterrichts-Einrichtungen verbunden ist. Ein Jude kann Mag.-Mitglied werden, darf aber weder bei kirchlichen Angelegenheiten, bei welchen die Stadtgemeinde betheiligt ist, noch bei den Angelegenheiten einer Schule christlicher Konfession mitwirken. (Allerh. Erl. v. 23. Mai 1860 V.M.B. S. 142.)

184. Vgl. Noten 130 u. 131.

185. Zu den Gemeinde-Unterbeamten gehören im obigen Sinne alle städtischen Beamten, welche nicht im Magistr.-Kollegio Sitz und Stimme haben, sondern, vom Magistrat zum Dienst der Stadt angenommen, bei Ausübung ihrer Functionen unter dem Magistrate stehen. (M.R. v. 25. März 1840, V.M.B. S. 173 u. E.G. v. 23. Juni 1858, J.M.B. S. 261.) Vgl. Note 132.

186. Hiernach soll die Einrichtung, wie sie nach der Städteordn. v. 1808 häufig stattgefunden, daß der Gemeinde-Einnehmer gleichzeitig Magistr.-Mitglied war, in Städten bis zu 10000 Seelen beibehalten werden können, während in größeren Städten der Gemeinde-Einnehmer stets ein besonderer Unterbeamter sein und außerdem ein Kämmerer als Kassenrath des Kollegiums angestellt werden soll.

187. Vgl. Noten 62 u. 134.

4. die richterlichen Beamten, zu denen jedoch die technischen Mitglieder der Handels-, Gewerbe- und ähnlicher Gerichte nicht zu zählen sind[188]);
5. die Beamten der Staatsanwaltschaft;
6. die Polizei-Beamten (vgl. Note 136a).

Vater und Sohn, Schwiegervater und Schwiegersohn, Brüder und Schwäger[189]) dürfen nicht zugleich Mitglieder des Magistrats sein[190]).

Entsteht die Schwägerschaft im Laufe der Wahlperiode, so scheidet dasjenige Mitglied aus, durch welches das Hinderniß herbeigeführt worden ist.

Vater und Sohn, Schwiegervater und Schwiegersohn, so wie Brüder, dürfen nicht zugleich Mitglieder des Magistrats und der Stadtverordneten-Versammlung sein.

Personen, welche die in dem Gesetze vom 7. Februar 1835 (Gesetz-Sammlung Seite 18) bezeichneten Gewerbe betreiben, können nicht Bürgermeister sein[191] [192]).

---

188. Vergl. Noten 135 u. 136.

189. Nach §. 43 Tit. 1 Thl. I. Allg. Landr. ist Schwägerschaft die Verbindung des einen Ehegatten mit den Blutsverwandten des anderen. Eine uneheliche Schwägerschaft wird nicht anerkannt.

190. Durch M.R. v. 26. December 1846 (V.M.B. 1847 S. 4) wurden auf Grund Allerh. Ordre die Regierungen ermächtigt, von derartigen Verwandtschafts-Hindernissen zu dispensiren. Seitdem der Krone die Gesetzgebung nicht mehr allein zusteht, ist solche Dispensation nicht mehr zulässig.

191. Die im Gesetz vom 7. Februar 1835 bezeichneten Gewerbe sind die der Gast- und Schankwirthschaft, sowie überhaupt der gewerbsmäßigen Verabreichung zubereiteter Speisen und Getränke. Der letzte Absatz des §. 30 hätte füglich weggelassen werden können; die Landessitte macht ihn entbehrlich, und event. würde der Zweck auch mittelst des staatlichen Bestätigungsrechts zu erreichen sein.

192. Auch die Verbindung der Stelle eines Steuer-Einnehmers oder eines Distrikts-Kommissars mit der eines Bürgermeisters ist unzulässig. (M.R. v. 28. April 1836 Ann. S. 366 u. v. 23. Juli 1838 Ann. S. 670.)

Agenturen von Versicherungs-Gesellschaften, deren Geschäftsführung der polizeilichen Aufsicht gesetzlich unterliegt, dürfen von dem Bürgermeister nicht übernommen werden. (M.R. v. 29. Juni 1854 V.M.B. S. 145.)

Ein Rechtsanwalt darf nur dann zugleich Bürgermeister oder Stadtsyndicus werden, wenn er sich verpflichtet, weder für noch gegen Einwohner der Stadt als Anwalt auftreten. (M.R. v. 5. April 1834, Ann. S. 412 u. v. 22. März 1842. (V.M.B. S. 54.)

§. 31.

Der Beigeordnete und die Schöffen (§. 29) **werden auf 6 Jahre**[193–195]), **der Bürgermeister und die übrigen besoldeten Magistrats-Mitglieder dagegen auf zwölf Jahre**[196]) **von der**

Die Führung eines anderen Nebenamtes oder Nebengeschäftes — außer den vorgenannten — ist den Magistr.-Mitgl. nicht verboten. (M.R. v. 10. März u. 5. September 1838 Ann. S. 124 u. 669.) Daß der Bürgermeister gleichzeitig Kreis-Kommunal-Kassen-Rendant oder Stadtsyndicus sein könne, ist in den M.R. v. 8. März 1836 (Ann. S. 131) u. v. 11. December 1845 (B.M.B. 1846 S. 3) ausdrücklich ausgesprochen worden.

Die Kab.-Ordre v. 13. Juli 1839 *betreffend die Uebernahme von Nebenämtern* durch Staatsbeamte bezieht sich nicht auf mittelbare Staatsbeamte. Dagegen aber ergiebt sich aus den den Königl. Regierungen bezw. Regierungspräsidenten im §. 76 St.O. — jetzt §. 7 Zust.-Gesetz — zugewiesenen Aufsichtsbefugnissen von selbst die Verpflichtung, darüber zu wachen, daß von Magistratsmitgliedern nicht Nebenämter oder sonstige Nebenstellungen versehen werden, welche mit ihrem betr. Kommunalamte unvereinbar erscheinen. Es ist vielmehr in Fällen solcher Art die Uebernahme oder Fortführung des Nebenamts zu untersagen und, wenn einer bezüglichen Aufforderung nicht Folge gegeben werden sollte, auf Grund des Disciplinargesetzes v. 21. Juli 1852 einzuschreiten. M.E. v. 21. Januar 1882 B.M.B. S. 47.

Zur Führung einer Vormundschaft bedürfen besoldete Kommunalbeamte der Genehmigung der vorgesetzten Dienstbehörde (§. 22 der Vormundschaftsordnung vom 5. Juli 1875).

193. Es ist unzulässig, einen Beigeordneten nur für die Dauer des Restes der Wahlperiode des vorzeitig aus dem Amte geschiedenen Vorgängers zu wählen, da die Städte-Ordnung ausdrücklich bestimmt, daß die Wahl auf sechs Jahre zu erfolgen hat. (M.R. v. 14. December 1859 B.M.B. 1860 S. 5 u. M.R. v. 17. Juli 1873 B.M.B. S. 220.)

194. Bei Berechnung der Amtsperiode der unbesoldeten Magistrats-Mitglieder ist es das richtige Verfahren, wenn als Anfang der sechsjährigen Periode nicht der Tag der Wahl, sondern der Tag des erfolgten Amtsantritts, also der Einführung, angenommen wird. (M.R. v. 6. Februar 1864, ungedr.)

195. Den unbesoldeten Magistrats-Mitgliedern ist gestattet, das Amt schon nach dreijähriger Verwaltung niederzulegen, wenn einer der im §. 74 genannten Gründe vorliegt.

196. Die mit Besoldung verknüpften Magistrats-Mitgliederstellen unterscheiden sich in Ansehung des Geschäftsumfanges wesentlich von den unbesoldeten Magistrats- und anderen Stadtämtern, es soll daher so wenig ein Zwang zur Annahme jener Stellen, als irgend eine Erschwerung des Austritts aus denselben stattfinden. (M.R. v. 8. November 1809 Rabe Samml. S. 186.) Ueberhaupt kann jeder besoldete städtische Beamte sein Amt in der Regel zu jeder Zeit freiwillig niederlegen, und es darf ihm die Entlassung aus demselben nur

Stadtverordneten-Versammlung [197]) gewählt. Die Wahl des Bürgermeisters und der übrigen besoldeten Magistratsmitglieder kann auch auf Lebenszeit erfolgen [198]). Auch können Beigeordnete mit Besoldung angestellt werden, und erfolgt in diesem Falle deren Wahl gleichfalls auf zwölf Jahre.

Alle drei Jahre scheidet die Hälfte der Schöffen aus und wird durch neue Wahlen ersetzt [199]). Die das erste Mal Ausscheidenden werden durch das Loos bestimmt. Die Ausscheidenden können wieder gewählt werden. Wegen der außergewöhnlichen Ersatzwahlen kommt die Bestimmung §. 21 zur Anwendung [200–204]).

---

dann versagt werden, wenn daraus ein erheblicher Nachtheil für das gemeine Beste zu besorgen wäre. (§. 95 Tit. 10 Thl. II. Allg. Landr.)

197. In der Kommission der I. Kammer wurde bei der Berathung des obigen §. von einer Seite für wünschenswerth erachtet, dem Magistrate eine gesicherte Einwirkung auf die Wahlen seiner Mitglieder zu ermöglichen. Die Majorität der Kommissions-Mitglieder war jedoch der Meinung, daß es vorzuziehen sei, etwaige Einwirkungen auf die Wahlen durch den Magistrat überall nur im konfidentiellen Wege stattfinden zu lassen. Ueberdies liege es, da nach §. 33 für alle Wahlen von Magistrats-Mitgliedern die Bestätigung höheren Orts eingeholt werden müsse, in den Befugnissen des Magistrats, bei der desfallsigen Berichtserstattung seine Bedenken vorzutragen, wenn eine Wahl in einer oder der anderen Beziehung ihm ungeeignet erscheine.

198. Vgl. Ges. v. 25. Februar 1856 (Ges.S. S. 129).

199. Bei Erledigungen durch Ablauf der Dienstzeit sollen die Wahlen neuer Mag.-Personen in der Regel nicht früher als ein Jahr, und nicht später als sechs Monate vor dem Ablauf, in außerordentlichen Erledigungsfällen aber in Ansehung der Stellen der Bürgermeister, Beigeordneten und übrigen besoldeten Magistrats-Mitglieder sofort vorgenommen werden. Durch diese Vorschrift wird keineswegs ausgeschlossen, in besonderen Fällen die Abhaltung einer solchen Wahl auch zu einer früheren Zeit nachzulassen resp. dieselbe zu bestätigen. Namentlich erscheint eine Abweichung von der Regel dann gerechtfertigt, wenn die Erhaltung des in Funktion stehenden Magistrats-Mitgliedes im Amte für längere Zeit aus Rücksichten des öffentlichen Interesses für besonders wünschenswerth zu erachten ist. (Min.-Instr. v. 20. Juni 1853 Art. IX. V.M.B. S. 138 u. M.R. v. 19. October 1858 V.M.B. S. 231.)

200. Auf den Umstand, daß durch zeitige Wahlen die künftig eintretenden Mitglieder der Stadtverordneten-Versammlung von der Theilnahme ausgeschlossen würden, kommt nichts an, da die Stadtverordneten-Versammlung eine permanente Kommission ist, deren jedesmalige Mitglieder in allen Fällen verbindliche Beschlüsse fassen, auch Magistrats-Personen wählen können. (M.R. v. 16. December 1825 Ann. S. 1042.)

201. Die Vorschrift am Schluß des §. 31 bezweckt nach Ausweis der Kammer-Verhandlungen, in gleicher Weise, wie es für die Stadtverordneten vor-

geschrieben, auch für die Schöffen, d. h. die unbesoldeten Magistrats-Mitglieder, ausschließlich der Beigeordneten, welche im Laufe der Wahlperiode ausscheiden, außergewöhnliche Ersatzwahlen mit der Wirkung für zulässig zu erklären, daß der Ersatzmann zunächst nur bis zum Ende derjenigen sechs Jahre in Thätigkeit bleibt, auf welche der Ausgeschiedene gewählt war. Danach hätte das Allegat des §. 21 nur auf den zweiten Satz des Alinea 2 §. 21 Bezug. Nach der Fassung des letzten Absatzes im §. 31 muß sich das Allegat jedoch auch auf den ersten Theil des Alinea 2 im §. 21 beziehen, wonach die Ersatzwahl nicht unter allen Umständen, sondern nur dann anzuordnen ist, sobald Stadtverordneten-Versammlung, Magistrat oder Regierung dies für erforderlich erachten. In diesem Sinne spricht sich auch die Min.Instr. v. 28. Juni 1853 im Art. IX aus. (B.M.B. 1853 S. 138.)

202. Wo eine kollegialische Magistrats-Behörde die städtische Verwaltung führt, verträgt es sich der Strenge nach nicht mit den gesetzlichen Bestimmungen über die Kompetenz-Verhältnisse der städtischen Behörden, daß öffentliche Aufforderungen zur Bewerbung um neu zu besetzende Bürgermeister- und andere Magistrats-Aemter von den Stadtverordneten-Versammlungen, beziehentlich deren Vorstehern erlassen werden. Die Veröffentlichung des fr. Ausschreibens muß wenn völlig korrekt verfahren werden soll, durch den Magistrat bewirkt werden. Die Stadtverordneten-Versammlung wird daher über den Inhalt des Ausschreibens sich mit dem Magistrat in Verständigung zu setzen haben, und im Fall der nicht gelingenden Einigung die Entscheidung der Aufsichtsbehörde einzuholen sein. Ob das Ausschreiben formell im Namen des Magistrats oder im Anschluß an die Firma der Stadtverordneten-Versammlung erlassen wird, erscheint nicht von wesentlicher Bedeutung, auch unterliegt es keinem Bedenken, die Anbringung der Bewerbungen gleich im Voraus an den Stadtverordneten-Vorsteher zu verweisen.

Wo ein einheitlicher Gemeinde-Vorstand besteht, welcher in der Stadtverordneten-Versammlung den Vorsitz führt (Tit. VIII. der Städteordn.), können jene Ausschreiben nur von dem mit diesem Vorsitz betrauten Bürgermeister, oder wenn derselbe zur Sache persönlich betheiligt ist, von dem ihn vertretenden Beigeordneten (Schöffen) erlassen werden. (M.R. v. 24. Juli 1865 B.M.B. S. 181.)

203. Ueber die Frage, ob ein Stadtverordneter, welcher als Kandidat auf die Wahlliste kommt, mitstimmen darf, vgl. §. 44 nebst Zusätzen.

204. Wenn sich unter den Wählern ein gesetzlich nicht qualificirter befunden hat, z. B. ein Stadtverordneter, der nach §. 45 von dem Wahlacte ausgeschlossen werden mußte, so annullirt dies die Wahl nur dann, wenn zwei Kandidaten gleiche Stimmen gehabt haben und nicht zu ermitteln ist, wem der unqualificirte Wähler die seinige ertheilt hat. (M.R. v. 21. April 1835 Ann. S. 427.)

Ehe zur Neuwahl eines Magistratsbeamten geschritten resp. zu Bewerbungen um die Stelle öffentlich aufgefordert wird, ist nicht allein die nach Vorschrift der St.O. vor der Wahl zu treffende Festsetzung der Besoldung mit Genehmigung der Bezirks-Regierung zu bewirken, sondern es sind auch die sonstigen von der Stadtverordneten-Versammlung etwa beschlossenen Wahlbedingungen der Regierung zur Kenntnißnahme vorzulegen. Die Regierung hat dieselben zu prüfen

§. 32.

Für jedes zu wählende Mitglied des Magistrats wird besonders abgestimmt. Die Wahl erfolgt durch Stimmzettel [205]). Wird die absolute Stimmenmehrheit bei der ersten Abstimmung nicht erreicht, so werden diejenigen vier Personen, auf welche die meisten Stimmen gefallen sind, auf eine engere Wahl gebracht. Wird auch hierdurch die absolute Stimmenmehrheit nicht erreicht, so findet unter denjenigen zwei Personen, welche bei der zweiten Abstimmung die meisten Stimmen erhalten haben, eine engere Wahl statt. Bei Stimmengleichheit entscheidet das Loos [206]).

§. 33.

Die gewählten Bürgermeister, Beigeordneten, Schöffen und besoldeten Magistrats-Mitglieder bedürfen der Bestätigung [207—211]). Die Bestätigung steht zu:

---

und für Beseitigung derjenigen, welche etwa gegen die Gesetze oder das öffentliche Recht verstoßen, zu sorgen. Wahlen, welche auf unzulässige Bedingungen hin vorgenommen sein sollten, können vor der Behebung der letzteren nicht als zur Bestätigung geeignet angesehen werden. Die Berichte, welche behufs Allerhöchster Bestätigung von den Regierungen erstattet werden, haben sich über die aufgestellten Wahlbedingungen und die etwa dagegen noch unerledigt bestehenden Bedenken auszusprechen. (M.R. v. 28. November 1868 B.M.B. 1869 S. 125.)

Zust.Ges. §. 12., L.B.G. §. 43.

Der Bezirksausschuß, in Berlin der Oberpräsident, beschließt über die Vornahme außergewöhnlicher Ersatzwahlen in den Magistrat.

205. Vor dem Wahlacte ist es den Stadtverordneten gestattet, sich gegenseitig Kandidaten mündlich vorzuschlagen und sich über deren Qualification zu besprechen. (M.R. v. 29. Mai 1839 Ann. S. 384.)

206. Zur Bestimmung der Art und Weise des Loosens ist unzweifelhaft der Stadtv.-Vorsteher berechtigt, sofern statutarische oder sonstige gültige Beschlüsse darüber nicht vorhanden sind.

207. Die Stadtv.-Versammlung ist durch nichts gehindert, vor der Präsentation des Kandidaten zur Bestätigung, von ihrer Wahl wieder abzugehen. (M.R. v. 29. Mai 1839 Ann. S. 384.)

208. Damit höheren Orts die Legalität des stattgehabten Wahlverfahrens geprüft werden kann, wird der Magistrat jedem Berichte, in welchem auf Bestätigung einer von der Stadtv.-Versammlung vollzogenen Wahl von Magistrats-Mitgliedern angetragen wird, das Original oder beglaubigte Abschrift der Wahlverhandlung und einen actenmäßigen Nachweis, daß und welchergestalt die Zusammenberufung der Stadtverordneten zu dem Wahlacte den Vorschriften der §§. 39—42 der Städteordn. Genüge geschehen ist, beifügen müssen.

209. Die Regierung hat nach Bewandniß der Umstände zu ermessen, auf welche Weise die Ueberzeugung von der Befähigung des Gewählten zu erlangen ist. Es kann zu diesem Zwecke nöthigenfalls eine Prüfung von ihr angeordnet werden. (Min.Instr. v. 20. Juni 1853 Art. IX. V.M.B. S. 138.) Die Regierung hat den zum Magistr.-Mitgliede gewählten Bewerber, gegen dessen geschäftliche resp. technische Befähigung erhebliche, in anderer Weise durchaus nicht zu beseitigende Bedenken obwalten sollten, anheim zu geben, ob er sich behufs Hebung dieses Hindernisses einer Prüfung unterziehen will. Nur auf entsprechenden Antrag ist demnächst die Prüfung vorzunehmen. (M.R. v. 5. Mai 1868 V.M.B. S. 153.) Eine Verpflichtung, Jeden auf eine bloße Anmeldung einer solchen Absicht einer solchen Prüfung zu unterwerfen, besteht für die Regierung nicht, sie könnte sonst mit einer Menge von Kandidaten, die niemals gewählt und präsentirt werden, nutzlos belästigt werden. (M.R. v. 17. April 1839 Ann. S. 383.)

Das M.R. vom 2. Juni 1829 (Ann. S. 325) erklärte eine besondere Prüfung unbesoldeter Mitglieder, besonders in kleinen Städten, nicht für zweckmäßig, weil ein geachteter, ehrbarer und vielleicht betagter Bürger sich schwerlich den Unannehmlichkeiten einer solchen Prüfung unterwerfen werde; gesunder Menschenverstand, unbescholtener Ruf und Gemeinsinn seien ausreichende Eigenschaften für die Bekleidung eines solchen Amtes. Jetzt werden indessen höhere Anforderungen gestellt, namentlich wird verlangt werden müssen, daß auch den unbesoldeten Magistratspersonen eine gewisse allgemeine Bildung und einige Fertigkeit im Schreiben nicht fehle, da sie sonst den Funktionen, die heut zu Tage den Magistratsmitgliedern obliegen, nicht gewachsen sein würden. Auch das M.R. v. 5. September 1838 (Ann. S. 669), welches für die Bürgermeisterstellen kleinerer Städte wohlgesinnte, verständige und mit den Angelegenheiten des Ortes vertraute Bürger wünschte und von den Gewählten nur eine allgemeine Bildung und Zuverlässigkeit der Gesinnung verlangte, beruht auf Voraussetzungen, die jetzt nicht mehr zutreffen.

210. Die Regierung kann auch eine Bürgermeisterstelle auf einige Zeit probeweise kommissarisch verwalten lassen, um sich von der Qualification des Gewählten zu überzeugen. (M.R. v. 30. Nov. 1841 V.M.B. S. 318.) Doch darf sie nicht die hiernächst erfolgende Bestätigung nur interimistisch ertheilen (M.R. v. 15. Juni 1842. V.M.B. S. 255), überhaupt hat die Regierung nur das Recht, die Wahl von Magistratsmitgliedern auf die gesetzliche Dienstzeit zu bestätigen, oder die Bestätigung zu versagen; sie ist aber nicht befugt, diese Zeit willkürlich zu verlängern. (M.R. v. 15. Juli 1833 Ann. S. 438.)

211. Wegen der Bestallungen für die Magistratsmitglieder bestimmten die M.R. v. 27. März 1809 u. v. 8. Januar 1833 (Ann. S. 110), daß solche von der Stadtverordneten-Versammlung in zweckmäßiger Form abzufassen, zu vollziehen und von der Regierung für den Fall der Genehmigung der Wahl mit dem Bestätigungsdecrete zu versehen sind. Die fernere Anwendung dieser Grundsätze hat der Min. d. J. durch einen nicht veröffentlichten Circular-Erlaß verboten. Bei der Einführung soll der Magistratsbeamte durch den beauftragten Regierungsbeamten nur das Bestätigungsdecret der Regierung oder

1. dem Könige[212]) hinsichtlich der Bürgermeister und Beigeordneten in Städten von mehr als 10000 Einwohnern;
2. dem Regierungspräsidenten hinsichtlich der Bürgermeister und Beigeordneten in Städten, welche nicht über 10000 Einwohner haben, sowie hinsichtlich der Schöffen und der besoldeten Magistrats-Mitglieder in allen Städten, ohne Unterschied ihrer Größe.

Die Bestätigung kann von dem Regierungspräsidenten nur unter Zustimmung des Bezirksausschusses versagt werden. Lehnt der Bezirksausschuß die Zustimmung ab, so kann dieselbe auf den Antrag des Regierungspräsidenten durch den Minister des Innern ergänzt werden.

---

den betr. Allerhöchsten Erlaß empfangen. Den Stadtverordneten soll es überlassen bleiben, ob sie außerdem noch eine Bestallung ertheilen wollen, eine Bestätigung oder Genehmigung solcher Bestallungen aber, oder besonderer über die Wahlbedingungen aufgestellter Beschlüsse oder Protokolle durch die Regierung soll nicht mehr stattfinden.

Der Stadtverordneten-Versammlung bleibt überlassen, ob sie dem bestätigten Beamten noch außerdem eine Bestallung zur förmlichen Beurkundung der getroffenen Wahl und ihrer wesentlichen Modalitäten ertheilen will. Wird die Ertheilung von der Stadtverordneten-Versammlung beschlossen, so ist die Bestallung, in welcher der erfolgten Bestätigung Erwähnung geschehen muß, in der Urschrift von dem Magistrat in der Ausfertigung vom Bürgermeister oder seinem Stellvertreter und einem Magistratsmitgliede — unbeschadet der der Stadtverordneten-Versammlung in der für die Vollziehung ihrer Beschlüsse bestimmten Form frei zu lassenden Mitunterzeicheung — zu vollziehen und durch den Gemeindevorstand auszureichen. Die Genehmigung oder Bestätigung solcher Bestallungen oder besonderer über die Wahlbedingungen etwa aufgestellten Beschlüsse oder Protokolle durch die Regierung findet nicht statt. Die für gewisse Wahlbedingungen (z. B. vom Gesetz abweichende Vereinbarungen über die Pension) so wie für die Bestimmung der Dienstbezüge gesetzlich erforderliche Genehmigung der Aufsichtsbehörde ist durch besondere Verfügung auszusprechen, und kann demnächst, wenn solches in besonderen Fällen angemessen erscheint, nachrichtlich in das dem Gewählten zu ertheilende Bestallungsdekret aufgenommen werden. (M.R. v. 28. Novbr. 1868 V.M.B. 1869 S. 125.)

212. Die landesherrliche Entscheidung über die Bestätigung oder Nichtbestätigung einer Wahl ist selbst dann einzuholen, wenn der Gewählte von der Regierung als zur Bestätigung geeignet nicht erachtet wird. (M.R. v. 12. März 1860 V.M.B. S. 71.)

Bei Berechnung der Einwohnerzahl einer Stadt in Bezug auf die Frage, ob die Bestätigung des Bürgermeisters Allerhöchsten Orts zu erfolgen habe,

Wird die Bestätigung vom Regierungspräsidenten unter Zustimmung des Bezirksausschusses versagt, so kann dieselbe auf Antrag des Gemeindevorstandes oder der Gemeindevertretung von dem Minister des Innern ertheilt werden. (Zust.Ges. §. 13 Abs. 2 und 3).

Wird die Bestätigung endgültig versagt[214 215]), so schreitet die Stadtverordneten-Versammlung zu einer neuen Wahl. Wird auch diese Wahl nicht bestätigt, so ist der Regierungspräsident (Note 213) berechtigt, die Stelle einstweilen auf Kosten der Stadt[215a]) kommissarisch verwalten zu lassen.

Dasselbe findet statt, wenn die Stadtverordneten die Wahl verweigern oder den nach der ersten Wahl nicht Bestätigten wieder erwählen sollten.

---

kommt die Militairgarnison mit in Ansatz. (M.R. v. 16. Febr. 1872 B.M.B. S. 75.)

213. §. 13 Abs. 1 Zust.Ges. In Berlin der Oberpräsident. Die in §. 13 Abs. 2 Zust.Ges. vorgeschriebene Zustimmung des Bezirksausschusses fällt für Berlin fort (§§. 42. 43. L.B.G.).

Ist die Bestätigung der Wahl von der Regierung, jetzt dem Regierungspräsidenten, beschlossen oder Allerhöchsten Orts ertheilt, so wird die Kommunalbehörde hiervon in der üblichen Weise in Kenntniß gesetzt und das Erforderliche wegen der Einführung des bestätigten Beamten verfügt. Der Letztere empfängt bei der Einführung durch den damit beauftragten Beamten ein Bestätigungsdekret der Regierung, jetzt des Regierungspräsidenten, welchem im Falle der landesherrlich erfolgten Bestätigung der betreffende Allerhöchste Erlaß in beglaubigter Abschrift beigefügt wird. (M.R. v. 28. Nov. 1868 B.M.B. 1869 S. 125.)

214. Das Bestätigungsrecht ist den Regierungen, jetzt dem Regieruugspräsidenten, ohne alle Beschränkung beigelegt, sie haben daher auch ein Recht, die Bestätigung zu versagen, wenn die Wahl unter Bedingungen erfolgt ist, welche die Aufsichtsbehörde als nachtheilig für das Beste der Stadt erkennen muß. (M.R. v. 10. Jan. 1837 Ann. S. 98.)

215. Die Angabe der Versagungsgründe bei Verweigerung der Bestätigung ist im Gesetz nicht vorgeschrieben, und deshalb nur der vorgesetzten Behörde auf Erfordern darüber Auskunft zu geben. (Art. IX der M.Instr. v. 20. Juni 1853 B.M.B. S. 138.) Auch haben weder die Stadverordneten, noch die Gewählten einen bestimmten Anspruch auf die Bestätigung der Wahl (M.R. v. 8. Aug. 1833 Ann. S. 733); dagegen steht gegen die Entscheidung des Regierungspräsidenten, durch welche einem Gewählten die Bestätigung versagt wird, der Beschwerdeweg an den Minister des Innern offen.

215a. Die Kosten der von dem Regierungspräsidenten angeordneten kommissarischen Verwaltung sind aus der für die verwaltete Stelle festgesetzten Besoldung zu bestreiten.

Die kommissarische Verwaltung dauert so lange, bis die Wahl der Stadtverordneten-Versammlung, deren wiederholte Vornahme ihr jederzeit zusteht, die Bestätigung des Königs, beziehungsweise des Regierungspräsidenten (Note 213) erlangt hat.

§. 34.

Die Mitglieder des Magistrats werden vor ihrem Amtsantritt[216]) durch den Bürgermeister in öffentlicher Sitzung der Stadtverordneten-Versammlung in Eid und Pflicht genommen[217]); der Bürgermeister wird vom Regierungs-Präsidenten oder einem von diesem zu ernennenden Kommissar in öffentlicher Sitzung der Stadtverordneten-Versammlung vereidet.

Magistrats-Mitgliedern, welche ihr Amt mindestens neun Jahre[218])

---

216. Für Staatsbeamte ist zur Uebernahme eines besoldeten oder unbesoldeten Amtes in der Gemeinde-Verwaltung die Genehmigung der vorgesetzten Behörde erforderlich. (St.-Min.-Beschluß vom 2. März 1851 V.M.B. S. 109.) Die vorgesetzte Behörde hat das Recht, die ertheilte Erlaubniß wieder zurückzuziehen. (M.R. vom 23. April 1864 V.M.B. S. 138.) Vgl Note 139 a.

217. Die Form für den Diensteid, welcher von den in unmittelbarem oder mittelbarem Staatsdienst stehenden Beamten abzuleisten, ist durch §. 1 der Verordnung v. 6. Mai 1867 (Ges.S. S. 715) wie folgt normirt worden:

> „Ich N. N. schwöre ꝛc., daß ich Seiner Königlichen Majestät von Preußen, meinem Allergnädigsten Herrn, unterthänig, treu und gehorsam sein, und alle mir vermöge meines Amtes obliegenden Pflichten nach meinem besten Wissen und Gewissen genau erfüllen, auch die Verfassung gewissenhaft beobachten will. So wahr mir Gott helfe ꝛc."

Dem Schwörenden bleibt es überlassen, den Eidesworten die seinem religiösen Bekenntnisse entsprechende Bekräftigungsformel hinzuzufügen. (Staats-Min.-Beschl. v. 12. Febr. 1850 V.M.B. S. 26.) Nach §. 2 der Verordn. vom 6. Mai 1867 verpflichtet der nach dieser neuen Form abgeleistete Eid den Schwörenden nicht nur für die zur Zeit der Eidesleistung von ihm bekleideten, sondern auch für alle ihm etwa später zu übertragenden Aemter. Daraus folgt, daß bei denjenigen Beamten, welche den Diensteid nach obiger Verordnung abgeleistet haben, bei Uebertragung eines neuen Amtes keine weitere Verpflichtung erforderlich und von denselben die in der Allerh. Ordre v. 10. Febr. 1835 vorgeschriebene Erklärung nicht mehr abzugeben ist, während dies noch Seitens aller Beamten stattfinden muß, die ihren Diensteid nach der früher vorgeschriebenen Form abgeleistet haben.

218. Es ist nicht eine ununterbrochene Amtsverwaltung von neun Jahren, sondern nur überhaupt ein mindestens neunjähriger Dienst im Ma-

mit Ehren bekleidet haben[219]), kann in Uebereinstimmung mit der Stadtverordneten-Versammlung von dem Magistrat das Prädikat „Stadtältester" verliehen werden[220]).

Titel IV.

Von den Versammlungen und Geschäften der Stadtverordneten.

§. 35.

Die Stadtverordneten-Versammlung hat über alle Gemeinde-Angelegenheiten zu beschließen, soweit dieselben nicht ausschließlich dem Magistrat überwiesen sind[221]).

---

gistrats-Collegio erforderlich, um die hier in Frage stehende Auszeichnung erlangen zu können. (M.R. vom 4. April 1835 Ann. S. 435.)

219. Der Titel eines Stadtältesten kann nicht nur den durch Amtsniederlegung aus dem Magistrat scheidenden, sondern auch den noch im Amte befindlichen Magistrats-Mitgliedern verliehen werden, wie die Motive zum Kommissions-Antrage der 1. Kammer ergeben.

220. Das Tragen der von der älteren Städteordnung vorgeschriebenen Ketten und Medaillen als Amtszeichen für die Gemeindebehörden ist jetzt nur als eine besondere, in jedem einzelnen Falle vom König zu bewilligende Auszeichnung gestattet. Sie wird in der Regel dem Amte verliehen und von dem jedesmaligen Inhaber getragen, kann aber auch einzelnen bestimmten Gemeindebeamten gewährt werden und geht dann nicht auf deren Amtsnachfolger über. In besonderen Fällen kann die Verleihung der Auszeichnung auch an eine Stadtgemeinde als juristische Person erfolgen; der König bezeichnet dann diejenige Behörde, welche Namens der Stadt dieselbe führen soll. Allerh. Kab.-Ordre v. 9. April 1851 V.M.B. S. 87.) Ueber die Form der Amtszeichen enthält das Min.Rescr. vom 1. Febr. 1848 (V.M.B. S. 34) das Nähere. Die Amtszeichen werden nicht auf Kosten der Staatskasse geliefert, sondern müssen für Rechnung der betr. Stadtkasse beschafft, event., wenn die Stadtverordneten die Kosten nicht bewilligen wollen, von demjenigen bezahlt werden, der sie tragen will. (M.R. v. 5. Febr. 1836 Ann. S. 130 u. v. 4. Febr. 1854 I. C. 96 ungedr.)

Zur rechtlichen Wirksamkeit der freiwilligen Amtsniederlegung eines Magistrats-Mitgliedes ist außer der Genehmigung des Magistrats auch die Zustimmung der Stadtverordneten-Versammlung erforderlich. (M.R. v. 28. März 1872 V.M.B. S. 137.)

221. Die Frage, inwieweit die Stadtverordneten bei den Angelegenheiten der städt. Verwaltung mitzuwirken haben, ist in der Praxis eine recht schwierige. Es wird in der Regel die Stadtv.-Versammlung als die beschließende, der Magistrat als die ausführende Behörde bezeichnet, denn die Städteordn.

nennt im §. 56 den Magistrat die „Gemeinde-Verwaltungs-Behörde", welche die Gesetze, sowie die Verordnungen der vorgesetzten Behörden und die Beschlüsse der Stadtv. auszuführen hat, wogegen nach §§. 35 u. 36 die Stadtv.-Versammlung nur zu beschließen, nichts auszuführen hat. Diese Ausschließlichkeit beider Behörden auf dem jeder von ihnen zugewiesenen Felde ist jedoch nur eine scheinbare; sie wird wieder beeinträchtigt durch das gegenseitige Recht der Kontrole. Auf dem Gebiete der Executive kontrolirt die Stadtv.-Versammlung nach §. 37 den Magistrat, beaufsichtigt also die Verwaltungsbehörde; auf dem Gebiete der Beschlußfassung dagegen bedürfen nach §. 36 die Beschlüsse der Stadtv. der Genehmigung des Magistrats, und dadurch wird der letztere nicht minder beschließende Behörde als die Stadtv.-Versammlung. In dieser eigenthümlichen Stellung beider Stadtbehörden zu einander liegt die Veranlassung zu Conflicten, wie solche zum großen Nachtheil des Gemeinwesens so häufig vorkommen, und es ist daher von Wichtigkeit, möglichst genau die Grenze zu bestimmen, inwieweit die in der Verwaltung vorkommenden Sachen vom Magistrat allein erledigt werden können und inwieweit die Stadverordneten dabei mitzuwirken haben. Es soll an diesem Orte versucht werden, die Kompetenz der Stadtv.-Versammlung im Allgemeinen festzustellen; über die alleinigen Befugnisse des Magistrats werden sich §. 56 und dessen Erläuterungen näher aussprechen.

Ueber den Umfang der Rechte der Stadtv.-Versammlung geben die allgemeinen Grundsätze der Städteordn. nicht ausreichende Auskunft; letztere hat in den §§. 31. 38. 40. 41. 49 2c. einzelne Gegenstände, über welche die Stadtv. zu beschließen haben, namhaft gemacht, die dort aufgezählten Fälle sind aber offenbar nur Beispiele; die theils ihrer Wichtigkeit wegen, theils weil sie noch besondere Bestimmungen nöthig machten, speciell aufgeführt sind. In Betreff derjenigen Gegenstände, für welche die Städteordn. keine speciellen Normen aufstellt, muß auf die Vorschriften des Tit. 6 Thl. II. Allg. Landr. über Gesellschaften, Korporationen und Gemeinden zurückgegriffen werden. Dort findet man als Hauptprincip, daß die inneren Angelegenheiten, die Verwaltung und Nutzung des Korporationsvermögens und die Ausübung der äußeren Rechte nach den Schlüssen der Korporation, bei den Städten also nach den Beschlüssen der Stadtv., als der Repräsentanten der Bürgerschaft, geordnet werden müssen. (§§. 51. 70. 86 a. a. O.) Die Rechte und Pflichten der für die Verwaltung eingesetzten Korporationsbeamten (bei den Städten der Mag.-Mitglieder) soll nach ihren Bestallungen und Amts-Instruktionen beurtheilt werden; in Ermangelung dieser ist auf die Grundsätze über Vollmachts-Aufträge und über die Verwaltung fremder Sachen verwiesen. (§§. 132 u. 151 a. a. O., vgl. auch §. 144 Tit. 8 Thl. II. Allg. Landr.) Wenn nach §. 35 der Städteordn. die Stadtv.-Versammlung über alle Gem.-Angelegenheiten zu beschließen hat, soweit sie nicht dem Magistrat ausschließlich überwiesen sind, so ist damit nur dasselbe festgesetzt, was sich nach Vorstehendem bei jeder Korporation schon von selbst versteht und der Grundgedanke der älteren Städteordnungen, daß die Stadtv. die Repräsentanten der städtischen Korporationen mit der unbeschränkten Vollmacht, sie in allen städtischen Angelegenheiten zu vertreten, sein sollen, in seinem ganzen Umfange aufrecht erhalten. Der Magistrat hat also grundsätzlich und soweit nicht in den

Sie giebt ihr Gutachten über alle Gegenstände ab, welche ihr zu diesem Zwecke durch die Aufsichtsbehörde vorgelegt werden. Ueber andere als Gemeinde-Angelegenheiten dürfen die Stadtverordneten nur dann berathen, wenn solche durch besondere Gesetze oder in einzelnen Fällen durch Aufträge der Aufsichtsbehörde an sie gewiesen sind [222–224]).

Gesetzen besondere Ausnahmen statuirt sind (vgl. §. 56), in allen die Gemeinde betreffenden Angelegenheiten den Beschluß der Stadtv. einzuholen. Unter Gemeinde-Angelegenheiten sind aber alle das gemeinschaftliche Interesse der gesammten Bürgerschaft betreffende Gegenstände (vgl. Note 104) zu verstehen.

Oft findet man die Ansicht, daß die Stadtv. nur zu beschließen hätten, wenn es sich um Theile des eigentlichen Kämmerei-Vermögens handelt, und daß z. B. über Stiftungen und solche Anstalten, die nach den gesetzl. Bestimmungen eigene Rechts-Subjekte bilden, wie Hospitäler, Waisenhäuser u. s. w., dem Magistrat die alleinige Entscheidung, den Stadtv. aber nur die Bewilligung von Zuschüssen aus der Kämmereikasse zustehe. Allein die Stadtverordneten haben nicht blos über das Vermögen der städtischen Korporation, sondern über alle Gemeinde-Angelegenheiten zu beschließen; und es ist klar, daß alle Geschäfte des Magistrats, die nicht aus seiner obrigkeitlichen Gewalt entspringen, ihren Grund nur in seinem Mandat als Gemeinde-Verwaltungsbehörde haben können und also zur Kompetenz seiner Machtgeberin, d. h. der Stadtv.-Versammlung gehören müssen. Es versteht sich hierbei, daß die Stadtv. in ihren Beschlüssen allen zu Recht bestehenden Einschränkungen unterworfen sind, weshalb sie denn auch nach §. 49 der Städteordn. über das Vermögen, welches nicht der Gemeinde als solcher gehört, nicht verfügen können, und bei den der Stadt zugewandten Stiftungen die stiftungsmäßigen Bestimmungen innehalten müssen.

Außer den in der Städteordnung speciell namhaft gemachten Gegenständen sind noch folgende ausdrücklich der Beschlußnahme der Stadtv.-Versammlung überwiesen worden:

a. Die Anstellung der Klagen, die Einlassung auf Prozesse und die Schließung von Vergleichen (§. 123 Tit. 14 Thl. I u. §. 152 Tit. 6 Thl. II. Allgem. Landr.). Die bei Berathung der Städteordn. von der Komm. der I. Kammer aus dem §. 56 No. 5 gezogene Folgerung, daß der Magistrat, da er die Rechte der Stadt zu wahren habe, auch sich selbständig über die Anstellung von Prozessen und über die Einlassung auf Klagen zu entschließen habe, ist jedenfalls unrichtig.

b. Die Aufnahme von Darlehnen (§. 156 Tit. 14 Thl. I. Allg. Landr.).

c. Die Ausleihung von Kapitalien und die zeitweise zinsbare Belegung disponibler Kassenbestände (§. 118 Tit. 14 Thl. I. Allg. Landr. und M.R. v. 22. Febr. 1860 V.M.B. S. 70).

d. Die Gewährung von Kredit für gelieferte Gegenstände, soweit dies nicht im gewöhnlichen Laufe des Geschäfts liegt (§. 127 Tit. 14 Thl. I. Allg. Landr.).

e. Die freiwillige, d. h. nach Lage und Größe der betr. Flächen gesetzlich nicht gebotene Einwerfung von Kämmerei-Grundstücken in einen nach §. 4 des Jagdpol.-Gesetzes v. 7. März 1850 gebildeten gemeinschaftlichen Jagdbezirk. (M.R. v. 19. Dec. 1860 V.M.B. 1861 S. 14.)

Der Mangel weiterer specieller Vorschriften kann durch die Stadtbehörden nach Maßgabe des örtlichen Bedürfnisses durch statutarische Anordnungen beseitigt werden; insofern es an dergl. Festsetzungen fehlt, läßt sich, wie zum Schluß wiederholt wird, nach obigen Grundsätzen nur behaupten, daß der Magistrat bei jeder die städtische Verwaltung betr. Sache, in welcher ihm nicht ausdrücklich die alleinige Entscheidung beigelegt ist, oder welche nicht als ein Gegenstand der gewöhnlichen laufenden Verwaltung zu betrachten ist, den Beschluß der Stadtv. einholen muß.

222. Vielfach sind die städtischen Behörden, mit ausdrücklich erklärter oder stillschweigender Zustimmung der Betheiligten, Verwalter von Vermögensstücken, welche nur gewissen Kategorien von Einwohnern zustehen (Bruchkassen, Brückenkassen-Gelder u. s. w.). An solchen Verhältnissen etwas zu ändern, kann nicht die Absicht des §. 35 sein, da hier den Stadtbehörden als Rechtsmittel das Mandat der Betheiligten zur Seite steht.

223. Der Min.Erlaß vom 6. Juni 1863 (V.M.B. S. 118) erklärt Berathungen und Beschlußnahmen der Stadtv.-Versammlungen, welche Angelegenheiten der Staatsverfassung, des Landtages der Monarchie und der allgemeinen Politik zum Gegenstande haben, für gesetzwidrig, insofern nicht durch besondere Gesetze oder Aufträge der Aufsichtsbehörden Auftrag dazu gegeben worden. Im Allgemeinen läßt sich dieser Grundsatz nicht anfechten, denn die Stadtv. sollen nach der Städteordn. sich in der Regel nur mit Gemeinde-Angelegenheiten beschäftigen, und das im §. 32 der Verfassungs-Urkunde den Behörden und Korporationen eingeräumte Petitionsrecht kann sich nur auf Angelegenheiten beziehen, welche die Kompetenz oder das unmittelbare Interesse der betr. Behörden und Korporationen als solcher berühren: es wird jedoch den Stadtv.-Versammlungen nicht verwehrt werden können, über Angelegenheiten zu verhandeln, die nicht ausschließlich den eigenen Ort berühren, sondern für weitere Kreise von Interesse sind und somit zu den Gegenständen der Politik gehören, sofern es sich nur um Gemeinde-Angelegenheiten handelt, also um Gegenstände, bei welchen die Stadtgemeinde als solche, als juristisches Ganzes betheiligt ist. Zur Beschlußfassung über Petitionen z. B., welche die Gesetzgebung über das Gemeindewesen betreffen, wird den Stadtv.-Versammlungen die Kompetenz nicht abzusprechen sein; natürlich kann, da die Stadtv. ihre Beschlüsse nicht selbst ausführen dürfen, auch in solchem Falle die Ausübung des Petitionsrechts nur unter Mitwirkung des Magistrats erfolgen. Das O.V.G. hat eine Reichstags-Petition der Stadtverordneten zu Stettin für erlaubt erachtet, weil der darin enthaltene Antrag gegen die Erhöhung der Getreidezölle dem Interesse dieser See- und Handelsstadt erheblich entsprach.

E. v. 10. März 1886. XIII S. 89.

224. Die Prüfung der Frage, ob ein einzelner Elementarlehrer in eine

Die Stadtverordneten sind an keinerlei Instruction oder Aufträge der Wähler oder der Wahlbezirke gebunden[225–227ab]).

---

nach der Skala normirte höhere Gehaltsstufe einzurücken habe, ist nicht eine Kommunal-, sondern eine die Schulverwaltung betreffende Angelegenheit, und es haben dabei nicht die Stadtv., sondern nur der Magistrat und die Schuldeputation mitzuwirken. (M.R. v. 31. Aug. 1866 B.M.B. S. 194.)

Zur Ausübung der in den §§. 9 u. 11 des Jagdpol.-Gesetzes vom 7. März 1850 der „Gemeindebehörde" übertragenen Funktionen ist in den Städten der Magistrat allein, ohne Konkurrenz der Stadtv.-Versammlung, befugt, da es sich in solchen Fällen nicht um eine Kommunalsache, sondern um eine Angelegenheit der durch den Magistrat vertretenen Jagdbezirks-Interessen handelt. (M.R. v. 19. Dec. 1860 B.M.B. 1861 S. 14.)

225. Die Stadtv. haben allein die gesetzlichen Vorschriften, und in den Grenzen derselben ihre Ueberzeugung als Richtschnur ihrer Handlungen anzusehen. Sie sind der Bürgerschaft nicht als Bevollmächtigte verantwortlich und unterliegen nur, so wie die Stadtgemeinde überhaupt, der staatlichen Oberaufsicht. Den allgemeinen Strafgesetzen unterliegen die Beschlüsse der Stadtv. nur insoweit, als sie die Eigenschaft strafbarer Handlungen haben.

Den Stadtv. steht in Betreff der in der Stadtv.-Versammlung gemachten Aeußerungen der Schutz des §. 193 des Strafgesetzb. zur Seite (O.T. v. 15. Jan. 1868), es tritt mithin ihre Bestrafung wegen beleidigender Aeußerungen nicht ein, wenn der Richter dafür hält, daß letztere in Folge der den Stadtv. als Repräsentanten der Stadtgemeinde obliegenden Pflichten nothwendig geschehen mußten und daß aus der Form der Aeußerungen oder aus den Umständen, unter welchen dieselben erfolgten, die Absicht zu beleidigen nicht hervorgeht.

226. Die Stadtv.-Versammlung ist eine politische Körperschaft (O.T. vom 10. Sept. 1856), die einzelnen Stadtverordneten aber sind nicht Beamte, selbst nicht der Vorsteher der Stadtv.-Versammlung. (O.T. v. 10. Dec. 1856.) Als Mitglieder städtischer Verwaltungs-Deputationen aber haben die Stadtv. die Eigenschaft öffentlicher Beamten. (O.T. v. 28. Juni 1861.)

Wird der Stadtv.-Versammlung, während sie in der Ausübung ihres Berufes begriffen ist, oder in Beziehung auf ihren Beruf eine Ehrenkränkung zugefügt, so kann die Staatsanwaltschaft — mit Ermächtigung der Stadtv.-Versammlung (§. 197 R.Str.G.B.) — die Verfolgung übernehmen. Schreitet die Staatsanwaltschaft nicht ein, so bleibt die Verfolgung im Wege der Privatklage (§. 414 Strafprozeßordnung) unbenommen. Sodann muß aber jeder beleidigte Stadtv. einzeln klagen, denn die Stadtv.-Versammlung ist nur dem Magistrate gegenüber und in den das Gemeindewesen betr. Angelegenheiten, nicht aber in Bezug auf jeden Dritten als moralische Person anzusehen und hat daher als solche keine facultas standi in judicio. Auch der Magistrat kann wegen der den Stadtverordneten zugefügten Injurien nicht klagen, denn ihm ist kein Recht zur Vertheidigung der Persönlichkeit der Stadtv. eingeräumt.

227. In Betreff der Frage, inwieweit Stadtverordnete zur Amtsverschwiegenheit verpflichtet sind, vgl. Note 174.

§. 36.

Die Beschlüsse der Stadtverordneten bedürfen, wenn sie solche Angelegenheiten betreffen, welche durch das Gesetz dem Magistrate zur Ausführung überwiesen sind, der Zustimmung des letztern [228–231]. **Versagt dieser die Zustimmung, so hat er die Gründe dieser Versagung der Stadtverordneten-Ver-**

Ueber die Aufgaben der Gemeinden läßt sich das O.V.G. in dem E. v. 25. Februar 1885 XII S. 155 und 21. September 1886 XIV S. 77 folgendermaßen aus. Das Preußische Recht giebt keine Definition des Begriffs der Gemeinde und ihrer Aufgaben. Dasselbe läßt es in dieser Beziehung bei den gemeinen Rechten bewenden. Nach gemeinem deutschen Recht verfolgt aber die Gemeinde nicht einen mehr oder weniger vereinzelten Zweck, sondern hat die Bestimmung, alle Beziehungen des öffentlichen Lebens in sich aufzunehmen. Die Gemeinde kann hiernach Alles in den Bereich ihrer Wirksamkeit ziehen, was die Wohlfahrt des Ganzen, die materiellen Interessen und die geistige Entwickelung der Einzelnen fördert. Sie kann gemeinnützige Anstalten, welche hierzu dienen, einrichten, übernehmen und unterstützen. Die Autonomie der Gemeinde wird auf allen diesen Gebieten nur durch das staatliche Aufsichtsrecht begrenzt. Der Gemeinde steht die Pflege der sittlichen und wirthschaftlichen Interessen ihrer Angehörigen, die Aufwendung der bereiten Mittel ganz allgemein zu, immer aber unter der unerläßlichen Voraussetzung, daß sie oder ihre Organe sich auf die Wahrung der Interessen der örtlichen Gemeinschaft, auf die Vertretung lokaler Interessen beschränken. Ein Beschluß, betreffend die Bewilligung von Reisekosten aus dem Kämmereivermögen an städtische Wahlmänner für die Wahl eines Landtagsabgeordneten steht mit den lokalen Interessen, mit der örtlichen Gemeinschaft, mit der Pflege der sittlichen und wirthschaftlichen Wohlfahrt der Gemeindeangehörigen in keinerlei ohne Weiteres irgend wie erkennbarem Zusammenhange.

227a. Zust.Ges. §. 20 Abs. 3.

Gegen Mitglieder der Gemeindevertretung findet ein Disciplinarverfahren nicht statt.

227b. Zust.Ges. §. 16 Abs. 3.

Der Bezirksausschuß beschließt in der Regel über die in den Gemeindeverfassungsgesetzen der Aufsichtsbehörde vorbehaltene Bestätigung (Genehmigung) von die städtischen Gemeindeangelegenheiten betreffenden Gemeindebeschlüssen.

228. Dem Magistrat mußte eine lebendige Mitwirkung bei den Beschlüssen der Stadtv. eingeräumt werden, wenn er nicht zu einer blos mechanischen, ausführenden Behörde herabgedrückt werden sollte. In Erwägung, daß Elemente in die Stadtv.-Versammlung kommen könnten, welche mehr den momentanen Vortheil, als das dauernde Wohl der Stadt im Auge haben; daß

ferner der Magistrat eben so gut wie die Stadtv.-Versammlung eine aus Wahl hervorgegangene Repräsentation der Stadt, dazu aber noch die eigentliche Obrigkeit sei, und daß in kleinen Städten vielfach im Magistrate mehr Intelligenz zu finden sein werde, als unter den Stadtv. (Komm.-Bericht der II. Kammer), wurde daher dem Magistrate gegenüber den ausgedehnten Befugnissen der Stadtv. das Recht eingeräumt, die Gültigkeit der Stadtv.-Beschlüsse von seiner Zustimmung abhängig zu machen. Dies Recht ist für den Magistrat ein sehr werthvolles, denn es sichert ihm den Stadtv. gegenüber eine gleichberechtigte Stellung. Es folgt daraus nicht, daß er überall, wo er eine Sache aus anderem Gesichtspunkte auffaßt, als die Stadtv., seine Zustimmung versagen müsse, er wird dies vielmehr nur aus erheblichen Gründen und bei wichtigen Veranlassungen thun dürfen, wenn nicht das Recht eine Quelle fortwährender Streitigkeiten zwischen beiden Behörden sein und dazu beitragen soll, das Ansehen des Magistrats mehr zu schwächen, als zu stärken. Wenn freilich ein Beschluß der Stadtv. ihre Befugnisse überschreitet, gesetz- oder rechtswidrig ist, oder das Staatswohl oder Gemeinde-Interesse verletzt, dann ist der Magistrat nach §. 56 Nr. 2 verpflichtet, seine Zustimmung zu versagen.

229. Ueber die Frage, welches die dem Magistrat zur Ausführung überwiesenen Angelegenheiten sind, vergl. §. 56. Hauptsächlich ist an dem Grundsatze festzuhalten, daß alle Stadtv.-Beschlüsse, welche sich auf die städtische Verwaltung beziehen, an die Mitwirkung des Mag. gebunden sind, daß dagegen die Beschlüsse, welche nur die Geschäftsführung der Stadtv. betreffen, der Zustimmung des Mag. nicht bedürfen und daß es den Stadtv. auch unbenommen ist, solche Beschlüsse selbst auszuführen, also z. B. ihre Verhandlungen ohne Mitwirkung des Mag. zu veröffentlichen. (M.R. v. 17. Juli 1860 B.M.B. S. 170.) Selbstverständlich ist auch in den im §. 37 und im zweiten Satze des §. 44 vorgesehenen Fällen eine Zustimmung des Mag. nicht erforderlich, und ebensowenig bei den Wahlen der Mag.-Mitglieder, soweit es sich um die Wahl selbst und nicht um die derselben vorhergehenden Beschlüsse über Gehalt u. s. w. handelt.

Sollte in einem bestimmten Falle eine Differenz darüber entstehen, ob ein Beschluß der Zustimmung des Magistrats bedürfe, so wird es keinem Bedenken unterliegen, daß das im §. 36 angeordnete Verfahren auch für diesen Fall maßgebend ist, und daß daher event. der Entscheidung des Bezirksausschusses sowohl die Vorfrage über die Berechtigung des Magistrats an sich, als die eventuelle über den Inhalt des Beschlusses selbst zu unterbreiten ist.

230. Wo nicht ein Mag.-Kollegium, sondern nur ein Bürgermeister an der Spitze der Verwaltung steht, ist dem letzteren das Recht, die Zustimmung zu den Stadtv.-Beschlüssen zu ertheilen oder zu versagen, nicht beigelegt. (§§. 72 und 73 der Städte-Ordnung.)

231. Die Stadtv.-Versammlung kann einen bereits von dem Magistrat bestätigten Beschluß, soweit derselbe noch nicht zur Ausführung gebracht worden, zurücknehmen. (M.R. v. 15. Dec. 1825, Ann. S. 1046, und v. 4. Aug. 1839 Ann. S. 647.)

sammlung mitzutheilen. Erfolgt hierauf keine Verständigung, zu deren Herbeiführung sowohl von dem Magistrate als den Stadtverordneten die Einsetzung einer gemeinschaftlichen Kommission verlangt werden kann, so beschließt der[232]) Bezirksausschuß über die entstandene Meinungsverschiedenheit, wenn von einem Theile auf Entscheidung angetragen wird und zugleich die Angelegenheit nicht auf sich beruhen kann. (Zust.Ges. §. 17 Nr. 1.)

232. Den streitenden Behörden ist es überlassen, auf welchem Wege sie eine Verständigung herbeiführen wollen, und selbst die Niedersetzung einer gemischten Kommission wird lediglich ihrem Ermessen anheim gegeben; ist aber eine Einigung nicht gelungen, so entscheidet, sofern eine der Stadtbehörden dies fordert, der Bezirksausschuß event. der Provinzialrath als Beschwerdeinstanz. Der Conflict ist durch die Entscheidung beigelegt, denn letzterer stellt formelles Recht her, wie das gerichtliche Erkenntniß formelles Recht unter den Parteien herstellt.

Die Selbständigkeit der Gemeinden in Beziehung auf ihre Angelegenheiten kann nur dann zur Wahrheit werden, wenn die Stadtbehörden bestrebt sind, die Einmischung des Bezirksausschusses in reine Interna der Stadtgemeinden fern zu halten und die höhere Entscheidung nur dann anzurufen, wenn es im Interesse der Stadtgemeinde durchaus nothwendig erscheint. Mögen auch hier und da in einzelnen Fällen Uebelstände durch einen nicht zu lösenden Dissens hervortreten, so wird dies doch in der Regel weniger schlimm sein, als wenn das an die Spitze der Städteordnung gestellte Princip der Selbstverwaltung durch die Städte selbst illusorisch gemacht wird. Auch wird die streitige Frage durch den Machtspruch des Bezirksausschusses zwar formell entschieden, der Conflict selbst aber wird eher noch geschärft, als gelöst und führt fast immer neue Differenzen herbei, die das so wünschenswerthe einträchtige Zusammenwirken beider Stadtbehörden mehr und mehr erschweren. Diese Anschauung wird von der Königl. Staatsregierung getheilt, denn sie hat in den Motiven der im Jahre 1868 eingebrachten Städteordnung für Schleswig-Holstein ausgesprochen, daß sie eine materiell regelnde Entscheidung nicht auf jedes Anrufen eines der dissentirenden städtischen Kollegien eintreten lassen dürfe, sondern nur, wenn positiv abweichende Beschlüsse beider Kollegien vorliegen und es nicht lediglich um einen von den Stadverordneten einfach abgelehnten Vorschlag des Magistrats (wobei die Sache als präsumtiv in statu quo noch bleiben kann) sich handelt.

Sehr anerkennenswerth ist die Bestimmung des §. 17 Nr. 1 Zust.Ges., daß der Bezirksausschuß zunächst über die Vorfrage zu entscheiden hat, ob die Sache nicht auf sich beruhen kann. Erst nach Verneinung derselben hat der Bezirksausschuß in der Sache selbst zu befinden.

233. Es versteht sich von selbst, daß eine Ausnahme von dieser Regel

Die Stadtverordneten-Versammlung darf ihre Beschlüsse in keinem Falle selbst zur Ausführung bringen[233]).

§. 37.

Die Stadtverordneten-Versammlung[234]) kontrolirt die Verwaltung[235 236]). Sie ist daher berechtigt, sich von der Ausführung ihrer Beschlüsse und der Verwendung aller Gemeinde-Ein-

---

dann stattfindet, wenn die Stadtverordneten sich über den Magistrat bei der Aufsichtsbehörde zu beschweren haben. (M.R. v. 10. Jan. 1842 V.M.B. S. 5.) Vergl. auch Note 229.

234. Das Recht der Kontrole steht nicht jedem einzelnen Stadtverordneten für sich, sondern nur der Stadtverordneten-Versammlung zu, welche, wenn sie davon Gebrauch machen will, einen Ausschuß oder eine Deputation zu ernennen hat.

235. Mit der „Verwaltung" ist diejenige gemeint, bei welcher die Stadtverordneten überhaupt mitzuwirken haben, folglich diejenige, bei welcher der Magistrat nach §. 56 als Verwalter der Gemeinde-Angelegenheiten eintritt, nicht aber diejenige, welche er als Organ der Staatsgewalt führt und in welcher er von der Stadtgemeinde unabhängig ist. (M.R. v. 6. Juni 1841 V.M.B. S. 162.) Somit unterliegt auch die Verwaltung der Angelegenheiten der städtischen Stiftungen, soweit den letzteren nicht in den Stiftungsurkunden eigene Aufseher bestellt worden, der Kontrole der Stadtverordneten, und letztere sind zur Prüfung der Rechnungen dieser Stiftungen, sowie zur Ertheilung der Dechargen berechtigt und verpflichtet. (M.R. v. 27. Juli 1844 V.M.B. S. 266.)

236. In der Kommission der I. Kammer kam bei Berathung der Städteordnung zur Sprache, daß dem Ausdrucke „Kontrole" leicht eine zu weite Auffassung gegeben werden könne; man war indeß der Ansicht, daß es unbedenklich sei, diesen Ausdruck beizubehalten, da es jedenfalls das volle Recht der Stadtverordneten-Versammlung wahre, über alle Gegenstände der städtischen Verwaltung Auskunft zu begehren.

Der §. 37 führt jedenfalls nicht die Gesammtheit der Befugnisse, sondern nur Hauptbeispiele der Kontrole auf. Schon im M.R. v. 23. Nov. 1835 (Ann. S. 1014) heißt es in Bezug auf §. 126 der revidirten Städteordnung, welcher dem obigen §. 37 entspricht: „Im Eingang dieses §. ist den Stadtverordneten die Kontrole der Verwaltung in allen Zweigen zugestanden; was nachfolgt, ist nur beispielsweise zur Erläuterung dieses allgemeinen Satzes aufgestellt. Das Weglassen eines Punktes, der aus dem allgemeinen Satze von selbst folgt, ändert deshalb den letzteren nicht ab." So ist z. B. auch eine von den Stadtverordneten durch eine Deputation vorzunehmende Kassenrevision nur ein Akt der Kontrole; denn wollen sie die Geschäftsführung der Kuratel-Kommission, welcher die Kassenrevision obliegt, gründlich untersuchen, so genügt es nicht, sich durch Einsicht der Protokolle die Gewißheit zu verschaffen, daß die Revision gehalten worden, sondern sie müssen sich auch durch genaueres Eingehen überzeugen können, wie sie stattgefunden und ob sie ihren Zweck erreicht hat.

Nun ist allerdings die Kontrole von der Aufsicht und Leitung wohl zu unterscheiden. Wer berufen ist den Gang der Thätigkeit eines Andern zu beaufsichtigen und zu leiten, — und dazu ist hinsichts des Geschäftsganges des Magistrats nicht die Stadtverordneten-Versammlung, sondern der Bürgermeister resp. die Regierung berufen (§§. 58 und 76), — der ist befugt, diesen Gang von Schritt zu Schritt zu verfolgen. Wer die Handlungen, zu denen ein Anderer selbständig, unter Aufsicht eines Dritten, berufen ist und aus der ihm Regreßansprüche gegen den Handelnden erwachsen können, zu kontroliren hat, der hat nicht in die Thätigkeit des Anderen beliebig dreinzureden, sondern die Resultate dieser Thätigkeit abzuwarten, diese zu prüfen und sich dann zu entschließen, ob er Veranlassung hat, die Verantwortlichkeit des Handelnden in Anspruch zu nehmen. Der Magistrat ist der Verwalter der Gemeinde-Angelegenheiten und als solcher der Gemeinde verantwortlich, welche durch die Stadtverordneten-Versammlung diese Verantwortung des Magistrats-Kollegiums von der Aufsichtsbehörde durch den Weg der Beschwerde, vor dem Richter durch Anstellung der Civilklage geltend machen kann. Damit die Stadtverordneten-Versammlung diese Rechte der Gemeinde wahrnehmen kann, mit aller Kenntniß von den Resultaten der Verwaltung, sind ihr die im §. 37 erwähnten Mittel geboten; aber daraus folgt nicht, daß sie diese Mittel zu Eingriffen in die laufende Verwaltung verwenden und dem Magistrat, unter dem Vorgeben die Kontrole auszuüben, eine Direction in den ihm ausschließlich überwiesenen Geschäften ertheilen darf, denn das würde über den Zweck hinausgehen, zu welchem das Gesetz jene Mittel der Stadtverordneten-Versammlung nur gewährt haben kann, wenn es nicht einen unlösbaren Widerspruch zwischen §. 37 einerseits und §§. 56, 58, 76 andererseits etabliren wollte.

Dagegen wird man hieraus nicht mit aller Strenge folgern dürfen, daß die Kontrole der Stadtv. sich nur beziehen könne auf Handlungen, die in sich abgeschlossen und vollendet sind; denn so selbstverständlich es auch ist, daß die Grenzen zwischen Verwaltung und Kontrole, zwischen Ausführung und Ueberwachung im Allgemeinen sich naturgemäß derartig gestalten müssen, daß die eigentliche Kontrole erst nach dem Abschluß und der Vollendung der auszuführenden Handlungen eintritt, so wird es doch in der Praxis dem wechselseitigen Vertrauen, der gegenseitigen Nachsicht und dem richtigen Tactgefühle überlassen werden müssen, wie diese Abgrenzung in jedem speziellen Falle vorzunehmen ist. Handelt es sich z. B. um den Bau eines Schulhauses, so läßt es sich nicht rechtfertigen, durch die Stadtv. nur den Bau an und für sich beschließen und sie erst dann wieder mitreden zu lassen, wenn die „in sich vollendete Handlung", d. h. der fertige Bau vorliegt; die Stadtv.-Versammlung hat vielmehr, wie auch im M.R. v. 8. Jan. 1839 (Anm. S. 113) anerkannt, das Recht, den Bau während der Ausführung zu kontroliren, auf Verwendung guter Materialien zu halten ꝛc. und zu dem Zwecke eine Deputation aus ihrer Mitte zu ernennen.

Noch ist zu unterscheiden zwischen der formellen und der materiellen Kontrole. Die Ueberwachung der städt. Beamten, ob sie ihre Schuldigkeit thun, ob sie die ihnen zugewiesenen Arbeiten ganz liegen lassen oder über Gebühr

nahmen Ueberzeugung zu verschaffen. Sie kann zu diesem Zwecke von dem Magistrat die Einsicht der Akten verlangen und Ausschüsse aus ihrer Mitte ernennen, zu welchen der Bürgermeister ein Mitglied des Magistrats abzuordnen befugt ist[237]).

§ 38.

Die Stadtverordneten-Versammlung wählt jährlich einen Vorsitzenden, sowie einen Stellvertreter desselben, und einen Schriftführer, sowie einen Stellvertreter desselben, aus ihrer Mitte; doch kann auch die Stelle des Schriftführers ein von den Stadtverordneten nicht aus ihrer Mitte gewählter, in öffentlicher Sitzung hierzu von dem Bürgermeister vereideter Protokollführer vertreten. Diese Wahlen erfolgen in dem §. 32 vorgeschriebenen Verfahren[238]).

---

verzögern, ist eine formelle Kontrole, die dem Mag.-Dirigenten allein zusteht. Die materielle Kontrole, welche der Stadtv.-Versammlung obliegt und durch welche die Ueberzeugung gewonnen werden soll, daß die Verwaltung redlich, zweckmäßig und den Beschlüssen der Stadtv. gemäß zum wahren Besten der Stadt geführt werde, ist nur dadurch zu führen, daß die Stadverordneten sich persönlich an Ort und Stelle durch den eigenen Augenschein von der Lage der Verwaltung überzeugen, sich die Akten des Magistrats, so oft sie es für nöthig halten, vorlegen lassen und selbigen um die erforderliche Auskunft ersuchen und, wenn sie Ursache zur Beschwerde zu haben glauben, sich damit an die Regierung wenden. (M.R. v. 18. Mai 1839 Ann. S. 381.)

237. Im Entwurf zur Städteordn. heißt es: „Sie kann zu diesem Zwecke die Akten einsehen"; um aber möglichen Mißbräuchen vorzubeugen, schlug die Komm. der II. Kammer vor, bestimmter auszudrücken, auf welche Weise die Stadtv.-Versammlung zur Einsicht der Akten gelangen kann und es wurde demzufolge die jetzige Fassung gewählt, wonach in jedem speciellen Falle diejenigen Akten von dem Mag. verlangt werden müssen, deren Einsicht der Stadtv.-Versammlung wünschenswerth erscheint.

Die von dem Magistrat zu sekretirenden Personalakten über die städtischen Beamten gehören nicht zu denjenigen Akten, welche den Stadtv. auf Verlangen mitgetheilt werden müssen. (M.R. v. 9. Juni 1843 V.M.B. S. 186.) Im Uebrigen aber steht es dem Mag. nicht zu, zu bestimmen, welcher Acten die Stadtv. zur Ausübung der Kontrole bedürfen; oder ihnen beliebige Extracte und Darstellungen zu geben; ihnen davon mitzutheilen oder zu verschweigen, was dem Mag angemessen erscheint, und ihnen sonach die vollständige Kenntniß und Ueberzeugung, welcher sie zur Fassung ihrer Beschlüsse bedürfen, vorzuenthalten. (M.R. v. 6. Juni 1841 V.M.B. S. 162.)

238. Es bedürfen diese Wahlen der Zustimmung des Magistrats nicht, da es sich hier nicht um Beschlüsse handelt, welche der Magistrat auszuführen hat. Beschließt dagegen die Stadtverordneten-Versammlung, dem nicht aus

Die Stadtverordneten versammeln sich, so oft ihre Geschäfte es erfordern.

Der Magistrat wird zu allen[239]) Versammlungen eingeladen und kann sich durch Abgeordnete[240]) vertreten lassen. Die Stadtverordneten können verlangen, daß Abgeordnete des Magistrats dabei anwesend sind[241 242]). Der Magistrat muß gehört werden, so oft er es verlangt.

§. 39.

Die Zusammenberufung der Stadtverordneten geschieht

---

ihrer Mitte gewählten Protokollführer eine Remuneration zu gewähren, so ist dazu das Einverständniß des Magistrats resp. die zustimmende Entscheidung der Regierung erforderlich.

239. Auch zu den geheimen Sitzungen muß der Magistrat eingeladen und zugelassen werden. (M.R. v. 11. Juli 1851 B.M.B. S. 116.) Es werden Fälle vorkommen, in denen die Nichttheilnahme des Magistrats an einer geheimen Sitzung nicht nur wünschenswerth, sondern nothwendig ist, z. B. bei Wahlbesprechungen, Beschwerden über den Magistrat 2c. Liegt ein derartiger Fall vor, dann wird es zweckmäßig sein, wenn der Stadtverordneten-Vorsteher dem Bürgermeister von der Vorlage einer solchen Angelegenheit Mittheilung macht und sodann in Veranlassung des letzteren die Magistratsmitglieder sich von der geheimen Sitzung fern halten. Auch wird es gut sein, in der nach §. 48 aufzustellenden Geschäftsordnung ein für alle Mal die Gegenstände zu benennen, welche nur der vertrauten Berathung im geschlossenen Kreise der Stadtverordneten vorbehalten bleiben sollen.

240. Es ist jedoch nicht nur den Abgeordneten des Magistrats die Anwesenheit in der Sitzung gestattet, sondern jedes Magistratsmitglied kann dabei zugegen sein.

241. Daß der Magistrat auch verpflichtet ist, dem desfallsigen Verlangen der Stadtverordneten nachzukommen, ist in den Motiven zu der gleichen Bestimmung des §. 41 der Gemeinde-Ordnung von 1850 ausdrücklich hervorgehoben worden.

242. Gemeinschaftiche Versammlungen und Beschlüsse beider städtischer Kollegien kennt die Städteordn. nicht. In der Praxis werden solche aber mitunter nothwendig, wenn wichtige Gemeinde-Angelegenheiten vorliegen, die eine schnelle Verständigung zwischen beiden Stadtbehörden erheischen. In derartigen Fällen erscheint eine gemeinschaftliche Berathung nicht unzulässig. Die Einladung dazu werden der Bürgermeister und der Stadtv.-Vorsteher gemeinschaftlich erlassen müssen, der Bürgermeister resp. dessen Stellvertreter wird den Vorsitz zu führen und bei der Abstimmung wird zuerst das Stadtv.-Kollegium und dann der Magistrat, und zwar jedes Kollegium für sich zu votiren haben. Im Falle der Stimmengleichheit giebt in jedem Kollegio die Stimme seines Vorsitzenden den Ausschlag.

durch den Vorsitzenden[243]); sie muß erfolgen, sobald es von einem Viertel der Mitglieder oder von dem Magistrat verlangt wird.

§. 40.

Die Art und Weise der Zusammenberufung wird ein- für allemal von der Stadtverordneten-Versammlung festgestellt.

Die Zusammenberufung erfolgt unter Angabe der Gegenstände der Verhandlung; mit Ausnahme dringender Fälle muß dieselbe[244]) wenigstens zwei freie Tage vorher stattfinden.

§. 41.

Durch Beschluß der Stadtverordneten können auch regelmäßige Sitzungstage festgesetzt, es müssen jedoch auch dann die Gegenstände der Verhandlung mit Ausnahme dringender Fälle mindestens zwei freie Tage vorher den Stadtverordneten und dem Magistrat angezeigt werden.

§. 42.

Die Stadtverordneten-Versammlung kann nur beschließen, wenn mehr als die Hälfte der Mitglieder[245]) zugegen ist. Eine Ausnahme hiervon findet statt, wenn die Stadtverordneten, zum zweiten Male zur Verhandlung über denselben Gegenstand zusammenberufen, dennoch nicht in genügender Anzahl erschienen sind. Bei der zweiten Zusammenberufung muß auf diese Bestimmung ausdrücklich hingewiesen werden.

243. Zu der ersten Sitzung im Jahre, in welcher der Vorsitzende erst gewählt werden soll, wird die Einladung durch das älteste Mitglied der Versammlung ergehen müssen, wenn der bisherige Vorsitzende wegen Ablaufs der Wahlperiode ausgeschieden ist. Es erscheint zweckmäßig, eine derartige Anordnung durch die Geschäftsordnung zu treffen.

244. Dieselbe, d. h., wie die Fassung des §. 41 ergiebt, die Zusammenberufung und die Angabe der Verhandlungs-Gegenstände.

245. Hier ist jedenfalls nicht die Hälfte der nach §. 12 festgesetzten Anzahl der Stadtv., sondern die Hälfte der zur Zeit der Versammlung zum Stadtv.-Kollegium gehörigen Mitglieder gemeint. Es ist also eine Stadtv.-Versammlung, die ursprünglich aus 18 Mitgliedern bestanden, aber durch den Tod u. s. w. 6 Mitglieder verloren hat, schon dann beschlußfähig, wenn 7 Mitglieder an der Sitzung theilnehmen.

§. 43.

Die Beschlüsse werden nach Stimmenmehrheit gefaßt[246]). Bei Stimmengleichheit entscheidet die Stimme des Vorsitzenden. Wer nicht mitstimmt, wird zwar als anwesend betrachtet, die Stimmenmehrheit wird aber lediglich nach der Zahl der Stimmenden festgestellt[247]).

§. 44.

An Verhandlungen über Rechte und Verpflichtungen der Stadtgemeinde darf derjenige nicht Theil nehmen, dessen Interesse mit dem der Gemeinde in Widerspruch steht[248–251]). Kann wegen dieser Ausschließung eine beschlußfähige

---

246. Das Abstimmungsverfahren wird, da das Gesetz hierüber nichts bestimmt, durch Beschluß resp. die Geschäftsordnung festzusetzen sein. Die Instruktion zur Städteordn. von 1831 überließ dem Vorsitzenden die Entscheidung über die Art der Abstimmung, jedoch mit der Maßgabe, daß auf Antrag von wenigstens drei Mitgliedern durch geheime Stimmzeichen abgestimmt werden müsse. Wo die Geschäftsordnung über den Abstimmungsmodus nichts enthält, wird man mit Rücksicht auf §. 46 noch jetzt in dieser Weise verfahren können.

Nach dem Entwurfe der Städteordn. sollte bei allen Wahlen das im §. 32 vorgeschriebene Verfahren Platz greifen; es wurden jedoch diese Vorschläge von den Kammern nicht gebilligt, weil die Abstimmung durch Stimmzettel für die große Zahl von Wahlen, welche der Stadtv.-Versammlung obliegen, zu zeitraubend sein würde. Alle Wahlen, mit Ausnahme der in den §§. 32 u. 38 gedachten, können daher nach dem bei Beschlußfassungen überhaupt gebräuchlichen Abstimmungsverfahren stattfinden.

247. Die Worte: „wer nicht mitstimmt, wird zwar als anwesend betrachtet", sollen die nach §. 42 lediglich nach der Zahl der Anwesenden zu beurtheilende Beschlußfähigkeit der Versammlung für den Fall erhalten, daß sich ein Anwesender oder mehrere der Abstimmung enthalten, in der That also nicht die größere Hälfte der Mitglieder an dem Beschlusse selbst theilnimmt. Die Ausnahmen (bei collidirendem Interesse) bestimmt §. 44.

248. Diese Bestimmung ist im Wesentlichen der Kab.-Ordre vom 18. Juli 1833 nachgebildet. Diese spricht aber nur von dem persönlichen, von dem eigenen Interesse einzelner Mitglieder, und es ist nicht ohne Weiteres anzunehmen, daß ein solches vorliege, wenn es sich bei einer Abstimmung um das Interesse von Verwandten handelt. Wäre dies die Absicht gewesen, dann hätte auch festgesetzt werden müssen, bis zu welchem Grade der Verwandtschaft die Bestimmung ausgedehnt werden müsse. (M.R. v. 30. April 1839 Ann. S. 385 und v. 8. Oct. 1841 V.M.B. S. 271). Ein eigenes Interesse wird jedoch vorhanden sein, wenn es sich um das Interesse solcher Personen handelt, zu denen das Mitglied in einem Verhältnisse steht, welches dasselbe, wenn auch nur in-

Versammlung nicht gehalten werden[251]), so hat der Magistrat oder, wenn auch dieser aus dem vorgedachten Grunde einen gültigen Be-

---

direct, als selbst betheiligt erscheinen läßt. Man wird dies insbesondere bei Vermögens-Angelegenheiten annehmen müssen, wenn zwischen dem Mitgliede und der dritten Person die gegenseitige gesetzliche Verpflichtung zur Gewährung des Unterhalts obwaltet, was in dem Verhältnisse der Ehegatten, der Verwandten in auf- und absteigender Linie und der Geschwister der Fall ist.

Im Allgemeinen ist daran festzuhalten, daß ein Privat-Interesse vorliegen muß, um die Ausschließung zu rechtfertigen, und nicht ein solches, welches aus der Mitgliedschaft einer anderen Korporation, z. B. einer Kirchengemeinde, oder einer gewissen Einwohnerklasse, z. B. der Klasse der Grundbesitzer, erwächst. (M.R. vom 13. Aug. 1840 V.M.B. S. 343 u. v. 28. Mai 1850 I. B. 7810 ungebr.)

Wenn in den M.R. v. 27. Mai 1828 (Ann. S. 425), v. 17. Juli 1832 (Ann. S. 667), v. 10. Sept. 1836 (Ann. S. 639) u. v. 28. Febr. 1839 (Ann. S. 115) ausgeführt wurde, daß ein Stadtverordneter, welcher bei der Wahl einer Magistratsstelle als Bewerber auftritt, nicht an der Wahl theilnehmen könne, so wird diese Ansicht jetzt keine Geltung mehr haben können. Wird es auch immerhin wünschenswerth bleiben, daß in solchem Falle der Stadtverordnete aus Schicklichkeitsgefühl sich der Abstimmung enthält, so wird doch eine Ausschließung desselben von der letzteren nicht statthaft sein, weil ein eigentlicher Widerspruch des individuellen Privat-Interesses mit dem der Stadtgemeinde nicht nachweisbar ist. Ein wirklicher Widerspruch würde nur dann vorhanden sein, wenn der sich selbst die Stimme Gebende von seiner Nichtqualification oder der besseren Qualification eines Mitbewerbers überzeugt wäre; dies innerliche Moment ist aber ein für die Beurtheilung eines Dritten nicht faßbares, und sein Vorhandensein kann eben so wenig vorausgesetzt werden.

249. Daß derjenige Stadtverordnete, welcher nach Obigem von der Theilnahme an den Verhandlungen auszuschließen ist, während der letzteren im Sitzungszimmer nicht anwesend sein darf, erscheint nicht zweifelhaft, denn seine bloße Gegenwart, wenn er sich auch des Mitsprechens und Mitstimmens enthielte, wäre eine passive Betheiligung, die Städteordn. macht aber zwischen activer und passiver Theilnahme keinen Unterschied.

250. Sollte es streitig sein, ob der Fall einer Kollision der Interessen vorliegt, dann wird eventl. die Aufsichtsbehörde zu entscheiden haben.

251. Wenn unter Hinweis auf §. 44 ein Stadtverordneten-Beschluß nachträglich angefochten wird, so reicht es zu seiner Nichtigkeit hin, wenn auch nur ein interessirtes Mitglied Theil an der Verhandlung genommen hat, selbst wenn zu ermitteln wäre, daß auch ohne seine Stimme eine Majorität vorhanden sein würde; denn der Einfluß des interessirten Mitgliedes auf die Fassung des Beschlusses ist nicht zu constatiren, er kann sich eben so wohl durch lautes Aussprechen, als durch für die Versammlung nicht wahrnehmbare Einwirkung auf einzelne Mitglieder geäußert haben.

252. Dieser Fall tritt nur dann ein, wenn mindestens die Hälfte aller Mitglieder der Versammlung von der Theilnahme an der Verhandlung auszu-

schluß zu fassen nicht befugt ist, der Bezirksausschuß[252a]) für die Wahrung des Gemeinde-Interesses zu sorgen und nöthigenfalls einen besonderen Vertreter für die Stadtgemeinde zu bestellen.

Sollte ein Prozeß der Stadtgemeinde gegen alle oder mehrere Mitglieder des Magistrats aus Veranlassung ihrer Amtsführung nothwendig werden, so hat der Regierungspräsident[252b]) auf Antrag der Stadtverordneten-Versammlung zur Führung des Prozesses einen Anwalt zu bestellen.

§. 45.

Die Sitzungen der Stadtverordneten sind öffentlich[253]). Für einzelne Gegenstände kann durch besonderen Beschluß[254]), welcher in geheimer Sitzung gefaßt wird, die Oeffentlichkeit ausgeschlossen werden[255]). Die Sitzungen dürfen nicht in Wirthshäusern oder Schänken gehalten werden.

---

schließen ist; denn entgegengesetzten Falls ist die beschlußfähige Anzahl an sich vorhanden (§. 42); sie muß berufen, und sofern durch das Ausbleiben Einzelner eine beschlußfähige Versammlung nicht zu Stande gebracht wird, nach §. 42 verfahren werden.

252a. Zust.Ges. §. 17 Abs. 2.

Der Bezirksausschuß beschließt an Stelle der Gemeindebehörden im Falle ihrer durch widersprechende Interessen herbeigeführten Beschlußunfähigkeit. Für Berlin ist in diesem Falle auch der Bezirksausschuß zuständig (Zust.Ges. §. 161.)

252b. Zust.Ges. §. 7; für Berlin der Oberpräsident (a. a. O.).

253. Sie dürfen auch von solchen Personen besucht werden, die sich nicht im Besitz der bürgerlichen Ehrenrechte befinden, da diese durch das Gesetz vom 22. Mai 1852 Zus.-Art. 18 nur von öffentlichen Gerichtssitzungen ausgeschlossen werden.

Nach §. 8 des Vereins-Gesetzes vom 11. März 1850 dürfen Frauenspersonen, Schüler und Lehrlinge den Versammlungen und Sitzungen politischer Vereine nicht beiwohnen; zu den öffentlichen Stadtverordneten-Sitzungen aber können sie kommen, denn die Stadtverordneten-Versammlung ist eine politische Körperschaft, nicht ein politischer Verein.

254. Es ist auch zulässig, durch statutarische Festsetzungen vorweg darüber Bestimmungen zu vereinbaren, in welchen Fällen die Oeffentlichkeit der Berathungen auszuschließen ist. (Komm.-Bericht der I. Kammer v. 17. Jan. 1853.)

255. Dem Magistrat steht unbedenklich das Recht zu, in den Fällen, in welchen er aus Gründen des städtischen Interesses, sowie aus Rücksicht auf besondere Verhältnisse die Berathung in geschlossener Sitzung für angemessen erachtet, die Stadtverordneten-Versammlung darauf aufmerksam zu machen, es bleibt aber dem Ermessen der letzteren anheimgegeben, ob sie die Oeffentlichkeit ausschließen will oder nicht.

§. 46.

Der Vorsitzende leitet die Verhandlungen, eröffnet und schließt die Sitzungen und handhabt die Ordnung in der Versammlung. Er kann jeden Zuhörer aus dem Sitzungszimmer entfernen lassen, welcher öffentliche Zeichen des Beifalls oder des Mißfallens giebt oder Unruhe irgend einer Art verursacht.

§. 47.

Die Beschlüsse der Stadtverordneten-Versammlung und die Namen der dabei anwesend gewesenen Mitglieder sind in ein besonderes Buch einzutragen[256]). Sie werden von dem Vorsitzenden und wenigstens drei Mitgliedern unterzeichnet[257–259]).

Die Gegenstände, über welche nach Ansicht des Vorsitzenden in geheimer Sitzung verhandelt werden soll, wird er zwar den Stadtverordneten und dem Magistrat mittheilen müssen (§§. 40. 41) jedoch werden sie nicht in der Tagesordnung zu vermerken sein, die durch die Zeitungen veröffentlicht wird.

Der Magistrat hat, wie schon Note 239 angeführt, das Recht, auch den geheimen Sitzungen beizuwohnen. Der Begriff der Oeffentlichkeit geht in der Zulassung des Publikums zu den Sitzungen auf und zu diesem kann der Magistrat nicht gerechnet werden.

256. Daß dies während der Sitzung selbst geschehen müsse, ist nicht vorgeschrieben, es empfiehlt sich daher, wenigstens wenn die Verhandlungs-Gegenstände einige Wichtigkeit hatten, das Protokoll erst nach dem Schlusse der Sitzung aufzunehmen und von dem Vorsitzenden und drei Mitgliedern vollziehen zu lassen, indem die Herstellung des Protokolls während der Sitzung zeitraubend ist und die genügende Motivirung der Beschlüsse und ihre gehörige Formulirung verhindert. Liegt der ganzen Versammlung daran, den Inhalt des Protokolls kennen zu lernen, so kann dasselbe in der nächstfolgenden Sitzung ausgelegt oder verlesen werden.

257. Der Vorsteher ist nicht berechtigt, die Unterschrift eines Beschlusses um deshalb zu verweigern, weil er selbst dem Beschlusse nicht beigestimmt habe. (M.R. v. 15. Dec. 1836 Ann. S. 929.)

258. Ist in einer kleinen Stadt die städtische Verfassung nach Maßgabe des §. 72 eingerichtet, dann genügt es nach §. 73, wenn die Stadtverordneten-Beschlüsse nur von dem Vorsitzenden — dem Bürgermeister — und einem Mitgliede unterzeichnet werden.

259. Aus dem Mangel der schriftlichen Aufzeichnung eines Beschlusses oder der erforderlichen Zahl der Unterschriften folgt nicht die Nichtigkeit desselben, sobald sich nur in anderer Weise feststellen läßt, daß er rechtsgiltig zu Stande gekommen ist. (Allg. Landr. Thl. I. Tit. 3 §§. 40. 41.)

Dem Magistrat müssen alle Beschlüsse der Stadtverordneten, auch diejenigen, welche ihm durch das Gesetz zur Ausführung nicht überwiesen sind, mitgetheilt werden[260 261]).

§. 48.

Den Stadtverordneten-Versammlungen bleibt überlassen[262]), unter Zustimmung des Magistrats[263]) eine Geschäftsordnung abzufassen[264]) und darin Zuwiderhandlungen der Mitglieder gegen die

---

260. Der obige §. ordnet an, daß nicht Abschriften oder Ausfertigungen, sondern die von dem Vorsteher und wenigstens drei Mitgliedern vollzogenen Beschlüsse selbst dem Magistrat mitgetheilt werden sollen. Eine Verzögerung des Geschäftsganges darf daraus nicht erwachsen, solche wird sich aber auch vermeiden lassen, wenn z. B. die Originalbeschlüsse, mögen solche nun jeder einzeln oder alle zusammen in ein Protokollbuch niedergeschrieben sein, dem Magistrat br. m. übersandt, bei diesem eingesehen, nöthigenfalls abgeschrieben und das Original demnächst den Stadtverordneten zur Aufsammlung und Bewahrung retradirt werden.

Der Magistrat darf keinen Stadtverordneten-Beschluß ausführen, ohne sich vorher vollständig überzeugt zu haben, daß er in gültiger Form, d. h. mit Beobachtung der gesetzlichen Vorschriften abgefaßt worden; er hat daher auch das Recht, sich, so oft er es nöthig hält, durch Einsicht der einzelnen Beschlüsse oder Protokollbücher ohne Weiterung hiervon Kenntniß zu verschaffen. Von Seiten der Regierung aber ist die Stadtverordneten-Versammlung rücksichtlich ihres Geschäftsbetriebes einer allgemeinen Kontrole nicht unterworfen, sie hat daher nur in speciellen Fällen, auf Anzeigen des Magistrats oder sonstige Beschwerden, die Vorlegung der Protokollbücher zu fordern und gegen etwaige Unregelmäßigkeiten Remedur zu treffen. (M.R. v. 11. Oct. u. 8. Nov. 1838 Ann. S. 1029 u. 1031.)

261. Hat die Stadtv.-Versammlung die Veröffentlichung ihrer Verhandlungen beschlossen, so darf sie die Publikation selbständig bewirken, unabhängig von der jedesmaligen Zustimmung des Magistrats, denn diese Thätigkeits-Aeußerung hat zunächst und unmittelbar die Geschäftsführung jener Versammlung zum Gegenstande und derartige Beschlüsse kann die Stadtv.-Versammlung selbst ausführen. (M.R. v. 17. Juli 1860. V.M.B. S. 169.)

262. Das Gesetz hat die Aufstellung einer besonderen Geschäftsordnung blos facultativ gelassen, weil in sehr vielen kleinen Städten die Geschäftsverwaltung der Stadtverordneten eine so einfache ist, daß es eines förmlichen Geschäfts-Reglements nicht bedarf.

263. Einer Genehmigung der Aufsichtsbehörde zu dem Inhalt der Geschäftsordnung bedarf es nicht. Sollte letztere zweckwidrig aufgestellt sein, so bleibt hiergegen dieselbe Remedur, die das Gesetz gegen ungeeignete Beschlüsse der Stadtverordneten überhaupt darbietet.

264. Insoweit die vorliegende Städteordn. keine entgegenstehenden aus-

zur Aufrechterhaltung der Ordnung gegebenen Vorschriften mit Strafen[265]) zu belegen; diese Strafen können nur in Geldbußen bis zu fünf Thalern und bei mehrmals wiederholten Zuwiderhandlungen in der auf eine gewisse Zeit oder für die Dauer der Wahlperiode zu verhängenden Ausschließung aus der Versammlung bestehen[266]).

Versagt der Magistrat seine Zustimmung, so tritt das im §. 36 vorgeschriebene Verfahren ein.

§. 49.

Die Stadtverordneten beschließen über die Benutzung des Gemeinde-Vermögens[267]); die Declaration vom 26. Juli 1847 (Gesetz-Sammlung S. 327) bleibt dabei maßgebend[268]).

---

drücklichen Bestimmungen enthält, können bei Abfassung der Geschäfts-Ordnung die als Anhang zu den Städte-Ordnungen von 1808 u. 1831 ergangenen Instruktionen zur Geschäftsführung der Stadtverordneten als Grundlage benutzt werden. (Min.-Instr. v. 20. Juni 1853 Art. XIII. V.M.B. 138.)

265. Zust.Ges. §. 10. 11. 21. L.V.G. §. 63.

Die Stadtverordneten-Versammlung beschließt über die Strafen, welche gegen Mitglieder der Stadtverordneten-Versammlung wegen Zuwiderhandlungen gegen die Geschäftsordnung nach Maßgabe des Gemeindeverfassungs-Gesetzes zu verhängen sind.

Der Beschluß der Stadtverordneten-Versammlung bedarf keiner Genehmigung oder Bestätigung von Seiten des Magistrats oder der Aufsichtsbehörde. Gegen den Beschluß der Stadtverordneten-Versammlung findet die Klage im Verwaltungsstreitverfahren statt. Die Klage steht auch dem Magistrate zu. Sie ist binnen zwei Wochen bei dem Bezirksausschuß anzustellen und diesem direct einzureichen. Die Stadtverordneten bzw. der Magistrat können zur Wahrnehnehmung ihrer Rechte im Verwaltungsstreitverfahren einen besonderen Vertreter bestellen. Die Klage hat aufschiebende Wirkung.

265. Diese Strafen sind Disciplinarstrafen, gegen deren Festsetzung eine Berufung auf richterliche Entscheidung nicht zuläßig ist.

266. Hinsichtlich der Beschlüsse der Stadtverordneten zur Erhaltung der Disciplin hat der Magistrat nur die festgesetzten Geldstrafen beizutreiben. Andere zur Erhaltung und Herstellung der Ordnung in der Versammlung selbst gefaßten Beschlüsse bedürfen der Konkurrenz des Magistrats nur dann, wenn der Betheiligte sich ihnen nicht unterwirft, in welchem Falle dann der Magistrat in seiner Eigenschaft als Obrigkeit eintritt. (M.R. v. 5. Mai 1828 Ann. S. 424.)

267. Richtiger wäre es gewesen, hier die Zustimmung der Stadtv. nur zu Beschlüssen über die Art der Benutzung des Gem.-Vermögens zu erfordern, um die Befugnisse des Magistrats als Verwalter des Gem.-Vermögens unzweideutiger außer Frage zu stellen. Auch hätte §. 49, korrecter gefaßt, sagen müssen, daß die Stadtv. auch über die Substanz des Gem.-Vermögens zu be-

schließen haben: es kann indessen keinem Zweifel unterliegen, daß unter dem Ausdrucke Benutzung jede Disposition über das Gem.-Vermögen verstanden ist, theils weil es sonst an einer Bestimmung in Beziehung auf die Substanz desselben gänzlich mangeln würde, theils weil die Decl. v. 26. Juli 1847 die Dispositionen über die Substanz gleichzeitig im Auge hat u. §. 50 der Städteordn. die Genehmigung der Regierung zu dergleichen Dispositionen verlangt.

Es geht aus dem Obigen, sowie aus §. 121 Tit. 14 Thl. I. Allgem. Landr. hervor, daß der Magistrat ohne Zustimmung der Stadtv. nicht berechtigt ist, Gemeinde-Grundstücke zu verpachten oder zu vermiethen, da sie nur seiner eigenen Administration unterliegen. Auch kann der Stadtv.-Versammlung das Recht nicht bestritten werden, bei allen Pacht- u. Miethsverträgen die Bedingungen und den Zuschlag von ihrer vorherigen Genehmigung abhängig zu machen.

268. Die Declaration vom 26. Juli 1847 hatte den Zweck, die Zweifel zu beseitigen, welche über die Anwendung einiger Vorschriften des Allgem. Landr. und der Gemeinheitstheilungs-Ordnung vom 7. Juli 1821 auf das Gem.-Vermögen hervorgetreten waren. Dieselbe bestimmt:

a. daß weder das Kämmerei-Vermögen, noch das Bürger-Vermögen durch eine Gemeinheitstheilung in Privatvermögen der Gemeindeglieder verwandelt werden darf;

b. daß die Abfindung für die den Gemeindegliedern zustehenden Nutzungsrechte vom Bürgervermögen der Gemeinde als Korporation zufällt, den berechtigten Mitgliedern dagegen nur die Nutzung der Abfindung zusteht;

c. daß dagegen die Nutzungsrechte der Gemeindeglieder am Gemeindevermögen, welche ihnen nicht vermöge dieser ihrer Eigenschaft, sondern aus einem anderen Rechtstitel zukommen, zu ihrem Privatvermögen, und nicht zum Gemeindevermögen gehören, ihnen also die auf diese Rechte fallenden Abfindungen zustehen.

Hieraus erhellet, daß als Vermögen der Gemeinde im weiteren Sinne nicht blos dasjenige angesehen werden soll, welches vom Hause aus zur Bestreitung der Gemeinde-Ausgaben bestimmt ist (Kämmereivermögen), sondern auch das Bürgervermögen, d. h. derjenige Theil des Stadtvermögens, dessen Nutzung den einzelnen Gemeindegliedern vermöge ihrer Eigenschaft als solche, also aus einem in der Gemeinde-Verfassung liegenden Titel des öffentlichen Rechts und nicht aus einem privatrechtlichen Titel zusteht. Ueber dies ganze Gemeindevermögen hat die Stadtv.-Versammlung zu verfügen, und sie ist sogar befugt, die Verwendung der Nutzungen vom Bürgervermögen zur Deckung der Bedürfnisse des Kommunal-Haushalts zu beschließen. (M.R. a. 12. Oct. 1856 B.M.B. S. 254.)

Streitigkeiten über diese Gemeinde-Nutzungen, sie mögen das Kämmerei-Vermögen oder das Bürgervermögen betreffen, sie mögen zwischen der Gemeinde und einzelnen Gemeindegliedern, oder unter letzteren allein obwalten, sind dem Rechtswege entzogen, vorausgesetzt, daß der streitige Anspruch nicht etwa auf einen speciellen Rechtstitel gestützt wird. Demgemäß können die Gemeindemitglieder als solche einen von den Gemeindebehörden über die Benutzung, oder die Modalitäten und Bedingungen der Benutzung des Gem.-Vermögens ge-

Ueber das Vermögen, welches nicht der Gemeinde-Korporation in ihrer Gesammtheit gehört [268]), kann die Stadtverordneten-Versammlung nur insofern beschließen, als sie dazu durch den Willen der Betheiligten oder durch sonstige Rechtstitel berufen ist.

Auf das Vermögen der Korporationen und Stiftungen haben die zur Stadtgemeinde gehörenden Einwohner (§. 3) als solche, und auf dasjenige Vermögen, welches bloß den Hausbesitzern oder anderen Klassen der Einwohner gehört, haben andere Personen keinen Anspruch.

In Ansehung der Verwaltung und Verwendung des Vermögens der Stiftungen bewendet es bei den stiftungsmäßigen Bestimmungen. Soweit es hierbei auf den Begriff von Bürger ankommt, sind die Bestimmungen des gegenwärtigen Gesetzes (§. 5) an sich selbst nicht maßgebend [270]).

---

faßten Beschluß vor Gericht nicht anfechten; dies gilt z. B. von einem Beschlusse, welcher die Umwandlung des Gemeindeglieder-Vermögens in eigentliches Gemeinde-Vermögen betrifft, oder welcher einzelne Mitglieder oder Klassen der Mitglieder von der Benutzung des Gemeindeglieder-Vermögens ausschließt. So durch vielfache Entscheidungen erkannt, zuletzt durch E.K. vom 12. Octbr. 1861 V.M.B. 1862 S. 122 u. v. 14. Nov. 1863 V.M.B. 1864 S. 91.

Zust.G. §. 18:

Auf Beschwerden und Einsprüche, betreffend das Recht zur Mitbenutzung der öffentlichen Gemeindeanstalten, sowie zur Theilnahme an den Nutzungen und Erträgen des Gemeindevermögens beschließt der Magistrat. Gegen den Beschluß findet die Klage im Verwaltungsstreitverfahren statt. Der Entscheidung im Verwaltungsstreitverfahren unterliegen desgleichen Streitigkeiten zwischen Betheiligten über ihre in dem öffentlichen Rechte begründete Berechtigung oder Verpflichtung zu dem Absatz 1 bezeichneten Nutzungen beziehungsweise Lasten. Die Beschwerden und die Einsprüche sowie die Klage haben keine aufschiebende Wirkung.

Zu Aenderungen im Genusse des Bürgervermögens ist übrigens nach §. 50 Nr. 4 die Genehmigung des Bezirksausschusses erforderlich.

269. Hierzu ist auch das nach der Decl. v. 26. Juli 1847 zum Privatvermögen der Gemeindeglieder gehörige Theilnahmerecht an den Nutzungen des Gem.-Vermögens zu rechnen.

270. Der letzte Satz des §. 49 wurde aufgenommen, weil der Begriff von Bürger und Bürgerrecht durch §. 5 eine Veränderung gegen die Begriffsbestimmungen der älteren Städteordn. erhalten hat und namentlich das Bürgerrecht bei verarmten früheren Bürgern nicht mehr vorhanden ist, viele ältere Stiftungen aber für dergleichen verarmte Bürger bestimmt sind. Bei der Auslegung des Ausdruckes „Bürger" in einer Stiftungsurkunde ist sonach festzustellen, was man zur Zeit ihrer Errichtung damit meinte. Es werden also auch diejenigen

§. 50.

Die Genehmigung des Bezirksausschusses, in dem Falle zu 2.) des Regierungs-Präsidenten[270a]) ist erforderlich:

1. Zur Veräußerung von Grundstücken und solchen Gerechtsamen, welche jenen gesetzlich gleichgestellt sind[271–278]);

Personen resp. deren Kinder bei den für Bürger resp. Bürgerskinder errichteten Stiftungen als theilnahmeberechtigt zu erachten sein, welche nach den früheren Städteordn. das Bürgerrecht erworben haben, auch wenn bei ihnen die Erfordernisse des §. 5 der vorliegenden Städteordn. nicht vorhanden sind. Andererseits aber kann man so weit nicht gehen, den genannten Personen ein ausschließliches oder doch vorzügliches Theilnahmerecht zuzusprechen, denn der Ausdruck „Bürger" involvirt einen politischen Begriff, dessen Bedeutung von der jedesmaligen Städteverfassung abhängig ist. Mit dem Ausdrucke „Bürger" schlechthin ohne weiteren Zusatz ist daher auch die Veränderlichkeit des Begriffs gegeben und man würde den Sinn einer solchen Stiftungsurkunde nicht treffen, wenn man nicht auch diejenigen Personen, welche nach der gegenwärtigen Städteordn. das Bürgerrecht erlangt haben, berücksichtigen wollte.

270a. Zust.Ges. §. 16 Abs. 1 u. 3; in Berlin des Oberpräsidenten L.V.G. §§. 42. 43. Die Genehmigung kann auch stillschweigend — durch concludente Handlungen der Aufsichtsbehörde erfolgen.

E. O.V.G. v. 24. Juni 1882. IX S. 42.

271. Gerechtsame, welche den Grundstücken gesetzlich gleichgestellt, sind nach §§. 8 und 9 Titel I. Allg. Landr.:

a. diejenigen Rechte, deren Ausübung mit dem Besitze einer unbeweglichen Sache verbunden ist, also z. B. Realservituten, Superficies, Nießbrauch;

b. diejenigen Rechte, welchen die Eigenschaft einer unbeweglichen Sache durch besonderes Gesetz ausdrücklich beigelegt ist. Eine solche ausdrückliche Bestimmung ist nur für das Bergwerks-Eigenthum gegeben (§. 253 Tit. 16 Thl. II. Allg. Landr.), doch ergeben die §§. 14 u. 15 Tit. I. der Hypotheken-Ordn., daß als unbewegliche Gerechtigkeiten alle diejenigen anzusehen sind, welche für sich selbst bestehen, einen eigenen Kaufwerth haben und ohne den Besitz eines Grundstücks ausgeübt werden können.

272. Da bei Vertauschung das gesammte Eigenthum eines städtischen Grundstücks an einen Anderen übergeht, so bedürfen dieselben ebenfalls der Genehmigung der Regierung (jetzt des Bezirksausschusses). (M.R. v. 2. März 1821 Ann. S. 89.)

273. Auch wenn es sich nicht um wirkliche Kaufverträge, sondern zunächst nur um Verträge handelt, worin der Verkauf eines Grundstücks versprochen wird, ist die Regierungs-Genehmigung (jetzt die des Bezirksausschusses erforderlich. (M.R. v. 7. März 1864 V.M.B. S. 90.)

2. zur Veräußerung oder wesentlichen Veränderung von Sachen, welche einen besonderen wissenschaftlichen, historischen oder Kunstwerth haben, namentlich von Archiven[279—282]);

---

274. Nach dem M.R. v. 19. Juli 1839 (Ann. S. 641) erfordern auch Erbverpachtungen die Genehmigung der Regierung; diese Bestimmung hat indeß seine Bedeutung durch §. 2 Nr. 2 u. §. 91 des Ablösungsgesetzes verloren, wonach das Eigenthumsrecht des Erbverpächters ohne Entschädigung aufgehoben und die Vererbpachtung von Grundstücken verboten ist.

275. Zu Veräußerungen von Kommunalforsten sollen die Regierungen den Konsens in der Regel versagen und nur in seltenen Ausnahmefällen rücksichtlich einzelner kleiner Parzellen dann ertheilen, wenn in keiner Weise ein Nachtheil für die Gemeinde- oder für die Staats-Interessen und die allgemeine Landeskultur aus der Veräußerung zu besorgen ist. (M.R. v. 9. Juli 1856 B.M.B. S. 188.)

276. Die Genehmigung des Bezirksausschusses ist nicht erforderlich:

a. wenn ein Kommunal-Grundstück Schulden halber im Wege der Execution verkauft werden soll (§. 155 Tit. 8 Thl. II. Allg. Landr.);

b. wenn einer Stadtgemeinde ein Immobile durch Verjährung verloren geht (§. 624 Tit. 9 Thl. I. Allg. Landr.);

c. wenn der Verlust eines städtischen Grundstücks durch Unterlassungen der städtischen Behörden, z. B. durch Kontumazialverfahren in einem Prozesse herbeigeführt wird;

d. zu Schenkungen aus dem Substanz-Vermögen der Gemeinde, sowie zu einseitigen, auf das Substanz-Vermögen bezüglichen Verzichtleistungen;

e. zur Ablösung eines Erbpachts-Kanons (M.R. v. 30. Septbr. 1837 Ann. S. 695);

f. zur Veräußerung beweglicher Sachen und der ihnen gleichstehenden Rechte.

277. Zur Erwerbung von Grundstücken und anderen den Immobilien gesetzlich gleichgestellten Sachen ist eine Genehmigung der Aufsichtsbehörde nicht erforderlich; die desfallsige Vorschrift im §. 83 Tit. 6 Thl. II. des Allg. Landr. hat keine Geltung mehr. (M.R. v. 20. Dec. 1859 B.M.B. 1860 S. 4). Selbst im Auslande kann eine inländische Gemeinde Grundeigenthum erwerben. (M.R. v. 31. Jan. 1841 B.M.B. S. 59.)

278. Während in der Rheinprovinz die Stadtgemeinde zur Anstellung von Prozessen über eine ihr zustehende Berechtigung oder über die Substanz des Stadtvermögens und zu Vergleichen über Gegenstände dieser Art die Genehmigung der Regierung haben muß, ist dazu in den östlichen Provinzen eine solche nicht erforderlich. Nur bei Prozessen, welche in Folge verfügter Administrativ-Execution nothwendig werden, bedarf es nach §. 31 der Verordnung vom 30. Juli 1853 (Ges.-Samml. S. 909) der Autorisation der Regierung (jetzt des Bezirksausschusses).

279. Die Regierungen haben darauf zu sehen, daß die auf möglichste

Konservation jener Sachen gerichtete Absicht des Gesetzes, namentlich in Ansehung älterer Bauwerke, nicht durch Vernachlässigung rechtzeitiger Reparaturen in dem ursprünglichen Styl vereitelt werde und nöthigenfalls bei Prüfung des städtischen Haushalts-Etats und der nach §. 78 ihnen zustehenden Ergänzung desselben die geeignete Einwirkung wegen Beschaffung der Mittel eintreten zu lassen.

Von jeder beabsichtigten Veränderung eines der Obhut einer Gemeinde untergebenen Kunstdenkmals — gleichviel ob es sich um eine Baulichkeit von artistischer oder monumentaler Bedeutung, oder um Bildwerke, Gemälde, Kunstgeräthe oder dergleichen handelt — ist der Regierung (jetzt dem Regierungspräsidenten) vorher Anzeige zu machen; diese hat an den Kultusminister zu berichten und vor erfolgtem Bescheide von deren Seite darf nicht zur Ausführung der Veränderung geschritten werden. Dies gilt auch von derartigen Gegenständen, die zwar nicht städtisches Eigenthum sind, aber Korporationen oder Privat-Personen unter der Bedingung, sie in statu quo zu erhalten, übergeben sind.

Auch die im unbeschränkten freien Privatbesitz befindlichen Bauanlagen, welche den Städten oder ganzen Gegenden einen geschichtlichen Charakter verleihen, ganze Bauwerke der Vorzeit, wie einzelne Theile derselben, als: Erker, thurmähnliche Bauten, hohe mittelalterliche Dachgiebel im Rohbau, Ruinen auf Anhöhen u. s. w. sollen möglichst erhalten werden. Ihre Veränderung oder Beseitigung zu verhüten, ist Sache der Localpolizeibehörden, und soweit sich dies nicht innerhalb der polizeilichen Befugnisse erreichen läßt, wird so viel als möglich auf die Besitzer einzuwirken und event. auch wohl eine staatliche Beihülfe zu den Erhaltungskosten zu beantragen sein. (M.R. v. 24. Jan. 1844 B.M.B. S. 38 u. v. 5. Nov. 1854 B.M.B. 1855 S. 2.)

280. Um der Sorge für Erhaltung der im öffentlichen Besitz befindlichen Kunstdenkmäler eine festere Grundlage zu geben, die Kenntniß des Werthes dieser Denkmäler mehr zu verbreiten und die zu ihrer Konservation oder Restauration erforderlichen Schritte auf übereinstimmende Prinzipien zurück zu führen, ist ein Konservator der Kunstdenkmäler ernannt worden. Derselbe kann sich wegen der Gegenstände seines Wirkungskreises mit Privaten und Behörden in directe Verbindung setzen und hat das Recht, die Letzteren zur Sistirung etwa schon ergriffener Maßregeln zur Veränderung ꝛc. der Kunstdenkmäler zu veranlassen. Seine Dienstanweisung ist auf Seite 39 des B.M.B. pro 1844 abgedruckt.

281. In Ansehung der zum Schlusse und zur Vertheidigung der Städte bestimmten Anlagen gelten noch folgende besondere Vorschriften:

a. Zur gänzlichen oder theilweisen Abtragung oder Veränderung von Stadtmauern, Thoren, Thürmen, Wällen, Umfassungsgräben und anderer zum Schluß oder zur Vertheidigung der Städte bestimmter Anlagen, auch wenn sie früher Privateigenthum waren, oder sich noch in Privatbesitz befinden, ist die Genehmigung der Regierung (jetzt des Regierungspräsidenten) einzuholen. (Kab.-Ordre v. 20. Juni 1830 Ges.S. S. 113, M.R. v. 30. Nov. 1831 Ann. S. 774, M.R. v. 31. Juli 1844 B.M.B. S. 219, M.R. v. 25. Sept. 1846 B.M.B. S. 194, M.R. vom 17. Jan. 1847 B.M.B. S. 5.)

3. zu **Anleihen**, durch welche die Gemeinde mit einem Schul-

b. Wenn eine Anlage der gedachten Art von selbst durch die Zeit zerfällt, oder die Erlaubniß zur Veränderung oder Niederreißung nachgesucht wird, so hat die Regierung (jetzt der Regierungspräsident) nach Anhörung des General-Kommandos und, wenn die Stadt mahl- und schlachtsteuerpflichtig ist, der Provinzial-Steuerbehörde zu untersuchen, ob ihre Erhaltung oder Wiederherstellung im polizeilichen, militärischen, steuerlichen oder archäologischen Interesse nothwendig ist. Bei Meinungsverschiedenheiten dieser Provinzialbehörden, oder wenn es sich um Städte handelt, deren Befestigungen entweder theilweise aus Staatsfonds oder auf Grund besonderer Verträge von der Stadtgemeinde unterhalten werden, ist die Entscheidung der Ressortminister einzuholen. (M.R. v. 31. Oktbr. 1830 Ann. S. 774 u. M.R. v. 28. August 1857 B.M.B. S. 144.)

c. Wird die Erhaltnug oder Wiederherstellung für nothwendig erachtet, so soll, nöthigenfalls im Rechtswege, festgestellt werden, wem die Verbindlichkeit zur Tragung der erforderlichen Kosten obliegt (Kab.-Ordre v. 20. Juni 1830 Ges.S. S. 113). Die Verpflichtung ist davon abhängig, in wessen Interesse die Erhaltung und Herstellung nothwendig erscheint, und, wenn Mehrere ein Interesse hierbei haben, in welchem Verhältnisse die dadurch herbeigeführten Vortheile zu einander stehen (Obertr.-Erk. v. 15. Mai 1851 Striethorst Bd. II. S. 134). Ist die Erhaltung oder Wiederherstellung des schadhaften Verschlusses einer mahl- und schlachtsteuerpflichtigen Stadt ausschließlich zur Sicherung der Steuergefälle erforderlich, so muß, auch wenn die Unterhaltung einem Andern obliegen sollte, als der Stadtgemeinde, letztere jedenfalls nach Verhältniß des ihr überwiesenen Mahlsteuer-Drittels und falls ihr ein Kommunalzuschlag zur Mahl- und Schlachtsteuer bewilligt ist, auch nach Verhältniß derselben zur Hauptsteuer, einen Kostenbeitrag gewähren (Kab.-Ordre v. 20. Juni 1830 Ges.S. S. 113, M.R. vom 10. Dec. 1838 Ann. S. 950, Rescr. des Gen.-Steuer-Dir. v. 28. Novbr. 1851 B.M.B. 1852 S. 8).

d. Wenn durch unvorhergesehene Umstände ein Bauwerk der mehrgedachten Art den Einsturz droht, die Gefahr nur durch Abtragung beseitigt werden kann und die öffentliche Sicherheit so dringend gefährdet ist, daß höhere Genehmigung nicht erst eingeholt werden kann, darf der Magistrat den Abbruch verfügen, ist aber demnächst gehalten, der Regierung (jetzt dem Regierungspräsidenten) nachzuweisen, daß ein sofortiges selbständiges Vorgehen geboten war. In weniger dringenden Fällen ist der Regierung (jetzt dem Regierungspräsidenten) vorher Anzeige zu erstatten und diese ist ermächtigt, den Abbruch zu verfügen (M.R. v. 31. Okt. 1830 Ann. S. 774, v. 15. Sept. 1835 Ann. S. 757 u. v. 28. August 1857 B.M.B. S. 144). Die durch den Abbruch gewonnenen Materialien oder deren Erlös fallen dem Eigenthümer der Anlage zu (M.R. v. 31. Mai 1822 Ann. S. 385).

denbestand belastet oder der bereits vorhandene vergrößert wird [282–285]), und

282. Die Regierungen sind durch M.R. v. 17. Febr. 1859 (V.M.B. S. 89) angewiesen worden, sorgfältig darüber zu wachen, daß wichtige Urkunden und Schriftstücke aus städtischen Archiven nicht verkauft oder auf andere Weise verschleppt werden. Werthlose Makulatur, die augenscheinlich für die Stadt nicht wichtig, für den Geschichtsforscher ohne alles Interesse ist, zu veräußern, ist nirgends verboten, auch bedarf es dazu nicht der Genehmigung der Aufsichtsbehörde.

283. Zur Aufnahme eines Darlehens, mittelst dessen eine Stadtgemeinde nur augenblickliche, bald vorübergehende Geldverlegenheiten beseitigen will und das in der Kürze wieder zurückgezahlt wird, bedarf es nicht der Genehmigung, denn durch eine derartige Anleihe wird die Gemeinde nicht mit einem Schuldenbestand belastet. Die Motive des §. 50 hatten eben nur Anleihen im Auge, die zur Verpfändung und eventuellen nothwendigen Veräußerung des Gemeindevermögens führen. Diese Auslegung erhält eine Stütze durch ein M.R. v. 11. Juli 1854 I. B. 4172 (ungedr.). Darin überläßt der Minister des Innern die Entscheidung der Frage, inwiefern Darlehne, welche die Magisträte bei der Bank auf kurze Fristen und gegen Verpfändung geldwerther Papiere aufnehmen, den Charakter von Anleihen haben, zu denen die Genehmigung der Regierung erforderlich ist, in jedem konkreten Falle der Beurtheilung der betreffenden Regierung, spricht aber seine Ansicht zur Sache im Allgemeinen dahin aus, daß, da zur Veräußerung geldwerther Papiere von Seiten der Magisträte es einer Genehmigung der Regierungen nicht bedarf, eine solche Genehmigung auch zu einer vorübergehenden Verpfändung geldwerther Papiere nicht erforderlich scheint.

Eben so wenig bedarf es der Genehmigung der Aufsichtsbehörde, sofern durch Aufnahme einer neuen Schuld eine schon bestehende von gleicher Höhe abgebürdet werden soll. Ist indessen hiermit zwar nicht die Vermehrung der Kapitalschuld, wohl aber eine Erhöhung des Zinsfußes verbunden, so liegt unzweifelhaft der Fall der Vergrößerung ebenfalls vor.

284. Auf Grund des ihr zustehenden Aufsichtsrechtes ist die Regierung auch befugt, die Stadtgemeinde zur Abtragung ihrer Schulden zu nöthigen, zu diesem Behuf einen Tilgungsplan mit dem Magistrat zu verabreden und auf dessen Ausführung zu halten (M.R. v. 20. März 1831 Ann. S. 102).

285. Schuldurkunden, durch welche die Zahlung einer bestimmten Geldsumme an jeden Inhaber versprochen wird (Stadtobligationen) darf die Stadtgemeinde nach dem Gesetz v. 17. Juni 1833 (Ges.S. S. 75) nur auf Grund eines Königl. Privilegiums ausstellen. Für die Erwirkung eines solchen ist die Bewilligung eines Amortisationssatzes von mindestens 1 pCt., und in solchen Fällen, in welchen die durch die Anleihe zu schaffenden Mittel zu gewinnbringenden Anlagen, z. B. von Gasanstalten, verwendet werden sollen, von mindestens 1½ pCt. des Schuldkapitals, unter Zuwachs der durch die Tilgung ersparten Zinsen und der Ertrags-Ueberschüsse der betr. Anlagen, Vorbedingung. Die auszugebenden Inhaberpapiere sind in Stücken, welche auf mindestens 200 Mark Nennwerth lauten, auszustellen und Stückbeträge, welche — wie 300,

4. zu Veränderungen in dem Genusse von Gemeindenutzungen (Wald, Weide, Haide, Torfstich und dergleichen)[286 287]).

Zusätze vgl. hinter Note 287.

---

600 und 1500 Mark — geeignet sind, den Gebrauch der Rechnung nach der früheren Thalerwährung zu erhalten, thunlichst zu vermeiden. Falls die Tilgung der Anleihe im Wege der regelmäßig wiederkehrenden Ausloosung der Obligationen bewirkt werden soll, so ist bei Abmessung der Zahl, in welcher die verschiedenen Nennwerthskategorien der Anleihestücke anzugeben sind, auf die planmäßigen Tilgungsbeträge Rücksicht zu nehmen. Die Bekanntmachung der ausgeloosten und gekündigten Schuldverschreibungen hat in Zeiträumen von 6, 3, 2 und 1 Monat vor dem Zahlungstermin zu erfolgen und darf sich auf eine einmalige Veröffentlichung nicht beschränken. Das Aufgebot und die Kraftloserklärung verlorener oder vernichteter Schuldverschreibungen hat fortan nach den Bestimmungen der Civilprozeßordnung zu erfolgen. M.R. v. 8. Sept. 1868 V.M.B. S. 276, 1. November 1879 V.M.B. S. 11, 21. Februar 1880 (V.M.B. S. 79). Das dem Erlaß vom 1. November 1879 (V.M.B. S. 11) beigegebene Schema zu einer Kreisobligation ist für die von Stadtgemeinden auszugebenden Inhaberpapiere unter den sich aus den abweichenden Verhältnissen ergebenden Abänderungen gleichfalls als Muster zu benutzen. M.R. v. 21. Februar 1880 V.M.B. S. 79. Die Ausgabe von Zinsscheinen kann auch für zehnjährige Perioden erfolgen (M.E. v. 23. August 1884 V.M.B. S. 232), der Regel nach sollen Zinsscheine aber nur für einen fünfzehnjährigen Zeitraum ausgegeben werden (M.E. v. 17. April 1854 V.M.B. S. 94). Ist im Tilgungsplan nicht vorgesehen, daß die Tilgung der Anleihe nicht nur in Form der Ausloosung, sondern auch im Wege des freihändigen Ankaufs von Anleihescheinen erfolgen kann, so muß, wenn auch auf diese Weise die Tilgung der Schuld gewünscht wird, eine neue die alte ersetzende Anleihe mit diesem Tilgungsmodus aufgenommen werden.

M.E. vom 18. März 1888 V.M.B. S. 101. Vgl. noch die M.Erlasse v. 19. April 1869 (V.M.B. S. 126), 22. März 1875 (V.M.B. S. 124), 6. December 1881 (V.M.B. 1882 S. 5), 8. December 1883 (V.M.B. 1884 S. 9).

286. Das M.R. v. 9. Juli 1856 (V.M.B. S. 188) erklärte allgemein zur Umwandlung der Gemeindeforsten in Acker, Wiese und Weide die Genehmigung der Regierung für erforderlich, aber das M.R. vom 27. Mai 1862 (V.M.B. S. 212) hat eine solche Auslegung des §. 50 Nr. 4 der Städteordnung als unrichtig reprobirt und anerkannt, daß diese Bestimmung sich nicht auf Veränderungen in der Kulturart, d. h. in der Form zur Gewinnung des Ertrages bezieht, sondern auf solche Fälle beziehe, wenn die Vortheile, welche gewisse Personen oder Kategorien der Einwohner aus dem unmittelbaren Bezuge bestimmter Nutzungs-Erträge des Kommunal-Grundbesitzes genießen, einer Veränderung unterworfen, z. B. mit einer Abgabe belegt, oder diese erhöht oder erniedrigt, oder die Theilnahmerechte beschränkt oder erweitert werden sollen.

287. Noch in anderer Beziehung ist obige Vorschrift einer Mißdeutung

§. 51.

Die freiwillige Veräußerung von Grundstücken u. s. w. (§. 50 Nr. 1) darf nur im Wege der Licitation auf Grund einer Taxe stattfinden [288—290]).

fähig. Sie kann bezogen werden auf das eigentliche Gemeinde- oder Kämmerei-Vermögen, d. i. auf dasjenige Vermögen der Stadt, an welchem ihr nicht allein das Eigenthum, sondern auch die völlig freie Nutzung zusteht, oder aber auf das Bügervermögen, dessen Eigenthum auch der Stadt als solcher gebührt, auf dessen Nutzungen aber die Bürger für sich in größerem oder geringerem Umfange Ansprüche zu machen berechtigt sind. Daß die Absicht des Gesetzgebers dahin gegangen ist, hier nur das Bürger-Vermögen zu treffen, ist nicht allein aus der durch entgegengesetzte Interpretation folgenden, nicht zu rechtfertigenden Beschränkung der Dispositionsfähigkeit der Städte zu folgern, sondern ergiebt sich auch daraus, daß Nr. 4 im §. 50 von dem Genusse der Nutzungen und nicht von dem Eigenthum spricht, worüber unter Nr. 1 disponirt worden, und daß §. 49 in gleicher Weise die Beschlüsse über die Benutzung des Gemeinde-Vermögens und zwar mit Hinweisung auf die desfalsigen Berechtigungen der Bürger regulirende Deklar. v. 26. Juli 1847 erwähnt.

Zusätze zu §. 50.

5) Für den Gebrauch öffentlicher Plätze und Straßen zum Feilbieten von Waaren auf Messen und Märkten darf eine Abgabe (Marktstandsgeld) nur unter Zustimmung der Gemeinde und Genehmigung der Bezirksregierung eingeführt oder erhöht werden. Dieselbe darf nur nach der Größe des erforderlichen Raumes resp. nach der Dauer des Feilbietens bemessen werden, und soll den Betrag von 2 Sgr. pro Quadratmeter und Tag des Feilbietens nicht übersteigen (§. 1. 2 Ges. v. 26. April 1872 Ges.-S. S. 513).

6) Schenkungen und letztwillige Zuwendungen bedürfen zu ihrer Giltigkeit der Genehmigung des Königs, wenn sie einer Korporation oder anderen juristischen Person zu anderen als ihren bisher genehmigten Zwecken gewidmet sind, in allen Fällen aber, wenn sie die Summe von 1000 Thlr. oder eine Jahresrente von 50 Thlr. übersteigen. Wenn diese Genehmigung von den Vorstehern nicht spätestens vier Wochen nach Empfangnahme der Schenkung oder Zuwendung nachgesucht wird, werden dieselben mit einer Geldbuße bis 300 Thl., im Unvermögensfalle mit verhältnißmäßiger Gefängnißhaft bestraft (§§. 1. 2. 5 Ges. v. 23. Febr. 1870 Ges.-S. S. 118).

288. Insofern eine Zertheilung von Grundstücken, eine Abzweigung einzelner Theile derselben, oder eine Abtrennung von Grundstücken, die Zubehör anderer sind, im Wege der Lizitation, also des öffentlichen Ausgebots und der meistbietenden Versteigerung stattfinden soll, darf sie erst vorgenommen werden,

Zur Giltigkeit der Licitation gehört:

1. einmalige Bekanntmachung durch das Amtsblatt des Regierungsbezirks und die für Bekanntmachungen des Magistrats üblichen öffentlichen Blätter;
2. eine Frist von sechs Wochen von der Bekanntmachung bis zum Licitations-Termine, und
3. Abhaltung dieses Termins durch eine Justiz- oder Magistrats-Person.

Das Ergebniß der Licitation ist der Stadtverordneten-Versammlung mitzutheilen und kann nur mit deren Genehmigung der Zuschlag ertheilt werden [291].

---

sobald den Vorschriften des §. 7 Nr. 1 oder des §. 20 des Ges. v. 3. Januar 1845 und §. 4 des Ges. v. 24. Febr. 1850 wegen Regulirung der öffentlichen Abgaben genügt ist. Der dort angeordnete Regul.-Plan muß vor Beginn der Lizitation vorgelesen werden. Auch müssen bei dem Versteigerungsgeschäfte, dem ein Richter beiwohnen soll, Bestimmungen über Ablösung, Vertheilung oder Uebernahme der auf den Grundstücken haftenden Reallasten, Renten und Hypothekenschulden getroffen werden. (§§. 6—8 des Ges. v. 24. Mai 1853 Ges.-S. S. 241.) Diese Bestimmungen sind aufgehoben durch §. 24 des Ges. v. 25. August 1876 G.S. S. 405.

288a. Für Grundstücke der Gemeinden bedarf es der Anlegung eines Grundbuchblatts nur im Falle der Veräußerung oder Belastung oder wenn von dem Eigenthümer oder einem Berechtigten darauf angetragen wird. §. 2 Grundbuchordnung v. 5. Mai 1872.

289. Ausländische Korporationen und andere juristische Personen des Auslandes können Grundeigenthum innerhalb des preußischen Staates nur mit Königlicher Genehmigung erwerben. So lange diese Genehmigung nicht ertheilt ist, sind die auf einen solchen Erwerb bezüglichen Verhandlungen nichtig. (Ges. vom 4. Mai 1846 Ges.-S. S. 235.)

290. Die Regierung hat die Befugniß, in dem Falle von Amtswegen die Stadtbehörden zur Anstellung eines Prozesses anzuhalten und event. zur Wahrnehmung der städtischen Gerechtsame einen Mandatarius ex officio zu ernennen, wenn es darauf ankommt, im Wege des Prozesses Grundstücke zurück zu fordern, welche ohne Beobachtung der wegen des Verkaufs von Grundstücken in der Städteordn. enthaltenen Vorschriften veräußert worden sind. (M.R. v. 18. März 1840 V.M.B. S. 82.)

291. Gegen diese Bestimmung wurde bei Berathung der Städteordn. das Bedenken angeregt, daß sie Weitläufigkeiten verursachen werde und daß es für den Magistrat von Wichtigkeit sein müsse, gleich bei der Lizitation den Zuschlag ertheilen zu können, da dies oft das Geschäft allein möglich mache. Die II. Kammer theilte das Bedenken aber nicht, weil die Stadtv.-Versammlung für den Fall, daß der Zuschlag wirklich erfolgen soll, durch vorher gefaßten Be-

In besonderen Fällen[292]) kann der Bezirksausschuß (§. 16 Abs. 3 Zust.Ges. in Berlin der Oberpräsident) auch den Verkauf aus freier Hand, so wie einen Tausch gestatten, sobald sie sich überzeugt, daß der Vortheil der Gemeinde dadurch gefördert wird.

Für die Hypotheken-Behörde genügt zum Nachweise, daß der Vorschrift dieses Paragraphen genügt worden, die Bestätigung des Vertrages durch den Bezirksausschuß bezw. für Berlin durch den Oberpräsident [293 294]).

§. 52 [295]).

Die Stadtgemeinden sind befugt, auf Grund von Gemeindebeschlüssen, welche die Genehmigung des Bezirksausschusses [295a]) erhalten haben, die Entrichtung von Bürgerrechtsgeld bei Er-

---

schluß dem Magistrat Autorisation ertheilen kann, ohne daß deshalb die Mittheilung des Ergebnisses der Lizitation, wenn auch nur als Anzeige, überflüssig wird.

292. Derartige Ausnahmefälle können z. B. eintreten, wenn es sich um Veräußerung unbedeutender Grundstücke handelt und das Liz.-Verfahren verhältnißmäßig zu kostspielig werden würde. (M.R. v. 22. Mai 1823 Ann. S. 322.)

293. Der Hypothekenrichter hat mithin nicht zu prüfen, ob den von der Städteordnung vorgeschriebenen Förmlichkeiten genügt ist.

294. Die Bestätigungen der Verträge der Kommunalbehörden unterliegen dem für Ausfertigungen vorgeschriebenen Stempel von 15 Sgr. (M.R. vom 10. März 1857 V.M.B. S. 73.)

295. Der ursprüngliche §. 52 d. St.O. wurde, so weit er auf die Erhebung des Einzugsgeldes, des Eintritts- oder Hausstandsgeldes und des Einkaufsgeldes Bezug hatte, aufgehoben und es trat an seine Stelle das Gesetz vom 14. Mai 1860 (Ges.S. S. 237). Nach dem Gesetz vom 2. März 1867 (Ges.S. S. 361) aber sind die auf die Erhebung von Einzugsgeld bezüglichen Bestimmungen des Gesetzes vom 14. Mai 1860 sowie alle in bestehenden Statuten, Regulativen, Rezessen der einzelnen Gemeinden getroffenen Anordnungen über die Entrichtung von Kommunalabgaben wegen des Erwerbes der Gemeinde-Angehörigkeit außer Kraft gesetzt. Der obige §. 52 enthält hiernach nur die jetzt noch Geltung habenden Bestimmungen des Gesetzes v. 14. Mai 1860; durch das Bundes-Freizügigkeits-Gesetz vom 1. Nov. 1867 sind sie nicht mit aufgehoben worden. Dieselben sind übrigens nach §. 11 a. a. O. auch in denjenigen Ortschaften (Flecken) zur Anwendung zu bringen, welche auf Grund des §. 1 Abs. 2 der Städteordn. eine der letzteren nachgebildete Ortsverfassung haben, welche ihnen die Erhebung eines Einkaufsgeldes gestattet.

295a. Zust. Ges. §. 16 Abs. 3. Der Gemeindebeschluß bedarf nicht der Zustimmung der Minister des Innern und der Finanzen nach Maßgabe des §. 16 Abs. 5 des Zust Ges. (M.E. v. 3. März 1885 V.M.B. S. 107.)

werb des Bürgerrechts[296]) (§. 5) und Einkaufsgeld[297, 298]) anstatt oder neben einer jährlichen Abgabe für die Theilnahme an den Gemeindenutzungen (§. 50 N. 4 anzuordnen[299]).

In denjenigen Städten, in welchen ein Bürgerrechtsgeld eingeführt ist, darf vor dessen Berichtigung das Bürgerrecht nicht ausgeübt werden. Abstufungen in dem Betrage der Abgabe sind statthaft[300]).

---

296. Es erwächst also demjenigen, welcher nach §. 5 der Städteordn. zur Erlangung des Bürgerrechts sich qualificirt, ohne Weiteres mit dem Eintritt dieser Qualification, auch selbst gegen seinen Willen, die Verpflichtung zur Zahlung des Bürgerrechtsgeldes.

Die Frage, ob die im §. 8 genannten Forensen und moralischen Personen Bürgerrechtsgeld zu erlegen haben, dürfte zu verneinen sein, denn das Gesetz v. 14. Mai 1860 verpflichtet dazu nur diejenigen Personen, welche nach §. 5 das volle Bürgerrecht gewinnen. Dasselbe besteht aber nicht nur in der Ausübung des Stimmrechts, sondern auch in der Befähigung znr Uebernahme unbesoldeter Aemter, letztere aber wohnt den auswärts wohnenden nicht bei und eben so wenig dem eine moralische Person vertretenden Kollegium. Vergl. Noten 82 und 85.

297. Die Entrichtung eines Einkaufsgeldes kann nur nach den vorhandenen einzelnen Arten der im §. 50 Nr. 4 bezeichneten Nutzungen denjenigen, welche daran wirklich theilnehmen, als ein entsprechendes Aequivalent auferlegt werden. (Art. 15 der Min.Instr. v. 20. Juni 1853 B.M.B. S. 143.)

Für das Einkaufsgeld muß dem Betheiligten ein besonderer persönlicher Nutzen erwachsen. Die allgemeinen Vortheile des Gemeinde-Verbandes, als Armen- und Kranken-Anstalten, Straßen, öffentliche Brunnen u. s. w., gehören nicht in die Zahl solcher besonderer Nutzungen, denn Jeder erhält durch seine Niederlassung im Orte nach §. 4 das Recht zur Mitbenutzung dieser Gemeinde-Anstalten.

298. Der Werth der Nutzungen kann allein den Maßstab für die Höhe des Einkaufsgeldes gewähren; es ist daher kein Grund vorhanden, dabei zwischen Einheimischen und Fremden, oder zwischen Männern und Frauen, einen Unterschied zu machen. Mag auch da, wo die Sache durch lange Observanz entschieden worden, ohne Veranlassung keine Aenderung verfügt werden, so wird doch bei allen neuen Regulirungen auf diesen Grundsatz Rücksicht zu nehmen sein. (M.R. v. 17. März 1832 Ann. S. 444.)

299. Die auf Grund des aufgehobenen §. 52 der Städteordn. erlassenen oder älteren noch geltenden Regulative bleiben nach §. 10 des Gesetzes vom 14. Mai 1860 in Kraft, soweit sie den Bestimmungen dieses Gesetzes nicht widersprechen.

300. Den höchst zulässigen Satz des Bürgerrechtsgeldes zu bestimmen, wurde nicht für nöthig erachtet; doch sind die Regierungen angewiesen worden, darüber zu wachen, daß bei Normirung desselben überall Maß gehalten und

Wo zur Zeit[301]) ein Hausstandsgeld[302]) erhoben wird, tritt bis zu anderweitiger Feststellung das Bürgerrechtsgeld mit gleichem Betrage an dessen Stelle. Die Verpflichtung zur Entrichtung desselben tritt aber erst mit dem Zeitpunkte des Erwerbes des Bürgerrechts ein.

Das Bürgerrechtsgeld darf innerhalb derselben Gemeinde von Niemandem zweimal erhoben werden[303]). Es gilt in dieser Beziehung das bisherige Hausstandsgeld dem Bürgerrechtsgelde gleich.

Befreit vom Bürgerrechtsgelde sind:

1. die unmittelbaren und mittelbaren Staatsbeamten, die Lehrer und die Geistlichen, welche gemäß dienstlicher Verpflichtung[304]) ihren Wohnsitz in der Stadt nehmen;

---

schroffe Verschiedenheiten in der Behandlung des Gegenstandes Seitens der einzelnen Gemeinden vermieden werden. Wo in dem Betrage der Abgabe Abstufungen in Aussicht genommen werden, empfiehlt es sich, dieselben an die Wahleintheilung der Bürgerschaft (§. 13) dergestalt anzulehnen, daß den drei Wahlabtheilungen drei Stufen des Bürgerrechtsgeldes entsprechen, und daß entweder die neuen Bürger, je nachdem sie bei Erwerb des Bürgerrechts in die 1ste, 2te oder 3te Abtheilung eintreten, auch mit dem höchsten, mittleren oder niedrigen Satze zu veranlagen sind, oder daß zwar die Stufen nach festen Normen des Einkommens oder der Steuern abgegrenzt, bei dieser Abgrenzung aber zugleich darauf Bedacht genommen werde, daß dieselbe in den Resultaten thunlichst nahe mit den Grenzen der Wahlabtheilungen zusammentrifft. (M.R. v. 16. Juni 1860 V.M.B. S. 133.)

301. „Zur Zeit" heißt: zur Zeit der Verkündigung des Ges. v. 14. Mai 1860.

302. Die Erhebung eines Hausstandsgeldes wurde zuerst in Abs. 2 des ursprünglichen §. 52 der Städteordnung für zulässig erklärt.

203. Streitigkeiten über die Pflicht zur Zahlung des Bürgerrechtsgeldes sind vom Rechtswege ausgeschlossen. (E.K. v. 25. Sept. 1852 V.M.B. S. 9.)

304. In den Motiven zur Städteordn. wurde erwähnt, daß die Frage entstehen könne, ob die Befreiung vom Hausstandsgelde, welches früher an Stelle des Bürgerrechtsgeldes erhoben wurde, auch denjenigen Beamten ꝛc. gebühre, welche auf ihren Antrag versetzt werden; diese Frage sei indessen zu bejahen, weil eine solche Unterscheidung die Gemeindebehörden bei Erörterung der einzelnen Fälle in unzulässiger Weise in die inneren Angelegenheiten der Beamten und der Verwaltung einführen würde. Die Kammern erklärten sich mit diesem Grundsatze ausdrücklich einverstanden, es sind daher alle Beamte ꝛc. ohne Ausnahme als vom Bürgerrechtsgelde befreit zu erachten. Die im §. 17 genannten Beamten würden schon deshalb schwerlich zu dieser Abgabe herangezogen wer-

2. Militärpersonen, die zwölf Jahre im activen Dienststande sich befunden haben, bei der ersten Niederlassung, sowie die unter Nr. 1 genannten Personen bei der ersten Verlegung des Wohnsitzes nach ihrem Ausscheiden aus dem activen Dienste.

Die Verpflichtung zur Zahlung des Einkaufsgeldes, sowie der demselben entsprechenden jährlichen Abgabe ruht, so lange auf die Theilnahme an den Gemeindenutzungen verzichtet wird.

Hinsichtlich der Verjährung und der Reclamationen findet das Gesetz vom 18. Juni 1840, jedoch nur mit der Maßgabe Anwendung, daß die nicht zur Hebung gestellten Bürgerrechts- und Einkaufsgelder erst in zwei Jahren nach Ablauf desjenigen Jahres, in welchem die Zahlungsverbindlichkeit entstanden ist, verjähren[305]).

Das Gesetz vom 11. Juli 1822, sowie die Kab.Ordre vom 14. Mai 1832 sind auf die genannten Abgaben nicht anwendbar[306]).

---

den können, weil sie von einem wesentlichen Theile des Bürgerrechts, von dem Rechte, in die Gemeinde-Vertretung gewählt werden zu können, ausgeschlossen sind.

305. Vergl. §. 68.

Ueber die Verbindlichkeit zur Entrichtung von Gemeindeabgaben, insbesondere der Gemeinde-Einkommensteuer, ist der Rechtsweg nur in den Fällen zulässig, in welchen der Anspruch auf Befreiung auf einen speciellen Rechtstitel gegründet wird. (Erk. des Comp.Ger. v. 8. Oct. 1870 J.M.B. S. 340.)

Die sechswöchentliche Reklamationsfrist in Kommunalsteuer-Reklamationssachen kommt nicht allein dem Steuerpflichtigen, sondern auch dem Steuerberechtigten zu. (M.R. v. 16. März 1871 V.M.B. S. 166.)

Die Zulässigkeit des Rechtsweges über die Verbindlichkeit zur Entrichtung einer als Kommunalsteuer geforderten Abgabe kann nicht dadurch begründet werden, daß die Einführung dieser Abgabe ohne Genehmigung der im Gesetz bezeichneten Behörde erfolgt ist. (Erk. des Comp.-Ger. v. 23. Mai 1871 V.M.B. S. 337), v. 13. December 1873 V.M.B. S. 33 4.

306. Diese Vorschriften haben auf die Heranziehung der Staatsdiener und Gemeindebeamten, sowie der Pensionaire rc. Bezug. Vergl. Noten 67—77.

Hinsichtlich der Gewerbtreibenden ist die Erhebung von Bürgerrechtsgeld nach Maßgabe des §. 13 der Gewerbeordnuug ausgeschlossen. Vergl. Not. 85. Vergl. E. O.V.G. v. 2. November 1885 XIII S. 83, 26. Mai 1886 XIII S. 87, 13. Mai 1887 XV S. 22, vom 14. December 1885 (abgedr. bei Par. und Wied. S. 15) vgl. Not. 89a am Schluß.

Auf Beschwerden betreffend die Heranziehung zu Bürgerrechtsgeld oder Einkaufsgeld sowie auf das Verwaltungsstreitverfahren kommen die die Gemeindelasten überhaupt angehenden Bestimmungen (§. 18 Zust.-Ges.) zur Anwendung.

Die Theilnahme an den Gemeindenutzungen (§. 50 Nr. 4) kann außerdem von der Entrichtung einer jährlichen Abgabe und anstatt oder neben derselben von Entrichtung eines Einkaufsgeldes abhängig gemacht werden, durch deren Entrichtung aber die Ausübung des Bürgerrechts niemals bedingt wird.

Die mit dem Besitze einzelner Grundstücke verbundenen oder auf sonstigen besondern Rechtstiteln beruhenden Nutzungsrechte sind den Bestimmungen dieses Paragraphen nicht unterworfen[306a]).

§. 53.

Soweit die Einnahmen aus dem städtischen Vermögen nicht hinreichen, um die durch das Brdürfniß oder die Verpflichtungen der Gemeinde erforderlichen Geldmittel zu beschaffen, können die Stadtverordneten die Aufbringung von Gemeindesteuern beschließen[307 308]).

Diese können bestehen:

I. In Zuschlägen zu den Staats-Steuern[309]), wobei folgende Bestimmungen gelten.

306a. Diese Bestimmungen sind noch zu Recht bestehend. G. A. Oertel, Brauchitsch, Zelle.

307. Die städtischen Armenpflege-Bedürfnisse dürfen nicht durch eine Armensteuer oder im Wege der Hauskollekte beschafft werden. (K.O. vom 22. Jan. 1826 Ann. S. 1111 u. M.R. v. 28. Febr. 1867 V.M.B. S. 75.)

308. Es ist hier den Städten ganz allgemein die Befugniß beigelegt, besondere directe oder indirecte Gem.-Steuern einzuführen, ohne Unterschied, ob letztere fortlaufend entrichtet werden, oder in einer ein für alle Mal zu leistenden Zahlung bestehen sollen. Durch dies Besteuerungsrecht dürfen jedoch sonstige gesetzliche Bestimmungen, namentlich §. 4 der Städteordn., nicht verletzt oder umgangen werden. (M.R. v. 29. Jan. 1857 V.M.B. S. 69.)

Die Festsetzung der Termine, in welchen die städtischen Steuern zu entrichten sind, hängt lediglich von den Beschlüssen der Stadtbehörden ab. (M.R. v. 30. Nov. 1855 I. B. 9076 ungedr.)

Wenn in einer Gemeinde durch einen von der vorgesetzten Regierung bestätigten Gemeindebeschluß eine neue Regulirung und Vertheilung der Gemeindelasten und Abgaben auf die Mitglieder der Gemeinde erfolgt ist, so ist hiergegen der Rechtsweg nicht zulässig. (Erk. des Comp.-Ger. vom 12. März 1870 J.M.B. S. 114.)

309. Die Aufbringung der Gem.-Steuern im Wege des Zuschlags zu den Staatssteuern verdient in der Regel den Vorzug vor der Einführung besonderer Gemeindesteuern. Namentlich durch Zuschläge zur Klassen- und Einkommensteuer lassen sich in der Mehrzahl der Städte die Besteuerungszwecke in einer

1. die Steuer für den Gewerbebetrieb im Umherziehen darf nicht belastet werden[310]);
2. bei den Zuschlägen zur klassifizirten Einkommensteuer

---

einfachen und bequemen Weise erreichen, da diese Steuern zusammen genommen die Steuerpflichtigen nach ihrer wirklichen, wesentlich dem Einkommen gemäß bemessenen Leistungsfähigkeit belasten.

Werden Klassensteuerzuschläge erhoben, so darf für Abmessung derselben lediglich der wirklich veranlagte Klassensteuersatz, nicht ein anderweitig arbitrirter Einkommensatz bestimmend sein (M.R. v. 6. September 1862 B.M.B. S. 263), auch ist in diesem Falle gleichzeitig die Einkommensteuer mit angemessenen Zuschlägen zu belegen. (§. 11 der min. Anweisung vom 17. Juli 1854 B.M.B. S. 128.)

Wenn in klassensteuerpflichtigen Städten Zuschläge zur Einkommensteuer erhoben werden, so muß auch die Klassensteuer mit einem entsprechenden Zuschlage bedacht werden; in mahl- und schlachtsteuerpflichtigen Städten aber sind die Einwohner, welche nicht Einkommensteuer zahlen, zu einer besonderen Kommunalsteuer nach Analogie des Klassensteuer-Gesetzes vom 1. Mai 1851 einzuschätzen. (§. 11 der min. Anweisung v. 17. Juli 1854.)

Hinsichtlich der Einführung von neuen oder erhöhten Zuschlägen zur Mahl- und Schlachtsteuer sind die Vorschriften der M.R. v. 15. December 1820 (Ann. S. 799) und vom 7. Sept. 1823 (Ann. S. 21) zu beachten. Vgl. jetzt für die Städte, in welchen die Mahl- und Schlachtsteuer noch weiter erhoben wird §. 3 des Ges. betr. die Aufhebung der Mahl- und Schlachtsteuer vom 25. Mai 1873 (G.S. S. 222).

Wenn nur zur einen oder zur anderen directen Staatssteuer Zuschläge erhoben, oder die einzelnen Steuerarten mit Zuschlägen von verschiedener Höhe belastet werden sollen, so sind bei Prüfung der Zweckmäßigkeitsfrage vorzüglich die örtlichen Verhältnisse ins Auge zu fassen. Es ist z. B. in Betracht zu ziehen, wie sich die gesammte Einkommen- und Klassensteuer zur gesammten Grundsteuer in der Stadtgemeinde verhält, wie das Grundeigenthum vertheilt ist, inwieweit dasselbe Forensen gehört, ob einzelne Gemeindeausgaben allen Gemeindegliedern gleichmäßig oder vorzugsweise gewissen Klassen derselben zum Vortheil gereichen u. s. w. Auf keinen Fall darf eine ungerechte Vertheilung des Gemeindebedarfs und eine Ueberlastung einzelner Klassen von Steuerpflichtigen herbeigeführt werden (§§. 9 u. 10 der min. Anw. v. 17. Juli 1854).

310. Unzulässig sind auch Zuschläge zu den durch die Gesetzgebung vom 26. Mai 1818 eingeführten Steuern und Zöllen, zur Rübenzucker-, Branntwein-, Wein-, Tabak- und Stempelsteuer und zu der Auflage auf das Salz (§. 3 der min. Anw. vom 17. Juli 1854).

Zuschläge zur Gewerbesteuer, mit Ausnahme der Hausirgewerbesteuer, sind zwar gestattet, jedoch unzweckmäßig, da die Höhe dieser Steuer von ganz anderen Verhältnissen abhängt, als von der Leistungsfähigkeit der Censiten, also einen gleichmäßigen Besteuerungs-Maßstab nicht abgiebt.

muß jedenfalls das außerhalb der Gemeinde belegene Grundeigenthum außer Berechnung bleiben[311]);

3. die Genehmigung des Bezirksausschusses (§. 16 Abs. 3 Zust.Ges.) ist erforderlich:

a. für alle Zuschläge zur Einkommensteuer;

b. für Zuschläge zu den übrigen directen Steuern, wenn der Zuschlag entweder fünfzig Procent der Staatssteuern übersteigen oder nicht nach gleichen Sätzen auf diese Steuern vertheilt werden soll[312]). Zur Freilassung oder geringeren Belastung der letzten Klassensteuerstufe bedarf es dieser Genehmigung nicht;

c. für Zuschläge zu den indirecten Steuern.

II. In besonderen directen[313]) oder indirecten[314]) Ge-

---

311. Nach dieser Vorschrift darf der Gem.-Zuschlag nur von demjenigen Betrage der Einkommensteuer erhoben werden, welcher veranlagt werden müßte, wenn bei Feststellung des Einkommens das dem Steuerpflichtigen aus dem außerhalb des Gemeinde-Bezirks belegenen Grundeigenthum zufließende Einkommen außer Berechnung gelassen würde. Zu diesem Zweck kann der Magistrat von dem Vorsitzenden der Einkommensteuer-Einschätzungskommission Extracte aus den Veranlagungs-Nachweisungen und Mittheilung darüber fordern, welches Einkommen den Steuerpflichtigen aus dem außerhalb der Gemeinde belegenen Grundbesitz zufließt (§. 12 der min. Anw. v. 17. Juli 1854). Bei Berechnung dieses Einkommens sind die persönlichen Schulden der Steuerpflichtigen, sie mögen hypothekarisch eingetragen sein oder nicht, in Abzug zu bringen (M.R. v. 3. Sept. 1866 B.M.B. S. 195 u 196).

Die obige Bestimmung verbietet nicht die Zuschläge zur Einkommensteuer von den außerhalb der Gemeinde belegenen gewerblichen Anlagen, unterwirft somit die letzteren stillschweigend einer Doppelbesteuerung. Die städtischen Behörden werden diese Lücke im Gesetz nicht zu Gunsten ihres Ortes benutzen, denn jede Doppelbesteuerung ist unstatthaft. Vgl. auch die Novellen zur Kommunalsteuer (Anhang).

312. Dieser Fall würde z. B. vorliegen, wenn eine Gemeindesteuer beschlossen würde, die mit 10 Prozent auf die Grundsteuer, 12 Prozent auf die Gewerbesteuer und mit 20 Prozent auf die Klassensteuer gelegt werden soll.

313. Die Einführung einer besonderen directen Gemeinde-Einkommensteuer wird nur aus überwiegenden Gründen genehmigt, muß aber zugelassen werden, wo es wichtig erscheint, auch das Einkommen auswärts Wohnender aus ihren im Gemeinde-Bezirk belegenen Grundstücken oder gewerblichen Etablissements zu den Gemeinde-Lasten mit heranzuziehen. Die zu diesem Behuf einzuführende besondere Gemeinde-Einkommensteuer wird zweckmäßig in der einfachen bewährten Weise zur Erhebung kommen können, welche in dem Normal-Regulativ vom 31. Mai 1864 (B.M.B. S. 140) empfohlen ist. Wird jedoch eine Gemeinde-Einkommensteuer nach anderen Veranlagungs-Grundsätzen beliebt, so sind der-

meinde-Steuern, welche der Genehmigung des Bezirksausschusses bedürfen, wenn sie neu eingeführt, erhöht oder in ihren Grundsätzen verändert werden sollen[315]).

selben die mittelst M.R. v. 9. Nov. 1838 (Ann. S. 377) gegebenen Grundzüge zu Grunde zu legen, nachdem sie im Einzelnen mit den zur Zeit bestehenden gesetzlichen Bestimmungen in Uebereinstimmung gebracht worden sind (§. 14 der min. Anw. v. 17, Juli 1854). Vgl. M.R. v. 5. Juli 1873 (V.M.B. S. 218) und 20. August 1874 (V.M.B. S. 233). Vgl. E. O.V.G. v. 20. Decbr. 1887 XVI S. 78 (Genehmigung des Regulativs). Vgl. auch das Normal-Regulativ im Anhange.

314. Bei Einführung besonderer indirecten Gemeinde-Abgaben sind die dieserhalb in Artikel V des Zollvereinsvertrages v. 8. Juli 1867 (B.G.B. S. 81) getroffenen Vereinbarungen zu berücksichtigen. Die Bestimmung unter V Art. 5 dieses Vertrages, wonach von allen bei der Einfuhr mit mehr als 3 Mark von 100 Kilogramm belegten ausländischen Erzeugnissen keine weitere Abgabe irgend einer Art sei es für Rechnung des Staates oder für Rechnung von Kommunen und Korporationen erhoben werden darf, findet auf Mehl und andere Mühlenfabrikate, desgleichen auf Backwaaren, Fleischwaaren und Fett, sowie ferner, insoweit es sich um die Besteuerung für Rechnung von Kommunen und Korporationen handelt, auf Bier und Branntwein keine Anwendung. (§. 1 R.G. v. 27. Mai 1885. R.G.B. S. 109.)

Die Gemeinde-Abgaben von Obstwein, Brennmaterialien und Markt-Victualien dürfen nur mäßig sein und die Art ihrer Erhebung darf den Verkehr nicht belästigen (§§. 23 u. 24 der min. Anw. v. 17. Juli 1854).

Hinsichtlich der Wildpretsteuer bleibt der Erlaß v. 24. April 1848 (Ges.S. S. 131) maßgebend.

Wegen der Beiträge der Städte, für welche indirecte Gemeinde-Abgaben durch Staatsorgane erhoben werden sollen, zu den Kosten dieser Steuererhebung vgl. Kab.Ordre v. 6. Nov. 1837 (Ges.S. S. 159).

315. Den an den Bezirksausschuß zu richtenden Anträgen auf Genehmigung einer Gemeindesteuer ist beizufügen außer dem betreffenden Stadtverordneten-Beschluß eine Nachweisung der schon bestehenden Gemeinde-Zuschläge und besonderen Gemeinde-Abgaben, incl. der für Kreis- und Provinzialzwecke aufzubringenden, nebst den zu Grunde liegenden Repartitionen. Wenn die beschlossene Steuer nicht in einem Zuschlage zur Staatssteuer besteht, so ist auch gleichzeitig der Entwurf der Bestimmungen über deren Veranlagung und Erhebung, sowie eine Uebersicht des davon zu erwartenden Ertrages beizulegen. Der Bezirksausschuß hat streng zu prüfen, ob nicht durch Ersparungen oder durch zweckmäßigere Verwendung der Mittel die neue Auflage vermieden oder doch ermäßigt werden könne (§. 6 der min. Anw. v. 17. Juli 1854).

Mit Rücksicht darauf, daß es zweckmäßig sei, der Staatsbehörde einen bestimmenden Einfluß auf die Kommunalbesteuerung zu gewähren und daß für Gemeindebeschlüsse in Steuersachen die Mitwirkung des Finanzministers nicht zu entbehren sei, ist in §. 16 Abs. 5 Zust.Ges. vorgeschrieben, daß die Bestätigung von Gemeindebeschlüssen, durch welche besondere directe oder indirecte Gemeinde-

Bei besonderen Kommunal-Einkommensteuern ist jedenfalls die, sub I. 2 erwähnte Beschränkung maßgebend. Die bestehenden directen Kommunal-Einkommensteuern werden einer erneuten Prüfung und Genehmigung der Regierung unterworfen [316].

---

steuern neu eingeführt oder in ihren Grundsätzen verändert werden, der Zustimmung der Minister des Innern und der Finanzen bedarf. Im Uebrigen bestimmt der §. 16 Zust.Ges. in Abs. 4, daß ebenso wie dem Vorsitzenden des Bezirksausschusses aus Gründen des öffentlichen Wohls die Beschwerde gegen Beschlüsse des Bezirksausschusses beim Provinzialrath zusteht (§. 123 L.V.G.), auch dem Vorsitzenden des Provinzialraths aus Gründen des öffentlichen Interesses — soweit es sich um die Aufbringung der Gemeindeabgaben und *Dienste* handelt — die Einlegung der weitern Beschwerde an die Minister des Innern und der Finanzen zusteht. Hiermit sind die entgegenstehenden Bestimmungen der min. Anweisung v. 17. Juli 1854 beseitigt.

Die Einführung einer Gemeinde-Hundesteuer erfolgt nach den Vorschriften der Kab.Ordre v. 29. April 1829 Ann. S. 354 (§. 18 der min. Anw. v. 17. Juli 1854.) Vgl. die Kab.Ordre v. 18. Oct. 1834 Ann. XVIII S. 1092, die Min.R. v. 5. Jan. 1836 (Ann. XX S. 218), 14. Oct. 1837 (Ann. XXI S. 1060), 4. Dec. 1838 (Ann. XXII S. 987), 24. Febr. 1840 (V.M.B. S. 106), 23. Mai 1842 (V.M.B. S. 210), 15. September 1849 (V.M.B. S. 243), 22. April 1864 (V.M.B. S. 202), 11. Jan. 1875 (V.M.B. S. 43). Entsch. d. O.V.G. v. 9. Mai 1877 (II S. 167), 5. März 1881 (VII S. 170): Die zum Handel mit Hunden oder zur gewerbsmäßig betriebenen Hundezüchterei gehaltenen Hunde sind nicht steuerfrei. Die Bestimmung der Nr. 4 der Kab.Ordre v. 29. April 1829, wonach die Polizeibehörde über ein die Steuerfreiheit begründendes Bedürfniß zur Haltung eines Hundes für den Gewerbebetrieb odrr die Bewachung eines Grundstückes zu entscheiden hat, ist fortgefallen, es entscheiden auch hierüber jetzt die Verwaltungsgerichte.

E. O.V.G. v. 13. März 1888 XVI S. 187.

316. Die Gem.-Steuern jeder Art, welche zur Zeit der Publikation der Städte-Ordn. von 1853 bereits bestanden und unter Beobachtung der bisherigen gesetzl. Vorschriften eingeführt waren, können forterhoben werden, soweit nicht durch die neue Städteordn. eine Abänderung bedingt wird. (§§. 16 u. 29 a. a. O. u. M.R. v. 31. Jan. 1858 V.M.B. S. 70.) Die obige Bestimmung sollte nur den Regierungen das Mittel bieten, auf die Verbesserung oder Beseitigung solcher Einkommensteuer-Regulative Bedacht zu nehmen, die sich als zweckmäßig nicht bewährt hatten.

316a. Das characteristische Merkmal für Gemeindesteuern ist die Bestimmung zur Bestreitung der allgemeinen wirthschaftlichen Bedürfnisse der Gemeinde ohne Rücksicht auf eine besondere Gegenleistung. Daher hat eine durch Ortsstatut vorgeschriebene Abgabe für Errichtung eines Grabdenkmals auf dem städtischen Kirchhof nicht den Character einer Gemeindesteuer, sondern gehört zu der Klasse der Gebühren oder Gefälle.

E. O.V.G. v. 4. Jan. 1889 XVII S. 210.

In den über die Erhebung von Kommunalsteuern zu erlassenden, von dem Bezirksausschusse zu genehmigenden Regulativen können Ordnungsstrafen gegen die Kontravenienten bis auf Höhe von zehn Thalern angeordnet werden[317]).

Neben einer alle beitragspflichtigen Gemeindemitglieder treffenden Gemeinde-einkommensteuer bezw. neben communalen Zuschlägen zu den directen Staats-steuern können nicht einzelne Kategorien von Gewerbesteuerpflichtigen mit besondern Beiträgen zu den allgemeinen Gemeindebedürfnissen sei es in Form von Zuschlägen zur staatlichen Gewerbesteuer, sei es in Form einer besondern Kommunalgewerbesteuer belastet werden. M.R. v. 2. Januar 1878 B.M.B. 1879 S. 35.

317. Allgemeine gesetzl. Vorschriften, welche den städtischen Behörden eine Befugniß zur Festsetzung von Strafen wegen Hinterziehung städtischer Steuern und Abgaben und sonstiger Gefälle beilegen, bestehen nicht. Ordnet ein mit Regierungs-Genehmigung erlassenes Gem.-Steuer-Regulativ Strafen gegen Steuer-Defraudationen und Kontraventionen an und soll eine solche Strafe in Anwendung gebracht werden, dann ist die Einleitung des Verfahrens bei dem Polizeirichter resp. dem Staatsanwalt zu beantragen. Doch können die Magistrate, welche zugleich die örtliche Polizei-Verwaltung haben, die Uebertretung auch in den Grenzen und in den Formen des Gesetzes v. 14. Mai 1852 verfolgen. (M.R. v. 27. Oct. 1860 B.M.B. S. 224, v. 11. April 1861 B.M.B. S. 101, v. 14. April 1885 B.M.B. S. 80.)

317a. Die Vorschriften der Strafprozeßordnung Buch VI Abschnitt III betreffend das Verfahren bei Zuwiderhandlungen gegen die Vorschriften über die Erhebung öffentlicher Abgaben und Gefälle (§§. 459 ff.) finden auch auf Kommunalabgaben Anwendung, da die an Gemeinden zu zahlende Abgaben, sofern sie auf einem staatsrechtlichen und nicht auf einem privatrechtlichen Titel beruhen, öffentliche sind.

317b. Insoweit Kommunalsteuern lediglich in Form von Zuschlägen zu den Staatssteuern erhoben werden, liegt es in der Natur der Sache, daß bei der Heranziehung zur Kommunalsteuer jede Beschwerde gegen die Angemessenheit des Ergebnisses der Veranlagung zur Staatssteuer ausgeschlossen ist, es kann sich dann nur darum handeln, ob die Staatssteuer geschuldet wird, wegen deren Zuschläge erhoben werden. In dieser Einschränkung des Rechts, Beschwerde zu erheben, liegt auch keine Unbilligkeit, weil der Steuerpflichtige in der Lage war, bei seiner Veranlagung zur Staatssteuer geeigneten Falls vorstellig zu werden. Insoweit dagegen Kommunalsteuern — wie bei der Heranziehung der Beamten zu denselben — auf Grund einer von der Veranlagung derselben zu den Staatssteuern verschiedenen Veranlagung zu den Kommunalsteuern erhoben werden, liegt es ebenso sehr in der Natur der Sache, daß eine Einschränkung der gedachten Art nicht stattfinde. Insbesondere sind die bei der Einschätzung zur Staatseinkommensteuer in Betracht gezogenen Einzelsätze des Einkommens für die Einschätzung zur Kommunalsteuer nicht ohne Weiteres als maßgebend zu erachten, weil die Veranlagung zur klassif. Einkommensteuer gemäß §. 19 Ges. v. 1. Mai 1851 lediglich nach Maßgabe des Gesammteinkommens des Steuerpflichtigen zu erfolgen hat, auch gemäß Art. III des Ges. vom 12. März 1877 dem Steuerpflichtigen nur die Steuerstufe, in welcher er eingeschätzt worden ist, und der Betrag der von ihm zu entrichtenden Steuer bekannt gemacht werden soll, somit der Steuerpflichtige sich außer Stande sieht, wegen einer anderweitigen Veranschlagung von Einzelsätzen seines Einkommens vorstellig zu werden. In diesem Sinne sind auch durch §. 19 der Kreisordnung nur diejenigen Einsprüche gegen die Höhe von Kreiszuschlägen zu den directen Staatssteuern für unzulässig erachtet worden, welche sich gegen den Principalsatz der letzteren richten. Nur gegen die Feststellung der Steuerstufe, nicht gegen die Grundlage der Schätzung des Gesammteinkommens sind die Rechtsmittel gegeben.

Erl. d. Min. d. Inn. u. d. Fin. v. 4. Dec. 1884 (V.M.B. 1885 S. 10.)

317c. Ueber die Kommunalbesteuerung des Wanderlagergewerbebetriebes vgl. das Ges. v. 27. Febr. 1880 (G.S. S. 174), im Anhang. Die Wanderlagersteuer ist keine Gemeindelast im Sinne des §. 18 Nr. 2 des Zust.-Ges., sie stellt sich vielmehr als ein der Gemeinde aus dem Vermögen solcher Personen zufließendes Gemeindebeneficium dar, welche Mangels eines Bestimmungsrechtes auf Seiten der Gemeinde zu den Gemeindelasten nicht herangezogen werden können.

E. O.V.G. v. 3. Sept. 1886 XIV S. 166.

317d. Die Mittel zur Unterhaltung der städtischen Armen sollen nach §. 25f., II. 19 A.L.R. zunächst aus den Zinsen des Kapitalvermögens der Stadt, sowie den Zinsen der Stiftungen und aus besonders zu veranstaltenden Kirchen- und Hauscollecten entnommen werden. Bei Unzulänglichkeit dieser Beiträge sind die Kommunen berechtigt, „den Luxus, die Ostentation und die öffentlichen Belustigungen ihrer wohlhabenden Einwohner mit gemäßigten Taxen zu belegen". Das Ges. vom 8. März 1871, betreffend die Ausführung des Bundesgesetzes über den Unterstützungswohnsitz (G.S. S. 130) hebt im Schlußsatz des §. 74 zwar alle gesetzlichen Bestimmungen auf, welche die Erhebung einer Abgabe von öffentlichen Lustbarkeiten zu Armenzwecken vorschreiben, läßt aber die Befugniß der Gemeindebehörden, die Einführung oder Forterhebung solcher Abgaben nach Maßgabe der Gemeindeverfassungsgesetze zu beschließen, unberührt. In neuerer Zeit hat sich in vielen Städten das Bestreben, eine Abgabe für öffentliche Lustbarkeiten zur Kräftigung des Armenbudgets zu erheben, geltend gemacht. Demgemäß ist Seitens der Minister des Innern und der Finanzen ein Normalregulativ aufgestellt, welches dem Circular vom 23. Februar 1889 (V.M.B. S. 38) nebst Erläuterung beigefügt ist. Eine Begriffsbestimmung darüber, welche Lustbarkeiten für öffentliche zu erachten seien, ist — der Judikatur des Kammergerichts und Oberverwaltungsgerichts entsprechend — in der Erläuterung wiedergegeben.

Vgl. hierüber noch E.O.V.G. v. 18. Januar 1887 (Par. u. Wied. S. 26), v. 17. Juni 1885. XII S. 151, v. 10. September 1885, XII S. 147 (in derselben Weise wie öffentliche, können auch nicht öffentliche Lustbarkeiten — z. B.

§. 54.

Die Gemeinde[318]) kann durch Beschluß der Stadtverordneten zur Leistung von Diensten[319]) (Hand- und Spanndiensten) behufs Ausführung von Gemeinde-Arbeiten[320]) verpflichtet werden; die Dienste werden in Geld abgeschätzt, die Vertheilung[321]) geschieht nach dem Maßstabe der Gemeinde-Abgaben oder in deren Ermangelung nach dem Maßstabe der directen Steuern[322]). — Ab-

---

Bälle von Ressourcen, Vereinen und Gesellschaften — mit einer Steuer belegt werden).

318. Nicht die Einwohner, sondern die Gemeinde kann zur Leistung von Diensten verpflichtet werden. Zur Gemeinde gehören auch die Forensen und juristischen Personen, sie haben daher dasjenige Maß von Diensten zu leisten, welches dem von ihnen nach §. 4 al. 3 der Städteordnung von ihrem Grundbesitz und ihrem Gewerbe, oder dem Einkommen daraus zu zahlenden Steuerquantum entspricht. (M.R. vom 30. April 1866 V.M.B. S. 164.)

319. Reichen in einer Stadt die vorhandenen Nachtwächter zur Verhütung von Diebstahl und Feuersgefahr nicht aus, so kann die Abhaltung von Nachtwachen Seitens der Einwohner von den städt. Behörden beschlossen werden. (M.R. v. 11. Dec. 1833 Ann. S. 1014.) Erscheint die öffentliche Sicherheit erheblich gefährdet, so kann auch unter Beobachtung der Kab.-Ordre vom 1. Oct. 1830 (Ann. S. 805) ein Sicherheitsverein aus den zuverlässigen und wehrhaften Einwohnern der Stadt gebildet werden. Auch kann der Magistrat zur Hemmung von Excessen ꝛc. sich der Mitwirkung vorhandener Schützenkorps bedienen. (M.R. v. 8. Jan. 1844 V.M.B. S. 285.)

Ueber die Verpflichtung der Städte, die für die öffentliche Sicherheit nöthigen Wachtposten zu besetzen, soweit das Militair dazu nicht ausreicht, vergl. die M.R. v. 21. Sept. 1829 (Ann. S. 589), v. 31. März 1830 (Ann. S. 128), vom 5. März 1831 (Ann. S. 127), v. 1. Oct. 1831 (Ann. S. 776), v. 22. Juli 1844 (V.M.B. S. 227), vom 27. Jan. 1847 (V.M.B. S. 47) und vom 28. Juli 1866 (V.M.B. S. 169).

320. Daß kunst- und handwerksmäßige Arbeiten als Dienste im Sinne der obigen Vorschrift nicht gefordert werden können, sprechen schon die älteren Städteordn. ausdrücklich aus.

321. Die vorschriftsmäßig zu haltenden Postpferde und Postillone dürfen zu Gemeinde-Spanndiensten nicht herangezogen werden. (§. 22 des Gesetzes über das Postwesen des Norddeutschen Bundes vom 2. Nov. 1867, Bundes-Gesetzbl. S. 61.) Die Beamten, Geistlichen und Schullehrer sind nach §. 4 der Städteordn. von persönlichen Diensten frei, insofern sie nicht Besitzer von Grundstücken sind, oder ein stehendes Gewerbe betreiben.

322. Bei Vertheilung der Dienste nach dem Maßstabe der direkten Steuern wird mit Rücksicht auf §. 53 I. 1 die Hausirgewerbesteuer außer Betracht bleiben müssen.

weichungen von dieser Vertheilungsart bedürfen der Genehmigung des Bezirksausschusses[322a]). Die Dienste können, mit Ausnahme von Nothfällen, durch taugliche Stellvertreter abgeleistet oder nach der Abschätzung an die Gemeindekasse bezahlt werden.

§. 55.

Die in Bezug auf die Behandlung der Gemeindewaldungen für die einzelnen Landestheile erlassenen Gesetze und Bestimmungen bleiben in Kraft, bis ihre Abänderung im gesetzlichen Wege erfolgt sein wird[323]).

Titel V.

Von den Geschäften des Magistrats.

§. 56.

Der Magistrat[324]) hat als Orts-Obrigkeit[325]) und Ge-

322a. Zust.Ges. §. 16 Abs. 3, in Berlin des Oberpräsidenten (§. 43 L.V.G.). Vgl. noch Zust.Ges. §. 16 Abs. 4 u. 5 (Note 315).

323. Die Einschränkungen, welche das Allg. Landr. in den §§. 83—89 Tit. 8 Thl. I., sowie die Provinzial-Forstordnungen in Ansehung der Benutzung der Privat-Waldungen vorschrieben, wurden durch §. 4 des Landes-Cultur-Edikts vom 14. Septbr. 1811 aufgehoben und den Eigenthümern wurde es überlassen, ihre Waldungen nach Gutbefinden zu benutzen, zu parzelliren oder urbar zu machen, soweit nicht Verträge oder Grundgerechtigkeiten dies verbieten. Später hat die Verordnung vom 24. Decbr. 1816 (Ges.S. 1817 S. 57) gegen die forstculturwidrige Naturaltheilung der gemeinschaftlichen und Gemeindewaldungen und gegen die Verwüstung der letzteren Vorkehrungen getroffen, diese Verordnung hat jedoch nur Geltung für die Provinz Sachsen und die beiden älteren Provinzen. Die Staatsregierung erachtet es indessen schon längst als ein Bedürfniß, den Gegenstand für den Umfang des ganzen Staatsgebiets gesetzlich zu regeln und darauf bezieht sich die im §. 55 angekündigte, bisher jedoch noch nicht zur Ausführung gebrachte Revision der bestehenden Gesetze und Bestimmungen.

Für die Verwaltung der den Gemeinden und öffentlichen Anstalten in den Provinzen Preußen, Brandenburg, Pommern, Posen, Schlesien und Sachsen gehörigen Holzungen ist das Ges. vom 14. August 1876 (G.S. S. 373) erlassen. Instruction vom 21. Juni 1877 (B.M.B. S. 259). Vgl. Ges. betreffend Schutzwaldungen und Waldgenossenschaften v. 6. Juli 1875 (G.S. S. 416) §§. 23—46.

Zust.G. §. 16 Abs. 2:

Hinsichtlich der Verwaltung der Gemeindewaldungen bewendet es bei den bestehenden Bestimmungen.

Vergl. Note 286.

324. Ist in kleinen Städten eine Einrichtung der städt. Verfassung nach

meinde-Verwaltungsbehörde[326]) insbesondere folgende Geschäfte:

1. die **Gesetze und Verordnungen**, sowie die **Verfügungen** der ihm vorgesetzten Behörden, **auszuführen**[327]);
2. die **Beschlüsse der Stadtverordneten-Versammlung**

---

§. 72 Nr. 2 der Städteordn. getroffen, so sind die im §. 56 angeführten Rechte und Pflichten des Magistrats von dem Bürgermeister auszuüben. (§. 73 der Städteordn.)

325. Der Magistrat ist die Obrigkeit der Stadt und seinen Befehlen ist die Stadtgemeinde, folglich auch die Stadtv.-Versammlung unterworfen; auch *liegt es in den obrigkeitl. Befugnissen des Mag., die Stadtv.-Versammlung und* deren Vorsteher in Erfüllung ihrer Amtspflichten zu kontroliren und sie dazu anzuhalten. Wenn die Stadtv.-Versammlung sich als Dienstherrin des Mag. geriren wollte, so würde sie ihre Stellung durchaus verkennen. In den Angelegenheiten des städt. Haushalts hat sie weitgehende Befugnisse (§§. 35 — 37), immerhin ist sie aber auch darin dem Mag. nur gleichgestellt. (M.R. v. 18. April 1825 Ann. S. 396, v. 19. Sept. 1834 Ann. S. 371, v. 17. März 1841 V.M.B. S. 110 u. v. 9. Jan. 1843 V.M.B. S. 4.)

Als Obrigkeit ist der Magistrat Organ der Staatsgewalt, welches die Gesetze und Verordn. der vorgesetzten Behörden auszuführen, die Stadtverordn.-Wahlen zu leiten, die Stadtverordn. einzuführen und zu verpflichten, die Stadt in Bezirke zu theilen hat; ferner ist der Magistrat Vorsteher der Stadtgemeinde und hat als solcher dieselbe in allen Beziehungen nach Außen zu vertreten, die Ordnung im Innern aufrecht zu erhalten, die Stadtverordneten-Beschlüsse auszuführen, die Gemeinde-Beamten anzustellen und zu beaufsichtigen. In allen diesen Funktionen handelt der Magistrat selbständig, ist nur den betreffenden Staatsbehörden verantwortlich, und eine Mitwirkung der Stadtverordneten findet nur insoweit statt, als sie im §. 56 Nr. 6 bezüglich der Beamten-Anstellungen vorgeschrieben ist.

326. Ueber die Grenzen der Selbständigkeit des Magistrats als Verwalter des Gemeinde-Vermögens vergl. §§. 35—37 der Städteordnung nebst den dazu gegebenen Erläuterungen.

327. Bei den Fonds zur Erziehung, Verpflegung und Kur von Armen handelt es sich um eine der Stadt obliegende gesetzliche Pflicht. Die Stadtverordneten-Versammlung wird immer ihr Gutachten abzugeben haben, wenn es sich darum handelt, die Summe zu bestimmen, welche nach Verwendung von Stiftungsfonds ꝛc. zur Erfüllung dieser Pflicht noch aus der Kämmereikasse zugeschossen werden muß; dagegen ist von den Stadtverordneten nicht zu verlangen, daß der Magistrat sie von jeder einzelnen Verwendung aus diesem Fonds unterrichte. Diese steht vielmehr dem Magistrat als ausführender Behörde und Polizeiobrigkeit auf eigene Verantwortlichkeit zu. Diese Verantwortlichkeit werden die Stadtverordneten nicht nur bei Abnahme der Rechnung, sondern so oft sie nur zweckwidrige Verwendung in Erfahrung bringen, in Anspruch nehmen und

vorzubereiten[328]**) und, sofern er sich mit denselben einverstanden erklärt, zur Ausführung zu bringen**[329]**).**

---

die Entscheidung der Regierung nachsuchen können. (M.R. vom 8. Januar 1839 Ann. S. 113.)

328. In der Kommission der I. Kammer wurde bei Berathung der Städteordnung beantragt, im Gesetz auszusprechen, daß die Stadtverordneten-Versammlung nur über diejenigen Gemeinde-Angelegenheiten beschließen dürfe, welche bei ihr durch den Magistrat in Anregung gebracht sind. Dieser Antrag wurde verworfen, um der Stadtverordneten-Versammlung nicht die Möglichkeit zu entziehen, auch ihrerseits einen Gegenstand in Anregung zu bringen, während als Regel allerdings die Vorschrift des §. 56 stehen bleibt, daß die Initiative für die Beschlüsse der Stadtverordneten vom Magistrat ausgeht.

Die Vorbereitung der Stadtverordneten-Beschlüsse muß eine erschöpfende sein, wenn sie ihren Zweck erfüllen soll. Der Magistrat hat daher die Gegenstände, welche er der Beschlußnahme der Stadtverordneten-Versammlung unterbreitet, so vollständig aufzuklären, daß aus den Vorlagen die verschiedenen faktischen und rechtlichen Beziehungen der Frage, um die es sich handelt, zu übersehen sind. Es müssen nicht blos die Punkte, auf welche es nach der Auffassung des Dezernenten oder des Magistrats-Kollegii, sondern auch solche Punkte, auf welche es bei anderer Anschauung ankommen würde, erörtert werden. Die Vorlage muß Jedermann verständlich und möglichst kurz und übersichtlich abgefaßt werden; es wird mit einer gedrängten Darstellung des wesentlichsten Inhalts der bisherigen Verhandlungen zu beginnen und dann werden die für und gegen die Sache sprechenden rechtlichen, technischen, Billigkeits- oder sonstigen Gründe kurz, aber doch in logischer Vollständigkeit und Reihenfolge anzuschließen sein. Allerdings kann eine schriftliche Vorlage nicht auf alle möglichen Eventualitäten der Discussion in einer Versammlung gefaßt sein, die sehr häufig zunächst mit anderen Gesichtspunkten und Voraussetzungen an den Gegenstand herantritt; dafür ist aber dem Magistrat in dem Rechte zur Abordnung von Kommissarien zu den Stadtverordneten-Versammlungen die Möglichkeit gegeben, durch das lebendige Wort die schriftlichen Vorlagen zu ergänzen, und wenn der Magistrat von dieser Befugniß immer Gebrauch macht, so wird er selten über ungenügenden Ausfall der Stadtverordneten-Beschlüsse zu klagen haben.

Wichtig ist es auch, daß die Vorlage den Stadtverordneten zu rechter Zeit, nämlich bevor seitens des Magistrats irgend welche die Stadt rechtlich oder moralisch verpflichtende Schritte zur Sache geschehen sind, gemacht und daß sie den Stadtverordneten andererseits nicht öfter unterbreitet werde, als es der Gang der Verhandlungen erheischt, weil dies, abgesehen vom Zeitverlust, der konsequenten, planmäßigen Bearbeitung hinderlich ist und leicht zu wechselnden Beschlüssen bei den Stadtverordneten führen kann.

Daß der Magistrat in jeder Vorlage seine Ansicht oder einen bestimmten Antrag aussprechen müsse, ist nicht vorgeschrieben, allein in den meisten Fällen gewiß sehr zu empfehlen; es ist jedoch dabei zu beachten, daß der späteren Bestätigung des Beschlusses durch den Magistrat nicht präjudicirt werde.

Der Magistrat ist verpflichtet, die Zustimmung und Ausführung zu versagen, wenn von den Stadtverordneten ein Beschluß gefaßt ist, welcher deren Befugnisse überschreitet, gesetz- oder rechtswidrig ist, das Staatswohl oder das Gemeinde-Interesse verletzt[330]). In Fällen dieser Art ist nach den Bestimmungen im §. 36 zu verfahren;

3. die städtischen Gemeinde-Anstalten zu verwalten und diejenigen, für welche besondere Verwaltungen eingesetzt sind, zu beaufsichtigen[331-333]);

Der Magistrat hat das Recht, über die Art der Veröffentlichung der gefaßten Magistratsbeschlüsse Bestimmung zu treffen, und macht die demgemäß erfolgte Publikation den Beschluß für alle Gemeindeangehörigen verbindlich. (Erk. d. Ob.-Trib. v. 9. Juni 1871 V.M.B. S. 202.)

329. Vgl. Note 229.

330. Zwischen dem Gesetzwidrigen und dem Rechtswidrigen besteht ein wesentlicher Unterschied. Gesetzwidrig ist das im Gesetz Verbotene, rechtswidrig, wozu das Gesetz keine Befugniß, kein Recht eingeräumt und was die Rechte Dritter verletzt. Wenn die Beschlüsse gegen diese Rücksichten verstoßen, so ist der Magistrat verpflichtet, die Bestätigung zu versagen.

Das Staatswohl ist nicht mit dem fiskalischen Interesse zu identificiren. Beschlüsse, die nur dem letzteren entgegenlaufen, z. B. die auf Prozeßführung gegen den Fiskus gerichteten, dürfen daher nicht hierher gerechnet werden, weil offenbar ein höheres Staats-Interesse verlangt, daß nicht minder die Korporationen wie die einzelnen Staatsbürger ihre Rechtsansprüche ungehindert vor Gericht verfolgen können.

Zust.Ges. §. 15. 17. 21 vgl. §. 77 St.O. und die Note dazu.

331. Milde Stiftungen (Armenhäuser, Hospitäler, Waisenhäuser 2c.) sind städtische, wenn ihre Fonds bestimmungsfähig zu städtischen Zwecken zu verwenden sind, gleichviel, ob die Stiftungen aus Mitteln der Stadtgemeinde oder aus Privat-Zuwendungen entstanden sind.

Die städtischen Stiftungen unterliegen der Verwaltung des Magistrats; gehören sie zum Eigenthum der Stadtgemeinde, so konkurrirt dabei die Stadtverordneten-Versammlung, wenn aber die Stiftungen selbständige Rechtssubjekte, besondere juristische Personen sind, so tritt eine Mitwirkung jener nur dann ein, wenn sie dazu durch stiftungsmäßige Bestimmungen oder durch sonstige specielle Rechtstitel berufen ist. (M.R. v. 31. Aug. 1843 V.M.B. S. 255 u. §§. 4 u. 49 der Städteordn.)

Der Magistrat muß sich bei der Verwaltung zunächst nach den etwa vorhandenen, ausdrücklich oder stillschweigend genehmigten Statuten oder sonstigen Anordnungen des Stifters richten und sich, wenn derselbe über die innere Einrichtung solcher Anstalten, über deren Beaufsichtigung, über Bestellung der Verwalter und Revision der Rechnungen Verfügung getroffen hat, auf die Ueberwachung der Verwaltung beschränken; soweit aber dieser Fall nicht vorliegt, steht ihm die vollständige Verwaltung zu.

Der Staat hat die Oberaufsicht zu führen. Die Regierungen haben dahin zu sehen, daß nach den Verordnungen des Stifters verfahren werde und nichts einschleiche, was dem allgemeinen Endzweck der Stiftungen zuwider ist. Sie sind berechtigt, Visitationen solcher Anstalten zu veranlassen und die etwa vorgefundenen Mängel abzustellen, und ihre Genehmigung ist erforderlich, wenn Grundstücke für diese Institute erworben oder deren unbewegliche Güter veräußert werden sollen. Dagegen steht ihnen nicht zu, die Festsetzung der Etats in Anspruch zu nehmen und alle Rechnungen ohne Unterschied der Superrevision zu unterziehen. (M.R. v. 27. Juli 1844 B.M.B. S. 266).

Wegen Verwaltung und Beaufsichtigung der Familienstiftungen, die öffentliche Zwecke verfolgen, vgl. Kab.O. v. 3. Jan. 1845 und M.R. v. 11. März 1845 (B.M.B. S. 33 u. 59.)

332. Die Ausübung des Patronats und insbesondere des Wahl- und Besetzungsrechts der Predigerstellen, sowie die Berufung der Schullehrer, die Verleihung von Stipendien, sofern der Stifter nicht darüber disponirt hat, kompetirt den Magistraten. Die Stadtverordneten brauchen dabei nicht gehört zu werden. (M.R. v. 25. Jan. 1821 Ann. S. 79).

333. I. Wegen der Betheiligung des Gemeindevorstandes an gewerblichen, Versicherungs-, militärischen-, kirchlichen und gerichtlichen Angelegenheiten vergl. die Zusammenstellung im Anhange.

II. In Betreff der Eichungsämter sind folgende Bestimmungen getroffen:

Dieselben sind mit Ausschluß der Orte, wo Eichungs-Inspektoren ihren Sitz haben, Gemeindeanstalten. Sie bestehen aus einem Vorsteher und einem Sachverständigen (Eichmeister), welcher vom Eichungs-Inspektor als geeignet anerkannt sein muß. Die Einrichtung eines Eichungsamtes ist nur mit Genehmigung des Handelsministers zulässig, letztere darf aber nicht versagt werden, wenn die Gemeinden die nöthigen Lokalitäten und Einrichtungen beschaffen und eine geeignete Person für die Stelle des Eichmeisters nachweisen. Die Kosten treffen die Gemeinde, welcher indeß auch die Gebühren zufließen. (§§. 1. 3. 5 Ges. v. 26. Nov. 1869 G.S. S. 1165. Vgl. Eichungsordnung v. 28. Juli 1869 B.G.B. Anhang, ferner deren Nachträge und die Gebührentaxe v. 21. Dec. 1869, 8. Juni 1871, 15. April und 3. August 1872 im Bundes- resp. Reichsgesetzblatt als besondere Beilage).

III. Schulaufsicht. Das Gesetz v. 11. März 1872 (Ges.S. S. 183) hat die den Gemeinden und deren Organen zustehende Theilnahme an Schulaufsicht unberührt gelassen. (§. 3 a. a. O.)

IV. Wegen der Betheiligung des Gemeindevorstandes in Staatssteuer-Angelegenheiten vgl. Anhang.

V. Wegen der Verpflichtung der Behörden und Beamten der Kommune zur Prüfung der Stempelverwendung für stempelpflichtige Schriftstücke vgl. §. 28 R.Ges. v. 1. Juli 1881.

VI. Wegen der Errichtung von Standesämtern vergl. R.Ges. vom 6. Februar 1875. §. 2. 4. 6—10. 70.

VII. Wegen der Verpflichtung der Gemeinden im Grenzbezirk hinsichtlich der Statistik des Waarenverkehrs mit dem Auslande vgl. §. 3 R.Ges. v. 20. Juli 1879.

VIII. Wegen der Verpflichtung der Gemeinden beim Ausbruch von Viehseuchen vgl. §. 69—72 Ges. v. 25. Juni 1875.

IX. Wegen der Verpflichtung der Gemeinden zum Halten der Gesetzsammlung und des Amtsblatts vgl. §. 1 Ges. v. 10. März 1873.

X. Wegen Vertretung der Gemeinden in kirchlichen Angelegenheiten vgl. Kirchen-O. v. 10. Sept. 1873. §. 1. 2. 22. 27—46. 68 Nr. 6. 75.

Wegen Mitwirkung der Gemeindevertretung bei der Vermögensverwaltung in katholischen Kirchengemeinden vgl. §. 1. 20—24. 35. 36. Ges. v. 20. Juni 1875. Wegen Wahl und Entlastung der Gemeindevertreter (§. 25—34. 37. 38 a. a. O. Wahlordnung v. 20. Juni 1875).

XI. Wegen des Gerichtsstandes der Gemeinden, die Zustellungen an dieselben, die Zwangsvollstreckungen gegen dieselben und die Zulässigkeit des Rechtsweges bei Ansprüchen gegen dieselben vgl. Civil-Proz.-O. §. 19. 23. 157. 169 u. Einf.Ges. §. 4. 15 Nr. 4.

333a. In Betreff der städtischen Sparkassen ist zu vergleichen das Reglement betr. die Einrichtung des Sparkassenwesens vom 12. December 1838 (G.S. 1839 S. 3) in Verbindung mit §. 52 und 53 Zust.Ges. Die hier interessirenden wichtigsten Bestimmungen und Grundsätze sind folgende:

1. Die Errichtung von städtischen Sparkassen bedarf der Genehmigung des Oberpräsidenten und der Zustimmung der Stadtverordnetenversammlung. Die Genehmigung soll keiner Gemeinde versagt werden, welche deshalb zweckmäßige Vorschläge macht und nach ihrer Lage und dem geordneten Zustande ihres Haushalts den Einlegern Sicherheit zu bieten im Stande ist.
2. Die Bestätigung der Statuten liegt dem Oberpräsidenten ob.
3. Der Zustimmung des Provinzialraths bedarf es zu Statutänderungen und zur Auflösung von Sparkassen, soweit solche der Oberpräsident nach bestehendem Rechte gegen den Willen der Stadt vorzunehmen ermächtigt ist.
4. Die Aufsichtsinstanz ist der Regierungspräsident, in höherer und letzter Instanz der Oberpräsident; in Berlin tritt an die Stelle des Regierungspräsidenten der Oberpräsident und an Stelle des Oberpräsidenten der Minister des Innern.
5. Die in Gemäßheit des Reglements genehmigten öffentlichen Sparkassen haben die Rechte der juristischen Personen. Die Verwaltungen — meist ein unter Aufsicht des Magistrats stehendes Sparkassen-Curatorium — haben die Eigenschaft öffentlicher Behörden

4. die Einkünfte der Stadtgemeinde zu verwalten, die auf dem Etat oder besonderen Beschlüssen der Stadtverordneten beruhenden Einnahmen und Ausgaben anzuweisen und das Rechnungs- und Kassenwesen zu überwachen[334]). Von jeder regelmäßigen Kassenrevision ist der Stadtverordneten-Versammlung Kenntniß zu geben, damit sie ein Mitglied oder mehrere abordnen könne, um diesem Geschäfte beizuwohnen; bei außerordentlichen Kassen-Revisionen ist der

---

(M.R. v. 26. April 1880 (V.M.B. S. 201) Entsch. O.V.G. v. 24. Juni 1887 Par. u. Wied. S. 43).

6. Die Sparkassen sind steuerfrei, da sie kein Gewerbe betreiben, sondern einen gemeinnützigen Zweck verfolgen E. O.V.G. XI S. 54. Wo die Gewinnabsicht — wie bei Sparkassen — fehlt, kann von einem Gewerbebetrieb nicht die Rede sein. (Goldschmidt, Handelsrecht Bd. I S. 409.)

7. Als Musterstatut ist das Statut der Sparkasse des Kreises Teltow empfohlen. M.R. v. 30. October 1873 V.M.B. S. 295.

8. Ueber die Einführung des unter Leitung kommunaler Sparkassen stehenden sogen. Groschensparsystems vgl. das M.Circ. vom 11. Mai 1882 V.M.B. S. 140.

9. Ohne Bestellung einer Specialsicherheit können die Sparkassen ihre disponibeln Bestände ausleihen an Provinzen, Kreise, Stadt- und Landgemeinden, Kirchengemeinden und sonstige leistungsfähige mit Korporationsrechten ausgestattete kommunale Verbände des preußischen Staats gegen vorschriftsmäßige Schuldverschreibungen. M.R. vom 2. April 1884 (V.M.B. S. 113).

10. Das Sparkassenbuch ist kein Inhaber-, sondern ein Legitimationspapier, wiewohl die Legitimation der den eingezahlten Betrag abhebenden Persönlichkeit von der Kasse nicht geprüft zu werden braucht. Vgl. die Entsch. des O.Tr. Strieth. Arch. Bd. 65 S. 78, 89 S. 111, 97 S. 244, des Reichsger.-Civils. Bd. IX S. 245.

334. Eine allgem. Verordn. über Einrichtung des städt. Kassen- u. Rechnungswesens ist nicht vorhanden. Der §. 124 der Städteordn. von 1831 überließ es den Regierungen, die deshalb nöthigen Instructionen zu erlassen und letztere sind zu beachten. Wo es an einer solchen fehlen, oder dieselbe den örtlichen Verhältnissen nicht entsprechen sollte, liegt es dem Mag. ob, eine desfallsige Geschäftsordnung zu erlassen und es wird dabei die für die Stadt-Hauptkasse zu Brandenburg a. H. ergangene Dienstinstruction (Deutsche Gemeinde-Zeitung 1876 S. 121) als Anhalt dienen können.

Städtische Sparkassen dürfen staatlich nicht garantirte Eisenbahn-Prioritäts-Obligationen nicht zur Belegung der Bestände verwenden, weil nach dem Reglement vom 12. December 1838 eine völlig sichere Art der Belegung verlangt wird. (M.R. v. 8. April 1871 V.M.B. S. 150.)

Vorsitzende oder ein von demselben ein- für allemal bezeichnetes Mitglied der Stadtverordneten-Versammlung zuzuziehen [335]);

5. das Eigenthum der Stadtgemeinde zu verwalten [336]) und ihre Rechte zu wahren [337]);

---

335. Die Stadtv. in ihrer Gesammtheit haben mit dem Revisionsgeschäft nichts zu thun, es tritt hier vielmehr nur die Theilnahme einzelner Mitglieder an einem Verwaltungsacte ein, wie im Falle des § 59 bei Bildung gemischter Deputationen, nur mit dem Unterschiede, daß die Theilnahme einzelner Stadtv. an dem Revisionsgeschäft nicht von der Zustimmung des Mag. abhängig ist. Hieraus folgt, daß der Mag. nicht verpflichtet ist, jedes Revisions-Protokoll der Stadtv.-Versammlung mitzutheilen.

336. Daß Verpachtungen von städt. Grundstücken und Gerechtsamen öffentlich an den Meistbietenden geschehen müßten, schreibt die Städteordn. nicht vor. Demungeachtet wird der Mag. gehalten sein, in solchen Fällen die öffentl. Versteigerung vorzunehmen, weil er andern Falls nicht nachzuweisen vermag, daß er die ihm obliegende Pflicht, die Nutzungen des Kämmerei-Vermögens zu möglichster Höhe zu bringen, in ihrem ganzen Umfange und mit Beseitigung aller Nebenrücksichten erfüllt habe.

336 a. Wegen der Zuständigkeit des Gemeindevorstandes zur Vertretung und Verwaltung der im Auseinandersetzungsverfahren begründeten gemeinschaftlichen Angelegenheiten vgl. §. 2 Ges. v. 2. April 1887.

337. Hiermit ist für den Magistrat keineswegs die Befugniß verbunden, nach eigenem Gutdünken Prozesse anzustellen. Er ist zwar durch §. 56 Nr. 8 der St.-Ordn. ohne Weiteres zur Prozeßführung vor Gericht legitimirt, muß aber vor der Anstellung von Klagen oder der Einlassung auf dieselben die Zustimmung der Stadtv. einholen, wenn er sich nicht selbst verantwortlich machen will. Der Bericht der 6. Komm. des Herrenhauses vom 11. Febr. 1861 über die Ges.-Vorlage, betr. die Abänderung der Städteordn., spricht sich auch in diesem Sinne aus. Die Komm. der I. Kammer war zwar bei Berathung der Städteordn. der Ansicht, es dürfe der Mag. sich selbständig auf Prozesse einlassen oder dergl. anstrengen; dieser Auslegung ist indessen nicht beizupflichten. Vergl. auch Note 221.

Wird es beschwerlich, über alle, auch die ganz unbedeutenden und sich immer wiederholenden Prozesse, z. B. die Einklagung geringer Pachtgelder, Zinsen rc. betr., von den Stadtv. Beschluß fassen zu lassen, so läßt sich diesem Uebelstande durch eine besondere statutarische Anordnung nach §. 11 der Städteordnung abhelfen, indem nur eine Vereinigung darüber getroffen zu werden braucht, daß die Anstellung derartiger Prozesse dem Magistrat allein überlassen bleibe.

Die Würdigung und Wahrnehmung des Interesses bei der nach §. 18 des Grundsteuer-Entschädigungs-Gesetzes vom 21. Mai 1861 den Kommunalbehörden unter Bestätigung der Bezirksregierung zugewiesenen Beschlußfassung darüber, ob und in welcher Weise die der Stadtgemeinde überwiesene Entschädigungs-

6. die Gemeinde-Beamten[338]), nachdem die Stadtverordneten darüber vernommen[339]) worden, anzustellen[340]) und zu beaufsichtigen. Die Anstellung erfolgt, soweit es sich nicht um vorübergehende Dienstleistungen handelt, auf Lebenszeit;

---

summe auf die einzelnen Besitzer der Grundstücke in der Feldmark zu vertheilen ist, steht den Gemeindebehörden zu. (M.R. v. 8. Dec. 1868 V.M.B. 1869 S. 14.)

338. Unter den Gemeindebeamten im obigen Sinne sind, was die Wahl der Personen anlangt, nur die Unterbeamten, d. h. alle städt. Beamten zu verstehen, welche nicht Mag.-Mitglieder, Mitglieder städt. Deputationen oder Kommissionen, oder Bezirksvorsteher sind; nur was die Bestätigung, wirkliche Anstellung und Beaufsichtigung betrifft, erstreckt sich die Zuständigkeit des Magistrats auf alle städtische Beamte. (Komm.-Bericht der I. Kammer u. M.R. v. 25. März 1840 V.M.B. S. 173). Zur Kategorie der Unterbeamten gehören namentlich auch:

- die Gemeinde-Einnehmer, wenn sie nicht Magistratspersonen sind (M.R. v. 23. Juni 1836 Ann. S. 365);
- die mit Erhebung der Staatssteuern beauftragten Orts-Steuerempfänger (M.R. v. 31. Dec. 1847 V.M.B. 1848 S. 3);
- die städtischen Sparkassen-Rendanten (M.R. v. 7. Aug. 1835 Ann. S. 755);
- die Kontroleure und Assistenten bei den Kämmereikassen (M.R. vom 21. Juli 1837 Ann. S. 688);
- die städtischen Hospital-Rendanten (M.R. vom 15. Januar 1840 V.M.B. S. 8);
- die Stifts-Provisoren (M.R. v. 23. Sept. 1839 Ann. S. 640);
- die Amtleute und Förster auf den Kämmereigütern, die Aufseher über gewerbl. Anlagen, welche Stadteigenthum sind (M.R. v. 8. November 1809):
- die Armenärzte (M.R. v. 23. Juli 1838 Ann. S. 669 u. v. 25. März 1840 V.M.B. S. 173); M.R. v. 13. August 1884 V.M.B. S. 260;
- die Feldhüter, auch wenn deren Besoldung nicht aus der Kämmereikasse, sondern von den Ackerbesitzern aufgebracht wird (M.R. v. 17. April 1852 V.M.B. S. 123).

Dagegen gehören nicht dazu:

- die Lehrer an städtischen Gymnasien (M.R. v. 23. April 1864 V.M.B. S. 138);
- die Elementarlehrer an den städtischen Schulen (E.K. vom 23. Juni 1858 V.M.B. S. 156);
- die Raths-Zimmer- und Maurermeister (M.R. v. 23. Sept. 1823 Ann. S. 634).

239. Wenngleich hier nur die Vernehmung der Stadtv.-Versammlung verlangt wird, ohne nähere Bestimmung darüber, ob und inwieweit derselben ein Widerspruchsrecht gegen die getroffenen Wahlen zusteht, so kann doch die

Absicht des Gesetzgebers, falls diese Bestimmung nicht ganz überflüssig erscheinen soll, nur dahin gehen, daß thatsächlich begründete und an sich erhebliche Einwendungen gegen die moralische Würdigkeit und die geschäftliche Qualifikation des aufgestellten Kandidaten vom Mag. nicht unberücksichtigt gelassen werden dürfen. Wird nur die geschäftliche Befähigung angezweifelt, über die sich allerdings nicht immer im Voraus mit Sicherheit entscheiden läßt, so wird es unbedenklich sein, dem Kandidaten zunächst die Verwaltung der betr. Stelle probeweise zu übertragen. Gesteht der Mag. aber die Richtigkeit der dem Kandidaten gemachten Vorwürfe überhaupt nicht zu, so wird nach Maßgabe des §. 36 wie bei Meinungsverschiedenheiten der beiden Stadtbehörden überhaupt zu verfahren, also event. die Entscheidung der Regierung einzuholen sein.

Verlangt die Stadtv.-Versammlung, daß ihr nicht nur über den Seitens des Mag. erwähnten Kandidaten die betr. Papiere mitgetheilt werden, sondern daß ihr das ganze Material vorgelegt werde, um beurtheilen zu können, ob unter den konkurrirenden Bewerbern auch wirklich die beste Wahl getroffen ist, so wird dieser Forderung genügt werden müssen; die Berechtigung der Stadtv.-Versammlung beschränkt sich indessen darauf, den Mag. auf bestimmte Mängel der Wahl hinzuweisen, sie hat aber, wie in einem Spezialfalle durch M.R. v. 8. Dec. 1861 ausgesprochen, nicht zu entscheiden, ob unter den konkurrirenden Kandidaten die beste Wahl getroffen.

340. Das dem Magistrat zustehende Recht, die Gemeindebeamten anzustellen, ist kein völlig freies, denn es bleiben bei Ausübung desselben nach Art. XII der R.-Instr. vom 20. Juni 1853 (V.M.B. S. 138) die Bestimmungen über die Anstellung der Invaliden maßgebend. Dieselben waren in dem Reglement vom 16. Juni 1867 (V.M.B. S. 280) enthalten. Durch die Kab.-Ordre vom 10. September 1882 (V.M.B. S. 225) sind jedoch die §§. 1 bis 9 u. 14 bis 37 des Reglements aufgehoben und an deren Stelle die in den Sitzungen des Bundesraths vom 7. und 21. März 1882 festgestellten „Grundsätze für die Besetzung der Subaltern- und Unterbeamtenstellen bei den Reichs- und Staatsbehörden mit Militäranwärtern" (V.M.B. S. 225) getreten. Die §§. 10—13 des Reglements vom 16. Juni 1867 sind noch in Kraft geblieben; von den in diesen Paragraphen enthaltenen Bestimmungen interessiren hier nur die §§. 11 und 13. Dieselben lauten:

> Hinsichtlich der städtischen Communen bewendet es bei den bestehenden gesetzlichen Bestimmungen, wonach die städtischen Behörden verpflichtet sind, zu den besoldeten städtischen Unterbedientenstellen keine andern als versorgungsberechtigte Militär-Invaliden zu wählen, diese Verpflichtung jedoch auf diejenigen Stellen der städtischen Subalternen, welche eine höhere oder eigenthümliche Geschäftsbildung erfordern, sich nur so weit bezieht, als versorgungsberechtigte Militär-Invaliden vorhanden sind, welche diese Geschäftsbildung besitzen. Bei der Wahl der Kämmerei-Rendanten und Kommunalkassenbeamten (zu denen auch nach dem M.R. v. 26. Januar 1841, V.M.B. S. 56 auch die Kämmereikassendiener gerechnet werden) behalten die städtischen Behörden freie Hand. (Auch bei Besetzung

der Unterbedientenstellen bei milden uud frommen Stiftungen ist die Berücksichtigung von Militär-Versorgungsberechtigten nicht erforderlich. M.R. v. 21. Octbr. 1829 Ann. S. 853.)

In Ansehung derjenigen dienstlichen Functionen, für welche wegen ihres geringen, die volle Zeit und Thätigkeit eines Beamten nicht in Anspruch nehmendeu Umfangs und der Geringfügigkeit der damit verbundenen Remunerationen schon bisher besondere Beamte nicht angenommen, welche vielmehr an Privatpersonen, an andere Beamte als Nebenbeschäftigung, oder an pensionirte Beamte übertragen zu werden pflegten, kann es hierbei auch ferner sein Bewenden behalten. Falls sich jedoch Militär-Anwärter zur Uebernahme solcher Functionen melden, sind dieselben vorzugsweise zu berücksichtigen.

Von den durch den Bundesrath aufgestellten Grundsätzen kommen folgende hier in Betracht.

§. 1. Militäranwärter im Sinne der nachstehenden Grundsätze ist jeder Inhaber des Civilversorgungsscheines.

§. 9. Die den Militäranwärtern vorbehaltenen Stellen dürfen mit andern Personen nicht besetzt werden, sofern sich Militäranwärter finden, welche zu deren Uebernahme befähigt und bereit sind.

Es macht dabei keinen Unterschied, ob die Stellen dauernd oder zeitweise bestehen, ob mit denselben ein etatsmäßiges Gehalt oder nur eine diätarische oder andere Remuneration verbunden ist, ob die Anstellung auf Lebenszeit, auf Kündigung oder sonst auf Widerruf geschieht.

Zu vorübergehender Beschäftigung als Hülfsarbeiter oder Vertreter können jedoch auch Nichtversorgungsberechtigte angenommen werden, falls qualificirte Militäranwärter nicht vorhanden sind, deren Eintritt ohne unverhältnißmäßigen Zeitverlust oder Kostenaufwand herbeigeführt werden kann.

§. 12. Die Militäranwärter haben sich um die von ihnen begehrten Stellen zu bewerben. Die Bewerbungen sind an die Anstellungsbehörden zu richten.

§. 14. Die Anstellungsbehörden sind zur Annahme von Bewerbungen nur dann verpflichtet, wenn die Bewerber eine genügende Qualifikation für die fragliche Stelle bezw. den fraglichen Dienstzweig nachweisen.

Behufs Feststellung der körperlichen Qualifikation haben die Militärbehörden auf Verlangen die ärztlichen Atteste, auf Grund deren die Ertheilung des Civilversorgungsscheins wegen Invalidität erfolgt ist, mitzutheilen, sofern seit deren Ausstellung noch nicht drei Jahre verflossen sind.

Sind für gewisse Dienststellen oder für gewisse Kategorien von Dienststellen besondere Prüfungen (Vorprüfungen) vorgeschrieben, so hat der Militäranwärter auch diese Prüfungen abzulegen. Auch kann, wenn die Eigenthümlichkeit des Dienstzweiges dies erheischt, die

Zulassung zu dieser Prüfung oder die Annahme der Bewerbung überhaupt von einer vorgängigen informatorischen Beschäftigung in dem betreffenden Dienstzweige abhängig gemacht werden, welche in der Regel nicht über drei Monate auszudehnen ist.

Bei allen Militäranwärtern abzulegenden Prüfungen dürfen an dieselben keine höheren Anforderungen gestellt werden, als an andere Anwärter.

Für „qualificirt" befundene Bewerber werden Stellenanwärter.

§. 16. Stellen, für welche Stellenanwärter nicht notirt sind, werden im Falle der Vakanz durch eine allwöchentlich herauszugebende Liste („Vakanzenliste") bekannt gemacht.

Die Herausgabe der Vakanzenliste veranlaßt das zuständige Kriegsministerium.

Die Aufnahme der Stellen in die Liste vermittelt eine für den Bereich eines oder mehrerer Ersatzbezirke besonders bezeichnete Militärbehörde (Vermittelungsbehörde), welcher zu diesem Zweck Seitens der Anstellungsbehörden Nachweisungen nach Anlage G zuzusenden sind.

§. 17. Ist innerhalb einer Frist von fünf — in Preußen sechs — Wochen nach Absendung der Nachweisung eine Bewerbung bei der Anstellungsbehörde nicht eingegangen, so hat dieselbe in der Stellenbesetzung freie Hand.

§. 19. Die Anstellung eines einberufenen Stellenanwärters kann zunächst auf Probe erfolgen oder von einer Probedienstleistung abhängig gemacht werden.

Einberufungen zur Probedienstleistung werden nur erfolgen, insoweit Stellen (§. 9 Abs. 2) offen sind; eine Entlassung Einberufener wegen mangelnder Vakanz wird nicht stattfinden. Die Probezeit soll vorbehaltlich der Abkürzung bei früher erwiesener Qualifikation in der Regel höchstens betragen . . . . sechs Monate (No. f.)

Spätestens bei Beendigung der Probezeit hat die Anstellungsbehörde darüber Beschluß zu fassen, ob der Stellenanwärter in seiner Stelle zu bestätigen, bezw. in den Civildienst zu übernehmen oder wieder zu entlassen ist.

§. 20. Stellenanwärter, welche sich noch im aktiven Militärdienst befinden, werden auf Veranlassung der Anstellungsbehörde durch die vorgesetzte Militärbehörde für die Dauer der Probezeit abkommandirt. Eine Verlängerung der Letzteren über die im §. 19 bezeichneten Fristen hinaus ist unzulässig.

§. 21. Den Stellenanwärtern ist während der Anstellung auf Probe das volle Stelleneinkommen, während der Probedienstleistung eine fortlaufende Remuneration von nicht weniger als Dreiviertheil des Stelleneinkommens zu gewähren.

Die Controle darüber, daß bei Besetzung der den Militäranwärtern vorbehaltenen Stellen den vorstehenden Grundsätzen gemäß

diejenigen Unterbeamten, welche nur zu mechanischen[341]) Dienstleistungen bestimmt sind, können jedoch auf Kündigung

verfahren wird, liegt bezüglich der städtischen Behörden den Regierungen bezw. Oberpräsidien ob (zu §. 24 V.M.B. 1882 S. 234).

Die über Anstellung der Forstversorgungs-Berechtigten bei allen dazu geeigneten Kommunal-Forststellen bestehenden besonderen Bestimmungen sind in der Kab.Ordre v. 23. Septbr. 1864 und dem Regulativ v. 1. Dec. 1864 (V.M.B. S. 262) enthalten. Die näheren Vorschriften über das Verfahren bei Besetzung derartiger Stellen geben die M.R. v. 25. April 1865 (V.M.B. S. 104), v. 20. Juli 1866 (V.M.B. S. 195) u. v. 23. April 1867 (V.M.B. S. 117), Circ.E. v. 8. April 1880 (S. 119), v. 1. Februar 1887 (V.M.B. S. 47), auf die, da nur die kleinere Zahl der Stadtgemeinden Waldungen besitzt, hiermit einfach verwiesen wird.

Der Circular-Erlaß vom 4. Febr. 1870 (V.M.B. S. 75) bestimmt bezüglich des Verfahrens bei Besetzung der Gemeinde-Forstbeamten-Stellen, daß die Kommunalbehörden von jeder Veränderung in dem Einkommen einer Forststelle, sowie von dem Eingehen oder der neuen Creirung einer solchen der Regierung Anzeige zu machen haben. Dasselbe gilt von jeder eintretenden Vacanz und Wiederbesetzung und ist hierbei auch das dem künftigen Stelleninhaber bewilligte Diensteinkommen anzugeben. Die für die Besetzung der Stellen in Betreff der dabei zu berücksichtigenden Anwärter maßgebenden Vorschriften sind in II. und III. des betreffenden Circular-Erlasses ausführlich auseinandergesetzt.

Das Recht des Magistrats, die polizeilichen Gem.-Beamten anzustellen, ist insofern beschränkt, als jede derartige Anstellung der Bestätigung der Regierung bedarf. (§. 4 Ges. v. 11. März 1850.)

Die Nichtbeachtung der Vorschriften betr. die Nothwendigkeit der Anstellung civilversorgungsberechtigter Personen zieht die Ungültigkeit des Anstellungsvertrages nach den Grundsätzen des Privatrechts nicht ohne Weiteres nach sich. Der Anstellungsvertrag ist daher, wenn es sich nur um diesen Anstand handelt, gültig und giebt dem Angeklagten klagbare Rechte. (Erk. d. O.T. v. 23. Nov. 1868 V.M.B. 1869 S. 194.)

341. Welche Dienstleistungen sind mechanische? Die Beantwortung dieser Frage muß, da das Wort mechanisch in seiner allgemeinen Bedeutung sehr elastisch ist, in der Städteordn. und in analogen Vorschriftrn gesucht werden. Der §. 56 Nr. 6 der Städteordnung subsummirt unter dem Ausdruck „Unterbeamte" auch die Subalternbeamten, es läßt sich daher annehmen, daß der Satz: „diejenigen Unterbeamten, welche nur zu mechanischen Dienstleistungen bestimmt sind", sämmtliche eigentliche Unterbeamte im Gegensatz zu den Subalternbeamten im Auge hat. Es ist in diesem Satze der Grundsatz der Kab.Ordre v. 25. Mai 1828 (Ges.S. 1829 S. 41) recitirt worden, welcher den Magisträten gestattete, diejenigen ihrer Unterbedienten, welche blos zu mechanischen Dienstleistungen bestimmt und immer aus versorgungsberechtigten Militärpersonen zu wählen sind, nach Analogie der Vorschrift der Regier.-Instr. v. 23. Oct. 1817 §. 12 auf Kündigung anzunehmen. Zu den Unter-

bedientenstellen aber, die immer mit Militär-Versorgungs-Berechtigten besetzt werden müssen, gehören nach dem Reglement vom 16. Juni 1867 (vgl. Note 340 Litt. d.) alle Stellen mit alleiniger Ausnahme der Subalternen, welche eine höhere oder eine eigenthümliche Geschäftsbildung erfordern. Der §. 12 der Regier.-Instr. v. 23. Oct. 1817 bestimmt: „diejenigen Unterbeamten, deren Dienst keine Ausbildung erfordert, sondern größtentheils nur mechanisch ist, sind, soviel möglich, auf Kündigung anzustellen." Auch hiernach können sämmtliche eigentlichen städt. Unterbedienten — gegenüber den Subalternbeamten — auf Kündigung angestellt werden, denn man kann doch nicht sagen, daß z. B. der Dienst der Polizeidiener und Gefangenwärter eine besondere Ausbildung erfordert, wie solche für Subalternstellen nothwendig ist. Die Annahme, daß sämmtliche *Unterbeamte auf Kündigung angestellt werden können, findet auch dadurch Unter*stützung, daß die Schutzmänner, deren Dienst doch mit dem der städtischen Polizeidiener parallel steht, bestimmt aber nicht weniger mechanisch sein dürfte, auch auf Kündigung angestellt werden. Aus welchem Grunde sollte das Beiwort „mechanisch" für die Stadtgemeinden bei Ausübung ihres Selbstverwaltungsrechts nicht denselben Begriff haben, wie für die unmittelbaren Staatsbehörden? Es kann der Kommune nicht gleichgültig sein, ob sie ihre Polizeidiener auf Lebenszeit oder auf Kündigung anzustellen hat, denn wie Note 353 ergiebt, erhalten die von einer städtischen Kommune nur auf Kündigung angestellten Militär-Versorgungsberechtigten nach ihrem Ausscheiden aus dem Dienste ihr Gnadengehalt aus der Staatskasse und es braucht ihnen aus der betr. Stadtkasse eine Pension nicht gewährt zu werden, denn §. 65 der Städteordn. setzt nur eine Pension für die auf Lebenszeit angestellten Gemeindebeamten fest.

Die nicht zu mechanischen Dienstleistungen bestimmten städtischen Beamten können, wenn sie angestellt werden, nur auf Lebenszeit und nicht auf Kündigung angestellt werden. Diese Bestimmung ist eine Bestimmung des öffentlichen Rechts und kann nicht durch Vereinbarung der anstellenden Behörde und des anzustellenden Beamten abgeändert werden. Ist ein solcher Beamter auf Kündigung angestellt, so wird die Kündigungsklausel als mit dem Gesetz im Widerspruch stehend gestrichen. Der Vertrag selbst wird dadurch nicht in Zweifel gestellt.

E. O.V.G. v. 26. Septbr. 1885 XII S. 48.

Eine definitive Anstellung (und nicht nur vorübergehende Dienstleistungen) liegt dann vor, wenn in den die Anstellung betreffenden Verhandlungen nichts von einer zunächst kommissarischen Beschäftigung gesagt, eine probeweise Uebertragung nicht vorbehalten ist, der mit dem Willen des Angestellten übereinstimmende Wille der Kommune, denselben zuvörderst nur versuchsweise zu beschäftigen, keinen entsprechenden Ausdruck gefunden hat.

Um die Annahme des §. 56 St.O., daß der Unterbeamte nur zu mechanischen Dienstleistungen bestimmt ist, auszuschließen, genügt die Feststellung, daß der Beamte auch zu Dienstleistungen, welche überwiegende geistige Thätigkeit erfordern, berufen ist.

E. Reichsger. vom 6. December 1888 (abgedr. im Schmidtschen Kal. 1890).

angenommen werden[342, 343]). Die von den Gemeinde-Beamten

342. Dem Magistrat steht nicht die Befugniß zu, außer den auf Lebenszeit oder auf Kündigung angestellten Gemeindebeamten noch eine dritte Kategorie derselben, welche auf beliebige Kontraktsbedingungen angenommen wird, einzuführen. Wenn demnach auch in einer Bestallung der Vorbehalt ausgesprochen würde, daß der betr. Beamte zu jeder Zeit, ohne gerichtliche Untersuchung, ohne Disciplinar-Verfahren und ohne irgend eine Pensionsgewährung seines Dienstes sollte entlassen werden können, so könnte doch dieser Vorbehalt in den gesetzlichen Vorschriften nichts ändern, er könnte nicht einmal die Wirkung eines auch an sich zulässigen Vorbehalts einer unbedingten Kündigung haben. (M.R. vom 27. März 1843 V.M.B. S. 124.) Ueberhaupt ist eine Anstellung, bei welcher die bestehenden Vorschriften verletzt sind, von Anfang an ungültig; sie kann deshalb auch dem Angestellten keine Ansprüche auf Beibehaltung, eben so wenig aber auf Entschädigung von Seiten der Stadt, event. nur persönliche Ansprüche an diejenigen Personen geben, welche ohne Beobachtung des Gesetzes mit ihm kontrahirt haben. (M.R. v. 29. Juni 1833 Ann. S. 437.)

343. Sobald ein mit Gnadengehalt entlassener Militär-Invalide im Dienste einer Stadt in einer etatsmäßigen oder einer anderen bestimmten Stelle, d. h. einer solchen Stelle angestellt wird, die entweder im Verwaltungs-Etat aufgeführt ist, oder, obwohl sie dort nicht verzeichnet steht, gleichwohl mit einem bestimmten Stellen-Einkommen (im Gegensatz zu blos diätarischer Remuneration) verbunden ist, so hört die Zahlung der Invalidenpension sofort auf, ohne Unterschied, ob die Anstellung auf Lebenszeit, auf Kündigung oder auf Probe erfolgt ist. Eine Ausnahme von dieser Regel findet nur statt, wenn das Civil-Einkommen, nach Abzug des darunter etwa mit begriffenen Betrages zu Ausgaben für Dienstbedürfnisse nicht den doppelten Betrag des Gnadengehalts, oder nicht den Satz von 50 Thlr. bei dem Gemeinen, 72 Thlr. bei dem Unteroffizier, 100 Thlr. bei dem Feldwebel oder Wachtmeister erreicht. In solchen Fällen kann dem Invaliden nach Maßgabe seiner Charge bis zur Erfüllung jenes Doppelbetrages, oder — wenn es für ihn günstiger ist — bis zur Erfüllung jener Sätze das Fehlende aus seinem Gnadengehalt gewährt und event. selbst das ganze Gnadengehalt belassen werden.

Erhält ein Militär-Invalide eine zwar unbestimmte, aber an sich fortdauernde und regelmäßige Beschäftigung gegen fortlaufende tägliche oder monatlich fixirte Diäten oder Remuneration, so hört die Zahlung der Invaliden-Pension erst nach Ablauf der ersten sechs Monate der Beschäftigung auf. In diese Kategorie gehören solche Dienstgeschäfte, welche dauernd die Verwendung einer Arbeitskraft erfordern, so daß ein Invalide, wenn nicht in seiner Person liegende Gründe seine Beibehaltung unthunlich machen, in ihnen eine bleibende Versorgung finden kann.

Invalide, welche nur vorübergehend gegen stückweise Bezahlung oder Boten- oder Tage- oder Wochenlohn, oder gegen Executionsgebühren zur Hülfsleistung angenommen werden, behalten ihr Gnadengehalt unverkürzt. Beschäftigungen dieser Art sind solche, bei denen das Geschäft in gegebener Zeit, mag die Dauer desselben sich im Voraus bestimmen lassen oder nicht, sein Ende erreicht,

zu leistenden Cautionen[344]) bestimmt der Magistrat nach Anhörung der Stadtverordneten-Versammlung. In Städten bis zu 10,000 Einwohnern (§. 30,2) können die Geschäfte des Gemeinde-Einnehmers nach Vernehmung der Stadverordneten-Versammlung und mit Zustimmung des Bezirksausschusses (Zust.Ges. §. 16 Abs. 3) dem Kämmerer übertragen werden;

---

damit das Bedürfniß der Dienstleistung aufhört und deshalb der dazu angenommene Militär-Invalide wieder entlassen werden muß.

Von dem Ermessen der Stadtbehörde hängt es zunächst ab, die Art und Weise der Anstellung oder Beschäftigung, zu welcher sie in einem gegebenen Falle einen Militär-Invaliden berufen, zu bestimmen. Sie haben aber gleich bei der Berufung zu prüfen, unter welche der drei vorstehend unterschiedenen Kategorien die fragliche Beschäftigung fällt und demnächst in der Anstellungs-Verfügung sich so bestimmter Ausdrücke zu bedienen, daß ersichtlich ist, zu welcher dieser Kategorien die dem Invaliden übertragene Stelle oder Beschäftigung gehört. Von der geschehenen Anstellung oder Beschäftigung eines Invaliden, sowie von dem ihm zugewiesenen Einkommen hat der Magistrat sofort eine Anzeige an diejenige Königl. Regierung zu richten, auf deren Etat das Gnadengehalt des Invaliden steht.

Bei dem Austritt eines vormaligen Militär-Invaliden aus einer städt. Civilstelle oder Beschäftigung erhält derselbe das verdiente Gnadengehalt wieder. Eine Ausnahme hiervon tritt bei unfreiwilligem Austritt nur dann ein, wenn dem betr. Beamten nach dem Civil-Pensions-Reglement ein höherer Anspruch zusteht, oder wenn er durch Erkenntniß des Gnadengehalts für verlustig erklärt worden ist.

Das Gnadengehalt ist, wenn der Beamte aus einer ihm auf Lebenszeit verliehenen Stelle tritt und nach dem Pensionsreglement nicht höhere Ansprüche hat, von der betr. Stadtgemeinde, wenn aber die Stelle dem Beamten nur auf Kündigung oder Probe übertragen war, aus der Staatskasse zu gewähren. (Staatsm.-Beschluß v. 30. Mai 1844 V.M.B. S. 297 u. M.R. v. 20. Oct. 1864 V.M.B. S. 265.)

344. Da eine Veränderung der bestellten Kautions-Documente die Höhe und Sicherheit der Kaution gefährden, mithin auf den städt. Haushalt von Einfluß sein kann, so ist darüber die Erklärung der Stadtv.-Versammlung erforderlich. (M.R. v. 23. Nov. 1835 Ann. S. 1014.)

Die K.O. v. 11. Februar 1832 (Ges.S. S. 61) findet nur Anwendung auf die Kautionen der Staatskassen-Beamten (M.R. vom 18. April 1844 V.M.B. S. 131). Auch das Gesetz v. 21. Mai 1860 (Ges.S. S. 211) ist nicht auf die Kautionen städtischer Beamten zu beziehen, desgl. das Gesetz betr. die Kautionen der Staatsbeamten v. 25. März 1873 (Ges.S. S. 125.)

Im Uebrigen sind die gesetzlichen Bestimmungen über die Kautionen der Staats-Kassenbeamten, soweit nicht besondere Verhältnisse ihre Anwendung aus-

7. die Urkunden und Akten der Stadgemeinde aufzubewahren [345 346]);

8. die Stadtgemeinde nach Außen zu vertreten und Namens derselben mit Behörden und Privatpersonen zu verhandeln [347]), den Schriftwechsel zu führen und die Gemeinde-

---

schließen, auch für die Kommunal-Kassenbeamten maßgebend. (M.R. v. 23. Sept. 1872 B.M.B. S. 252.)

345. Zur Aufbewahrung der Urkunden und Acten sind Archiv und Registratur bestimmt. Das Archiv muß vor Feuersgefahr, vor Feuchtigkeit u. s. w. gehörig gesichert und derartig geordnet sein, daß es den leichten und ordnungsmäßigen Gebrauch möglich macht. Die Regierungen haben diese Pflicht Seitens der städt. Behörden streng zu überwachen und dafür zu sorgen, daß wichtige Documente und Schriftstücke der Stadt erhalten bleiben. (Vgl. auch §. 50 Nr. 2.) Falls den städtischen Behörden bei Einrichtung des Archivs der Rath eines Sachverständigen wünschenswerth erscheint, können sie dieserhalb die Hülfe des Königl. Provinzial-Archivars nachsuchen, auch können sie wichtige Urkunden dem Archive der Provinz oder des Staates gegen Quittung und event. gegen Empfangnahme einer Abschrift der Urkunden zur Aufbewahrung übergeben. (M.R. vom 30. Nov. 1821 Ann. S. 802, v. 30. Juni 1837 Ann. S. 425, v. 3. März 1832 Ann. S. 666 u. v. 17. Februar 1859 B.M.B. S. 89.)

Ueber die Einrichtung der Magistrats-Registraturen ist eine allgemeine Anordnung nicht ergangen, aber die Regierung zu Oppeln hat unterm 30. Mai 1822 (Ann. S. 670) über diesen Gegenstand eine specielle Instruction erlassen, die da, wo ähnliche Vorschriften fehlen, beachtet zu werden verdient.

346. In jeder Stadt, welche die Mittel dazu ohne große Beschwerde aufbringen kann, ist es rathsam, eine kleine Bibliothek mit den nöthigsten Hilfsmitteln für die Verwaltung anzuschaffen, damit Jeder, der dabei näher oder entfernter mitzuwirken hat, ja nöthigenfalls jeder Bürger, sich ihrer bedienen kann. Dem Bürgermeister kann wohl, wenn er Büreaukosten bezieht, angesonnen werden, daraus dasjenige anzuschaffen, was er selbst an Hilfsmitteln für den täglichen Bedarf der Verwaltung braucht, und er erlangt das Eigenthumsrecht an solchen Gegenständen; zur Anschaffung größerer und kostspieliger Werke ist er nicht verpflichtet. (M.R. v. 3. Sept. 1836 Ann. S. 362.)

347. Prozeßvollmachten des Magistrats braucht der Genehmigungs-Beschluß der Stadtverordneten-Versammlung nicht beigefügt zu werden. Dies gilt auch für die bei Gemeinheitstheilungen vorkommenden Rechtsgeschäfte, u. das M.R. v. 27. März 1843 (B.M.B. S. 199), welches hierzu eine Spezial-Vollmacht der Stadtverordneten-Versammlung für erforderlich erklärte, ist durch obige Bestimmung außer Geltung gesetzt. Vgl. auch Anhang §. 47 zu §. 40 Tit. 3 Thl. I. Allg. Ger.Ordn. u. M.R. v. 11. Juni 1861 (B.M.B. S. 128).

In privatrechtlichen Angelegenheiten kann der Magistrat sich durch Bevollmächtigte vertreten lassen, deren Zahl in Prozeßsachen nicht mehr als drei betragen darf. In Auseinandersetzungs-Sachen ist das Magistrats-Kollegium zur

urkunden in der Urschrift zu vollziehen. Die Ausfertigungen der Urkunden werden Namens der Stadtgemeinde von dem Bürgermeister oder seinem Stellvertreter giltig unterzeichnet; werden in denselben Verpflichtungen der Stadtgemeinde übernommen [348]), so muß noch die Unterschrift eines Magistrats-Mitgliedes hinzukommen; in Fällen, wo die Genehmigung der Aufsichtsbehörde erforderlich ist, muß dieselbe in beglaubigter Form der gedachten Ausfertigung beigefügt werden [349]);

9. die städtischen Gemeinde-Abgaben und Dienste nach den Gesetzen und Beschlüssen auf die Verpflichteten zu vertheilen und die Beitreibung zu bewirken [350]).

Bestellung von Bevollmächtigten verpflichtet, wenn es mehr als fünf Mitglieder zählt. Wenn die Stadtgem. bei einem Auseinandersetzungs-Verfahren betheiligt ist und die persönlichen Interessen der Magistrats-Personen mit ihren Amtspflichten collidiren, so hat die Regierung den Spezial-Kommissarius oder andere unbetheiligte Personen und Behörden mit der Wahrnehmung der städt. Interessen zu beauftragen. (§. 11 Tit. 3 Thl. I. Allg. Ger.-Ordn., §. 18 Tit. 13 Thl. I. Allg. Landr., §§. 75 u. 77 der Verordn. v. 20. Juni 1817 Ges.S. S. 161 und §. 20 der Verordn. v. 30. Juni 1834 Ges.S. S. 96.)

348. Zu Quittungen genügt die alleinige Unterschrift des Bürgermeisters, da dieselben nicht die Uebernahme, sondern die Aufhebung von Verbindlichkeiten enthalten. (M.R. v. 11. Juni 1854 I. B. ungedr.)

349. Die Beifügung des genehmigenden Stadtv.-Beschlusses ist nicht nothwendig; die Urkunde verpflichtet sogar die Stadtgem. gültig auch in solchen Fällen, wo die Zustimmung der Stadtv. nothwendig, deren Einholung aber unterblieben ist; denn die Stadtgemeinde hat dritten Personen gegenüber das Versehen und Versäumnisse ihrer Beamten zu vertreten. (O.T. v. 6. April 1848 Strieth. Bd. 4 S. 1 und v. 3. Juli 1855 Strieth. Bd. 17 S. 317.)

350. Die von der Stadtgemeinde aufzubringende Summe und das Repartitions-System, nach welchem sie aufgebracht werden soll, dürfen nicht ohne Mitwirkung der Stadtv. festgesetzt werden. Kommt es aber dann auf Ausführung dieses Systems durch Repartition der Summe auf die Einzelnen an, dann tritt die alleinige Wirksamkeit des Magistrats ein. Da es hierbei auf genaue Kenntniß der Personen und ihrer Vermögens-Verhältnisse ankommt, so wird es immer rathsam sein, zur Abschätzung der einzelnen Personen eine besondere Kommission zu bilden und zu solcher eine Anzahl Stadtverordnete zuzuziehen.

Wegen des Rechtes zur Beitreibung der Gem.-Abgaben im Steuer-Executionswege ist §. 68 der Städteordn. nebst den Ergänzungen zu demselben zu vergleichen.

Die Ortsgemeinden sind nicht befugt, auf Grund der §§. 5. 7 des Bundesges. v. 25. Juni 1868 die Untervertheilung der Quartierlast, soweit dieselbe in

§. 57.

Der Magistrat kann nur beschließen, wenn mindestens die Hälfte, in Stadtgemeinden, welche mehr als 100000 Einwohner haben, mindestens ein Drittheil seiner Mitglieder zugegen ist.

Die Beschlüsse werden nach Stimmenmehrheit gefaßt[351]).

Bei Stimmengleichheit ist die Stimme des Vorsitzenden entscheidend. Den Vorsitz führt der Bürgermeister oder sein Stellvertreter. Der Vorsitzende ist verpflichtet, wenn ein Beschluß des Magistrats dessen Befugnisse überschreitet, gesetz- oder rechtswidrig ist, das Staatswohl oder das Gemeinde-Interesse verletzt[352]), die Ausführung eines solchen Beschlusses zu beanstanden[352a]). Der Beigeordnete nimmt auch außer dem Falle der Stellvertretung an den Verhandlungen und Beschlüssen Theil.

Bei Berathungen über solche Gegenstände, welche das Privatinteresse eines Mitgliedes des Magistrats oder seiner Angehörigen berühren, muß dasselbe sich der Theilnahme an der Berathung und Abstimmung enthalten, auch sich während der Berathung aus dem Sitzungszimmer entfernen[352a])

---

natura erfolgen soll, blos nach dem Steuerfuß, resp. ohne Rücksicht darauf vorzunehmen, ob und welche für die Einquartirung geeigneten Räumlichkeiten die einzelnen Steuerpflichtigen haben und welcher Theil dieser Räume ihnen selbst entbehrlich ist (M.R. vom 12. Januar 1870 V.M.B. S. 79).

Bei Gesammt-Armenverbänden (§. 9—18 Ges. v. 8. März 1871) sind die Kosten der Armenpflege nicht durch eine direkte Umlage auf die Einwohner des Gesammtbezirkes, sondern durch Vertheilung auf die einzelnen Gemeinden resp. Gutsbezirke aufzubringen. M.R. v. 30. Aug. 1871 (V.M.B. S. 250).

351. Die Abstimmungen des Magistrats, auch bei den ihm zustehenden Wahlen, dürfen nicht durch Stimmzettel erfolgen. (M.R. vom 20. Juni 1857 I. 3790 ungedr.)

352. Vgl. Note 330.

352a. Zust.Ges. §. 15.

Beschlüsse des kollegialischen Gemeindevorstands, welche deren Befugnisse überschreiten oder die Gesetze verletzen, hat der Bürgermeister entstehendenfalls auf Anweisung der Aufsichtsbehörde, mit aufschiebender Wirkung, unter Angabe der Gründe zu beanstanden. Gegen die Verfügung des Bürgermeisters steht dem kollegialischen Gemeindevorstande die Klage im Verwaltungsstreitverfahren zu.

§. 58.

Der Bürgermeister leitet und beaufsichtigt den ganzen Geschäftsgang der städtischen Verwaltung[353]).

---

§. 17.

Der Bezirksausschuß beschließt, soweit die Beschlußfassung nach den Gemeindeverfassungsgesetzen der Aufsichtsbehörde zusteht:

1. abgesehen von den Fällen des §. 15 über die zwischen dem Bürgermeister und dem kollegialischen Gemeindevorstande entstehenden Meinungsverschiedenheiten, wenn von einem Theile auf Entscheidung angetragen wird und zugleich die Angelegenheit nicht auf sich beruhen bleiben kann,
2. an Stelle der Gemeindebehörden im Falle ihrer durch widersprechende Interessen herbeigeführten Beschlußunfähigkeit.

Für Berlin ist im Falle des §. 17 Nr. 1 der Oberpräsident, im Falle des §. 17 Nr. 2 der Bezirksausschuß zuständig (Zust.Ges. §. 161).

353. Für den Geschäftsgang bei der städtischen Verwaltung sind, soweit die Städteordnung keine entgegenstehenden ausdrücklichen Bestimmungen enthält, nach Art. XII der Min.-Instr. v. 20. Juni 1853 V.M.B. S. 138 die Vorschriften der Instr. für die Stadt-Magistrate v. 25. Mai 1835 (Ann. S. 733) beizubehalten.

Diese Instruktion lautet nach Weglassung der obsoleten Bestimmungen und in etwas abgekürzter Fassung wie folgt:

§. 1. Der Geschäftskreis des Magistrats umfaßt die Verwaltung

a. der eigentlichen Kommunal-Angelegenheiten, und
b. derjenigen Angelegenheiten, welche die Staatsbehörde dem Magistrat überträgt.

Nur auf die Verwaltung der zuerst gedachten Angelegenheiten bezieht sich die vorliegende Geschäftsanweisung. Für die sub b bezeichneten Angelegenheiten gelten zunächst die besonderen Vorschriften der Staatsbehörde. Soweit aber dieselben den Bestimmungen des vorliegenden Regulativs nicht entgegen stehen, kann nach den letzteren ebenfalls verfahren werden.

§. 2. Die Geschäfte werden entweder a. von dem Magistrats-Kollegium in der Gesammtheit, oder b. von den für einzelne Geschäftszweige gebildeten besonderen Deputationen besorgt.

§. 3. Vor das Plenum des Magistrats gehören:

a. diejenigen Gegenstände, welche demselben nach der Städteordn. besonders überwiesen sind; ferner diejenigen Vermögens-Angelegenheiten, über welche die Stadtv. Gutachten, Erklärung oder Genehmigung abzugeben haben;
b. die Anstellung aller Unterbeamten, sowie die Annahme zeitweiser Hülfsarbeiter gegen diätarische Remuneration;
c. die Ausübung der der Stadtkommune in kirchlichen Angelegenheiten zustehenden Patronats- und Ehrenrechte, insbesondere die damit ver-

bundenen Anstellungen der Geistlichen und sonstigen Kirchenbedienten, ingleichen die Besetzung der Lehrerstellen;

d. die Ertheilung von Dienst-Instruktionen für die Mitglieder des Kollegii, dessen Unterbeamten, desgl. für die städt. Verwaltungs-Deputationen und Kommissionen und deren Beamten.

Alle diese Instruktionen dürfen jedoch den in dieser Verordnung enthaltenen Vorschriften nicht entgegen sein; auch müssen sie, soweit sie den formellen Geschäftsgang betreffen, die Zustimmung des Mag.-Dirigenten enthalten.

§. 4. Der Magistrat bildet ein Kollegium; der Dirigent desselben ist der Bürgermeister. Die erforderlichen Beschlüsse müssen im versammelten Kollegium durch Stimmenmehrheit gefaßt werden. Nur unter dem Dirigenten, oder unter dessen Stellvertreter, dies letztere jedoch nur in den §. 20 Nr. 12 bestimmten Fällen, ist das Kollegium zusammenzutreten und zu beschließen berechtigt.

§. 5. Sämmtliche an den Magistrat eingehende Sachen werden vom Dirigenten eröffnet und präsentirt. Die vor das Kollegium gehörenden Gegenstände muß der Dirigent an dasselbe, die vor die Deputationen gehörigen an diese letzteren gelangen lassen. Was die ersteren betrifft, so ernennt der Dirigent die Dezernenten, in wichtigeren Fällen auch Kodezernenten, und schreibt ihnen die Sachen zu. Für Sachen, die einen bestimmten Geschäftsgang haben, kann der Dir. ein für allemal einen Dezernenten ernennen.

Der Dirigent hat auch die Befugniß, in den zu den Deputationen gehörigen Angelegenheiten die Dezernenten zu ernennen, darf jedoch die Ausübung dieser Befugniß auch dem speziellen Dirigenten der Deputation übertragen. In kleineren Orten, wo es ohne Geschäftsüberhäufung möglich und zu besserer Uebersicht des ganzen Geschäftsganges rathsam ist, darf die Regierung dem Bürgermeister auch die Vertheilung der Sachen an die einzelnen Mitglieder der Deputation als Pflicht auflegen.

§. 6. Der gesammte Geschäftsbetrieb beim Magistrats-Kollegio wird durch ein Hauptjournal kontrolirt, in welches jede eingehende Sache eingetragen und darin so lange fortgeführt wird, bis sie erledigt ist.

§. 7. Die eingetragenen Sachen gelangen zur Registratur, und werden von dort mit den vollständigen Akten, wenn ein Kodezernent ernannt ist, zunächst diesem zur Einsicht und etwaigen Beifügung seiner Bemerkungen, hierauf aber dem Dezernenten vorgelegt.

§. 8. Alle blos einleitende oder vorbereitende Verfügungen, alle Sachen, die ihren angewiesenen Gang haben, alle unerheblichin Gegenstände, oder bei denen die Entscheidung auf unzweifelhaften und ausdrücklichen Bestimmungen beruht, werden ohne Vortrag abgemacht. Nur diejenigen kommen zum Vortrage, die entweder vom Dirigenten zum Vortrage geschrieben worden, oder bei denen die Dezernenten erhebliche Bedenken haben, oder die sie wegen ihrer besonderen Wichtigkeit zur Kenntniß des Kollegii zu bringen wünschen. Nur vom ernannten Dezernenten können die Sachen zum Vortrage gebracht werden. Glaubt ein Mitglied, daß eine nicht zu seinem Ressort gehörige Sache einer Berathung im

Kollegio bedürfe, so muß dasselbe den Dirigenten hierauf aufmerksam machen, dem es überlassen bleibt, eine schriftliche Anzeige zu erfordern. Sehr schleunige zum Vortrage geschriebene Sachen muß der Dezernent nöthigenfalls mit dem Dirigenten sofort berathen; auch kann letzterer die dringendsten Verfügungen sofort erlassen; dem Magistrats-Kollegio aber muß dann in nächster Sitzung von dem Verfügten Nachricht gegeben, und zu den bereits erlassenen Verfügungen das etwa noch Nöthige ergänzt werden.

§. 9. Die gewöhnlichen Vorträge werden ein für allemal durch den Dirigenten an bestimmten Tagen und Stunden angeordnet.

Er beruft, wenn es die Umstände erheischen, außerordentliche Sitzungen, zu welchen die Mitglieder des Kollegiums, unter Andeutung des Zwecks der Zusammenkunft, wenn dieser keine besondere Geheimhaltung erfordert, vorgeladen werden. — Die Mitglieder müssen sich zur bestimmten Stunde zu den Sitzungen einfinden. Behinderungen müssen dem Vorsitzenden unter Anführung der Gründe schriftlich oder in Person angezeigt werden.

§. 10. Der Dirigent leitet den Vortrag im Kollegio. Letzterer beginnt mit den eiligen Sachen; sodann folgt der der übrigen, in der Regel nach dem Dienstalter der Mitglieder. Sehr eilige und besonders wichtige Gegenstände müssen nach dem Ermessen des Dirigenten vorzugsweise zum Vortrage kommen. Der Dezernent giebt zuerst und hierauf der etwa ernannte Kodezernent seine Stimme ab; das Kollegium wird für beistimmend erachtet, wenn keine widersprechende Meinung sich äußert. Im entgegengesetzten Falle müssen die Widersprechenden mit ihren Meinungen gehört werden. Der Dirigent bestimmt erforderlichen Falls die Reihenfolge der Sprecher, sorgt dafür, daß einerseits der Sprechende in vollständiger Auseinandersetzung seiner Ansicht nicht unterbrochen, andererseits aber unnütze und ermüdende Abschweifungen vermieden und fremdartige Gegenstände nicht eingemischt werden. Nach Anhörung der verschiedenen Meinungen stellt er die Streitfragen zur Abstimmung fest; er berücksichtigt hierbei die ihm etwa hierüber gemachten Bemerkungen, und verfügt sodann die Abstimmung. Er sammelt die Stimmen von unten herauf nach dem Dienstalter der Mitglieder, er zählt die Stimmen und spricht nach der Mehrheit derselben den Beschluß des Kollegii aus. Bei Gleichheit der Stimmen entscheidet die des Dirigenten. Dieser muß überhaupt darauf sehen, daß die Debatten mit Gründlichkeit, Ordnung, Ruhe und Leidenschaftslosigkeit geführt werden und die Mitglieder müssen seinen diesfälligen Anordnungen Folge leisten. Sollten seine Ermahnungen ohne Erfolg bleiben, so hat er die Befugniß, die Discussion des betreffenden Gegenstandes gänzlich abzubrechen und dessen weitere Erörterung zur nächsten Sitzung zu verlegen; auch kann er, nach Bewandniß der Umstände, die ganze Sitzung auf einige Zeit sistiren, oder dieselbe gänzlich schließen.

§. 11. Auf Verlangen der Majorität, oder nach dem besonderen Ermessen des Dirigenten, müssen Beschlüsse von Wichtigkeit, oder bei denen es auf eine besondere Verantwortlichkeit der einzelnen Mitglieder ankommt, niedergeschrieben und in der aufzunehmenden Verhandlung, für welche der Dirigent den Koncipient ernennt, die Zahl der Anwesenden, sowie in Verantwortlichkeitsfällen die Stimmen dafür und dawider namentlich verzeichnet, auch muß die Verhandlung dem Kollegium zur Genehmigung vorgelesen und zur Beglaubigung vom Dirigenten, dem Dezernenten und noch einem andern vom Dirigenten zu bezeichnenden Mitgliede unterschrieben werden.

Sollte das Kollegium nur in geringer Zahl versammelt sein, so hat der Dirigent bei wichtigen Angelegenheiten, wenn es die Umstände gestatten, die Berathung bis zur nächsten Versammlung auszusetzen und darauf zu halten, daß dieselbe durch die möglichst vollständige Zahl der Mitglieder erfolge.

§. 12. Sachen, in welchen von Unterbehörden oder Personen blos Auskunft erfordert wird, werden, soweit es thunlich ist, diesen durch einen bloßen Vermerk auf die betreffende Journal-Nummer (br. m.) vorgelegt.

Die übrigen Verfügungen des Kollegiums, welche an die Bittsteller oder an die Unterbehörden, werden in der Regel durch Abschriften der Dekrete erlassen, welche nach der von dem Dirigenten zu treffenden Einrichtung entweder gleich den Ausfertigungen zu vollziehen, oder von einem dazu zu bestimmenden Beamten zu beglaubigen sind.

Diejenigen Verfügungen, die sich nicht dazu eignen, insbesondere Berichte an die vorgesetzten und Schreiben an andere Behörden ꝛc., müssen im Konzept entworfen und sodann förmlich ausgefertigt werden.

§. 13. Alle blos einleitende und vorbereitende Dekrete an die Büreaux und die Beamten des Kollegiums, und die zur Expedition bestimmten Dekrete gehen in der Regel unter der alleinigen Zeichnung des Dezernenten; doch kann sich auch der Dirigent deren Revision und Mitzeichnung vorbehalten.

Dagegen gelange alle anderen Verfügungen, insbesondere alle Konzepte, nachdem sie von den Dezernenten vollzogen worden, falls ein Kodezernent ernannt ist, zunächst an diesen zur Mitzeichnung, sodann aber zur Revision des Dirigenten. Die Kodezernenten müssen bei eintretenden Zweifeln (siehe §. 19) diese durch mündliche Rücksprache mit dem Dezernenten, oder durch Einwirkung des Dirigenten zu erledigen suchen.

Letzterer entscheidet bei Bedenken über die Form der Verfügung. Ist der Kodezernent mit dem Materiellen der Verfügung nicht einverstanden, so kann er die Sache zum nochmaligen Vortrage im Kollegium befördern.

§. 14. Die Befugniß des Dirigenten bei der Revision der Dekrete und Konzepte beschränkt sich auf die Aenderung in Form und Fassung, (daß diese passend und schicklich erfolge, darauf hat er besonders zu sehen). Hält er die Fassung materiell für unrichtig, so muß er die Verfügung dem Dezernenten mit seinen Bemerkungen zurückgeben, kann auch zur weitern Prüfung der Sache einen oder mehrere Kodezernenten ernennen; die Sache muß sodann, wenn keine Einigung stattfindet, im Kollegium vorgetragen werden. Bei dem hierauf gefaßten Entschlusse muß es die §. 59 al. 2 der Städteordn. bezeichneten Fälle ausgenommen) verbleiben und ist der Dirigent das diesem gemäß gefaßte Konzept zu vollziehen verpflichtet.

Ohne diese Vollziehung darf kein Beschluß oder keine Verfügung des Kollegiums in Reinschrift und zur Ausführung gebracht werden.

§. 15. Auf Verlangen des Kollegiums oder des Dezernenten, oder nach Befinden des Dirigenten, müssen wichtige Ausarbeitungen, nachdem sie zuvor zur Revision gekommen sind, dem Kollegium vollständig vorgelesen, und die etwa bei der Revision entstandenen, noch nicht erledigten Bedenken hierbei erörtert werden. Die Vorlesung ändert jedoch nichts in der Verpflichtung und Befugniß des Dezernenten und Revisors, für eine vollständige, passende und schickliche Fassung zu sorgen.

§. 16. Die Magistrats-Kanzlei fertigt die Reinschriften der vollzogenen Dekrete und Konzepte, insofern nicht etwa bestallungsmäßig dem Bürgermeister aufgelegt ist, für Fertigung der Ab- und Reinschriften zu sorgen. Sie werden mit der bisher üblichen Firma des Magistrats versehen.

§. 17. Die Reinschriften der Konzepte werden in der Regel von drei Mitgliedern des Kollegiums, einschließlich des Dirigenten, in ganz eiligen Fällen aber, wenn es zur Förderung dient, vom Dirigenten allein unterschrieben.

§. 18. Jedem Mitgliede des Kollegiums soll ein möglichst bestimmter, abgegrenzter Wirkungskreis zugetheilt werden; bei den besoldeten mit vorzüglichster Beobachtung der Gleichheit unter den einzelnen Mitgliedern, bei den unbesoldeten aber auch mit billiger Berücksichtigung ihrer bürgerlichen und sonstigen Verhältnisse.

Jedes Mitglied ist in dem ihm angewiesenen Geschäftskreise möglichst frei und selbständig zu wirken befugt. Es muß denselben mit Wärme und innerer Theilnahme auffassen, mit Umsicht behandeln, fern von Leidenschaften und persönlichen Rücksichten. Es muß sich nicht blos auf die zugeschriebenen Sachen beschränken, sondern aus eigenem Antriebe sich in fortwährender Kenntniß der ihm überwiesenen Verwaltungsgegenstände halten, und die angegebenen Verfügungen in ihrer Ausführung verfolgen, da, wo diese stockt, forthelfen und die Säumigen erinnern. Die Mitglieder sind daher auch verpflichtet, die Geschäftsführung der unter ihnen arbeitenden Beamten zu beobachten, sie zurechtzuweisen und sie nöthigenfalls dem Dirigenten zur Bestrafung anzuzeigen.

Auch die unbesoldeten Mitglieder müssen nach und nach bei den verschiedenen Deputationen beschäftigt werden, damit sie Gelegenheit erhalten, sich mit den verschiedenen Zweigen der Verwaltung bekannt zu machen. Auch sind sie verpflichtet, Assessorate bei den Innungen zu übernehmen. Sollte Letzteres mit ihren gewerblichen Verhältnissen nicht vereinbar, oder für dieselben zu störend sein, so müssen sie von dieser Uebernahme entbunden werden.

Der Dirigent ist nicht allein für einen schnellen und ununterbrochenen Betrieb, sondern auch für eine gründliche und vorschriftsmäßige Bearbeitung der ihm überwiesenen Gegenstände, sowie für eine anständige und schickliche Fassung der von ihm angegebenen Verfügnng zunächst und vollständig verantwortlich. Von dieser prinzipalen Vorantwortlichkeit wird er auch durch den Beitritt des Kollegiums bei dem gehaltenen Vortrage nicht befreit. Er haftet für eine vollständige, richtige und aktenmäßige Darstellung des Sachverhältnisses, für den weiteren Betrieb der Sache und für eine zweck- und ordnungsmäßige Ausführung des Beschlusses.

Die Kodezernenten können, wenn sie es für nothwendig erachten, und müssen, wenn es vom Dirigenten verlangt wird, ihr schriftliches Votum über den Gegenstand abgeben; sie haben darauf zu sehen, daß kein faktischer Irrthum bei der Sache obwaltet, daß die Verfügungen den bestehenden Gesetzen und Vorschriften nicht entgegen seien, daß die Expedition auf die zum Vortrage gelangten Sachen dem Beschlusse des Kollegiums gemäß, ferner an sich schicklich, klar und bestimmt abgefaßt, mit den nöthigen Gründen unterstützt, und daß keine Sache ohne Vortrag abgemacht werde, welche dazu hätte gelangen sollen. Wird ein Mitglied vom Kollegium überstimmt, so darf es diesen Beschluß nicht vertreten, wenn es sein Votum schriftlich, unter Anführung der Gründe, zu den Akten gegeben, oder sich bei der über den Beschluß aufgenommenen Verhandlung (§. 11) für dissentirend erklärt hat. Der Dezernent und jeder, der die Sache zur Mitzeichnung und Revision erhält, kann sein abweichendes Votum der angegebenen Verfügung gleich beilegen; jedes andere Mitglied reicht dasselbe dem Dirigenten ein.

§. 19. Den Reinschriften der nach den Beschlüssen des Kollegiums auszufertigenden Verfügung dürfen zwar keine Vota der einzelnen Mitglieder, selbst nicht das des Direktoriums beigelegt werden, bei Berichten an die vorgesetzten Behörden kann jedoch die Minorität, selbst wenn sie aus wenigen oder aus einem einzelnen Mitgliede besteht, nach ihrer Wahl verlangen, entweder, daß ihre bei der Berathung aufgestellten Gründe in den Bericht aufgenommen werden, oder daß, wenn die Minorität oder einzelne Dissentienten es vorziehen, die Darstellung ihrer Ansichten blos zu den Akten zu geben, dieses Umstandes im Bericht erwähnt, und dabei der Oberbehörde die event. Einforderung anheim gegeben werde.

§. 20. Der Dirigent (Bürgermeister oder Oberbürgermeister) ist der unmittelbare Vorgesetzte der Mitglieder des Kollegiums und seiner Unterbeamten, sowie der mittelbare Vorgesetzte sämmtlicher übriger Kommunalbeamten. Alle diese Beamten sind ebenso, wie die Mitglieder des Magistrats-Kollegiums verpflichtet, ihm in den zu seinem Ressort gehörigen Angelegenheiten Folge zu leisten, und ihm auf Verlangen jede amtliche Auskunft über die zu ihrem Geschäftskreise gehörigen Gegenstände mündlich oder schriftlich zu ertheilen.

Zu seinem Ressort gehören insbesondere folgende Gegenstände:

1) Er leitet den formellen Geschäftsgang beim Magistrats-Kollegium; er trifft, soweit es nicht schon in der gegenwärtigen Verordnung geschehen, die zu dieser Leitung sowie zur Regelmäßigkeit, zum ununterbrochenen Fortgange und zur Kontrole des Geschäftsganges nöthigen Anordnungen und giebt die hierzu erforderlichen Instructionen.

2) Er vertheilt die Geschäfte unter die Mitglieder des Kollegiums, so daß jede Sache in der Regel von dem gewöhnlichen Dezernenten bearbeitet wird. Auch sich selbst darf er, soweit es ihm die Direktion des Ganzen und die ihm etwa aufgetragenen besonderen Geschäfte gestatten, hierbei nicht übergehen. Diejenigen Gegenstände, welche die Ansetzung, sowie die Entlassung der Mitglieder des Kollegiums und dessen Unterbeamten betreffen, gehören, insoweit sie von dem Kollegium ressortiren, zur speziellen Bearbeitung des Dirigenten.

Er ernennt ferner, sowohl der Zahl als der Person nach, die

Mitglieder aus dem Kollegium zu den bestehenden Verwaltungs-Deputationen und Kommissionen, ebenso auch zu den ihm nöthig scheinenden vorbereitenden Berathungen, sowie zur Besorgung einzelner Geschäfte, desgl. zur Uebernahme von Assessoraten bei Gewerken ꝛc. Dieses Ernennungsrecht schließt auch das Abberufungsrecht in sich. (M.R. v. 3. Sept. 1863 V.M.B. S. 217.)

3) Er sorgt für äußere Ordnung, Anstand und Würde in den Versammlungen des Kollegiums, in dessen Verfahren und im Geschäftsverkehr überhaupt.

4) Er muß auf das Innere der Sachen eingehen, auf vollständige Erörterung der Gegenstände halten, hinhaltende Verfügungen verhüten, für baldige Bescheide sorgen und überhaupt darauf sehen, daß ein reges Leben in der Verwaltung herrsche, daß die dem Magistrat obliegende materielle Leitung derselben die nöthige Einheit und den erforderlichen Zusammenhang erhalte, daß dieselbe dem Besten der Kommune gemäß, alles, was die Kenntniß der Stadtverordneten und deren Mitwirkung nach der Städte-Ordnung erheischt, vor die Stadtverordneten-Versammlung gebracht und ihr nichts davon entzogen werde.

Er muß die städtischen Kommunal-Anstalten von Zeit zu Zeit revidiren und darauf halten, daß sie ihrem Zwecke entsprechend verwaltet werden. Eingeschlichenen Mißbräuchen und kund gewordenen Mängeln hat er, soweit sie im bloßen Geschäftsgange liegen, unter Zuziehung der betreffenden Beamten, selbst abzuhelfen, soweit sie aber das Materielle der Gegenstände betreffen, bei den betreffenden Deputationen und erforderlichen Falls beim Kollegium selbst zur Sprache zu bringen.

5) Er muß sich um die Geschäftsführung sämmtlicher Deputationen und Kommissionen genau bekümmern und diese Geschäftsführung revidiren. Er hat in dieser Beziehung gleiche Befugnisse und Verpflichtungen, wie sie ihm vorstehend für die Revision der Kommunal-Angelegenheiten bezeichnet worden. Zu diesem Behufe muß er auch den Sitzungen derjenigen Deputationen, denen er nicht unmittelbar selbst vorsteht, von Zeit zu Zeit, und erforderlichen Falls auf längere Zeit beiwohnen. Bei seiner Anwesenheit in denselben ist er befugt, den Vorsitz zu übernehmen, mitzustimmen und anzuordnen, welche Sachen in seiner Gegenwart vorgetragen werden sollen.

Die vorstehenden Bestimmungen gelten auch von vorübergehenden Deputationen und Berathungen.

6) Er führt die Oberaufsicht über die gesammten städtischen Kassen und das Rechnungswesen, sowie über das Kämmerei-Depositorium und die Kassen der unter dem Magistrat stehenden Institute. Er ist befugt, extraordinäre Kassen-Revisionen für seine Person zu veranlassen und muß dafür sorgen, daß jede unter der Aufsicht des Magistrats stehende Kasse, sowohl monatlich ordinär, als jährlich einmal extraordinär revidirt wird.

7) Er hat darauf zu sehen, daß der Magistrat und die Kommune ihren Verpflichtungen gegen den Staat und dessen Behörden gebührend nachkommen.

8) Er ist verpflichtet, dafür zu sorgen, daß die Mitglieder und Unterbeamten des Kollegiums ihren amtlichen Verpflichtungen genügen. Beschwerden über ihre Amtsführung gehören zunächst vor ihn, nicht vor das Kollegium.

Wenn Erinnerungen, Ermahnungen und ernstliche Zurechtweisungen nicht fruchten, so muß er, wenn es Mitglieder des Kollegiums betrifft, der Regierung Anzeige machen, welche die nöthigen Strafverfügungen, und in den dazu geeigneten Fällen die Amtssuspension und Einleitung der Untersuchung zu veranlassen hat.

In Fällen, wo Gefahr im Verzuge ist, kann er noch vor der Suspension eines Kommunal-Beamten die vorläufige Entbindung von den Geschäften ganz oder theilweise sofort verfügen; er muß aber dem Magistrat hiervon schleunigst Anzeige und gleichzeitig die nöthigen Anträge wegen Einleitung der Suspension machen.

9) Er ist befugt, den Unterbeamten des Kollegiums bis auf vier Wochen Urlaub zu ertheilen; längerer Urlaub muß für die Unterbeamten beim Magistrats-Kollegium nachgesucht werden. Der Dirigent selbst (der Beigeordnete, zweite Bürgermeister nur, während er vertretungsweise die Funktionen des dirigirenden Bürgermeisters ausübt) hat von einer längeren als dreitägigen, jedoch den Zeitraum von 8 Tagen nicht übersteigenden Abwesenheit vom Amte der vorgesetzten Regierung Anzeige zu machen. Zu einer längeren als achttägigen Abwesenheit bedarf er Urlaubs der Regierung. Das Nämliche gilt, falls eine andere Magistrats-Person als der Bürgermeister mit der Handhabung der Polizei in der Stadt beauftragt ist, für den betreffenden Beamten. Die nach Vorstehendem an die Regierung zu richtenden Anzeigen und Urlaubsgesuche sind — sofern die Stadt einem landräthlichen Kreisverbande angehört und die Ortspolizei nicht einer besonderen Königlichen Behörde übertragen ist — durch den Landrath an die Regierung einzureichen, die Bescheide der letzteren auf gleichem Wege zurück zu befördern. Zugleich mit der Anzeige oder dem Urlaubsgesuche ist die Regierung jedesmal von den wegen Versehung des Dienstes während der Abwesenheit vom Amte getroffenen Anordnungen in Kenntniß zu setzen.

Die übrigen Magistrats-Mitglieder und die Beigeordneten, so lange letztere nicht vertretungsweise die Funktionen des Bürgermeisters ausüben, haben den Urlaub, ohne den Unterschied der Dauer und ob sie besoldet sind oder nicht, bei dem dirigirenden Bürgermeister zu nehmen. Letzterer hat indessen dergleichen Beurlaubungen, sofern sie auf länger als vier Wochen erfolgen, der Regierung anzuzeigen. (M.R. v. 13. Dezbr. 1867 I. A. 6741 ungedr.) Vgl. noch Instr. des

Min. d. J. v. 9. Mai u. 18. Mai 1856 (B.M.B. S. 147 u. 164, M.R. v. 10. Mai 1872 B.M.B. S. 137.)

Der Dirigent hat dafür zu sorgen, daß die Magistrats-Mitglieder, sowie die Unterbeamten, ihrer Verpflichtung gemäß, bei vorkommenden Reisen, sämmtliche in die magistratualischen und in die Deputations-Geschäfte einschlagenden, in ihrem Gewahrsam befindlichen Akten in die Registratur abliefern; wenn letzteres nicht geschieht, so hat er anzuordnen, daß dieselben durch einen mit den nöthigen Instruktionen zu versehenden Beamten, nöthigen Falls auf exekutivischem Wege, herbeigeschafft werden.

10) Ueber alles, was die ihm zustehende Disziplin über die Mitglieder und Beamten des Kollegiums betrifft, führt er besondere Akten und hat diese, sowie diejenigen Akten, welche sich auf die höheren Orts ihm persönlich gemachten Aufträge, oder auf solche Angelegenheiten beziehen, die eine besondere Geheimstellung erfordern, im Rathhause unter seinem besonderen Verschlusse aufzubewahren.

11) Beschwerden über ihn wegen Ueberschreitung seiner Amtsbefugnisse und Dienstführung gehören nie zum Ressort des Magistrats-Kollegii, sondern zu dem der vorgesetzten Regierung.

12) In Krankheits-, Abwesenheits- und sonstigen Behinderungsfällen muß er seine Stellvertretung in den größern Städten, in welchen neben dem Ober-Bürgermeister ein Bürgermeister angestellt ist, diesem letztern, in den andern aber in der Regel dem der Dienstzeit nach ältesten Magistrats-Mitgliede übertragen, insofern nicht von der Regierung ein-mal oder für immer ein anderer Stellvertreter ernannt ist. Wo besoldete Magistrats-Mitglieder vorhanden sind, sind diese nach obigen Vorschriften die Stellvertretung zu übernehmen verpflichtet, die unbesoldeten aber in solchem Falle sie abzulehnen befugt. Die Uebertragung der Geschäfte muß von dem Dirigenten schriftlich geschehen und zugleich schriftlich dem Magistrats-Kollegium sowohl als der Regierung angezeigt werden.

Sollte der Dirigent durch plötzliche Krankheit an der schriftlichen Anzeige behindert werden, oder vor Einrichtung der Stellvertretung dessen Tod eintreten, so hat das nach obigen Vorschriften zur Uebernahme der Stellvertretung verpflichtete Mitglied sich den Dirigenten-Geschäften zu unterziehen, das Kollegium aber der Regierung Anzeige zu erstatten.

Es wird vom Dirigenten erwartet, daß derselbe bei Ausübung der ihm in dieser Instruktion verliehenen Rechte und Pflichten Billigkeit und Schonung mit Kraft und Energie vereinigen, und eben so wenig den Vorwurf übertriebener Strenge als unzeitiger Nachsicht auf sich laden werde.

§. 21. In Städten, wo außer dem Oberbürgermeister noch ein Bürgermeister besteht, ist letzterer das erste Magistrats-Mitglied nach dem Oberbürgermeister. Er hat mit den übrigen Magistrats-Mitgliedern gleiche Rechte und

Pflichten, insofern durch diese Ordnung nichts Näheres bestimmt ist. Er ist der Stellvertreter des Oberbürgermeisters, in Gemäßheit der im vorigen §. Nr. 12 enthaltenen Bestimmungen, und tritt als solcher in dessen Rechte und Pflichten. Doch darf er in der bisher beobachteten Ordnung und in den vom Oberbürgermeister getroffenen Einrichtungen, sowie in der Geschäftsvertheilung nichts ändern. In eiligen Fällen, welche eine Aenderung erheischen, müssen die Gründe davon zu den Akten vermerkt werden. Auch außer den Stellvertretungsfällen ist der Bürgermeister den Oberbürgermeister in seinen Funktionen bei dringenden Umständen nach dessen Aufforderung zu unterstützen verpflichtet.

§. 22. Der Kämmerer, insofern er als Magistrats-Mitglied fungirt, führt außer seinen Geschäften als Rendant, falls ihm die Rendantur städtischer Kassen übertragen worden, die Aufsicht über das Rechnungswesen der Kommune und bearbeitet in der Regel die Etats und die Generalien in Kassen- und Rechnungssachen. Er muß sich in fortdauernder Uebersicht von der gesammten Verwaltung des Kommunalvermögens erhalten und dem Kollegium die Uebersichten über die Lage des Stadthaushalts und der städtischen Finanzen auf Erfordern geben, sowie auch bei Zeiten die nöthigen Anträge zur Beschaffung der Gelder machen. Inwieweit derselbe noch sonstige Geschäfte zu bearbeiten hat, hängt von dem Umfange der Kassengeschäfte, von der bei seinem Eintritte ihm ertheilten Bestallung und nöthigenfalls von der Entscheidung der Regierung ab.

§. 23. Wo ein Syndicus als Magistrats-Mitglied angestellt ist, liegt demselben außer den allgemeinen Pflichten eines solchen und neben den ihm besonders zugetheilten Arbeiten ob, als Rechtskonsulent des Magistrats denselben mit seinem Rathe zu unterstützen, damit nichts Gesetzwidriges beschlossen werde. Er ist zur Bearbeitung der Prozeßsachen als Sachverständiger verpflichtet, hat die für die Mandatarien erforderliche Information anzufertigen und überhaupt dahin zu sehen, daß die Prozesse der Kommune mit Gründlichkeit geführt werden.

Er hat für die gehörigen Formen aller rechtlichen Verhandlungen des Magistrats zu sorgen und die Konzepte oder andere Ausfertigungen, wodurch das Kollegium Rechte erwirbt oder Verbindlichkeiten eingeht, mitzuzeichnen; dabei ist er nicht für das Materielle, welches der Dezernent zunächst zu vertreten hat, wohl aber für die deutliche und richtige Fassung und dafür verantwortlich, daß aus der Verletzung rechtlicher Formen keine Rechtsstreite oder andere Nachtheile entstehen.

Er führt in der Regel die vorkommenden Disciplinar-Untersuchungen gegen die Unterbeamten des Magistrats und der Verwaltungs-Deputationen. In Gewerksstreitigkeiten, welche nicht durch die Gewerks-Assessoren abgemacht oder beseitigt werden, ist er verpflichtet, die Resolute abzufassen.

§. 24. In den Städten, wo ein Stadt-Baurath vorhanden, führt dieser die Aufsicht über das gesammte städtische Bauwesen und ist Mitglied der Baudeputation.

Er sorgt für die Unterhaltung der Kommunal-Gebäude; er giebt dem Kollegium über die zu unternehmenden Neubauten und Reparaturen, sowie über die zu erwerbenden Grundstücke sein Gutachten, fertigt die verlangten Pläne und

In allen Fällen, wo die vorherige Beschlußnahme durch den Magistrat einen nachtheiligen Zeitverlust verursachen würde, muß der Bürgermeister die dem Magistrat obliegenden Geschäfte vorläufig allein besorgen, jedoch dem letzteren in der nächsten Sitzung behufs Bestätigung oder anderweitigen Beschlußnahme Bericht erstatten.

Zur Erhaltung der nöthigen Disziplin steht dem Bürgermeister das Recht zu, den Gemeinde-Beamten Geldbußen bis zu drei Thalern und außerdem den untern Beamten Arreststrafen bis zu drei Tagen aufzulegen (§§. 15, 19 u. 20 des Gesetzes vom 21. Juli 1852 Gesetz-Sammlung Seite 465)[354, 354a].

Anschläge und leitet nach dem Beschluß des Kollegiums die Ausführung; er muß diese fleißig besichtigen und hierbei auch den Requisitionen der untern Kommunal-Behörde, zu deren Ressort die betreffenden Bauten gehören, genügen.

Ihm liegt die Revision aller Anschläge, die Aufnahme der Revisions-Protokolle über gefertigte Bauarbeiten und die Revision der Berechnungen nicht allein hinsichtlich der Preise, sondern auch hinsichtlich der richtigen und untadelhaften Ausführung der Arbeit, ob.

In Feuersozietäts-Angelegenheiten hat er bei stattgefundenen Brandschäden nach den in dem für den Ort geltenden Reglement erhaltenen Bestimmungen zu verfahren.

§. 25. Die Unterbeamten des Magistrats sind diesem und dessen Mitgliedern, sowie insbesondere dem Dirigenten Achtung und Folgsamkeit schuldig. Sie müssen nach den oben angegebenen Bestimmungen (§. 3 Litt. e. §. 20 Nr. 1) mit Dienstanweisung versehen werden.

354. Vgl. §. 80 und dessen Erläuterungen.

Zust.Ges. §. 20 Nr. 9.

Gegen die Strafverfügungen des Bürgermeisters findet innerhalb zwei Wochen die Beschwerde an den Regierungspräsidenten und gegen den auf die Beschwerde ergehenden Beschluß des Regierungspräsidenten innerhalb zwei Wochen die Klage bei dem Oberverwaltungsgericht statt.

In Berlin entscheidet anstatt des Regierungspräsidenten der Oberpräsident (§. 42 L.V.G., §. 7 Zust.Ges.).

354a. Die sehr bestrittene Frage, ob der Bürgermeister zur Verhängung von Ordnungsstrafen (Warnungen und Verweisen) gegen Mitglieder des Magistrats befugt ist, hat das O.V.G. im Erkenntniß vom 1. December 1888 (XVII S. 444 ff.) in bejahendem Sinne unter der Begründung entschieden, daß der Bürgermeister nach §. 20 der Instruction vom 25. Mai 1835 als unmittelbarer Dienstvorgesetzter der Mitglieder des Magistrats anzusehen ist und die Befugniß zur Verhängung jener mildesten Disciplinarstrafen als die unentbehrliche Ausrüstung des Dienstvorgesetzten gegenüber denen, die unter seiner Leitung und Aufsicht die Geschäfte führen, angesehen werden muß (vgl. Disciplinargesetz v. 21. Juli 1852 §. 18).

§. 59.

Zur dauernden Verwaltung oder Beaufsichtignng einzelner Geschäftszweige, sowie zur Erledigung vorübergehender Aufträge, können besondere Deputationen entweder blos aus Mitgliedern des Magistrats[355]), oder aus Mitgliedern beider Gemeinde-Behörden, oder aus letzteren und aus stimmfähigen Bürgern[356]) gewählt werden. Zur Bildung gemischter Deputationen aus beiden Stadtbehörden ist der übereinstimmende Beschluß beider[357]) erforderlich[358]).

Zusatz. Die Verwaltung der öffentlichen Armenpflege fällt in den Gemeinde-Armenverbänden den Gemeindebehörden zu, welche dieselbe durch Gemeindebeschluß einer aus Mitgliedern des Gemeinde-Vorstandes und der Gemeindevertretung — geeignetenfalls auch aus der Zahl anderer Gemeindemitglieder — zu wählenden Deputation übertragen dürfen. Ortspfarrer oder deren Stellvertreter nehmen an diesen Gemeinderechten in allen Gemeinden ihres Pfarrbezirks Theil. Die gedachte Deputation ist dem Gemeinde-Vorstande untergeordnet, dessen Vorsitz auch den Vorsitz in derselben führt, be-

---

355. Zur Bestimmung, daß auch blos aus Magistrats-Mitgliedern Deputationen zusammengesetzt werden können, hat das Bedürfniß großer Städte Veranlassung gegeben, behufs der Geschäftsvertheilung ähnliche Einrichtungen zu treffen, wie bei den Regierungen durch Bildung besonderer Abtheilungen bestehen. Es wird daher von der obigen Vorschrift nur in sehr begrenztem Umfange bei dringendem Bedürfnisse Gebrauch zu machen und dabei darauf zu achten sein, daß kein schleppender Geschäftsgang entsteht und die Einwirkung des Bürgermeisters auf die gesammte Verwaltung nicht geschwächt werde. (Art. XIII der Min.-Inst. v. 20. Juni 1853 V.M.B. S. 142.)

356. Die Beschränkungen der §§. 17 u. 30 greifen hier nicht Platz.

Alle noch bestehenden, aus der Verschiedenheit des religiösen Bekenntnisses hergeleiteten Beschränkungen der bürgerlichen und staatsbürgerlichen Rechte sind aufgehoben. Insbesondere soll die Befähigung zur Theilnahme an der Gemeinde- und Landesvertretung und zur Bekleidung öffentlicher Aemter vom religiösen Bekenntniß unabhängig sein. (Bundesges. v. 3. Juli 1869 B.G.B. S. 292.)

357. Diese Vorschrift beruht auf dem Prinzip, daß einerseits der Magistrat nicht gezwungen werden darf, wider seinen Willen einzelne Zweige der Verwaltung aus der Hand zu geben, andererseits auch die Stadtverordneten-Versammlung nicht, ohne Ueberzeugung von der Zweckmäßigkeit einer solchen Einrichtung, genöthigt werden darf, Mitglieder aus ihrer Mitte zur Uebernahme von Verwaltungsgeschäften zu deputiren.

358. Die Genehmigung der Regierung zur Bildung von Deputationen ist nicht erforderlich.

ziehungsweise ein Mitglied des Gemeinde-Vorstandes dazu abordnet. Zur Uebernahme einer unbesoldeten Stelle in der Gemeinde-Armenverwaltung so wie zur Fortführung dieses Amtes innerhalb der festgesetzten Zeit ist jedes zur Theilnahme an den Gemeindewahlen berechtigte Gemeindemitglied verpflichtet. Gesetzliche Befreiungsgründe sind nur:

1) anhaltende Krankheit,

2) Geschäfte, die eine häufige oder lang andauernde Abwesenheit mit sich bringen,

3) ein Alter von 60 Jahren und darüber,

4) die Verwaltung eines andern öffentlichen Amtes.

Der Umstand, daß das gewählte Gemeindemitglied schon früher ein derartiges Amt bekleidet hat, kann gleichfalls als Befreiungsgrund, jedoch nur für die nächstfolgende gleich lange Zeit, zur Geltung gebracht werden. Anderweite Verhältnisse kommen nur unter der Voraussetzung in Betracht, daß ihnen entweder durch die Bestimmungen der Gemeindeverfassung oder durch Beschluß der Gemeindevertretung die gleiche Bedeutung beigelegt wird. Dieselben Vorschriften kommen auch in dem Falle in Anwendung, wenn ein Mitglied der Gemeinde-Armenverwaltung vor Ablauf der Amtsperiode die Stelle niederlegt. Die ungerechtfertigte Weigerung der Annahme oder Fortführung eines solchen Gemeindeamts kann durch einen von der Gemeindevertretung unter Genehmigung der Aufsichtsbehörde zu fassenden Beschluß derart geahndet werden, daß das betreffende Gemeindemitglied des Rechts zur Theilnahme an den Gemeindewahlen, beziehungsweise zur Bekleidung unbesoldeter Gemeindeämter auf die Dauer von drei bis sechs Jahren für verlustig erklärt und um 1/8 bis 1/4 stärker zu den direkten Gemeindeabgaben herangezogen wird. (§§. 2. 3. 4. 5. Ges. v. 8. März 1871 Ges.S. S. 130).

Zu diesen Deputationen[359]) und Kommissionen, welche übrigens

359. Die in den §§. 176—187 der Städteordnung von 1808 wegen Bildung der Deputationen enthaltenen speziellen Vorschriften haben jetzt nicht mehr Gesetzeskraft, können aber noch immer die leitenden Normen bilden.

Die zur dauernden Verwaltung oder Beaufsichtigung einzelner Geschäftszweige des Gemeinwesens gebildeten Deputationen stellen in ihrer Gesammtheit eine öffentliche Behörde, in ihren einzelnen Mitgliedern öffentliche Beamte dar. (O.T. v. 27. Mai 1839 J.M.B. S. 240 u. v. 4. Mai 1864.)

Ueber die Geschäftsordnung der Deputationen enthält die Instruktion für die Magistrate vom 25. Mai 1835 (Ann. S. 733) folgende Bestimmungen:

§. 26. Die Deputationen und Kommissionen führen unter Aufsicht und

Leitung des Magistrats die ihnen übertragenen Verwaltungen; sie stehen weder mit den Stadtverordneten-Versammlungen, noch mit anderen Behörden in direkter Verbindung, und können in letzterer Hinsicht nur örtliche Verhältnisse mit Zustimmung der Ortsbehörde eine Ausnahme begründen. Sie sind berechtigt, die Besorgung spezieller Geschäfte wieder einzelnen Kommissionen zu übertragen und sich nach dem Gegenstande in die Spezial-Aufsicht zu theilen; doch kann dies nur mit Zustimmung des Vorsitzenden geschehen. Sie können zur Berathung einzelner, ihre Verwaltung betreffender Gegenstände andere Kommunal-Beamte, sachverständige oder sachkundige Personen hinzuziehen. Dergleichen Personen haben aber kein Stimmrecht. Sie dürfen die Zahl ihrer Mitglieder nicht eigenmächtig verstärken oder vermindern.

Die Deputationen und Kommissionen sind verbunden, beim Plenum des Magistrats anzufragen:

a. in allen Sachen, bei denen nach den Vorschriften der Städteordnung die Erklärung oder Zustimmung der Stadtverordneten-Versammlung erforderlich ist;

b. bei Abweichungen von den angenommenen Verwaltungsgrundsätzen oder bestehenden Einrichtungen;

c. in allen Fällen, wo es auf Berichterstattung an die höheren Behörden ankommt. In solchen Fällen müssen sie den Bericht, mit allen erforderlichen Materialien versehen, gleich im Namen des Magistrats im Konzept entwerfen und ihn dem letzteren zur weiteren Veranlassung einreichen;

d. in Fällen, wo bei einer Sache mehrere Deputationen betheiligt sind und keine Einigung stattfindet;

e. bei Anstellung der zu ihrer Verwaltung gehörigen Subalternen, deren Besoldung, deren Verbesserung im Gehalte, ingleichen bei Annahme von Diätarien zu dauernder Beschäftigung;

f. in Disziplinar-Angelegenheiten ihrer unbesoldeten Beamten, wenn Verweise und Rügen des Vorsitzenden nicht ausreichen.

§. 27. Den Vorsitz in den Deputationen führt das älteste oder alleinige Magistrats-Mitglied. Gehört der Magistrats-Dirigent zu einer Deputation, so führt dieser den Vorsitz. Bei Behinderungen des Vorsitzenden tritt das dem Dienstalter nach folgende Magistrats-Mitglied, sei es besoldet oder unbesoldet, hiernächst aber das im Dienste älteste Deputations-Mitglied an seine Stelle, insofern nicht der Magistrats-Dirigent diesen Vorsitz einstweilen selbst übernimmt. Bei längerer Abwesenheit oder Krankheit sorgt der Magistrats-Dirigent, falls er die Direktion der Deputation nicht selbst besorgen will, für die Stellvertretung dadurch, daß er ein anderes Magistrats-Mitglied deputirt.

Die Rechte und Pflichten des Vorsitzenden sind dieselben, wie die des Dirigenten beim Magistrat, jedoch mit den aus dem speziellen Geschäftskreise der Deputation, aus dem zwischen ihr und dem Magistrat stattfindenden Geschäftsgange und den sich von selbst ergebenden Modifikationen, so daß er in Allem, was den formellen Geschäftsbetrieb zum Gegenstande hat, der Aufsicht des Magistrats-Dirigenten unterworfen bleibt und dessen Anordnungen befolgen muß.

§. 28. Die Rechte und Pflichten der einzelnen Deputations-Mitglieder sind in dem der Deputation anvertrauten Verwaltungskreise dieselben, wie sie für die Magistrats-Mitglieder bestimmt sind.

§. 29. Bei den Deputationen findet derselbe Geschäftsgang statt, wie bei dem Plenum des Magistrats. (Vergl. Note 353.) Diejenigen Sachen, welche an letzeres gelangen, müssen gehörig vorbereitet, zur Beschlußnahme reif und mit ihrem motivirten Gutachten über die zu erlassende Verfügung versehen sein. Sie werden dann in der Regel br. m. beim Plenum vorgelegt und nur in besonderen Fällen, wo es die Umstände erheischen, mit besonderen Schreiben begleitet.

Es können jedoch zur Abkürzung des Geschäftsganges, besonders in den kleinen Städten, die beim Magistrat erforderlichen Anfragen, soweit sie sich dazu eignen, durch mündlichen Vortrag der in den Deputationen vorsitzenden Magistrats-Mitglieder im Magistrats-Kollegium erfolgen. Doch ist der Vortragende in Uebereinstimmung mit dem in der Deputation gefaßten Beschlusse seinen Vortrag zu halten und seine Anträge zu machen verpflichtet. Auch haben diese Mitglieder in gleicher Art dem Magistrats-Kollegium von allem Erheblichen, was in den Deputationen vorkommt, Mittheilung zu machen. Bei eintretenden Zweifeln hat die Regierung hierüber das Nöthige festzusetzen.

Alle Verfügungen der Deputation gehen unter deren besonderer Firma. Ein Schriftwechsel zwischen den verschiedenen Deputationen ist nicht zuläßig. Sie theilen sich ihre Beschlüsse br. m. mit, erörtern dieselben bei Verschiedenheit der Meinungen gemeinschaftlich und berichten nöthigenfalls an das Plenum des Magistrats.

§. 30. Gehen Beschwerden über die Geschäftsverwaltung der Deputationen beim Magistrat ein, oder gelangt derselbe sonst zur Kenntniß von Unregelmäßigkeiten und Mängeln in deren Geschäftsführung, so ist er dieselben zu untersuchen und abzustellen verpflichtet.

Der Dirigent ernennt hierzu nöthigenfalls besondere Kommissarien, welche sich der Revision jener Mängel unterziehen und dem Magistrat zur weiteren Beschlußnahme Bericht erstatten müssen.

Beschwerden über einzelne Verfügungen der Deputation muß der Magistrat in der Art zu erledigen suchen, daß er sie auf dem kürzesten Wege untersucht, prüft, ob die Verfügung den bestehenden Gesetzen und Verordnungen, sowie seinen daraus hergeleiteten Verwaltungs-Grundsätzen gemäß ist, und falls die Beschwerde gegründet ist, der Deputation die erforderliche Weisung zu deren Abhilfe ertheilt, auch den Beschwerdeführer hiervon benachrichtigt; falls aber die Beschwerde ungegründet befunden wird, den Beschwerdeführer selbst zurechweiset. Die Deputation muß also in Fällen, wo sie gefehlt hat, unter Leitung des Magistrats die Sache selbst wieder in das richtige Gleis bringen, und ein förmlicher Instanzenzug möglichst vermieden werden.

Der Bürgermeister ist befugt, unter den Magistratsmitgliedern der Schuldeputation den Vorsitzenden zu ernennen und an den Sitzungen derselben mit Stimmrecht theilzunehmen resp. in diesem Falle den Vorsitz selbst zu übernehmen. (M.R. v. 12. Aug. 1870 V.M.B. S. 264.)

in allen Beziehungen dem Magistrate untergeordnet sind, werden die Stadtverordneten und stimmfähigen Bürger von der Stadtverordneten-Versammlung gewählt, die Magistrats-Mitglieder dagegen von dem Bürgermeister ernannt, welcher auch unter letzteren den Vorsitzenden zu bezeichnen hat[360–362].

Durch statutarische Anordnungen können nach den eigenthümlichen örtlichen Verhältnissen besondere Festsetzungen über die Zusammensetzung der bleibenden Verwaltungs-Deputationen getroffen werden.

---

360. Ueber die Obliegenheiten der Einquartierungs- (Servis)-Deputationen vergl. das Gesetz wegen der Quartierleistung v. 25. Juni 1868 (Bundesges.-Bl. S. 523) und die Ausführungs-Instruktion dazu v. 31. Dez. 1868 (Bundesges.-Bl. 1869 S. 1).

361. Die städtischen Schuldeputationen sind den nach §. 59 der Städteordnung zu bildenden Verwaltungs-Deputationen nicht gleichartig. Während die letzteren nur als Beauftragte des Magistrats anzusehen, sind die Schuldeputationen eine besondere, in sich geschlossene, mit der Kommunalverwaltung zwar zusammenhängende, ihrem Zweck nach aber der Unterrichtsverwaltung angehörige Institution. Die Mitglieder der Deputation bedürfen deshalb der Bestätigung der Schulaufsichtsbehörde. Durch dieses Bestätigungsrecht wird das Selbstverwaltungsrecht der Stadtgemeinden in ihren Kommunal-Angelegenheiten nicht beeinträchtigt, denn das Bestätigungsrecht muß als ein Ausfluß des staatlichen Aufsichtsrechtes über die Schulen insbesondere, nicht aber über die städtischen Kommunal-Angelegenheiten im Allgemeinen angesehen werden. Daraus ergiebt sich auch, daß bei den Regierungen die Angelegenheiten der städtischen Schuldeputationen von den Abtheilungen für Kirchen- und Schulwesen zu bearbeiten sind, eine Konkurrenz der Abtheilungen des Inneren aber erst dann und nur insoweit einzutreten hat, als es sich um die Wahl und die Zusammensetzung dieser Deputationen oder um die ausschließlich kommunale Seite ihrer Thätigkeit handelt.

Ueber die Organisation, den Wirkungskreis und die Geschäftsverwaltung der Schul-Deputationen enthält die Min.-Instr. v. 26. Juni 1811 (Ann. Bd. 17 S. 659) das Erforderliche. Es sind zwar mancherlei Bedenken gegen die noch fortdauernde Giltigkeit dieser Instruktion geltend gemacht worden, diese sind aber als durchgreifend nicht anzuerkennen. Die Instruktion von 1811 hat eine besondere, in sich geschlossene, mit der Kommunalverwaltung zwar zusammenhängende, ihren Zweck nach aber der Unterrichts-Verwaltung angehörige Institution geschaffen und daher durch Aufhebung der Städteordnung von 1808 den Boden ebensowenig verloren, als ihr Bestand durch die Städteordnung von 1853 alterirt worden ist, da die letztere über Schulangelegenheiten besondere Bestimmungen nicht enthält, und diejenigen kommunalen Einrichtungen, auf welche die Instruktion von 1811 gestützt ist, in der neuen Städteordnung im Wesentlichen unverändert beibehalten sind. Für die Provinz Preußen insbesondere wird die Giltigkeit der früheren Instruktion durch §. 36 der Schulordnung vom 11. Dez. 1845 (Ges.S. 1846 S. 1) ausdrücklich ausgesprochen. (Min.-Instrukt. vom 20. Juni 1853 V.M.B. S. 142, M.R. v. 17. Febr. 1854 V.M.B. S. 46 u. M.R. v. 21. Dez. 1864 V.M.B. 1865 S. 23.)

Die Instruktion vom 26. Juni 1811 bestimmt Folgendes:

§. 1. Die Schuldeputationen sollen bestehen:

1) aus einem bis höchstens drei Magistrats-Mitgliedern,
2) aus eben so viel Stadtverordneten,
3) aus einer gleichen Anzahl des Schul- und Erziehungswesens kundiger Männer und
4) aus einem besonderen Vertreter derjenigen Schulen, welche, ungeachtet sie nicht städtischen Patronats sind, den städtischen Schuldeputationen werden untergeordnet werden. In der Regel werden daher in den großen Städten 9, in den mittleren Städten 6 und in den kleinen Städten 3 Personen und die etwanigen Vertreter derjenigen Schulen, welche nicht städtischen Patronats sind, die Schuldeputation bilden.

Außerdem sollen in den größeren Städten die Superintendenten, insofern sie nicht schon zu außerordentlichen Mitgliedern der Schuldeputation ernannt sind, das Recht haben, in derselben die Schulangelegenheiten ihrer Diözesen, soweit diese vor die dasige Schuldeputation gehören, vorzutragen und darüber ihre Stimme abzugeben.

§. 2. Bei Errichtung der Schuldeputation treten in den großen und mittleren Städten zuerst die vom Magistrat und von den Stadtverordneten gewählten Deputirten zusammen und wählen zu jeder, mit sachverständigen Mitgliedern zu besetzenden Stelle (§. 1 Nr. 3) drei Subjekte. Diese werden vom Magistrat der Regierung vorgeschlagen, welche für jede Stelle eins aushebt und nebst den übrigen Mitgliedern der städtischen Schuldeputation bestätigt.

In den kleineren Städten, welche nicht über 3500 Einwohner haben, bedarf es der Wahl eines besonderen sachkundigen Mitgliedes nicht, sondern der jedesmalige Superintendent, wenn die Stadt der Sitz einer Superintendentur ist, oder sonst der erste Prediger des Ortes, soll schon von Amtswegen ohne weitere Wahl als sachverständiges Mitglied eintreten.

Die Vertreter der Schulen (§. 1 Nr. 4) ernennt die Regierung.

§. 3. In Städten, wo es Schulen verschiedener Konfessionen giebt, welche alle städtischen Patronats sind, ist bei der Zusammensetzung der Schuldeputation hierauf Rücksicht zu nehmen und das gehörige Verhältniß zu beobachten.

§. 4. In Städten, wo es mit der Schuldeputation in Verbindung stehende Gelehrtenschulen giebt, wird es zweckmäßig sein, daß unter den sachkundigen Mitgliedern immer ein Rektor oder einer der ersten Lehrer bei derselben sich befinde.

§. 5. Die mit sachverständigen Mitgliedern zu besetzenden Stellen können auch anderen würdigen und einsichtsvollen Männern übertragen, müssen jedoch so viel als möglich mit Geistlichen besetzt werden.

§. 6. Die städtischen Behörden haben bei der Wahl der Mitglieder der Schuldeputation dahin zu sehen, daß nur rechtschaffene, verständige, für die gute

Sache des Schul- und Erziehungswesens erwärmte und von ihren Mitbürgern geachtete Männer gewählt werden.

§. 7. Die Verhältnisse der Mitglieder der Schuldeputationen unter einander bestimmen sich nach §. 176 d. St.O. v. 1808.

§. 8. Die Stellen in den Schuldeputationen werden immer auf sechs Jahre besetzt. Nach Verlauf dieser Zeit werden die Deputationen auf dieselbe Art, wie zu Anfang, erneuert, und es können zwar die vorigen Mitglieder wieder deputirt und gewählt, müssen aber sämmtlich der Regierung aufs Neue zur Bestätigung vorgeschlagen werden. Es steht jedoch jedem Mitgliede frei, nach drei Jahren abzutreten.

§. 9. Die Behörden für die inneren und äußeren Angelegenheiten des Schulwesens der Städte im Allgemeinen sollen nicht abgesondert von einander bestehen, sondern es soll die städtische Schuldeputation, um das Ganze unter eine einfache und harmonische Leitung zu bringen, nur eine einzige Behörde sowohl für die inneren als für die äußeren Angelegenheiten des Schulwesens ihrer Stadt bilden.

§. 10. Der Wirkungskreis der städtischen Schuldeputation dehnt sich zunächst auf sämmtliche Lehr- und Erziehungs-Anstalten innerhalb der Städte und deren Vorstädte aus, welche städtischen Patronats sind, ohne Unterschied der Konfessionen und der verschiedenen Arten und Grade der Schulen. Die städtischen Waisenhäuser, Armen- und milden Stiftungsschulen sind mit darunter begriffen, und nur in Ansehung der Verwaltung konkurrirt bei diesen die Armendirektion.

Ferner werden sämmtliche Elementarschulen in den Städten, welche nicht städtischen Patronats, und zwar die Königlichen ganz mit Vorbehalt der Vermögens-Verwaltung für die Patrone, ingleichen der Lehrerwahlen überhaupt (§. 21), den städtischen Schul-Deputationen untergeordnet, desgleichen die Schulen der jüdischen Gemeinden.

Schulen gemischten städtischen und fremden Patronats, ohne Unterschied ihres Grades, werden der Aufsicht der städtischen Schuldeputation ebenfalls übergeben, und nur ein oder zwei Deputirte von Seiten des anderen Patronats nach Maßgabe der Wichtigkeit der Schulen den Deputationen zugeordnet.

Ueber alle Privatschulen und Privatinstitute führen unter Leitung der Regierung die Schuldeputationen diejenige Aufsicht, welche der Staat in Ansehung derselben ausübt.

§. 11. Das den Schuldeputationen zugestandene Recht erstreckt sich dahin, daß sie auf genaue Befolgung der Gesetze und Anordnungen des Staats in Ansehung des ihnen untergebenen Schulwesens halten, auf die zweckmäßigste und den Lokalverhältnissen angemessenste Art sie auszuführen suchen, darauf sehen, daß das Personal derer, die am Schulwesen arbeiten, seine Pflicht thut, und dasselbe dazu anhalten, daß sie das Streben zum Bessern in demselben anfachen, und endlich einen regelmäßigen und ordentlichen Schulbesuch sämmtlicher schulfähiger Kinder des Orts zu bewirken und zu befördern suchen. Sie haben deswegen nicht nur die Befugniß, den Prüfungen und Zensuren der Schulen beizuwohnen, sondern sind auch verpflichtet, diese mitunter außerordentlich zu besuchen und sich aufs genaueste in ununterbrochener Kenntniß ihres ganzen innern und äußern Zustandes zu erhalten. Vorzüglich liegt dies den sachkundigen Mitgliedern der Schuldeputationen ob.

§. 12. In Beziehung auf die Rektoren der größeren Schulen müssen aber die Deputationen den Gesichtspunkt fassen, daß diesen innerhalb des durch die Vorschriften des Staats gezogenen oder noch zu bestimmenden Geschäftskreises die freieste Wirksamkeit zu lassen sei, und haben sich daher einer positiven Einmischung in deren amtlichen Wirkungskreis gänzlich zu enthalten.

§. 13. Die Spezialaufsicht, welche Prediger und Schulvorsteher außer den Deputationen ausüben, wird übrigens durch die Errichtung der letzteren nicht aufgehoben, sondern nur mit der allgemeinen Oberaufsicht derselben in Verbindung gesetzt.

§. 14. Bei der Aufsicht über die Töchterschulen werden die Schuldeputationen die verständigsten und achtbarsten Frauen aus den verschiedenen Ständen zu Rathe ziehen, ihnen wesentlichen Antheil an Schulbesuchen, Prüfung und Beurtheilung der Arbeiten, der Erziehung und Unterweisung geben, und die Hausmütter des Orts auf alle Weise für die Verbesserung der weiblichen Erziehung zu interessiren suchen.

Sie dürfen deshalb zu den Schulbesuchen nicht immer dieselben Frauen einladen, sondern können darin abwechseln. Die Spezial-Aufsicht über einige Mädchenschulen dürfen sie Frauen, welche vorzüglich Sinn und Eifer für Beförderung einer guten Erziehung an den Tag legen, übertragen und sie zu Mitvorsteherinnen derselben ernennen.

§. 15. Eben so sehr aber, wie auf die Thätigkeit der Schuldeputationen in der Aufsicht über das Schulwesen, wird auf ihren Eifer in der Fürsorge für dasselbe, um es in guten Stand zu bringen und darin zu erhalten, gerechnet. Sie haben daher dafür zu sorgen, daß jeder Ort die seiner Bevölkerung und seiner Bedeutsamkeit angemessene Anzahl und Art von Schulen erhalte, daß das Vermögen, die Gebäude und sonstigen Pertinenzien der Schulen ungeschmälert in guter Verfassung bleiben, auch daß sie nach den Bedürfnissen vermehrt, verbessert, zweckmäßiger eingerichtet und verwaltet werden. Nach den Bedürfnissen der Schulen, in Ansehung des Unterrichts und seiner Hilfsmittel, haben sie sich sorgfältig zu erkundigen, und so oft sie dergleichen wahrnehmen, oder sie ihnen angezeigt werden, ihnen nach Möglichkeit entweder selbst abzuhelfen oder den kompetenten Behörden darüber Anträge zu machen.

§. 16. Das Ansehen der Schulen und ihrer Lehrer haben sie aufrecht zu erhalten und dahin zu streben, daß diesen durch eine sorgenfreie Lage die zur Erfüllung der Pflichten ihres verdienstlichen und schweren Berufs nöthige Heiterkeit und Muße erhalten werde. Das Interesse ihrer Mitbürger für das Schulwesen sollen sie zu beleben und dasselbe zu einem der wichtigsten Gegenstände ihrer Aufmerksamkeit und Pflege zu machen sich bemühen.

§. 17. Mit der Fürsorge für die Schulen hängt zusammen die Aufsicht über die Verwaltung ihres Vermögens, welche den Schuldeputationen in Betreff der ihnen uneingeschränkt (§. 10) übergebenen Schulen zusteht. Wo ein gemeinschaftlicher Schulfonds in den Städten schon existirt oder noch gebildet wird, da steht dieser unter unmittelbarer Administration der Schuldeputation. So wie diese das Maß des Schulgeldes für diejenigen Schulen, welche ihnen uneingeschränkt anvertraut worden, nach den Lokalverhältnissen der Regierung vorschlagen und darauf antragen können, welcher Theil desselben zum allgemeinen Schulfonds zu ziehen, und welcher den Lehrern einer jeden Schule zur Vertheilung nach gewissen Verhältnissen zu lassen sei, so sorgen sie auch andererseits für pünktliche Ausführung der höheren Orts hierüber etwa schon getroffenen oder noch zu treffenden Festsetzungen.

§. 18. Auch haben sie die Einrichtung zu treffen, daß das Schulgeld nicht durch die Lehrer, sondern durch die Vorsteher der einzelnen Schulen erhoben und der Schuldeputation nach den in jeder Stadt angenommenen Grundsätzen berechnet werde.

§. 19. Jede Schule behält aber ihr eigenes Vermögen, und nur die Etats sämmtlicher Schulen werden den Deputationen jährlich vorgelegt, von ihnen revidirt und der Regierung zur Vollziehung eingesandt. Auch die Jahresrechnungen werden den Deputationen vorgelegt, welche sie von den Stadtverordneten-Kollegien dechargiren lassen.

§. 20. Jährlich vor dem Jahresschlusse erstatten sie einen ausführlichen Bericht über die in dem Schulwesen vorgegangenen Veränderungen und den gegenwärtigen innern und äußern Zustand desselben an die vorgesetzte Regierung.

§. 21. Die Lehrerwahlen bleiben bei den Schulen, die rein städtischen Patronats sind, noch bei Magisträten, nur daß das Gutachten der sachverständigen Mitglieder der Schuldeputationen jedesmal eingezogen werden muß. An Schulen gemischten Patronats werden die Lehrer für Stellen, zu denen die Wahl bisher der nicht städtischen Behörde zustand, ferner von dieser gewählt, ohne Konkurrenz des Magistrats und der Schuldeputation.

§. 22. Die Mitglieder der Schuldeputation halten ihre ordentlichen Zusammenkünfte alle vierzehn Tage auf dem Rathhause des Orts, außerdem aber versammeln sie sich, so oft es nöthig ist. Es steht ihnen frei, Geistliche oder andere sachverständige Männer außer den Deputirten in vorkommenden Fällen zuzuziehen, auch bei außerordentlichen Veranlassungen größere Versammlungen der Prediger, Lehrer oder Schul-Vorsteher eines Orts zu veranstalten.

Dazu ist zu bemerken:

Zu §. 1. Die Magistratsmitglieder werden nicht vom Magistrat gewählt, sondern vom Bürgermeister ernannt. M.R. v. 18. Mai 1875 B.M.B. S. 204. Derselbe ernennt den Vorsitzenden und kann jederzeit selbst den Vorsitz mit vollem Stimmrecht übernehmen. M.R. v. 12. August 1870 B.M.B. S. 264. Vgl. noch M.R. vom 19. Oct. 1868 B.M.B. 1869. S. 12 u. 4. Juli 1873 B.M.B. S. 291. M.R. v. 23. Novbr. 1874 C.U.B. S. 709 (Rektor einer Volksschule).

Zu §. 2. In den Städten, wo mehrere Geistliche vorhanden sind, soll nicht der Superintendent, sondern der diesem zunächst folgende Geistliche der Schuldeputation als sachverständiges Mitglied beigeordnet werden. (M.R. vom 21. Nov. 1827 Ann. S. 960.)

Zu §. 5. Unter den Mitgliedern der Schuldeputation muß sich mindestens ein Geistlicher befinden (M.R. v. 17. Juni 1864 B.M.B. S. 195).

Auch Juden dürfen Mitglieder einer städtischen Schuldeputation sein (M.R. v. 26. Jan. 1871 B.M.B. S. 103). M.R. v. 10. März 1876 C.U.B. S. 264.

Zu §. 7. Der §. 176 der Städteordnung von 1808 bestimmt, daß die in der Deputation sitzende älteste oder alleinige Magistrats-Person zwar den Vorsitz, allein jedes Mitglied eine gleiche Stimme hat, bei Stimmenmehrheit aber dem Vorsitzenden die Entscheidung zusteht.

Zu §. 9. Die Schuldeputation ist die einzige Behörde für die innern und äußern Angelegenheiten des Schulwesens ihrer Stadt, es kann daher nicht auch der Magistrat als solche betrachtet und behandelt werden. Urlaubsgesuche der Lehrer z. B. müssen daher an die Schuldeputation gerichtet werden, die sich mit dem Superintendenten über Gewährung oder Ablehnung des Urlaubsgesuches in Verbindung zu setzen hat. (M.R. v. 19. Oktbr. 1868 B.M.B. 1869 S. 12.)

Durch §. 3 des Ges. betr. die Beaufsichtigung des Erziehungs- und Unterrichtswesens vom 11. März 1872 (G.S. S. 113) ist die den Gemeinden und ihren Organen zustehende Theilnahme an der Schulaufsicht unberührt geblieben. Die Aufsicht über die Kommunalschulen steht nach §. 1 d. Ges. dem Staate zu, der sie durch Local- und Kreisschulinspectoren ausübt. Hinsichtlich des in Volksschulen zu ertheilenden Religionsunterrichts steht der Kirche ein Aufsichtsrecht zu. (Art. 24 der Preuß. Verfassung; M.R. vom 2 December 1874 C.U.B. 1875 S. 20.)

Zu §. 12. Unter den größeren Schulen sind die im §. 4 erwähnten Gelehrtenschulen, höhere Bürgerschulen, Realschulen, Gymnasien 2c.) gemeint.

Die städtischen Schuldeputationen sind als eine besondere, in sich geschlossene, mit der Kommunalverwaltung zwar zusammenhängende, ihrem Zwecke nach aber der Unterrichtsverwaltung angehörige Institution anzusehen. Ihre Mitglieder bedürfen deshalb der staatlichen Bestätigung, was bei den Mitgliedern der andern Deputationen nicht erforderlich ist. (M.R. v. 19. Okt. 1868 B.M.B. pro 1869 S. 12.)

361a. Die Kosten des regelmäßigen Schulbaubedürfnisses sind als regelmäßige Ausgaben des Gemeindehaushalts zu betrachten und demgemäß aus den regelmäßigen Einnahmen der Stadtgemeinden zu bestreiten. Zu diesem Zweck empfiehlt es sich in Besonderem, Schulhaus-Neubaufonds anzusammeln, welchen regelmäßig jährlich angemessene, nach dem muthmaßlichen Bedürfnisse des betreffenden Zeitabschnitts zu berechnende Beträge aus den Intraden des städtischen Aerars zuzuführen sind.

R. d. F.M. u. d. M. d. J. v. 10. Oktober 1889 M.Bl. S. 163.

362. Nach §. 179 der Städteordnung von 1808 und der Deklaration vom 4. Juli 1832 (Ges.S. S. 181) kann für Angelegenheiten der Kirchen, deren Patron der Magistrat oder die Stadt ist, auch eine besondere Deputation eingerichtet werden. Sie hat eben so wenig wie die Schuldeputation etwas mit den-

jenigen Deputationen gemein, welche nach §. 59 der Städteordnung niedergesetzt werden. Zu ihr gehört der erste oder der alleinige Prediger der Stadt mit vollem Stimmrecht. Die Deputation darf sich nur mit den äußeren kirchlichen Angelegenheiten befassen: bei der Wahl der Geistlichen wirkt sie nicht mit. Sie hat nur die Aufsicht über die Kirchenvorsteher, hat sich aber sonst in deren Amtsgeschäfte nicht zu mischen. (M.R. v. 21. April 1809 und 25. Juli 1811, Rumpf's Städteordn. S. 170, M.R. v. 15. März 1823 Ann. S. 374 und v. 9. Mai 1842 V.M.B. S. 189.)

362a. Hinsichtlich der Sanitätsdeputationen vergl. die K.Ordre vom 8. August 1835, welche das Regulativ über die sanitätspolizeilichen Vorschriften bei den am häufigsten vorkommenden ansteckenden Krankheiten bestätigte. Die nach §. 1 a. a. O. zu errichtenden Sanitätscommissionen sollen in Städten von 5000 und mehr Einwohnern fortwährend bestehen. In kleineren Städten bleibt deren Errichtung den Regierungen vorbehalten. Dieselben setzen sich zusammen

a) aus dem zugleich den Vorsitz führenden Vorstande der Ortspolizeibehörde und wo dieselbe nicht zugleich die Kommunalbehörde ist, auch aus dem Vorstande oder einem von demselben zu deputirenden Mitgliede der letzteren,
b) aus einem oder mehreren von der Ortspolizeibehörde zu bestimmenden Aerzten,
c) aus mindestens drei von den Stadtverordneten zu erwählenden geeigneten Einwohnern der Stadt,
d) in Garnisonorten außerdem noch aus einem oder mehreren von den Militärbefehlshabern zu bestimmenden Offizieren und einem Militärarzte (§. 3 d. Ges.)

Ob in größeren Städten außer der Sanitätscommission noch besondere derselben untergeordnete Special (Schutz- oder Revier)Commissionen zu bilden sind, hängt von der Ortspolizeibehörde ab (§. 4 d. Ges.).

Die Sanitätscommissionen bilden theils Rath gebende theils ausführende Behörden in der Art, daß die Ortspolizeibehörde dieselbe in allen Fällen, wo sie ihrer Unterstützung oder Berathung bedarf, dazu berufen kann, zugleich aber auch ihre Vorschläge anzuhören und darüber zu entscheiden hat (§. 5 d. Ges.).

Zu den die öffentliche Gesundheitspflege betreffenden hier interessierenden Gesetzen gehören

1. das Gesetz betr. die Errichtung öffentlicher ausschließlich zu benutzender Schlachthäuser vom 18. März 1868 (G.S. S. 277) abgeändert und ergänzt durch das Ges. v. 9. März 1881 (G.S. S. 273). Hierzu Zust.-Ges. §. 131, wonach der Bezirksausschuß über die Genehmigung der auf Grund der Vorschriften jenes Gesetzes gefaßten Gemeindebeschlüsse, über die Bestätigung von Verträgen zwischen einer Gemeinde und einem Unternehmer in Betreff der Errichtung eines öffentlichen Schlachthauses und über Entschädigungsansprüche wegen des durch die Errichtung derartiger Schlachthäuser zugefügten Schadens beschließt;

§. 60.

Städte von größerem Umfange oder von zahlreicherer Bevölkerung werden von dem Magistrat nach Anhörung der Stadtverordneten in Ortsbezirke getheilt.

Jedem Bezirk wird ein Bezirks-Vorsteher vorgesetzt, welcher von den Stadtverordneten aus den stimmfähigen Bürgern des Bezirks auf sechs Jahre erwählt und vom Magistrat bestätigt wird. In gleicher Weise wird für den Fall der Verhinderung des Bezirksvorstehers ein Stellvertreter desselben angestellt.

---

2. das Gesetz betr. die Ausführung des Reichsimpfgesetzes vom 12. April 1875 (G.S. S. 191);
3. das Gesetz betr. den Verkehr mit Nahrungsmitteln, Genußmitteln und Gebrauchsgegenständen vom 14. Mai 1879 (R.G.B. S. 145).

362b. Hinsichtlich der Waisenräthe vgl. die Vorschriften in §. 52ff. der Vormundschaftsordnung vom 5. Juli 1875. Hiernach sind für jede Gemeinde oder für örtlich abzugrenzende Gemeindetheile ein oder mehrere Gemeindeglieder als Waisenräthe zu bestallen. Durch Beschluß der Gemeindebehörde kann das Amt des Waisenraths besondere Abtheilungen der Gemeindeverwaltung übertragen oder mit schon bestehenden Organen der Gemeindeverwaltung verbunden werden. Der Waisenrath steht dem Vormundschaftsrichter zur Seite, controliert den Vormund bei der Sorge für die Person des Mündels und wahrt das Interesse der Gemeinde bei der Fürsorge für die Pflegebefohlenen.

362c. Bei Beleidigung eines Mitgliedes einer jeden Magistratsdeputation ist der Magistrat als vorgesetzte Behörde zur Stellung des Strafantrages nach §. 196 R.S.G.B. befugt.

E. Reichsger. vom 12. October 1888.

Die Magistratsdeputationen haben nach dem Plenarbeschluß des Ob.Trib. vom 27. Mai 1839 (Bd. 4 S. 273) die Eigenschaft einer öffentlichen Behörde.

362d. Hinsichtlich der Befugniß der Deputationen zur selbständigen Prozeßführung vergl. den M.E. vom 22. October 1883 V.M.B. 1884 S. 9. Hiernach sollen die Deputationen berechtigt sein, die Stadtgemeinde bei Führung von Prozessen zu vertreten, da eine solche Vertretung an sich in das Gebiet der Gemeindeverwaltung fällt, welche nach §. 59 St.O. hinsichtlich einzelner Geschäftszweige besondern Deputationen übertragen werden kann. Das O.V.G. führt hierzu in der E. v. 26. Jan. 1889 XVII S. 271 aus: diese Berechtigung muß aber den städtischen Deputationen jedesmal besonders übertragen werden. Auch sollen die Deputationen darüber, ob Namens der Stadtgemeinde Prozesse geführt werden sollen, selbständig Beschlüsse fassen dürfen, wenn die betr. Prozeßführung — wie dies namentlich bei Einklagung der auf Grund von Hebelisten ꝛc. fälligen Forderungen der Fall ist, ihrem Objekte nach als ein Akt der laufenden Verwaltung sich charakterisirt.

Die Bezirksvorsteher sind Organe des Magistrats und verpflichtet, seinen Anordnungen Folge zu leisten, ihn namentlich in den örtlichen Geschäften des Bezirks zu unterstützen[363]).

§. 61.

Jedes Jahr, bevor sich die Stadtverordneten-Versammlung mit dem Haushalts-Etat beschäftigt, hat der Magistrat in öffentlicher Sitzung derselben über die Verwaltung und den Stand der Gemeinde-Angelegenheiten einen vollständigen Bericht zu erstatten[364-366]). Tag und Stunde werden wenigstens zwei freie Tage vorher in der Gemeinde bekannt gemacht[367]).

---

363. Den Geschäftskreis der Bezirksvorsteher hat der Magistrat durch Instruktionen näher festzustellen. Die Städteordnung von 1808 bezeichnete als zum Wirkungskreise der Bezirksvorsteher gehörig namentlich die Aufsicht auf Straßen, Brücken, Brunnen, Wasserleitungen 2c., deren Reinigung, kleine Ausbesserungen derselben, Kontrole der Erleuchtung und Nachtwache, Aufsicht auf öffentliche Plätze und deren Reinigung 2c.

Die Instruktion für die Bezirksvorsteher der Stadt Berlin ist abgedruckt in Nr. 49 der deutschen Gemeindezeitung für das Jahr 1867.

364. Es ist dringend zu wünschen, daß diese Bestimmung in ihrer ganzen Ausdehnung zur Ausführung gebracht werde. Die Städteordnung fordert einen vollständigen Bericht über den Stand und die Verwaltung der Gemeinde-Angelegenheiten. Der Bericht wird also alle zur Beurtheilung der Gemeinde-Angelegenheiten erforderlichen thatsächlichen Details so ausführlich und zusammenhängend darlegen müssen, daß sich Jedermann ein selbständiges Urtheil über die Lage der Gemeinde zu bilden vermag.

Als „Gemeinde-Angelegenheiten" werden alle diejenigen Verhältnisse zu betrachten sein, welche die Mitglieder der Gemeinde als solche, als eine gesellschaftlich und politisch verbundene Ortsgemeinschaft betreffen, gleichviel, ob diese Gemeinschaft alle oder nur einen Theil der Personen, alle oder nur einen Theil der Verhältnisse derselben umfaßt: kurz, es werden als Gemeinde-Angelegenheiten alle für den Einzelnen und die Gesammtheit sich ergebenden allgemeinen gesellschaftlichen und politischen Beziehungen und Zustände zu gelten haben. Wenn daher die Berichte über den Stand der Gemeinde-Angelegenheiten Auskunft geben sollen, so werden sie die Lage und Beschaffenheit aller gesellschaftlichen und politischen Ortsverhältnisse schildern müssen; wenn sie über die Verwaltung der Gemeinde-Angelegenheiten Auskunft zu geben haben, so muß aus ihnen ersichtlich sein, was von der Gemeinde oder der öffentlichen Gesammtkörperschaft als solcher dafür gethan wird. Hieran wird sich endlich ein Urtheil darüber anzuschließen haben, ob Dasjenige, was gethan ist, zu wahrem Heile gereicht und ob, wie und was noch Anderes und Besseres gethan werden kann.

(Vgl. die Aufsätze über die städtischen Verwaltungsberichte in der deutschen

§. 62.

Der Bürgermeister hat nach näherer Bestimmung der Gesetze folgende Geschäfte zu besorgen:

I. wenn die Handhabung der Ortspolizei nicht Königlichen Behörden übertragen ist[368]):

1. die Handhabung der Ortspolizei[369]);
2. die Verrichtung eines Hilfsbeamten der gerichtlichen Polizei[370]);

Gemeinde-Zeitung Jahrgang 1865 Nr. 52 u. 1866 Nr. 40 u. 41. Der letztere enthält ein allgemeines Schema zu einem Verwaltungsbericht, dessen allseitige Anwendung aus vielfachen Gründen zu empfehlen ist.

365. Sehr zweckmäßig erscheint es, den Verwaltungsbericht jedesmal auf das volle, der Etatsberathung vorausgegangene Kalenderjahr zu erstatten und nicht an dessen Stelle einen Bericht für die Zeit vom 1. Oktober bis 1. Oktober oder nur auf die ersten Dreiviertheile des Jahres zu liefern. Mit den Bestimmungen der Städteordnung ist die erstgedachte Zeiteintheilung sehr wohl verträglich.

366. Der mündliche Vortrag des Verwaltungsberichtes in öffentlicher Stadtverordneten-Sitzung ist fast vollständig werthlos; soll erreicht werden, was damit bezweckt wird, so muß er vervielfältigt und jedem Einwohner, mindestens jedem Stimmberechtigten, übergeben werden. Es ist sogar sehr wünschenswerth, daß unter den Magistraten der einzelnen Städte ein Austausch der Berichte stattfinde, um sich wechselseitig anzuregen und zu belehren. In solchem Falle ist nach der Verfassung vom 24. Mai 1859 (B.M.B. S. 153) die portofreie Beförderung mit der Post ausgeschlossen.

367. Die Bekanntmachung wird in ortsüblicher Weise von dem Magistrat selbst zu erlassen sein.

368. Die Bürgermeister in Städten mit Königlicher Polizeiverwaltung sind zur Uebernahme der Geschäfte eines Polizei-Anwalts nicht verpflichtet. (M.R. v. 14. Sept. 1854 B.M.B. S. 174) vgl. auch Note 371.

369. Das Verhältniß der Städte zum Staate in Betreff der Polizei ist durch das Gesetz vom 11. März 1850 (Ges.S. S. 265) geregelt.

Die Befugniß zum Erlaß polizeilicher Strafverfügungen regelt das auf Grund der §§. 453—458 der Reichsstrafprozeßordnung erlassene Gesetz v. 23. April 1883 (G.S. S. 65).

Ueber die Rechtsmittel gegen polizeiliche Verfügungen vgl. die Vorschriften in §§. 127 ff. L.B.G.

Ueber die Zulässigkeit des Rechtsweges in Beziehung auf polizeiliche Verfügungen vgl. das Ges. v. 11. Mai 1842 (G.S S. 142), §. 131 des Zust.Ges.; E.R. v. 11. Oktober 1884 (B.M.B. S. 260).

370. Nach §. 153 des Gerichtsverfassungsgesetzes vom 27. Januar 1877 (R.G.B. S. 41) sind die Beamten des Polizei- und Sicherheitsdienstes Hilfsbeamte der Staatsanwaltschaft. Durch Erlaß des Justizministers und des Mi-

3. die Verrichtungen eines **Amts-Anwalts**[371]).

II. Alle örtlichen Geschäfte der Kreis-, Bezirks-, Provinzial- und allgemeinen Staatsverwaltung, namentlich auch das Führen der Personenstands-Register, sofern nicht andere Behörden dazu bestimmt sind[372]).

---

nisters des Innern sind unter Andern die Bürgermeister oder das an dessen Stelle mit der Führung der Polizeiverwaltung beauftragte Magistratsmitglied als Hilfsbeamte der Staatsanwaltschaft bezeichnet worden. E. vom 15. September 1879 (V.M.B. S. 265). Jedoch ist durch ferneren Erlaß der genannten Minister vom 20. December 1879 (V.M.B. 1880 S. 28) angeordnet worden, daß in den einen Stadtkreis bildenden Städten der Bürgermeister oder das denselben vertretende Magistratsmitglied nicht zu den Hilfsbeamten der Staatsanwaltschaft gehören und ausnahmsweise auch in andern größern Städten, die keinen Stadtkreis bilden, der städtische Polizeidirigent von der Stellung eines Hilfsbeamten entbunden werden kann. Ueber das Aufsichtsrecht der Staatsanwaltschaften über die Hilfsbeamten derselben verhalten sich die §§. 81 ff. Preuß. Ausführungsges. zum Ger.Verf.Ges. vom 24. April 1878 (G.S. S. 230).

371. An Stelle der Polizeianwälte sind zufolge §. 143 des Gerichtsverfassungsgesetzes vom 27. Januar 1877 (R.G.B. S. 41) die **Amtsanwälte** getreten. Nach §. 64 des Preuß. Ausführungsgesetzes zum Gerichtsverfassungsgesetz vom 24. April 1878 (G.S. S. 230) sind die Vorsteher der Gemeindeverwaltung am Sitze des Amtsgerichts verpflichtet, die Geschäfte eines Amtsanwalts zu übernehmen, sofern nicht die örtliche Polizeiverwaltung Königlichen Behörden übertragen ist. Wird von der Gemeindebehörde eine andere geeignete Person in Vorschlag gebracht, welche zur Uebernahme dieser Geschäfte bereit ist, so fällt die Verpflichtung des Vorstehers der Gemeindeverwaltung fort. Neben dem Vorsteher der Gemeindeverwaltung ist auf Antrag der Gemeindebehörde eine von dieser vorgeschlagene geeignete Person zum **Stellvertreter des Amtsanwalts** zu bestellen. Ueber die Vertheilung der Geschäfte entscheidet der Vorsteher der Gemeindeverwaltung. Die **Kosten**, welche aus der Führung der Amtsanwaltschaft erwachsen, fallen in jedem Falle dem Staate zur Last. Die nach §. 64 ernannten Amtsanwälte erhalten für ihre persönliche Mühewaltung und zur Deckung der sächlichen Kosten eine als Pauschquantum festzusetzende Entschädigung.

372. Wegen der **Standesamtsgeschäfte** vergl. Reichsgesetz über die Beurkundung des Personenstandes und die Eheschließung vom 6. Februar 1875 R.G.B. S. 23 und Just.Ges. §. 154. Die hier interessirenden wichtigsten Bestimmungen sind folgende:

Den Standesbeamten liegt die Beurkundung der Geburten, Heiraten und Sterbefälle sowie die Eheschließung ob. Die durch die höhere Verwaltungsbehörde (Oberpräsidenten) zu bildenden Standesamtsbezirke können aus einer oder mehreren Gemeinden gebildet, größere Gemeinden können in mehrere Standesamtsbezirke getheilt werden. Für jeden Standesamtsbezirk ist ein Standesbeamter und mindestens ein Stellvertreter zu bestallen.

Einzelne dieser unter I. und II. erwähnten Geschäfte können mit Genehmigung des Regierungspräsidenten einem andern Magistrats-Mitgliede übertragen werden[373]).

In den Standesamtsbezirken, welche den Bezirk einer Gemeinde nicht überschreiten, hat der Bürgermeister die Geschäfte des Standesbeamten wahrzunehmen, sofern durch die höhere Verwaltungsbehörde nicht ein besonderer Beamter für dieselben bestallt ist. Der Bürgermeister ist jedoch befugt, die Geschäfte mit Genehmigung der höhern Verwaltungsbehörde andern Gemeindebeamten widerruflich zu übertragen. Die Gemeindebehörde kann die Anstellung besonderer Standesbeamten und Stellvertreter beschließen, die dann durch den Gemeindevorstand unter Genehmigung der höhern Verwaltungsbehörde ernannt werden und Gemeindebeamte sind (§. 4 d. Ges.).

Ist ein Standesamtsbezirk aus mehreren Gemeinden gebildet, so werden der Standesbeamte und dessen Stellvertreter stets von der höhern Verwaltungsbehörde bestallt. Ein jeder Vorsteher oder andere Beamte einer dieser Gemeinden ist verpflichtet, das Amt des Standesbeamten oder des Stellvertreters zu übernehmen (§. 6).

Die etwa erforderliche Entschädigung der nach §. 4 d. Ges. von den Gemeinden bestallten Standesbeamten fällt der Gemeinde zur Last.

Die im §. 6 bezeichneten Beamten sind berechtigt, für Wahrnehmung der Geschäfte des Standesbeamten von den zum Bezirk ihres Hauptamts nicht gehörigen Gemeinden eine in allen Fällen als Pauschquantum festzusetzende Entschädigung zu beanspruchen. Die Festsetzung derselben erfolgt in Stadtgemeinden durch die Gemeindevertretung. Die Beschwerdeer geht an den Bezirksausschuß, dessen Beschluß endgültig ist.

Die sächlichen Kosten werden in allen Fällen von den Gemeinden getragen. Wegen Feststellung der Entschädigung für sächliche Kosten ist der Rechtsweg ausgeschlossen. E.K. v. 15. April 1882 V.M.B. S. 28.

Die Aufsicht über die Amtsführung der Standesbeamten wird in Stadtgemeinden von dem Regierungspräsidenten, in höherer Instanz von dem Oberpräsidenten und dem Minister des Innern, im Stadtkreis Berlin von dem Oberpräsidenten und in höherer Instanz von dem Minister des Innern geführt.

Gebühren und Geldstrafen, welche in Gemäßheit dieses Gesetzes zur Erhebung gelangen, fließen, soweit die Landesgesetze nicht ein Anderes bestimmen, den Gemeinden zu, welche die sachlichen Kosten der Standesämter zu tragen haben.

373. Die im letzten Alinea des §. 62 enthaltene allgemeine Vorschrift soll der Stadtgemeinde die Mittel an die Hand geben, geeignete andere Mag.-Personen außer dem Bürgermeister mit der einen oder der anderen sub 1, 2 und 3 erwähnten Funktionen zu betrauen, wenn dies durch das Bedürfniß bedingt und angemessen erscheinen sollte.

Die Polizeiverwaltung wird eine ihren Aufgaben entsprechende Wirksamkeit nur dann entfalten können, wenn dieselbe einheitlich und unter voller Verantwortung entweder des hierzu in erster Linie berufenen Bürgermeisters oder aber

§. 63.

In Betreff der Befugniß der Stadtbehörden, ortspolizeiliche Verordnungen zu erlassen, kommen die darauf bezüglichen Gesetze zur Anwendung[374]).

---

des nach Maßgabe des vorstehenden Paragraphen ausnahmsweise zu bestallenden andern Magistratsmitgliedes geführt wird. Von dieser grundsätzlichen Regel ergeben sich für den Fall der Verwaltung der Polizei durch ein anderes Magistratsmitglied nur insofern Ausnahmen, als die in Angelegenheiten der Polizeiverwaltung zu erlassenden Zahlungsordres oder die Verhängung von Disciplinarstrafen gegen Polizeibeamte nach Maßgabe des §. 58 al. 1—3 St.O. von der jedesmaligen Mitwirkung des Magistratsdirigenten abhängig bleiben müssen. Dagegen kann es nicht für zulässig erachtet werden, zu bestimmen, daß das betr. Magistratsmitglied die Ortspolizeiverwaltung unter der Aufsicht des Bürgermeisters zu führen hat und daß dem Letzteren die Generalien, Personalien und die Arbeitseintheilung vorbehalten bleiben. M.R. vom 11. März 1887 B.M.B. S. 98.

373a. Ueber die Verpflichtung der Kommunalpolizeibeamten zur Uniformtragung vgl. M.R. v. 18. Januar 1882 (B.M.B. S. 35) hinsichtlich der sächlichen Kosten der Polizeiverwaltung vgl. E. O.V.G. v. 26. September 1885 XII S. 38, 20. November 1886 XIV S. 98.

374. Nicht die Stadtbehörden, sondern die mit der örtlichen Polizeiverwaltung beauftragten Königl. Behörden, resp. wo solche nicht vorhanden sind, die Bürgermeister — vergl. §. 62 — sind nach dem Gesetze vom 11. März 1850 (Ges.S. S. 265) befugt, nach Berathung mit den Magisträten und in Beziehung auf Festungswerke ꝛc. unter Zuziehung der Militär-Commandanturen (M.R. v. 21. Aug. 1852. B.M.B. S. 218) ortspolizeiliche, für den Umfang der Gemeinde gültige Vorschriften zu erlassen und gegen die Nichtbefolgung Geldstrafen bis zum Betrage von 3 Thlr. anzudrohen. Der vorherigen Anhörung der Stadtverordneten bedarf es in der Regel nicht; nur zu Verordnungen über Gegenstände der landwirthschaftl. Polizei ist die Zustimmung der Stadtv.-Versammlung erforderlich. Die Berathung der letzteren erfolgt unter dem Vorsitze des mit der Ortspolizei-Verwaltung beauftragten Beamten.

Nach L.V.G. §. 143 bedürfen die zum Gebiet der Sicherheitspolizei gehörenden ortspolizeilichen Vorschriften nicht der Zustimmung des Gemeindevorstandes. Versagt der Gemeindevorstand die im Uebrigen erforderliche Zustimmung, so kann dieselbe auf Antrag der Behörde durch Beschluß des Bezirksausschusses ergänzt werden. In Fällen welche keinen Aufschub zulassen, ist die Ortspolizeibehörde befugt, die Polizeivorschrift vor Einholung der Zustimmung des Gemeindevorstandes zu erlassen. Wird diese Zustimmung nicht innerhalb vier Wochen nach dem Tage der Publikation der Polizeivorschrift ertheilt, so hat die Behörde die Vorschrift außer Kraft zu setzen.

Mit Genehmigung des Regierungspräsidenten kann die Strafandrohung bis

Titel VI.

Von den Gehältern und Pensionen.

§. 64.

Der Normaletat aller Besoldungen wird von dem Magistrat entworfen und von den Stadtverordneten festgesetzt[375]).

Ist ein Normal-Besoldungs-Etat überhaupt nicht oder nur für einzelne Theile der Verwaltung festgestellt, so werden die in solcher Weise nicht vorgesehenen Besoldungen vor der Wahl festgesetzt.

Hinsichtlich der Bürgermeister und der besoldeten Magistrats-Mitglieder unterliegt die Festsetzung der Besoldungen in allen Fällen der Genehmigung des Bezirksausschusses (Zust.Ges. §. 16 Abs. 3). Der Regierungspräsident (Zust.Ges. §. 7. 19) ist eben so befugt als verpflichtet, zu verlangen, daß ihnen die zu einer zweckmäßigen Verwaltung angemessenen Besoldungs-Beträge bewilligt werden[376–378]).

---

zum Betrage von 30 Mark gehen. In Stadtkreisen bedarf die Ortspolizeibehörde dieser Genehmigung nicht.

Ueber die Art der Verkündigung ortspolizeilicher Vorschriften sowie über die Form, von deren Beobachtung die Gültigkeit derselben abhängt (§. 5 Abs. 3 des Ges. v. 11. März 1850) hat jetzt der Regierungspräsident zu bestimmen (§. 144 L.V.G.).

Die Befugniß, ortspolizeiliche Vorschriften außer Kraft zu setzen, steht dem Regierungspräsidenten (Zustimmung des Bezirksausschusses) und dem Minister des Inn. zu. §. 145 L.V.G.

375. Das Gesetz läßt es zu, von der Aufstellung eines Normal-Besoldungs-Etats gänzlich abzusehen. Er wird in den wenigsten Städten gefunden, weil er zweckmäßige Arrangements verhindert, indem man sich bei der Anstellung einzelner Beamten und der Bestimmung ihrer Gehälter mehr nach den Umständen und dem praktischen Bedürfniß zu richten wünscht. Wo mit der Ausdehnung der Verwaltung die Zahl der erforderlichen Beamten im Wachsen bleibt, werden stets Abweichungen vom Normal-Etat nothwendig.

376. Darf auch die Aufsichtsbehörde die Aussetzung einer ausreichenden Besoldung verlangen, so muß dies doch der Anstellung des betr. Mag.-Mitgliedes vorhergehen, und die Erhöhung des Gehalts kann nicht im Laufe der Amtsperiode eines Mag.-Mitgliedes gegen den Willen der Stadtv. angeordnet werden. (M.R. vom 14. Mai und 28. Juni 1861. V.M.B. S. 116 und 162.) Daher ist, ehe zur Neuwahl eines Mag.-Mitgl. geschritten, resp. zu Bewerbungen um die Stelle öffentlich aufgefordert wird, nicht allein die Festsetzung der Besoldung mit Genehmigung des Bezirksausschusses zu bewirken, sondern es sind auch die sonstigen von der Stadtverord.-Versammlung etwa beschlossenen Wahlbedingungen dem Bezirksausschuß zur Kenntnißnahme vorzulegen. Der

Den Beigeordneten, insofern ihnen nicht eine Besoldung besonders beigelegt ist (§. 31), können mit Genehmigung des Bezirksausschusses feste Entschädigungs-Beträge bewilligt werden[379]).

Bezirksausschuß hat dieselben zu prüfen und für Beseitigung derjenigen zu sorgen, welche etwa gegen die Gesetze oder das öffentliche Wohl verstoßen. Wahlen, welche auf unzulässige Bedingungen hin vorgenommen sein sollten, können vor der Behebung der letzteren nicht als zur Bestätigung geeignet angesehen werden. Die Berichte, welche behufs Einholung Allerh. Bestätigungen von den Regierungen erstattet werden, haben sich über die aufgestellten Wahlbedingungen und die etwa dagegen noch unerledigt bestehenden Bedenken auszusprechen. (M.R. v. 28. Nov. 1868 I. B. 8763 ungedr.)

Für Berlin ist in den beiden Fällen des §. 64 Abs. 3 der Oberpräsident zuständig. (L.V.G. §§. 42. 43.)

377. Der §. 64 der Städteordn. läßt die Frage offen, ob die Aufsichtsbehörde auch eine Mitwirkung bei Feststellung der Gehälter überhaupt und auch bei anderen Gemeindebeamten auszuüben hat, wenn sie dafür hält, daß diese sich nicht auf der angemessenen Höhe befinden. Daß diese Auffassung der Absicht des Gesetzgebers entspricht, ergiebt sich nicht blos aus den Motiven des Gesetzes (Sten. Ber. I. K. 1852 1853 S. 963), nach denen der Reg.-Kommissar jene Auffassung nach der Beschlußnahme, ohne Widerspruch zu finden, geltend gemacht hat; sie wird auch ausdrücklich bestätigt durch Art. 10 der Min.-Instr. v. 10. Juni 1853 (V.M.B. S. 138), deren Erlaß im §. 81 dem Minister des Innern ausdrücklich vorbehalten war. Die Befugniß der Aufsichtsbehörde, die Gehälter der Gem.-Beamten in den geeigneten Fällen zu erhöhen und bei dem Widerspruch der Stadtv. auf Grund des §. 78 auf Beamten ist dies nach dem Erk. d. 5. April 1856 (V.M.B. S. 122) um so zweifelloser, als §. 4 des Gesetzes v. 11. März 1850 (Ges.S. S. 265) der Reg. die Befugniß beigelegt ist, über die Einrichtungen, welche die örtliche Polizei-Verwaltung erfordert, besondere Vorschriften zu erlassen. Daß die Reg. berechtigt ist, die Gehälter der Gemeinde-Forstbeamten in angemessener Höhe festzusetzen, spricht auch das M.R. v. 6. Juni 1862 (V.M.B. S. 245) aus.

Wird die Erhöhung des Gehalts eines städt. Unterbeamten von der einen städt. Behörde für nothwendig erachtet, die andere ist aber dagegen, dann entscheidet der Bezirksausschuß (Zust.Ges. §. 17 Nr. 1) vgl. Note 232.

378. Erhöht die Aufsichtsbehörde gegen den Willen der städt. Behörden das Gehalt eines Kommunalbeamten im öffentlichen Interesse, so ist gegen diese Anordnung der Rechtsweg ausgeschlossen, selbst dann, wenn der Aufsichtsbehörde eine Ueberschreitung der Grenzen ihres Aufsichtsrechts zur Last gelegt wird. (E.K. v. 13. Nov. 1858 J.M.B. 1859 S. 151 u. V.M.B. 1859 S. 121.) Für die Klage im Verwaltungsstreitverfahren ist das O.V.G. zuständig (Zust.Ges. §. 19 Abs. 2).

379. Dies bezieht sich nur auf die Entschädigung für einzelne, den Beigeordneten ertheilte, mit Auslagen verknüpfte Aufträge. Wo es sich nicht um solche, sondern um die Verwaltung einer Stelle handelt, da kennt das Gesetz

Schöffen und Stadtverordnete erhalten weder Gehalt noch Remuneration, und ist nur die Vergütung baarer Auslagen zulässig, welche für sie aus der Ausrichtung von Aufträgen entstehen[380–384].

---

solche feste Entschädigungen nicht, sondern spricht nur von besoldeten und unbesoldeten Beigeordneten. Eine dritte Kategorie giebt es nicht.

Wenn der Bürgermeister erkrankt, so muß der Beigeordnete den Vorsitz im Mag.-Kollegio übernehmen und die Geschäfte besorgen, ohne dafür eine besondere Vergütung fordern zu können. Glaubt der Beigeordnete, aus besonderen Gründen eine Ausnahme in Anspruch nehmen zu können und die Stadt will ihm aus Billigkeitsgründen eine Remuneration für die Stellvertretung bewilligen, so hat die Aufsichtsbehörde dies zu gestatten. (M.R. vom 4. Juli 1837 Ann. S. 687.)

380. Auch die Bezirksvorsteher, sowie die Mitglieder städt. Deputationen und Kommissionen, welche nicht Stadtv. sind, werden die Erstattung baarer Auslagen verlangen können, da sie ihre Aemter vermöge ihrer Bürgerpflicht übernehmen müssen.

Die Aufträge müssen von dem Mag. oder mit dessen Zustimmung ertheilt sein. (M.R. v. 10. Jan. 1838 Ann. S. 117.) Es kann übrigens keinem Bedenken unterliegen, die baaren Auslagen in ihrer Höhe ein für alle Mal abzugrenzen, indem außerhalb des Wohnortes bestimmte Diäten und Fuhrkosten festgesetzt werden.

Die Befugniß, den Beamten ausnahmsweise die Erlaubniß zur Annahme von Geschenken oder anderer Vortheile für Amtsverrichtungen zu ertheilen, ist dem betr. Ressortminister vorbehalten. Erfolgt die Annahme ohne diese Erlaubniß, so unterliegt sie dem §. 331 des Str.Gef.B. f. d. D. R. M.R. v. 8. März u. 15. Juni 1856 B.M.B. S. 116 u. 219. M.R. v. 24. Dec. 1887 B.M.B. 1888 S. 90.

Vorsitzenden der Innungs-Prüfungs-Kommissionen ist eine Entschädigung für ihre Mühwaltungen aus den Prüfungsgebühren nicht zu gewähren. (M.R. v. 29. Juni 1858 B.M.B. S. 135.) Verrichten sie aber neben der Leitung der Prüfungsverhandlungen die lediglich mechanischen Arbeiten eines Schreibers, so kann ihnen mit Zustimmung der Innungen ein entsprechendes Pauschquantum aus den Prüfungsgebühren überlassen werden. (M.R. vom 28. Juni 1860 B.M.B. S. 139.) Auch dürfen die Mag.-Beisitzer bei den Innungen für Besorgung der dem Schriftführer der letzteren obliegenden Schreiberei eine im Voraus zu vereinbarende Vergütung annehmen. (M.R. v. 21. Juli 1860 B.M.B. S. 171.)

381. Sind über Reisekosten bei auswärtigen Dienstgeschäften keine Verabredungen getroffen, so werden den Kommunalbeamten nur die wirklichen Auslagen vergütet, da die über die Höhe der Reisekosten erlassenen gesetzlichen Bestimmungen sich nur auf die aus Staatskassen zu berichtigenden beziehen. (M.R. v. 14. Sept. 1838 Ann. S. 117.)

Wenn Bürgermeister außerhalb ihres Wohnortes als Zeugen vernommen werden, so sind sie nur Reise- und Zehrungskosten, nicht aber die im §. 2 Nr. 6

§. 65.

Den Bürgermeistern und den besoldeten Mitgliedern des Magistrats sind, sofern nicht mit Genehmigung des Bezirksausschusses

---

der Verordnung v. 29. März 1844 bestimmte Vergütnng zu fordern berechtigt. (M.R. v. 10. Juli 1855 V.M.B. S. 180.)

Den Bürgermeistern der Städte über 10000 Einwohner stehen bei Reisen in Staatsdienst-Angelegenheiten die Diäten und Reisekostensätze der Polizeidirectoren größerer Städte zu. (M.R. v. 5. Febr. 1872 V.M.B. S. 75.)

382. Für die Vertretung eines erkrankten Gemeindebeamten hat die betr. Stadtgemeinde auf ihre Kosten zu sorgen. (M.R. v. 9. April 1837 Ann. S. 436.)

383. Bei allen Streitigkeiten über das Diensteinkommen und die Emolumente der Gemeindebeamten ist der Rechtsweg zulässig. (M.R. v. 4. Juni 1847 V.M.B. S. 158.) Bei solchen Differenzen hat die Regierung, jetzt der Regierungspräsident die Befugniß, ein Interimistikum zu reguliren und solches event. zwangsweise auszuführen. Dies soll jedoch nur dann geschehen, wenn die Einwendungen der Stadtgemeinde offenbar unbegründet sind und die Gefahr vorliegt, es werde dem Beamten, wenn er bis zur richterlichen Entscheidung warten müsse, daraus ein erheblicher Nachtheil erwachsen. (M.R. v. 11. Nov. 1847 V.M.B. S. 276.)

384. Der besoldete Kommunalbeamte hat gegen den Genuß des Gehalts allen Pflichten seines Amtes zu genügen, ist aber in der Anwendung der Zeit, welche ihm nach ordnungsmäßiger Erfüllung seiner Amtsobliegenheiten übrig bleibt, nicht beschränkt, vielmehr unterliegt er in Bezug hierauf, sofern nicht mit Genehmigung der Behörde bei der Wahl besondere Verabredungen getroffen worden, nur derselben Aufsicht und denselben Beschränkungen, wie die unmittelbaren Staatsbeamten, und es bedarf daher, wie diese nach der K.O. v. 13. Juli 1839 (Ges.S. S. 235), zur Uebernahme von Nebenämtern oder Nebenbeschäftigungen, mit denen eine fortlaufende Remuneration verbunden ist, nur der Genehmigung der Dienstbehörde. Diese Dienstbehörde aber ist nicht die Stadtv.-Versammlung, sondern für die Unterbeamten der Magistrat, für Mag.-Mitglieder der Regierungspräsident (vgl. Note 192). (M.R. v. 31. Dec. 1845 V.M.B. 1846 S. 3.) Auch zur Uebernahme einer Vormundschaft ist für städt. Beamte die Genehmigung der Dienstbehörde erforderlich. (§. 22 Vormundschaftsordnung.)

Der Bürgermeister und der Stadtsyndicus dürfen nicht Verwalter einer städt. Kasse, der erstere auch nicht Einnehmer der direkten Staatssteuern sein. (M.R. v. 21. Jan., 8. März u. 28. April 1836 Ann. S. 131 u. 366.)

Hinsichtlich des Fortbezugs der Pension der bei städtischen Behörden angestellten Militärinvaliden neben dem ihnen gewährten Diensteinkommen vgl. die Bestimmungen in den §§. 102—106 des Reichsgesetzes betr. die Pensionirung und Versorgung der Militärpersonen des Reichsheeres und der Kaiserlichen Marine ꝛc. v. 27. Juni 1871 (R.G.B. S. 275) und §. 15 des Ges. betr. einige Abänderungen und Ergänzungen des Ges. vom 27. Juni 1871, vom 4. April 1874 (R.G.B. S. 25).

(§. 16 Abs. 3 Zust.Ges.) eine Vereinbarung[385]) wegen der Pension getroffen ist, bei eintretender Dienstunfähigkeit, oder wenn sie nach abgelaufener Wahlperiode nicht wieder gewählt werden[386]), folgende[387]) Pensionen zu gewähren:

1/4	des Gehalts[388])	nach	6jähriger	Dienstzeit,
1/2	"	"	" 12	"	"
2/3	"	"	" 24	"	"

Die auf Lebenszeit[389]) angestellten besoldeten Gemeinde-Beam-

---

385. Die Vereinbarung kann sich theils auf eine höhere, als die gesetzliche Pension beziehen, wenn der Gewählte, der vielleicht der einzige tüchtige Kandidat ist, nur unter der Bedingung einer solchen die Stelle anzunehmen bereit ist; theils kann sie auch eine geringere Pension oder die gänzliche Verzichtleistung auf selbige betreffen. Die letztere soll nur dann von der Reg. genehmigt werden, wenn die äußere Lage des Kandidaten zweifellos von der Beschaffenheit ist, daß sie seine Unabhängigkeit auch ohne das Amt verbürgt, und dafür Gewähr leistet, daß er sich, um sich nach beendigter Wahlzeit die Stimme der Stadtv. zu sichern, nicht zu dienstwidriger Konnivenz bequemen werde: oder auch dann, wenn bemittelte Personen gewählt werden und das Stelleneinkommen so gering ist, daß die danach zu bemessende Pension zur Sicherung der Sustentation des betr. Beamten nach seinem Ausscheiden aus dem Dienst doch nicht hinreichen würde (M.R. v. 13. Jan. 1834 Ann. S. 110 u. v. 9. Juni 1845 B.M.B. S. 159 u. Motive zur Städteordn. v. 1853).

386. Die Pension muß auch gewährt werden, wenn das betr. Magistrats-Mitglied bei Ablauf der Wahlperiode sich nicht um die Stelle beworben hat (M.R. v. 15. April 1837 Ann. S. 437), oder wenn dasselbe die bei der ihm angebotenen, aber noch nicht bewirkten Wiederwahl gestellten Bedingungen ablehnt (O.T. v. Mai 1863 Wallmann Zeitschrift für Gem. und Städterecht 1868 S. 35), oder wenn dasselbe nach abgelaufener Wahlperiode zwar von Neuem gewählt, jedoch Seitens der Staatsregierung nicht bestätigt worden ist. (M.Instr. v. 20. Juni 1853 Art. XI. B.M.B. S. 138.) Dagegen fällt die Verbindlichkeit der Stadt zur Pensionirung weg, wenn ein ausscheidendes Magistratsmitglied wegen einer ihm zur Last fallenden Schuld nicht wieder gewählt werden kann (O.T. v. 11. April 1837 Präj. Nr. 210), oder wenn der Gewählte die Wiederwahl ausschlägt. (M.R. v. 31. Juli 1821 Ann. S. 646.)

387. Vgl. die im §. 84 gedachten Ausnahmefälle.

388. Als pensionsfähiges Gehalt werden nur die fixirten Besoldungsbeträge, einschließlich etwaiger Naturalgenüsse und fester persönlicher Gehaltszulagen, nicht aber Entschädigungen für Dienstunkosten, steigende und fallende Dienstemolumente, für besondere Amtsverrichtungen oder sonstige lediglich accidentielle Dienstgenüsse gerechnet. (M.R. v. 16. Juli 1838 Ann. S. 671, v. 30. Sept. 1866 B.M.B. S. 212 u. v. 21. Oct. 1867 B.M.B. 1868 S. 63.)

389. Auf Kündigung oder sonst auf Widerruf angestellte Beamte erhalten keine städtische Pension. Gehören sie zu den Militär-Versorgungsberechtigten,

ten[390]) erhalten, insofern nicht mit den Beamten ein Anderes verabredet[391]) worden ist, bei eintretender Dienstunfähigkeit Pension nach denselben Grundsätzen, welche bei den unmittelbaren Staatsbeamten zur Anwendung kommen[392 393]).

---

so erhalten sie bei eintretender unverschuldeter Dienstunfähigkeit Pension aus Staatsfonds. Vgl. Note 343 u. M.R. v. 19. Nov. 1844 B.M.B. 1845 S. 2.)

390. Die Bestimmungen des §. 65 der Städteordn. beziehen sich auf diejenigen Gem.-Beamten, welche bereits vor dem Jahre 1853 angestellt waren. (E.R. v. 14. April 1860 J.M.B. 1861 S. 148.) Unter den „besoldeten Gem.-Beamten" im Sinne des obigen §. sind nur die für die städt. Gemeinde-Verwaltung angestellten Subaltern- und Unterbeamten, nicht die Elementarlehrer an einer städtischen Schule zu verstehen. (E.R. v. 23. Juni 1858 B.M.B. S. 156.) Die Pensionsansprüche der Lehrer und Beamten an den höheren städtischen Unterrichts-Anstalten ergeben sich aus der Verordnung vom 28. Mai 1846 (Ges.S. S. 214) und dem Allerh. Erlaß vom 13. März 1848 (Ges.S. S. 113).

Die von den Gemeindebeamten vorher im Dienste des Staates, im Militärdienst oder im Dienst einer andern Gemeinde zugebrachte Zeit kommt bei der Berechnung der Pension nicht in Anrechnung, falls nicht dieses ausdrücklich verabredet worden ist. M.R. v. 17. December 1867 (B.M.B. 1868 S. 126) und M.R. v. 19. März 1872 (B.M.B. S. 102).

391. Die Verabredungen über die Pension der städtischen Subaltern- und Unterbeamten sind von der Genehmigung der Regierung nicht abhängig. Im Reg.-Entwurf zur Städteordnung wurde eine solche in Anspruch genommen, die Kammern lehnten dies jedoch ab. Wenn demungeachtet in Hübners Städteordnung (Berlin 1854) §. 65 die Reg.-Genehmigung zu solchen Verabredungen als nothwendig hingestellt wird, so beruht dies auf einem Irrthum.

392. **Nach den Bestimmungen des mit dem 1. April 1872 in Kraft getretenen neuen Pensionsgesetzes vom 27. März 1872** (Ges.S. S. 268) kommen folgende Grundsätze zur Anwendung:

1) Der Beamte muß durch ein körperliches Gebrechen oder durch Schwäche seiner körperlichen oder geistigen Kräfte dauernd unfähig geworden sein (§. 1 a. a. O.).
2) Er muß der Stadt seit seiner ersten Vereidigung für den Gemeindedienst mindestens 10 Jahre lang gedient haben. Kürzere Dienstleistung darf nur bei unverschuldeter, in Ausübung oder in Veranlassung des Dienstes eingetretener Dienstunfähigkeit berücksichtigt werden. Die Pension darf in dem letzteren Falle aber $^{20}/_{80}$ des Einkommens nicht übersteigen. Bei Bemessung der Pension kommen die Jahre, welche der Gemeindebeamte im Dienste einer anderen Gemeinde zugebracht hat, nicht in Anrechnung. (§. 18 Abs. 3 a. a. O. M.R. v. 19. März 1872 B.M.B. S. 102.)
3) Die auf Widerruf oder Kündigung angestellten Beamten sind nur dann pensionsberechtigt, wenn sie eine etatsmäßige Stelle bekleiden. (§. 2 a. a. O.)

4) Beamte, deren Zeit und Kräfte durch die ihnen übertragenen Geschäfte nur nebenbei in Anspruch genommen werden — worüber mit Ausschluß des Rechtsweges die vorgesetzte Dienstbehörde derselben zu entscheiden hat — oder welche ausdrücklich nur auf eine bestimmte Zeit oder für ein vorübergehendes Geschäft angenommen sind, haben keinen Anspruch auf Pension. (§ 5 a. a. O.)

5) Die Pension beträgt bei einer Dienstzeit vom vollendeten 10. bis 11. Dienstjahr $^{1}/_{4}$ und steigt von da ab mit jedem weiteren Dienstjahr um $^{1}/_{80}$, darf aber $^{3}/_{4}$ niemals übersteigen. Ueberschießende Thalerbrüche werden auf volle Thaler abgerundet. (§§. 8. 9 a. a. O.)

6) Bei Berechnung der Pension gelten nachstehende Grundsätze.

a. Feststehende Dienstemolumente, namentlich freie Dienstwohnung, Miethsentschädigung, freies Feuerungs- und Beleuchtungsmaterial, Naturalbezüge an Getreide u. s. w., der Ertrag von Dienstgrundstücken aber nur dann, wenn deren Werth in dem Besoldungsetat auf die Geldbesoldung des Beamten in Rechnung gestellt oder zu einem bestimmten Geldbetrage als anrechnungsfähig bezeichnet ist.

b. Dienstemolumente, welche ihrer Natur nach steigend und fallend sind, werden nach den in den Besoldungsetats oder sonst bei Verleihung des Rechts auf diese Emolumente deshalb getroffenen Festsetzungen — in Ermangelung derselben nach dem Durchschnitt der letzten drei Kalenderjahre — zur Anrechnung gebracht.

c. Zufällige Diensteinkünfte (widerrufliche Tantieme, Kommissionsgebühren, außerordentliche Remuneration u. s. w.) kommen nicht zur Berechnung.

d. Wenn das nach den vorstehenden Bestimmungen ermittelte Einkommen den Betrag von 4000 Thlrn. übersteigt, wird von dem Ueberschuß nur die Hälfte als pensionsberechtigtes Einkommen in Ansatz gebracht. (§. 10 Nr. 1, 2, 3, 5 a. a. O.)

7) Die Pensionen werden monatlich praenumerando bezahlt. (§. 25 a. a. O.)

Das Gesetz betreffend die Abänderung des Pensionsgesetzes vom 27. März 1872, vom 31. März 1882 findet auf Kommunalbeamte keine Anwendung (Art. III d. Ges.).

393. Wegen der Pensionsansprüche der noch unter der Herrschaft einer der älteren Städteordnung angestellten Beamten vgl. den Schlußsatz des §. 84.

394. Die älteren Vorschriften über das Verfahren bei Pensionirung der Gemeinde-Beamten, namentlich das Gesetz vom 29. März 1844 (Ges.S. S. 90) sind aufgehoben. Die unfreiwillige Pensionirung eines vor Eintritt der Pensionsberechtigung dienstunfähig gewordenen Kommunal-Beamten kann jetzt nach §. 95 des Disziplinargesetzes vom 21. Juli 1852 (Ges.S. S. 486) nur unter Beobachtung der Formen erfolgen, welche in diesem Gesetz für die Disziplinar-Untersuchungen vorgeschrieben sind; es müßte denn sein, daß dem zu pensionirenden Beamten der volle und unverkürzte Betrag des event. bei Eintritt der Pensionsberechtigung ihm zu gewährenden Ruhegehalts bewilligt würde: alsdann kann die Versetzung in den Ruhestand in den einfacheren Verfahrungsformen

Ueber streitige Pensions-Ansprüche der besoldeten Gemeindebeamten beschließt, soweit nach den Gemeindeverfassungsgesetzen die Beschlußfassung der Aufsichtsbehörde zusteht, der Bezirksausschuß und zwar, soweit der Beschluß sich darauf erstreckt, welcher Theil des Diensteinkommens bei Feststellung der Pensionsansprüche als Gehalt anzusehen ist, vorbehaltlich der den Betheiligten gegen einander zustehenden Klage im Verwaltungsstreitverfahren, im Uebrigen vorbehaltlich des ordentlichen Rechtsweges. Der Beschluß ist vorläufig vollstreckbar. (§. 20 Abs. 4 Zust.Ges.). In dem durch Zuständigkeits-Gesetz §. 20 Abs. 1 Nr. 3 vorgesehenen Verfahren ist entstehenden Falls auch über die Thatsache der Dienstunfähigkeit der Bürgermeister, Beigeordneten, Magistratsmitglieder und sonstigen Gemeindebeamten Entscheidung zu treffen (§. 20 Abs. 2 Zust.Ges.).

Die Pension fällt fort und ruht insoweit, als der Pensionirte durch anderweitige Anstellung im Staats- oder Gemeindedienste ein Einkommen oder eine neue Pension erwirbt, welche mit Zurechnung der ersten Pension sein früheres Einkommen übersteigen[396 397]).

---

der §§. 88—92 des Gesetzes v. 21. Juli 1852 erfolgen. (M.R. v. 3. Mai 1855 B.M.B. S. 92 und v. 14. Dezember 1868 B.M.B. 1869 S. 15.)

Die Anwendung der §§. 88—92 des Disziplinargesetzes vom 21. Juli 1852 (zwangsweise Pensionirung setzt voraus, daß dem zu pensionirenden Beamten der volle und unverkürzte Betrag des eventuell bei Eintritt der gesetzlichen Pensionsberechtigung ihm zu gewährenden Ruhegehalts bewilligt werde. (M.R. vom 14. Dezember 1868 B.M.B. p. 1869 S. 15.)

395. Ueber die Frage, welcher Theil des Diensteinkommens als Gehalt anzusehen sei, hat zwar das Gesetz vom 24. Mai 1861 den unmittelbaren Staatsbeamten den Rechtsweg gestattet, den Gemeindebeamten aber ist derselbe hierüber verschlossen, selbst denjenigen, welche vor Erlaß der Städteordnung v. 1853 angestellt sind. (E.K. vom 14. April 1860 B.M.B. 1861 S. 130.) Vgl. jetzt den im Text wiedergegebenen §. 20 Abs. 4 Zust.Ges.

Soweit der Rechtsweg zulässig, kann er nicht blos von dem betreffenden Beamten, sondern auch von der Gemeinde beschritten werden. (E.K. v. 23. Juni 1858 J.M.B. S. 263.)

396. Die Städteordnung spricht nur von dem Falle, wenn ein bereits pensionirter ehemalig städtischer Beamter wieder ein Amt annimmt, die Pension fällt oder ruht daher nicht, wenn dieser Beamte ein gleichzeitig mit dem städtischen Dienste bekleidetes zweites Amt nach der Niederlegung des ersteren noch beibehält. (O.T. vom 1. Mai 1863. Wallmann Zeitschr. für Gem.-Wesen 1868 S. 35.)

Dem Staats- oder Gemeindedienst steht der Reichs-Provinzial- und Kreisdienst gleich. Vgl. §. 27 ff. des Pensionsgesetzes vom 27. März 1872, M.R. v. 28. Mai 1883 (B.M.B. S. 166).

Auf das Fortfallen oder Ruhen der Pension ist auch von Einfluß das Einkommen, welches der Pensionair als Notar bezieht (O.T. vom 20. Juni 1853. J.M.B. S. 320), vergl. Note 139a, ebenso das, was ein im Staats- oder Gemeinde-Dienste wieder angestellter Pensionair in seinem neuen Amte an wiederkehrenden veränderlichen Emolumenten bezieht (M.R. v. 9. Juni 1855 B.M.B. S. 135). Dagegen ist die Pension, die Jemand als Königl. Beamter zu genießen hat, darauf ohne Einfluß. (O.T. v. 16. Mai 1834 Präj. Nr. 57.)

Der Pensionirte wird durch den Verlust der bürgerlichen Ehre und durch die Untersagung der bürgerlichen Ehrenrechte auf Zeit der Pension nicht verlustig. Die im Wege der Disziplinar-Untersuchung oder durch gerichtliches Erkenntniß gegen einen Beamten ausgesprochene Dienstentlassung zieht den Verlust des Pensions-Anspruchs von selbst nach sich. Wenn besondere Umstände eine mildere Beurtheilung zulassen, so kann die Disziplinar-Behörde festsetzen, daß dem Beamten ein Theil der reglementsmäßigen Pension auf Lebenszeit oder auf gewisse Jahre als Unterstützung verabreicht werde (§. 16 des Diszipl.Ges. vom 21. Juli 1852 (Ges.S. S. 486). Der Rechtsweg ist gegen eine solche Entscheidung nicht zulässig. (E.K. v. 12. Febr. 1859 J.M.B. S. 309.)

396a. Wegen der Pensionsberechtigung der civilversorgungsberechtigten Militärpersonen vgl. §§. 107. 108 des Reichsges. über die Pensionirung und Versorgung der Militärpersonen vom 27. Juni 1871 (St.G.B. S. 275), M.R. vom 17. Juli 1876 (B.M.B. S. 189).

Nach der Zusammenstellung vom 4. Juli 1832 (Ges.S. S. 188) mußte die Pension ruhen, so lange der Pensionirte außerhalb der preußischen Staaten wohnt, und das M.R. vom 28. April 1834 (Ann. S. 410) hielt den Pensionair verpflichtet, ein anderes Kommunalamt anzunehmen, sofern es nur dem früheren Dienstverhältnisse gleich oder ähnlich sei. Beide Bestimmungen sind jetzt antiquirt.

397. Bestehen nicht anderweite besondere Vereinbarungen, so müssen die Hinterbliebenen eines besoldeten Beamten, welcher bis zum Tode im Amte war, von der Stadtgemeinde:

a. wenn er Magistrats-Mitglied oder Subalternbeamter war, noch für die auf den Sterbemonat folgende drei Kalendermonate,
b. in allen anderen Fällen noch für den auf den Sterbemonat folgenden Kalendermonat

die Besoldung des Verstorbenen ausgezahlt erhalten.

Die Hinterbliebenen eines pensionirten städtischen Beamten erhalten die Pension noch für den auf den Sterbemonat folgenden Kalendermonat.

Zu den Hinterbliebenen, welche diese Benefizien beanspruchen können, gehören, ohne Rücksicht darauf, ob sie Erben geworden sind, nur die Wittwe, die Kinder und die Enkel des Verstorbenen (K.-O. v. 22. Jan. 1826 Ges.S. S. 13).

Wegen der Ansprüche der Kommunalbeamten und ihrer Hinterbliebenen wegen der im Dienste erlittenen Betriebsunfälle gegen den verpflichteten Kommunalverband vgl. §. 11 Ges. v. 18. Juni 1887.

Titel VII.

Von dem Gemeindehaushalte.

§. 66.

Ueber alle Ausgaben, Einnahmen und Dienste, welche sich im Voraus bestimmen lassen, entwirft der Magistrat jährlich, spätestens im October [397c]), einen Haushalts-Etat [398]). Mit Zustimmung

---

397a. Das anderweitige Diensteinkommen kann im Falle des Abs. 4 §. 65 St.O. nur insoweit in Anrechnung kommen, als es wirklich eine Vergütung für die dienstliche Thätigkeit des Pensionirten bildet, nicht aber, soweit es zur Bestreitung von Repräsentations- und Dienstaufwandskosten gewährt wird.

E. Reichsger. v. 18. Juni 1885 (J.M.B. 1886 S. 19).

Die Entscheidung darüber, welcher Theil des Diensteinkommens der besoldeten Gemeindebeamten bei Feststellung ihrer Pensionsansprüche als Gehalt anzusehen ist, erfolgt nach Maßgabe der Beschlüsse der städtischen Collegien und der Bestimmungen der Aufsichtsbehörde, auf Grund deren die Anstellung erfolgt ist.

„Persönliche" Gehaltszulagen, im Gegensatz zu widerruflich bewilligten Zulagen, sind Theile des pensionsberechtigten Gehalts.

E. O.V.G. v. 28. April 1886. XIII 175.

397b. In Berlin beschließt in den Fällen dieses Paragraphen der Oberpräsident (L.V.G. §. 43).

397c. Durch §. 1 Abs. 2 des Ges. betreffend die Verlegung des Etatsjahres ꝛc. vom 29. Juni 1876 (G.S. S. 177) ist den kommunalen Gemeinden überlassen worden, auch für ihren Haushalt das veränderte Etatsjahr — beginnend mit dem 1. April und schließend mit dem 31. März jedes Jahres — anzunehmen und die für die Aufstellung ihres Etats sowie für die Rechnungslegung bestehenden Termine entsprechend abzuändern. In denjenigen Städten, die ihr Etatsjahr dementsprechend verlegt haben, ist der Etat nunmehr spätestens im Januar zu entwerfen.

398. Ueber einzelne Theile der städtischen Verwaltung, z. B. Forstverwaltung, Schuldenverwaltung ꝛc., für die Armenkasse und die Schulkasse aber müssen besondere Etats aufgestellt werden; die Nebenetats müssen aber in ihren Resultaten jedenfalls auf dem Hauptetat erscheinen, damit die Uebersichtlichkeit des Kommunal-Haushalts erhalten bleibe. (M.R. vom 27. Nov. 1823 Ann. Bd. 17 S. 659, vom 29. Juni 1833 Ann. S. 431 und vom 6. April 1837 Ann. S. 104.)

Wegen der inneren Einrichtung der Etats vergl. Note 334. Viel Beachtung verdienen auch die Artikel über zweckmäßigere Gestaltung der städtischen Haushalts-Etats in den Jahrgängen 1867 und 1868 der von Dr. Stolp in Berlin herausgegebenen deutschen Gemeinde-Zeitung, namentlich das S. 571 ff. des Jahrgangs 1867 vorgeschlagene Schema zum Haushaltsplan.

der Stadtverordneten kann die Etatsperiode bis auf drei Jahre verlängert werden [399]).

Der Entwurf [400]) wird acht Tage lang, nach vorheriger Verkündigung, in einem oder mehreren von dem Magistrat zu bestimmenden Lokalen zur Einsicht aller Einwohner der Stadt offen gelegt und alsdann von den Stadtverordneten festgestellt. Eine Abschrift des Etats wird sofort der Aufsichtsbehörde [400a]) eingereicht.

§. 67.

Der Magistrat hat dafür zu sorgen, daß der Haushalt nach dem Etat geführt werde.

Ausgaben, welche außer dem Etat geleistet werden sollen, bedürfen der Genehmigung der Stadtverordneten [401]).

§. 68.

Die **Gemeinde-Abgaben** und die **Geldbeträge der Dienste** (§. 54), sowie die **Abgaben für die Theilnahme an den Nutzungen** (§. 52) und die sonstigen Gemeindegefälle, werden von den Säumigen im Steuer-Executionswege beigetrieben [402]).

---

399. Der Regierungs-Genehmigung bedarf es zur Verlängerung der Etatsperiode auf 3 Jahre nicht, wenn beide städtischen Behörden darüber einig sind.

400. Eine öffentliche Auslegung des Etats nach erfolgter Festsetzung ist nicht vorgeschrieben.

400a. Die Aufsichtsbehörde ist nach Zust.Ges. §. 7 der Regierungspräsident, in Berlin der Oberpräsident.

401. Eine Etatsüberschreitung liegt nicht blos dann vor, wenn im Ganzen mehr ausgegeben worden, als der Etat besagt, sondern ist auch schon dann vorhanden, wenn Summen zu anderen als den im Etat angegebenen Zwecken verwendet worden.

Die Commission der I. Kammer setzte übrigens bei Genehmigung der obigen Fassung des §. 67 voraus, daß, um die Stadtverordneten nicht zu oft mit zu großen Kleinigkeiten in der Bewilligung außeretatsmäßiger Ausgaben zu behelligen, man den Magistraten hinreichende Extraordinarien für unvorhergesehene Fälle zur Disposition stellen und deren Kompetenz zur eigenen Verfügung hierüber angemessen regeln werde.

Verweigert die Stadtverordneten-Versammlung die Genehmigung einer außerordentlichen Ausgabe, deren Leistung der Stadt gesetzlich obliegt, so tritt das Zust.Ges. §. 19 vorgeschriebene Verfahren ein.

402. Das Recht zur admin. Exekution erstreckt sich auch auf Zinsen und Abgaben, welche einer Stadtgemeinde als Gutsherrschaft über eine Dorfschaft zustehen und nicht streitig sind (§§. 484 ff. Tit. 7 Thl. II. Allg. L.R. und M.R.

v. 24. Mai 1842 V.M.B. S. 184 und v. 19. Aug. 1844 V.M.B. S. 234). Dagegen dehnt sich dasselbe im Uebrigen nicht aus auf Abgaben und Gefälle aus privatrechtlichen Titeln, z. B. Pachtgelder, Erbpachtskanon, derartige Forderungen müssen vielmehr im Rechtswege eingezogen werden (M.R. v. 31. Dez. 1843 V.M.B. 1844 S. 4, E.K. v. 29. April 1854 J.M.B. S. 371 und v. 22. Sept. 1855 J.M.B. 1856 S. 4).

Das Verfahren richtet sich nach der Verordnung über das Verwaltungszwangsverfahren wegen Beitreibung von Geldbeträgen vom 7. September 1879 (G.S. S. 591) und der dazu erlassenen Anweisung vom 15. September 1879.

Streitigkeiten über die Verpflichtung für Einrichtung öffentlicher Gemeinde-Abgaben sind vom Rechtswege ausgeschlossen. Ausgenommen waren die Fälle, in denen Jemand auf Grund eines speziellen Rechtstitels (Vertrag, Verjährung, Privilegium) seine gänzliche oder theilweise Befreiung behauptete oder diese Behauptung auf den Nachweis einer Abweichung von dem zur Anwendung kommenden Vertheilungs-Maßstab stützte (M.R. vom 14. April 1845 V.M.B. S. 119 und E.K. v. 16. Sept. 1854 V.M.B. S. 258). Auch dann war der Rechtsweg zulässig, wenn es sich um die Frage handelte, ob eine ältere städtische Abgabe durch neuere Rechtsnormen abgeschafft sei. (E.K. v. 22. Oct. 1853 J.M.B. S. 411.)

Durch Zust.Ges. §. 160 ist jedoch die Zuständigkeit der Verwaltungsgerichte auch insoweit für begründet erklärt, als bisher durch §. 79 II 14 A.L.R. bzw. §§. 9 u. 10 des Ges. über die Erweiterung des Rechtsweges vom 24. Mai 1861 (G.S. S. 241) — in diesen Bestimmungen waren die vorhin genannten Ausnahmen enthalten — oder durch sonstige bestehende Vorschriften der ordentliche Rechtsweg für zulässig erklärt war.

Wegen der Reclamationen, Nachforderungen und der Verjährung bezüglich der öffentlichen Gemeinde-Gefälle findet das Gesetz v. 18. Juni 1840 (Ges.S. S. 140) bezw. §. 18 Zust.Ges. Anwendung. Bezüglich des Bürgerrechts- und Einkaufsgeldes vergl. aber noch §. 52.

Ueber Forderungen öffentlicher Schulanstalten an Schulgeld ist der Rechtsweg unbedingt zulässig ohne Unterschied, ob dasselbe an den Lehrer oder an eine besondere Schulkasse oder an die Gemeindekasse zu zahlen ist. (Erk. des Komp.-Ger. v. 12. März 1870 J.M.B. S. 212.)

Die in dem Bundesgesetz v. 21. Juni 1869 B.G.B. S. 242 statuirten Beschränkungen der Beschlagnahme der Löhne, Gehälter u. s. w. finden auf das Gehalt und die Dienstbezüge der öffentlichen Beamten keine Anwendung, sind auch für die Beitreibung der direkten persönlichen Staatssteuern und Kommunalabgaben nur dann maßgebend, wenn es sich um ältere als dreimonatliche Abgaben-Rückstände handelt.

Nach §. 749 Abs. 2 der Civilprozeßordnung ist, falls das Diensteinkommen, die Pension oder die sonstigen Bezüge der Beamten die Summe von 1500 Mark pro Jahr übersteigen, der dritte Theil des Mehrbetrages der Pfändung unterworfen.

402 a. Vgl. Note 397 a.

In Untersuchungssachen wegen Zuwiderhandlung gegen die

§. 69.

Die Jahresrechnung ist von dem Einnehmer vor dem 1. Mai[402a]) des folgenden Jahres zu legen und dem Magistrat einzureichen. Dieser hat die Rechnung zu revidiren und solche mit seinen Erinnerungen und Bemerkungen den Stadtverordneten zur Prüfung, Feststellung und Entlastung vorzulegen[403–405]).

Vorschriften über die Entrichtung einer Gemeindesteuer steht der zur Verwaltung derselben berufenen Gemeindebehörde das Recht der Strafverfolgung zu. (Erk. des Ob.-Trib. v. 9. Juni 1871 V.M.B. S. 202.) Vgl. Note 317a.

402b. Unter den in §. 31 Abs. 4 des Zuständigkeitsgesetzes vom 1. Aug. 1883 bezeichneten direkten und indirekten Steuern sind Hand- und Spanndienste nicht mit begriffen. Auch dann, wann an Stelle der Dienste Geldbeiträge zu leisten sind, werden diese Dienste noch nicht Gemeindesteuern im Sinne des §. 31 Abs. 4 a. a. O.

R. d. M. d. J. u. F. M. v. 1. November 1887. M.Bl. S. 263.

402c. Kanalbeiträge, welche auf Grund eines Gemeindestatuts über die Benutzung von Kanalisationsanlagen der Gemeinde von der Gemeindebehörde festgestellt sind, unterliegen als Gemeindeabgaben der Einziehung im Verwaltungs-Zwangsverfahren. Der ordentliche Rechtsweg wegen derartiger Beiträge ist im Geltungsbereich des Landesverwaltungsgesetzes ausgeschlossen.

Erk. des Komp.G. v. 5. Oktober 1887. M.Bl. S. 261.

403. Der Magistrat ist verpflichtet, die Rechnung sowohl einer kalkulatorischen, als einer materiellen Vorprüfung zu unterwerfen. (M.R. v. 14. Septbr. 1835 Ann. S. 750.)

Die Stadtverordn.-Versammlung kann, wenn das Rechnungswesen so verwickelt ist, daß sie es nicht hinreichend zu beurtheilen vermag, zur Prüfung der Rechnung sich eines Sachverständigen auf städtische Kosten bedienen. (M.R. v. 15. März 1833 Ann. S. 112 und v. 4. März 1840 V.M.B. S. 80.)

404. Der Entwurf zur Städteordnung enthielt im §. 69 den Satz: „Der Magistrat kann nicht verlangen, bei der Prüfung (der Jahresrechnung) zugegen zu sein." Derselbe wurde jedoch absichtlich von der Kommission der I. Kammer gestrichen, weil nicht abzusehen sei, warum der Magistrat, welcher nach §§. 38 und 45 der Städteordnung zu allen Versammlungen der Stadtverordneten eingeladen und dahin gehört werden müsse, ausnahmsweise von der Berathung über die Jahresrechnung ausgeschlossen sein solle.

Von den Berathungen der Rechnungs-Revisions-Kommissionen der Stadtverordneten und darüber, ob der Magistrat deren Sitzungen beiwohnen könne, spricht §. 69 nicht besonders, es sind deshalb die Vorschriften des §. 37 hierauf anzuwenden.

Der Feststellungs- und Entlastungsbeschluß der Stadtverordneten bedarf der Bestätigung des Magistrats, da er von dem letzteren auszuführen ist. (§. 36.)

405. Die Feststellung der bei städtischen Kassen vorkommenden Defekte richtet sich nach der Verordnung vom 24. Jan. 1844 (Ges.S. S. 52), auch dann, wenn die Defecte eines ausgeschiedenen Beamten ermittelt werden sollen. (M.R. v. 17. April 1844 V.M.B. S. 122 und v. 20. Aug. 1845 V.M.B. S. 282.)

§. 70.

Die Feststellung[406]) der Rechnung muß vor dem 1. Oktober[406a]) bewirkt sein.

Der Magistrat hat der Aufsichtsbehörde[406b]) sofort eine Abschrift des Feststellungsbeschlusses vorzulegen.

Durch statutarische Anordnungen können auch andere Fristen, als vorstehend für die Legung und Feststellung der Rechnung bestimmt sind, festgesetzt werden.

§. 71.

Ueber alle Theile des Vermögens der Stadtgemeinde hat der Magistrat ein Lagerbuch zu führen[407]). Die darin vorkommenden Veränderungen werden den Stadtverordneten bei der Rechnungsabnahme zur Erklärung vorgelegt.

Titel VIII.

Von der Einrichtung der städtischen Verfassung ohne kollegialischen Gemeindevorstand für Städte, welche nicht mehr als 2500 Einwohner haben.

§. 72.

In Städten von nicht mehr als 2500 Einwohnern[408]) kann auf

Vgl. §. 17 Nr. 5 Zust.Ges., wonach der Bezirksausschuß über die Feststellung und den Ersatz der Defecte vorbehaltlich des ordentlichen Rechtsweges beschließt.

406. Die Jahresrechnung soll der Stadtgem. eine Uebersicht sowohl der Finanzverwaltung des Magistrats im Allgemeinen, wie insbesondere der Kassenverwaltung des Rendanten gewähren und für die weiteren Operationen auf dem Gebiete des Stadthaushalts eine Grundlage geben. Die Sicherheit der letzteren wird erst dadurch gewonnen, daß einerseits die Stadtverordneten sich mit der Rechnungslegung einverstanden erklären, andererseits, falls sie dieselbe bemängeln, der Rechnungsleger die gezogenen Notaten als begründet anerkennt. Sobald die Uebereinstimmung beider Theile in diesen Beziehungen erlangt ist, kann und muß die Rechnung festgestellt und dadurch ausgesprochen werden, daß mit Vorbehalt der Erledigung der stehen gebliebenen Notaten das Werk des Rechnungslegers als richtig anerkannt und die Verwaltung des Magistrats und des Rendanten gebilligt werde. Dies ist das, was oben unter Feststellung verstanden wird. Das zweite Stadium der Rechnungs-Abnahme bildet die Kontrole der Notaten-Erledigung. Sobald letztere in zufriedenstellender Weise erfolgt ist, wird dem Rechnungsleger die Decharge ertheilt.

406a. Vgl. Note 397a.

406b. Aufsichtsbehörde ist der Regierungs-Präsident (§. 7 Zust.-Ges.), in Berlin der Oberpräsident (§. 43 L.V.G.).

407. In das Lagerbuch sind auch die der Stadtgemeinde gehörenden Gegen-

Antrag der Gemeindevertretung[409]) unter Genehmigung des Bezirksausschusses[410]) die Einrichtung getroffen werden, daß

1. die Zahl der Stadtverordneten bis auf sechs vermindert, und
2. statt des Magistrats nur ein Bürgermeister, welcher den Vorsitz in der Stadtverordneten-Versammlung mit Stimmrecht zu führen hat, und zwei oder drei Schöffen, welche den Bürgermeister zu unterstützen und in Verhinderungsfällen zu vertreten haben, gewählt werden.

§. 73.

Wird eine Einrichtung nach Maßgabe der Bestimmung unter 2. in §. 72 getroffen, so gehen alle Rechte und Pflichten, welche in den Vorschriften der Titel I. bis VII. dem Magistrat beigelegt sind, auf den Bürgermeister mit denjenigen Modificationen über[411]), welche sich als nothwendig daraus ergeben, daß der Bürgermeister zugleich stimmberechtigter Vorsitzender der Stadtverordneten-Versammlung ist. Demselben steht insonderheit ein Recht der Zustimmung zu den Beschlüssen der Stadtverordneten nicht zu; er ist aber in den im zweiten Satze unter 2. des §. 56 bezeichneten Fällen die Ausführung der Beschlüsse der Stadtverordneten-Versammlung zu beanstanden und, wenn diese bei nochmaliger Berathung bei ihrem Beschlusse beharrt,

---

stände, welche einen besonderen wissenschaftlichen, historischen oder Kunstwerth haben, aufzunehmen. (M.R. v. 5. Nov. 1854 V.M.B. 1855 S. 2.)

408. Wegen Feststellung der Einwohnerzahl vergl. Note 89.

409. Unter dem Ausdruck „Gemeindevertretung" sind der Magistrat und die Stadtverordneten-Versammlung zu verstehen, wie aus §. 10 hervorgeht. Beide müssen also darüber einverstanden sein, daß die Einrichtung des §. 72 getroffen werde.

Ein nach Maßgabe des §. 72 der Städte-Ordnung auf Einführung der einfacheren Städte-Verfassung (Tit. VIII) gefaßter Gemeindebeschluß kann durch Gemeindebeschluß wieder aufgehoben werden. (M.R. v. 6. Oct. 1869 V.M.B. S.266.)

410. Die Annahme dieser Einrichtung, welche den kleineren Städten eine ihren Verhältnissen im Allgemeinen entsprechende, einfache, wohlfeile und prompte Verwaltung bietet, ist von den Regierungen zu begünstigen. (Art. VI der Min.Instr. v. 20. Juni 1853 V.M.B. S. 138.)

Nach §. 16 Abs. 3 Zust.Ges. ist jetzt der Bezirksausschuß zuständig.

411. Die nach §. 72 eingerichteten Gemeindevorstände führen ebenfalls die Firma „Magistrat". (M.R. v. 20. März 1856 V.M.B. S. 91.)

Für Städte ohne kollegialischen Gemeindevorstand (Tit. VIII) kommen die Vorschriften des M.R. v. 28. Novbr. 1868 (vergl. Note 204, 211) mit den entsprechenden Modifikationen zur Anwendung. Vergl. Nr. 5 des citirten Rescripts.

die Beschlußfassung des Bezirksausschusses herbeizuführen[411a]) verpflichtet[411b]). Im Uebrigen finden bei den Städten, welche die gedachte Einrichtung angenommen haben, die Vorschriften der Titel I bis VII. gleichfalls, jedoch mit der Maßgabe Anwendung, daß die Schöffen zugleich Stadtverordnete sein können, und daß es genügt, wenn die Beschlüsse der Stadtverordneten-Versammlung (§. 47) nur von dem Vorsitzenden und einem Mitgliede unterzeichnet werden.

Titel IX.

Von der Verpflichtung zur Annahme von Stellen und von dem Ausscheiden aus denselben wegen Verlustes des Bürgerrechts.

§. 74.

Ein jeder stimmfähiger Bürger ist verpflichtet, eine unbesoldete Stelle[412]) in der Gemeinde-Verwaltung oder Vertretung anzunehmen, sowie eine angenommene Stelle mindestens drei Jahre lang zu versehen.

Zur Ablehnung oder zur früheren Niederlegung einer solchen Stelle berechtigen nur folgende Entschuldigungsgründe:

411a. Zust.Ges. §. 17 Nr. 1.

411b. Soweit nicht das Beanstandungsverfahren nach §. 15 Zust.Ges. Platz greift.

412. Nicht nur eine dauernde Stelle, sondern auch einzelne Aufträge in städtischen Verwaltungsangelegenheiten z. B. zur Klassensteuer-Einschätzung, wird jeder Bürger nach Maßgabe der obigen Bestimmungen zu übernehmen verpflichtet sein. Dagegen kann er zur Führung einer Kasse nicht gezwungen werden, da ein solches Geschäft eine eigenthümliche technische Bildung erfordert und zu denjenigen kunstmäßigen Diensten gehört, welche von den Bürgern unentgeltlich nicht gefordert werden können. (M.R. v. 27. Nov. 1823 Ann. Bd. 17 S. 659.)

Ein mit Funktionen in den städtischen Verwaltungs-Deputationen betrauter stimmfähiger Bürger ist zur Uebernahme der Stelle eines unbesoldeten Magistrats-Mitgliedes nicht verpflichtet, da er bereits die in Abs. 1 vorgeschriebene Verpflichtung zur Uebernahme einer unbesoldeten Stelle in der Gemeindeverwaltung erfüllt und das Gesetz eine Verpflichtung zur gleichzeitigen Uebernahme mehrerer derartiger Stellen nicht vorschreibt. Eventuell kann er sich auf den Enschuldigungsgrund in Abs. 2 Nr. 5 berufen, da die Mitgliedschaft in einer Verwaltungs-Deputation als öffentliches Amt anerkannt ist.

Dadurch daß die städtischen Behörden nach §. 74 St.O. stets in der Lage sind, einen als Mitglied einer Verwaltungs-Deputation fungirenden Bürger von diesem Amte zu entbinden, können sie denselben in die Nothwendigkeit versetzen, die Stelle eines unbesoldeten Magistratsmitglieds anzunehmen, wenn er nicht

1. anhaltende Krankheit;
2. Geschäfte, die eine häufige oder lang dauernde Abwesenheit mit sich bringen;
3. ein Alter über sechszig Jahre;
4. die früher stattgehabte Verwaltung einer unbesoldeten Stelle für die nächsten drei Jahre;
5. die Verwaltung eines anderen öffentlichen Amtes[413]);
6. ärztliche oder wundärztliche Praxis[414]);
7. sonstige besondere Verhältnisse, welche nach dem Ermessen der Stadtverordneten-Versammlung eine gültige Entschuldigung begründen.

Wer sich ohne einen dieser Entschuldigungsgründe weigert, eine unbesoldete Stelle in der Gemeinde-Verwaltung oder Vertretung anzunehmen oder die noch nicht drei Jahre lang versehene Stelle ferner zu versehen, so wie derjenige, welcher sich der Verwaltung solcher Stellen thatsächlich entzieht[415]), kann durch Beschluß der Stadtverordneten auf drei bis sechs Jahre der Ausübung des Bürgerrechts verlustig erklärt und um ein Achtel bis ein Viertel stärker zu den directen Gemeinde-Abgaben[416]) herangezogen werden[417 417a]).

---

event. die im §. 74 angedrohten Nachtheile gewärtigen will. M.R. v. 24. Juni 1885 B.M.B. S. 180.

413. Zu den öffentlichen Aemtern gehört auch das Amt eines Schiedsmannes. (M.R. v. 4. Juli 1835 B.M.B. S. 752.)

414. Das M.R. v. 14. Juli 1835 (Ann. S. 754) rechnete auch Apotheker zu den Personen, welche zur Ablehnung städtischer Aemter berechtigt sind. Nach der vorliegenden Städteordnung genießen sie diese Befreiung nicht mehr; will ein Apotheker, der sein Geschäft ohne Gehülfen betreibt, von Kommunalämtern frei bleiben, so hat er event. nach §. 74 Nr. 7 bei der Stadtv.-Versammlung um Dispensation nachzusuchen.

415. Die Städte-Ordnung faßt hier den häufig vorkommenden Fall ins Auge, daß ein Gemeindemitglied zwar ein Kommunalamt übernimmt, aber dasselbe auf so unregelmäßige Weise versieht, daß dies in seinen Wirkungen der thatsächlichen Entziehung überhaupt gleichsteht (vgl. E. O.V.G. v. 18. Juni 1889 Zeitschrift „Selbstverwaltung“ Nr. 40 S. 628). — Auf unbesoldete Magistrats-Mitglieder findet jedoch diese Bestimmung keine Anwendung, weil die Entziehung des Bürgerrechts indirect einer Amtsentsetzung gleichstehen würde, diese aber nur im Disziplinarwege verhängt werden kann.

416. Hier ist nur von den in Gemäßheit des §. 53 ausgeschriebenen Gemeinde-Abgaben die Rede. Leistungen, welche Jemandem aus einem speciellen Rechtstitel obliegen, können zur Strafe für die verweigerte Annahme eines Stadtamtes nicht erhöht werden. (M.R. v. 22. Aug. 1826 Ann. S. 762.)

§. 75.

Wer eine das Bürgerrecht voraussetzende Stelle in der Verwaltung oder Vertretung der Stadtgemeinde bekleidet, scheidet aus derselben aus, wenn er des Bürgerrechts verlustig geht; im Falle des ruhenden Bürgerrechts tritt die Suspension ein (§. 7)[418].

Die zu den bleibenden Verwaltungs-Deputationen gewählten stimmfähigen Bürger (§. 59) und anderen von der Stadtverordneten-Versammlung auf eine bestimmte Zeit gewählten unbesoldeten Gemeinde-Beamten, zu denen jedoch die Schöffen nicht zu rechnen sind, können durch Beschluß[418a] der Stadtverordneten auch vor Ablauf ihrer Wahlperiode von ihrem Amte entbunden werden[419].

---

417. Die Verlustigkeits-Erklärung des Bürgerrechts und die stärkere Heranziehung zu den directen Abgaben brauchen nicht nothwendig gleichzeitig verhängt zu werden, vielmehr kann auch jede dieser Strafen für sich ausgesprochen werden.

417a. Die Gemeindevertretung beschließt über die Berechtigung zur Ablehnung oder Niederlegung von Aemtern und Stellen in der Gemeindeverwaltung oder Vertretung sowie über die Nachtheile, welche gegen Mitglieder der Stadtgemeinde wegen Nichterfüllung der ihnen nach den Gemeindeverfassungsgesetzen obliegenden Pflichten zu verhängen sind (§. 10 Nr. 3 Zust.Ges.)

Der Beschluß der Gemeindevertretung bedarf keiner Genehmigung oder Bestätigung von Seiten des Gemeindevorstandes oder der Aufsichtsbehörde. Gegen den Beschluß der Gemeindevertretung findet die Klage im Verwaltungsstreitverfahren statt. Die Klage steht auch dem Gemeindevorstande zu (§. 11 Zust.Ges.).

418. Vgl. §. 18. Schon der Vorsteher der Stadtverordneten und die Versammlung selbst ist berechtigt, bei Eintritt eines der im §. 7 gedachten Fälle das betreffende Mitglied von der ferneren Mitwirkung als Stadtverordneter auszuschließen. Der Magistrat dagegen ist als Obrigkeit nicht nur befugt, sondern verpflichtet, in solchem Falle die Ausschließung oder Suspension zu verfügen. (M.R. v. 9. Januar 1843 V.M.B. S. 4.)

Wer mit dem Verluste der bürgerlichen Ehrenrechte oder mit der zeitweisen Untersagung ihrer Ausübung bestraft worden ist, verliert damit auch das Recht, städtische Würden, Titel und Ehrenzeichen zu führen oder zu erlangen. (Straf-gesetz-Buch f. d. D. R. §§. 33 u. 34.)

418a. Zust.Ges. §. 10. Die Gemeindevertretung beschließt auf Beschwerden und Einsprüche betreffend den Besitz oder Verlust des Rechtes zur Bekleidung einer den Besitz des Bürgerrechts voraussetzenden Stelle in der Gemeindeverwaltung oder Gemeindevertretung.

§. 11. Der Beschluß der Gemeindevertretung bedarf keiner Genehmigung oder Bestätigung von Seiten des Gemeindevorstandes oder der Aufsichtsbehörde. Gegen den Beschluß findet die auch dem Gemeindevorstande zustehende Klage im Verwaltungsstreitverfahren zu. Die Klage hat keine aufschiebende Wirkung; jedoch dürfen Ersatzwahlen vor ergangener rechtskräftiger Entscheidung nicht vorgenommen werden.

Titel X.

Von der Oberaufsicht über die Stadtverwaltung.

§. 76.

Die Aufsicht des Staates über die Verwaltung der städtischen Angelegenheiten wird in erster Instanz von dem Regierungspräsidenten, in höherer und letzter Instanz von dem Oberpräsidenten geübt, unbeschadet der in den Gesetzen geordneten Mitwirkung des Bezirksausschusses und des Provinzialraths.

Für die Stadt Berlin tritt an die Stelle des Regierungspräsidenten der Oberpräsident, an die Stelle des Oberpräsidenten der Minister des Innern.

Beschwerden bei den Aufsichtsbehörden in städtischen Gemeindeangelegenheiten sind in allen Instanzen innerhalb zwei Wochen anzubringen. (Zust.Ges. §. 7)[420–424].

---

§. 21. Zuständig — auch für Berlin — ist der Bezirksausschuß. Die Klage ist binnen 2 Wochen direkt bei dem Bezirksausschuß selbst anzubringen. Die Gemeindevertretung bezw. der kollegialische Gemeindevorstand können zur Wahrnehmung ihrer Rechte im Verwaltungsstreitverfahren einen besondern Vertreter bestellen.

419. Hierdurch wird es möglich, in einer Form, die keinen disciplinarischen Charakter an sich trägt und keine Kränkung mit sich führt, solche nicht zu den Magistrats-Personen gehörige unbesoldete Gemeinde-Beamte, welche sich nicht genügend brauchbar erweisen oder bei denen sonst die Nothwendigkeit hierzu eintritt, ohne große Weitläufigkeiten durch andere zu ersetzen.

420. Dem Staate steht die Oberaufsicht über die Verwaltung des Vermögens der öffentlichen Schulen zu. Ein Widerspruch gegen den Umfang dieses Hoheitsrechts kann im Prozeßverfahren nicht geltend gemacht werden. (Erk. des Komp.-Ger. v. 13. Aug. 1870 J.M.B. S. 290.)

Die unmittelbare nächste Aufsichts-Instanz für die Komm.-Angelegenheiten der Städte, in welchen die Städteordnung v. 30. Mai 1853 Geltung hat, bilden die Regierungspräsidenten. Die letzteren sind nicht ermächtigt, die selbständige Ausübung des Aufsichtsrechts ganz oder theilweise den Landräthen zu übertragen, wohl aber befugt, sich der Mitwirkung der letzteren als ihrer Organe bei Ausübung ihres Aufsichtsrechts zu bedienen. Die Gemeinde-Behörden der Städte von nicht mehr als 10000 Einwohnern haben daher ihre Berichte an die Regierung durch Vermittelung des Landraths zu befördern. Uebrigens bleiben alle Städte, welche keine eigenen Kreise bilden, auf Grund der Verordnung vom 30. April 1815 (Ges.S. S. 85) der Polizei-Aufsicht des Landraths unterworfen. (Min.-Instr. v. 20. Juni 1853 Art. XVI B.M.B. S. 138 u. M.R. v. 26. Jan. 1860 B.M.B. S. 17.) Die städtischen Behörden müssen in Polizeisachen an den vorgesetzten Landrath in Berichtsform schreiben, während er sich ihnen gegenüber des Rescriptenstyls bedient. (M.R. v. 29. Dec. 1841 V.M.B. 1842 S. 4.)

Die zweite und letzte Aufsichts-Instanz bilden die Oberpräsidenten der Provinzen.

421. Die Grenzen der Befugnisse der Aufsichtsbehörden sind in der vorliegenden Städteordnung nicht ausgesprochen. In der Praxis ist dem Aufsichtsrechte die Ausdehnung gegeben worden, welche §. 139 der Städteordnung von 1831 vorschreibt. Darin wird den Regierungen aufgetragen: sich zu überzeugen, ob in jeder Stadt die Verwaltung fortwährend im vorgeschriebenen Gange bleibe und angezeigte Störungen beseitigt werden; die Beschwerden Einzelner über die Verletzung der ihnen als Mitglieder der Gemeinde zustehenden Rechte zu untersuchen und zu entscheiden und die Stadtgemeinde zur Erfüllung ihrer Pflichten anzuhalten. Vgl. E.O.V.G. v. 2. Oct. 1884 XI S. 35.

Die Regierung ist berechtigt, von Zeit zu Zeit die städtische Verwaltung einer Revision zu unterziehen, namentlich auch die Stadtkasse extraordinär zu revidiren. (M.R. v. 9. April 1842 V.M.B. S. 182, v. 18. Aug. 1845 V.M.B. S. 249, v. 7. Juli 1847 V.M.B. S. 191 und v. 4. Aug. 1853 V.M.B. S. 222.) Stellen sich dabei Unordnungen heraus, so kann sie auf Kosten der Stadtgemeinde durch Kommissare eine geregelte Verwaltung herstellen lassen. (M.R. v. 20. Aug. 1840 V.M.B. S. 343.)

Dem leichtsinnigen Schuldenmachen der Städte und der Säumigkeit derselben in Befriedigung der Gläubiger hat die Regierung entgegen zu treten und die dazu erforderlichen Maßregeln zu treffen. (M.R. v. 20. März u. 14. Dec. 1831 Ann. S. 102 u. 775 u. v. 25. Juni 1839 Ann. S. 395.)

Die Aufsichtsbehörde hat nach allgemeinen Rechtsgrundsätzen die Prüfung der Rechtsbeständigkeit und die zwangsweise Durchführung solcher Verbindlichkeiten, die lediglich privatrechtlicher Natur sind, den Gerichten zu überlassen; die Verpflichtungen der Gemeinden aber, welche dem öffentlichen Rechte entlehnt sind, hat sie zu überwachen, und die Acte des Aufsichtsrechtes unterliegen nicht der richterlichen Kritik und Kognition, vielmehr ist dagegen nur die Beschwerde im Verwaltungswege zulässig. (E.K. v. 13. Nov. 1858 V.M.B. 1859 S. 121 u. M.R. v. 14. März 1863 u. v. 7. Oct. 1867 V.M.B. S. 119 u. 334.)

422. Nach Analogie der für den Beginn der Fristen in Prozessen geltenden Vorschriften wird der Tag der Zustellung der Verfügung bei der oben festgesetzten Frist nicht mit zu rechnen sein. Vgl. jetzt §. 200 Civilprozeßordnung.

423. Auch für die städtischen Behörden ist die zweiwöchentliche Frist eine präklusivische. Von Amtswegen darf einer Beschwerde, welche erst nach Ablauf dieser Frist eingelegt ist, nur dann abgeholfen werden, wenn dies ohne Verletzung wohlerworbener Rechte Dritter möglich ist. (M.R. v. 8. Mai 1855 I. B. 2150 ungedr.)

424. Eine Ausnahme von obiger Vorschrift findet auch insofern statt, als in Beschwerdesachen über städtische Kommunalbesteuerung die sechswöchentliche Präklusivfrist des §. 3 des Gesetzes vom 18. Juni 1840 in allen Aufsichts-Instanzen zur Anwendung kommt. (M.R. v. 20. Mai 1866 V.M.B. S. 106.)

Die Entscheidung der Frage, ob die Kosten für eine bestehende Schule aus

§. 77.

Beschlüsse der Gemeindevertretung oder des kollegialischen Gemeindevorstandes, welche deren Befugnisse überschreiten oder die Gesetze verletzen, hat der Gemeindevorstand bezw. der Bürgermeister, entstehendenfalls auf Anweisung der Aufsichtsbehörde, mit aufschiebender Wirkung unter Angabe der Gründe zu beanstanden [425 426]). Gegen die Verfügung des Gemeindevorstandes (Bürgermeisters) steht der Gemeindevertretung bezw. dem kollegialischen Gemeindevorstande die Klage im Verwaltungsstreitverfahren statt [426a]).

Die in den Gemeinde-Verfassungsgesetzen begründete Befugniß der Aufsichtsbehörden, aus andern als den vorstehend angegebenen Gründen eine Beanstandung der Beschlüsse der Gemeindevertretung oder des kollegialischen Gemeindevorstandes herbeizuführen, wird aufgehoben. Zust.Ges. §. 15.

---

allgemeinen städtischen Fonds oder unter größerer oder geringerer Betheiligung einzelner Kategorien der Stadtbewohner zu bestreiten sind, erfolgt unter Ausschluß des Rechtsweges im Verwaltungswege. (Erk. des Komp.-Ger. v. 9. Jan. 1869 J.M.B. S. 46.)

Die Bestimmung über den Umfang des Unterrichts in den Elementarschulen und die darauf beruhende Vertheilung der Schulabgaben auf die einzelnen Mitglieder der Schulgemeinde ist gleichfalls lediglich Sache der Aufsichtsbehörde. (Erk. des Komp.-Ger. v. 13. März 1869 J.M.B. S. 98.)

Die Regierung ist berechtigt, das Gehalt eines Schullehrers, welches sie nach den obwaltenden Umständen nicht für ausreichend erachtet, angemessen zu erhöhen, und ist gegen eine solche Anordnung der Rechtsweg unzulässig. (Erk. des Komp.-Ger. vom 12. Juni 1869 J.M.B. S. 175.)

425. Vgl. Note 330. Die Aufsichtsbehörde ist übrigens nicht befugt, von Amtswegen einzuschreiten, wenn ein Stadtverordneten-Beschluß lediglich das Gemeinde-Interesse verletzt.

426. Die Vorschrift des §. 77 ist für den Fall gegeben, daß der Magistrat oder dessen Vorsitzender seinen Verpflichtungen mit Rücksicht auf §. 56 ad 2 resp. §. 57 nicht nachgekommen ist. Um sie ausführen zu können, hat die Regierung das Recht, die Einreichung von Abschriften der jedesmaligen Beschlüsse der Stadtverordneten-Versammlung von dem betreffenden Magistrat zu fordern. (M.R. v. 23. Aug. 1851 I. B. 860 ungedr.)

426a. Die Beanstandung ist an eine bestimmte Frist nicht gebunden und es unterliegen auch solche Beschlüsse der Beanstandung, deren Ausführung schon begonnen hat. Aus der Rechtsprechung des O.V.G. vgl. die Entsch. VI 57. 68. 74, VII 92. 118, X 44.

§. 78.

Unterläßt oder verweigert die Stadtgemeinde, die ihr gesetzlich obliegenden, von der Behörde innerhalb der Grenzen ihrer Zuständigkeit festgestellten Leistungen auf den Haushaltsetat zu bringen oder außerordentlich zu genehmigen[427]), so verfügt[428]) der Regierungspräsident unter Anführung der Gründe die Eintragung in den Etat bezw. die Feststellung der außerordentlichen Ausgaben.

Gegen die Verfügung des Regierungspräsidenten steht der Gemeinde die Klage beim Oberverwaltungsgericht zu[428a 428b]).

Eine Feststellung des Stadtetats durch die Aufsichtsbehörde findet fortan nicht statt; auch in den Städten von Neuvorpommern und Rügen ist jedoch eine Abschrift des Etats gleich nach seiner Feststellung durch die städtischen Behörden der Aufsichtsbehörde einzureichen. Zust.Ges. §. 19.

§. 79.

Durch Königliche Verordnung auf den Antrag des Staatsministeriums kann eine Stadtverordneten-Versammlung aufgelöst werden.

Es ist sodann eine Neuwahl derselben anzuordnen und muß diese binnen sechs Monaten vom Tage der Auflösungs-Verordnung an erfolgen. Bis zur Einführung der neugewählten Stadtverord-

---

427. Dies Verfahren tritt auch ein, wenn die Stadtverordneten-Versammlung sich weigert, die erforderlichen Mittel zur Unterhaltung einer städtischen Schule zu bewilligen (M.R. v. 31. Jan. 1835 Ann. S. 154), oder das von der Regierung für unzulänglich erklärte Gehalt eines städtischen Lehrers zu erhöhen (M R. v. 28. Mai 1845 V.M.M. S. 161). Endlich soll der §. 78 auch die Befugniß der Regierung sichern, die Gehälter der städtischen Subaltern- und Unterbeamten zu prüfen und event. auf einen angemessenen Betrag bringen zu lassen. (M.Instr. v. 20. Juni 1853 Art. X. V.M.B. S. 141.)

428. Die von der Regierung zu treffende Festsetzung ist nur als ein Interimistikum, als eine resolutorische Anordnung anzusehen, die lediglich die Herstellung der Ordnung im Staatshaushalte bezweckt; das materielle Recht wird dadurch in keiner Weise berührt.

428a. Zur Anstellung der Klage ist nur der Magistrat (und nicht die Stadtverordneten-Versammlung legitimirt). E. O.V.G. v. 2. Februar 1887 XIV S. 89.

428b. Vgl. noch die Entsch. d. O.V.G. VI S. 27, VII S. 19, XI S. 35. 47, XII S. 38, XIV S. 89. 95. 98. 102.

neten sind deren Verrichtungen durch den Bezirksausschuß als Beschlußbehörde [428c]) zu besorgen [429]).

§. 80.

In Betreff der **Dienstvergehen** der Bürgermeister, der Mitglieder des Vorstandes und der sonstigen Gemeinde-Beamten kommen die darauf bezüglichen Gesetze zur Anwendung [430–432]).

428c. Zust.Ges. §. 17 Nr. 3.

429. Die **Beschlußfassung** des **Bezirksausschusses** wird sich auf die laufenden Geschäfte beschränken und die Erledigung aller nicht dringender Angelegenheiten wird davon ausgeschlossen werden müssen.

430. Siehe das Gesetz v. 21. Juli 1852 (Ges.S. S. 465), betr. die Dienstvergehen der nichtrichterlichen Beamten.

Wird gegen den Magistrat wegen säumiger oder ungehöriger Dienstführung eine Ordnungsstrafe festgesetzt, so muß deren Entrichtung princip. von dem oder den Schuldigen (in der Regel also dem Dezernenten), von dem Dirigenten aber, insofern er nicht selbst Dezernent oder hauptsächlich schuldig war, nur insofern gefordert werden, als er sich eines Versäumnisses bei Beaufsichtigung der Geschäftsführung der Erstern schuldig gemacht hat. (M.R. v. 9. Mai 1835 Ann. S. 432.) Natürlich hat das betreffende Magistrats-Mitglied den Strafbetrag aus seinem eigenen Vermögen und Einkommen zu bezahlen und derselbe darf nicht aus der städtischen Kasse entnommen werden.

431. Auf **Stadtverordnete** ist das Gesetz vom 21. Juli 1852 nicht anwendbar. Die Regierung aber ist befugt, Stadtverordnete, namentlich Stadtverordneten-Vorsteher zur Erfüllung einer Dienstpflicht oder zur Unterlassung pflichtwidriger Handlungen durch Executivstrafen zu zwingen. (M.R. v. 6. und 29. Juni 1863 V.M.B. S. 118 u. 153.)

432. Wenn ein städtischer Beamter aus Vorsatz oder aus Versehen bei Ausübung seiner Amtspflichten, oder durch Vernachlässigung derselben Jemand rechtswidriger Weise Schaden zufügt, so muß er dafür Ersatz leisten. Derartige Entschädigungs-Ansprüche können gegen den betreffenden Beamten im Prozeßwege geltend gemacht werden, sogar dann, wenn der amtliche Act, bei welchem das den Regreßanspruch begründende Versehen ꝛc. vorgekommen sein soll, vor Gericht nicht angefochten werden kann (O.S. v. 16. Juni 1850 Entsch. Bd. 33 S. 157 u. E.K. v. 12 Februar 1859 J.M.B. S. 436), vorbehaltlich jedoch dessen, was das Gesetz vom 11. Mai 1842 (Ges.S. S. 192) in den §§. 1—6 bestimmt, und vorbehaltlich des den höheren Verwaltungs-Behörden nach dem Gesetz vom 13. Febr. 1854 (Ges.S. S. 86) zustehenden Rechts, durch Erhebung eines Konflikts die materielle Prüfung der Frage, ob dem beklagten Beamten eine zur gerichtlichen Verfolgung geeignete Pflichtverletzung zur Last falle, der Entscheidung des Kompetenz-Gerichtshofes zu unterbreiten und vom Ausfall dieser Entscheidung die Statthaftigkeit des ferneren Prozeßverfahrens abhängen zu lassen.

An Stelle des Kompetenz-Gerichtshofes entscheidet jetzt in den Bundesstaaten

Bezüglich der Dienstvergehen der Bürgermeister, Beigeordneten, Magistratsmitglieder und sonstigen Gemeindebeamten kommen die Bestimmungen des Gesetzes vom 21. Juli 1852 mit folgenden Maßgaben zur Anwendung:

1. Gegen die Bürgermeister, Beigeordneten und Magistratsmitglieder, sowie gegen die sonstigen Gemeindebeamten kann an Stelle der Bezirksregierung und innerhalb des derselben bisher zustehenden Ordnungsstrafrechts der Regierungspräsident Ordnungsstrafen festsetzen. Gegen die Strafverfügungen des Regierungspräsidenten findet innerhalb zwei Wochen die Beschwerde an den Oberpräsidenten, gegen

---

in welchen ein oberster Verwaltungsgerichtshof besteht, dieser, in Preußen also das Oberverwaltungsgericht, in den andern Bundesstaaten das Reichsgericht. Die Entscheidung ist auf die Feststellung beschränkt, ob der Beamte sich einer Ueberschreitung seiner Amtsbefugnisse oder die Unterlassung einer ihm obliegenden Amtshandlung schuldig gemacht habe. Einf.-Ges. zum Gerichtsverfassungsges. v. 27. Januar 1877 §. 11. Vgl. E.O.V.G. v. 16. Novbr. 1881 VIII 403, 18. Novbr. 1882 IX S 435, 16. Juni 1886 XIV 420, 9. Novbr. 1887 XV S. 439, 2. Juni 1883, abgedr. bei Par. u. Wied. S. 205.

Ein freiwilliges Ausscheiden aus dem Amt im Laufe des Disciplinarverfahrens ist zulässig mit dem Erfolge, daß auf Enthebung aus dem Amte nicht mehr erkannt werden kann. E.O.V.G. X S. 370.

Ueber die Betheiligung der Kommunalbeamten am öffentlichen politischen Leben äußert sich das O.V.G. in der im V.M.B. 1888 S 33 ff. abgedruckten Entscheidung vom 11. Januar 1888 folgendermaßen:

Es existire keine gesetzliche Norm, daß die mittelbaren Staatsbeamten von der steten Rücksicht auf ihr Amt, welches sie im Dienst des Staates, wenn auch neben ihrem eigentlichen Lebensberufe führen, in ihren außeramtlichen politischen Verhalten entbunden wären. Darin daß ein Beamter auch über die Ausübung des eigenen Wahlrechts hinaus im öffentlichen politischen Leben Anschauungen, welche von denjenigen der Staatsregierung abweichen und denjenigen einer Oppositionspartei entsprechen, außeramtlich vertritt und zur Geltung zu bringen sucht, kann eine Verletzung seiner amtlichen Pflichten nicht unbedingt und nicht unter allen Umständen gefunden werden Eine solche würde erst vorliegen, wenn der Beamte in der außerordentlichen Besprechung oder Behandlung politischer Angelegenheiten von einer lediglich sachlichen Erörterung zu offenbar ungerechten unwahren Behauptungen oder gehässigen Angriffen übergeht, überhaupt in der äußern Form seiner politischen Thätigkeit sich zu Handlungen hinreißen läßt, welche geeignet sind, ihm die Achtung seiner Mitbürger und deren Vertrauen in eine sachliche und gerechte Führung seines Amts zu entziehen, oder wenn er die aus der Einheitlichkeit des gesammten Staatsdienstes entspringende weitere Amtspflicht der rücksichtsvollen Achtung gegen die Inhaber anderer öffentlichen Aemter verletzt.

den auf die Beschwerde ergehenden Beschluß des Oberpräsidenten findet innerhalb zwei Wochen die Klage bei dem Oberverwaltungsgerichte statt. In Berlin findet gegen die Strafverfügungen des Oberpräsidenten, in den Hohenzollerschen Landen findet gegen die Strafverfügungen des Regierungspräsidenten innerhalb zwei Wochen unmittelbar die Klage bei dem Oberverwaltungsgerichte statt.

2. Gegen die Strafverfügungen des Bürgermeisters findet innerhalb zwei Wochen die Beschwerde an den Regierungspräsidenten, und gegen den auf die Beschwerde ergehenden Beschluß des Regierungspräsidenten innerhalb zwei Wochen die Klage bei dem Oberverwaltungsgerichte statt.

3. In dem Verfahren auf Entfernung aus dem Amte wird die Einleitung des Verfahrens von dem Regierungspräsidenten bezw. dem Minister des Innern verfügt und von demselben der Untersuchungskommissar ernannt; an die Stelle der Bezirksregierung bezw. des Disciplinarhofes tritt als entscheidende Disciplinarbehörde erster Instanz der Bezirksausschuß; an die Stelle des Staatsministeriums tritt das Oberverwaltungsgericht; den Vertreter der Staatsanwaltschaft ernennt bei dem Bezirksausschusse der Regierungspräsident, bei dem Oberverwaltungsgerichte der Minister des Innern.

In dem vorstehend bezüglich der Entfernung aus dem Amte vorgesehenen Verfahren ist entstehenden Falles auch über die Thatsache der Dienstunfähigkeit der Bürgermeister, Beigeordneten, Magistratsmitglieder und sonstigen Gemeindebeamten Entscheidung zu treffen.

Gegen Mitglieder der Gemeindevertretung findet ein Disciplinarverfahren nicht statt (§. 20 Zust.Ges.).

Titel XI.

Ausführungs- und Uebergangs-Bestimmungen.

§. 81.

Die zur Ausführung dieses Gesetzes erforderlichen Bestimmungen werden von dem Minister des Innern getroffen[433]).

---

433. In Gemäßheit dieser Vorschrift ist von dem Minister des Innern

§. 82.

In Städten, wo die Einführung der Gemeinde-Ordnung vom 11. März 1850 bereits beendigt ist, tritt die gegenwärtige Städte-Ordnung sogleich nach ihrer Verkündigung in Kraft und an die Stelle jener Gemeinde-Ordnung; die auf Grund der letzteren gewählten Bürgermeister, Beigeordneten, Schöffen und alle anderen besoldeten und unbesoldeten Gemeinde-Beamten, so wie die Mitglieder des Gemeinderaths, diese als Stadtverordnete, verbleiben jedoch in ihren Stellen bis zum Ablaufe der Periode, für welche sie gewählt worden sind, und behalten, so weit sie eine besoldete Stelle bekleiden, ihre bisherigen Besoldungen und Pensions-Ansprüche.

§. 83.

In Städten, wo die Einführung der Gemeinde-Ordnung vom 11. März 1850 bis zur Einsetzung des Gemeinderaths gediehen ist, bleiben die Mitglieder desselben in ihren Stellen als Stadtverordnete bis zum Ablaufe der Periode, für welche sie gewählt worden sind; im Uebrigen ist sowohl dort, als in allen anderen Städten, für welche diese Städte-Ordnung noch gegeben ist (§. 1), nach den Vorschriften derselben mit der Einführung der städtischen Verfassung und Verwaltung zu verfahren.

§. 84.

Die seitherigen nicht gewählten und nicht ausdrücklich auf Kündigung angestellten Oberbürgermeister und Bürgermeister, welche bei Einführung der gegenwärtigen Städte-Ordnung weder in ihren Aemtern und Einkünften belassen, noch anderweitig mit gleichem Einkommen angestellt werden, haben, sofern nicht für diesen Fall bereits früher eine andere verbindliche Bestimmung getroffen worden ist, einen Anspruch auf Pension.

Diejenigen dieser Beamten, welche auf Kündigung angestellt sind, von welcher jedoch observanzmäßig niemals oder doch nur aus besonderen Gründen Gebrauch gemacht worden ist, sind den lebenslänglich angestellten Beamten gleichzusetzen, wenn nicht einer der Gründe eintritt, aus welchen die Kündigung vorbehalten ist. Blos

eine Instruktion zur Ausführung der vorliegenden Städteordnung unterm 20. Juni 1853 erlassen worden. Die einzelnen Bestimmungen derselben sind bei den betreffenden Paragraphen des Gesetzes in den dazu gegebenen Noten angeführt.

vorläufig und kommissarisch ohne Zeitbestimmung angestellten Beamten steht dieser Anspruch erst nach sechsjähriger Dienstzeit zu. Wenn ein solcher Beamter demnächst von der Stadt für dieselbe Stelle auf Zeit gewählt worden ist, so wird seine Dienstzeit, behufs der Feststellung seiner Pensionsberechtigung, von der Zeit des Eintritts in die kommissarische Dienstleistung gerechnet.

Die Pension beträgt nach kürzerer als zwölfjähriger Dienstzeit $^1/_4$, nach zwölf- oder mehrjähriger Dienstzeit $^1/_2$, nach vierundzwanzigjähriger Dienstzeit $^2/_3$ des seitherigen reinen Diensteinkommens. Was als solches anzusehen, wird im Verwaltungswege endgültig festgesetzt. Die Pension fällt insoweit fort und ruht, als der Pensionirte durch anderweitige Anstellung im Staats- oder Gemeindedienste ein Einkommen oder eine neue Pension erwirbt, welche mit Zurechnung der ersten Pension sein früheres Einkommen übersteigen. Die Pensionen werden von den Stadtgemeinden, in welchen die Beamten gegenwärtig angestellt sind, geleistet.

Alle vorstehend nicht bezeichneten Gemeinde-Beamten sind in ihren Aemtern und Einkünften zu belassen und behalten ihre bisherigen Pensions-Ansprüche [434]).

§. 85.

Der Zeitpunkt, mit welchem in den einzelnen im §. 83 erwähnten Städten die Einführung gegenwärtiger Städte-Ordnung beendigt sein wird, ist durch das Amtsblatt des Regierungs-Bezirks zur öffentlichen Kenntniß zu bringen. Von diesem Zeitpunkte an treten für die betreffenden Städte die bisherigen Gesetze und Verordnungen über die Verfassung der Stadtgemeinden außer Kraft.

---

434. Bezüglich des Umfanges der Pensionsansprüche der besoldeten Gemeindebeamten, welche auf Grund der älteren Städteordnungen gewählt wurden, kommen folgende Bestimmungen zur Anwendung:

a. für Städte, in welchen die Städteordnung von 1808 eingeführt war: §. 159 der Städteordnung von 1808, die in der Zusammenstellung vom 4. Juli 1832 (Ges.S. S. 188) enthaltenen Nachträge zu §§. 159 und 161 a. a. O., die Kab.-Ordre v. 28. Dez. 1837 (Ges.S. 1838 S. 7);

b. für Städte, in welchen die revidirte Städteordnung vom 17. März 1831 eingeführt war: §§. 99, 101 u. 102 dieser Städteordnung.

Die Gemeinde-Ordnung vom 11. März 1850 regelte die Pensions-Ansprüche der Bürgermeister und besoldeten Magistrats-Mitglieder eben so, wie die vorliegende Städte-Ordnung, enthielt dagegen wegen der Pension der übrigen besoldeten Gemeindebeamten gar keine Bestimmungen.

II.

Gesetz,

betreffend die Verfassung und Verwaltung der Städte und Flecken in der Provinz Schleswig-Holstein.

Vom 14. April 1869. Ges.S. S. 589.

Titel I.

Von der Stadtgemeinde, dem Bürgerrechte und dem Ortsstatute.

§. 1.

Jede Stadtgemeinde bildet eine Korporation, welcher die Selbstverwaltung ihrer Angelegenheiten nach näherer Vorschrift dieses Gesetzes zusteht.

Die Stadtgemeinde wird durch einen Magistrat (kollegialischen Gemeinde-Vorstand) und eine Stadtverordneten-Versammlung nach den Bestimmungen dieses Gesetzes, beziehentlich mit den aus Titel XI. sich ergebenden Maßgaben vertreten.

§. 2.

Den städtischen Gemeindebezirk (Stadtbezirk) bilden alle diejenigen Grundstücke, welche demselben bisher angehört haben.

Die Bezeichnung der einzelnen Bestandtheile des Stadtbezirks und der Hinsichts ihrer Zugehörigkeit zu dem letzteren etwa bestehenden besonderen Verhältnisse bleibt dem Ortsstatute vorbehalten.

Zu §. 1—3. Vgl. die Noten zu §. 2 der Städteordnung von 1853.

§. 3.

Auf die Vereinigung solcher Grundstücke und Bezirke mit dem Stadtbezirke, welche demselben bisher nicht angehört haben, sowie auf die Abtrennung einzelner Grundstücke von dem Stadtbezirke finden die, für gleichartige Veränderungen in Landgemeinde-Bezirken getroffenen Bestimmungen des §. 1 der Verordnung vom 22. September 1867, betreffend die Landgemeinde-Verfassungen in den Herzogthümern Schleswig und Holstein (Ges.S. 1867 S. 1603), Anwendung.

§. 4.

Alle Einwohner des Stadtbezirks, mit Ausnahme der servisberechtigten Militärpersonen des aktiven Dienststandes, gehören zur Stadtgemeinde.

Als Einwohner werden diejenigen betrachtet, welche in dem Stadtbezirke nach den Bestimmungen der Gesetze ihren Wohnsitz haben.

§. 5.

Alle Gemeinde-Angehörigen (§. 4) sind, unbeschadet der durch Stiftungen und sonstige privatrechtliche Titel begründeten besonderen Verhältnisse, einerseits zur Mitbenutzung derjenigen öffentlichen Anstalten, welche der Stadtgemeinde als solcher gehören, und zum Mitgenusse der Erträge des Stadtvermögens (§§. 19 bis 21) berechtigt, andererseits zur Theilnahme an den städtischen Gemeindelasten nach Vorschrift dieses Gesetzes verpflichtet.

§. 6.

Das Bürgerrecht besteht in dem Rechte zur Theilnahme an den Gemeindewahlen, sowie in der Befähigung zur Uebernahme unbesoldeter Aemter und Funktionen in der Gemeindeverwaltung und Gemeindevertretung.

§. 7.

Jeder im Vollbesitze der bürgerlichen Ehrenrechte befindliche männliche Angehörige des Norddeutschen Bundes erwirbt das Bürgerrecht, wenn er seit einem Jahre

---

Zu §. 4. Vgl. die Noten zu §. 3 der St.O. von 1853.

Zu §. 5. Wie vor zu §. 4 a. a. O.

Zu §. 6–8. Wie vor zu §. 5 a. a. O.

1) zur Stadtgemeinde gehört (§. 4),

2) selbständig ist; als selbständig im Sinne dieses Gesetzes werden Personen, welche minderjährig sind, oder unter einer die Dispositionsbefugniß beschränkenden Kuratel, oder im Hause und Brode Anderer stehen, oder eine nach ihrem 18. Lebensjahre empfangene öffentliche Armenunterstützung nicht zurückerstattet haben, nicht angesehen,

3) die ihm obliegenden Gemeindeabgaben bezahlt hat, und außerdem

4) entweder

a. im Gemeindebezirke ein Wohnhaus von einem im Ortsstatute näher zu bestimmenden Minimalsteuerwerth besitzt, oder

b. ein stehendes Gewerbe — über dessen Art und Umfang das Ortsstatut Näheres bestimmen kann — selbständig betreibt, oder

c. ein Einkommen bezieht, welches, nach den Grundsätzen der Klassensteuerveranlagung geschätzt, einen bestimmten, im Lokalstatute näher festzusetzenden Betrag erreicht, dessen Minimalsatz nicht unter 200 Thaler und nicht über 500 Thaler jährlich normirt werden darf.

Das Ortsstatut kann, anstatt eines solchen Minimal-Einkommens, auch die Entrichtung eines entsprechenden Klassensteuersatzes für genügend erklären.

§. 8.

In Bezug auf den Erwerb und die Ausübung des Bürgerrechts werden Grundeigenthum, Einkommen und Steuerzahlungen der Ehefrau und der in väterlicher Gewalt befindlichen Kinder dem Ehemanne, beziehentlich dem Vater angerechnet.

Von dem Vorhandensein einer einjährigen Dauer der im §. 7 Nr. 1 bis 4 aufgeführten Erfordernisse kann durch Beschluß der städtischen Kollegien in einzelnen Fällen dispensirt werden.

Geht ein Haus durch Vererbung auf einen Anderen über, so kommt dem Erben bei Berechnung der Dauer des einjährigen Wohnhausbesitzes die Besitzzeit des Erblassers zu Gute.

§. 9.

Jeder Bürger ist verpflichtet, nicht nur einzelne Aufträge in städtischen Verwaltungsangelegenheiten, sondern auch eine unbesoldete Stelle (Amt) in der Gemeindeverwaltung und Gemeindevertretung zu übernehmen und mindestens sechs Jahre lang zu versehen.

§. 10.

Zur Ablehnung oder früheren Niederlegung einer solchen unbesoldeten Stelle im Magistrat- oder in dem Stadtverordneten-Kollegium berechtigen nur folgende Gründe:

1) anhaltende Krankheit,
2) Geschäfte, die eine häufige oder lange andauernde Abwesenheit mit sich bringen,
3) ein Alter von über 60 Jahren,
4) die bereits erfolgte sechsjährige Wahrnehmung der betreffenden oder einer anderen unbesoldeten Stelle für die nächsten sechs Jahre,
5) die Verwaltung eines anderen öffentlichen Amtes, sowie ärztliche oder wundärztliche Praxis,
6) sonstige besondere Verhältnisse, welche nach dem Ermessen der städtischen Kollegien eine gültige Entschuldigung begründen.

Jede solche Ablehnung oder Niederlegung ist mit den dafür geltend zu machenden Gründen dem Magistrate schriftlich vorzutragen und über die Genehmigung von beiden städtischen Kollegien alsbald gemeinschaftlicher Beschluß zu fassen. Im Falle sich beide Kollegien darüber nicht einigen können, entscheidet die Regierung endgültig, ebenso wenn der Ablehnende über einen die Ablehnung verwerfenden Beschluß beider Kollegien an die Regierung rekurrirt, was spätestens binnen zehn Tagen nach erhaltener Mittheilung desselben geschehen muß.

In gleicher Weise ist, im Falle der Ablehnung anderer Stellen oder Aufträge in der städtischen Verwaltung, über die Triftigkeit der Ablehnungsgründe zu befinden, auch kann das Ortsstatut hierüber und über die Folgen unbegründeter Ablehnung besondere Bestimmungen treffen.

Weigert sich ein Bürger, ohne gültig befundene Entschuldigungs-

---

Zu §. 9. 10. Vgl. die Noten zu §. 74 a. a. O.

gründe eine ihm durch Wahl angetragene unbesoldete Stelle im Magistrats- oder Stadtverordneten-Kollegium anzunehmen oder die noch nicht sechs Jahre lang versehene Stelle ferner zu versehen, oder entzieht er sich thatsächlich der Verwaltung derselben, so kann er durch gemeinschaftlichen Beschluß beider städtischen Kollegien auf drei bis sechs Jahre des Bürgerrechts verlustig erklärt und um ein Achtel bis ein Viertel stärker zu den Gemeindeabgaben herangezogen werden. Dieser Beschluß bedarf der Bestätigung der Regierung.

§. 11.

Das Ehrenbürgerrecht kann der Magistrat nach gemeinschaftlichem Beschlusse beider Stadtkollegien solchen Männern, die sich um die Stadt besonders verdient gemacht haben, auch ohne Zutreffen der im §. 7 Nr. 1. 3. 4 erwähnten Erfordernisse ertheilen. Dadurch werden städtische Verpflichtungen nicht begründet.

§. 12.

Das Bürgerrecht geht verloren:

1) durch Wegfall eines derjenigen Erfordernisse, welche das Bürgerrecht bedingen (§. 7), sofern nicht nach §. 13 ein bloßes Ruhen in der Ausübung des Bürgerrechts eintritt;
2) durch Konkurs; doch kann dem Gemeinschuldner nach voller oder akkordmäßiger Befriedigung seiner Gläubiger das Bürgerrecht durch Beschluß beider städtischen Kollegien wieder verliehen werden.

§. 13.

Wem durch rechtskräftiges Erkenntniß die Ausübung der bürgerlichen Ehrenrechte untersagt ist, der ist während der im Erkenntnisse festgesetzten Zeit von der Ausübung des Bürgerrechts ausgeschlossen.

Ist gegen einen Bürger wegen eines Verbrechens die Versetzung in den Anklagestand, oder wegen eines Vergehens, welches die Untersagung der Ausübung der bürgerlichen Ehrenrechte nach sich ziehen muß oder kann, die Verweisung an das Strafgericht ausgesprochen, oder ist derselbe zur gerichtlichen Haft gebracht, so ruht die Aus-

---

Zu §. 11. Vgl. die Noten zu §. 6 der St.O. von 1853.
Zu §. 12—14. Vgl. die Noten zu §. 7 a. a. O.

übung des Bürgerrechts, bis die gerichtliche Untersuchung, beziehungsweise die Haft beendigt ist.

§. 14.

Der Verlust des Bürgerrechts zieht den definitiven Verlust der das Bürgerrecht als Bedingung voraussetzenden Stellen und Aemter, das Ruhen des Bürgerrechts aber die Suspension von denselben nach sich.

§. 15.

Ob über die Erwerbung des Bürgerrechts von dem Magistrate eine Urkunde (Bürgerbrief) zu ertheilen ist, bestimmt das Lokalstatut.

Für die Ausstellung des Bürgerbriefs kann eine angemessene Ausfertigungsgebühr erhoben werden.

Die Erhebung einer besonderen Abgabe für den Erwerb des Bürgerrechts oder aus Anlaß dieses Erwerbes (Bürgerrechtsgeld und dergl.) ist dagegen unzulässig.

§. 16.

Ueber alle vorhandenen Bürger hat der Magistrat ein Verzeichniß (Bürgerrolle) zu führen.

§. 17.

Nach Maßgabe der in diesem Gesetz enthaltenen allgemeinen Vorschriften ist für jede einzelne Stadt ein besonderes Ortsstatut abzufassen. Dasselbe muß die nöthigen Festsetzungen über alle Punkte enthalten, für welche nach diesem Gesetze nähere statutarische Bestimmungen erforderlich sind.

Ueber andere die städtische Verfassung und Verwaltung betreffende Punkte, hinsichtlich deren das gegenwärtige Gesetz Verschiedenheiten gestattet oder keine ausdrücklichen Bestimmungen enthält, kann das Statut Festsetzungen treffen, welche den bestehenden Gesetzen nicht widersprechen.

Zu §. 15. Vgl. die Noten zu §. 7 a. a. O.

Zu §. 16. Vgl. die Noten zu §. 19 a. a. O.

Zu §. 17. 18. Vgl. die Noten zu §. 11 a. a. O.

§. 18.

Das Ortsstatut ist durch gemeinschaftlichen Beschluß beider städtischen Kollegien festzustellen und bedarf der Bestätigung der Regierung.

Das Nämliche gilt für spätere Abänderungen einzelner Statutsbestimmungen.

Titel II.

Von dem Stadtvermögen, den Gemeindenutzungen und Gemeindeleistungen.

§. 19.

Das zu gemeinsamen städtischen Zwecken bestimmte Vermögen, welches der Stadtgemeinde als solcher gehört, heißt das Stadtvermögen.

Ueber die zum Stadtvermögen gehörigen Immobilien hat der Magistrat ein besonderes Verzeichniß (Lagerbuch) zu führen, welches jedesmal mit dem Gemeindehaushalts-Entwurf und der Jahresrechnung den Stadtverordneten vorzulegen ist.

§. 20.

Ueber die Art der Benutzung des Stadtvermögens haben die städtischen Kollegien gemeinschaftlich zu beschließen.

In Betreff der besonderen Verwaltung einzelner kommunaler — oder auch nur genossenschaftlicher, jedoch der kommunalen Verwaltung unterstellter — Vermögensobjekte, Kassen, Stiftungen und Anstalten kann das Ortsstatut Näheres bestimmen.

§. 21.

Die den Gemeindemitgliedern zustehende Theilnahme an den Gemeindenutzungen (§§. 5. 20) kann, soweit der Anspruch auf dieselbe nicht auf besonderen Rechtstiteln beruht, nach Maßgabe des Ortsstatuts von der Entrichtung einer jährlichen Abgabe, und anstatt oder neben derselben von der Entrichtung eines Einkaufsgeldes abhängig gemacht werden, durch deren Entrichtung aber die Ausübung des Bürgerrechts niemals bedingt wird.

Zu §. 19—27. Vgl. die Noten zu §. 4. 71 a. a. O.

§. 22.

Die Stadtgemeinde ist zu allen Leistungen verbunden, welche das städtische Bedürfniß erfordert, oder welche ihr durch besondere Gesetze auferlegt sind.

Insoweit zu denselben die Einkünfte aus dem Stadtvermögen nicht ausreichen, haben sämmtliche Mitglieder der Stadtgemeinde Geldbeiträge und persönliche Dienste auf die Art und in dem Umfange zu leisten, wie solches in dem Ortsstatute oder durch besondere Gemeindebeschlüsse (§§. 72. 73) näher bestimmt wird.

Die Behufs der Niederlassung oder Aufenthaltsnahme in dem Stadtbezirk neu anziehenden Personen können gleich den der Gemeinde bereits angehörigen Einwohnern zu den Gemeindelasten herangezogen werden, wenn die Dauer ihres Aufenthaltes den Zeitraum von drei Monaten übersteigt.

§. 23.

Wer, ohne in dem Stadtbezirke zu wohnen, daselbst Grundbesitz hat oder ein stehendes Gewerbe betreibt, ist verpflichtet, an denjenigen Lasten Theil zu nehmen, welche auf den Grundbesitz oder das Gewerbe, oder das aus jenen Quellen fließende Einkommen gelegt sind.

Dieselbe Verpflichtung trifft juristische Personen, welche in dem Stadtbezirke Grundeigenthum besitzen oder ein stehendes Gewerbe betreiben.

§. 24.

Ueber die Verpflichtung der Staatsdiener und der Hinterbliebenen derselben zu persönlichen Abgaben und Leistungen an die Gemeinde entscheidet die Verordnung, betreffend die Heranziehung der Staatsdiener zu den Kommunal-Auflagen in den neu erworbenen Landestheilen, vom 23. September 1867 (Gesetz-Sammlung S. 1648).

Alle übrigen persönlichen Befreiungen, mit Einschluß der in §. 12 der Verordnung vom 23. September 1867 noch aufrecht erhaltenen, bestehen nur noch für die Dauer der Genußberechtigung

---

Zu §. 24. Gemeindeabgaben sind von der Ablösung ausgeschlossen (§. 4 Nr. 1 Ges. v. 3. Jan. 1873), bedürfen auch nicht der Eintragung in das Grundbuch (§. 5 Ges. v. 23. März 1873 u. §. 45 Ges. v. 27. Mai 1873).

der gegenwärtig im wohlerworbenen Besitze der Immunität befindlichen Personen und erlöschen alsdann ohne Entschädigung.

Von allen Gemeindelasten befreit sind:

1) Die Dienstgrundstücke der Geistlichen, Kirchendiener und Elementarlehrer,

2) die zu einem öffentlichen Dienste oder Gebrauche bestimmten Grundstücke.

Diese Befreiungen gelten jedoch nur so lange, als die, die Befreiung begründende Eigenschaft der gedachten Immobilien fortdauert.

§. 25.

Alle sonstigen, nicht persönlichen Befreiungen können von der Stadtgemeinde abgelöst werden, und hören auf, wenn die Entschädigung festgestellt und gezahlt ist, bis dahin bestehen dieselben in ihrem bisherigen Umfange fort, erstrecken sich jedoch nur auf den gewöhnlichen Zustand, nicht auf außerordentliche Leistungen.

Die Befreiung und der Anspruch auf Entschädigung erlöschen, wenn sie nicht binnen Jahresfrist nach Einführung dieser Städteordnung bei dem Magistrate angemeldet oder in den zur Zeit geltenden Ortsstatuten bereits festgestellt worden sind. Die Entschädigung wird zum zwanzigfachen Betrage des Jahreswerthes der Befreiung nach dem Durchschnitte der letzten zehn Jahre vor dem 1. Januar desjenigen Jahres, in welchem die Ablösung von den städtischen Kollegien beschlossen wird, geleistet.

Steht ein anderer Entschädigungsmaßstab durch speziellen Rechtstitel fest, so hat es hierbei sein Bewenden.

Der Entschädigungsbetrag wird durch Schiedsrichter mit Ausschluß der ordentlichen Rechtsmittel festgestellt, von diesen wird der eine von dem Besitzer des bisher befreiten Grundstücks, der andere von den städtischen Kollegien ernannt. Der Obmann ist, wenn sich die Schiedsrichter über dessen Ernennung nicht verständigen können, von der Aufsichtsbehörde zu ernennen.

§. 26.

In Betreff der temporären Befreiungen von Gemeindeleistungen, welche einzelnen Grundbesitzern wegen Bauten bewilligt werden dürfen, ist im Ortsstatute das Nähere zu bestimmen.

Diejenigen Hausbesitzer, welchen bis zur Einführung dieses Gesetzes Baufreiheiten in einer größeren Ausdehnung bewilligt sind, haben die ihnen zugestandenen Befreiungen im vollen Umfange ungeschmälert zu genießen.

Außerdem können durch Kommunalbeschluß temporäre Befreiungen oder Ermäßigungen von Gemeindelasten auch im Falle einer Erweiterung des Stadtbezirks (§. 3) für die zugeschlagenen Grundstücke und deren Bewohner bewilligt werden.

§. 27.

Abgesehen von den in den §§. 24 und 26 erwähnten Ausnahmen können persönliche oder dingliche Befreiungen von allgemeinen Gemeindeleistnngen fernerhin nicht erworben werden, insbesondere auch nicht durch Verjährung.

Titel III.

Von dem Magistrate.

§. 28.

Der Magistrat bildet ein Kollegium und besteht aus dem Bürgermeister (oder Oberbürgermeister), einem Beigeordneten (oder zweiten Bürgermeister), als dessen regelmäßigen Stellvertreter, und aus mehreren Rathsverwandten (Stadträthen, Rathsherren, Senatoren), über deren Zahl, Titel und etwanige besondere Funktionen (Syndikus, Kämmerer ꝛc.) für jede Stadt in dem Ortsstatute das Nähere bestimmt wird. Das Amt des Beigeordneten kann von einem Rathsverwandten mit versehen werden. Ein Theil der Stellen der Rathsverwandten, ebenso die Stelle des Beigeordneten, kann nach Festsetzung des Statuts besoldet sein, auch können für unbesoldete Magistratsämter festbestimmte Entschädigungen für Dienstunkosten im Statute ausgesetzt werden.

§. 29.

Mitglieder des Magistrats können nicht sein:

1) diejenigen Beamten und die Mitglieder derjenigen Behörden, durch welche die Aufsicht des Staates über die Stadt ausgeübt wird,

---

Zu §. 28. Vgl. die Noten zu §. 29 a. a. O.

Zu §. 29. Vgl. die Noten zu §. 30 a. a. O.

2) die Stadtverordneten und die Gemeinde-Unterbeamten,
3) Geistliche, Kirchendiener und Lehrer an öffentlichen Schulen,
4) die richterlichen Beamten, zu denen jedoch die technischen Mitglieder der Handels-, Gewerbe- und ähnlicher Gerichte nicht zu zählen sind,
5) die Beamten der Staatsanwaltschaft,
6) die Polizeibeamten,

zu 5 und 6 jedoch unbeschadet der nach §§. 89, 90 von Magistratspersonen zu versehenden Funktionen.

Vater und Sohn, Schwiegervater und Schwiegersohn, Brüder und Schwäger, sowie offene Handelsgesellschafter dürfen nicht zugleich Mitglieder des Magistrats sein.

Entsteht die Schwägerschaft oder Geschäftsassoziation im Laufe der Wahlperiode, so scheidet im ersten Falle dasjenige Mitglied, durch welches das Hinderniß herbeigeführt worden ist, im anderen Falle das den Lebensjahren nach ältere Mitglied aus.

§. 30.

Der erste Bürgermeister und die besoldeten Magistratsmitglieder werden auf zwölf Jahre gewählt; jedoch kann, in Folge Beschlusses der städtischen Kollegien, zu diesen Stellen die Wahl auch auf Lebenszeit erfolgen. Die unbesoldeten Magistratsmitglieder werden auf sechs Jahre gewählt.

In bestimmten Zeiträumen scheidet je ein Theil der unbesoldeten Rathsverwandten aus und wird durch neue Wahlen ersetzt, worüber im Ortsstatute das Geeignete festzusetzen ist.

Die Ausscheidenden können wieder gewählt werden.

Außergewöhnliche Wahlen zum Ersatze innerhalb der sechsjährigen Wahlperiode ausgeschiedener Mitglieder müssen angeordnet werden, wenn der Magistrat oder die Stadtverordneten-Versammlung oder die Regierung es für erforderlich erachten. Der Ersatzmann bleibt nur bis zum Ende derjenigen sechs Jahre in Thätigkeit, auf welche der Ausgeschiedene gewählt war.

§. 31.

Sämmtliche Mitglieder des Magistrats werden von der wahlberechtigten Bürgerschaft (§. 37) in gleichem Verfahren, wie solches

---

Zu §. 30. Vgl. die Noten zu §. 31 a. a. O.
Zu §. 31. Vgl. die Noten zu §. 32 a. a. O.

für die Wahl der Stadtverordneten vorgeschrieben ist (§§. 42 bis 45), gewählt. Die Wahl erfolgt für jede einzelne Stelle aus je drei Kandidaten, welche zu diesem Behufe von einer gemeinschaftlichen Kommission der beiden städtischen Kollegien präsentirt werden. Diese Kommission wird aus sämmtlichen vorhandenen Mitgliedern des Magistrats und aus einer gleichen Zahl durch die Stadtverordneten-Versammlung zu bestimmender Mitglieder der letzteren gebildet.

Die Wahl der drei Kandidaten durch die gemeinschaftliche Kommission geschieht mittelst Stimmzettel nach absoluter Stimmenmehrheit. Wird eine solche bei der ersten Abstimmung nicht erreicht, so ist mit der Abstimmung über diejenigen Personen, welche die meisten Stimmen gehabt haben, unter jedesmaliger Ausscheidung eines Kandidaten so lange fortzufahren, bis die absolute Stimmenmehrheit erzielt ist. Im Falle der Stimmengleichheit entscheidet das Loos.

Bei gleichzeitiger Erledigung mehrerer Stellen ist für jede Stelle eine besondere Präsentation und Wahl vorzunehmen.

Ob mit Rücksicht auf besondere örtliche Verhältnisse einzelne Mitglieder des Magistrats von einem bestimmten Wahlbezirke zu wählen sind, kann Gegenstand besonderer ortsstatutarischer Bestimmung sein.

§. 32.

Der Bürgermeister und der Beigeordnete bedürfen der Bestätigung. In Städten von mehr als 10000 Einwohnern steht diese dem Könige, in kleineren Städten der Regierung zu.

§. 33.

Wird die Bestätigung versagt, so wird zu einer neuen Wahl geschritten. Wird auch diese nicht bestätigt, oder die Vornahme der Wahl verweigert, so ist die Regierung berechtigt, die Stelle einstweilen auf Kosten der Stadt kommissarisch verwalten zu lassen, bis eine zur Bestätigung geeignete Wahl getroffen ist.

§. 34.

Die Mitglieder des Magistrats werden von ihrem Amtsantritte durch den Bürgermeister in öffentlicher Sitzung der Stadtkollegien in Eid und Pflicht genommen.

Zu §. 32. 33. Vgl. die Noten zu §. 33 a. a. O.

Zu §. 34. Vgl. die Noten zu §. 34 a. a. O.

Der Bürgermeister wird von einem Kommissarius der Regierung in eben solcher Sitzung vereidet.

Titel IV.

Von der Stadtverordneten-Versammlung.

§. 35.

Die Stadtverordneten, deren Anzahl für jede Stadt nach Verhältniß ihrer Größe und nach dem Umfange der städtischen Verwaltung in dem Ortsstatute näher zu bestimmen ist, aber niemals weniger als sechs, noch mehr als dreißig betragen darf, werden von den Bürgern der Stadt durch direkte Wahl gewählt.

Sie müssen zur Hälfte aus Besitzern eines zum Stadtbezirke gehörigen Hauses (Eigenthümern, Nießbrauchern und solchen, die ein erbliches Besitzrecht haben) bestehen. Der Magistrat hat jederzeit für die Ergänzung dieser Zahl durch die geeigneten Auordnungen zu sorgen.

§. 36.

Die Stadtverordneten werden auf sechs Jahre gewählt. Alljährlich scheidet ein Sechstheil derselben aus und wird durch neue Wahlen ersetzt. Bis das Alter im Mandat entscheiden kann, entscheidet das Loos über den Austritt.

Ist die Anzahl der Stadtverordneten durch die Zahl sechs nicht theilbar, so ist über die Ordnung des Ausscheidens in dem Ortsstatute das Nähere zu bestimmen, jedoch dergestalt, daß die ganze Anzahl im Laufe von sechs Jahren ausscheidet.

§. 37.

Wahlberechtigt zur Wahl der Stadtverordneten ist jeder Bürger, welcher nicht nach Maaßgabe dieses Gesetzes von der Ausübung des Bürgerrechts ausgeschlossen ist.

§. 38.

Ein jeder Bürger, welcher nach §. 37 zur Ausübung des Wahlrechts befugt ist, ist zum Stadtverordneten, unter der aus §. 35 Absatz 2 sich ergebenden Beschränkung, wählbar.

Zu §. 35. Vgl. die Noten zu §. 12. 22 a. a. O.

Zu §. 36. Vgl. die Noten zu §. 18 a. a. O.

Zu §. 37. 38. Vgl. die Noten zu §. 17 a. a. O.

Jedoch können Stadtverordnete nicht sein:

1) diejenigen Beamten und die Mitglieder derjenigen Behörden, durch welche die Aufsicht des Staates über die Stadt ausgeübt wird;
2) die Mitglieder des Magistrats und alle besoldeten Gemeindebeamten;
3) Geistliche, Kirchendiener und Elemeutarlehrer;
4) die richterlichen Beamten, zu denen jedoch die technischen Mitglieder der Handels-, Gewerbe- und ähnlicher Gerichte nicht zu zählen sind;
5) die Beamten der Staatsanwaltschaft;
6) die Polizeibeamten.

Für Rechtsanwalte und Notare ist zur Annahme der Wahl als Stadtverordneter die Genehmigung der vorgesetzten Dienstbehörde nicht erforderlich.

Vater und Sohn, sowie Brüder, dürfen nicht zugleich Mitglieder der Stadtverordneten-Versammlung sein. Sind dergleichen Verwandte gleichzeitig gewählt, so wird der Aeltere allein zugelassen.

Vater und Sohn, sowie Brüder, dürfen auch nicht zugleich der eine Magistratsmitglied, der andere Stadtverordneter sein.

Jeder abgehende Stadtverordnete ist sogleich wieder wählbar, insofern die hierzu erforderlichen Eigenschaften fortdauern.

Sollten besondere örtliche Verhältnisse es erfordern, daß die Wählbarkeit durch die Wohnung in einem bestimmten Theile der Stadt bedingt werde, so können die diesfälligen näheren Bestimmungen im Ortsstatute getroffen werden.

§. 39.

In denjenigen Städten, für welche solches nach der Größe derselben oder wegen anderer örtlicher Verhältnisse zweckmäßig befunden werden sollte, kann die Wahl der Stadtverordneten in gesonderten Wahlbezirken, in welche die ganze Stadt einzutheilen ist, vorgenommen werden, und zwar entweder so, daß jeder Bezirk eine bestimmte Anzahl Stadtverordneter selbstständig zu wählen hat, oder so, daß nur die Abstimmung bezirksweise vorgenommen wird, jeder Stadtverordnete aber von der gesammten Bürgerschaft zu wählen bleibt. Die Bestimmung hierüber, sowie die näheren Festsetzungen

Zu §. 39. 40. Vgl. die Noten zu §. 13. 14. 15 a. a. O.

über die Abgrenzung der Wahlbezirke, beziehentlich über die Zahl der in einem jeden derselben zu wählenden Stadtverordneten, sind auf ortsstatutarischem Wege zu treffen.

§. 40.

Behufs der von der Bürgerschaft vorzunehmenden Wahlen wird die Bürgerrolle (§. 16) alljährlich vom Magistrate in der Zeit vom 1. bis 15. Juli einer generellen Berichtigung unterworfen, und vom 15. bis 30. Juli in einem oder mehreren, zur öffentlichen Kenntniß gebrachten Lokalen in der Stadtgemeinde ausgelegt. Während dieser Zeit kann jeder Betheiligte gegen die Richtigkeit der Liste bei dem Magistrate Einspruch erheben.

Die städtischen Kollegien haben darüber bis zum 15. August mittelst gemeinschaftlichen Beschlusses die Entscheidung zu treffen, welche dem Reklamanten schriftlich mitzutheilen ist. Der Letztere kann innerhalb zehn Tagen nach Zustellung des Bescheides dagegen Rekurs an die Regierung ergreifen. Können die städtischen Kollegien zu einem gemeinschaftlichen Beschlusse auch bei wiederholter Berathung sich nicht einigen, so ist vom Magistrate sofort die Entscheidung der Regierung einzuholen.

In jedem der vorbezeichneten Fälle ist die Entscheidung der Regierung, welche binnen längstens vier Wochen ertheilt werden muß, endgültig bis zur nächstjährigen generellen Berichtigung der Bürgerrolle.

Auch nach der jährlichen Feststellung der Bürgerrolle kann der Name eines Einwohners wegen neuer, den Nichtbesitz des Bürgerrechts oder den Verlust der Ausübung desselben darthuender Thatsachen gestrichen oder auf Antrag des Betheiligten wegen später erfolgten Erwerbs des Bürgerrechts eingetragen werden. Die beabsichtigte Streichung des Namens, sowie die Ablehnung des Antrages auf Eintragung ist dem Betheiligten unter Angabe der Gründe vom Magistrate mitzutheilen.

Der Betheiligte kann hiergegen binnen zehn Tagen Einspruch erheben, über welchen nach Maaßgabe der vorhergehenden Bestimmungen zu entscheiden ist.

§. 41.

Die **Wahlen** zur regelmäßigen Ergänzung des Stadtverordneten-Kollegiums finden **alljährlich** im **November** statt.

Zu §. 41. Vgl. die Noten zu §. 21 a. a. O.

Das Ortsstatut kann jedoch über diesen, sowie über die im §. 40 angeordneten alljährlichen Termine abändernde Bestimmungen treffen.

Außergewöhnliche Wahlen zum Ersatze der innerhalb der Wahlperiode ausgeschiedenen Mitglieder müssen angeordnet werden, wenn die Stadtverordneten-Versammlung oder der Magistrat oder die Regierung es für erforderlich erachten.

Der Ersatzmann bleibt nur bis zum Ende derjenigen Wahlperiode in Thätigkeit, auf welche der Ausgeschiedene gewählt war. Alle Ergänzungs- und Ersatzwahlen werden, wenn der zu ersetzende Stadtverordnete von einem besonderen Wahlbezirke selbstständig gewählt war (§. 39), von demselben Wahlbezirke vorgenommen.

§. 42.

Das Wahlgeschäft wird von einer Wahlkommission geleitet, welche durch zwei vom Bürgermeister bestimmte Mitglieder des Magistrats, von denen das ältere den Vorsitz und die bei Stimmengleichheit entscheidende Stimme führt, und zwei von der Stadtverordneten-Versammlung gewählte Mitglieder derselben gebildet wird. In gleicher Weise ist je ein Stellvertreter aus dem Magistrate und aus dem Stadtverordneten-Kollegium zu bestellen.

Mit der Protokollführung betraut die Wahlkommission eine geeignete Person.

Erfolgt die Wahl in Wahlbezirken (§. 39), so ist außerdem zur Leitung der Wahlhandlung in jedem Bezirke ein besonderer Wahlvorstand in der statutarisch zu regelnden Weise zu bilden.

§. 43.

Die vorzunehmende Wahlhandlung ist jedesmal spätestens 14 Tage vor dem Wahltage in der für amtliche Bekanntmachungen ortsüblichen Weise von dem Magistrate zur öffentlichen Kunde zu bringen, wobei Ort, Tag und Stunde des Wahlaktes genau zu bezeichnen sind und zugleich anzugeben ist, ob die Wahl resp. welche Wahlen auf Hausbesitzer (§. 35) zu richten sind.

Die Wahlkommission läßt, auf Grund der Bürgerrolle und der dagegen angebrachten und bereits erledigten Einsprüche (§. 40), Ver-

---

Zu §. 42. Vgl. die Noten zu §. 24 a. a. O.

Zu §. 43. Vgl. die Noten zu §. 20. 23 a. a. O.

zeichnisse der Wahlberechtigten anfertigen und nöthigenfalls bezirksweise (§. 39) ordnen.

Diese von den Mitgliedern der Wahlkommission zu unterschreibenden Wahllisten werden 14 Tage vor der Wahl zu Jedermanns Einsicht auf dem Rathhause ausgelegt und demnächst dem Wahlprotokolle beigefügt.

Etwaige Erinnerungen gegen die Wahllisten, welche aber nur darin bestehen können, daß Jemand gegen den Inhalt der Bürgerrolle oder der Entscheidung eines dagegen erhobenen Einspruchs zuwider in dieselben aufgenommen oder darin übergangen sei, müssen spätestens drei Tage vor dem Wahltermine bei dem Vorsitzenden der Wahlkommission eingereicht werden.

Dieser stellt hierüber die etwa erforderliche Untersuchung an und giebt baldmöglichst eine Entscheidung ab, welche dem Einsprechenden mitgetheilt und, insofern dadurch eine Abänderung nöthig werden sollte, den ausgelegten Verzeichnissen noch vor dem Wahltermine in beglaubigter Form einverleibt wird.

§. 44.

Mehr als drei Stadtverordnete dürfen nicht in Einer Wahlhandhandlung gewählt werden.

Jeder Wähler muß der Wahlkommission, beziehentlich dem Wahlvorstande (§. 42), persönlich und mündlich zu Protokoll erklären, wem er seine Stimme geben will. Er hat so viele verschiedene Personen zu bezeichnen, als gleichzeitig zu wählen sind. Nach dem Schlusse der Wahlhandlung werden die Stimmen, welche auf je eine Person gefallen sind, zusammengezählt und nach jeder Zusammenzählung die Stimmen in dem Wahlprotokolle notirt, welches demnächst von den Mitgliedern der Wahlkommission resp. des Wahlvorstandes zu unterschreiben ist.

Ist die Abstimmung für eine und dieselbe Wahl bezirksweise erfolgt, so werden die Ergebnisse der sämmtlichen Bezirksabstimmungen demnächst durch die Wahlkommission zusammengestellt und protokollarisch beglaubigt.

Diejenigen, welche hiernach die meisten Stimmen, wenn auch ohne absolute Mehrheit, erhalten haben, sind als gewählt anzusehen.

Zu §. 44. Vgl. die Noten zu §. 25. 26 a. a. O.

Sind die relativ meisten Stimmen in gleicher Zahl auf mehr Personen gefallen, als zu wählen waren, so entscheidet unter diesen das Loos.

Der Magistrat hat das Ergebniß der Wahlen sofort in ortsüblicher Weise bekannt zu machen.

§. 45.

Werden gegen eine geschehene Wahl von einem Wahlberechtigten Einwendungen erhoben, welche innerhalb der ersten zehn Tage nach Bekanntmachung des Wahlergebnisses dem Bürgermeister angezeigt sein müssen, oder werden binnen gleicher Frist entweder im Magistrate oder in der Stadtverordneten-Versammlung gegen die Rechtmäßigkeit der Wahl Zweifel angeregt, so haben die beiden Kollegien darüber alsbald einen gemeinschaftlichen Beschluß zu fassen.

Gegen diesen Beschluß kann von den Betheiligten binnen zehn Tagen Präklusivfrist Rekurs an die Regierung ergriffen werden. Ueber die geschehene Absendung der Rekursschrift ist gleichzeitig dem Magistrate eine Bescheinigung einzuliefern.

Können die beiden Kollegien über den Beschluß sich nicht vereinigen, so ist die Entscheidung der Regierung einzuholen.

Bei der Entscheidung der Regierung bewendet es in allen vorbezeichneten Fällen.

Nach erfolgter Kassation einer Wahl ist sofort zu einer neuen Wahl zu schreiten, für welche eine abermalige Auslegung der Wahllisten nicht erforderlich ist.

§. 46.

Der Magistrat benachrichtigt die neu gewählten Stadtverordneten von der Wahl, sobald deren Gültigkeit feststeht. Dieselben werden, sofern nicht eine begründet befundene Ablehnung erfolgt ist, durch den Vorsitzenden des Magistrats in einer gemeinschaftlichen Sitzung der städtischen Kollegien eingeführt und durch Handschlag an Eidesstatt verpflichtet.

Den Zeitpunkt des Amtsantritts, der mittelst der regelmäßigen Ergänzungswahl neu Gewählten bestimmt das Ortsstatut und bleiben bis dahin die ausscheidenden Stadtverordneten in Funktion.

Zu §. 45. Vgl. die Noten zu §. 27 a. a. O.

Zu §. 46. Vgl. die Noten zu §. 28 a. a. O.

§. 47.

In den Fällen des §. 14, ebenso wenn ein Mitglied der Stadtverordneten-Versammlung durch Uebernahme eines Amts (§. 38) die Befähigung zur Mitgliedschaft verliert, ist, sofern das Mandat nicht von dem Betheiligten selbst sogleich niedergelegt wird, die Entlassung beziehentlich Suspension desselben von seinem Posten durch beide Kollegien auszusprechen.

§. 48.

Die Stadverordneten-Versammlung wählt jährlich, nach Einführung der neu gewählten Mitglieder, aus ihrer Mitte einen Vorsteher (Bürgerworthalter), sowie einen Stellvertreter desselben.

Die Wahl erfolgt nach absoluter Stimmenmehrheit der Anwesenden; bei einer ungeachtet zweimaliger Abstimmung sich ergebenden Stimmengleichheit entscheidet das Loos.

Der abgehende Vorsteher und dessen Stellvertreter sind sofort wieder wählbar.

Titel V.

Von den Versammlungen und Beschlüssen der städtischen Kollegien.

§. 49.

Die Beschlüsse des Magistratskollegiums, welches sich nur anf Berufung des Vorsitzenden versammeln darf, auf Antrag der Hälfte der Magistratsmitglieder aber berufen werden muß, werden nach Stimmenmehrheit gefaßt, doch ist zur Gültigkeit eines Beschlusses die Gegenwart mindestens der Hälfte der im Amte befindlichen Mitglieder erforderlich. Bei Stimmengleichheit entscheidet die Stimme des Vorsitzenden.

§. 50.

Das Stadtverordneten-Kollegium versammelt sich in der Regel nur gemeinschaftlich mit dem Magistrate auf die Zusammenbe-

---

Zu §. 47. Vgl. die Noten zu §. 75 a. a. O.
Zu §. 48. Vgl. die Noten zu §. 38 a. a. O.
Zu §. 49. Vgl. die Noten zu §. 57 a. a. O.
Zu §. 50. Vgl. die Noten zu §. 40 a. a. O.

rufung des Bürgermeisters. Wenn das Stadtverordneten-Kollegium seinerseits eine Versammlung beider Kollegien wünscht, so ist dieselbe auf die deshalb durch den Stadtverordneten-Vorsteher dem Bürgermeister schriftlich zu machende Anzeige zu veranstalten.

In der Regel sind zu einer solchen gemeinschaftlichen Versammlung sämmtliche Mitglieder beider Kollegien drei Tage vor derselben in der durch die Geschäftsordnung (§. 57) oder das Ortsstatut näher zu bestimmenden Weise unter spezieller Bezeichnung der zur Verhandlung bestimmten Gegenstände einzuladen und ist zu gleicher Zeit die Einladung nebst Vorlagen zur Einsicht für die Stadtverordneten in deren Versammlungszimmer auszulegen.

Wenn Nothfälle eine schleunigere Zusammenberufung erforderlich machen, so ist hierauf in der Einladung zur Versammlung aufmerksam zu machen.

§. 51.

In den gemeinsamen Versammlungen beider Kollegien verhandeln und berathen die Mitglieder gemeinschaftlich; der Bürgermeister, beziehentlich dessen Stellvertreter führt das Directorium.

Das Protokoll wird von einem Magistratsmitgliede oder einer anderen hiermit betrauten Persönlichkeit geführt, in ein besonderes dazu bestimmtes Buch eingetragen und nach vorgängiger Verlesung und Genehmigung durch die Unterschrift des Bürgermeisters, des Stadtverordneten-Vorstehers, beziehentlich ihrer Stellvertreter, sowie des Protokollführers beglaubigt. Was nicht vorschriftsmäßig zu Protokoll genommen ist, wird als gültig gefaßter Beschluß nicht betrachtet.

Bei der Abstimmung votirt, soweit nicht für besondere Fälle im Ortsstatute Ausnahmen zugelassen sind, zuerst das Stadtverordneten-Kollegium und dann der Magistrat, und zwar jedes Kollegium für sich. Im Falle der Stimmengleichheit giebt in jedem Kollegium die Stimme seines Vorsitzenden den Ausschlag.

Nach jeder Sitzung ist von dem aufgenommenen Protokolle dem Stadtverordneten-Vorsteher eine beglaubigte Abschrift für die Stadtverordneten-Versammlung durch den Protokollführer zuzufertigen.

Zu §. 51. Vgl. die Noten zu §. 47 a. a. O.

§. 52.

Zur Gültigkeit eines gemeinschaftlichen Beschlusses beider Kollegien (Gemeindebeschluß) ist erforderlich, daß

1. die beschlußfähige Zahl der Mitglieder in jedem der beiden Kollegien (§§. 49, 55) gegenwärtig ist, und zugleich
2. die Mehrheit in dem einen mit der Mehrheit in dem andern Kollegium zu einem übereinstimmenden Beschlusse sich vereinigt.

Es kann indessen ein gültiger Gemeindebeschluß auch ohne Anwesenheit der nach 1. nöthigen Mitgliederzahl erzielt werden, wenn die Mitglieder der Kollegien, zum zweiten Male zur Verhandlung über denselben Gegenstand zusammenberufen, abermals nicht in genügender Anzahl erschienen sind. Bei der zweiten Zusammenberufung muß auf diese Bestimmung ausdrücklich hingewiesen werden.

§. 53.

Ist bei solchen Angelegenheiten der städtischen Verwaltung, welche einer gemeinschaftlichen Beschlußfassung bedürfen, ein Kommunalbeschluß auch durch wiederholte gemeinschaftliche Berathung nicht zu erreichen, so bleiben die zur Beschlußfassung gestellten Anträge, soweit nicht etwas Anderes in diesem Gesetze ausdrücklich bestimmt ist, auf sich beruhen.

§. 54.

Der Stadtverordneten-Vorsteher ist befugt, auch besondere Sitzungen des Stadtverordneten-Kollegiums, so oft er es nöthig findet, zu veranlassen, verpflichtet dazu ist er jedoch nur auf den schriftlichen Antrag von wenigstens einem Drittheile der Mitglieder. Die Versammlungen der Stadtverordneten müssen jederzeit in dem dazu ein für alle Mal bestimmten Amtslokale gehalten werden; auch hat der Vorsteher dem Magistrate von der Zusammenberufung gleichzeitig mit letzterer, unter Mittheilung der Tagesordnung, Anzeige zu machen, und muß denselben von dem Resultate der Verhandlung, unter Mittheilung einer beglaubigten Abschrift des darüber aufgenommenen Protokolls, spätestens innerhalb drei Tagen

---

Zu §. 52. Vgl. die Noten zu §. 42. 43 a. a. O.
Zu §. 53. Vgl. die Noten zu §. 36 a. a. O.
Zu §. 54. Vgl. die Noten zu §. 39 a. a. O.

nach der Zusammenkunft in Kenntniß setzen. Die Zusammenberufung erfolgt nach Vorschrift des §. 50 Absatz 2 und 3.

§. 55.

In diesen Versammlungen hat der Vorsteher den Vorsitz und leitet die Verhandlung; die Beschlüsse werden nach Stimmenmehrheit gefaßt, doch ist für die Gültigkeit eines Beschlusses allemal die Anwesenheit mindestens der Hälfte der statutarisch festgesetzten Mitgliederzahl erforderlich. Im Falle der Stimmengleichheit entscheidet die Stimme des Vorsitzenden. Auch hat derselbe für die richtige Protokollirung und Ausfertigung der Beschlüsse und für die Mittheilung des Protokolls an den Magistrat (§. 54) zu sorgen.

Der stellvertretende Vorsteher, oder nach Wahl des Kollegiums ein anderes Mitglied, führt das Protokoll, welches von dem Vorsitzenden und dem Protokollführer zu unterzeichnen ist, und bezüglich dessen übrigens die Vorschriften des §. 51 Anwendung finden.

§. 56.

Die gemeinschaftlichen Sitzungen beider Kollegien, sowie die besonderen der Stadtverordneten-Versammlung sind öffentlich. Für einzelne Gegenstände kann durch besonderen Beschluß, welcher in geheimer Sitzung gefaßt wird, die Oeffentlichkeit ausgeschlossen werden.

Der Vorsitzende kann jeden Zuhörer aus dem Sitzungszimmer entfernen lassen, welcher öffentlich Zeichen des Beifalls oder Mißfallens giebt, oder Störung irgend einer Art verursacht.

§. 57.

Geschäftsordnungen für die gemeinschaftlichen Berathungen der beiden städtischen Kollegien oder für das Stadtverordneten-Kollegium allein können, erstere durch Gemeindebeschluß, letztere durch die Stadtverordneten-Versammlung festgestellt werden. In solchen Reglements können Zuwiderhandlungen der Mitglieder der Kollegien gegen die zur Aufrechthaltung der Ordnung gegebenen Vorschriften mit Strafen belegt werden. Diese Strafen können in Geldbußen bis zu

---

Zu §. 55. Vgl. §. 46 a. a. O.
Zu §. 56. Vgl. die Noten zu §. 45 a. a. O.
Zu §. 57. Vgl. die Noten zu §. 48 a. a. O.

fünf Thalern und bei mehrmals wiederholten Zuwiderhandlungen von Stadtverordneten in der auf eine gewisse Zeit oder für die Dauer der Wahlperiode zu verhängenden Ausschließung aus der Versammlung bestehen.

Titel VI.

Von den Obliegenheiten, der Zuständigkeit und den Organen des Magistrats und des Stadtverordneten-Kollegiums.

§. 58.

Der Magistrat ist die Obrigkeit der Stadt und die leitende kommunale Verwaltungsbehörde.

§. 59.

Als Obrigkeit innerhalb des Stadtbezirks hat der Magistrat auf Befolgung der bestehenden Gesetze und Verordnungen zu achten, die Aufträge der vorgesetzten Behörde auszuführen, sowie auch das gesammte Stadtwesen zu beaufsichtigen und die deshalb erforderlichen obrigkeitlichen Maßnahmen zu treffen.

In allen diesen Beziehungen ist der Magistrat unabhängig von der Stadtgemeinde, an die Mitwirkung der Stadtverordneten-Versammlung nicht gebunden und nur den betreffenden Staatsbehörden untergeordnet und verantwortlich.

§. 60.

Als Stadtbehörde hat der Magistrat die städtischen Gemeindeangelegenheiten unter der in diesem Gesetze geordneten Mitwirkung des Stadtverordneten-Kollegiums zu verwalten. Der Magistrat ist die alleinige ausführende Behörde. Insbesondere liegen ihm, unter der in diesem Gesetze vorgesehenen Beihülfe der Kommissionen (§§. 66ff.), nachstehende Geschäfte ob:

1) die Gemeindebeschlüsse (§§. 50—52) vorzubereiten und zur Ausführung zu bringen;
2) die Aufsicht über die Verwaltung der Gemeindeanstalten zu führen;

Zu §. 58—60. Vgl. die Noten zu §. 56 a. a. O.

3) das Rechnungs- und Kassenwesen zu überwachen;
4) das Eigenthum der Stadtgemeinde zu erhalten und ihre Rechte zu wahren;
5) die Gemeinde-Unterbeamten nach Maßgabe des §. 75 zu ernennen und dieselben zu beaufsichtigen;
6) die Urkunden und Akten der Stadtgemeinde aufzubewahren;
7) die Stadtgemeinde nach Außen, insbesondere auch in Prozessen zu vertreten und Namens derselben mit Behörden und Privatpersonen zu verhandeln, den Schriftwechsel zu führen und die Gemeinde-Urkunden in der Urschrift zu vollziehen. Die Ausfertigungen der Urkunden werden Namens der Stadtgemeinde von dem Bürgermeister oder seinem Stellvertreter gültig unterzeichnet; werden darin Verpflichtungen der Stadtgemeinde übernommen, so muß noch die Unterschrift eines Magistratsmitgliedes, sowie des Stadtverordneten-Vorstehers und seines Stellvertreters hinzukommen; in Fällen, wo die Genehmigung der Aufsichtsbehörde erforderlich ist, muß auf dieselbe in der gedachten Ausfertigung Bezug genommen werden;
8) die Beitreibung der städtischen Gemeindeabgaben und Dienste nach den Gesetzen und Gemeindebeschlüssen zu bewirken.

§. 61.

Der Bürgermeister hat die Aufsicht und Leitung des ganzen Geschäftsganges bei der städtischen Verwaltung.

Er ist verpflichtet, Beschlüsse der beiden städtischen Kollegien oder eines derselben, welche deren Befugnisse überschreiten oder sonst gesetzwidrig sind, oder das Staatswohl verletzen, zu suspendiren, muß aber alsdann sogleich an die Regierung darüber berichten, welche die Beanstandung entweder bestätigt oder aufhebt.

In allen Fällen, wo die vorherige Beschlußnahme durch den Magistrat einen nachtheiligen Zeitverlust verursachen würde, muß der Bürgermeister die dem Magistrat obliegenden Geschäfte vorläufig allein besorgen, jedoch dem letzteren in der nächsten Sitzung Behufs der Bestätigung oder anderweiten Beschlußnahme Bericht erstatten.

Zur Erhaltung der nöthigen Disziplin steht dem Bürgermeister

Zu §. 61. Vgl. die Noten zu §. 58 a. a. O.

das Recht zu, den Gemeinde-Unterbeamten Geldbußen bis zu drei Thalern und außerdem den Beamten der untersten Klassen Arreststrafen bis zu drei Tagen aufzuerlegen (§§. 15. 19. 20 des Gesetzes vom 21. Juli 1852, Gesetz-Samml. S. 465).

§. 62.

Städte von größerem Umfange können nach Maßgabe des Ortsstatuts in Ortsbezirke getheilt werden.

In diesem Falle wird jedem Bezirke ein Bezirksvorsteher vorgesetzt, welcher von dem Stadtverordneten-Kolligium aus drei von dem Magistrate vorgeschlagenen wahlberechtigten Bürgern des Bezirks in gleicher Art, wie die Rezepturbeamten (§. 75 Alinea 2), gewählt wird.

In der nämlichen Weise wird für den Fall der Verhinderung des Bezirksvorstehers ein Stellvertreter desselben angestellt.

Die Bezirksvorsteher sind Organe des Magistrats und verpflichtet, seinen Anordnungen Folge zu leisten, ihn namentlich in den örtlichen Geschäften des Bezirks zu unterstützen.

§. 63.

Alle inneren Gemeinde-Angelegenheiten und Gegenstände der Stadtökonomie, soweit solche nicht in diesem Gesetze oder in den Ortsstatuten dem Magistrate allein überwiesen sind, erfordern die mitwirkende Beschlußfassung des Stadtverordneten-Kollegiums in der in §§. 50—53 vorgesehenen Weise, und es unterliegt die Befolgung und Ausführung der Gemeindebeschlüsse seiner Kontrole. Die Stadtverordneten-Versammlung hat außerdem ihr Gutachten über alle das städtische Gemeindewesen angehenden Gegenstände abzugeben, welche ihr zu diesem Zwecke durch die Aufsichtsbehörden zugewiesen oder vom Magistrate vorgelegt werden. Sie kann dem Magistrate auch unaufgefordert Vorschläge in Betreff der städtischen Verwaltung machen, worauf dieser entweder eine gemeinschaftliche Berathung zu veranlassen oder den von ihm gefaßten Beschluß dem Stadtverordneten-Kollegium mitzutheilen hat.

Ueber andere als Gemeindeangelegenheiten dürfen die Stadtverordneten nur dann berathen, wenn solche durch besondere Gesetze

---

Zu §. 62. Vgl. die Noten zu §. 60 a. a. O.
Zu §. 63. Vgl. die Noten zu §. 43 a. a. O.

oder in einzelnen Fällen durch Aufträge der Aufsichtsbehörden an sie gewiesen sind.

§. 64.

Die Mitglieder beider Kollegien sind in ihrer Geschäftsthätigkeit an keinerlei Instruktionen oder Aufträge der Wähler oder Wahlbezirke gebunden.

Sie haben das gemeinsame Beste der ganzen Stadtgemeinde wahrzunehmen, und wenn mit diesem bei einem Berathungsgegenstande ihr persönliches Privat-Interesse oder das eines nahen Angehörigen (Eltern, Kinder, Ehegatte, Geschwister) im Gegensatze steht, der Theilnahme an der Berathung und Beschlußfassung sich zu enthalten. Kann in Folge solcher Verhinderung ein gültiger Gemeindebeschluß wegen Nichtbeschlußfähigkeit des Stadtverordneten-Kollegiums (§. 52 ad 1) nicht gefaßt werden, so hat der Magistrat, oder wenn dieser selbst aus dem vorgedachten Grunde einen gültigen Beschluß zu fassen nicht befugt ist (§. 49), die Regierung für die Wahrung des Gemeinde-Interesses zu sorgen und nöthigenfalls einen besonderen Vertreter für das behinderte städtische Kollegium oder beide Kollegien zu bestellen.

Sollte ein Prozeß der Stadtgemeinde gegen den Bürgermeister, gegen dessen Stellvertreter, oder gegen alle oder mehrere Mitglieder des Magistrats aus Veranlassung ihrer Amtsführung nothwendig werden, so hat die Regierung, Falls in Folge dessen ein Gemeindebeschluß nicht gefaßt werden kann, auf Antrag der Stadtverordneten-Versammlung einen Vertreter der Gemeinde zur Führung des Prozesses zu ernennen.

§. 65.

Durch Königliche Verordnung auf Antrag des Staatsministeriums kann ein Stadtverordneten-Kollegium aufgelöst werden.

Es ist sodann eine Neuwahl desselben anzuordnen und muß diese binnen drei Monaten vom Tage der Auflösungs-Verordnung erfolgen. Bis zur Einführung der neugewählten Stadtverordneten hat der Magistrat die laufenden Geschäfte allein zu führen.

Zu §. 64. Vgl. die Noten zu §. 44 a. a. O.
Zu §. 65. Vgl. die Noten zu §. 79 a. a. O.

§. 66.

Für einzelne Verwaltungszweige, insonderheit solche, welche einer fortdauernden Beaufsichtigung und Kontrole oder der Mitwirkung an Ort und Stelle bedürfen, z. B. für das Rechnungs-, Hebungs- und Kassenwesen, für Bausachen, Hafensachen, Einquartierungssachen, für die Aufsicht über die städtischen Ländereien, Wege, Straßen, Wasserleitungen u. s. w. können von den beiden Stadtkollegien gemeinschaftlich besondere bleibende städtische Kommissionen gebildet werden, deren Wirkungskreis im Allgemeinen auf Vorbereitung und Ausführung der Beschlüsse der städtischen Kollegien beschränkt, übrigens *aber in dem Ortsstatute näher festzustellen ist.*

§. 67.

Die speziellen Bestimmungen über die Zusammensetzung der einzelnen Kommissionen bleiben dem Ortsstatute vorbehalten, wobei jedoch davon auszugehen ist,

1) daß eine Kommission bestehen muß:
   a. aus einem oder mehreren Mitgliedern des Magistrats, welche dieser ernennt,
   b. aus einem oder mehreren Stadtverordneten, welche in der statutarisch oder durch Gemeindebeschluß bestimmten Zahl von der Stadtverordneten-Versammlung dazu gewählt werden;
2) daß thunlichst auch andere Bürger den Kommissionen als Mitglieder beigeordnet werden, was durch gemeinschaftlichen Auftrag beider Kollegien zu erfolgen hat.

Werden zu vorübergehenden, der gemeinschaftlichen Beschlußnahme beider Kollegien nicht unterliegenden Zwecken, z. B. zur Vollziehung einzelner obrigkeitlicher Anordnungen und dergleichen, vom Magistrate Kommissionen angeordnet, so hängt deren Zusammensetzung lediglich von seinem Ermessen ab.

§. 68.

Die einzelnen Kommissionen haben die ihnen nach dem Beschlusse beider Kollegien vom Magistrate ertheilten Aufträge auszuführen, und sind, insofern Zweige des städtischen Einnahme- und Ausgabewesens zu ihrem Geschäftskreise gehören, die entsprechenden

---

Zu §. 66—70. Vgl. die Noten zu §. 59 a. a. O.

Vereinnahmungen und Ausgaben anzuweisen befugt, hingegen auch dafür verantwortlich, daß alle betreffenden Einnahmen gehörig erhoben und keine Ausgaben geleistet werden, welche nicht durch einen ordnungsmäßigen Beschluß der städtischen Kollegien oder eine nach Maßgabe dieses Gesetzes ergangene ergänzende Entscheidung der Aufsichtsbehörde gerechtfertigt sind.

Ueber die Verwendung der städtischen Geldsummen, welche sie nach dem Beschlusse der städtischen Kollegien ohne besondere Vorfrage in den ihnen anvertrauten Zweigen der Verwaltung verwenden dürfen, haben sie gehörig Rechnung abzulegen.

§. 69.

Alle Kommissionen sind dem Magistrat untergeordnet. Dem Magistrat liegt es ob, dieselben mit leitenden Anordnungen zu versehen, ihre Geschäftsführung zu kontroliren und dahin zu sehen, daß sie innerhalb der ihnen angewiesenen Grenzen ihre Obliegenheiten genau erfüllen.

Beschwerden gegen das Verfahren der Kommissionen sind bei dem Bürgermeister anzubringen, welcher solche nach der aus diesem Gesetze und dem Ortsstatute sich ergebenden Zuständigkeit dem Magistrate, beziehungsweise den beiden städtischen Behörden zur Entscheidung vorlegt.

§. 70.

Zur näheren Ordnung der Geschäftsthätigkeit der Kommissionen in einzelnen Verwaltungszweigen, insbesondere Hinsichts des Bauwesens, der Verpachtungen u. s. w., ebenso über die Zulässigkeit der Betheiligung von Mitgliedern der städtischen Kollegien und Kommissionen an der Ausführung kommunaler Bau- und ähnlicher Arbeiten, können besondere Bestimmungen im Ortsstatute getroffen werden.

§. 71.

Die Gemeindebeschlüsse (§. 52) bedürfen zu ihrer Wirksamkeit, außer den in dem Gesetze besonders dahin gewiesenen Fällen, der Genehmigung der Regierung, wenn sie betreffen:

1) die Veräußerung von Grundstücken und solchen Gerechtsamen, welche jenen gesetzlich gleichgestellt sind; die Regierung ist

---

Zu §. 71. 72. Vgl. die Noten zu §. 53 a. a. O.

entstehenden Falles befugt, die Formen vorzuschreiben, in denen die Veräußerung stattfinden soll; die Genehmigung ist nicht erforderlich zu der im Wege der öffentlichen Lizitation erfolgenden Wiederveräußerung von Grundstücken, welche von der Gemeinde als schadenleidender Gläubigerin im Konkurse oder in Folge des Exekutionsverfahrens wegen rückständiger Gemeindeabgaben erworben sind;

2) die Veräußerung oder wesentliche Veränderung von Sachen, welche einen besonderen wissenschaftlichen, historischen oder Kunstwerth haben, namentlich von Archiven;

3) Anleihen, durch welche die Gemeinde mit einem Schuldenbestande belastet oder der bereits vorhandene vergrößert wird;

4) Veränderungen in dem Genusse von Gemeindenutzungen;

5) außerordentliche Benutzungen des Stadtvermögens, welche die Substanz selbst angreifen, z. B. Waldabtrieb außer forstmäßiger Bewirthschaftung; ingleichen Schenkungen, welche die Substanz des Stadtvermögens verringern;

6) Gemeindesteuern und Dienste nach Maaßgabe der folgenden Paragraphen.

§. 72.

Die **Zulässigkeit der Gemeindesteuern** und das Erforderniß der Regierungsgenehmigung zu denselben (§. 71 Nr. 6) unterliegt folgenden näheren Bestimmungen.

Die Gemeindesteuern können bestehen

I. in Zuschlägen zu den Staatssteuern mit folgenden Maßgaben:

1) die Steuer für den Gewerbebetrieb im Umherziehen darf nicht belastet werden;

2) bei Zuschlägen zur Klassen- und Einkommensteuer muß derjenige Theil des besteuerten Gesammteinkommens, welcher aus dem in einer anderen Gemeinde gelegenen Grundbesitz oder aus dem in einer anderen Gemeinde betriebenen stehenden Gewerbe fließt und in dieser letzteren Gemeinde einer besonderen Gemeindebesteuerung gemäß §. 23 unterworfen ist, bis auf Höhe dieses Steuerbetrages von den Zuschlägen in der Gemeinde des Wohnortes freigelassen werden.

Einkommen aus solchem Grundeigenthum, welches einen besonderen Gutsbezirk bildet, oder Einkommen aus den von dem Vorstande eines solchen Gutsbezirks in demselben betriebenen gewerblichen Unternehmungen muß außer Berechnung gelassen werden.

In allen vorbedachten Fällen aber bleibt das volle, aus auswärtigem Grundbesitze oder Gewerbebetriebe nicht fließende Einkommen und mindestens eine im Ortsstatute näher festzusetzende, jedoch nicht über 25 Prozent zu bestimmende Quote des Gesammteinkommens, unverkürzt der Wohnsitzgemeinde steuerpflichtig;

3) die Genehmigung der Regierung ist erforderlich:

a. für Zuschläge zu den direkten Steuern, wenn der Zuschlag entweder 50 Prozent der Staatssteuer übersteigt, oder nicht nach gleichen Sätzen auf diese Steuern vertheilt werden soll. Zur Freilassung oder geringeren Belastung der Gewerbesteuer und der letzten Klassensteuerstufe bedarf es jedoch dieser Genehmigung nicht;

b. für Zuschläge zu den indirekten Steuern;

II. in besonderen direkten und indirekten Gemeindesteuern.

Diese bedürfen der Genehmigung der Regierung, wenn sie neu eingeführt, erhöht, oder in ihren Grundsätzen verändert werden sollen.

Die Bestimmungen unter I. 2 kommen auch bei besonderen Gemeindesteuern in Anwendung.

Die zur Zeit bestehenden Gemeindesteuern sind nach Bestimmung der Regierung, soweit sie vorstehenden Grundsätzen nicht entsprechen, der Abänderung zu unterwerfen.

Gegen Uebertretungen der über die Erhebung von Gemeindesteuern nach Kommunalbeschluß zu erlassenden, von der Regierung zu genehmigenden Regulative können durch besondere, gleicher Genehmigung bedürfende Verordnung Strafen bis auf Höhe von zehn Thalern vorgesehen werden; solche Verordnungen sind in der Form der ortspolizeichen Verordnungen zu erlassen.

§. 73.

Die Vertheilung von Gemeindediensten (§. 22) geschieht in der Regel unter gleichzeitiger Abschätzung in Gelde nach dem Maßstabe der Gemeindesteuern oder in deren Ermangelung nach dem

---

Zu §. 73. Vgl. die Noten zu §. 54 a. a. O.

Maßstabe der direkten Staatssteuern. Abweichungen von dieser Vertheilungsart bedürfen der Genehmigung der Regierung. Die Dienste können durch taugliche Stellvertreter abgeleistet oder, mit Ausnahme von Nothfällen, in dem abgeschätzten Geldwerthe an die Gemeindekasse bezahlt werden, sofern die städtischen Kollegien nicht ein Anderes beschließen.

§. 74.

Die in Bezug auf die Behandlung der Gemeindewaldungen gesetzlich bestehenden Vorschriften werden durch gegenwärtiges Gesetz nicht berührt.

§. 75.

Die städtischen Unterbeamten werden, nachdem die Stadtverordneten darüber vernommen worden, vom Magistrate angestellt, vereidigt und eingeführt.

Der Stadtkassirer und die sonstigen städtischen Beamten, welche Hebungen oder sonstige wichtige Angelegenheiten zu besorgen haben, und welche im Ortsstatute näher zu bezeichnen sind, werden von beiden Stadtkollegien dergestalt gewählt, daß der Magistrat drei Bewerber präsentirt, die Stadtverordneten einen derselben nach relativer Stimmenmehrheit wählen, bei einer ungeachtet zweimaliger Abstimmung stattfindenden Stimmengleichheit aber der Magistrat entscheidet. Die Wahl erfolgt auf Lebenszeit.

Die übrigen Unterbeamten werden für die wichtigeren, im Ortsstatute näher zu bezeichnenden Posten auf Lebenszeit, für vorübergehende oder untergeordnete Dienstleistungen auf Kündigung angestellt.

Es können jedoch die bei Einführung dieses Gesetzes bereits auf Kündigung angestellten Unterbeamten aller Art von der Stadtkommune auf Kündignng beibehalten werden.

Der Stadtkassirer muß wegen der ihm obliegenden Hebungen Kaution leisten. Die Höhe und Art der Bestellung derselben ist im Ortsstatute näher zu bestimmen, ebenso ob und welche Sicherheit von anderen Gemeindebeamten zu leisten ist.

Zu §. 74. Vgl. die Noten zu §. 55 a. a. O.

Zu §. 75. Vgl. die Noten zu §. 56 a. a. O.

Titel VII.
Von den Gehältern und Pensionen.

§. 76.

Die Gehälter und sonstigen Dienstbezüge aller städtischen Beamten sind, soweit sie nicht in gesetzlich statthaften, für einzelne Dienstgeschäfte von den Betheiligten zu erhebenden Gebühren (Sporteln) bestehen, aus der Stadtkasse zu gewähren. Aus Staatsmitteln finden dazu, abgesehen von den im §. 79 vorgesehenen vorübergehenden Entschädigungen und den für Ausrichtung besonderer staatlicher Aufträge (§. 59) etwa künftig ausdrücklich bewilligten Vergütungen, keinerlei Zuschüsse weiter statt.

Dies gilt auch in Betreff der Polizeimeister, sofern solche nicht nach Erlaß dieses Gesetzes gemäß §. 89 als besondere staatliche Polizeibehörden ausdrücklich übernommen oder neu angestellt werden.

§. 77.

Der Normaletat aller Besoldungen wird vor Einführung dieser Städteordnung (§. 100) durch Gemeindebeschluß festgesetzt, unbeschadet der Genußrechte der bereits Angestellten.

Hinsichtlich der Bürgermeister und der besoldeten Magistratsmitglieder unterliegt die Festsetzung der Besoldungen der Genehmigung der Regierung.

Spätere Aenderungen sind jedesmal vor der neuen Wahl zu der betreffenden Stelle in gleicher Weise festzustellen.

§. 78.

Den auf eine bestimmte Amtsperiode angestellten Bürgermeistern und besoldeten Mitgliedern des Magistrats sind, sofern nicht mit Genehmigung der Regierung eine besondere Vereinbarung wegen der Pension getroffen ist, bei eintretender Dienstunfähigkeit oder wenn sie nach abgelaufener Wahlperiode nicht wieder gewählt, beziehungsweise die Bürgermeister und Beigeordneten nicht wieder bestätigt werden, folgende Pensionen zu gewähren:

1/4	des	Gehalts	nach	6	jähriger	Dienstzeit.
1/2	"	"	"	12	"	
2/3	"	"	"	24	"	

Zu §. 76. 77. Vgl. die Noten zu §. 64 a. a. O.
Zu §. 78. 79. Vgl. die Noten zu §. 65 a. a. O.

Als pensionsfähiges Gehalt werden nur die fixirten Besoldungsbeträge, einschließlich etwaiger Naturalgenüsse und fester persönlicher Gehaltszulagen, nicht aber Entschädigungen für Dienstunkosten, steigende und fallende Dienstemolumente für besondere Amtsverrichtungen, oder sonstige accidentielle Dienstgenüsse gerechnet.

Die auf Lebenszeit angestellten besoldeten Gemeindebeamten erhalten, in Ermangelung besonderer Vereinbarung, bei eintretender Dienstunfähigkeit Pension nach denselben Grundsätzen, welche bei den unmittelbaren Staatsbeamten zur Anwendung kommen, unter Zugrundelegung des im Dienste der Stadt erworbenen Dienstalters.

Ueber die Pensionsansprüche der Bürgermeister und aller anderen besoldeten städtischen Beamten entscheidet in streitigen Fällen die Regierung. Gegen den Beschluß der Regierung, soweit derselbe sich nicht auf die Thatsache der Dienstunfähigkeit bezieht, findet binnen Jahresfrist die Berufung auf richterliche Entscheidung, mit Ausschluß weiterer Beschwerden im Verwaltungswege, statt. Ungeachtet der Berufung sind die festgesetzten Beträge vorläufig zu zahlen.

Die Pension fällt fort oder ruht insoweit, als der Pensionirte durch anderweite Beschäftigung oder Anstellung im Staats- oder Gemeindedienste ein Einkommen oder eine neue Pension erwirbt, welche mit Zurechnung der ersten Pension sein früheres Einkommen übersteigen.

Sämmtliche Pensionen städtischer Beamten, mit alleiniger Ausnahme der bereits aus der Staatskasse bewilligten, werden aus der Stadtkasse bestritten.

§. 79.

Die in den §§. 76 bis 78 bestimmte Verpflichtung der Stadtgemeinden zur Bestreitung der Besoldungen und Pensionen erleidet Hinsichts der bei Einführung dieses Gesetzes in den Kommunen bereits fest angestellten Beamten eine Ausnahme dahin, daß diesen Beamten die ihnen aus Staatsmitteln zugesicherten Besoldungsantheile und die nach §. 45 der Verordnung vom 26. Juni 1867 über die Trennung der Rechtspflege von der Verwaltung in Schleswig und Holstein (Gesetz-Samml. S. 1073) zu gewährenden Einkommens-Entschädigungen insoweit aus der Staatskasse fortzuzahlen sind, als nöthig ist, um den etwanigen Ueberschuß der gesammten, diesen Beamten persönlich zustehenden Diensteinkünfte über den von der Kommune zur Zeit, beziehentlich nach der neuen Gehälter-

Regelung (§.77) künftighin zu leistenden Besoldungsbetrag zu decken. Auch hat der Staat nach demselben Maßstabe zur Pensionirung der gedachten Beamten eintretenden Falls beizutragen.

Denjenigen Beamten, welche früherhin als nicht gelehrte Rathsverwandte ohne Pensionsberechtigung angestellt sind, erwächst durch die Bestimmungen dieses und der vorhergehenden Paragraphen kein derartiges Recht.

Titel VIII.

Besondere Bestimmungen hinsichts des städtischen Haushalts.

§. 80.

Ueber alle Ausgaben und Einnahmen der Kommune, welche sich im Voraus bestimmen lassen, und die zur Herstellung des Gleichgewichts aufzubringenden Gemeindeleistungen ist jährlich, spätestens im dritten Monate vor dem Beginne des Rechnungsjahres, ein möglichst vollständiger Voranschlag (Haushaltungsplan) vom Magistrate zu entwerfen. Durch Gemeindebeschluß kann die Anschlagsperiode bis auf drei Jahre verlängert werden.

Der entworfene Anschlag ist nach vorgängiger Bekanntmachung 14 Tage lang öffentlich zur Einsicht aller Gemeindeangehörigen auszulegen. Letzteren steht frei, binnen dieser Frist Bemerkungen über den Anschlag bei dem Magistrate schriftlich einzubringen, welcher demnächst Behufs der Feststellung des Haushaltungsplanes einen gemeinschaftlichen Beschluß beider Kollegien herbeizuführen hat. Eine Abschrift des festgestellten Planes ist sofort der Regierung einzureichen und der wesentliche Inhalt desselben auf die in jeder Stadt übliche Weise durch den Druck zu veröffentlichen.

§. 81.

Der Magistrat hat dafür zu sorgen, daß der Haushalt nach dem festgestellten Plane ausgeführt wird. Ausgaben, welche außer dem Haushaltungsplane geleistet werden sollen, bedürfen der Genehmigung beider städtischen Kollegien.

Zu §. 80. Vgl. die Noten zu §. 66 a. a. O.

Zu §. 81–83. Vgl. die Noten zu §. 67 a. a. O.

§. 82.

Wenn die städtischen Kollegien oder eines derselben es unterlassen oder verweigern, die der Gemeinde gesetzlich obliegenden Leistungen auf den Haushaltungsplan zu bringen, oder außerordentlich zu genehmigen, so läßt die Regierung, unter Anführung des gesetzlichen Grundes der Verpflichtung, die Eintragung in den Etat von Amtswegen bewirken oder stellt beziehungsweise die außerordentliche Ausgabe fest.

§. 83.

Der Magistrat hat darüber zu wachen, daß die einzelnen Kassen und das Hebungswesen sich fortwährend in vorgeschriebener Ordnung befinden, zu diesem Zwecke auch von Zeit zu Zeit und mindestens einmal im Jahre Kassenrevisionen anzustellen.

Zu diesen Revisionen sind eines oder mehrere, zu Anfang jedes Jahres von dem Stadtverordneten-Kollegium zu bezeichnende Mitglieder des letzteren oder ebenso zu bestimmende Stellvertreter zuzuziehen. Die näheren Bestimmungen über das Hebungs- und Kassenwesen bleiben dem Ortsstatute vorbehalten.

§. 84.

Die Gemeinde-Umlagen und die Geldbeträge für die Dienste (§. 73), sowie die Abgaben für die Theilnahme an den Nutzungen (§. 21) und die sonstigen öffentlichen Gemeindegefälle werden von den Säumigen im Steuer-Exekutionswege beigetrieben (Verordnung vom 22. September 1867, Gesetz-Sammlung S. 1553).

Hinsichts der Reklamationen, Nachforderungen und der Verjährung bezüglich aller derartiger öffentlicher Gemeindegefälle findet das Gesetz über die Verjährungsfristen bei öffentlichen Abgaben vom 18. Juni 1840 (Gesetz-Samml. S. 140), sowie bezüglich des Einkaufsgeldes (§. 21) das Gesetz vom 14. Mai 1860 §. 9 (Gesetz-Samml. S. 237) Anwendung.

Reklamationen wegen Kommunalabgaben, welche vor Publikation des gegenwärtigen Gesetzes entrichtet worden sind, sowie Nachforderungen wegen Abgaben aus dieser Zeit müssen, bei Verlust des Anspruchs, binnen Jahresfrist nach der Publikation dieses Gesetzes geltend gemacht werden.

Zu §. 84. Vgl. die Noten zu §. 68 a. a. O.

Für die zur Zeit dieser Publikation vorhandenen Kommunal-abgaben-Rückstände beginnt die im §. 8 des Gesetzes vom 18. Juni 1840 festgesetzte vierjährige Verjährungsfrist mit dem 1. Januar 1870.

§. 85.

Das Rechnungsjahr wird mit dem Kalenderjahre in Uebereinstimmnng gebracht.

Die Gemeinderechnung wird von der Stadtkasse alljährlich, zu der im Ortsstatute näher zu bestimmenden Zeit, geschlossen und in der vorschriftsmäßigen Form bei dem Magistrate eingeliefert.

Die Rechnung wird demnächst durch eine von den beiden städtischen Kollegien einzusetzende Revisionskommission geprüft, deren Zusammensetzung das Ortsstatut näher bestiumt. Die von dieser Kommission gezogenen Ausstellungen werden dem Kassirer und nöthigenfalls auch den betreffenden städtischen Kommissionen zur Beantwortung mitgetheilt, und ist diese spätestens binnen vier Wochen bei dem Bürgermeister einzureichen.

Der Bürgermeister hat die revidirte Rechnuhg mit den Erinnerungen und Gegenerklärungen den Stadtkollegien zur Prüfung, Feststellung und Entlastung vorzulegen.

Auch die Feststellung und Entlastung der Gemeinderechnungen vergangener Jahre, soweit sie noch nicht erfolgt sein sollte, ist durch die Stadtkollegien zu bewirken.

§. 86.

Die Feststellung der Rechnung muß fortan in der ortsstatutarisch zu bestimmenden Frist, spätestens jedoch binnen Jahresfrist nach dem Schlusse des Rechnungsjahres erfolgen.

Der Magistrat hat der Regierung sofort eine Abschrift des Feststellungsbeschlusses vorzulegen.

§. 87.

Jedes Jahr, bevor der Haushaltungsplan festgestellt wird (§. 80), hat der Magistrat in öffentlicher Sitzung der städtischen Kollegien über die Verwaltung und den Stand der Gemeindeangelegenheiten

---

Zu §. 85. Vgl. die Noten zu §. 69 a. a. O.
Zu §. 86. Vgl. die Noten zu §. 70 a. a. O.
Zu §. 87. Vgl. die Noten zu §. 61 a. a. O.

einen vollständigen Bericht zu erstatten, welcher demnächst auf ortsübliche Weise zur öffentlichen Kunde zu bringen ist.

Titel IX.

Verwaltung der kirchlichen, Schul- und Armen-Angelegenheiten, der Polizei, und besonders aufgetragener staatlicher Geschäfte.

§. 88.

Nach dem Zwecke dieses Gesetzes wird durch dasselbe in Ansehung der Verwaltung der kirchlichen, Schul- und Armen-Angelegenheiten nichts geändert.

§. 89.

Die örtliche Polizeiverwaltung wird in Gemäßheit der Verordnung vom 20. September 1867 (Gesetz-Samml. S. 1529) und des §. 59 dieses Gesetzes von dem Bürgermeister, beziehentlich bei dessen Verhinderung von dem Beigeordneten geführt, kann aber auch einem anderen Mitgliede des Magistrats von der Regierung übertragen werden.

Diejenigen von der Gemeinde anzustellenden Polizeibeamten, welche nur zu mechanischen Dienstleistungen verwendet werden, bedürfen der Bestätigung der Regierung nicht.

Dem Minister des Innern steht, mit den in der vorgedachten Verordnung, namentlich in §§. 2 und 3, bezeichneten Maßgaben, die Befugniß zu, in Festungen oder in Städten von mehr als 10000 Einwohnern die Sicherheitspolizei, insbesondere die Verfolgung von Kriminal- und Polizeivergehen, einer besonderen Staatsbehörde oder einem besonderen Staatsbeamten zu übertragen. Aus dringenden Gründen kann zeitweilig dieselbe Einrichtung auch auf andere Zweige der Ortspolizei ausgedehnt und ganz oder theilweise auch in Städten anderer Kategorie eingeführt werden. Im Falle der Theilung der Ortspolizei normirt ein von dem Minister festzusetzendes Regulativ die Grenzen der Kompetenz.

Allgemeine Verordnungen der Ortspolizei-Behörde sind vor ihrem Erlaß mit den städtischen Behörden zu berathen. Ist ein

---

Zu §. 89. 90. Vgl. die Noten zu §. 62. 63 a. a. O.

Einverständniß nicht zu erreichen, so gebührt die Entscheidung der Regierung.

Die Kosten der örtlichen Polizeiverwaltung sind, mit Ausnahme der Gehälter der von der Staatsregierung im Falle der Ausübung obiger Befugniß des Ministers des Innern angestellten besonderen Beamten, von den Gemeinden zu bestreiten.

Die Nutzungen der örtlichen Polizeiverwaltung, einschließlich der von der Ortspolizei-Behörde festgesetzten Geldbußen, Konfiskate und Exekutivstrafen, stehen der Gemeinde zu. Soweit jedoch in Ansehung gewisser Uebertretungen besondere Vorschriften bestehen, wonach die verwirkten Geldbußen und Konfiskate gewissen Personen oder Anstalten zufließen sollen, behält es dabei sein Bewenden.

Der Bezirk der städtischen Polizei kann im Falle des Bedürfnisses durch Anordnung der Regierung über die Grenzen des Stadtbezirks hinaus erstreckt werden. In diesem Falle ist ein verhältnißmäßiger, vom Minister des Innern festzusetzender Beitrag zu den Kosten der Polizeiverwaltung von den in dem zugeschlagenen Gebiete zur Tragung der Polizeikosten Verpflichteten zu leisten.

§. 90.

Die Regierung ist befugt, dem Bürgermeister auch folgende Geschäfte ohne besondere Vergütung zu übertragen:

1) wenn die Handhabung der Ortspolizei nicht einer besonderen staatlichen Behörde beigelegt ist,

   die Verrichtungen eines Hülfsbeamten der gerichtlichen Polizei und die eines Polizeianwalts;

   dem Bürgermeister am Sitze eines Polizeigerichts kann die Vertretung der Polizeianwaltschaft bei dem Gerichte auch für andere, beziehentlich für sämmtliche Gemeinden des Polizeigerichtsbezirks gegen angemessene, von den betreffenden Gemeinden nach Verhältniß der Einwohnerzahl zu gewährende und durch die Regierung festzusetzende Entschädigung übertragen werden;

2) alle örtlichen Geschäfte der Kreis-, Provinzial- und allgemeinen Staatsverwaltung, namentlich auch das Führen der Personenstands-Register, sofern nicht andere Behörden dazu bestimmt sind.

Die Befugniß und Verpflichtung des Beigeordneten, den Bürgermeister zu vertreten, erstreckt sich auch auf die unter 1 und 2 erwähnten Geschäfte; es können aber auch diese Geschäfte durch Anordnung der Regierung oder mit Genehmigung derselben einem anderen Magistratsmitgliede oder einem sonstigen Gemeindebeamten übertragen werden.

Titel X.

Von der Oberaufsicht über die Stadtverwaltung.

§. 91.

Die Aufsicht des Staates über die städtischen Gemeindeangelegenheiten wird von der Regierung geübt. Gegen die Entscheidungen der Stadtbehörden, insofern dieselben nicht nach diesem Gesetze oder dem Ortsstatute endgültige sind, geht der Rekurs an die Regierung, und gegen die Entscheidungen der Regierung, sofern diese nicht nach gegenwärtigem Gesetze endgültige sind, schließlich an den Oberpräsidenten.

Der Rekurs muß in allen Instanzen innerhalb einer Präklusivfrist von vier Wochen nach der Zustellung oder Bekanntmachung der Entscheidung eingelegt werden, insofern er nicht durch dieses Gesetz an andere Fristen geknüpft ist.

§. 92.

Die Aufsichtsbehörden des Staates sind berechtigt und verpflichtet, darauf zu halten, daß die Verwaltung der städtischen Gemeindeangelegenheiten den Gesetzen und namentlich dieser Städteordnung gemäß geführt werde.

Insbesondere haben sie, wenn von den städtischen Kollegien oder von einem derselben ein Beschluß gefaßt ist, welcher ihre Befugnisse überschreitet, oder sonst gesetzwidrig ist, oder das Staatswohl verletzt, die Beanstandung solcher Beschlüsse durch den Bürgermeister (§. 61 al. 2) anzuordnen, und über die Ausführung des Beschlusses demnächst zu entscheiden, sofern die städtischen Kollegien auf eine mit Gründen versehene Aufforderung den betreffenden Beschluß nicht selbst zurücknehmen.

Zu §. 91. Vgl. die Noten zu §. 76 a. a. O.

Zu §. 92. Vgl. die Noten zu §. 77. 78. 79 a. a. O.

Ueber die Nützlichkeit oder Zweckmäßigkeit der innerhalb ihrer Kompetenz in der städtischen Verwaltung getroffenen Maßregeln steht im Uebrigen bei Ausübung dieses Beanstandungsrechts der Aufsichtsbehörde keine Kognition zu.

§. 93.

In Betreff der Dienstvergehen der Bürgermeister, Magistratsmitglieder und anderer Gemeindebeamten kommen die darauf bezüglichen Gesetze nach Bestimmung der Verordnung vom 23. September 1867 (Gesetz.-Samml. S. 1613) zur Anwendung.

Titel XI.

Von der Einrichtung der Gemeindeverfassung ohne kollegialischen Gemeindevorstand für kleinere Städte und für Flecken.

§. 94.

Der städtischen Verfassung kann durch Gemeindebeschluß, welcher nur nach zweimaliger, mit einem Zwischenraum von vierzehn Tagen vorgenommenen öffentlichen Berathung gefaßt werden darf, und der Bestätigung der Regierung unterliegt, die nachfolgende einfachere Einrichtung gegeben werden.

1) Die Ortsobrigkeit und ausführende Gemeindebehörde bildet anstatt des Magistrats-Kollegiums ein Bürgermeister (erster Ortsvorsteher), welchen zwei oder drei Rathmänner (zweiter, dritter, vierter Ortsvorsteher) nach näherer Bestimmung des Ortsstatuts in den Amtsgeschäften zu unterstützen und im Verhinderungsfalle zu vertreten haben. Der den Bürgermeister im Verhinderungsfalle vertretende Rathmann wird mit Genehmigung der Regierung bestimmt.
2) Der Bürgermeister kann mit Besoldung angestellt werden, die Rathmänner haben ihr Amt unentgeltlich zu verwalten, doch bleibt auch hinsichtlich ihrer die Aussetzung fester Vergütungen für dienstliche Ausgaben und für die Geschäfte des Gemeindekassirers oder des Gemeindeschreibers, Falls diese mit dem Amte der Ortsvorsteher verbunden werden, zulässig.

Zu §. 93. Vgl. die Noten zu §. 80 a. a. O.
Zu §. 94. 95. Vgl. die Noten zu §. 72 a. a. O.

3) Der Bürgermeister wird, wenn er besoldet ist, auf zwölf Jahre, andernfalls auf sechs Jahre, die Rathmänner werden auf drei, vier oder sechs Jahre in der durch das Ortsstatut festzusetzenden Reihenfolge des Ausscheidens von der wahlberechtigten Bürgerschaft nach den für die Wahlen der Stadtverordneten gegebenen Bestimmungen gewählt. Die letzteren Bestimmungen finden auch bezüglich der Ablehnung und der Anfechtung derselben Anwendung. Die Wahl des Bürgermeisters unterliegt der Bestätigung der Regierung mit den im §. 33 bezeichneten Folgen der Nichtbestätigung. Die Wahl des Bürgermeisters bedarf eines besonderen Wahlaktes, die der Rathmänner kann in einem gemeinschaftlichen Wahlaktes erfolgen.

4) Der Bürgermeister, oder im Falle seiner Verhinderung der ihn vertretende Rathmann, ist von Amtswegen stimmberechtigter Vorsitzender der Stadtverordneten-Versammlung mit allen Befugnissen und Obliegenheiten des Vorstehers (Bürgerworthalters).

Die Rathmänner können zugleich gewählte Mitglieder der Stadtverordneten-Versammlung sein.

5) Außer den, dem Bürgermeister schon als solchem in der Städteordnung zugewiesenen Funktionen gehen auf den Bürgermeister auch alle dem Magistrate beigelegten Rechte und Pflichten mit denjenigen Aenderungen über, welche sich als nothwendig daraus ergeben, daß der Bürgermeister zugleich stimmberechtigter Vorsitzender der Stadtverordneten-Versammlung ist.

6) Die Berathung und Beschlußnahme der Stadtverordneten-Versammlung unter dem Vorsitze des Bürgermeisters oder seines Stellvertreters tritt überall an Stelle der in der Städteordnug vorgeschriebenen gemeinschaftlichen Berathung und Beschlußfassung der beiden städtischen Kollegien. Die Stimmenmehrheit entscheidet auch gegen die Stimme des Vorsitzenden. Der Letztere bleibt indeß so befugt als verpflichtet, in den unter §. 61 Alin. 2 bezeichneten Fällen die Ausführung der Beschlüsse der Stadtverordneten-Versammlung zu beanstanden, muß aber, wenn dieselbe auf nochmalige Berathung dabei beharrt, sogleich an die Regierung darüber berichten, welche die Beanstandung entweder bestätigt oder aufhebt.

Besondere Berathungen und Beschlußnahmen der Stadtverordneten-Versammlung ohne Betheiligung des Vorsitzenden sind unzulässig, doch muß auf Antrag eines Drittheils der Stadtverordneten die Berufung einer Versammlung erfolgen.

7) Die Zahl der Stadtverordneten, außer dem Vorsitzenden, ist auf vier bis zwölf, nach näherer Bestimmung des Ortsstatuts, zu beschränken und hat das Statut zugleich wegen der Dauer ihrer Funktionen und der Periode ihrer successiven Neuwahl das Nöthige festzusetzen.

8) Soweit *nach der Städteordnung Magistratsmitglieder, außer* dem Bürgermeister, zur Theilnahme an Kommissionen oder zur Uebernahme anderer Aufträge berufen werden sollen oder können, ist eine gleiche Beauftragung der Rathmänner statthaft, aber nicht geboten.

Dies gilt auch für die in den §§. 89. 90 bezeichneten staatlichen Aufträge.

9) Das nach §. 7 Nr. 4 Littr. c. das Bürgerrecht bedingende Minimal-Einkommen kann in Städten von nicht mehr als 5000 Einwohnern durch das Ortsstatut bis auf einen Betrag von 150 Thalern herabgesetzt und darf nicht höher als 300 Thaler bestimmt werden.

10) Urkunden, worin die Gemeinde Verpflichtungen übernimmt §. 60 Nr. 7), sind, außer von dem Bürgermeister oder dessen Stellvertreter, noch von wenigstens einem Mitgliede der Stadtverordneten-Versammlung zu vollziehen.

11) Im Falle der Auflösung des Stadtverordneten-Kollegiums führt bis zur Einführung der neu gewählten Stadtverordneten der Bürgermeister mit den Rathmännern als Kollegium die laufende Verwaltung.

12) Bei Anstellung der Gemeinde-Unterbeamten werden die nach §. 60 Nr. 5, §. 75 dem Magistrate zustehenden Befugnisse unverändert von dem Bürgermeister ausgeübt.

13) Falls es den lokalen Verhältnissen angemessen erscheint, können außerdem noch andere, die Vorschriften der Städteordnung vereinfachende Bestimmungen in dem Ortsstatute getroffen werden.

§. 95.

Die Städteverfassung in der einfacheren Gestalt des §. 94, mit geeigneter Modifikation der auf die Eigenschaft als Stadt sich beziehenden Benennungen, bildet künftig auch die Verfassung der Fleckensgemeinden in der Provinz Schleswig-Holstein.

Für die als Flecken anerkanntermaßen bestehenden (in dem Verzeichnisse Anlage B. zu der Verordnung vom 22. September 1867, betreffend die Organisation der Kreis- und Distriktsbehörden in der Provinz Schleswig-Holstein (Gesetz-Samml. S. 1601—1602 aufgeführten) Ortschaften ist der Uebergang zu der Fleckensverfassung dieses Titels nach Maßgabe der in §. 100 Hinsichts der Städte getroffenen Uebergangsbestimmungen herbeizuführen, und treten mit dem Tage der dort vorgeschriebenen Amtsblatt-Bekanntmachung für jede betreffende Ortschaft alle bisherigen, die Verfassung des Fleckens regelnden gesetzlichen oder gewohnheitsrechtlichen Bestimmungen, insbesondere auch die der Allgemeinen Fleckensordnung für Holstein vom 29. October 1864 (Gesetz- und Verordnungsblatt für Holstein und Lauenburg de 1864 Nr. 63 S. 321), außer Kraft.

§. 96.

Auf Antrag kann ländlichen Gemeinden die Annahme der Städte- oder Fleckensverfassung, Fleckensgemeinden die Annahme der vollen Städteordnung mit Königlicher Genehmigung nach Anhörung des Kreistages und des Provinziallandtages gestattet werden. Auf gleichem Wege kann Stadtgemeinden, welche die mit der vollen Städteordnung verbundenen Verpflichtungen nicht zu erfüllen vermögen, auch ohne ihre Zustimmung die einfachere Gemeindeverfassung dieses Titels ertheilt werden.

Sollten Flecken mit mehr als 5000 Einwohnern gleich nach Erlaß dieses Gesetzes die volle Städteordnung bei sich einzuführen beschließen, so genügt dazu die Königliche Genehmigung, und ist die vorgängige Umänderung ihrer Verfassung in die einfachere Städteverfassung, sowie die vorgängige Anhörung des Kreis- und des Provinziallandtages nicht erforderlich.

§. 97.

Hinsichts des Ueberganges einer Stadt- oder Fleckensgemeinde zur Landgemeinde-Verfassung bewendet es bei dem §. 30 der Ver-

Zu §. 96—98. Vgl. die Noten zu §. 73 a. a. O.

ordnung vom 22. September 1867, betreffend die Landgemeinde-Verfassungen in den Herzogthümern Schleswig und Holstein.

§. 98.

Auch in den vorstehend (§§. 96. 97) gedachten Fällen des Wechsels der kommunalen Verfassung finden bezüglich des Uebergangsverfahrens die Bestimmungen des §. 100 analoge Anwendung.

Titel XII.

Transitorische Bestimmungen.

§. 99.

Die seitherigen, nicht blos kommissarisch, beziehentlich auf Kündigung angestellten Bürgermeister, Rathsverwandten, Polizeimeister und sonstigen städtischen Beamten verbleiben in ihren Stellen, sofern diese nicht in Folge der Aufhebung der städtischen Gerichtsbarkeit, beziehentlich des Erlasses der gegenwärtigen Städteordnung und der dadurch bedingten neuen Org anisation zur Einziehung kommen.

Im letzteren Falle sind die betreffenden Beamten, wenn sie besoldet waren und sich nicht in der Lage befinden, ihre Versetzung in den Ruhestand zu beantragen, verpflichtet, sich eine andere Anstellung in ungefähr gleicher Kategorie im Kommunal- oder Staatsdienste, Falls sie zu einer solchen durch die Wahl berufen oder sonst geeignet befunden werden, gefallen zu lassen.

Die hiernach etwa weiter erforderlich werdende Regulirung der Verhältnisse bleibt, in Ermangelung einer gütlichen Einigung mit den Betheiligten, nach Maaßgabe des Gesetzes vom 21. Juli 1852, betreffend die Dienstvergehen der nicht richterlichen Beamten, die Versetzung derselben auf eine andere Stelle oder in Ruhestand (Gesetz-Samml. S. 465), der Verordnung vom 23. September 1867 (Gesetz-Samml. S. 1613) und der Erlasse vom 14. Juni und 24. Oktober 1848 (Gesetz-Samml. S. 153 und 338) zu bewirken.

Die demzufolge zu gewährende Pensionen oder Wartegelder, von denen die ersteren nach §. 78 zu berechnen sind, werden, unter verhältnißmäßiger Betheiligung des Staates nach Höhe der aus Staatsmitteln bis dahin gewährten Besoldungsbeträge, beziehentlich nach Maßgabe des §. 79, von der Stadtgemeinde getragen.

Zu §. 99—101. Vgl. die Noten zu §. 81. 84 a. a. O.

§. 100.

Für jede Stadt sind sogleich nach Verkündigung dieses Gesetzes die Behufs Einführung desselben zunächst und unerläßlich nothwendigen Aenderungen ihrer Verfassung namentlich bezüglich der Bedingungen des Bürgerrechts, der Bildung des Magistrats-Kollegiums (§§. 28. 77) und der Stadtverordneten-Versammlung, statutarisch mit den gegenwärtigen kommunalen Kollegien festzustellen. Sodann ist beim Eintritte des nächsten, nach der bisherigen Verfassung jeder Stadt für die periodische Erneuerung des Bürgerdeputirten-Kollegiums bestimmten Termins, spätestens aber in der letzten Woche des kommenden Monats November, die Neuwahl des Stadtverordneten-Kollegiums nach den Vorschriften dieses Gesetzes und den vorgedachten statutarischen Festsetzungen vorzunehmen.

Die Regierung hat demnächst für jede Stadt die Verpflichtung des Magistrats und des Stadtverordneten-Kollegiums auf die gegenwärtige neue Städteordnung zu veranlassen und, daß dies geschehen, durch das Regierungs-Amtsblatt zur öffentlichen Kenntniß zu bringen. Mit dem Tage dieser Bekanntmachung treten für die betreffenden Städte die Vorschriften des gegenwärtigen Gesetzes, soweit nicht darin ein früherer Zeitpunkt der Wirksamkeit ausdrücklich bestimmt ist, in Geltung und alle bisherigen Gesetze, Verordnungen und gewohnheitsrechtlichen Normen über die Verfassung der Schleswigschen und Holsteinischen Städte außer Kraft.

Der nicht schon nach der Eingangsbestimmung dieses Paragraphen Behufs der Einführung dieser Städteordnung aufgehobene Inhalt der bisherigen ortsstatutarischen Vorschriften bleibt bis zu der gemäß §§. 17 und 18 zu bewirkenden erschöpfenden Umarbeitung in Kraft.

§. 101.

Die sonstigen zur Ausführung dieses Gesetzes erforderlichen Bestimmungen werden von dem Minister des Innern erlassen.

Anhang I.

A.

Die auf die Städte bezüglichen Bestimmungen der Kreisordnung vom 9. Dezember 1872 in der durch die Novelle vom 19. März 1881 abgeänderten Fassung.

Die seit dem 1. Januar 1874 in Kraft getretene Kreisordnung vom 9. Dezember 1872 ist für die Provinzen Preußen (Ost- und Westpreußen), Brandenburg, Pommern, Posen, Schlesien und Sachsen bestimmt*).

Ausscheiden der großen Städte aus den Kreisverbänden.

Städte, welche mit Ausschluß der activen Militärpersonen eine Einwohnerzahl von mindestens 25000 Seelen haben und gegenwärtig einem Landkreise angehören, sind befugt, für sich einen Kreisverband, Stadtkreis, (§. 169) zu bilden und zu diesem Behufe aus dem bisherigen Kreisverbande auszuscheiden.

Auf den Antrag der Stadt wird dieselbe durch den Minister des Innern für ausgeschieden erklärt.

Durch Königliche Verordnung kann nach Anhörung des Provinziallandtages auch Städten von geringerer Einwohnerzahl auf

*) Für den Umfang der in der Provinz Sachsen belegenen Grafschaften Wernigerode, Stolberg-Stolberg mit dem vormaligem Amte Heringen, uud Stolberg-Roßla mit dem vormaligen Amte Kelbra kommt dieses Gesetz mit den Maßgaben des Gesetzes vom 18. Juni 1876 (G.S. S. 245) zur Anwendung.

Besondere Kreisordnungen haben erhalten die Provinzen Hannover (Kr.O. v. 6. Mai 1884), Hessen-Nassau (Kr.O. v. 7. Juni 1885), Westfalen (Kr.O. v. 31. Juli 1886), Rheinprovinz (Kr.O. v. 30. Mai 1887), Schleswig-Holstein (Kr.O. v. 26. Mai 1888).

Grund besonderer Verhältnisse das Ausscheiden aus dem bisherigen und die Bildung eines eigenen Kreisverbandes gestattet werden.

Es ist jedoch zuvor in allen Fällen eine Auseinandersetzung darüber zu treffen, welchen Antheil die ausscheidende Stadt an dem gemeinsamen Activ- und Passivvermögen des bisherigen Kreises, sowie etwa an fortdauernden Leistungen zu gemeinsamen Zwecken der beiden neuen Kreise zu übernehmen hat.

In den Fällen des Ausscheidens großer Städte aus dem Kreisverbande beschließt der Bezirksausschuß über die Auseinandersetzung der betheiligten Kreise, vorbehaltlich der den letzteren gegen einander innerhalb zwei Wochen zustehenden Klage bei dem Bezirksausschusse (Zust.Ges. §. 2).

In denjenigen Kreisen, welche nur aus einer Stadt bestehen (Stadtkreise), werden die Geschäfte des Kreistages und des Kreisausschusses, die des letzteren, soweit sich dieselben auf die Verwaltung der Kreiscommunal-Angelegenheiten beziehen, von den städtischen Behörden nach den Vorschriften der Städte-Ordnung wahrgenommen.

Die Bestimmungen des zweiten Abschnitts des ersten Titels finden auf Stadtkreise keine Anwendung.

In den Stadtkreisen mit Ausnahme des Stadtkreises Magdeburg tritt an die Stelle des Kreisausschusses zur Wahrnehmung von Geschäften der allgemeinen Landesverwaltung in den durch die Gesetze bezeichneten Fällen der nach den Vorschriften der §§. 30ff. L.V.G. gebildete Stadtausschuß.

Besondere Bestimmungen für den Stadtkreis Magdeburg.

Der Kreistag des Stadtkreises Magdeburg besteht außer dem Ober-Bürgermeister der Stadt Magdeburg, welcher die Kreiscommunal-Verwaltung leitet und den Vorsitz im Kreistage mit vollem Stimmrechte führt, aus 11 Mitgliedern, von denen

1. die Altstadt Magdeburg mit Sudenburg 6
2. die Neustadt Magdeburg 3
3. die Stadt Buckau 2

Abgeordnete entsendet.

Die Wahl der Kreistags-Abgeordneten erfolgt nach den Vorschriften des §. 104 Absatz 1.

Der Kreisausschuß des Stadtkreises Magdeburg besteht aus dem Ober-Bürgermeister der Stadt Magdeburg als Vorsitzenden und zwei Mitgliedern, welche von dem Kreistage aus der Zahl der Kreisangehörigen gewählt werden.

Für den Kreistag und den Kreisausschuß des Stadtkreises Magdeburg gelten die Vorschriften der §§. 115 und 116, 118—131, 133 und 134, 136—139 Absatz 1 und 2 dieses Gesetzes, soweit sich dieselben auf die Verwaltung der Kreiskommunal-Angelegenheiten beziehen.

Die Bestimmungen des zweiten Abschnittes des ersten Titels, finden auf den Stadtkreis Magdeburg gleichmäßige Anwendung. §§. 169—175 a. a. O.

Beschwerden wegen der Veranlagung der Kreisabgaben.

Die Vertheilung der Kreisabgaben darf nach keinem andern Maßstabe, als nach dem Verhältnisse der von den Kreisangehörigen zu entrichtenden direkten Staatssteuern, nud zwar nur durch Zuschläge zu denselben, beziehungsweise zu den nach §§. 14 und 15 zu ermittelnden fingirten Steuersätzen der Forensen, juristischen Personen 2c. erfolgen.

Die Grund-, Gebäude- und die von dem Gewerbebetriebe auf dem platten Lande aufkommende Gewerbesteuer der Klasse A. I. ist hierbei mindestens mit der Hälfte und höchstens mit dem vollen Betrage desjenigen Procentsatzes heranzuziehen, mit welchem die Klassen- und klassifizirte Einkommensteuer belastet wird. Im Uebrigen kann die Gewerbesteuer von der Heranziehung ganz frei gelassen, darf aber keinenfalls dazu mit einem höheren Prozentsatze, als die Grund- und Gebäudesteuer herangezogen werden. Ausgeschlossen von der Heranziehung bleibt die Gewerbesteuer vom Hausirgewerbe.

Die erste Stufe der Klassensteuer (§. 7 des Ges. vom 1. Mai 1851) 25. Mai 1873 (G.S. S. 213ff.) kann von der Heranziehung zu den Kreisabgaben ganz freigelassen oder dazu mit einem geringeren Prozentsatz, als die übrigen Stufen der Klassensteuer und die klassifizirte Einkommensteuer herangezogen werden. Bei den Bestimmungen des §. 9a des oben erwähnten Gesetzes behält es sein Bewenden.

Unter Anwendung des nach diesen Grundsätzen vom Kreistage beschlossenen Vertheilungs-Maßstabes wird das Kreis-Abgaben-Soll für die einzelnen Gemeinden und selbständigen Gutsbezirke im Ganzen berechnet und denselben zur Untervertheilung auf die einzelnen Steuerpflichtigen nach demselben Maßstabe, zur Einziehung, sowie zur Abführung im Ganzen an die Kreis-Communal-Kasse überwiesen.

Den Städten bleibt die Beschlußnahme darüber, wie ihre Antheile an den Kreisabgaben aufgebracht werden sollen, vorbehalten.

Beschwerden wegen der Veranlagung der Kreisabgaben.

Auf Beschwerden und Einsprüche betreffend

1) das Recht zur Benutzung der öffentlichen Einrichtungen und Anstalten des Kreises,

2) die Heranziehung oder die Veranlagung zu den Kreisabgaben

beschließt der Kreisausschuß.

Beschwerden und Einsprüche der zu 2 gedachten Art sind innerhalb einer Frist von zwei Monaten nach erfolgter Bekanntmachung der Abgabebeträge bei dem Kreisausschusse anzubringen. Einsprüche gegen die Höhe von Kreiszuschlägen zu den direkten Staatssteuern, welche sich gegen den Prinzipalsatz der letzteren richten, sind unzulässig.

Gegen den Beschluß des Kreisausschusses findet innerhalb zwei Wochen die Klage bei dem Bezirksausschusse statt. Hierbei ist die Zuständigkeit der Verwaltungsgerichte auch insoweit begründet, als bisher durch §. 79 Tit. XIV Theil II A.L.R. bzw. §. 9. 10 des Gesetzes über die Erweiterung des Rechtsweges vom 24. Mai 1861 (G.S. S. 241) oder sonstige bestehende Vorschriften der ordentliche Rechtsweg für zulässig erklärt war.

Die Beschwerden und die Einsprüche, sowie die Klage haben keine aufschiebende Wirkung.

Gegen die Entscheidung des Bezirksausschusses ist nur das Rechtsmittel der Revision zulässig (Zust.Ges. §. 3).

Gliederung des Kreises.

Die Kreise, mit Ausnahme der Stadtkreise, zerfallen in Amtsbezirke, beziehungsweise in Stadt- und Amtsbezirke.

Die Amtsbezirke bestehen aus einer oder mehreren Landgemeinden oder aus einem oder mehreren Gutsbezirken, beziehungsweise aus Landgemeinden und Gutsbezirken.

An der Spitze der Verwaltung des Kreises steht der Landrath an der Spitze der Verwaltung der Gemeinde der Gemeindevorsteher. Für den Bereich eines selbständigen Gutsbezirks führt der Gutsvorsteher die dem Gemeinde-Vorsteher obliegende Verwaltung. §. 21 a. a. O.

Amtsbezirke.

Behufs Verwaltung der Polizei und Wahrnehmung anderer öffentlicher Angelegenheiten wird jeder Kreis, mit Ausschluß der Städte, in Amtsbezirke getheilt. §. 47 a. a. O.

Organe der Amtsverwaltung.

Die Organe der Amtsverwaltung in den Amtsbezirken sind nach näherer Vorschrift dieses Gesetzes der Amtsvorsteher und der Amtsausschuß.

Amtsvorsteher. a. Berufung desselben.

Der Amtsvorsteher wird von dem Oberpräsidenten ernannt.

Die Ernennung erfolgt auf Grund von Vorschlägen des Kreistages, in welche aus der Zahl der Amtsangehörigen die zu Amtsvorstehern befähigten Personen aufzunehmen sind.

Lehnt ein Kreistag die Aufforderung des Oberpräsidenten zur Vervollständigung dieser Vorschläge ab, so hat der Provinzialrath auf Antrag des Oberpräsidenten darüber zu beschließen, ob und welche Personen nachträglich in die Vorschlagsliste aufzunehmen sind.

Die Ernennung erfolgt auf sechs Jahre. Der Amtsvorsteher wird von dem Landrathe vereidigt.

In denjenigen Amtsbezirken, welche nur aus einer Gemeinde oder einem selbständigen Gutsbezirke bestehen, ist der Gemeinde-, beziehungsweise Gutsvorsteher zugleich Amtsvorsteher.

b. Stellvertretung desselben.

Für jeden Amtsbezirk wird nach den für die Ernennung des Amts-Vorstehers geltenden Bestimmungen ein Stellvertreter des letzteren ernannt.

Ist der Amtsvorsteher an der Wahrnehmung seiner Amtsgeschäfte verhindert, so hat der Stellvertreter dieselben zu übernehmen; der Landrath ist hiervon zu benachrichtigen, sobald die Verhinderung länger als drei Tage dauert.

Erledigt sich das Amt des Amtsvorstehers, so tirtt bis zur Ernennung seines Nachfolgers der Stellvertreter für ihn ein.

Findet sich im Amtsbezirk keine zur Ernennung als Stellvertreter geeignete Person, so hat der Kreisausschuß die Stellvertretung einstweilen einem der benachbarten Amtsvorsteher oder, nach vorherigem Einvernehmen mit der städtischen Vertretung, dem Bürgermeister einer benachbarten Stadt zu übertragen. Eine gleiche Anordnung erfolgt für den Fall des gleichzeitigen Abgangs oder der gleichzeitigen Behinderung des Amtsvorstehers und seines Stellvertreters.

Ist der Amtsvorsteher bei der Erledigung eines Amtsgeschäfts persönlich betheiligt, so hat der Kreisausschuß den Stellvertreter oder einen der benachbarten Amtsvorsteher beziehungsweise Bürgermeister damit zu betrauen.

In den Gemeinden, welche einen eigenen Amtsbezirk bilden, vertritt nach der Bestimmung des Kreisausschusses einer der Schöffen den Gemeindevorsteher in seiner Eigenschaft als Amtsvorsteher. §§. 56, 57 a. a. O.

Bestellung kommissarischer Amtsvorsteher.

Ist nach der Erklärung des Kreistages für einen Amtsbezirk weder eine zum Amtsvorsteher geeignete Person zu ermitteln, noch die zeitweilige Wahrnehmung der Amtsverwaltung durch den Vorsteher eines benachbarten Amtsbezirks, oder durch den Bürgermeister einer benachbarten Stadt thunlich, so bestellt der Oberpräsident auf Vorschlag des Kreisausschusses einen kommissarischen Amtsvorsteher.

Für die Uebernahme der Verwaltung eines benachbarten Amtsbezirkes durch einen Bürgermeister ist die Zustimmung der städtischen Vertretung erforderlich.

Sofern die Verhältnisse es gestatten, kann ein kommissarischer Amtsvorsteher mit der Verwaltung zweier oder mehrerer Amtsbezirke gleichzeitig beauftragt werden. §. 58 a. a. O.

Obliegenheiten des Amtsvorstehers.

Der Amtsvorsteher verwaltet:

1) die Polizei, insbesondere die Sicherheits-, Ordnungs-, Sitten-, Gesundheits-, Gesinde-, Armen-, Wege-, Wasser-, Feld-, Forst-, Fischerei-, Gewerbe-, Bau-, Feuer-Polizei u. s. w., soweit sie nicht durch besondere Gesetze dem Landrath oder anderen Beamten übertragen ist;

2) die sonstigen öffentlichen Angelegenheiten des Amts nach näherer Vorschrift dieses Gesetzes. §. 59 a. a. O.

Unter der nach Ziffer 1 dem Amtsvorsteher übertragenen Wasserpolizei ist die Strom-Schifffahrts- und Hafenpolizei nicht begriffen.

Der Amtsvorsteher hat das Recht und die Pflicht, da, wo die Erhaltung der öffentlichen Ordnung, Ruhe und Sicherheit sein

Einschreiten nothwendig macht, das Erforderliche anzuordnen und ausführen zu lassen (§. 60).

Der Kreisausschuß bestimmt endgültig denjenigen Amtsvorsteher bzw. Bürgermeister, welcher die in Bezug auf die öffentlichen Wege nothwendigen Anordnungen zu treffen hat, wenn die Betheiligten verschiedenen Amtsbezirken bzw. Amts- und Stadtbezirken angehören.

Diese Bestimmung findet gleichmäßig Anwendung auf die in Vorfluths- und anderen polizeilichen Angelegenheiten zu treffenden Anordnungen.

Das durch die §§. 5ff. des Gesetzes vom 11. März 1850 (G.S. S. 265) der Ortspolizeibehörde für den Umfang einer Gemeinde ertheilte Recht zum Erlaß von Polizeistraf-Verordnungen wird auf den Amtsvorsteher mit der Maßgabe übertragen, daß er nicht nur für den Umfang einer einzelnen Gemeinde oder eines einzelnen Gutsbezirks, sondern auch für den Umfang mehrerer Gemeinden oder Gutsbezirke und für den Umfang des ganzen Amtsbezirks unter Zustimmung des Amtsausschusses, auch im Falle des §. 7 des Gesetzes, derartige Verordnungen zu erlassen befugt ist.

Versagt der Amtsausschuß die Zustimmung, so kann dieselbe auf Antrag des Amtsvorstehers durch den Kreisausschuß ergänzt werden. §. 62 a. a. O. Der Beschluß des Letzteren ist endgültig.

Der Amtsvorsteher hat in den seiner Verwaltung anheimfallenden Angelegenheiten das Recht der vorläufigen Straffestsetzung nach den Vorschriften des Gesetzes vom 23. April 1883 (G.S. S.65).

Dienstliche Stellung der Gemeinde- und Gutsvorstände, sowie der Gensdarmen zu dem Amtsvorsteher.

Die Gemeinde- und Gutsvorstände sind verbunden, den Anweisungen und Aufträgen des Amtsvorstehers, welche derselbe in Gemäßheit seiner gesetzlichen Befugnisse in Dienstangelegenheiten an sie erläßt, nachzukommen, und können hierzu von ihm unter Anwendung der den Ortspolizeibehörden nach §. 68 L.V.G. zustehenden Zwangsmittel mit Ausnahme der Haftstrafe angehalten werden. Ein Ordnungsstrafrecht steht dem Amtsvorsteher gegen dieselben jedoch nicht zu.

Ingleichen haben die Gensdarmen den Requisitionen des Amtsvorstehers in polizeilichen Angelegenheiten zu genügen. Der Dienstaufsicht des Amtsvorstehers unterliegen sie nicht. §§. 63—65 a. a. O.

Dienstliche Stellung des Amtsvorstehers zu dem Landrathe und dem Kreisausschuß.

Der Landrath und der Kreisausschuß sind befugt, für die Geschäfte der allgemeinen Landes- und Kreiskommunal-Verwaltung, sowie bei Beaufsichtigung der Kommunal-Angelegenheiten der zu dem Amtsbezirke gehörigen Gemeinden und Gutsbezirke die vermittelnde und begutachtende Thätigkeit des Amtsvorstehers in Anspruch zu nehmen. §. 66 a. a. O.

Der Kreisausschuß beschließt über Beschwerden gegen Verfügungen des Amtsvorstehers in nicht polizeilichen Angelegenheiten.

Die Aufsicht über die Geschäftsführung des Amtsvorstehers führt der Landrath als Vorsitzender des Kreisausschusses. §. 67 a. a. O.

Dienstvergehen des Amtsvorstehers.

Bezüglich der Dienstvergehen der Amtsvorsteher finden die Bestimmungen des Gesetzes vom 21. Juli 1852 betr. die Dienstvergehen der nicht richterlichen Beamten (G.S. S. 465) mit folgenden Maßgaben Anwendung:

1) Ueber die Verhängung von Ordnungsstrafen gegen die Amtsvorsteher beschließt im Umfange des den Provinzialbehörden beigelegten Ordnungsstrafrechtes der Kreisausschuß und im Umfange des dem Minister beigelegten Ordnungsstrafrechtes der Regierungspräsident. Dem Landrathe steht das Recht zur Verhängung von Ordnungsstrafen gegen die Amtsvorsteher nicht zu.

   Gegen den Beschluß des Kreisausschusses findet innerhalb 2 Wochen die Beschwerde an den Bezirksausschuß, gegen die Strafverfügungen des Regierungspräsidenten innerhalb gleicher Frist die Beschwerde an den Oberpräsidenten statt.

   Gegen den auf die Beschwerde ergehenden Beschluß des Bezirksausschusses bzw. des Oberpräsidenten findet innerhalb 2 Wochen die Klage bei dem Oberverwaltungsgerichte statt.

2) In dem auf Entfernung aus dem Amte gerichteten Verfahren wird die Einleitung des Disciplinarverfahrens von dem Landrathe oder von dem Regierungspräsidenten verfügt und von demselben der Untersuchungscommissar sowie der Vertreter der Staatsanwaltschaft für die erste Instanz ernannt.

   Die entscheidende Behörde erster Instanz ist der

Kreisausschuß, die entscheidende Behörde zweiter Instanz das Oberverwaltungsgericht. Der Vertreter der Staatsanwaltschaft bei dem Oberverwaltungsgerichte wird von dem Minister des Innern ernannt.

Kosten der Amtsverwaltung.

Der Amtsvorsteher ist berechtigt, eine Amtsunkosten-Enschädigung zu beanspruchen, welche nach Anhörung der Betheiligten von dem Kreisausschusse als ein Pauschquantum festgesetzt wird.

In gleicher Weise erfolgt die Festsetzung der einem kommissarischen Amtsvorsteher zu gewährenden Remuneration. §. 69 a. a. O.

Als Beitrag zu den Kosten der Amtsverwaltung überweist der Staat den Kreisen diejenigen Summen, welche er in Folge des gegenwärtigen Gesetzes durch das Eingehen der königlichen Polizeiverwaltungen, durch den Wegfall der Schulzen-Remunerationen und anderer Polizeiverwaltungskosten an den im Staatshaushalts-Etat für das Jahr 1873 für ebengenannte Zwecke veranschlagten Ausgaben fernerhin ersparen wird.

Die Vertheilung des für jede Provinz festzustellenden Betrages auf die einzelnen Kreise erfolgt nach Maßgabe des Bedürfnisses durch die Provinzial-Vertretung beziehungsweise durch eine von dieser zu erwählende Kommission.

Außerdem wird der Staat für die den Kreisen beziehungsweise Amtsbezirken durch die Wahrnehmung von Geschäften der Staatsverwaltung erwachsenden Ausgaben besondere Fonds überweisen. Das hierüber zu erlassende Gesetz wird über den Betrag und die Vertheilung dieser Fonds nähere Anordnung treffen.

Soweit die Kosten der Amtsverwaltung durch die vom Staate überwiesenen Beträge ihre Deckung nicht finden, trägt dieselben das Amt.

In den zusammengesetzten Amtsbezirken gilt für die Aufbringung der Verwaltungskosten in Ermangelung einer Vereinbarung unter den Betheiligten der nach Maßgabe dieses Gesetzes in dem Kreise für die Kreisabgaben festgestellte Maßstab.

In denjenigen Gemeinden und Gutsbezirken, welche einen Amtsbezirk für sich bilden, werden die Kosten der Amtsverwaltung gleich den übrigen Kommunalbedürfnissen aufgebracht. Solche Amtsbezirke haben keinen Anspruch auf die vom Staate gewährten Fonds.

Unterläßt oder verweigert ein Amtsverband die ihm gesetzlich obliegenden von der Behörde innerhalb der Grenzen ihrer Zuständigkeit festgestellten Bestimmungen auf den Haushaltsetat zu bringen oder außerordentlich zu genehmigen, so verfügt der Landrath unter Anführung der Gründe die Eintragung in den Etat bzw. die Feststellung der außerordentlichen Ausgabe.

Gegen die Verfügung des Landraths steht dem Amtsverbande innerhalb zwei Wochen die Klage bei dem Bezirksausschusse zu. Zur Ausführung der Rechte des Amtsverbandes kann der Amtsausschuß einen besonderen Vertreter bestellen.

Einnahmen aus Geldbußen und Konfiskaten.

Die von den Amtsvorstehern in Gemäßheit des Gesetzes vom 14. Mai 1852 (Ges.-Samml. S. 245) endgiltig festgesetzten Geldbußen und Konfiskate, sowie die von denselben festgesetzten Exekutivgeldbußen werden, — soweit nicht in Ansehung gewisser Uebertretungen besonders bestimmt ist, wohin die durch dieselben verwirkten Geldbußen oder Konfiskate fließen sollen, — zur Amtskasse, beziehungsweise zu den Kassen der einen eigenen Amtsbezirk bildenden Gemeinden und Gutsbezirke, vereinnahmt und zur Deckung der Kosten der Amtsverwaltung mitverwendet. §. 73 a. a. O.

Von der Zusammensetzung des Kreistages.

Zahl der Mitglieder des Kreistages.

Die Kreis-Versammlung (der Kreistag) besteht in Kreisen, welche unter Ausschluß der im activen Militärdienst stehenden Personen 25000 oder weniger Einwohner haben, aus 25 Mitgliedern. In Kreisen mit mehr als 25000 bis zu 100000 Einwohnern tritt für jede Vollzahl von 5000 und in Kreisen mit mehr als 100000 Einwohnern für jede über die letztere Zahl überschießende Vollzahl von 10000 Einwohnern je ein Vertreter hinzu.

Bildung von Wahlverbänden für die Wahl der Kreistags-Abgeordneten.

Zum Zweck der Wahl der Kreistags-Abgeordneten werden drei Wahlverbände gebildet und zwar:

a. der Wahlverband der größeren ländlichen Grundbesitzer;
b. der Wahlverband der Landgemeinden und
c. der Wahlverband der Städte.

In Kreisen, in welchen keine Stadtgemeinde vorhanden ist, scheidet der Wahlverband der Städte aus.

Für Kreise, welche nur aus einer oder mehreren Städten bestehen, gelten die Vorschriften der §§. 169 und 171 bis 175 dieses Gesetzes.

Bildung des Wahlverbandes der Städte.

Der Wahlverband der Städte umfaßt die Stadtgemeinden des Kreises.

Vertheilung der Kreistags-Abgeordneten auf die einzelnen Wahlverbände.

Die nach §. 84 dieses Gesetzes jedem Kreise nach Maßgabe seiner Bevölkerungsziffer zustehende Zahl von Kreistags-Abgeordneten wird auf die drei Wahlverbände der größeren Grundbesitzer, der Landgemeinden und der Städte nach folgenden Grundsätzen vertheilt:

1) Die Zahl der städtischen Abgeordneten wird nach dem Verhältnisse der städtischen und ländlichen Bevölkerung, wie dasselbe durch die letzte allgemeine Volkszählung festgestellt worden ist, bestimmt. Die Zahl der städtischen Abgeordneten darf die Hälfte, und in denjenigen Kreisen, in welchen nur eine Stadt vorhanden ist, ein Drittel der Gesammtzahl aller Abgeordneten nicht übersteigen.
2) Von der nach Abzug der städtischen Abgeordneten übrig bleibenden Zahl der Kreistags-Abgeordneten erhalten die Verbände der größeren Grundbesitzer und der Landgemeinden ein jeder die Hälfte. §§. 84, 85, 89 a. a. O.

Vertheilung der vom Wahlverbande der Städte zu wählenden Abgeordneten auf die einzelnen Stadtgemeinden, beziehungsweise Bildung von Städte-Wahlbezirken.

Die Zahl der vom Wahlverbande der Städte überhaupt zu wählenden Kreistags-Abgeordneten wird auf die einzelnen Städte des Kreises nach Maßgabe der Seelenzahl vertheilt.

Sind in einem Kreise mehrere Städte vorhanden, auf welche hiernach nicht je ein Abgeordneter fällt, so werden diese Städte behufs der Wahl mindestens eines gemeinschaftlichen Abgeordneten zu einem Wahlbezirke vereinigt.

Ist in einem Kreise neben anderen großen Städten nur eine Stadt vorhanden, welche nach ihrer Seelenzahl nicht einen Abgeordneten zu wählen haben würde, so ist derselben gleichwohl ein Abgeordneter zu überweisen. §. 92 a. a. O.

Ausgleichung der sich bei der Vertheilung der Kreistags-Abgeordneten ergebenden Bruchtheile.

Ergeben sich bei den nach Maßgabe der §§. 89—92 des Gesetzes vorzunehmenden Berechnungen Bruchtheile, so werden dieselben nur insoweit berücksichtigt, als sie $1/2$ erreichen oder übersteigen.

Uebersteigen sie $1/2$, so werden sie für voll gerechnet; kommen sie $1/2$ gleich, so bestimmt das Loos, welchem der bei der Vertheilung betheiligten Wahlverbände und Wahlbezirke, beziehungsweise welcher Stadtgemeinde der Bruchtheil für voll gerechnet werden soll. §. 93 a. a. O.

Vollziehung der Wahlen in den Städten, beziehungsweise Städtewahlbezirken.

Die Wahl der städtischen Kreistagsabgeordneten erfolgt in denjenigen Städten, welche für sich einen oder mehrere Abgeordnete zu wählen haben, durch den Magistrat und die Stadtverordnetenversammlung, beziehungsweise das bürgerschaftliche Repräsentantenkollegium, welche zu diesem Behufe unter dem Vorsitze des Bürgermeisters zu einer Wahlversammlung vereinigt werden.

In denjenigen Städten, welche mit anderen Städten des Kreises zu einem Wahlbezirke vereinigt sind, haben der Magistrat und die Stadtverordneten, beziehungsweise die bürgerschaftlichen Repräsentanten, in vereinigter Sitzung auf je 250 Einwohner einen Wahlmann zu wählen. Durch statutarische Anordnung des Kreistages kann jene Zahl erhöht werden.

Die Wahlmänner des Wahlbezirks treten unter Leitung des Landraths an dem von dem Kreisausschusse zu bestimmenden Wahlorte zur Wahl der Abgeordneten zusammen. §. 104 a. a. O.

Die nach den vorstehenden Bestimmungen vorzunehmenden Wahlen erfolgen nach näherer Vorschrift des diesem Gesetze beigefügten Wahlreglements. §. 105 a. a. O.

Wahl-Reglement.

§. 1.

Acht Tage vor der Wahl werden die Wähler zu den Wahlen mittelst schriftlicher Einladung oder durch ortsübliche Bekanntmachung berufen. Die Einladung und Bekanntmachung muß das Lokal, den Tag und die Stunde der Wahl genau bezeichnen. Hinsichtlich der von dem Kreistage vorzunehmenden Wahlen bewendet es bei den für die Berufung des Kreistages vorgeschriebenen Fristen.

§. 2.

Der Wahlvorstand besteht aus dem nach den bestehenden Vorschriften zur Leitung des Wahlactes berufenen Beamten als Vorsitzenden und aus zwei oder vier von der Wahlversammlung aus der Zahl der Wähler zu wählenden Beisitzern. Der Vorsitzende ernennt einen der Beisitzer zum Protokollführer. In den Fällen der §§. 23, 51 Nr. 1 und 100 der Kreisordnung kann auch eine nicht zur Wählerversammlung gehörige Person zum Protokollführer ernannt werden.

§. 3.

Während der Wahlhandlung dürfen im Wahllokale weder Diskussionen stattfinden, noch Ansprachen gehalten, noch Beschlüsse gefaßt werden. Ausgenommen hiervon sind Diskussionen und Beschlüsse des Wahlvorstandes, welche durch die Leitung des Wahlgeschäftes bedingt sind.

§. 4.

Jede Wahl erfolgt in einer besonderen Wahlhandlung durch Stimmzettel.

§. 5.

Die Wähler werden in der Reihenfolge, in welcher sie in der Wählerliste verzeichnet sind, aufgerufen. Jeder Aufgerufene legt seinen Stimmzettel uneröffnet in die Wahlurne. Die während der Wahlhandlung erscheinenden Wähler können an der nicht geschlossenen Wahl theilnehmen. Sind keine Stimmen mehr abzugeben, so erklärt der Wahlvorstand die Wahl für geschlossen; der Vorsitzende nimmt die Stimmzettel einzeln aus der Wahlurne und verliest die darauf verzeichneten, von einem Beisitzer, welchen der Vorsitzende ernennt, laut zu zählenden Namen.

§. 6.

Ungültig sind:

1) Stimmzettel, welche nicht von weißem Papier, oder welche mit einem äußeren Kennzeichen versehen sind;
2) Stimmzettel, welche keinen oder keinen lesbaren Namen enthalten;
3) Stimmzettel, aus welchen die Person des Gewählten nicht unzweifelhaft zu erkennen ist;

4) Stimmzettel, auf welchen mehr als Ein Name, oder der Name einer nicht wählbaren Person verzeichnet ist;

5) Stimmzettel, welche einen Protest oder Vorbehalt enthalten.

§. 7.

Alle ungültigen Stimmzettel werden als nicht abgegeben betrachtet. Ueber die Gültigkeit der Stimmzettel entscheidet vorläufig der Wahlvorstand.

Die Stimmzettel sind dem Wahlprotokolle beizufügen und so lange aufzubewahren, bis über die gegen das Wahlverfahren erhobenen Einsprüche rechtskräftig entschieden ist.

§. 8.

Als gewählt ist derjenige zu betrachten, welcher die absolute Stimmenmehrheit (mehr als die Hälfte der Stimmen) erhalten hat.

Ergiebt sich keine absolute Stimmenmehrheit, so kommen diejenigen zwei Personen, welche die meisten Stimmen erhalten haben, auf die engere Wahl. Haben mehr als zwei Personen die meisten und gleich viel Stimmen erhalten, so entscheidet das durch die Hand des Vorsitzenden zu ziehende Loos darüber, wer auf die engere Wahl zu bringen ist; in gleicher Weise erfolgt die Entscheidung, wenn auch die engere Wahl keine Stimmenmehrheit ergiebt.

§. 9.

Die Wahlprotokolle sind von dem Wahlvorstande zu unterzeichnen.

§. 10.

Der Vorsitzende des Wahlvorstandes hat die Gewählten von der auf sie gefallenen Wahl mit der Aufforderung in Kenntniß zu setzen, sich über die Annahme oder Ablehnung innerhalb längstens 5 Tagen zu erklären. Wer diese Erklärung nicht abgiebt, wird als ablehnend betrachtet.

§. 11.

Wahlen, welche auf dem Kreistage vorzunehmen sind, können auch durch Akklamationen stattfinden, sofern Niemand Widerspruch erhebt.

Wählbarkeit zum Wahlmann und zum Kreistags-Abgeordneten.

Wählbar zum Mitgliede des Kreistages und beziehungsweise zum Wahlmann ist:

1) im Wahlverbande der Städte jeder Einwohner der im Kreise belegenen Städte, welcher sich im Besitze des Bürgerrechts befindet;

2) in den Wahlverbänden der größeren Grundbesitzer, sowie der Landgemeinden, ein jeder seit einem Jahr in dem Kreise angesessene ländliche Grundbesitzer, sowie ein Jeder, welcher in einer Versammlung dieser Verbände ein Wahlrecht ausübt und seit einem Jahre in dem Kreise seinen Wohnsitz hat.

Für die Wählbarkeit zum Wahlmann und zum Abgeordneten gelten die im §. 96 für die Wahlberechtigung gegebenen Bestimmungen.

Dauer der Wahlperiode der Kreistags-Abgeordneten.

Die Kreistagsabgeordneten werden auf sechs Jahre gewählt.

Alle drei Jahre scheidet die Hälfte der Abgeordneten eines jeden Wahlverbandes aus und wird durch neue ersetzt. Ist diese Zahl nicht durch 2 theilbar, so scheidet das erste Mal die nächstgrößere Zahl aus. Die das erste Mal Ausscheidenden werden durch das Loos bestimmt, welches der Landrath auf dem Kreistage zu ziehen hat.

Die Ausscheidenden können wieder gewählt werden. §. 107 a. a. O.

Ergänzungs- und Ersatzwahlen der Kreistags-Abgeordneten.

Die Wahlen zur regelmäßigen Ergänzung des Kreistages finden alle drei Jahre im Monat November statt, sofern nicht durch statutenmäßige Anordnung seitens des Kreistages ein anderer Termin bestimmt wird. Die Wahlen in dem Verbande der Landgemeinden erfolgen vor den Wahlen in dem Verbande der größeren Grundbesitzer.

Ergänzungs- und Ersatzwahlen werden von denselben Wahlverbänden, Stadtgemeinden und Wahlbezirken vorgenommen, von denen der Ausscheidende gewählt war.

Wo in städtischen oder ländlichen Wahlbezirken die Wahl von Wahlmännern durch dieses Gesetz vorgeschrieben ist, erfolgt dieselbe aufs Neue vor jeder Wahl, mit Ausnahme der Ersatzwahlen, bei welchen die früheren Wahlmänner fungiren.

Der Ersatzmann bleibt nur bis zum Ende derjenigen sechs Jahre in Thätigkeit, für welche der Ausgeschiedene gewählt war. §. 108 a. a. O.

Einführung der Kreistagsabgeordneten.

Die bei der regelmäßigen Ergänzung neugewählten Kreistags-abgeordneten treten, sofern nicht durch statutarische Anordnung ein anderer Termin bestimmt wird, ihr Amt mit dem Anfange des nächstfolgenden Jahres an; die Ausscheidenden bleiben bis zur Einführung der neugewählten Mitglieder in Thätigkeit. Die Einführung der Gewählten erfolgt durch den Vorsitzenden des Kreistages. §. 109 a. a. O.

Aufstellung des Vertheilungsplanes.

Die Vertheilung der Kreistagsabgeordneten auf die einzelnen Wahlverbände (§§. 89 und 90), die Bildung von Wahlbezirken für die Landgemeinden und die zum Verbande derselben gehörigen selbständigen Gutsbezirke, Gewerbetreibenden und Bergwerksbesitzer, sowie die Vertheilung der Abgeordneten der Landgemeinde auf dieselben (§. 91), ingleichen die Vertheilung der städtischen Abgeordneten auf die einzelnen Städte, beziehungsweise die Bildung von Städte-Wahlbezirken (§. 92), erfolgt auf den Vorschlag des Kreis-ausschusses durch den Kreistag und ist durch das Kreis- beziehungsweise Amtsblatt, zur öffentlichen Kenntniß zu bringen.

Die nach den Vorschriften des §. 111 festgestellte Vertheilung der Abgeordneten bleibt das erste Mal für drei Jahre, sodann für einen Zeitraum von je zwölf Jahren maßgebend. Nach dessen Ablauf wird sie durch den Kreisausschuß einer Revision unterworfen und der Beschluß des Kreistages über die etwa nach Maßgabe der Vorschriften der §§. 84, 89—93 nothwendigen Abänderungen eingeholt. In der Zwischenzeit erfolgt eine Revision nur:

1) wenn die Zahl der Städte des Kreises sich vermehrt oder vermindert, oder wenn eine Stadt in Gemäßheit des §. 4 aus dem Kreisverbande ausscheidet. In diesen Fällen ist alsbald eine anderweite Vertheilung der Abgeordneten auf die einzelnen Wahlverbände und eine Neuwahl sämmtlicher Kreistags-Abgeordneten vorzunehmen;
2) wenn die Zahl der Berechtigten in dem Verbande der größeren Grundbesitzer sich dergestalt vermehrt oder vermindert, daß nach §. 90 die Zahl der diesem Verbande zukommenden Abgeordneten eine größere oder geringere wird, als bei der letzten Vertheilung. In diesem Falle ist vor den nächsten regelmäßigen Ergänzungswahlen von dem Kreis-

tage eine Berichtigung des Vertheilungsplanes vorzunehmen und sind sodann nach diesem berichtigten Vertheilungsplan die erforderlichen Ergänzungs-, beziehungsweise Neuwahlen zu vollziehen. §. 112 a. a. O.

Gegen die von dem Kreistage gemäß §§. 111 und 112 wegen Vertheilung der Kreistags-Abgeordneten gefaßten Beschlüsse steht den Betheiligten innerhalb einer Frist von vier Wochen nach Ausgabe des Blattes, durch welches die Vertheilung bekannt gemacht worden ist, die Klage bei dem Bezirksausschusse zu.

Gegen die Endurtheile des Bezirksausschusses findet sowohl in diesen wie in den Fällen des §. 110 Abs. 2 nur das Rechtsmittel der Revision statt. (§. 112a a. a. O.)

Gegen das zum Zweck der Wahl der Kreistagsabgeordneten stattgehabte Wahlverfahren kann jedes Mitglied einer Wahlversammlung innerhalb zwei Wochen Einspruch bei dem Vorsitzenden des Wahlvorstandes erheben. Die Beschlußfassung über den Einspruch, über welchen die Betheiligten vorab zu hören sind, steht dem Kreistage zu.

Im Uebrigen prüft der Kreistag die Legitimation seiner Mitglieder von Amtswegen und beschließt darüber.

Jede Wahl verliert dauernd oder vorübergehend ihre Wirkung, wenn sich ergiebt, daß die für die Wählbarkeit vorgeschriebenen Bedingungen nicht vorhanden gewesen sind oder wenn diese Bedingungen gänzlich oder zeitweise aufhören. Der Kreistag hat darüber zu beschließen, ob einer dieser Fälle eingetreten ist.

Gegen die nach Maßgabe vorstehender Bestimmungen gefaßten Beschlüsse findet innerhalb zweier Wochen die Klage bei dem Bezirksausschusse statt. Die Klage hat keine aufschiebende Wirkung, jedoch dürfen bis zur rechtskräftigen Entscheidung Ersatzwahlen nicht stattfinden.

Für das Streitverfahren kann der Kreistag einen besonderen Vertreter bestellen.

Die Namen der Gewählten sind durch das Kreis-, beziehungsweise Amtsblatt bekannt zu machen. §. 113 a. a. O.

Die Kreistags-Abgeordneten erhalten weder Diäten noch Reisekosten. §. 114 a. a. O.

Geschäfte des Kreistages. a. Im Allgemeinen.

Der Kreistag ist berufen, den Kreis-Kommunal-Verband zu vertreten, über die Kreis-Angelegenheiten nach näherer Vorschrift dieses Gesetzes, sowie über diejenigen Gegenstände zu berathen und zu beschließen, welche ihm zu diesem Behufe durch Gesetze oder Königliche Verordnungen überwiesen sind oder in Zukunft durch Gesetz überwiesen werden. §. 115 a. a. O.

b. Im Besonderen.

Insbesondere ist der Kreistag befugt:

1) nach Maßgabe des §. 20 statutarische und reglementarische Anordnungen zu treffen;
2) zu bestimmen, in welcher Weise Staatspräſtationen, welche kreisweise aufzubringen sind und deren Aufbringungsweise nicht schon durch das Gesetz vorgeschrieben ist, repartirt werden sollen.

   Bei der Bestimmung im §. 5 Nr. 3 des Gesetzes wegen der Kriegsleistungen vom 11. Mai 1851 (G.S. S. 363) behält es sein Bewenden;
3) Ausgaben zur Erfüllung einer Verpflichtung oder im Interesse des Kreistages zu beschließen und zu diesem Behufe über das dem Kreise gehörige Grund-, beziehungsweise Kapital-Vermögen zu verfügen, Anleihen aufzunehmen und die Kreis-Angehörigen mit Kreisabgaben zu belasten;
4) innerhalb der Vorschriften der §§. 10—18 den Vertheilungs- und Aufbringungs-Maßstab der Kreisabgaben zu beschließen;
5) den Kreishaushalts-Etat festzustellen und hinsichtlich der Jahres-Rechnung Decharge zu ertheilen;
6) die Grundsätze festzustellen, nach welchen die Verwaltung des dem Kreise gehörigen Grund- und Kapital-Vermögens, sowie der Kreis-Einrichtuugen und Anstalten zu erfolgen hat;
7) die Einrichtung von Kreisämtern zu beschließen, die Zahl und Besoldung der Kreisbeamten zu bestimmen;
8) die Wahlen zum Kreisausschusse und zu den durch das Gesetz für Zwecke der allgemeinen Landesverwaltung angeordneten Kommissionen zu vollziehen, sowie besondere Kommissionen und Kommissare für Kreiszwecke zu bestellen.

   Für die Vollziehung dieser Wahlen gelten die Bestimmungen des diesem Gesetze beigefügten Wahlreglements.

9) Gutachten über alle Angelegenheiten abzugeben, die ihm zu diesem Behufe von den Staatsbehörden überwiesen werden;

10) die durch das Gesetz oder königliche Verordnung ihm übertragenen sonstigen Geschäfte wahrzunehmen. §. 116 a. a. O.

Verfügung über Fonds einzelner Kreistheile.

Ueber Fonds, welche der Gesammtheit des platten Landes oder der Städte gehören, steht den Kreistags-Abgeordneten des platten Landes, beziehungsweise der Städte die Verfügung allein zu.

Insbesondere haben über diejenigen Fonds, welche in der Kur- und Neumark Brandenburg aus den Kontributions-Ueberschüssen angesammelt sind, die Kreistags-Abgeordneten des platten Landes allein zu verfügen. §. 117 a. a. O.

Berufung des Kreistages und Leitung der Verhandlungen auf demselben.

Der Landrath beruft die Kreistags-Abgeordneten zum Kreistage durch besondere Einladungsschreiben, unter Angabe der zu verhandelnden Gegenstände, führt auf demselben den Vorsitz, leitet die Verhandlungen und handhabt die Ordnung in der Versammlung. In Behinderungsfällen übernimmt der dem Dienst-, beziehungsweise Lebensalter nach älteste Kreis-Deputirte den Vorsitz.

Mit Ausnahme dringender Fälle, in welchen die Frist bis zu drei Tagen abgekürzt werden darf, muß die Einladung sämmtlichen Kreistags-Abgeordneten mindestens 14 Tage vorher zugestellt werden. Gegenstände, die nicht in die Einladung zum Kreistage aufgenommen sind, können zwar zur Berathung gelangen, die Fassung eines bindenden Beschlusses über dieselben darf jedoch erst auf dem nächsten Kreistage erfolgen.

Anträge von Kreistags-Abgeordneten auf Berathung einzelner Gegenstände sind bei dem Landrathe anzubringen und in die Einladung zum nächsten Kreistage aufzunehmen, insofern sie vor Erlaß der Einladungsschreiben eingehen. Der Landrath ist verpflichtet, jährlich wenigstens zwei Kreistage anzuberaumen, außerdem aber ist er hierzu berechtigt, so oft es die Geschäfte erfordern. Die Zusammenberufung des Kreistages muß erfolgen, sobald dieselbe von einem

Viertel der Kreistags-Abgeordneten oder von dem Kreisausschusse verlangt wird.

Von einem jeden anzusetzenden Kreistage hat der Landrath dem Regierungs-Präsidenten unter Einsendung einer Abschrift des Einladungsschreibens Anzeige zu machen. §. 118 a. a. O.

Abfassung besonderer Propositionen für den Kreistag und Zustellung derselben an die Kreistagsmitglieder.

Soll auf dem Kreistage Beschluß gefaßt werden:

1) über die Festsetzung des Abgaben-Vertheilungs-Maßstabes in Gemäßheit des §. 12;
2) über Mehr- und Minderbelastungen einzelner Kreistheile in Gemäßheit des §. 13;
3) über solche Gegenstände, welche Kreisabgaben nothwendig machen, die nicht auf einer gesetzlichen Verpflichtung des Kreises beruhen,

so ist ein ausführlicher Vorschlag zu dem Beschlusse, welcher über

a. den Zweck desselben,
b. die Art der Ausführung,
c. die Summe der zu verwendenden Kosten,
d. die Aufbringungsweise

das Nöthige enthält, von dem Kreisausschusse auszuarbeiten und jedem Abgeordneten mindestens 14 Tage vor Abhaltung des Kreistages schriftlich zuzustellen. Die Frist darf bis zu drei Tagen abgekürzt werden, wenn einem Nothstande vorgebeugt oder abgeholfen werden soll. §. 119 a. a. O.

Oeffentlichkeit der Kreistagssitzungen.

Die Sitzungen des Kreistages sind öffentlich. Für einzelne Gegenstände kann durch einen in geheimer Sitzung zu fassenden Beschluß der Versammlung die Oeffentlichkeit ausgeschlossen werden. §. 120 a. a. O.

Beschlußfähigkeit des Kreistages.

Der Kreistag kann nur beschließen, wenn mehr als die Hälfte der Mitglieder anwesend ist. Eine Ausnahme hiervon findet statt, wenn die Mitglieder des Kreistages zum zweiten Male zur Verhandlung über denselben Gegenstand berufen, dennoch nicht in beschlußfähiger Anzahl erschienen sind. Bei der zweiten Zusammenberufung muß auf diese Bestimmung ausdrücklich hingewiesen werden. §. 121 a. a. O.

Ausschluß von den Verhandlungen des Kreistages wegen persönlichen Interesses.

An Verhandlungen über Rechte und Verpflichtungen des Kreises darf derjenige nicht Theil nehmen, dessen Interesse mit dem des Kreises im Widerspruch steht. §. 122 a. a. O.

Theilnahme der Mitglieder des Kreisausschusses an den Kreistags-Versammlungen.

Die Mitglieder des Kreisausschusses, welche nicht Mitglieder des Kreistages sind, werden zu den Versammlungen des Kreistages eingeladen und haben in denselben berathende Stimme. §. 123 a. a. O.

Fassung der Kreistagsbeschlüsse nach einfacher und Zwei-Drittel-Stimmenmehrheit.

Die Beschlüsse des Kreistages werden nach Mehrheit der Stimmen gefaßt. Bei Stimmengleichheit gilt der Antrag als abgelehnt.

Zu einem Beschlusse, durch welchen eine neue Belastung der Kreisangehörigen ohne eine gesetzliche Verpflichtung oder eine Veräußerung vom Grund- oder Kapital-Vermögen des Kreises bewirkt oder eine Veränderung des festgestellten Vertheilungs-Maßstabes für die Kreisabgaben (§. 12) eingeführt werden soll, ist jedoch eine Stimmenmehrheit von mindestens zwei Drittel der Abstimmenden erforderlich. §. 124 a. a. O.

Abfassung und Veröffentlichung der Kreistags-Protokolle.

Ueber die Beschlüsse des Kreistages ist eine besondere Verhandlung aufzunehmen, in welcher die Namen der dabei anwesend gewesenen Mitglieder aufgeführt werden müssen. Diese Verhandlung wird von dem Vorsitzenden und von wenigstens drei Mitgliedern des Kreistages vollzogen, welche zu diesem Behufe von der Versammlung vor dem Beginne der Verhandlung zu bestimmen und in letzterer aufzuführen sind.

Ueber die Wahl eines Protokollführers und die Formen der Verhandlungen bestimmt im Uebrigen die von dem Kreistage zu beschließende Geschäfts-Ordnung.

Der Inhalt der Kreistagsbeschlüsse ist, sofern der Kreistag nicht in einem einzelnen Falle etwas Anderes beschließt, in einer von dem Kreistage zu bestimmenden Weise zur öffentlichen Kenntniß zu bringen.

Dem Regierungspräsidenten ist eine Abschrift des Protokolls einzureichen. §. 125 a. a. O.

Abfassung von Petitionen und Eingaben des Kreistages.

Petitionen und Eingaben, welche Namens des Kreistages in Bezug auf die seiner Beschlußnahme unterliegenden Angelegenheiten (§§. 115 und 116) überreicht werden sollen, müssen auf dem Kreistage selbst berathen und vollzogen werden. Daß dies geschehen, ist in dergleichen Eingaben ausdrücklich zu bemerken. §. 126 a. a. O.

Von dem Kreishaushalte.

Aufstellung und Feststellung des Kreishaushalts-Etats.

Ueber alle Einnahmen und Ausgaben, welche sich im Voraus bestimmen lassen, entwirft der Kreisausschuß jährlich einen Haushalts-Etat, welcher von dem Kreistage festgestellt und demnächst in derselben Weise, wie die Kreistags-Beschlüsse, veröffentlicht wird.

Bei Vorlage des Haushalts-Etats hat der Kreisausschuß dem Kreistage über die Verwaltung und den Stand der Kreis-Kommunal-Angelegenheiten Bericht zu erstatten.

Eine Abschrift des Etats und des Verwaltungsberichtes wird nach erfolgter Feststellung des Ersteren sofort dem Regierungspräsidenten überreicht.

Ausgaben, welche außer dem Etat geleistet werden sollen, bedürfen der Genehmigung des Kreistages. §. 127 a. a. O.

Revision der Kreis-Kommunalkasse.

Die Kreis-Kommunalkasse muß an einem bestimmten Tage in jedem Monate regelmäßig und mindestens ein Mal im Jahre außerordentlich revidirt werden. Die Revisionen werden von dem Vorsitzenden des Kreis-Ausschusses vorgenommen. Bei den außerordentlichen Revisionen ist ein von dem Kreisausschusse zu bestimmendes Mitglied desselben zuzuziehen. §. 128 a. a. O.

Der Bezirksausschuß beschließt an Stelle der Aufsichtsbehörde über die Feststellung und den Ersatz von Defekten der Kreisbeamten nach Maßgabe der Verordnung vom 24. Januar 1844.

Der Beschluß ist, vorbehaltlich des ordentlichen Rechtsweges, endgültig (§. 128a a. a. O.).

Legung, Prüfung, Feststellung und Entlastung der Jahresrechnung.

Die Jahresrechnung ist von dem Rendanten der Kreis-Kommunalkasse innerhalb der ersten vier Monate nach Schluß des Rechnungsjahres zu legen und dem Kreisausschuß einzureichen.

Dieser hat die Rechnung zu revidiren, solche mit seinen Erinnerungen und Bemerkungen dem Kreistage zur Prüfung, Feststellung und Entlastung einzureichen und demnächst einen Rechnungsauszug zu veröffentlichen. Der Kreistag ist befugt, diese Prüfung durch eine hiermit zu beauftragende Kommission bewirken zu lassen. Eine Abschrift des Feststellungsbeschlusses ist sofort dem Regierungspräsidenten vorzulegen. §. 129 a. a. O.

Von dem Kreisausschusse, seiner Zusammensetzung und seinen Geschäften in der Kreis-, Kommunal- und allgemeinen Landes-Verwaltung.

Die Stellung des Kreisausschusses im Allgemeinen.

Zum Zwecke der Verwaltung der Angelegenheiten des Kreises und der Wahrnehmung von Geschäften der allgemeinen Landesverwaltung wird ein Kreisausschuß bestellt. §. 130 a. a. O.

Die Zusammenstellung desselben.

Der Kreis-Ausschuß besteht aus dem Landrathe und sechs Mitgliedern, welche von der Kreisversammlung aus der Zahl der Kreisangehörigen nach absoluter Stimmenmehrheit gewählt werden. Für die Wählbarkeit gelten die im §. 96 für die Wahlberechtigung gegebenen Bestimmungen.

Geistliche, Kirchendiener und Elementarlehrer können nicht Mitglieder des Kreisausschusses sein; richterliche Beamte, zu denen jedoch die technischen Mitglieder des Handels-, Gewerbe- und ähnlicher Gerichte nicht zu zählen sind, nur mit Genehmigung des vorgesetzten Ministers. §. 131 a. a. O.

Bestellung eines Syndicus.

Der Kreistag kann nach Bedürfniß einen Syndicus bestellen, welcher die Befähigung zum höheren Richteramte besitzt. Derselbe nimmt an den Sitzungen mit berathender Stimme Theil. §. 132 a. a. O.

Amtsdauer, Vereidigung und Dienstvergehen der Ausschußmitglieder.

Die Wahl der Ausschußmitglieder erfolgt auf sechs Jahre mit der Maßgabe, daß bei Ablauf der Wahlperiode die Mitgliedschaft im Ausschusse bis zur Wahl des Nachfolgers fortdauert. Alle zwei Jahre scheidet ein Drittel der Mitglieder aus. Die das erste Mal Ausscheidenden werden durch das Loos bestimmt.

Die Ausgeschiedenen können wieder gewählt werden.

Jede Wahl verliert ihre Wirkung mit dem Aufhören einer der für die Wählbarkeit vorgeschriebenen Bedingungen. Der Kreisausschuß hat darüber zu beschließen, ob dieser Fall eingetreten ist. Gegen den Beschluß des Kreisausschusses findet innerhalb zwei Wochen die Klage bei dem Bezirksausschusse statt. Die Klage steht auch dem Vorsitzenden des Kreisausschusses zu. Dieselbe hat keine aufschiebende Wirkung, jedoch dürfen bis zur rechtskräftigen Entscheidung Ersatzwahlen nicht stattfinden. Für das Streitverfahren kann der Kreisausschuß einen besonderen Vertreter bestellen.

Die Ausschußmitglieder werden von dem Vorsitzenden vereidigt. Sie können nach Maßgabe der Bestimmungen des §. 32 L.V.G. im Wege des Disciplinarverfahrens ihrer Stellung enthoben werden. (§. 133 a. a. O.)

Die Geschäfte des Kreisausschusses in der Kreiskommunal- und in der allgemeinen Landes-Verwaltung.

Der Kreisausschuß hat:

1) die Beschlüsse des Kreistages vorzubereiten und auszuführen, soweit damit nicht besondere Commissionen, Commissarien oder Beamte durch Gesetz oder Kreistagsbeschluß beauftragt werden;
2) die Kreisangelegenheiten nach Maßgabe der Gesetze und der Beschlüsse des Kreistages, sowie in Gemäßheit des von diesem festzustellenden Kreishaushalts-Etats zu verwalten;
3) die Beamten des Kreises zu ernennen und deren Geschäftsführung zu leiten und zu beaufsichtigen.

   Hinsichtlich der Besetzung der Kreisbeamtenstellen mit Militär-Invaliden gelten die in Ansehung der Städte erlassenen Vorschriften; hinsichtlich der Dienstvergehen der Kreisbeamten kommen die Bestimmungen des §. 68 zur Anwendung mit der Maßgabe, daß das Recht zur Verhängung von Ordnungsstrafen auch dem Landrathe zusteht.
4) sein Gutachten für alle Angelegenheiten abzugeben, welche ihm von den Staatsbehörden überwiesen werden;
5) die ihm durch Gesetz übertragenen Geschäfte der allgemeinen Landes-Verwaltung zu führen. §. 134 a. a. O.

Der Landrath als Vorsitzender des Kreisausschusses.

Der Landrath leitet und beaufsichtigt den Geschäftsgang des Ausschusses und sorgt für die prompte Erledigung der Geschäfte.

Der Landrath beruft den Kreisausschuß und führt in demselben den Vorsitz mit vollem Stimmrechte. Ist der Landrath verhindert, so geht der Vorsitz auf seinen Stellvertreter über. Ist dies der Kreissekretär, so führt nicht dieser, sondern das hierzu vom Ausschusse gewählte Mitglied den Vorsitz. §. 136 a. a. O.

Der Landrath führt die laufenden Geschäfte der dem Ausschusse übertragenen Verwaltung. Er bereitet die Beschlüsse des Ausschusses vor und trägt für die Ausführung derselben Sorge. Er kann die selbständige Bearbeitung einzelner Angelegenheiten einem Mitgliede des Kreisausschusses übertragen.

Er vertritt den Kreisausschuß nach außen, verhandelt Namens desselben mit Behörden und Privatpersonen, führt den Schriftwechsel und zeichnet alle Schriftstücke Namens des Ausschusses.

Urkunden über Rechtsgeschäfte, welche den Kreis gegen Dritte verbinden sollen, ingleichen Vollmachten, müssen unter Anführung des betreffenden Beschlusses des Kreistages beziehungsweise Kreisausschusses von dem Landrathe und zwei Mitgliedern des Kreisausschusses, beziehungsweise der mit der Angelegenheit betrauten Kommission unterschrieben und mit dem Siegel des Landraths versehen sein. §. 137 a. a. O.

Das Verfahren vor dem Kreisausschusse.

Die Anwesenheit dreier Mitglieder mit Einschluß des Vorsitzenden genügt für die Beschlußfähigkeit des Kreisausschusses.

Die Beschlüsse werden nach Stimmenmehrheit gefaßt. Ist eine gerade Zahl von Mitgliedern anwesend, so nimmt das dem Lebensalter nach jüngste gewählte Mitglied an der Abstimmung keinen Antheil. §. 138 a. a. O.

Betrifft der Gegenstand der Verhandlung einzelne Mitglieder des Kreisausschusses oder deren Verwandte und Verschwägerte in auf- oder absteigender Linie oder bis zu dem dritten Grade der Seitenlinie, so dürfen dieselben an der Berathung und Entscheidung nicht Theil nehmen.

Ebensowenig dürfen die Mitglieder des Kreisausschusses bei der Berathung und Entscheidung solcher Angelegenheiten mitwirken, in welchen sie in anderer als öffentlicher Eigenschaft ein Gutachten abgegeben haben oder in anderer als öffentlicher Eigenschaft thätig gewesen sind.

Wird dadurch ein Kreisausschuß beschlußunfähig, so erfolgt, soweit es sich um Kreis-Kommunalangelegenheiten handelt, die Beschlußfassung durch den Kreistag, im Uebrigen nach Maßgabe des §. 54 L.V.G. (§. 139 a. a. O.)

Der Geschäftsgang wird durch das Regulativ des Ministers des Innern vom 28. Febr. 1884 (V.M.B. S. 41) geordnet. (§.166.)

Von den Kreiskommissionen.

Für die unmittelbare Verwaltung und Beaufsichtigung einzelner Kreis-Institute, sowie für die Besorgung einzelner Keisangelegenheiten kann der Kreistag nach Bedürfniß besondere Kommissionen oder Kommissare aus der Zahl der Kreisangehörigen bestellen, welche ebenso, wie die durch das Gesetz für Zwecke der allgemeinen Landesverwaltung angeordneten Kommissionen, ihre Geschäfte unter der Leitung des Landraths besorgen.

Der Landrath ist befugt, jeder Zeit den Berathungen der Kreiskommissionen beizuwohnen und dabei den Vorsitz mit vollem Stimmrechte zu übernehmen, so weit nicht hierüber hinsichtlich der für Zwecke der allgemeinen Landesverwaltung angeordneten Kommissionen etwas anderes gesetzlich bestimmt ist. §. 167 a. a. O.

Ueber die Gewährung von Diäten und Reisekosten an die Mitglieder der Kreiskommissionen zu bestimmen, bleibt dem Kreistage überlassen. §. 168 a. a. O.

Von der Oberaufsicht über die Kreisverwaltung.

Genehmigung der Kreistagsbeschlüsse.

Beschlüsse des Kreistages, welche folgende Angelegenheiten betreffen:

1) statutarische Anordnungen nach Maßgabe des §. 20 Nr. 1;
2) Mehr- oder Minderbelastung einzelner Kreistheile (§. 13);
3) eine Belastung der Kreisangehörigen durch Kreisabgaben über 50 pCt. des Gesammt-Aufkommens der direkten Staatssteuern;
4) Veräußerungen von Grundstücken und Immobiliarrechten des Kreises;
5) Anleihen, durch welche der Kreis mit einem Schuldenstand belastet oder der bereits vorhandene Schuldenbestand vergrößert werden würde, sowie die Uebernahme von Bürgschaften auf den Kreis;
6) eine neue Belastung der Kreisangehörigen ohne gesetzliche Verpflichtung, insofern die aufzulegenden Leistungen über die nächsten 5 Jahre hinaus fortdauern sollen,

bedürfen in den Fällen zu 1 der landesherrlichen Genehmigung, in den Fällen zu 2 der Bestätigung des Ministers des Innern, in den Fällen zu 3 der Bestätigung des Ministers des Innern und der Finanzen, in den übrigen Fällen der Bestätigung des Bezirksausschusses. Ohne die vorgeschriebene Bestätigung sind die betreffenden Beschlüsse des Kreistages nichtig (§. 176 a. a. O.).

Aufsichtsbehörden.

Die Aufsicht des Staates über die Verwaltung der Angelegenheiten der Landkreise und des Stadtkreises Magdeburg wird von dem Regierungs-Präsidenten, in höherer und letzter Instanz von dem Ober-Präsidenten geübt, unbeschadet der in den Gesetzen geordneten Mitwirkung des Bezirksausschusses und des Provinzialrathes.

Beschwerden an die Aufsichtsbehörden in Kreisangelegenheiten sind in allen Instanzen innerhalb zwei Wochen anzubringen. (§. 177 a. a. O.)

Beschwerden an die Aufsichtsbehörde in Kreisangelegenheiten sind in allen Instanzen innerhalb zwei Wochen anzubringen. (§. 177 a. a. O.)

Die Aufsichtsbehörden haben mit den ihnen in den Gesetzen zugewiesenen Mitteln darüber zu wachen, daß die Verwaltung den Vorschriften der Gesetze gemäß geführt und in geordnetem Gange erhalten werde.

Die Aufsichtsbehörden sind zu dem Ende befugt, über alle Gegenstände der Verwaltung Auskunft zu erfordern, die Einsendung der Akten, insbesondere auch des Haushaltsetats und der Jahresrechnungen zu verlangen, sowie Geschäfts- und Kassenrevisionen an Ort und Stelle zu veranlassen.

Beschlüsse des Kreistages, der Kreiscommissionen, sowie in Kommunalangelegenheiten des Kreises gefaßte Beschlüsse des Kreisausschusses, welche deren Befugnisse überschreiten oder die Gesetze verletzen, hat der Landrath, entstehendenfalls auf Anweisung der Aufsichtsbehörde unter Angabe der Gründe mit aufschiebender Wirkung zu beanstanden.

Gegen die Verfügung des Landraths steht dem Kreistage, der Kreiscommission bezw. dem Kreisausschuß innerhalb 2 Wochen die Klage bei dem Bezirksausschusse zu. Dieselben können zur Wahrnehmung ihrer Rechte im Verwaltungsstreitverfahren einen besonderen Vertreter bestellen. (§. 178 a. a. O.)

Auflösung des Kreistages durch Königliche Verordnung.

Auf den Antrag des Staatsministeriums kann ein Kreistag durch Königliche Verordnung aufgelöst werden. Es sind sodann Neuwahlen anzuordnen, welche binnen sechs Monaten vom Tage der Auflösung an erfolgen müssen.

Im Falle der Auflösung des Kreistages bleiben die von demselben gewählten Mitglieder des Kreisausschusses und der Kreiscommission so lange in Wirksamkeit, bis der neugebildete Kreistag die erforderlichen Neuwahlen vollzogen hat. (§. 179 a. a. O.)

Unterläßt oder verweigert ein Kreis die ihm gesetzlich obliegenden von der Behörde innerhalb der Grenzen ihrer Zuständigkeit festgestellten Leistungen auf den Haushaltsetat zu bringen, oder außerordentlich zu genehmigen, so verfügt der Regierungspräsident unter Angabe der Gründe die Eintragung in den Etat bezw. die Feststellung der außerordentlichen Ausgaben. (§. 180 a. a. O.)

Gegen die Verfügung des Regierungspräsidenten steht dem Kreise innerhalb zwei Wochen die Klage bei dem Oberverwaltungsgerichte zu. Zur Ausführung der Rechte des Kreises kann der Kreistag einen besondern Vertreter bestellen. (§. 4 Zust.Ges.)

In der Provinz Posen sind durch das Gesetz über die allgemeine Landesverwaltung und die Zuständigkeit der Verwaltungs- und Verwaltungsgerichtsbehörden in der Provinz Posen vom 19. Mai 1889 (G S. S. 108) nebst der Königlichen Verordnung vom 5. November 1889 (G.S. S. 177) zur Wahrnehmung der Geschäfte der Kreis- und Provinzialverwaltung bzw. zur Ausübung der Verwaltungsgerichtsbarkeit die Institute des Kreisausschusses, des Bezirksausschusses, des Provinzialausschusses, des Provinzialraths, des Landesdirektors nebst Landesbaurath und Landesräthen neu eingeführt, es sind jedoch den Verhältnissen in der Provinz Posen entsprechend mehrfach Verschiedenheiten von den für die Organe gleichen Namens in den Kreisordnungsprovinzen bestehenden Vorschriften geschaffen worden. So werden die Mitglieder des Kreisausschusses nicht vom Kreistage gewählt, sondern auf Grund von Vorschlägen desselben von dem Oberpräsidenten ernannt. Die Mitglieder des Provinzialraths, Provinzialausschusses und Bezirksausschusses bedürfen der Bestätigung, welche hinsichtlich der beiden Erstgenannten dem Minister des Innern, hinsichtlich des Letztgenannten dem Oberpräsidenten zusteht. Bei wiederholter Nichtbestätigung der Mitglieder des Provinzialrechts und des Bezirksausschusses ernennt die zur Bestätigung berufene Behörde das Mitglied, bei wiederholter Nichtbestätigung der Mitglieder des Provinzialausschusses kann der Minister des Innern die kommissarische Verwaltung der Stelle auf Kosten des provinzialständischen Verbandes anordnen. Ein Gleiches gilt hinsichtlich der Stellvertreter der Mitglieder der genannten Körperschaften.

Der Kreisausschuß hat die Verwaltung der Angelegenheiten des Kreises nur dann, wenn sie ihm durch Beschluß des Kreistages übertragen worden ist.

Hinsicht des Maßstabes, nach welchem die Kreisabgaben zu vertheilen sind, ist vorgeschrieben, daß derselbe bis zum 31. October 1891 festzustellen und von dieser Zeit ab zur Anwendung zu bringen ist; für diejenigen Kreisabgaben, welche gegenwärtig mit Königlicher Genehmigung nach besonderer Vertheilungsart erhoben werden, tritt dieser Maßstab jedoch erst mit dem 1. April 1893 in Kraft, falls nicht der Kreistag schon in der Zwischenzeit den Uebergang hierzu beschließt

Der in den Stadtkreisen, in welchen ein Kreisausschuß nicht besteht, zu bildende Stadtausschuß besteht nach den übernommenen Vorschriften des Landesverwaltungsgesetzes (cf. Art. I d. Ges.) aus dem Bürgermeister bzw. dessen gesetzlichem Stellvertreter als Vorsitzenden und vier Mitgliedern, welche vom Magistrate aus seiner Mitte für die Dauer ihres Hauptamtes gewählt werden. Für Fälle der Behinderung sowohl des Bürgermeisters wie seines gesetzlichen Stellvertreters wählt der Stadtausschuß den Vorsitzenden aus seiner Mitte. Derselbe bedarf der Bestätigung des Regierungspräsidenten. Der Vorsitzende oder ein Mitglied des Stadtausschusses muß zum Richteramt oder zum höheren Verwaltungsdienst befähigt sein.

Der Stadtausschuß hat eine beschränktere Wirksamkeit als der Kreisausschuß, indem er nicht in allen, sondern nur in „den durch die Gesetze vorgesehenen“ Fällen an die Stelle des Kreisausschusses tritt.

Das Ausscheiden der größeren Städte aus den Kreisverbänden regelt sich nach den für die Kreisordnungsprovinzen gegebenen Vorschriften.

Die auf die Bildung des Provinzialausschusses und die Wahl des Landesdirektors bezüglichen Bestimmungen des Gesetzes vom 19. Mai 1889 sind sofort mit Erlaß desselben in Kraft getreten, die übrigen Bestimmungen treten erst vom 1. April 1890 in Kraft.

Durch §. 45 der Verordnung vom 5. November 1889 sind die provinzialständische Verwaltungscommission, die provinzialständische Kommission für den Chaussee- und Wegebau und die provinzialständische Landarmendirektion aufgehoben. Die Geschäfte dieser Commission gehen auf den Provinzialausschuß bezw. den Landesdirektor über.

B.

Uebersicht der Bestimmungen der Provinzialordnungen für die sechs östlichen Provinzen und Schleswig-Holstein[1]).

Jede Provinz bildet einen mit den Rechten einer Corporation ausgestatteten Communalverband zur Selbstverwaltung seiner Angelegenheiten und ist zu dem Zwecke zum Erlasse von Provinzialstatuten über die ihr gesetzlich zugewiesenen oder gesetzlich nicht geregelten Angelegenheiten sowie zum Erlasse von Reglements über besondere Einrichtungen des Provinzialverbandes befugt.

Die Organe des Provinzialverbandes sind der Provinziallandtag, der Provinzialausschuß und der Landesdirektor, für einzelne Angelegenheiten auch besondere Commissionen und Commissare.

Der Provinziallandtag besteht aus Abgeordneten der Land- und Stadtkreise der Provinz. Die Zahl derselben richtet sich nach der Anzahl und Einwohnerzahl der Kreise und wird vor jeder neuen Wahl auf Grund des Ergebnisses der letzten Volkszählung durch den Provinzialausschuß festgestellt. Die Abgeordneten der Landkreise werden von den Kreistagen, die der Stadtkreise von den städtischen Körperschaften gewählt. Die Wahl erfolgt auf sechs Jahre. Die Wahlprüfung sowie die Entscheidung über Einsprüche gegen das stattgehabte Wahlverfahren liegt dem Provinziallandtag ob, gegen dessen Beschlüsse die Klage bei dem Oberverwaltungsgericht gegeben ist.

Anm. 1. Der Kreis Herzogthum Lauenburg, in welchem die Kreisordnung vom 26. Mai 1888 auch nur beschränkt eingeführt ist (cf. §. 145 das.), gehört nicht zum Kommunalverbande der Provinz Schleswig-Holstein, nimmt aber an den Rechten und Pflichten des Provinzialverbandes, soweit sich dieselben auf Zwecke der allgemeinen Landesverwaltung beziehen, Theil. (§. 1 a. Prov.O. v. 27. Mai 1888.)

Die Eröffnung und Schließung des alle zwei Jahre wenigstens einmal von dem Könige zu berufenden Provinziallandtages erfolgt durch den Oberpräsidenten der Provinz als Königlichen Kommissarius oder durch den für ihn in dieser Eigenschaft ernannten Stellvertreter. Unter dem Vorsitze des an Jahren ältesten Mitgliedes wird ein Vorsitzender und ein Stellvertreter gewählt. Der Provinziallandtag regelt seinen Geschäftsgang durch eine Geschäftsordnung, ist beschlußfähig bei Anwesenheit der Hälfte seiner Mitglieder und faßt seine Beschlüsse nach Stimmenmehrheit. Seine Thätigkeit ist entweder eine begutachtende, indem er über die die Provinz betreffenden Gesetzentwürfe sowie die sonstigen ihm von der Staatsregierung überwiesenen Gegenstände sich gutachtlich zu äußern hat, oder eine berathende und beschließende. In letzterer Hinsicht liegt ihm namentlich ob: der Erlaß von Statuten und Reglements, die Feststellung des Haushaltsetats, die Ausschreibung von Provinzialabgaben, die Aufnahme von Anleihen und Uebernahme von Bürgschaften, die Verwendung der Einnahmen, Dechargirung der Jahresrechnungen, Einrichtung von Provinzialämtern, Wahl des Landesdirektors, sowie der demselben zugeordneten oberen Beamten und der Mitglieder des Provinzialausschusses. Letzterer besteht aus einem Vorsitzenden und einer durch Provinzialstatut festzusetzenden Zahl von 7—13 Mitgliedern. Für die Mitglieder wird eine mindestens der Hälfte derselben gleichkommende Zahl von Stellvertretern gewählt. Der Landesdirektor ist von Amtswegen Mitglied des Provinzialausschusses und kann nicht zum Vorsitzenden oder stellvertretenden Vorsitzenden gewählt werden. Die Wahl des Vorsitzenden, der Mitglieder und Stellvertreter erfolgt auf sechs Jahre. Alle drei Jahre scheidet die Hälfte aus. Die Ausscheidenden können wieder gewählt werden. Der Provinzialausschuß versammelt sich, so oft es die Geschäfte erfordern, jedoch muß die — durch den Vorsitzenden zu erfolgende — Berufung auf Antrag des Landesdirektors oder die Hälfte der Mitglieder des Provinzialausschusses erfolgen. Durch Beschluß des Provinzialausschusses können regelmäßige Sitzungstage festgesetzt werden. Die Beschlüsse desselben setzen die Anwesenheit von mehr als der Hälfte der Mitglieder einschließlich des Vorsitzenden voraus und werden nach Stimmenmehrheit gefaßt. Bei Stimmengleichheit giebt die Stimme des Vorsitzenden den Ausschlag.

Zu den Geschäften des Provinzialausschusses gehört insbesondere die Vorbereitung und Ausführung der Beschlüsse des Provinziallandtages, die Verwaltung des Vermögens und der Anstalten des Provinzialverbandes, die Ernennung der Provinzialbeamten, soweit dieselbe nicht dem Provinziallandtage vorbehalten ist, sowie die Leitung und Beaufsichtigung der Geschäftsführung der Beamten.

Der auf sechs bis zwölf Jahre zu wählende Landesdirektor bedarf der Bestätigung des Königs. Bei wiederholter Nichtbestätigung kann der Minister des Innern die kommissarische Verwaltung der Stelle auf Kosten des Provinzialverbandes anordnen. Der Landesdirektor führt unter der Aufsicht des Provinzialausschusses die laufenden Geschäfte der communalen Provinzialverwaltung, bereitet die Beschlüsse des Provinzialausschusses vor, trägt für die Ausführung derselben Sorge und vertritt den Provinzialverband nach Außen in allen Angelegenheiten. Er ist der Dienstvorgesetzte sämmtlicher Provinzialbeamten. Die dem Landesdirektor zur Mitwirkung bei Erledigung der Geschäfte der Provinzialverwaltung zuzuordnenden oberen Beamte (Landräthe, Landessyndici, Landesbauräthe) können nicht nur berathende sondern auch beschließende Stimme erhalten. Im letzteren Falle ist durch Provinzialstatut anzuordnen, welche Geschäfte von dem Landesdirektor unter Mitwirkung jener Beamten zu erledigen sind. Die Besetzung der Stellen von Provinzialbeamten mit Militärinvaliden richtet sich nach den in Ansehung der Städte erlassenen gesetzlichen Vorschriften.

Die Mitglieder des Provinziallandtages, des Provinzialausschusses und der Provinzialcommissionen erhalten eine ihren baaren Auslagen entsprechende, von dem Provinziallandtage festzusetzende Entschädigung.

Der für ein oder mehrere Jahre festzustellende Provinzialhaushaltsetat wird durch die Amtsblätter der Provinz veröffentlicht. Der Provinzialausschuß bzw. in Ausführung der Beschlüsse desselben der Landesdirektor haben dafür zu sorgen, daß der Haushalt nach dem Etat geführt werde. Etatsüberschreitungen und außeretatsmäßige Ausgaben dürfen nur unter Verantwortung des Provinzialausschusses stattfinden und bedürfen der Genehmigung des Provinziallandtages.

Die Vertheilung der Provinzialabgaben erfolgt auf die einzelnen Land- und Stadtkreise nach dem Maßstabe der in ihnen aufkommenden direkten Staatssteuern mit Ausschluß der Gewerbesteuer vom Hausirgewerbe. Jedoch kann auch eine Mehr- oder Minderbelastung einzelner Theile der Provinz stattfinden, sobald es sich um Provinzialeinrichtungen handelt, welche in besonders hervorragendem oder in besonders geringem Maße einzelnen Theilen der Provinz zu Gute kommen.

Die Aufsicht des Staates über die Verwaltung der Angelegenheiten der Provinz wird im Allgemeinen von dem Oberpräsidenten, in höherer Instanz von dem Minister des Innern geübt, für einzelne Beschlüsse des Provinziallandtages ist jedoch landesherrliche Genehmigung bzw. Bestätigung des Ministers des Innern oder Bestätigung des Ministers des Innern und der Finanzen vorgeschrieben (§. 119 Pr.O.). Auch bedürfen die für gewisse Provinzialinstitute und Verwaltungszweige zu erlassende Reglements der Genehmigung der zuständigen Minister (§. 120 Pr.O.). Ausfluß des staatlichen Aufsichtsrechts ist ferner das dem Oberpräsidenten gewährte Recht der Zwangsetatisirung sowie die einer Königlichen Verordnung vorbehaltene Befugniß zur Auflösung des Provinziallandtages, welcher ein Antrag des Staatsministeriums vorauszugehen hat.

C.

Die Kreis- und Provinzialverfassung der Provinz Schleswig-Holstein nach der Kreisordnung vom 26. Mai 1888 und der Provinzialordnung vom 27. Mai 1888.

Der Schwerpunkt der Verwaltung liegt in den Kreisen. Städte, welche mit Ausschluß der aktiven Militärpersonen eine Einwohnerzahl von mindestens 25000 Seelen haben, sind befugt für sich einen Kreisverband (Stadtkreis) zu bilden und zu diesem Behufe aus dem bisherigen Kreisverbande auszuscheiden. Zur Zeit bilden die Städte Altona, Kiel und Flensburg Stadtkreise. Für Altona sind hinsichtlich der Zusammensetzung des Kreistages und Kreisausschusses in den §§. 134—138 der Kreisordnung besondere Bestimmungen gegeben.

Mit Ausnahme der Stadtkreise zerfallen die Kreise in Stadt- und Amtsbezirke. Letztere bestehen aus Landgemeinden und Gutsbezirken. An der Spitze der Verwaltung des Kreises steht der Landrath, an der Spitze der Verwaltung des Amtsbezirks der Amtsvorsteher, an der Spitze der Verwaltung der Gemeinde der Gemeindevorsteher. Für den Bereich eines selbständigen Gutsbezirks führt der Gutsvorsteher die dem Gemeindevorsteher obliegende Verwaltung.

Die Bildung der Amtsbezirke erfolgt durch den Minister des Innern nach Anhörung der Betheiligten unter Mitwirkung des Kreistages bzw. Bezirksausschusses. Die Organe der Amtsverwaltung in den Amtsbezirken sind der Amtsvorsteher und der Amtsausschuß. Letzterer besteht aus Vertretern sämmtlicher zum Amtsbezirk gehörigen Gemeinden und selbständigen Gutsbezirke. In denjenigen Amtsbezirken, die nur aus einer Gemeinde bestehen, nimmt die Gemeindevertretung die Geschäfte des Amtsausschusses wahr, und in desjenigen Amtsbezirken, die nur aus einem Gutsbezirk bestehen, fällt der Amtsausschuß ganz fort.

Der Amtsvorsteher wird von dem Oberpräsidenten ernannt und von dem Landrath vereidigt. Seine Ernennung erfolgt auf sechs Jahre. Für jeden Amtsbezirk wird ein Stellvertreter des Amtsvorstehers ernannt. Der Amtsvorsteher verwaltet die Lokalpolizei, insbesondere die Sicherheits-, Ordnungs-, Sitten-, Gesundheits-, Gesinde-, Armen-, Wege-, Wasser-, Feld-, Forst-, Fischerei-, Gewerbe-Bau-, Feuerpolizei u. s. w., soweit sie nicht durch besondere Gesetze dem Landrath oder andern Beamten übertragen ist. Ihm liegt ferner die Verwaltung der sonstigen öffentlichen Angelegenheiten des Amtes ob. Die Gemeinde- und Gutsvorsteher haben seinen Anweisungen und Aufträgen in Dienstangelegenheiten nachzukommen und können von ihm hierzu durch Zwangsmittel angehalten werden, ohne daß ihm gegen dieselben ein Ordnungsstrafrecht zusteht. Die Gendarmen haben seinen Requisitionen in polizeilichen Angelegenheiten zu genügen, unterliegen aber nicht der Dienstaufsicht des Amtsvorstehers.

Die Aufsicht über die Geschäftsführung der Amtsvorsteher führt der Landrath als Vorsitzender des Kreisausschusses, welcher letztere über Beschwerden gegen Verfügungen der Amtsvorsteher in nicht polizeilichen Angelegenheiten beschließt.

Die Amtsvorsteher sind berechtigt, eine Amtsunkostenentschädigung zu beanspruchen, die von dem Kreisausschuß als ein Pauschquantum festgesetzt wird. Als Beitrag zu den Kosten der Amtsverwaltung überweist der Staat den Kreisen diejenigen Summen, welche er durch das Eingehen der Kgl. Hardes-Kirchspiel- und Landvögte und durch den Wegfall anderer Polizeiverwaltungskosten fernerhin erspart. Die Ersparungsbeträge werden für den Kreis Herzogthum Lauenburg abgesondert festgestellt und demselben unmittelbar überwiesen. Die Vertheilung der für die Gesammtheit der übrigen Kreise festzustellenden Beträge auf die einzelnen Kreise erfolgt nach Maßgabe des Bedürfnisses durch die Provinzialvertretung bzw. durch eine von dieser zu erwählende Kommission. Soweit die Kosten der Amtsverwaltung durch die vom Staate zu überweisenden Beträge ihre Deckung nicht finden, trägt dieselben das Amt.

Der Landrath wird vom Könige ernannt. Der Kreisausschuß ist befugt, für die Besetzung des erledigten Landrathsamts geeignete Personen, welche seit mindestens einem Jahre dem Kreise durch Grundbesitz oder Wohnsitz angehören, in Vorschlag zu bringen. Geeignet zur Bekleidung der Stelle eines Landraths sind diejenigen Personen, welche

1) die Befähigung zum höheren Verwaltungs- oder Justizdienste erlangt haben, oder
2) dem Kreise seit mindestens einem Jahre durch Grundbesitz oder Wohnsitz angehören und zugleich mindestens während eines vierjährigen Zeitraums entweder
   a. als Referendare im Vorbereitungsdienste bei den Gerichten und Verwaltungsbehörden oder
   b. in Selbstverwaltungsämtern des betr. Kreises des Bezirks oder der Provinz — jedoch nicht lediglich als Stellvertreter oder als Mitglieder von Kreiskommissionen — thätig gewesen sind.

Auf den Zeitraum von vier Jahren kann den zu 2b bezeichneten Personen eine Beschäftigung von höheren Verwaltungsbehörden bis zur Dauer von zwei Jahren in Anrechnung gebracht werden.

Behufs Stellvertretung des Landraths werden von dem Kreistage aus der Zahl der Kreisangehörigen zwei Kreisdeputirte auf je sechs Jahre gewählt. Für kürzere Verhinderungsfälle kann der Kreissecretär als Stellvertreter eintreten.

Der Landrath führt als Organ der Staatsregierung die Geschäfte der allgemeinen Landesverwaltung im Kreise, leitet als Vorsitzender des Kreistages und des Kreisausschusses die Kommunalverwaltung des Kreises und überwacht die gesammte Polizeiverwaltung im Kreise und in dessen einzelnen Amtsbezirken, Gemeinden und Gutsbezirken — jedoch mit Ausnahme derjenigen Gemeinden und Gutsbezirke, welche bezüglich der Polizeiverwaltung mit dem

Bezirke einer einen Stadtkreis bildenden oder zu einem solchen gehörenden Stadt vereinigt worden sind.

Der Kreistag besteht in Kreisen, welche mit Ausschluß der aktiven Militärpersonen 35 000 oder weniger Einwohner haben, aus 20 Mitgliedern. In Kreisen mit mehr als 35000 bis zu 70000 Einwohnern tritt für jede Vollzahl von 5000 und in Kreisen von mehr als 70000 Einwohnern für jede über die letztere Zahl überschießende Vollzahl von 10000 Einwohnern je ein Vertreter hinzu. In den Kreisen Eiderstedt, Norder- und Süderdithmarschen kann die Zahl der Mitglieder durch statutarische Anordnung des Kreistages erhöht werden.

Zum Zweck der Wahl der Kreistagsabgeordneten werden drei Wahlverbände gebildet und zwar

a. der Wahlverband der größeren ländlichen Grundbesitzer,
b. der Wahlverband der Landgemeinden und
c. der Wahlverband der Städte,

jedoch fällt der zu a. genannte Wahlverband in den Kreisen Eiderstedt, Husum, Norderdithmarschen und Süderdithmarschen fort. In Kreisen, in welchen keine Stadtgemeinde vorhanden ist, scheidet der Wahlverband der Städte aus. Zu den Stadtgemeinden gehören auch die Fleckensgemeinden. Die Zugehörigkeit zu dem Wahlverbande der größeren ländlichen Grundbesitzer bzw. zu dem der Landgemeinden richtet sich nach dem Betrage der von den Besitzern zu zahlenden Grund- bzw. Gewerbesteuer. Für die Zahl der von jedem Wahlverband zu wählenden Abgeordneten sind die im §. 75ff. der Kreisordnung aufgestellten Grundsätze, auf die hiermit verwiesen wird, entscheidend.

Wählbar zum Mitglied des Kreistages ist

1) im Wahlverbande der Städte jeder Einwohner der im Kreise belegenen Städte, welcher sich im Besitz des Bürgerrechts befindet,
2) in den Wahlverbänden der größeren Grundbesitzer sowie der Landgemeinden ein jeder seit einem Jahr in dem Kreise angesessene ländliche Grundbesitzer, sowie ein Jeder, welcher in einer Versammlung dieser Verbände ein Wahlrecht ausübt und seit einem Jahre in dem Kreise einen Wohnsitz hat.

Die Kreistagsabgeordneten werden auf sechs Jahre gewählt. Alle drei Jahre scheidet die Hälfte der Abgeordneten eines jeden Wahlverbandes aus und wird durch neue ersetzt Die das erste Mal

Ausscheidenden werden durch das Loos bestimmt. Die Ausscheidenden können wiedergewählt werden.

Die Wahlen zur regelmäßigen Ergänzung des Kreistages finden alle 3 Jahre im Monat November statt, sofern nicht durch statutenmäßige Anordnung Seitens des Kreistages ein anderer Termin bestimmt ist. Gegen das stattgehabte Wahlverfahren kann jedes Mitglied einer Wahlversammlung innerhalb zwei Wochen Einspruch bei dem Vorsitzenden des Wahlvorstandes erheben. Die Beschlußfassung über den Einspruch steht dem Kreistage zu. Im Uebrigen prüft der Kreistag die Legitimation seiner Mitglieder von Amtswegen. Die Namen der Gewählten sind durch das Kreis- bzw. Amtsblatt bekannt zu machen. Die Kreistagsabgeordneten erhalten weder Diäten noch Reisekosten. Sind sie aber in Folge der Belegenheit ihres Wohnsitzes oder der Witterungsverhältnisse genöthigt, bei Theilnahme an den Kreistagssitzungen länger als 24 Stunden von Hause abwesend zu sein, so können ihnen auf Beschluß des Kreistages Diäten bewilligt werden.

Der **Kreistag** vertritt den Kreiskommunalverband und beschließt über die Kreisangelegenheiten sowie über diejenigen Gegenstände, welche ihm zu diesem Behufe durch Gesetze oder Königl. Verordnungen überwiesen sind oder in Zukunft durch Gesetz überwiesen werden. Insbesondere liegt ihm der Erlaß statutarischer Anordnungen und Reglements über besondere Einrichtungen des Kreises ob. Er bestimmt über die Art und Weise der Repartition der kreisweise aufzubringenden Staatsprästationen, sowie über Aufnahme von Kreisanleihen, verfügt über das dem Kreise gehörige Grund- und Kapitalvermögen, stellt den Kreishaushaltsetat fest, beschließt über den Vertheilungs- und Aufbringungsmaßstab der Kreisabgaben, bestimmt die Zahl und Besoldung der Kreisbeamten, vollzieht die Wahlen zum Kreisausschusse und zu den für Zwecke der allgemeinen Landesverwaltung angeordneten Kommissionen und bestellt besondere Kommissionen und Kommissare für Kreiszwecke.

Die Berufung des Kreistages, sowie die Leitung der Verhandlungen auf demselben erfolgt durch den Landrath. Letzterer ist verpflichtet, jährlich wenigstens einen Kreistag anzuberaumen, sowie denselben zusammenzuberufen, sobald dieses von dem Kreisausschusse oder einem Viertel der Kreistagsabgeordneten verlangt wird.

Die Sitzungen des Kreistages sind öffentlich, jedoch kann für einzelne Gegenstände die Oeffentlichkeit ausgeschlossen werden.

Der Kreistag ist beschlußfähig, wenn mehr als die Hälfte der Mitglieder anwesend ist. Eine Ausnahme hiervon findet statt, wenn die Mitglieder des Kreistages, zum zweiten Male zur Verhandlung über denselben Gegenstand berufen, dennoch nicht in beschlußfähiger Zahl erschienen sind. Die Beschlüsse werden nach Mehrheit der Stimmen gefaßt. Zu einem Beschlusse, durch welchen eine neue Belastung der Kreisangehörigen ohne eine gesetzliche Verpflichtung oder eine Veräußerung von Grund- oder Kapitalvermögen des Kreises bewirkt oder eine Veränderung des festgestellten Vertheilungsmaßstabes für die Kreisabgaben eingeführt werden soll, ist jedoch eine Stimmenmehrheit von mindestens zwei Drittel der Abstimmenden erforderlich. Die Kreistagsbeschlüsse werden, falls nicht der Kreistag im einzelnen Falle anders beschließt, veröffentlicht.

Der Kreisausschuß besteht aus dem Landrathe und sechs von dem Kreistage aus der Zahl der Kreisangehörigen zu wählenden Mitgliedern. Geistliche, Kirchendiener und Elementarlehrer sind von der Wahl ausgeschlossen. Die Wahl erfolgt auf sechs Jahre; alle zwei Jahre scheidet ein Drittel der Mitglieder aus; die das erste Mal Ausscheidenden werden durch das Loos bestimmt. Die Ausgeschiedenen können wiedergewählt werden.

Der Kreisausschuß hat die Beschlüsse des Kreistages vorzubereiten und auszuführen, die Kreisangelegenheiten nach Maßgabe der Gesetze und der Beschlüsse des Kreistages sowie in Gemäßheit des Kreishaushaltsetats zu verwalten, die Beamten des Kreises zu ernennen und deren Geschäftsführung zu leiten und zu beaufsichtigen, sein Gutachten über alle ihm von den Staatsbehörden überwiesenen Angelegenheiten abzugeben, sowie diejenigen Geschäfte der allgemeinen Landesverwaltung zu führen, welche ihm durch Gesetz übertragen werden.

Der Landrath leitet und beaufsichtigt den Geschäftsgang des Kreisausschusses, beruft denselben und führt den Vorsitz mit vollem Stimmrechte. Die laufenden Geschäfte der dem Kreisausschusse übertragenen Verwaltung führt er allein, bereitet die Beschlüsse des Ausschusses vor und trägt für die Ausführung derselben Sorge.

Die Mitglieder des Kreisausschusses erhalten eine ihren baaren Auslagen entsprechende Entschädigung, über deren Höhe der Kreistag beschließt.

Für die Verwaltung und Beaufsichtigung einzelner Kreisinstitute sowie für die Besorgung einzelner Kreisangelegenheiten kann der Kreistag besondere Kommissionen (Kreiskommissionen) aus der Zahl der Kreisangehörigen bestellen. Diese Kommissionen besorgen ihre Geschäfte unter Leitung des Landraths, der befugt ist, jederzeit ihren Berathungen beizuwohnen und den Vorsitz mit vollem Stimmrecht zu übernehmen. Ueber die Gewährung von Diäten und Reisekosten an die Mitglieder der Kreiskommissionen zu bestimmen, bleibt dem Kreistage überlassen.

In denjenigen Kreisen, welche nur aus einer Stadt bestehen (Stadtkreisen), werden die Geschäfte des Landraths, des Kreistages und des Kreisausschusses, die des letzteren soweit sie sich auf die Verwaltung der Kreiskommunalangelegenheiten beziehen, von den städtischen Behörden nach den Vorschriften der Städteordnung wahrgenommen. Mit Ausnahme des Stadtkreises Altona tritt an die Stelle des Kreisausschusses der Stadtausschuß. Derselbe besteht aus dem Bürgermeister bzw. dessen gesetzlichem Stellvertreter als Vorsitzenden und vier Mitgliedern, welche vom Magistrate aus seiner Mitte für die Dauer ihres Hauptamtes gewählt werden. Der Vorsitzende oder ein Mitglied des Stadtausschusses muß zum Richteramt oder zum höheren Verwaltungsdienst befähigt sein.

Die Aufsicht des Staates über die Verwaltung der Angelegenheiten der Landkreise und des Stadtkreises Altona wird von dem Regierungspräsidenten, in höherer und letzter Instanz von dem Oberpräsidenten geübt.

Auf den Antrag des Staatsministeriums kann die Auflösung des Kreistages durch Königl. Verordnung erfolgen. Es sind dann Neuwahlen anzuordnen, die binnen sechs Monaten von der Auflösung an stattzufinden haben.

Dem Regierungspräsidenten steht die Befugniß zur zwangsweisen Etatisirung der dem Kreise obliegenden gesetzlichen Leistungen zu, wogegen als Rechtsmittel die Klage bei dem Oberverwaltungsgericht gegeben ist.

D.

Gesetz betreffend Ergänzung und Abänderung einiger Bestimmungen über Erhebung der auf das Einkommen gelegten direkten Kommunalabgaben vom 27. Juli 1885.*)

Ges.S. S. 327.

A. Gemeindebesteuerung des Einkommens der juristischen Personen u. s. w. und Forensen.

§. 1.

Aktiengesellschaften, Kommanditgesellschaften auf Aktien, Berggewerkschaften, eingetragene Genossenschaften, deren Ge-

*) Das Gesetz ist nicht dazu bestimmt, an die Stelle der die Aufbringung der Gemeindebedürfnisse betreffenden bezw. die Autonomie der Gemeinden auf diesem Gebiete regelnden Vorschriften zu treten. Dasselbe findet vielmehr nur insoweit Anwendung, als auf Grund jener Vorschriften eine Erhebung von auf das Einkommen gelegten direkten Gemeindeabgaben bereits stattfindet oder in Zukunft eingeführt wird. Es findet daher unbedingt Anwendung auf alle, auf das Einkommen gelegten direkten Gemeindeabgaben (Gemeinde-Einkommensteuern, Zuschläge zur Staats- Klassen- und Einkommensteuer). Alle andern Arten der Gemeindeabgaben werden durch dieses Gesetz nicht berührt.

Das Gesetz stellt sich nur als ein Nothgesetz dar, welches die Aufgabe hat, einzelne Punkte hinsichtlich Erhebung direkter Kommunal-Einkommensteuern zu regeln.

Das Gesetz giebt allen Gemeinden die Befugniß zur Erhebung von Gemeinde-Einkommensteuern und regelt diese Befugniß für alle Gemeinden, mögen sie ein derartiges Recht schon früher besessen und ausgeübt haben oder nicht, in gleichmäßiger Weise.

Gemeinden, in welchen bisher nur Zuschläge zur Klassen- und Einkommensteuer erhoben sind, bezw. in welchen die Erhebung einer direkten Gemeinde-Einkommensteuer bisher überhaupt nicht stattgefunden hat, dürfen aber die im §. 1 erwähnten Erwerbsgesellschaften und juristischen Personen nicht ohne Weiteres zur Gemeinde-Einkommensteuer veranlagen, sondern es wird eines Gemeindebeschlusses darüber bedürfen, daß in Zukunft neben den Zuschlägen zur Klassen- und Einkommensteuer eine Gemeinde-Einkommensteuer nach Maßgabe dieses Gesetzes erhoben werden soll. Ebenso wenig werden die Gemeinden, welche bisher auf Grund von Gemeinde-Einkommensteuer-Regulativen die juristischen Personen und Aktiengesellschaften zu diesen Steuern herangezogen haben, in Zukunft ohne Weiteres auch die Kommanditgesellschaften auf Aktien, Bergwerkschaften und eingetragene Genossenschaften veranlagen dürfen, sondern es wird eines Gemeindebeschlusses darüber bedürfen, daß das Kommunal-Einkommensteuer-Regulativ nach Maßgabe

schäftsbetrieb über den Kreis ihrer Mitglieder hinausgeht, und juristische Personen, insbesondere auch Gemeinden und weitere Kommunalverbände, unterliegen in Gemeinden, in welchen sie Grundbesitz, gewerbliche Anlagen, Eisenbahnen oder Bergwerke haben, Pachtungen, stehende Gewerbe, Eisenbahnen oder Bergbau betreiben, hinsichtlich des ihnen aus diesen Quellen in der Gemeinde zufließenden Einkommens den auf das Einkommen gelegten Gemeindeabgaben. Als Besitzer von Eisenbahnen gelten diejenigen Eisenbahnaktiengesellschaften nicht, die ihr Unternehmen dem Staate gegen eine unmittelbar an die Aktionäre zu zahlende Rente übertragen haben.

---

der Vorschriften dieses Gesetzes zu ergänzen bezw. abzuändern sei. Soweit derartige Gemeindebeschlüsse der Genehmigung der Aufsichtsbehörde bedürfen, wird diese die Genehmigung, sofern dieselben lediglich auf die Anwendbarkeit der Vorschriften dieses Gesetzes abzielen, unbedingt zu ertheilen haben. Dasselbe gilt von Gemeindebeschlüssen im Falle des §. 9 Absatz 2 dieses Gesetzes. Gegenüber denjenigen Gemeinden, in denen auf Grund bestehender und in früherer Zeit regierungsseitig genehmigter Regulative eine von den Grundsätzen der Staatssteuer wesentlich abweichende Besteuerung stattfindet, oder anderweit bereits das Bedürfniß hervorgetreten ist, wesentliche Mängel des betreffenden Regulativs zu beseitigen, ist die Genehmigung indeß nur mit dem entsprechenden Vorbehalt der alsbaldigen Einleitung der Revision des Regulativs zu ertheilen.

C.R. d. M. d. J. u. F. M. v. 19. October 1885.

Zu §. 1.

1. Ein Hinausgehen des Geschäftsbetriebes über den Kreis der Mitglieder findet nicht schon dann statt, wenn eine Genossenschaft mit Nichtmitgliedern überhaupt in Geschäftsverkehr tritt, sondern erst dann, wenn die Genossenschaft Nichtmitglieder an denjenigen Zwecken theilnehmen läßt, zu deren Erreichung sie gebildet ist. Das Hinausgehen des Geschäftsbetriebes über den Kreis der Mitglieder kann indeß auch mittelbar, d. h. durch Vermittelung der Vereinsmitglieder geschehen.

Ist der Geschäftsbetrieb über den Kreis der Mitglieder hinausgegangen, so ist die Genossenschaft nicht nur insoweit, als dieses geschehen, sondern überhaupt d. h. nach dem Ergebniß ihres gesammten Geschäftsbetriebes abgabepflichtig.

1a. Abweichenden Bestimmungen des Statuts einer eingetragenen Genossenschaft gegenüber liegt der Steuerbehörde der Nachweis ob, daß die Genossenschaft ihren Geschäftsbetrieb auf Nichtmitglieder ausgedehnt hat.

Die Worte „über — hinausgeht" — sind nur dahin zu verstehen, daß Dritte nicht an denjenigen Zwecken theilnehmen dürfen, zu deren Erreichung die Genossenschaft gebildet ist.

Erk. O.V.G. v. 14. Dezbr. 1886 Parey S. 57.

2. Die Reichsbank hat die Eigenschaft einer juristischen Person und fällt daher unter dieses Gesetz. Ebenso Gymnasien, Universitäten u. s. w.

Bis zur anderweiten Regelung der Heranziehung des Staatsfiskus zu den auf das Einkommen gelegten Gemeindeabgaben in Verbindung mit der Ueberweisung von Grund- und Gebäudesteuer an die Kommunalverbände unterliegt der Staatsfiskus diesen Abgaben bezüglich des Einkommens aus den von ihm betriebenen Gewerbe-, Eisenbahn- und Bergbauunternehmungen, sowie aus den Domänen und Forsten.

---

3. Das Einkommen ist ein einheitliches. Wenn daher eine juristische Person in einem und demselben Gemeindebezirk verschiedene kommunalsteuerpflichtige Gewerbe betreibt, bzw. verschiedene gewerbliche Etablissements und Anlagen besitzt, so dürfen die Einkommen aus denselben nur als Einheit zur Kommunalsteuer veranlagt werden.

R. v. 7. Oktober 1869. M.Bl. S. 267.

Die Zweckbestimmung des Einkommens ist unerheblich; insbesondere unterscheidet das Gesetz nicht zwischen juristischen Personen, deren Einkommen öffentlichen Zwecken und solchen, deren Einkommen privaten Zwecken dient.

Vgl. Note 25 des Commentars von Herrfurth u. Nöll.

4. Der Schlußsatz des Abs. 1 soll verhindern, daß diejenigen Eisenbahn-Aktiengesellschaften, welche ihr Unternehmen dem Staate gegen eine unmittelbar an die Aktionäre zu zahlende Rente übertragen haben, ohne daß der Staat Eigenthümer der Anlage geworden wäre, wegen dieser Rente zu den auf das Einkommen gelegten Gemeindeabgaben herangezogen werden.

Vgl. Note 27 des Commentars von Herrfurth und Nöll.

5. Wenn eine eingetragene Genossenschaft, zu deren statutenmäßigen Zwecken auch die Beförderung des Sparens durch Annahme verzinslicher Einlagen gehört, solche Einlagen auch von Nichtmitgliedern annimmt, so liegt hierin eine die Kommunalsteuerpflicht der Genossenschaft begründende Ausdehnung ihres Geschäftsbetriebes über den Kreis der Mitglieder hinaus.

Erk. O.V.G. v. 13. September 1887. Parey S. 37.

6. Der Geschäftsbetrieb einer eingetragenen Genossenschaft ist nur dann als über den Kreis der Mitglieder hinausgehend anzusehen, wenn auch Nichtmitglieder zur Theilnahme an den Vereinszwecken zugelassen werden. Als Vereinszwecke in diesem Sinne kommen nur solche in Betracht, welche eine direkte ökonomische Bedeutung haben, nicht solche, welche ein allgemeines ethisches Ziel verfolgen — wie z. B. Beförderung des Sparens.

Erk. O.V.G. v. 28. November 1887. Parey S. 39.

7. a) Eingetragene Genossenschaften dehnen ihren Geschäftsbetrieb nicht schon dann über den Kreis ihrer Mitglieder aus (§. 1 des Kommunalsteuergesetzes vom 27. Juli 1885), wenn sie mit Fremden irgend welche Rechtsgeschäfte abschließen, sondern nur dann, wenn sie dieselben zur Theilnahme an den eigentlichen Geschäftszwecken zulassen.

b) Eine solche die Kommunalsteuerpflicht begründende Ausdehnung des Geschäftsbetriebes liegt bei einem Vorschußverein nicht vor, wenn er, um sich die erforderlichen Betriebsmittel zu beschaffen, verzinsliche Einlagen von Nicht-

Der in Absatz 1 gedachten Abgabepflicht unterliegen auch physische Personen, welche in Gemeinden, ohne daselbst einen Wohnsitz zu haben, oder sich länger als drei Monate aufzuhalten, Grundbesitz, gewerbliche Anlagen, Eisenbahnen oder Bergwerke haben, Pachtungen, stehende Gewerbe, Eisenbahnen oder außerhalb einer Gewerkschaft Bergbau betreiben (Forensen).

---

mitgliedern annimmt, und ebenso wenig, wenn er disponible Gelder vorübergehend an Nichtmitglieder gegen Zinsen ausleiht.

Erk. O.V.G. v. 13. September 1887. Parey S. 36.

8. Der Geschäftsbetrieb einer eingetragenen Genossenschaft geht nur dann über den Kreis der Mitglieder hinaus, wenn dieselbe auch Nichtmitglieder zur Theilnahme an den Vereinszwecken zuläßt — so der einer Magazingenossenschaft, welche auch Produkte von Nichtmitgliedern zum Verkauf annimmt, eines Konsumvereins, welcher auch an Nichtmitglieder Waaren abgiebt, dagegen nicht der Geschäftsbetrieb einer Magazingenossenschaft, welche die gesammelten Produkte ihrer Mitglieder an Nichtmitglieder verkauft, und eines Konsumvereins, welcher die zum Verkauf an Mitglieder bestimmten Waaren bei Fremden einkauft.

Erk. O.V.G. v. 6. Mai 1887. Parey S. 32.

9. Unter einer Ausdehnung des Geschäftsbetriebes einer eingetragenen Genossenschaft über den Kreis der Mitglieder hinaus (§. 1 des Kommunalsteuer-Nothgesetzes vom 27. Juli 1885) ist nur eine Zulassung von Nichtmitgliedern auch zur Theilnahme an den eigentlichen Geschäftszwecken zu verstehen.

Erk. O.V.G. v. 6. Mai 1887. Parey S. 32.

10. In der Vermittelung von An- und Verkäufen von Werthpapieren für Mitglieder seitens einer eingetragenen Genossenschaft liegt eine die Gemeindesteuerpflicht derselben begründende Ausdehnung ihres Geschäftsbetriebes über den Kreis der Mitglieder hinaus.

Erk. O.V.G. v. 16. December 1887. Parey S. 41.

11. Wenn bei der Verwaltung eines Vorschußvereines unbeschränkt Spareinlagen von Fremden angenommen werden, welche nur zum Theil dazu dienen, dem Verein die Mittel zu Darlehen für die Vereinsmitglieder zu beschaffen, mithin aus deren Sparkassenverkehr den letzteren ein Gewinn und auch den Sparern, also auch Nichtmitgliedern, ein Vortheil erwächst, so ist dies ein Verein, dessen Geschäftsbetrieb im Sinne des §. 1 des Kommunalsteuer-Nothgesetzes vom 27. Juli 1885 über den Kreis seiner Mitglieder hinausgeht.

Erk. d. O.V.G. v. 18. März 1887. Parey S. 29.

12. So lange der Spareinlageverkehr einer eingetragenen Creditgenossenschaft Mittel zum Zwecke bleibt und nicht über das Creditbedürfniß der Mitglieder hinausgeht, kann in seiner Benutzung auch kein Hinausgehen des Geschäftsbetriebes der Genossenschaft über den Kreis der Mitglieder gefunden werden, und dies selbst dann nicht, wenn der Verein, um sich dieses Mittel zu wahren und zu sichern, den Sparern mindestens dieselben Vortheile bieten muß, welche sie auch bei anderen Sparkassen würden erreichen können.

§. 2.

Ein die Abgabepflicht nach §. 1 begründender Pacht-, Gewerbe- oder Bergbaubetrieb ist nur in den Gemeinden anzunehmen, in welchen sich der Sitz, eine Zweigniederlassung, eine Betriebs-, Werk- oder Verkaufsstätte oder eine solche Agentur des Unternehmens befindet, welche ermächtigt ist, Rechtsgeschäfte im Namen uud für Rechnung des Inhabers beziehungsweise der Gesellschaft selbständig abzuschließen. Der Eisenbahnbetrieb unterliegt

---

Die den Einlegern gewährten Zinsen sind der Anschaffungspreis, welchen der Verein für das zur Erfüllung seiner Zwecke erforderliche Kapital anfwendet. Durch die Empfangsnahme dieses Preises werden die Darleiher nicht an den Vereinszwecken betheiligt.

Erk. O.V.G. v. 2. December 1887. Parey S. 40.

13. a) Der Nachweis, daß eine eingetragene Genossenschaft wegen Ausdehnung ihres Geschäftsbetriebes über den Kreis ihrer Mitglieder hinaus der Kommunalbesteuerung unterliegt, liegt der besteuernden Gemeindebehörde ob.

b) Darin, daß eine Dahrlehnskasse, um sich Betriebsmittel zu verschaffen, von Fremden verzinsliche Spareinlagen annimmt, liegt noch nicht eine solche Ausdehnung des Geschäftsbetriebes über den Kreis der Mitglieder hinaus.

Erk. O.V.G. v. 13. September 1887. Parey S. 37.

14. Für die Entscheidung, ob der Geschäftsbetrieb einer eingetragenen Genossenschaft ein kommunalsteuerpflichtiger ist, kommt es nicht darauf an, wie derselbe sich in den drei der Veranlagung vorangehenden Jahren, sondern wie er sich im Steuerjahr selbst und speziell nach Einführung des Kommunalabgabengesetzes vom 27. Juli 1885 gestaltet hat.

Erk. O.V.G. v. 1. April 1887. Parey S. 30.

Zu §. 2.

1. Unter einem Grundstückskomplex ist eine Mehrheit von Grundstücken zu verstehen, welche einheitlich bewirthschaftet wird, z. B. eine Domaine. Das Gesetz findet übrigens auch dann Anwendung, wenn es sich um ein einzelnes, nicht im Zusammenhange mit andern Grundstücken bewirthschaftetes Grundstück handelt, vorausgesetzt, daß dasselbe überhaupt gemäß §. 1 Abs. 2 abgabepflichtig ist.

Vgl. Commentar von Herrfurth und Nöll. S. 64.

2. Eine Lager- und Pumpstation, in welcher über die Grenze eingehendes Petroleum in Reservoirs gepumpt, dort eingelagert und demnächst zum Weitertransport verladen wird, ist als eine Betriebsstätte anzusehen, welche die Gemeinde, in der dieselbe sich befindet, bezw. den Kreis zur Erhebung der Gemeinde- (Kreis-) Einkommensteuer gemäß §. 2 Abs. 1 des Kommunalsteuergesetzes vom 27. Juli 1885 berechtigt.

Erk. O.V.G. v. 6. September 1887. Parey S. 36.

3. Die Festsetzungen (Abs. 4) werden durch die Regierungs-Amtsblätter bekannt gemacht.

C.R. d. M. d. J. u. F. M. v. 19. Oktober 1885.

der Abgabepflicht in den Gemeinden, in welchen sich der Sitz der Verwaltung (bzw. einer Staatsbahnverwaltungsbehörde) eine Station oder eine für sich bestehende Betriebs- oder Werkstätte oder eine sonstige gewerbliche Anlage befindet.

Die zu dem abgabepflichtigen Betriebe gehörenden Grundstücke und Anlagen, welche in einer nach dem vorigen Absatze zur Erhebung einer Abgabe nicht berechtigten Gemeinde liegen, sind letzterer gegenüber bezüglich des aus ihnen fließenden Einkommens einer Abgabepflicht nicht unterworfen.

Wird der Betrieb nicht auf Rechnung des Eigenthümers der zum Betriebe gehörenden Grundstücke und Anlagen geführt, so unterliegt das Pacht- oder sonstige Einkommen des Eigenthümers aus diesem Besitze der Abgabepflicht in denselben Gemeinden, in welchen das Einkommen aus dem Betriebe abgabepflichtig ist.

Jeder abgabepflichtige Grundstückscomplex des Staatsfiskus, sowie jede abgabepflichtige Unternehmung desselben gilt in Beziehung auf die Abgabepflicht als selbständige abgabepflichtige Person. Was als selbständige gewerbliche oder Bergbauunternehmung des Staatsfiskus zu betrachten ist, setzt die zuständige obere Verwaltungsbehörde fest.

§. 3.

Bei Ermittelung des jährlichen Reineinkommens ist, sofern sich nicht aus den §§. 4 bis 6 ein Anderes ergiebt, nach den für die Einschätzung zur Staatseinkommensteuer geltenden Grundsätzen zu verfahren.

Bezüglich des Reineinkommens aus Bergbauunternehmungen gilt dies mit der Maßgabe, daß die der jährlichen Verringerung der Substanz entsprechenden Abschreibungen zu den Ausgaben gerechnet werden.

Insoweit eine Einschätzung zur Staatseinkommen- beziehungsweise Klassensteuer stattzufinden hat, ist das Ergebniß derselben für die Gemeindebesteuerung maßgebend.

Zu §. 3.

1. Rein-Einkommen ist dasjenige Einkommen, welches nach Abzug aller zur Erzielung der Einnahmen und Erfüllung rechtlicher Verpflichtungen erforderlichen Ausgaben übrig bleibt, wobei indeß diejenigen Verpflichtungen ausscheiden, zu deren Erfüllung das Einkommen seiner Zweckbestimmung nach von vorn herein dienen soll.

Vgl. Commentar von Herrfurth und Nöll. S. 65.

§. 4.

Als Reineinkommen der Privateisenbahnunternehmungen gilt der nach Vorschrift der Gesetze vom 30. Mai 1853 (Ges.S. S. 449) und 16. März 1867 (Ges.S S. 465) behufs Erhebung der Eisenbahnabgabe für jede derselben ermittelte (bezw. zu ermittelnde) Ueberschuß abzüglich der Eisenbahnabgabe, mit der Maßgabe, daß bei der Berechnung nach dem Gesetze vom 16. März 1867 die zur Verzinsung und planmäßigen Tilgung der etwa gemachten Anleihen erforderlichen Beträge als Ausgabe mit in Anrechnung gebracht werden dürfen. Die sich danach ergebenden abgabepflichtigen Beträge sind von den Staatsaufsichtsbehörden alljährlich durch Resolut endgültig festzustellen und öffentlich bekannt zu machen.

2. Wenn §. 3 Abs. 1 des Kommunalabgabengesetzes vom 27. Juli 1885 vorschreibt, daß nach den für die Einschätzung zur Staatseinkommensteuer geltenden „Grundsätzen" verfahren werden soll, so sind unter diesen Grundsätzen zwar nicht ausschließlich gesetzliche Bestimmungen zu verstehen, sondern es können auch Anordnungen der Verwaltungsbehörde dahin gerechnet werden. Solche Verwaltungsnormen unterliegen aber der Prüfung des Verwaltungsrichters dahin, ob sie sich mit den gesetzlichen Vorschriften im Einklang befinden, und sind, sofern diese Frage verneint wird, nicht in Anwendung zu bringen.

Erk. O.V.G. v. 5. April 1887. Parey S. 30.

3. Die Bestimmung in §. 3 Abs. 3 des Gesetzes vom 27. Juli 1885, wonach, soweit eine Einschätzung zur Staats-Einkommen- oder Klassensteuer stattfindet, diese auch für die Gemeindebesteuerung maßgebend sein soll, ist nicht nur auf die Einschätzung der Forensen und juristischen Personen 2c., sondern auch auf die im Abschnitt B des Gesetzes aufgestellten Normen über die Doppelbesteuerung anwendbar.

Erk. O.V.G. v. 3. Mai 1887. Parey S. 31.

Zu §. 4.

1. Als Staatsaufsichtsbehörde der Privat-Eisenbahnen fungirt in erster Instanz das Eisenbahn-Kommissariat, in zweiter Instanz der Ressortminister.

2. Dem im §. 4 bezeichneten Resolute ist nur das Ergebniß eines Rechnungsjahres zu Grunde zu legen.

Vgl. Commentar von Herrfurth und Nöll S. 84.

3. Das Resolut wird durch den Reichs- und Staats-Anzeiger öffentlich bekannt gemacht, auch durch das Regierungs-Amtsblatt des betreffenden Bezirks zur öffentlichen Kenntniß gebracht.

C.R. d. M. d. J. u. F. M. v. 19. October 1885.

§. 5.

Die gesammten Staats- und für Rechnung des Staats verwalteten Eisenbahnen sind als eine abgabepflichtige Unternehmung anzusehen.

Als Reineinkommen gilt der rechnungsmäßige Ueberschuß der Einnahmen über die Ausgaben mit der Maßgabe, daß unter die Ausgaben eine 3½ prozentige Verzinsung des Anlage- bezw. Erwerbskapitals nach der amtlichen Statistik der im Betriebe befindlichen Eisenbahnen zu übernehmen ist. Der sich danach ergebende abgabepflichtige Gesammtbetrag ist durch Resolut des Ressortministers alljährlich endgültig festzustellen und öffentlich bekannt zu machen.

§. 6.

Das Reineinkommen aus fiskalischen Domänen und Forsten ist für die einzelnen Liegenschaften aus dem Grundsteuerreinertrage nach dem Verhältniß zu berechnen, in welchem der in der betreffenden Provinz aus den Domänen- und Forstgrundstücken erzielte etatsmäßige Ueberschuß der Einnahmen über die Ausgaben unter Berücksichtigung der auf denselben ruhenden Verbindlichkeiten und Verwaltungskosten zum Grundsteuerreinertrage steht.

Das Verhältniß ist durch Resolut des Ressortministers alljährlich endgültig festzustellen und öffentlich bekannt zu machen.

Zu §. 5.

1. Bei der Feststellung des Resultats handelt es sich lediglich um die Ermittelung des abgabepflichtigen Einkommens des dem Steuerjahre vorhergehenden Jahres.

Vgl. Commentar von Herrfurth und Nöll S. 91.

2. Wegen der öffentlichen Bekanntmachung vgl. §. 4 Note 3.

Zu §. 6.

1. Unter den Domainen sind die fiskalischen Bade- und Brunnen-Etablissements nicht einbegriffen. Rücksichtlich dieser gelangt der Staatsfiskus als Gewerbetreibender zur Besteuerung.

Vgl. a. a. O. S. 92.

2. Unter den auf den Domainen und Forsten ruhenden Verbindlichkeiten sind zu verstehen:

a) diejenigen 7719296 M., welche nach dem Ges. vom 17. Januar 1820 für den Unterhalt der Königlichen Familie u. s. w. bestimmt sind;

b) die Zinsen einer Anleihe von 1820 = 3334527 M. so wie die betreffende Amortisationsquote.

Die Erlöse aus verkauften Domainen- und Forstgrundstücken werden den

B. Vermeidung von Doppelbesteuerungen.

§. 7.

Die Vertheilung des der Einkommensbesteuerung nach §. 1 unterliegenden Einkommens aus dem Besitze oder Betriebe einer sich über mehrere Gemeinden erstreckenden Gewerbe-, Bergbau- oder Eisenbahnunternehmung erfolgt, insofern nicht zwischen den betheiligten Gemeinden und dem Abgabepflichtigen ein anderweiter Vertheilungsmaßstab vereinbart ist, in der Weise, daß

a. bei Versicherungs- Bank- und Kreditgeschäften derjenigen Gemeinde, in welcher die Leitung des Gesammtbetriebes stattfindet, der zehnte Theil jenes Einkommens vorab überwiesen, dagegen der Ueberrest nach Verhältniß der in den einzelnen Gemeinden erzielten Bruttoeinnahme vertheilt,

b. in den übrigen Fällen das Verhältniß der in den einzelnen Gemeinden erwachsenen Ausgaben an Gehältern und Löhnen einschließlich der Tantiemen des Verwaltungs- und Betriebspersonals zu Grunde gelegt wird. Bei Eisenbahnen

---

Einnahmen nicht zugerechnet, weil sie zur Hauptverwaltung der Staatsschulden abzuführen sind.

Vgl. Commentar S. 93.

3. Unter den Verwaltungskosten sind die im Domainen- und Forstbudget nicht ausgeworfenen Ausgaben zu verstehen, welche in der Central- und Provinzialinstanz für die genannten Verwaltungen entstehen, z. B. Besoldungen der Ministerial- und Regierungsräthe so wie der Bureaubeamten.

Vgl. a. a. O. S. 93. 94.

4. Dem Resolut ist nicht der dreijährige Durchschnitt, sondern das abgabepflichtige Einkommen eines bestimmten Jahres zu Grunde zu legen.

Vgl. a. a. O. S. 94.

5. Wegen der öffentlichen Bekanntmachung vgl. Note 3 zu §. 4.

6. Wenn ein auf Grund dieses Gesetzes erlassenes Gemeinde-Einkommensteuer-Regulativ die Bestimmung enthält, daß der aus außerhalb des Gemeindebezirks stattfindendem Gewerbebetriebe fließende Theil des Gesammt-Einkommens von der Gemeindesteuer frei bleiben soll, so bezieht sich diese Befreiung nicht nur auf das Einkommen aus Gewerbebetrieb in andern preußischen sondern auch in außerpreußischen Gemeinden.

Erk. O.V.G. v. 11. Februar 1887. Parey S. 27.

Zu §. 7.

1. Unter den Gemeinden (Abs. 1) sind auch ausländische zu verstehen. Als Gemeinden im Sinne des §. 7 sind indeß nur solche in Betracht zu ziehen,

kommen jedoch die Gehälter, Tantiemen und Löhne desjenigen Personals, welches in der allgemeinen Verwaltung beschäftigt ist, nur mit der Hälfte, des in der Werkstättenverwaltung und im Fahrdienst beschäftigten Personals nur mit zwei Drittheil ihrer Beträge zum Ansatz. Erstreckt sich eine Betriebsstätte, Station ꝛc., innerhalb deren Ausgaben an Gehältern und Löhnen erwachsen, über den Bezirk mehrerer Gemeinden, so beschließen über die Vertheilung nach Lage der örtlichen Verhältnisse unter Berücksichtigung des Flächenverhältnisses und der den betheiligten Gemeinden durch das Vorhandensein der Betriebsstätte, Station u. s. w. erwachsenden Kommunallasten die Verwaltungsbeschlußbehörden, in den Provinzen Posen, Schleswig-Holstein, Hessen-Nassau, Westfalen und in der Rheinprovinz an Stelle des Kreisausschusses bezw. Bezirksausschusses bis zum Inkrafttreten des Gesetzes über die allgemeine Landesverwaltung vom 30. Juli 1883 (Ges.S. S. 195) die Kommunalaufsichtsbehörden.

In den Fällen, in welchen die Stadt Berlin betheiligt ist, oder eine, bezw mehrere, aber nicht alle Gemeinden dem Geltungsbereiche des bezeichneten Gesetzes angehören, bestimmt der Minister des Innern die Behörde, die zu beschließen hat.

auf welche das eine oder andere der im §. 2 Abs. 1 angegebenen Kriterien Anwendung findet.

Vgl. Commentar von Herrfurth und Nöll S. 96.

2. Die Beschlußfassung ist nicht von Amtswegen sondern nur auf Antrag der Betheiligten bzw. eines derselben herbeizuführen. Sofern die Stadt Berlin betheiligt ist, hat der Oberpräsident die Vertheilung zu bewirken. Sofern eine oder mehrere aber nicht alle Gemeinden dem Geltungsbereich des Ges. vom 30. Juli 1883 (allg. Landesverwaltung) angehören, hat über die Vertheilung diejenigen Verwaltungsbeschluß- bzw. Kommunal-Aufsichtsbehörde zu beschließen, in deren Bezirk nach Maßgabe des Flächenverhältnisses der größere Theil der Betriebsstätte, Station u. s. w. gelegen ist.

C.R. d. M. d. J. u. F. M. v. 19. October 1885.

3. a) Bei Vertheilung des Einkommens aus einem steuerpflichtigen, über mehrere Gemeinden sich erstreckenden Gewerbebetriebe auf die einzelnen Gemeinden nach Maßgabe der in denselben „erwachsenen“ Ausgaben an Arbeitslöhnen und Gehältern — §. 7 Kommunalabg.-Ges. vom 27. Juli 1885 — sind die Gehälter und Löhne derjenigen Gemeinde zuzurechnen, in welcher die betreffende Arbeit geleistet worden ist.

Gegen die Beschlüsse der vorbezeichneten Behörde steht den Betheiligten nach Maßgabe der einschläglichen Gesetze die Beschwerde zu.

c. Bei den Staats- und für Rechnung des Staats verwalteten Eisenbahnen soll vom 1. April 1886 ab auf fünf Jahre die Hälfte, und auf weitere fünf Jahre ein Drittheil des gesammten nach §. 5 abgabepflichtigen Reineinkommens dieser Bahnen denjenigen Gemeinden, welche vor dem 1. April 1880 abgabeberechtigt waren und dieses Recht thatsächlich ausgeübt haben, zur Vertheilung nach Verhältniß der im Durchschnitte der dem 1. April 1880 vorangegangenen drei Steuerjahre zu den Gemeindeabgaben herangezogenen Reinerträge vorab überwiesen werden; der Ueberrest wird nach den vorstehend unter b. angegebenen Grundsätzen auf sämmtliche nach diesem Gesetz §§. 1 und 2 berechtigte Gemeinden vertheilt.

Nach Ablauf der bezeichneten zehn Jahre erfolgt die Vertheilung nach den Grundsätzen unter b. bei allen abgabeberechtigten Gemeinden.

---

b) Wenn über die Grundlagen der Einkommens-Vertheilung durch Einsicht der Bücher des Steuerpflichtigen Beweis erhoben wird, so ist bei der Prüfung der Bücher die veranlagende Behörde auf ihren Antrag zuzuziehen.

Erk. O.V.G. v. 25. November 1887. Parey S. 39.

4. Ein aus einem über mehrere Gemeinden sich ausdehnenden Gewerbebetriebe in diesen mehreren Gemeinden Kommunalsteuerpflichtiger kann seiner Veranlagung in einer derselben den Einwand entgegensetzen, daß ein Vertheilungsverfahren gemäß §. 7 des Gesetzes vom 27. Juli 1885 hätte vorausgehen müssen, wenn er es seinerseits unterlassen hat, einen Vertheilungsplan einzureichen, und dies auch bis zum Schlußtermin im Verwaltungsstreitverfahren nicht nachholt.

Erk. O.V.G. v. 22. November 1887. Parey S. 39.

5. a) Gegenstand der Kommunalbesteuerung ist nicht das Bergwerk und auch nicht das aus demselben gewonnene Produkt, sondern das Einkommen aus dem Bergwerkbetriebe. Dieses Einkommen ist daher nicht da, wo das Bergwerk liegt, sondern da, wo die Betriebsstelle sich befindet, gemeindesteuerpflichtig.

b) Es ist die Sache des Klägers, darzuthun, daß die Voraussetzungen des §. 7 des Kommunalabgabengesetzes vom 27. Juli 1885 vorliegen, und hat er die Unterlagen für die vorzunehmende Vertheilung des steuerpflichtigen Einkommens auf mehrere Gemeinden herbeizuschaffen.

Erk. O.V.G. v. 4. November 1887. Parey S. 38.

6. a) Das Kommunalsteuergesetz vom 27. Juli 1885 findet auf Gemeindebezirke, nicht aber auf Gutsbezirke Anwendung.

§. 8.

Die Ermittelung der in dem §. 7 gedachten Ausgaben an Löhnen und Gehältern bezw. der Bruttoeinnahmen der Versicherungs-, Bank- und Kreditgeschäfte erfolgt in dreijährigem Durchschnitt nach Einsicht eines den abgabeberechtigten Gemeinden von dem Unternehmer bezw. Gesellschaftsvorstande jährlich mitzutheilenden Vertheilungsplans. Derselbe ist bezüglich der Staatseisenbahnen (§. 5) für jeden Direktionsbezirk besonders aufzustellen.

§. 9.

Bei Einschätzung der nach §. 1 Absatz 4 abgabepflichtigen Personen zur Einkommensbesteuerung in ihren Wohnsitzgemeinden ist

---

b) Bei Vertheilung des Einkommens einer in mehreren Gemeinde- und Gutsbezirken Bergbau treibenden Gesellschaft nach dem Verhältniß der Ausgaben an Löhnen und Gehältern sind bei Ermittelung des Gesammtbetrages dieser Ausgaben die in den Gutsbezirken gezahlten Löhne nicht in Berechnung zu ziehen.

Erk. O.V.G. v. 9. September 1887. Parey S. 36.

7. Nach §. 7 Abs. 2 Ges. vom 27. Juli 1885 hat in denjenigen Fällen, in welchen die Stadt Berlin betheiligt ist oder eine bzw. mehrere aber nicht alle Gemeinden dem Geltungsbereich des Gesetzes vom 30. Juli 1883 (Landesverwaltungsgesetz) angehören, der Minister des Innern die Behörde zu bezeichnen, welche wegen der Vertheilung des Einkommens der Betriebsstätten unter die berechtigten Gemeinden beschließen soll. Da nun das Gesetz vom 27. Juli 1885 für die Fälle, in denen die Gemeinden, über deren Grenzen sich eine Betriebsstätte erstreckt, in erster Instanz verschiedenen Kommunal-Aufsichtsbehörden unterstellt sind, lediglich diese mit der Vertheilung beauftragt hat, und weiterhin auch diese Fälle dem im Absatz 2 a. a. O. entschiedenen Falle vollkommen entsprechend gestellt sind, so unterliegt die analoge Anwendung der dort gegebenen Bestimmung auf die gedachten Fälle keinem Bedenken.

R. d. M. d. J. v. 25. November 1887.

M.Bl. 1888 S. 43.

Zu §. 8.

Kommt der Steuerpflichtige der Steuerbehörde nicht auf diesem Wege entgegen, so erfolgt der dem örtlichen Regulativ entsprechenden Regel gemäß die Schätzung, bei deren Ergebniß, sofern die Steuerpflicht an sich feststeht oder erweislich ist, es so lange sein Bewenden behält, als nicht der Steuerschuldner auf dem geordneten Wege den Mangel jeden besteuerungsfähigen Einkommens oder eine Ueberbürdung seinerseits nachweist.

Erk. O.V.G. v. 4. März 1887. Parey S. 55.

Zu §. 9.

1. Grundeigenthum ist gleichbedeutend mit Grundbesitz im Sinne des §. 1.

unbeschadet der Bestimmungen des §. 2 Absatz 2 und 3 derjenige Theil des Gesammteinkommens, welcher aus außerhalb des Gemeindebezirks belegenem Grundeigenthum oder außerhalb des Gemeindebezirks stattfindendem Pacht-, Gewerbe-, Eisenbahn- bezw. Bergbaubetriebe fließt, außer Berechnung zu lassen.

Die Gemeinde, in welcher der Abgabepflichtige seinen Wohnsitz hat, ist jedoch, wenn das in ihr steuerpflichtige Einkommen weniger als ein Viertheil des Gesammteinkommens beträgt, berechtigt, durch Gemeindebeschluß ein volles Viertheil des Gesammteinkommens unter entsprechender Verkürzung des der Forensalgemeinde zur Besteuerung zufallenden Einkommenstheils für sich zur Besteuerung in Anspruch zu nehmen. Hat der Abgabepflichtige einen mehrfachen Wohnsitz, so ist diese Quote nach Maßgabe des §. 11 zu vertheilen.

---

2. Unter den Worten „durch Gemeindebeschluß" (Abs. 2) ist zu verstehen, daß die Gemeinde das Recht zur Besteuerung eines Minimums nur auf Grund eines übereinstimmenden Beschlusses des Gemeindevorstandes und der Gemeindevertretung erwerben kann, daß aber der Gemeindebeschluß nicht bei jedem einzelnen Spezialfall, sondern allgemein dahin zu fassen ist, daß die Gemeinde von der betreffenden Befugniß Gebrauch machen wolle. Die Genehmigung eines solchen Gemeindebeschlusses steht für Stadtgemeinden nach §. 16 Abs. 3 des Zuständigkeitsgesetzes vom 1. August 1883 dem Bezirksausschuß zu. Für den Stadtkreis Berlin ist in dieser Beziehung der Oberpräsident zuständig (§. 43 Ges. 30. Juli 1883).

Vgl. Commentar von Herrfurth und Nöll S. 129. 130.

3. Zum Begriff des Wohnsitzes im Sinne des Kommunalsteuergesetzes vom 27. Juli 1885 gehört einerseits der Wille, einen bestimmten Ort zum dauernden, wenn auch nicht ununterbrochenen Aufenthalt und Mittelpunkt der Lebensverhältnisse — d. h. nicht blos der geschäftlichen Thätigkeit, sondern vor Allem auch der persönlichen Beziehungen, insbesondere des häuslichen und Familienlebens — zu machen, andrerseits die Verwirklichung dieses Willens durch die That. An welchem Orte sich die auf Erwerb gerichtete Thätigkeit vollzieht, ist für die Bestimmung des Wohnsitzes nicht ausschließlich maßgebend.

Erk. O.V.G. v. 7. Juni 1887. Parey S. 35.

4. a) Das der Wohnsitzgemeinde nach §§. 9 Abs. 2 und 11 des Kommunalabgabengesetzes vom 27. Juli 1885 zustehende Minimalsteuerobjekt beträgt für jede einzelne von mehreren konkurrirenden Wohnsitzgemeinden den sovielten Theil von 1/4 des Gesammteinkommens, als überhaupt Wohnsitzgemeinden vorhanden sind, und zwar ohne Rücksicht darauf, ob diese oder einzelne derselben an sich schon aus anderen Gründen berechtigt sind, mehr als diese Minimalquote zur Besteuerung heranzuziehen.

b) Mit diesem Minimalobjekt hat sich die Gemeinde nur dann zu begnügen, wenn nicht schon das in ihr selbst steuerpflichtige Einkommen des Censiten mehr beträgt. Zur Begründung des Klageantrags, welcher die Reduktion der Steuer

§. 10.

Die Ausführung des §. 9 erfolgt in der Weise, daß das Gesammteinkommen des Abgabepflichtigen zu der Gemeindeabgabe ein-

---

auf den dem Minimalobjekt entsprechenden Betrag fordert, gehört daher auch der Nachweis, daß der Kläger nicht mehr als das Minimalsteuerobjekt in der Wohnsitzgemeinde zu versteuern hat.

Erk. O.V.G. v. 21. Juni 1887. Parey S. 35.

5. a) Die Voraussetzung der Anwendung des §. 9 des Gesetzes vom 27. Juli 1885, wonach jede Wohnsitzgemeinde auf die Besteuerung einer Minimal-Einkommensquote Anspruch hat, ist ein ausdrücklicher Gemeindebeschluß, von diesem Rechte Gebrauch machen zu wollen.

b) Beim Vorhandensein zweier Wohnsitzgemeinden beträgt die Minimalquote stets nur 1/8 (1/2 von 1/4), auch wenn das steuerpflichtige Einkommen in der einen derselben bereits an sich den Minimalsatz von 1/4 übersteigt.

Erk. O.V.G. v. 5. Mai 1887. Parey S. 32.

6. a) Die Bestimmung im Schlußsatze des §. 9 des Kommunalsteuergesetzes vom 27. Juli 1885 ist dahin auszulegen, daß beim Vorhandensein mehrerer Wohnsitzgemeinden die von einer jeden zu besteuernde Minimal-Einkommensquote den sovielten Theil von 1/4 beträgt, als überhaupt Wohnsitzgemeinden vorhanden sind. Dabei werden sämmtliche Wohnsitzgemeinden und nicht etwa nur diejenigen mitgezählt, in welchen das steuerpflichtige Einkommen an sich diese Quote nicht erreichen würde.

b) Die Festsetzung der zu besteuernden Einkommensquoten erfolgt nicht in einem Streitverfahren der betheiligten Gemeinden unter einander, sondern im Wege der Reklamation und Klage des Censiten gegen diejenigen Gemeinden, von denen er sich überbürdet glaubt.

Erk. O.V.G. v. 13. Mai 1887. Parey S. 34.

7. Stehen der Wohnsitzgemeinde mehrere Forensalgemeinden gegenüber, so müssen die letzteren sämmtlich sich eine Verkürzung ihrer steuerpflichtigen Einkommenstheile nach Verhältniß derselben gefallen lassen.

Vgl. Comm. v. Herrfurth u. Nöll S. 130.

8. Ein Arbeiter, welcher in einer Landgemeinde seinen Wohnsitz hat, aber in einer benachbarten Stadt des Tages über sein Brod erwirbt, und nur in seiner ländlichen Wohnung die arbeitsfreie Zeit zubringt, ist in der Stadtgemeinde nach §. 9 dieses Gesetzes nicht gemeindesteuerpflichtig.

Erk. O.V.G. v. 14. Dezbr. 1886. Parey S. 26.

9. Der §. 9 des Gesetzes schreibt — mindestens für diejenigen Forensen, welche in anderen preußischen Gemeinden abgabepflichtig sind — vor, daß das Einkommen derselben aus außerhalb des Gemeindebezirks belegenenem Grundeigenthum und aus außerhalb des Gemeindebezirkes stattfindendem Gewerbe u. s. w. in der Wohnsitzgemeinde zur Besteuerung nicht herangezogen werden darf. Dieses Verbot bezieht sich ebensowohl auf Grundeigenthum und Gewerbebetrieb in anderen nichtpreußischen wie in anderen preußischen Gemeinden.

Erk. O.V.G. v. 11. Februar 1887. Parey S. 27.

geschätzt, und der so ermittelte Steuerbetrag dem Verhältniß des außer Berechnung zu lassenden Einkommens zu dem Gesammteinkommen entsprechend herabgesetzt wird.

§. 11.

Personen, welche wegen eines mehrfachen Wohnsitzes oder eines den Zeitraum von drei Monaten übersteigenden Aufenthaltes in mehreren Gemeinden zu Einkommensteuern beizutragen verpflichtet sind, dürfen in jeder dieser Gemeinden nur von einem der Zahl derselben entsprechenden Bruchtheil ihres Einkommens herangezogen werden, soweit dasselbe nicht aus Grundeigenthum oder aus Pacht-, Gewerbe-, Eisenbahn- oder Bergwerksbetriebe fließt. Doch werden diejenigen Wohnsitzgemeinden, in welchen der Abgabepflichtige bezw. seine Familie sich im Laufe des vorangegangenen Jahres überhaupt nicht oder kürzere Zeit als drei Monate aufgehalten haben, hierbei nicht mitgezählt.

Wenn jedoch in den Gemeinden, in welchen der Abgabepflichtige seinen Wohnsitz hat, oder in welchen der Abgabepflichtige bezw. seine Familie sich im Laufe des vorangegangenen Jahres länger als drei Monate aufgehalten haben, das in ihnen steuerpflichtige Einkommen weniger als ein Viertheil des Gesammteinkommens beträgt, so findet die Vorschrift im §. 9 entsprechende Anwendung.

C. Steuerdomizil der Beamten.

§. 12.

Das nothwendige Domizil der Beamten findet bei der Kommunalbesteuerung keine Anwendung. Der Schlußsatz des §. 8 des Gesetzes vom 11. Juli 1822 (Ges.S. S. 184), sowie der auf diesen Schlußsatz bezügliche Theil der Allerhöchsten Kabinetsordre vom 14. Mai 1832 (Ges.S. S. 145) und der §. 8 der Verordnung vom 23. September 1867 (Ges.S. S. 1648) treten außer Kraft.

Zu §. 11.

Die Gemeindesteuerpflicht solcher Personen, welche sich selbst von einem Orte fern gehalten und nur den dortigen Aufenthalt ihrer Angehörigen veranlaßt oder geduldet haben, kann weder aus §. 8 des Freizügigkeitsgesetzes vom 1. November 1867 noch aus dem Kommunalabgabengesetze vom 27. Juli 1885 hergeleitet werden. Insbesondere handelt §. 11 des letzteren Gesetzes nur von dem Aufenthalt der Familie eines Abgabepflichtigen im Vorjahre und läßt daher eine Anwendung auf den ganz verschiedenen Fall des Aufenthaltes der Familie eines Nichtabgabepflichtigen im Steuerjahre nicht zu.

Erk. O.V.G. v. 9. December 1887. Parey S. 40.

D. Allgemeine Bestimmungen.

§. 13.

Insoweit juristische Personen, Gesellschaften ꝛc. zur Entrichtung der in Kreisen bezw. Provinzen vom Einkommen erhobenen Abgaben verpflichtet sind, oder physische Personen in verschiedenen Kreisen bezw. Provinzen solchen Abgaben unterliegen, kommen bei Veranlagung derselben die Grundsätze der §§. 2 bis 11 gleichmäßig zur Anwendung.

§. 14.

Dieses Gesetz tritt mit dem 1. April 1886 in Kraft. Alle demselben entgegenstehenden Bestimmungen werden von diesem Zeitpunkte ab aufgehoben.

Insbesondere treten auch außer Kraft die Bestimmungen in §. 8 des Gesetzes vom 20. December 1879 (Ges.S. S. 635), in §. 9 des Gesetzes vom 14. Februar 1880 (Ges.S. S. 20), in §. 10 des Gesetzes vom 28. März 1882 (Ges.S. S. 21), in §. 9 des Gesetzes vom 13. Mai 1882 (Ges.S. S. 269), in §. 10 des Gesetzes vom 24. Januar 1884 (Ges.S. S. 11), in §. 10 des Gesetzes vom 17. Mai 1884 (Ges.S. S. 129) und in §. 10 der Gesetze vom 23. Februar 1885 (Ges.S. S. 11 und 43), insoweit sie die Erhebung von Gemeindeabgaben betreffen.

§. 15.

Die Minister des Innern und der Finanzen sind mit der Ausführung dieses Gesetzes beauftragt.

Cirkular an die Königl. Regierungspräsidenten ꝛc. vom 19. Oktober 1885, betreffend das Gesetz vom 27. Juli 1885 wegen Ergänzung und Abänderung einiger Bestimmungen über Erhebung der auf das Einkommen gelegten direkten Kommunalabgaben. (M.Bl. S. 223.)

Indem wir darauf hinweisen, daß das Gesetz vom 27. Juli 1885 betreffend die Ergänzung und Abänderung einiger Bestimmungen über Erhebung der auf das Einkommen gelegten direkten Kommunalabgaben (Ges.S. S. 327),

nach §. 14 mit dem 1. April 1886 in Kraft treten wird, machen wir zur Ausführung desselben auf Grund des §. 15 Ew. ꝛc. auf folgende Punkte ergebenst aufmerksam.

I. Das Gesetz vom 27. Juli 1885 enthält keineswegs eine vollständige und allgemeine Regelung des Gemeindeabgabenwesens, wie dieselbe in den früheren Gesetzentwürfen, namentlich in dem Gesetzentwurfe vom Jahre 1879 (Drucksachen des Abgeordnetenhauses 14. Legislatur-Periode I. Session 1879/80 Nr. 19) beabsichtigt war, sondern stellt sich nur als ein Nothgesetz dar, welches die Aufgabe hat, einzelne Punkte hinsichtlich der Erhebung direkter Kommunal-Einkommernsteuern zu regeln. — Hieraus folgt zunächst, daß dieses Gesetz keineswegs bestimmt ist, überhaupt an Stelle derjenigen Vorschriften der Gemeindeverfassungsgesetze zu treten, welche die Aufbringung der Gemeindebedürfnisse betreffen, bezw. die Autonomie der Gemeinden auf diesem Gebiete regeln, sondern daß dasselbe nur insoweit Anwendung findet, als auf Grund dieser Vorschriften eine Erhebung von auf das Einkommen gelegter direkten Gemeindeabgaben bereits stattfindet, oder in Zukunft eingeführt wird. Soweit die Bestreitung der Gemeindebedürfnisse durch anderweite Gemeindeabgaben, insbesondere durch Zuschläge zur Staats-, Grund-, Gebäude- und Gewerbesteuer, durch indirekte Gemeindesteuern, durch sonstige besondere Real- und Personal-Abgaben (Haus-, Mieths-, Wohnungs-, Hunde- und Luxussteuern) stattfindet, kommt das Gesetz vom 27. Juli 1885 überhaupt nicht zur Anwendung, und bleibt dieser Theil des Gemeindesteuerwesens von demselben gänzlich unberührt.

II. Dagegen giebt dieses Gesetz allen Gemeinden die Befugniß zur Erhebung von Gemeinde-Einkommensteuern, und regelt diese Befugniß für alle Gemeinden, mögen sie ein derartiges Recht schon bisher besessen und ausgeübt haben oder nicht, in gleichmäßiger Weise. — Hierbei wird davon auszugehen sein, daß auch die Erhebung von Zuschlägen zur Klassen- und klassificirten Einkommensteuer sich als die Erhebung von auf das Einkommen gelegten Kommunalabgaben charakterisirt, so daß diejenigen Bestimmungen des Gesetzes, welche — wie die Vorschriften zu B. und C. in Betreff der Vermeidung der Doppelbesteuerung und des Steuerdomicils der Beamten — auf die Zuschläge zur Klassen- und klassificirten Einkommensteuer anwendbar sind, auf dieselben ebenfalls zur Anwendung gebracht werden müssen. Ebenso werden diejenigen Gemeinden, welche auf Grund von Regulativen schon jetzt Gemeinde-Einkommensteuern erheben, bei der ferneren Ausübung dieses Rechts an die Beschränkungen und Vorschriften dieses Gesetzes — namentlich auch des §. 1 Abs. 2, §§. 2ff. — gebunden sein.

III. Andererseits werden die Gemeinden, in welchen bisher

nur Zuschläge zur Klassen- und klassificirten Einkommensteuer erhoben worden sind, bezw. in welchen die Erhebung einer direkten Gemeinde-Einkommensteuer bisher überhaupt nicht stattgefunden hat, nunmehr nicht ohne Weiteres die im §. 1 erwähnten Erwerbsgesellschaften und juristischen Personen zur Gemeinde-Einkommensteuer veranlagen können, sondern es wird vorab eines Gemeindebeschlusses darüber bedürfen, daß in Zukunft neben den Zuschlägen zur Klassen- und Einkommensteuer eine Gemeinde-Einkommensteuer nach Maßgabe des Gesetzes vom 27. Juli 1885 erhoben werden solle. Ebensowenig werden die Gemeinden, welche bisher auf Grund von Gemeinde-Einkommensteuer-Regulativen die juristischen Personen und Aktiengesellschaften zu diesen Steuern herangezogen haben, in Zukunft ohne Weiteres auch die Kommanditgesellschaften auf Aktien, Berggewerkschaften und eingetragene Genossenschaften veranlagen dürfen, sondern es wird eines Gemeindebeschlusses darüber bedürfen, daß das Kommunal-Einkommensteuer-Regulativ nach Maßgabe der Vorschriften des Gesetzes vom 27. Juli 1885 zu ergänzen bezw. abzuändern sei. Denn der §. 1 dieses Gesetzes enthält nur eine dem §. 4 Abs. 3 bezw. §. 53 II. der Städteordnung vom 30. Mai 1853 und den gleichlautenden Vorschriften der sonstigen Gemeindeverfassungsgesetze analoge Bestimmung und wird daher, soweit in demselben Befugnisse für die Gemeinden zur Erhebung von Gemeinde-Einkommensteuern enthalten sind, entsprechend den Vorschriften in der zur Ausführung des §. 53 a. a. O. erlassenen Ministerial-Anweisung vom 17. Juli 1854 — Minist.-Bl. S. 128 — nicht ipso jure in Kraft treten, sondern es wird eines hierauf gerichteten Gemeindebeschlusses bedürfen. Soweit derartige Gemeindebeschlüsse nach Maßgabe der bestehenden Gemeindeverfassungsgesetze der Genehmigung der Kommunal-Aufsichtsbehörden bedürfen, werden jedoch Letztere die Genehmigung zu diesen Beschlüssen, sofern dieselben lediglich auf die Anwendbarkeit der Vorschriften des Gesetzes vom 27. Juli 1885 abzielen, unbedingt zu ertheilen haben. Dasselbe wird von der Genehmigung der im §. 9 Abs. 2 erwähnten Gemeindebeschlüsse gelten, durch welche eine Gemeinde beschließt, ein volles Viertheil des Gesammt-Einkommens der in ihnen vorhandenen bezw. sich aufhaltenden Abgabepflichtigen für sich in Anspruch zu nehmen.

Gegenüber denjenigen Gemeinden jedoch, in denen auf Grund bestehender und in früherer Zeit regierungsseitig genehmigter Regulative eine von den Grundsätzen der Staatssteuer wesentlich abweichende Besteuerung des Einkommens stattfindet, oder anderweit bereits das Bedürfniß hervorgetreten ist, wesentliche Mängel des betreffenden Regulativs zu beseitigen, ist die Genehmigung der vorgedachten ergänzenden bezw. abändernden Beschlüsse nur mit dem entsprechenden Vorbehalt der alsbaldigen Einleitung der Revision des Regulativs zu ertheilen.

IV. Im Einzelnen machen wir noch auf folgende Punkte aufmerksam:

1) Nach §. 2 Abs. 4 haben die zuständigen oberen Verwaltungsbehörden festzusetzen, was als selbständige gewerbliche oder Bergbau-Unternehmung des Staatsfiskus zu betrachten ist. Die bezüglichen Festsetzungen werden von denselben durch die Regierungs-Amtsblätter bekannt gemacht werden.

2) Die Resolute, durch welche nach:

§. 4 die abgabepflichtigen Beträge des Reineinkommens der Privat-Eisenbahn-Unternehmungen,

§. 5 der abgabepflichtige Gesammtertrag der Staats- und für Rechnung des Staats verwalteten Eisenbahnen,

§. 6 das Verhältniß des in den einzelnen Provinzen aus den Domainen- und Forstgrundstücken erzielten etatsmäßigen Ueberschusses der Einnahmen über die Ausgaben zum Grundsteuer-Reinertrage festzustellen sind, werden durch den Reichs- und Staats-Anzeiger öffentlich bekannt gemacht werden. Euer ꝛc. wollen gefälligst dafür Sorge tragen, daß die bezüglichen Resolute, insoweit dieselben auf den dortigen Bezirk Anwendung finden, demnächst auch durch die Regierungs-Amtsblätter zur öffentlichen Kenntniß gebracht werden.

3) Nach §. 7b haben für den Fall, daß sich eine Betriebsstätte, Station ꝛc., innerhalb deren Ausgaben an Gehältern und Löhnen erwachsen, über den Bezirk mehrerer Gemeinden erstreckt, die Verwaltungsbeschlußbehörden über die Vertheilung zu beschließen. Wir machen darauf aufmerksam, daß diese Beschlußfassung, da die Bestimmungen des §. 7 nur subsidiärer Natur sind und nur Anwendung finden, insofern nicht zwischen den betheiligten Gemeinden und dem Abgabepflichtigen ein anderweiter Vertheilungsmaßstab vereinbart ist, nicht von Amtswegen, sondern nur auf Antrag der Betheiligten bezw. eines derselben herbeizuführen ist.

Sofern in derartigen Fällen die Stadt Berlin betheiligt

ist, hat der Herr Oberpräsident in Potsdam die Vertheilung zu bewirken.

Sofern in einem solchen Falle eine oder mehrere, aber nicht alle Gemeinden dem Geltungsbereiche des Gesetzes über die allgemeine Landesverwaltung vom 30. Juni 1883 angehören, hat über die Vertheilung diejenige Verwaltungsbeschluß- bezw. Kommunalaufsichtsbehörde zu beschließen, in deren Bezirk nach Maßgabe des Flächenverhältnisses der größere Theil der Betriebsstätte, Station 2c. gelegen ist.

V. Häufig wird von den Gemeinden das Bedürfniß empfunden werden, in Folge der durch das Gesetz vom 27. Juli 1885 eintretenden vielfachen Abänderungen die bestehenden Gemeinde-Einkommensteuer-Regulative einer Umarbeitung zu unterziehen, bezw. da, wo solche Regulative nicht vorhanden sind, in einem solchen die maßgebenden Bestimmungen in übersichtlicher Weise zusammenzufassen.

Es erscheint deshalb angezeigt, den durch Ministerial-Reskript vom 31. Mai 1864 (M.Bl. S. 140) mitgetheilten Entwurf eines Normal-Regulativs für Erhebung der Gemeinde-Einkommensteuer unter Berücksichtigung der durch die neuere Gesetzgebung eingetretenen Abänderungen durch etn entsprechend modificirtes Normal-Regulativ zu ersetzen. Die Mittheilung eines entsprechenden anderweitigen Normal-Regulativs bleibt vorbehalten.

Euer 2c. wollen hiernach gefälligst das Weitere veranlassen und dafür Sorge tragen, daß die vorstehenden Bestimmungen zur Kenntniß der Gemeinde- bezw. Kommunalaufsichtsbehörden gebracht werden.

Berlin, den 19. Oktober 1885.

Der Minister des Innern.	Der Finanz-Minister.
v. Puttkamer.	v. Scholz.

Cirkular an die Königliche Regierungspräsidenten 2c. vom 5. November 1885, betreffend denselben Gegenstand.

Ew. 2c. lassen wir im Anschlusse an unseren Erlaß v. 19. v. M. anbei (Anlage a.) das Schema zu einem anderweiten Gemeinde-Einkommensteuer-Regulativ, dessen Fassung sich den Bestimmungen der Städte-Ordnung für die östlichen Provinzen vom 30. Mai 1853 anschließt, mit der Veranlassung ergebenst zugehen, gefälligst dasselbe in den Fällen, in welchen die Feststellung eines Regulativs dieser Art erforderlich wird, als Anhalt zu benutzen.

Soweit die von den Gemeindebehörden beschlossenen Gemeinde-Einkommensteuer-Regulative dem beiliegenden Schema entsprechen, oder doch keine prinzipiell erheblichen Abweichungen zeigen, ertheilen wir generell zu denselben unsere Zustimmung und bedarf es einer speziellen Berichterstattung in diesen Fällen nicht. Soweit dagegen unter Abweichung von den Festsetzungen dieses Schemas direkte Gemeinde-Einkommensteuern neu eingeführt oder in ihren Grundsätzen verändert, insbesondere Progressivsteuern neu eingeführt werden sollen, ist in jedem einzelnen Falle unsere Zustimmung sofort nachzusuchen.

Im Uebrigen bemerken wir zu den einzelnen Bestimmungen des Entwurfs Nachstehendes ergebenst.

1. Es bedarf keiner Erörterung, daß außerhalb des Geltungsbereichs der Städte-Ordnung vom 30. Mai 1853 an Stelle der in diesem Schema angezogenen Gesetze erforderlichen Falls die entsprechenden anderweitigen gesetzlichen Bestimmungen in Bezug zu nehmen sind. Insbesondere werden an Stelle der Vorschriften der gedachten Städteordnung die bezüglichen Bestimmungen der sonstigen Gemeinde-Verfassungsgesetze, an Stelle der im §. 2 Abs. 2 angezogenen Gesetze und Verordnungen in den neuen Provinzen die Verordnung vom 23. September 1867 (Ges.-Samml. S. 1648), und außerhalb des Geltungsbereichs des Zuständigkeitsgesetzes vom 1. August 1883 an Stelle des Schlußsatzes in §. 11 die bezüglichen Vorschriften des Gesetzes über die Verjährungsfristen bei öffentlichen Abgaben vom 18. Juni 1840 zu treten haben.

2. Beschließt eine Gemeinde die Heranziehung derjenigen Personen zu ihrer Gemeinde-Einkommensteuer, deren jährliches Einkommen weniger als 420 Mark beträgt, so empfiehlt sich behufs Vermeidung der Prägravation von Einkommen in unbedeutenden Beträgen — insbesondere auf Seiten der Forensen, — als Abs. 2 des §. 4 folgende Bestimmung einzufügen:

„Diejenigen Personen, deren jährliches Einkommen weniger als 420 Mark beträgt und welche nicht im Wege der öffentlichen Armenpflege eine fortlaufende Unterstützung erhalten, werden mit einem fingirten Steuersatze von $1/2$ Prozent des ermittelten steuerpflichtigen Einkommens bis zum Höchstbetrage von 1 Mark 50 Pf. veranlagt.“

3. Daraus, daß gemäß §. 4 Abs. 1 die Veranlagung der Gemeinde-Einkommensteuer unter Anwendung der Steuerstufen der Staats-Klassen- und klassifizirten Einkommensteuer stattzufinden hat, ergiebt sich von selbst, daß hierfür die Veranlagungs- und die Steuersätze dieser Stufen für maßgebend zu erachten sind.

Die Vorschrift in §. 3 Abs. 2 des durch diesseitigen Erlaß vom 31. Mai 1884 dorthin mitgetheilten Normalregulativ A., gemäß welcher in Betreff Derjenigen, welche beanspruchen können, daß gewisse Theile ihres Einkommens von der Besteuerung ausgenommen werden, nach den Vorschriften unter Nr. 12 und 13 und im letzten Absatz unter Nr. 14 der Instruktion vom 17. Juli 1854 (Min.-Bl. S. 128) zu verfahren ist, hat in dem anliegenden Schema keine Aufnahme gefunden. In allen Fällen, in welchen eine Heranziehung zur Gemeinde-Einkommensteuer mit dem vollen zur Staats-Klassen- oder klassifizirten Einkommensteuer herangezogenen Einkommen gemäß des Abs. 2 im §. 4 dieses Entwurfs nicht zulässig ist, hat daher eine Ermittelung des steuerpflichtigen Einkommens nach Maßgabe des Abs. 1 bezw. 3 des §. 4 stattzufinden.

4. Nachdem gemäß Art. IV des Gesetzes vom 25. Mai 1873 in dem größeren Theile des Staatsgebietes die mehrmonatliche Hebung der direkten Staatssteuern eingeführt ist, wird es sich aus überwiegenden Zweckmäßigkeitsgründen empfehlen, für die Hebung der Gemeinde-Einkommensteuer — wenn thunlich — dieselben Fristen vorzuschreiben, welche für diejenigen der direkten Staatssteuern gelten.

Hierauf beruht die Vorschrift in §. 8 des anliegenden Entwurfs.

5. Die zur Zeit in Geltung befindlichen Gemeinde-Einkommensteuer-Regulative enthalten nicht selten unzweckmäßige oder geradezu vorschriftswidrige, bezw. mit dem Interesse der Staatssteuer-Verwaltung unvereinbare Bestimmungen. Der gegenwärtige Anlaß, diese Regulative zu beseitigen, wird daher umsomehr zu benutzen sein, als die Aufstellung von Nachträgen zu denselben in Ausführung des Gesetzes vom 27. Juli d. J. leicht geeignet sein würde, zu Unsicherheiten und Unklarheiten zu führen.

Dieser Erwägung entspricht die Vorschrift in §. 13 des Entwurfs und ist thunlichst darauf hinzuwirken, daß die bezeichneten Regulative baldmöglichst außer Kraft gesetzt werden.

6. In der Verfügung, durch welche das zum Zwecke der Genehmigung eingereichte Gemeinde-Einkommensteuer-Regulativ mit der Genehmigung versehen zurückgegeben wird, ist die Widerruflichkeit der Genehmigung für den Fall vorzubehalten, daß die Bestimmungen des Regulativs im Ganzen oder im Einzelnen den gesetzlichen Bestimmungen zuwiderlaufen oder den Vorschriften der allgemeinen Steuergesetze (§. 13 des Abgabengesetzes vom 30. Mai 1820) hinderlich sind.

Berlin, den 5. November 1885.

Der Minister des Innern.	Der Finanz-Minister.
v. Puttkammer.	v. Scholz.

a.

Regulativ für die Gemeinde-Einkommensteuer in der Stadt N. N.

In Gemäßheit des §. 53 Nr. II der Städte-Ordnung für die östlichen Provinzen vom 30. Mai 1853 und auf Grund des Beschlusses der Stadtverordneten vom . . . . wird hierdurch für den Gemeindebezirk N. N. nachstehendes Gemeinde-Einkommensteuer-Regulativ erlassen:

§. 1. Vom . . . . ab sollen zur Gemeinde-Einkommensteuer herangezogen werden:

a. Alle diejenigen, welche in dem Stadtbezirke nach den Bestimmungen der Gesetze ihren Wohnsitz haben, (§. 3 Abs. 2 der Städteordnung vom 30. Mai 1853).

b. Alle diejenigen, welche auch ohne im Stadtbezirke zu wohnen, sich länger als drei Monate in demselben aufhalten (§. 8 des Freizügigkeitsgesetzes vom 1. November 1867).

c. Aktiengesellschaften, Kommanditgesellschaften auf Aktien, Berggewerkschaften, eingetragene Genossenschaften, deren Geschäftsbetrieb über den Kreis ihrer Mitglieder hinausgeht, und juristische Personen, insbesondere auch Gemeinden und weitere Kommunal-Verbände, welche in dem Stadtbezirke Grundbesitz, gewerbliche Anlagen, Eisenbahnen oder Bergwerke haben, Pachtungen, stehende Gewerbe, Eisenbahnen oder

Bergbau betreiben, hinsichtlich des ihnen aus diesen Quellen zufließenden Einkommens (§. 1 Abs. 1 des Gesetzes vom 27. Juli 1885).

d. der Staats-Fiskus hinsichtlich des Einkommens aus den von ihm im Stadtbezirke betriebenen Gewerbe-, Eisenbahn- und Bergbau-Unternehmungen, sowie aus den im Stadtbezirke belegenen Domainen und Forsten (§. 1 Abs. 2 a. a. O.).

e. diejenigen physischen Personen, welche im Stadtbezirke, ohne daselbst zu wohnen, oder sich länger als drei Monate aufhalten, Grundbesitz, gewerbliche Anlagen, Eisenbahnen oder Bergwerke haben, Pachtungen, stehende Gewerbe, Eisenbahnen oder außerhalb einer Gewerkschaft Bergbau betreiben (Forensen), hinsichtlich des ihnen aus diesen Quellen zufließenden Einkommens (§. 1 Abs. 3 a. a. O.).

§. 2. Von der Gemeinde-Einkommensteuer sind frei:

a. servisberechtigte Militairpersonen des aktiven Dienststandes mit Ausnahme der Militairärzte rücksichtlich ihres Einkommens aus einer Civil-Praxis;

b. Geistliche, Kirchendiener und Elementarschullehrer insoweit, als dieses durch §. 4 alinea 7 und 12 der Städteordnung vom 30. Mai 1853 angeordnet ist.

Wegen der Besteuerung des Diensteinkommens der Beamten und Pensionaire, sowie der Pensionen der Wittwen und der Erziehungsgelder für Waisen ehemaliger Staatsdiener kommen die Vorschriften des Gesetzes vom 11. Juli 1822 (Ges.-Samml. S. 184) der Allerhöchsten Kabinets-Ordre vom 14. Mai 1832 (Ges.-Samml. S. 145) und der Deklaration vom 21. Januar 1829 (Ges.-Samml. S. 9) sowie die Vorschrift in §. 12 des Gesetzes vom 27. Juli 1885 zur Anwendung.

§. 3. Derjenige Theil des Gesammteinkommens der in §. 1a und b bezeichneten Abgabepflichtigen, welcher aus außerhalb des Stadtbezirks belegenem Grundeigenthum oder aus außerhalb des Stadtbezirks stattfindendem Pacht-, Gewerbe-, Eisenbahn- beziehungsweise Bergbaubetriebe fließt, ist in Gemäßheit des §. 9 Abs. 1 und §. 10 des Gesetzes vom 27. Juli 1885 von der Gemeinde-Einkommensteuer frei zu lassen, jedoch ist zu der Letzteren nach §. 9 Abs. 2 a. a. O. stets mindestens ein Viertheil des Gesammteinkommens heranzuziehen.

§. 4. Die Veranlagung der Gemeinde-Einkommensteuer geschieht unter Anwendung der für die Einschätzung zur Staatseinkommensteuer geltenden Grundsätze und der für die Staats-Klassen- und klassifizirten Einkommensteuer festgesetzten Steuerstufen, einschließlich der beiden untersten Stufen im Sinne des §. 7 des Gesetzes vom $\frac{\text{1. Mai 1851}}{\text{25. Mai 1873}}$.

Die Veranlagungssätze für diejenigen Steuerpflichtigen, welche zur Staats-Klassen und klassifizirten Einkommensteuer herangezogen und mit ihrem Einkommen vollständig zur Gemeinde-Einkommensteuer heranzuziehen sind, werden aus der Staatssteuerrolle unmittelbar übernommen.

Wegen Ermittelung des steuerpflichtigen Einkommens der Privat-Eisenbahn-Unternehmungen, der Staats- und für Rechnung des Staats verwalteten Eisenbahnen, der fiskalischen Domainen und Forsten bewendet es bei den Vorschriften in den §§. 4—6 des Gesetzes vom 27. Juli 1885.

Die nach vorstehenden Bestimmungen festgestellten Steuersätze haben die Bedeutung von Verhältnißzahlen, welche bei Berechnung der wirklich zu entrichtenden Steuerbeträge nach Maßgabe des in jedem Jahre aufzubringenden Steuerquantums zum Grunde zu legen sind. (Vergl. §. 7.)

§. 5. Zum Zwecke der Vertheilung des der Gemeinde-Einkommensteuer unterliegenden Einkommens aus dem Besitze oder Betriebe einer sich über mehrere Gemeinden erstreckenden Gewerbe-, Bergbau- oder Eisenbahn-Unternehmung hat der Unternehmer bezw. Gesellschaftsvorstand binnen spätestens drei Monaten vor Beginn des Steuerjahres einen Vertheilungsplan, welcher im dreijährigen Durchschnitt bei Versicherungs-, Bank- und Kreditgeschäften die erzielten Brutto-Einnahmen, in allen übrigen Fällen die erwachsenen Ausgaben an Gehältern und Löhnen nach Maßgabe der §§. 7 und 8 des Gesetzes vom 27. Juli 1885 und deren Vertheilung auf die abgabeberechtigten Gemeinden enthalten muß, dem Magistrat mitzutheilen. In den Fällen der §§. 4 und 5 des Gesetzes vom 27. Juli 1885 hat diese Mittheilung spätestens 4 Wochen nach erfolgter Bekanntmachung der abgabepflichtigen Beträge bezw. des abgabepflichtigen Gesammtbetrages zu erfolgen.

§. 6. Die Einschätzung geschieht durch eine von der Stadtverordneten-Versammlung eigens dazu gewählte Kommission von (acht) Mitgliedern. Dieselbe besteht aus (vier) Mitgliedern der Stadtverordneten-Versammlung, wovon, soweit dieses angänglich, (zwei) einkommensteuerpflichtig und (zwei) klassensteuerpflichtig und aus (vier) Mitgliedern der Bürgerschaft, wovon ebenfalls, soweit dieses angänglich, (zwei) einkommensteuerpflichtig und (zwei) klassensteuerpflichtig sein müssen. Bei der Einschätzung der in §. 1 zu c bezeichneten Abgabepflichtigen hat dasjenige Mitglied, welches bei den Betriebs-Resultaten durch Aktienbesitz oder in sonstiger Weise interessiirt ist, sich der Abstimmung zu enthalten.

Der Bürgermeister oder der von ihm delegirte Beigeordnete führt in dieser Kommission den Vorsitz, ohne ein anderes Stimmrecht, als bei Stimmengleichheit, und werden demselben alle sonstigen amtlichen Nachrichten mitgetheilt, welche zur Aufklärung dienen können.

§. 7. Die nach §. 6 stattfindende Einschätzung bildet die Mutterrolle zur Gemeinde-Einkommensteuer, auf deren Grund, nachdem das Beitragsverhältniß zu den Kommunalsteuern festgestellt ist, der Magistrat die Heberolle anfertigt, während 14 Tagen zur Einsicht offenlegt und demnächst vollstreckbar erklärt.

Jedem Steuerpflichtigen wird außerdem von dem Gemeinde-Empfänger mindestens 14 Tage vor Ablauf der Beschwerdefrist (§. 9) ein Auszug aus der Heberolle, welcher den ihm zugetheilten Steuersatz enthält, mitgetheilt.

§. 8 Die Gemeinde-Einkommensteuer ist an die Gemeindekasse in denselben Fristen zu zahlen, welche in der Gemeinde N. für die Hebung der direkten Staatssteuer gelten.

§. 9. Beschwerden und Einsprüche gegen die Veranlagung müssen binnen einer Präklusivfrist von 3 Monaten nach der im §. 7 vorgeschriebenen Bekanntmachung der Heberolle oder bei Veranlagung im Laufe des Jahres binnen einer gleichen Frist nach erfolgter Benachrichtigung des Steuerpflichtigen von dem Steuerbetrage bei dem Magistrat angebracht werden. Nur wenn nachgewiesen werden kann, daß durch den Verlust einzelner Einnahmequellen das veranschlagte Gesammt-Einkommen eines Steuerpflichtigen um mehr als den vierten Theil vermindert worden, darf eine verhältnißmäßige Ermäßigung der veranlagten Steuer zu jeder Zeit gefordert werden.

Erlischt ein steuerpflichtiges Einkommen durch den Tod seines Inhabers oder in anderer Art gänzlich, so ist die ganze davon veranlagte Steuer in Abgang, im ersteren Falle aber sind die Erben, soweit es nach den gesetzlichen Bestimmungen und den Vorparagraphen zulässig ist, in Zugang zu stellen.

§. 10. Die Zahlung der veranlagten Steuer darf durch den Einspruch nicht aufgehalten werden, muß vielmehr, mit Vorbehalt der späteren Erstattung des etwa zuviel Bezahlten, zu den bestimmten Terminen (§. 8) erfolgen.

§. 11. Die Beschwerden und Einsprüche, welche bei dem Magistrat eingehen, werden von dem letzteren in ein darüber zu führendes Register eingetragen, welches nach Ablauf der dreimonatlichen Präklusivfrist geschlossen wird. Dieselben werden demnächst der gleich nach dem Ablauf dieser Frist zu versammelnden Einschätzungs-Kommission (§. 4) zur Begutachtung vorgelegt. Der Magistrat beschließt sodann auf Grund des Gutachtens der Einschätzungs-Kommission. Gegen diesen Beschluß findet die bei dem Bezirks-Ausschusse binnen einer Präklusivfrist von zwei Wochen anzubringende Klage im Verwaltungsstreitverfahren statt. (§. 18 des Zuständigkeits-Gesetzes vom 1. August 1883.)

§. 12. Auf Grund der über die Zu- und Abgänge zu führenden Notizen werden von dem Magistrate im Anfange der Monate September und März die Zu- und Abgangslisten angefertigt und der Gemeindekasse zur Erhebung der Zugänge und zur Verrechnung der Ausfälle zugefertigt.

Ueber die Behandlung der die Gemeinde-Einkommensteuer betreffenden Ab- und Zugänge und Reklamationen kommen — insofern gegenwärtiges Regulativ nicht ein Anderes vorschreibt — die für die Staats-Klassen- und Einkommensteuer erlassenen Bestimmungen entsprechend zur Anwendung.

§. 13. Vom . . . . ab (§. 1) tritt das von der Königlichen Regierung zu . . . . am . . . . genehmigte Gemeinde-Einkommensteuer-Regulativ für den Gemeindebezirk . . . . . . außer Kraft.

E.

Die auf die Stadtgemeinden bezüglichen Vorschriften betreffend die Veranlagung und Erhebung der direkten Staatssteuern.

I. Klassensteuer*).

A. Einschätzung.

Art. I §. 10 des Gesetzes vom 25. Mai 1873 (Ges.S. S. 213).

Die Einschätzung der Klassensteuer geschieht von einer Kommission, welche aus dem Gemeindevorstande als Vorsitzenden und Mitgliedern, die von der Gemeindeversammlung bezw. Gemeindevertretung gewählt sind, besteht. Bei der Wahl ist darauf zu achten, daß die verschiedenen Klassen der Steuerpflichtigen möglichst gleichmäßig in der Kommission vertreten werden.

§. 10. In großen Städten können mehrere Einschätzungskommissionen gebildet werden und kann der Gemeindevorstand den Vorsitz in diesen Kommissionen einem der von der Gemeindevertretung gewählten Kommissionsmitglieder übertragen.

---

*) Die nicht durch Ueberschrift anderweit bezeichneten Bestimmungen sind Vorschriften des Gesetzes vom 1. Mai 1851, betreffend die Einführung einer Klassen- und klassifizirten Einkommensteuer. Ges.S. S. 193.

Zu §. 10.

Sogleich beim Beginn des Veranlagungsgeschäfts sind die Kommissionsmitglieder zu wählen. Die Zahl derselben ist

für Gemeinden bis zu 3000 Einwohnern auf 3—5,
für solche bis zu 6000 Einwohnern auf 5—8,
für solche bis zu 10000 Einwohnern auf 7—10,
für Gemeinden über 10000 Einwohnern auf 9—12

normirt, die nähere Festsetzung den Bezirksregierungen überlassen. An dem Grundsatz, daß die Kommissionen jährlich neu zu erwählen sind, ist als Regel festzuhalten, jedoch werden die Regierungen ermächtigt, in großen Städten auf Antrag des Gemeindevorstandes die Wahl auf eine längere als einjährige, höchstens aber dreijährige Periode nachzulassen.

§. 7 der Instr. v. 29. Mai 1873.

C.R. d. F. M. v. 29. August 1877.

Die Wahl einkommensteuerpflichtiger Personen ist zulässig, dagegen die solcher Personen, welche gar nicht steuerpflichtig sind, ausgeschlossen.

R. d. F. M. v. 5. Novbr. 1877 und 23. Februar 1880.

Der Gemeindevorstand hat über die Besitz-, Vermögens-, Erwerbs- und sonstigen Einkommensverhältnisse der Steuerpflichtigen, sowie über etwaige besondere, ihre Steuerfähigkeit bedingende wirthschaftliche Verhältnisse, soweit dies ohne tieferes Eindringen geschehen kann, möglichst vollständige Nachrichten einzuziehen; überhaupt alle Merkmale, welche ein Urtheil über die maßgebende Steuerstufe näher zu begründen vermögen, zu sammeln.

Die Kommission wird nach Beendigung der Vorarbeiten vom Gemeindevorstande einberufen. Derselbe verpflichtet die Mitglieder durch Handschlag an Eidesstatt zur Geheimhaltung der bei dem Einschätzungsgeschäft zu ihrer Kenntniß gelangenden Vermögens- und Einkommensverhältnisse.

Der Vorsitzende gehört stets zur Kommission und hat in allen Fällen seine Stimme abzugeben.

§. 8 der Instr. v. 29. Mai 1873.

R. d. F.M. v. 2. Februar 1877.

Nach bewirkter Einschätzung ist die Rolle von dem Gemeindevorstande dahin, daß sämmtliche Einwohner in dieselbe eingetragen sind, von der Einschätzungs-Kommission aber dahin zu bescheinigen, daß die Befreiung von der Klassensteuer und die Einschätzung überall den gesetzlichen Vorschriften gemäß nach bestem Wissen und Gewissen bewirkt worden. Alsdann ist die Rolle nebst der Einkommens-Nachweisung dem Landrath (in Stadtkreisen dem ersten Bürgermeister) bis zu dem von demselben zu bestimmenden Termin vorzulegen.

§. 12 Instr. v. 29. Mai 1873

C.R. d. F M. v. 29. August 1877.

Der Landrath (in Stadtkreisen der erste Bürgermeister) hat dann zunächst die Vollständigkeit der Aufnahme des Personenstandes zu prüfen, die Rolle mit der nächstvorhergegangenen, mit den Zu- und Abgangslisten, den letzten Volkszählungslisten, sowie mit den anderweit etwa vorhandenen amtlichen Nachrichten zu vergleichen, und wo sich dabei Bedenken gegen die Richtigkeit der Bevölkerungsangaben herausstellen, Nachfrage an den Gemeindevorstand bezw. eine örtliche Untersuchung zu veranlassen.

Demnächst hat der Landrath die in der Rolle aufgeführten Steuerbefreiungen, die Vollständigkeit der in der Einkommens-Nachweisung enthaltenen Angaben über das Jahreseinkommen bezw. über die besonderen wirthschaftlichen Verhältnisse der Steuerpflichtigen und danach die Richtigkeit und verhältnißmäßige Gleichheit der Einschätzung einer genauen Prüfung zu unterziehen. Offenbare Schreibfehler verbessert er sogleich, über die nach seiner Ansicht zu hoch oder zu niedrig gegriffenen Steuersätze nimmt er eine der Rolle beizufügende kurze Verhandlung auf, über deren Inhalt er die Einschätzungs-Kommission schleunigst vernehmen läßt, worauf er seine schließliche Aeußerung abgiebt.

Nach vollendeter Revision sind die Rollen nebst den Einkommens-Nachweisungen, den über die Einschätzung aufgenommenen Verhandlungen und von der Kommission darüber abgegebenen Aeußerungen, sowie die nächst vorhergegangenen Steuerrollen, Zu- und Abgangslisten und eine nach einem bestimmten Muster

Die Einschätzungskommission unterwirft das hiernach von ihrem Vorsitzenden abzugebende Gutachten der Einschätzung unter Benutzung aller ihr sonst zu Gebote stehenden Hülfsmittel einer genauen Prüfung. Dabei ist ebenfalls jedes lästige Eindringen in die Vermögens- und Einkommensverhältnisse der einzelnen Steuerpflichtigen zu vermeiden. Nachdem die Prüfung vollzogen ist, hat die Kommission nach den stattgefundenen Ermittelungen oder anderweit bekannten Verhältnissen des einzelnen Steuerpflichtigen die Steuerstufe vorzuschlagen, in welche derselbe zu veranlagen ist.

---

in doppelter Ausfertigung aufgestellte Kreisnachweisung mit einem erläuternden Bericht an die Bezirksregierung nach näherer Bestimmung derselben bis spätestens zu dem auf den Beginn der Veranlagung folgenden 1. Februar zu überreichen. Eine Verlängerung dieser Frist ist nicht zulässig.

§. 13 Instr. v. 29. Mai 1873.

Nach Empfang der von der Regierung demnächst festgestellten Steuerrolle macht der Gemeindevorstand mit dem Anfange jeden Jahres öffentlich bekannt, daß, wo und binnen welcher Frist die Rolle zur Einsicht der Steuerpflichtigen offen liegen werde. Die Bekanntmachung erfolgt durch Offenlegung der Rolle in der Gemeinde während eines Zeitraums, welcher mit Rücksicht auf die Größe der betreffenden Gemeinde bis auf längstens 14 Tage festgestellt werden darf. Sie ist erst nach Ablauf dieses Zeitraums vollständig bewirkt. Die Präklusivfrist für die Reklamation beginnt daher mit dem ersten Tage nach Ablauf dieses Zeitraums. In der Bekanntmachung ist darauf hinzuweisen, daß die Klassensteuer von den zur 1. und 2. Stufe Veranlagten als Staatssteuer nicht zu entrichten ist, daß aber für die Kommunalsteuern die Klassensteuer-Veranlagung in bisheriger Weise maßgebend bleibt und daher auch diejenigen, welche sich etwa durch ihre Veranlagung zu einer dieser Stufen beschwert finden, wie bisher rechtzeitig zu reklamiren haben.

Nur die Rolle ist offen zu legen, nicht die Einkommensnachweisung, deren Geheimhaltung geboten ist. Die Frist ist mit Rücksicht auf die Größe der Gemeinde unter Vermeidung jeder unnöthigen Ausdehnung bis auf längstens 14 Tage zu bestimmen. Die Steuerpflichtigen sind nicht allein berechtigt, von ihrer eigenen Besteuerung Kenntniß zu nehmen, vielmehr auch befugt, sich über Besteuerung anderer Personen zu informiren.

Die Entnahme von Notizen gelegentlich der Einsichtnahme ist zulässig, dieselbe ist aber durch die Rücksichten beschränkt, welche darauf zu nehmen sind, daß die Rolle allen Steuerpflichtigen zugänglich gemacht wird. Auch ist der Gemeindevorstand nicht verpflichtet, irgend welche Veranstaltungen zu treffen, welche den Steuerpflichtigen die Entnahme derartiger Notizen erleichtern.

Jedem Steuerpflichtigen wird außerdem vom Gemeindevorstande ein Auszug aus der Steuer-Rolle (Steuerzettel in den Provinzen Schleswig-Holstein, Hannover, Westfalen, Hessen-Nassau und Rheinprovinz) zugefertigt, welcher den ihm zugetheilten Stufensatz enthält. In den bezeichneten Provinzen

Die bei dem Einschätzungsgeschäft betheiligten Vorsitzenden der Kommissionen und sonstigen Beamten sind kraft des von ihnen geleisteten Amtseides zur Geheimhaltung der Vermögens- und Einkommensverhältnisse, welche bei diesem Geschäft zu ihrer Kenntniß gelangen, verpflichtet. Die Mitglieder der Kommissionen haben diese Geheimhaltung dem Vorsitzenden mittelst Handschlages an Eidesstatt zu geloben.

§. 6. Gesetz vom 25. Mai 1873 betreffend die Aufhebung der Mahl- und Schlachtsteuer (Ges.S. S. 222).

Die Einschätzungen unterliegen der Vorrevision der Landräthe beziehungsweise der Bürgermeister der einen eigenen Kreis bildenden Städte. Die Feststellung der Steuerstufen erfolgt durch die Bezirksregierung (für Berlin durch die Direktion für die Verwaltung der direkten Steuern daselbst).

Bei dieser Feststellung der Klassensteuerbeträge darf die Versetzung Steuerpflichtiger in eine höhere Stufe als diejenige ist, in welche sie von den Einschätzungskommissionen veranlagt sind, ohne Weiteres nur, wenn es sich hierbei um die Berichtigung eines offenbaren Schreibfehlers handelt, in allen übrigen Fällen dagegen nur nach vorheriger Anhörung der betreffenden Einschätzungskommission erfolgen.

b) Von den Gemeindevorständen werden und zwar in den keinen eigenen Kreis bildenden Städten unter der Leitung der Landräthe auch die Jahresrollen und die Ab- und Zugangslisten aufgestellt.

erfolgt bezüglich der Censiten der beiden untersten Klassensteuerstufen der Regel nach keine Benachrichtigung durch Steuerzettel. Nur in denjenigen Gemeinden, für welche die Steuerempfänger die Kommunalsteuer mit zu erheben haben, ist den gedachten Censiten diese Benachrichtigung durch den Steuerzettel mit der Belehrung zu ertheilen, daß die Klassensteuer dieser Stufen als Staatssteuer nicht zu entrichten ist.

R. d. F.M. vom 5. Juli 1860.
§. 13 Ges. v. 25. Mai 1873.
§. 16 Instr. v. 29. Mai 1873.
R. d. F.M. v. 26. Juni 1878.
R. d. F.M. v. 29. Juli 1878.
C.R. d. F. M. v. 26. März 1883.

c) Die Erhebung geschieht durch die geordneten Steuerempfänger.

d) Die Formen der Geschäftsführung werden nach Verschiedenheit der örtlichen Verhältnisse durch besondere Instruktion vorgezeichnet.

Die vorschriftsmäßige Veranlagung und Einziehung der Steuer haben die Bezirksregierungen beziehungsweise in Berlin die Direktion für die Verwaltung der direkten Steuern daselbst zu leiten und zu überwachen.

§. 10a.

Anl. II des Ges. v. 16. Juni 1875. Ges.S. S. 234.

Zum Zwecke der Klassensteuerveranlagung können:

1. Gemeinden und selbständige Gutsbezirke, welche eine örtlich verbundene Lage haben, mit einander,
2. Gemeinden und selbständige Gutsbezirke von abgesonderter Lage mit weniger als 500 Einwohnern mit benachbarten Gemeinden

durch die Bezirksregierung unter Zustimmung der Kreisausschüsse, beziehentlich in denjenigen Landestheilen, wo solche noch nicht vorhanden sind, der Kreisvertretungen, sowie nach vorangegangener Anhörung der Betheiligten zu einem Einschätzungsbezirke vereinigt werden.

Der Bezirksausschuß beschließt über die Ergänzung der vom Kreisausschuß versagten Zustimmung zur Vereinigung von Gemeinden und Gutsbezirken zu gemeinschaftlichen Einschätzungsbezirken für die Klassensteuer. (§. 136 Ges. v. 1. August 1883 betreff. die Zuständigkeit der Verwaltungsbehörden.)

Die Einwohnerzahl des kombinirten Einschätzungsbezirkes darf in der Regel 1200 Seelen nicht übersteigen.

Für jeden solcher Einschätzungsbezirke wird nur Eine Einschätzungskommission (§. 10) gebildet.

Den Vorsitz in derselben und die hiermit nach §. 10 litt. a verbundenen Obliegenheiten hat der von der Bezirksregierung zu bestimmende Gemeinde- oder Gutsvorsteher beziehungsweise Amtmann oder Bürgermeister zu übernehmen.

Die Mitgliederzahl der Kommission wird auf die einzelnen Gemeinden und Gutsbezirke nach Verhältniß der Einwohnerzahl vertheilt, mit der Maßgabe, daß mindestens ein Mitglied jeder Gemeinde und jedem Gutsbezirke zugetheilt wird. Für Gutsbezirke treten die Vorsteher derselben oder deren Stellvertreter, beziehungsweise ein von dem Gutsvorsteher zu ernennender Einwohner des Einschätzungsbezirks als Mitglied in die Kommission ein.

Sofern auf einen Gutsbezirk mehr als ein Mitglied entfällt, werden das zweite und die ferneren Mitglieder durch den Gutsvorsteher ernannt.

Die sonstigen Obliegenheiten der betheiligten Gemeindevorstände und Gutsvorsteher bezüglich der Klassensteuerveranlagung erleiden keine Aenderung.

§. 11.

§. 6. Ges. v. 25. Mai 1873.

Diejenigen, welche wegen Verlegung ihres Wohnsitzes aus dem Auslande in einen preußischen Ort oder aus anderen Gründen steuerpflichtig werden, haben die Klassensteuer von dem nächsten auf den Eintritt der Steuerpflichtigkeit folgenden Monate ab zu entrichten. Der Gemeindevorstand hat in diesen Fällen vorläufig den Satz zu bestimmen, nach welchem die Klassensteuer entrichtet werden muß, und welcher demnächst von der Bezirksregierung (in Berlin von der Direktion für die Verwaltung der direkten Steuern daselbst) definitiv festgesetzt wird.

Ebenso sind die wegen Verlegung ihres Wohnsitzes in das Ausland, oder aus anderen Gründen gesetzlich von der Klassensteuer zu befreienden Personen von dem Monate ab von der Steuer frei zu lassen, welcher auf den Eintritt des die Steuerbefreiung veranlassenden Grundes zunächst folgt.

Bei Umzügen aus einem klassensteuerpflichtigen Orte in einen anderen ist die Klassensteuer für den Monat, in welchem der Umzug erfolgt, noch an dem bisherigen Wohnorte des Verziehenden zu entrichten.

§. 12.

a) Jeder Eigenthümer eines bewohnten Grundstücks oder dessen Stellvertreter haftet der Behörde, welche das Verzeichniß

Zu §. 11.

Die von dem Gemeindevorstand zu bewirkende vorläufige Bestimmung des Steuersatzes bedarf der Bestätigung der Regierung, welche durch Festsetzung der halbjährigen Zugangsliste erfolgt. In einer seitens der Regierung bestimmten Erhöhung liegt keine Steuernachforderung im Sinne des Gesetzes vom 18. Juni 1840.

R. d. F.M. v. 23. März 1859.

Zu §. 12.

Die Aufnahme des Personenstandes, mit welcher das Veranlagungs-

der steuerpflichtigen Haushaltungen und Einzelsteuernden aufnimmt, für die richtige Angabe derselben.

b) Jedes Familienhaupt ist für die richtige Angabe seiner Angehörigen und aller zu seinem Hausstande gehörigen steuerpflichtigen Personen verantwortlich.

c) Jede bei der Aufnahme des Verzeichnisses oder auf sonstige desfallsige Anfrage der Steuerbehörde im Laufe des Jahres unterlassene Angabe einer steuerpflichtigen Person soll, außer der Nachzahlung der rückständigen Steuer, mit einer Geldbuße bis zum vierfachen Jahresbetrage derselben belegt werden.

d) Die Untersuchung gegen diejenigen, welche sich einer Uebertretung dieser Bestimmungen schuldig machen, gebührt dem Gericht, insofern der Steuerpflichtige nicht binnen einer von der Behörde zu bestimmenden Frist die Zahlung der verkürzten Steuer, des von derselben festgesetzten Strafbetrages, sowie der durch das Verfahren gegen ihn entstandenen Kosten freiwillig leistet.

---

geschäft beginnt und welche dem Gemeindevorstande obliegt, bildet die Grundlage der Veranlagung. Auf dieselbe ist daher die größte Sorgfalt zu verwenden. Sämmtliche Einwohner der Gemeinde, also auch diejenigen, welche der klassifizirten Einkommensteuer unterliegen, ferner diejenigen, welche zur Zeit der Veranlagung des Arbeitsverdienstes wegen oder aus anderen Gründen zeitweise abwesend sind, so wie diejenigen, welche in eine andere Gemeinde zu verziehen beabsichtigen, aber noch nicht verzogen sind (Gesinde, Handwerksgehülfen u. s. w.), werden in die Klassensteuer-Rolle eingetragen. Wo die Aufnahme des Personenstandes nicht auf Grund vollständiger, bei der Gegenwart erhaltener Personenregister, Volkstabellen u. s. w. bewirkt werden kann, muß eine genaue örtliche Zählung erfolgen. Bei dieser sind die Eigenthümer bewohnter Grundstücke oder deren Stellvertreter so wie die Familienhäupter unter ausdrücklicher Aufforderung zu vollständiger und richtiger Angabe auf die Bestimmungen des §. 12 des Gesetzes zu verweisen. Steuerfreie Mitglieder von Truppenkörpern sind ohne spezielle namentliche Angabe summarisch in den Rollen zu verzeichnen. Steuerpflichtige Ausländer sind, auch wenn sie nicht zu den Einwohnern der Gemeinde gehören, in die Rolle mit aufzunehmen.

§. 2 Instr. v. 29. Mai 1873. Vgl. auch R. d. F.M. v. 13. October 1879. Meitzen S. 143.

Da jeder Gemeindevorstand verpflichtet ist, darauf zu achten, daß sämmtliche im Gemeindebezirk befindliche steuerpflichtige Personen zur Steuer herangezogen werden, so muß er auch die Besteuerung solcher Personen, welche sich dort außerhalb ihres Wohnsitzes auf Arbeit befinden, kontroliren, auch geeignetenfalls für die Einziehung der am Wohnorte derselben veranlagten Steuer Sorge tragen.

Begeben sich Personen der Arbeit wegen ins Ausland, so ist das in vorkommenden Fällen Angemessene und Zulässige anzuordnen, um die Steuer zu sichern.

R. d. F.M. v. 31. Januar 1854.

Beim Wechsel des Wohnorts ist zur Vermeidung irriger Veranlagungen und im Interesse der besseren Berücksichtigung einer eingetretenen Veränderung in den Einkommensverhältnissen, die Einschätzung am neuen Wohnorte vorzunehmen.

R. d. F.M. v. 24. Septbr. 1879.

Die Personenstandsaufnahme hat überall in der Zeit vom 4. bis 25. November jeden Jahres stattzufinden, so daß sie in keinem Orte vor dem 4. November begonnen oder nach dem 25. November abgeschlossen werden darf. Als Norm für den Beginn ist der 12. November anzusehen. Ist nach den örtlichen Verhältnissen die Festsetzung eines früheren Termins unvermeidlich, so muß derselbe doch dem 12. November so nahe als irgend thunlich gelegt und keinenfalls auf einen Tag vor dem 4. November bestimmt werden. Die Aufnahme ist, wenn sie nicht an einem Tage zu Ende geführt werden kann, an den nächstfolgenden Werktagen ununterbrochen fortzusetzen und in möglichst kurzer Frist zum Abschluß zu bringen. Dieser muß spätestens mit dem 25. November, auch in großen Städten, erreicht werden. Abweichungen bedürfen in jedem Falle der Genehmigung des Finanzministers.

Cirk.R. d. F.M. v. 29. August 1877.

Der Gemeindevorstand hat über die Vermögens-, Besitz-, Erwerbs- und sonstigen Einkommensverhältnisse der in der Rolle verzeichneten Personen so wie über etwaige besondere, ihre Steuerfähigkeit bedingende wirthschaftliche Verhältnisse, soweit dieses ohne tieferes Eindringen geschehen kann, möglichst vollständige Nachrichten einzuziehen, überhaupt alle Merkmale, welche ein Urtheil über die maßgebende Steuerstufe näher zu begründen vermögen, zu sammeln.

Ueber die Ergebnisse dieser Ermittelungen hat derselbe eine Einkommens-Nachweisung nach einem bestimmten Muster aufzustellen. In diese sind sämmtliche Haushaltungsvorstände und einzelne d. h. keinem Haushalte angehörenden und keinen eigenen Haushalt führenden Personen einzutragen. Ausgeschlossen bleiben jedoch:

a) die für das Vorjahr bereits zur klassifizirten Einkommensteuer veranlagten Personen,
b) die zur Friedensstärke des Heeres und der Marine gehörigen Personen des Unteroffizier- und Gemeinenstandes, sofern sie selbst oder die in ihrer Haushaltung lebenden Mitglieder ihrer Familie aus dem Betriebe eines Gewerbes oder der Landwirthschaft oder aus Grund- oder Kapitalvermögen gar kein Einkommen haben. Beziehen dieselben aber aus einer dieser Quellen ein Einkommen, so sind sie, auch wenn dasselbe weniger als 420 M. beträgt, in die Nachweisung aufzunehmen.

B. Reklamation. Rekurs.

Art. I §. 14 des Ges. v. 25. Mai 1873, Art. IV des Ges. vom 16. Juni 1875.

Reklamationen müssen binnen einer Präklusivfrist von zwei Monaten nach der vorgeschriebenen Bekanntmachung der Steuerrolle, oder bei Veranlagungeu im Laufe des Jahres, nach erfolgter Benachrichtigung des Steuerpflichtigen. von dem Steuerbetrage bei dem Landrath bezw. dem ersten Bürgermeister des Stadtkreises eingegeben werden.

Für sämmtliche hiernach in die Nachweisung übertragenen Personen ist der Betrag des ermittelten Jahreseinkommens zu vermerken, auch die Steuerstufe anzugeben, in welche dieselben nach dem Gutachten des Gemeindevorstandes einzuschätzen sind.

Das besondere Einkommen derjenigen Personen, welche einem bestehenden Haushalt angehören, wird dem Einkommen des Haushaltungsvorstandes hinzugerechnet und die sich ergebenbende Summe bei dem Vorstande eingetragen.

§. 6 a. a. O.

Wegen des Veranlagungsverfahrens für die zu einem kombinirten Einschätzungsbezirke gehörenden Gemeinden und selbständigen Gutsbezirke vgl. die Instruktion vom 21. Juni 1875 zur Ausführung des Gesetzes vom 16. Juni 1875.

Wegen der Formulare zur Einkommens-Nachweisung vgl. C.R. v. 29. August 1877.

Zu §. 14.

1. Die Reklamationen sind vom Landrath (ersten Bürgermeister) in ein darüber zu führendes Register einzutragen, welches nach Ablauf der Präklusivfrist geschlossen wird. Da die Festsetzung der Klassensteuer-Rollen bereits Anfangs März erfolgt sein muß, so kann die Offenlegung derselben schon im März in der Weise erfolgen, daß die Frist zur Offenlegung im Anfange des Monats April abläuft und mit diesem Zeitpunkt die Reklamationsfrist zu laufen beginnt.

Die Einlegung des Rechtsmittels ist auch wegen zu niedriger Einschätzung zulässig.

Der Landrath (erster Bürgermeister) hat die innerhalb der Präklusivfrist eingehenden Reklamationen nach Eintragung in das vorgeschriebene Register, ohne erst den Ablauf der Präklusivfrist abzuwarten, zu prüfen und ungesäumt die zu deren Erörterungen noch erforderlichen Anordnungen zu treffen, indem er über die erheblichen thatsächlichen Behauptungen zuverlässige Nachrichten einzieht und geeignetenfalls die vom Reklamanten angebotenen Beweise erhebt. Ob und in welchen Fällen behufs Vorbereitung der Entscheidung die Begutachtung durch die Einschätzungs-Kommission zu erfordern sei, bleibt vorbehaltlich der von der Regierung etwa getroffenen Anordnungen der Beurtheilung des Landraths überlassen.

Ueber die Reklamationen entscheidet nach darüber eingeholtem Gutachten einer von der Kreisvertretung, in den Stadtkreisen von der Gemeindevertretung zu wählenden Reklamations-Kommission die Regierung.

Gegen den Reklamationsbescheid steht dem Reklamanten der in einer Präklusivfrist von vier Wochen nach dem Empfange der ersteren bei dem Landrath bezw. ersten Bürgermeister des Stadtkreises einzugebende Rekurs an das Finanz-Ministerium offen.

Die Resultate der vorgenommenen Erörterungen sind den Reklamationsverhandlungen beizufügen.

Die Reklamationen derjenigen Censiten, welche nach geschehener Veranlagung ihren Wohnsitz in einen andern Veranlagungsbezirk verlegt haben, unterliegt in der Regel der Prüfung, Begutachtung und Entscheidung durch die zuständigen Kommissionen und Behörden des neuen Wohnorts bezw. des Kreises oder Bezirks, in welchem derselbe belegen ist. Ist jedoch die Reklamation schon vor dem Umzuge dem Landrath (Bürgermeister) des Kreises eingereicht, so verbleibt die Zuständigkeit zur Begutachtung und Entscheidung bei den Kommissionen und Behörden des Veranlagungsortes, Kreises und Bezirks. Dasselbe gilt im Rekursverfahren.

§. 12 Instr. v. 12. Decbr. 1873.

R. d. F. M. v. 27. October 1874, 20. Mai u. 3. November 1879 und 18. Juni 1880.

Wendet sich der Beschwerdeführer an eine unzuständige Behörde, so hat diese das Gesuch an die zuständige Behörde abzugeben, ohne daß dem Beschwerdeführer die Zwischenzeit auf die Frist angerechnet wird.

R. d. F. M. v. 15. Juli 1874.

Die Präklusivfrist ist nur bei denjenigen Personen, welche zur Zeit der Bekanntmachung der Steuerrollen — also bis zur Beendigung des Termins für die Offenlegung — ihren Wohnsitz an dem Orte haben, von der Offenlegung der Rolle zu berechnen. Die vor dieser Zeit nach einem andern Orte verzogenen Personen müssen eine besondere Benachrichtigung über ihre Veranlagung erhalten, von deren Behändigung die Frist zu berechnen ist.

R. d. F. M. v. 17. Novbr. 1875 u. 14. Decbr. 1882.

Vgl. auch R. v. 5. Juli 1860 S. 324.

Wenn das Ende der Frist auf einen Sonntag oder allgemeinen Feiertag fällt, endigt die Frist erst mit dem Ablauf des folgenden Werktages. Der Tag der Zustellung bezw. der letzte Tag der Offenlegung der Steuerrolle wird bei dem Laufe der Präklusivfrist nicht mitgerechnet.

R. d. F. M. v. 3. October 1884.

Für die Bestimmung des Zeitpunkts der Behändigung ist bei Postsendungen nicht das Datum des Poststempels, sondern der Tag der Behändigung maßgebend.

R. d. F. M. v. 22. Febr. 1887.

Der Landrath (Bürgermeister) fertigt eine Nachweisung der Reklamationen nach einem bestimmten Muster, sorgt dafür, daß von der Kreisvertretung (in Stadtkreisen der Gemeindevertretung) die Kommission zur Begutachtung der Reklamationen, nachdem die Regierung die Zahl der Mitglieder bestimmt hat, gewählt wird und beruft dieselbe vor Ablauf des Monats Juni. Bei der Bestimmung der Zahl der Mitglieder hat die Regierung hauptsächlich die Zahl der Klassensteuerpflichtigen jedes Kreises sowie die größere oder geringere Gleichartigkeit in ihren Erwerbs- und Einkommensverhältnissen in Betracht zu ziehen; jedoch ist hiebei als Regel festzuhalten, daß wenigstens 3 und höchstens 9 Mitglieder zu wählen sind.

Die Verhandlungen hat der Landrath (Bürgermeister) damit zu eröffnen, daß er von den Mitgliedern der Kommission die Geheimhaltung der Vermögens- und Einkommensverhältnisse, welche bei dem Geschäft zu ihrer Kenntniß gelangen, mittelst Handschlags an Eidesstatt geloben läßt. In den Sitzungen führt der Landrath (Bürgermeister) den Vorsitz und hat an allen Berathungen theilzunehmen. Ein Stimmrecht steht ihm indeß nicht zu.

Der Kommission bleibt es überlassen, von den ihr gesetzlich ertheilten Befugniß zur genaueren Feststellung der Vermögens- und Einkommensverhältnisse der Reklamanten Gebrauch zu machen. Sie faßt ihre Beschlüsse nach einfacher Stimmenmehrheit. Ihr Gutachten wird in die Nachweisung eingetragen und diese, nachdem der Landrath (Bürgermeister) sein Gutachten hinzugefügt hat, mit sämmtlichen Beschwerdeschriften der Regierung bis zum 20. Juli eingereicht.

§. 12 Instr. v. 12. Decbr. 1873.

R. d. F. M. v. 12. April 1879.

Im Falle der Steuerermäßigung oder Befreiung werden besondere Ausfertigungen der dieselbe bestimmenden Erlasse durch den Landrath dem Gemeindevorstande übersendet, um als Beläge zu den Abgangslisten zu dienen. Erfolgt die gänzliche oder theilweise Zurückweisung der Beschwerde, so werden die den Beschwerdeführern zu ertheilenden Bescheide durch den Landrath (Bürgermeister) unverzüglich ausgefertigt und den Reklamanten behändigt. In diesen Bescheiden sind die Einkommensverhältnisse und sonstigen Umstände, durch welche die veranlagte Steuerstufe gerechtfertigt wird, desgleichen die Gründe, aus welchen die Angaben des Reklamanten keine Berücksichtigung verdienen, kurz und bestimmt anzugeben. Sie müssen außerdem die Belehrung enthalten, daß gegen die Entscheidung dem Reklamanten der in einer Präklusivfrist von 4 Wochen nach dem Empfange der ersteren bei dem Landrath (Bürgermeister) einzugebende Rekurs an das Finanz-Ministerium offen steht.

§. 12 a. a. O. — R. d. F. M. v. 5. März 1875.

Die Reklamationsbescheide müssen eine bestimmte Angabe darüber enthalten:

a. welches Jahreseinkommen bei Festsetzung der Stufe maßgebend gewesen ist,

b. ob Verhältnisse, welche nach §. 7 des Gesetzes eine Ermäßigung zulassen nachgewiesen, bezw. ob dieselben berücksichtigt sind,

C. Erhebung der Steuer.

§. 1 des Ges. v. 2. Januar 1874. Ges.S. S. 9.

§. 15. Hinsichtlich der örtlichen Erhebung der Steuer verbleibt es bei den bestehenden Bestimmungen.

---

c. in den Fällen, in welchen eine Freilassung von der Steuer beantragt ist, ob Gründe, welche eine solche nach §. 5. 7 des Gesetzes rechtfertigen, vorliegen oder nicht.

Sie müssen außerdem die Belehrung enthalten, daß gegen die Entscheidung dem Reklamanten der in einer Präklusivfrist von 4 Wochen nach dem Empfange der ersteren bei dem Landrath einzugebende Rekurs an das Finanz-Ministerium offen steht.

R. d. F. M. v. 5. März 1875.

2. Die Rekursanmeldung ist zwar protokollarisch aber nicht blos mündlich statthaft.

Der Rekursschrift ist der ablehnende Bescheid beizufügen. Ist die Frist bereits abgelaufen, so weist der Landrath (Bürgermeister) den Beschwerdeführer sogleich zurück. Andrenfalls nimmt er ungesäumt diejenigen Erörterungen vor, zu welchen der Rekurs Veranlassung giebt, stellt demnächst über die eingegangenen und vollständig erörterten Rekurse eine Nachweisung nach einem bestimmten Muster in doppelter Ausfertigung auf, welche mit den Rekursschriften und Verhandlungen der Regierung zu überreichen sind.

§. 14 Instr. v. 12. Decbr. 1873. — R. d. F. M. v. 26. Octbr. 1850.

In Fällen, in denen eine theilweise Zurückweisung der Rekursbeschwerde erfolgt ist, muß ein Bescheid ertheilt werden, in welchem die Einkommensverhältnisse oder sonstigen Umstände, welche die durch die Rekursentscheidung bestimmte Steuerstufe rechtfertigen, desgleichen die Gründe, aus denen die Angaben des Rekurrenten keine Berücksichtigung haben finden können, kurz angegeben sind.

R. d. F. M. v. 8. Febr. 1876.

3. Bis zur Entscheidung über eine Reklamation bezw. einen Rekurs ist in außerordentlichen Fällen die Stundung auf Höhe des ganzen bezw. des zu ermäßigenden Betrages durch die Landräthe (in Stadtkreisen die Bürgermeister) zuläßig, wenn

a. das Rechtsmittel nach vorgängiger Prüfung von ihnen für begründet erachtet wird,

b. die Ueberzeugung gewonnen ist, daß der Censit außer Stande ist, die veranlagte Steuer aus eigenen Mitteln bis zur Entscheidung fortzuentrichten, ohne in seinem Nahrungs- bezw. Vermögensstande gefährdet zu werden.

Die Stundung setzt den Antrag des Censiten voraus. Die gestundeten Beträge sind in eine Nachweisung einzutragen, welche mit den Reklamations- bezw. Rekurs-Nachweisungen der Regierung vorzulegen ist. Letztere kann die Stundung widerrufen.

Zu §. 15.

R. d. F. M. v. 30. Novbr. 1878.

1. In dem Geltungsbereich der Städteordnung vom 30. Mai 1853 findet

Die für die Erhebung zu bewilligenden Gebühren, aus welchen auch alle Nebenkosten der Veranlagung für Papier, Druckformulare u. a. m. zu bestreiten, dürfen den Betrag von sechs Prozent der eingezogenen Steuer nicht übersteigen.

Die zur örtlichen Erhebung der Klassensteuer nicht verpflichteten Gemeinden erhalten zur Begleichung der Nebenkosten der Veranlagung drei Prozent der eingezogenen Steuer.

---

die örtliche Erhebung statt, während in der Provinz Schleswig-Holstein die Erhebung durch die Steuerempfänger erfolgt, den Gemeinden daher nur die Veranlagung obliegt.

2. Die Kosten der Formulare:

a) zu den Kreisnachweisungen über die Klassensteuerveranlagung,

b) zu den Kreisnachweisungen über die Zu- und Abgänge,

c) zu den von den Landrathsämtern festzustellenden Reklamations-Nachweisungen,

d) zu den Rekurs-Nachweisungen

sind den klassensteuerpflichtigen Gemeinden nicht zur Last zu legen, da diese Formulare nicht zur Verwaltung der Klassensteuer, soweit sie den Gemeinden obliegt, erforderlich sind.

R. d. F.M. v. 6. Juni 1857.

3. Die Gemeinden sind verpflichtet, alle durch die Korrespondenz in Angelegenheiten der Klassensteuer entstehenden Portokosten zu übernehmen. Es macht hierbei keinen Unterschied, ob die Korrespondenz zwischen Staats- und Kommunalbehörden oder zwischen Kommunalbehörden unter sich stattfindet.

Die in Sachen der direkten Staatssteuern stattfindenden Korrespondenzen der Kommunalbehörden unter sich sind durchweg von der absendenden Behörde zu frankiren, und zwar auch dann, wenn seitens der Behörden von mahl- und schlachtsteuerpflichtigen Städten Klassensteuerveränderungsbeläge an Behörden in klassensteuerpflichtigen Orten zurückgesandt werden.

R. d. F.M. u. M. d. J. v. 20. Juli 1870.

Die von den Staatsbehörden in Angelegenheiten der Veranlagung und Erhebung der direkten Staatssteuern abgehenden Postsendungen sind von diesen zu frankiren.

R. d. F.M. u. M. d. J. v. 30. Juni 1871.

Diejenigen Portokosten, welche durch die Absendung der festgestellten Klassensteuerrollen an die Gemeindevorstände zum Zwecke Offenlegung derselben entstehen, sind allemal auf die Staatskasse zu übernehmen.

R. d. F.M. u. M. d. J. v. 8. Juli 1877.

Bescheide, durch welche Reklamationen oder Rekurse für begründet erklärt werden, sind portofrei zu befördern.

R. d. F.M. v. 10. Februar 1865.

4. Am Schlusse eines jeden Halbjahres übersendet der Gemeindevorstand (in der Provinz Schleswig-Holstein der Steuerempfänger) dem Landrath

§. 6 Ges. v. 16. Juli 1880 Ges.S. S. 287. §. 5 Ges. v. 26. März 1883 Ges.S. S. 37.

Die für die örtliche Erhebung und für die Veranlagung der Klassensteuer den Gemeinden bewilligten Gebühren sind auch von den unerhoben bleibenden Monats-Raten der Klassensteuer aus der Staatskasse zu gewähren, mit der Maßgabe, daß hinsichtlich der aufgehobenen Stufen 1. 2. der Klassensteuer nur für die Veranlagung die Gebühr von drei Prozent des Veranlagungssolles gewährt wird.

---

in doppelter Ausfertigung ein von den erforderlichen Unterlagen begleitetes nach einem bestimmten Muster aufgestelltes Verzeichniß der ungeachtet der angewendeten Zwangsmaßregeln rückständig gebliebenen Beträge. In die Ausfalllisten für das erste Semester sind nur solche Beträge aufzunehmen, deren völlige Uneinziehbarkeit bereits mit Bestimmtheit festgestellt ist, nicht aber solche, deren Einzahlung im zweiten Semester erwartet werden darf.

Die in die Ausfalllisten aufgenommenen Rückstände sind, wenn es sich um Personen handelt, welche zu einer höheren als der vierten Stufe eingeschätzt sind, kurz zu erläutern.

§. 1 der Instr. v. 12. Decbr. 1873.

Der Gemeindevorstand führt eine genaue Kontrole der im Laufe des Jahres zu- und abgehenden klassensteuerpflichtigen (also nicht auch der aus irgend einem Grunde von der Klassensteuer befreiten) Personen und setzt den Steuerempfänger von jedem Zu- und Abgange sogleich in Kenntniß. Letzterer muß gleichfalls von den ihm eher bekannt werdenden Zu- und Abgängen dem Gemeindevorstande unverweilt Kenntniß geben. Für Ausfälle, welche dadurch entstehen, daß dem Steuerempfänger die Zugänge überhaupt nicht rechtzeitig mitgetheilt werden, ist der Gemeindevorstand verantwortlich.

Zur Abstellung der Unzuträglichkeiten, welche in einzelnen Fällen aus der unzureichenden Kontrole über die Zu- und Abgänge klassensteuerpflichtiger Militärpersonen erwachsen sind, hat der Kriegsminister im Einverständniß mit dem Finanzminister bestimmt, daß den betreffenden Veranlagungsbehörden von jeder Veränderung, namentlich von den Zu- und Abgängen unter den klassensteuerpflichtigen Offizieren und Militärbeamten durch die Garnisonältesten bezw. Kommandanturen Mittheilung gemacht wird.

§. 2 a. a. O. — R. d. F. M. v. 9. August 1869.

Wegen der Entstehung der Zu- und Abgänge vgl. §. 3. 4. 5. 7 der Instr. v. 12. Decbr. 1873.

Hinsichtlich der Fälle, in denen ein Anzug aus andern Gemeinden bezw. ein Umzug in einen andern klassensteuerpflichtigen Ort stattfindet, sind die Gemeindevorstände verpflichtet, sich durch gegenseitige Mittheilung von dem geschehenen Ortswechsel und der Besteuerung Gewißheit zu verschaffen. Zur Erleichterung dieser Mittheilung hat die Behörde, bei welcher der Abgang stattfindet, gleich nach erfolgtem Abgange eine Benachrichtigung nach einem bestimmten Muster auszufüllen, und der Behörde des Orts, wohin der Umzug geschehen, zu übersenden. Letztere ist gehalten, die betreffende Bescheinigung auszufertigen und an die erstgenannte Behörde sofort zurückzusenden.

Diese Mittheilungen finden indeß nur bei solchen Censiten statt, welche zur dritten oder einer höheren Stufe veranlagt sind.

§. 6 Instr. v. 12. Dezbr. 1873.

Hinsichtlich des Zeitpunkts der Zu- und Abgangstellung vgl. §. 8 a. a. O.

Auf Grund der Notizen über die Zu- und Abgänge fertigt der Gemeindevorstand unter Zuziehung des Erhebers im Anfange der Monate September und März die Zu- und Abgangslisten der Gemeinde nach einem bestimmten Muster an, fügt eine unter Beachtung der bezüglichen Vorschriften zu führende Einkommensnachweisung über die in die Zugangsliste aufgenommenen Steuerpflichtigen bei, und überreicht dieselbe mit den Listen in einfacher Ausfertigung spätestens am 20. Tage der genannten Monate mit den erforderlichen Belägen dem Landrath, welcher nach erfolgter Prüfung derselben die Kreisnachweisung nach bestimmtem Muster aufstellt und der Regierung in zwei Exemplaren mit den gesammten Materialien am Schlusse des Monats September bezw. März überreicht. In den Stadtkreisen hat der erste Bürgermeister in dieser Beziehung die Obliegenheiten des Landraths wahrzunehmen.

Vgl. §. 9. 10 Instr. v. 12. Decbr. 1873.

Vgl. auch C.R. d. F. M. v. 29. August 1877.

Die Regierung stellt nach erfolgter Prüfung die Listen bezw. Kreisnachweisungen fest und sendet sie mit den Belägen dem Landrath (Bürgermeister) zurück. Dieser fertigt die festgestellten bzw. berichtigten Ausfall- und Gemeinde-Zu- und Abgangslisten den Gemeindevorständen zu und übersendet die von der Regierung festgesetzten Kreisnachweisungen der Ausfälle und der Zu- und Abgänge nebst den Belägen der Kreiskasse, erledigt auch die Erinnerungen der Regierung.

In der Provinz Schleswig-Holstein werden Auszüge aus den Kreisnachweisungen den Steuerkassen, die Nachweisungen selbst mit den Belägen den Kassen zugefertigt, welche die Rechnung über die direkten Steuern legen.

§. 11 Instr. v. 12. Decbr. 1873.

5. Für die Ausfalllisten, Zu- nnd Abgangskosten der klassifizirten Einkommensteuer findet eine Betheiligung der Gemeindevorstände in folgenden Punkten statt:

a) Dieselben sind verpflichtet, ein Register über die im Laufe des Jahres zugehenden einkommensteuerpflichtigen Personen zu führen und über den Eintritt eines Zugangs längstens binnen 8 Tagen nach erlangter Kenntniß dem Vorsitzenden der Einschätzungs-Kommission Anzeige zu machen. Dabei ist der Zeitpunkt, von welchem ab die Steuerpflichtigkeit begonnen hat, bezw. der Anzug erfolgt ist, genau anzugeben. Zugleich müssen die Gemeindevorstände in den Fällen, in welchen die Einschätzung noch zu bewirken ist, sich über die Höhe des Einkommens gutachtlich äußern.

II. Klassifizirte Einkommensteuer.

§. 21.

1. Behufs der Einschätzung zur klassifizirten Einkommensteuer wird alljährlich für jeden landräthlichen Kreis, sowie für jede zu einem Kreisverbande nicht gehörige Stadt unter dem Vorsitz des Landraths oder eines besonderen von der Bezirksregierung zu ernennenden Kommissars eine Kommission gebildet, deren Mitglieder von der Kreis- beziehungsweise Gemeindevertretung zu einem Drittheil aus Mitgliedern derselben, zu zwei Drittheilen aber aus den einkommensteuerpflichtigen Einwohnern des Kreises oder der Stadt gewählt werden.

Bei der Wahl der letzteren ist darauf zu sehen, daß die verschiedenen in dem Kreise oder in der Stadt vorhandenen Arten des Einkommens (aus Grundeigenthum, Kapitalbesitz und Gewerbebetrieb) möglichst gleichmäßig vertreten werden.

Die Wahl darf nur aus Gründen, welche zur Ablehnung einer Vormundschaft berechtigen, oder in dem Falle abgelehnt werden, wenn der Gewählte bereits drei Jahre hinter einander Mitglied der Einschätzungskommission gewesen ist.

Die Zahl der Mitglieder dieser Kommission wird für die einzelnen Kreise und Städte mit Rücksicht auf deren Größe und auf die Einkommensverhältnisse ihrer Einwohner von der Bezirksregierung bestimmt.

---

b) Abgänge müssen im Allgemeinen von den Steuerpflichtigen ausgehen, welche dieselben bei dem Vorsitzenden der Einschätzungs-Kommission unmittelbar oder durch Vermittelung des Gemeindevorstands ihres Wohnorts anzubringen und durch Beifügung der erforderlichen Beweismittel zu begründen haben.

§§. 3. 6 Instr. v. 24. Septbr. 1851.

Zu §. 21.

1. Die Wahlen erfolgen nach absoluter Stimmenmehrheit und bedürfen nicht der Bestätigung seitens der Bezirksregierung, sondern sind von derselben nur in Bezug auf ihre formelle Gültigkeit zu prüfen. Der Vorsitzende der Einschätzungs-Kommission hat ein Verzeichniß der gewählten Mitglieder und ihrer Stellvertreter an die Bezirksregierung einzureichen.

In den Stadtkreisen tritt der von der Bezirksregierung ernannte Kommissar an die Stelle des Landraths.

§. 9. Anweisung v. 4. März 1877. Vgl. auch R. d. F. M. v. 8. Mai 1851.

Die Wahl der Mitglieder ist in allen landräthlichen Kreisen von den-

Der letzteren steht auch die Befugniß zu, innerhalb desselben landräthlichen Kreises für einzelne größere städtische oder ländliche Gemeinden die Bildung besonderer Einschätzungskommissionen nach den in Vorstehendem gegebenen Bestimmungen anzuordnen. In großen Städten können mehrere Unterkommissionen gebildet werden.

§. 22.

2. Bei der durch den Vorsitzenden der Einschätzungs-Kommission aufzunehmenden Nachweisung der steuerpflichtigen Einwohner und Beschaffung der erforderlichen Nachrichten über deren Vermögens- und Einkommensverhältnisse kann sich derselbe der Mitwirkung der Gemeindevorstände, welche allen seinen Aufforderungen Folge zu leisten schuldig sind, bedienen.

---

jenigen Organen wahrzunehmen, welchen die Wahrnehmung der Rechte der Kreisvertretung zur Zeit der Wahl anvertraut ist. In den Stadtkreisen oder wo nach der näheren Festsetzung der Regierung für einzelne größere städtische oder ländliche Gemeinden innerhalb eines landräthlichen Kreises besondere Einschätzungs-Kommissionen gebildet sind, muß die Wahl seitens der betreffenden Gemeindevertretung bewirkt werden. Die Zahl der Mitglieder soll der Regel nach 6 nicht übersteigen. Zur Vertretung dauernd behinderter Mitglieder sollen Ersatzmänner gewählt werden. Für die Wahl des einen Drittels besteht keineswegs das Erforderniß, daß die Gewählten einkommensteuerpflichtig seien. Bei Wahl der zwei Drittheile sind auch einkommensteuerpflichtige Mitglieder der Kreis- bezw. Gemeindevertretung wählbar.

R. d. F.M. v. 17. Juli 1852.

Mitglieder, welche zu den zwei Drittheilen gehören, scheiden aus, sobald sie aufhören, einkommensteuerpflichtig zu sein.

R. d. F.M. v. 6. März 1858.

Zu §. 22.

1. In die Nachweisung hat der Gemeindevorstand alle diejenigen Personen aufzunehmen, welche

1) bereits im Vorjahre zur Einkommensteuer veranlagt waren, oder
2) von den Klassensteuer-Einschätzungs-Kommissionen bei der Einschätzung zur Klassensteuer für das kommende Veranlagungsjahr mit einem Einkommen über 3000 M. angesprochen, oder
3) vom Vorsitzenden der Einkommensteuer-Einschätzungs-Kommission als einkommensteuerpflichtig bezeichnet sind, oder sonst
4) nach pflichtmäßiger Ueberzeugung des Gemeindevorstandes ein Einkommen von mehr als 3000 M. haben.

Der Gemeindevorstand hat außerdem alle Merkmale, welche ein Urtheil über das Einkommen der Censiten näher zu begründen geeignet sind, soweit dies ohne tieferes Eindringen in deren Verhältnisse geschehen kann, sorgfältig zu sammeln.

3. Die hiebei betheiligten Beamten sind kraft des von ihnen geleisteten Amtseides zur Geheimhaltung der Vermögens- und Einkommensverhältnisse, welche bei diesem Geschäft zu ihrer Kenntniß gelangen, verpflichtet.

4. Nach §. 33 des Ges. vom 1. Mai 1851 verfällt derjenige, welcher bei der Erörterung einer von ihm erhobenen Reklamation auf die dieserhalb an ihn ergangene besondere Aufforderung wissentlich einen Theil seines Einkommens verschwiegen oder zu gering angegeben hat, in eine Strafe zur Höhe des vierfachen Jahresbetrages der hinterzogenen oder zu hinterziehen versuchten Steuer. In diesen Fällen unterbleibt das gerichtliche Strafverfahren, falls der Steuerpflichtige sich freiwillig zur Bezahlung der verkürzten Steuer, des vierfachen Jahresbetrages derselben und der Kosten des Verfahrens bereit erklärt. Eine solche in verbindlicher Form vor dem Landrathe oder dem Gemeindevorstande abgegebene Erklärung hat im Nichtzahlungsfalle die Wirkung eines gerichtlichen Erkenntnisses.

Die Resultate dieser Ermittelungen hat derselbe in die Nachweisung (nach Formular) einzutragen und diese dem Vorsitzenden der Einschätzungs-Kommission jährlich bis zu dem von diesem zu bestimmenden Termine einzureichen.

§. 11 der Anw. v. 4. März 1877.

2. Für die Prüfung und Vervollständigung der Nachweisung steht dem Vorsitzenden der Einschätzungs-Kommission neben Erhebung anderer Beweismittel das Recht zu, von den Gemeindebehörden und Gemeindebeamten Information einzuziehen und die Kommunalsteuer-Rollen einzusehen.

§. 12 a. a. O.

3. Mittheilungen über die Einkommens- und Vermögensverhältnisse dürfen seitens der Vorsitzenden der Einschätzungs-Kommissionen nur für die Zwecke der Gemeinde-Einkommensteuer gemacht werden. Zu diesem Behuf dürfen aus den staatlichen Einkommens-Nachweisungen nur Mittheilungen

a) über die Veranlagungsgrundsätze der Staatssteuer hinsichtlich der in der Gemeinde selbst vorhandenen Einkommensteuerpflichtigen,

b) über das Einkommen der Forensen aus den innerhalb der Gemeinde belegenen Grundstücken oder gewerblichen Etablissements,

c) über das Einkommen der Gemeinde-Einwohner aus dem außerhalb des Gemeindebezirks belegenen Grundeigenthum und auswärtigem Gewerbebetrieb so wie über das Gesammteinkommen solcher Einwohner

gemacht werden. Die Mittheilung einer vollständigen Abschrift der Einkommens-Nachweisung ist hiernach unzulässig. Indeß wird in solchen Fällen, in denen nach dem Kommunalsteuer-Regulativ einzelnen Theilen des Einkommens Steuerfreiheit eingeräumt ist, nachgelassen, daß über diese be-

III. Gewerbesteuer.

A. Stehendes Gewerbe.

Gesetz wegen Entrichtung der Gewerbesteuer vom 20. Mai 1802. (Ges.S. S. 147ff.)

§. 19.

a) Wer ein Gewerbe betreiben will, es mag steuerfrei oder pflichtig sein, muß der Kommunalbehörde des Orts Anzeige davon machen.

b) Zur Anzeige an diese Behörde ist auch derjenige verbunden, der sein bisheriges Gewerbe im Orte zu treiben aufhört.

---

freiten Einkommensbezüge bezw. über den Betrag des Gesammt-Einkommens Mittheilungen gemacht werden.

R. d. F. M. v. 3. Mai 1873.

Zu §. 19.

Die Anzeige erfolgt vorher oder spätestens mit dem Beginne schriftlich oder zu Protokoll.

Die Aufnahme besonderer Protokolle kann durch Vermerk im Notizregister bezw. dem Verzeichniß der An- und Abmeldungen vermieden werden.

In gleicher Weise wie vom Beginn des Gewerbes ist auch von demjenigen Anzeige zu machen, welcher

1) sein bisheriges Gewerbe in solcher Weise ausdehnt oder ändert, daß dasselbe dadurch steuerpflichtig wird;
2) sein bisher schon steuerpflichtiges Gewerbe in solcher Weise ausdehnt oder ändert, daß dadurch die Verpflichtung zur Entrichtung einer neuen Steuer oder einer erhöhten Steuer begründet wird;
3) sein bisher steuerpflichtiges Gewerbe in solcher Weise einschränkt oder ändert, daß dadurch ein Anspruch auf Befreiung von der Steuer oder Minderung derselben begründet wird;
4) sein bisheriges Gewerbe einstellt, ohne Unterschied, ob dasselbe von einem Andern fortgesetzt wird oder nicht.

Wird das Gewerbe von mehreren Personen (Gesellschaften) oder von einer Aktien- oder ähnlichen Gesellschaft oder einer Korporation betrieben, so ist ersteren Falls jeder Theilnehmer, letzteren Falls jedes Mitglied des geschäftsführenden Vorstandes zur Anzeige verpflichtet. Hat jedoch Einer der Verpflichteten die Anzeige gemacht, so werden dadurch die gesetzlichen Folgen der Unterlassung für die Uebrigen ausgeschlossen.

§§. 77. 78. 79. Anw. v. 20. Mai 1876.

Die Kommunalbehörde hat innerhalb dreier Tage eine schriftliche Bescheinigung über den Empfang der Anzeige zu ertheilen.

In Berlin sind die Anzeigen bei der Direktion für die Verwaltung der direkten Steuern zu bewirken.

Durch die Anzeige bei der Polizeibehörde wird der Verpflichtung nicht genügt, wenn nicht der Gemeindevorstand zugleich die Funktionen der Ortspolizeibehörde ausübt.

Ist die Ausübung des beabsichtigten Gewerbebetriebes von Ertheilung einer polizeilichen Legitimation oder Konzession abhängig, so hat der Anmeldende dieselbe gleichzeitig vorzulegen. Wird aber der Nachweis der polizeilichen Erfordernisse nicht erbracht, so hat der Gemeindevorstand (in Berlin die Direktion für die Verwaltung der direkten Steuern) zwar bezüglich der Besteuerung das Weitere zu veranlassen, den Anmeldenden aber schriftlich oder zu Protokoll dahin zu belehren, daß durch die Anmeldung zur Besteuerung der Verpflichtung zur Erfüllung der polizeilichen Vorschriften bezüglich des Beginnes bezw. der Ausübung des Gewerbebetriebs nicht genügt werde.

Der Gemeindevorstand hat ferner der kompetenten Polizeibehörde, wenn er deren Funktionen nicht selbst ausübt, hiervon Kenntnis zu geben.

Ueberhaupt haben die Kommunal- und Polizeibehörden durch gegenseitige Mittheilung und durch Belehrung des Gewerbetreibenden dahin zu wirken, daß der Anmeldepflicht Genüge geleistet wird und Kontravention möglichst vermieden werde.

Die Veranlagungsbehörden haben alle eingehenden An- und Abmeldungen in ein für jedes Veranlagungsjahr zu führendes Notizregister zu verzeichnen. Die Führung des Notizregisters in Berlin ist durch besondere Bestimmungen geregelt.

Diejenigen Gemeindevorstände, welche nicht gleichzeitig Veranlagungsbehörden sind, haben alle bei ihnen vorkommenden An- und Abmeldungen in ein Verzeichniß einzutragen und pünktlich an die Veranlagungsbehörde zu befördern.

Von jeder in das Notizregister einzutragenden Veränderung hinsichtlich der zu zahlenden Steuer oder der Person der Steuerpflichtigen hat die Veranlagungsbehörde binnen längstens 14 Tagen dem Steuerempfänger Kenntniß zu geben, welcher in seiner Hebeliste bezw. seinem Kontobuche das Erforderliche vermerkt.

Die Veranlagungsbehörden haben dabei zu beachten, daß in den nach Mittelsätzen besteuerten Klassen Diejenigen, welche im Laufe des Jahres oder im Vorjahre nach erfolgter Steuervertheilung für das laufende Steuerjahr den steuerpflichtigen Gewerbebetrieb begonnen haben, in der Regel mit dem Mittelsatze der betreffenden Klasse und Abtheilung zu besteuern sind.

Für Ausfälle, welche dadurch entstehen, daß dem Steuerempfänger die Zugänge überhaupt nicht, oder nicht rechtzeitig mitgetheilt werden, ist, falls dieselben durch die unterlassene oder verzögerte Mittheilung des Gemeindevorstandes an die Veranlagungsbehörde entstanden sind, der Gemeindevorstand, anderenfalls die Veranlagungsbehörde verantwortlich.

Wegen der den Bürgermeistern, Amtmännern oder Gemeindevorständen für die Ortschaften der vierten Gewerbesteuerabtheilung zu übertragenden Theilnahme an den bezeichneten Funktionen der Veranlagungsbehörde und der von denselben den Steuerempfängern bezw. Ortserhebern zu machenden Mittheilungen über An- und Abmeldungen sind von den Regierungen nach Bedürfniß unter Berücksichtigung der Gemeindeverfassungs- und sonstigen Verhältnisse der einzelnen Bezirke besondere Anordnungen zu erlassen.

§. 29.

b) In den drei ersten Abtheilungen leiten die Magistrate, in der vierten die Landräthe die Wahlen der Abgeordneten (der Steuergesellschaften) und führen die Aufsicht bei den Berathungen über dieselben.

Die bezüglich der Steuerpflichtigen der Klasse A I in das Notizregister einzutragenden Veränderungen sind von den Veranlagungsbehörden unter Beifügung der bezüglichen Veränderungen der Regierung anzuzeigen.

§. 82—86 Anw. v. 20. Mai 1876.

Der Festsetzung der Nachsteuer und der vorläufigen Straffestsetzung hat die summarische Feststellung des Straffalles und der Verhältnisse des Beschuldigten *vorauszugehen, welche hinsichtlich* der Hinterziehungen der Steuer vom stehenden Gewerbebetriebe den Veranlagungsbehörden, hinsichtlich des Gewerbebetriebs im Umherziehen den Polizeibehörden, wie bisher, zusteht und obliegt. Dieselben haben demnächst die bezüglichen Verhandlungen nebst ihren motivirten Vorschlägen über die festzusetzende Strafe und Steuer der Regierung einzureichen, unter gleichzeitiger Nachweisung der erwachsenen Kosten; in denjenigen Fällen aber, wo die vorläufige Straffestsetzung durch die Regierung ausgeschlossen ist, die Verhandlungen an die Staatsanwaltschaft abzugeben, und wegen Festsetzung der Nachsteuer an die Regierung zu berichten.

Nr. 10 Anw. v. 30. August 1876.

Der Beginn aller selbständig betriebenen stehenden Gewerbe ist bei der Kommunalbehörde des Orts, wo sie betrieben werden, anzumelden. Ein Unterschied zwischen solchen Gewerben, welche überall oder doch in gewissem Betriebsumfange der Gewerbesteuer unterliegen, und solchen, welche unter allen Umständen von derselben freizustellen sind, findet nicht statt. Es bedarf indeß nur einer Anmeldung zur Genügung der gewerbepolizeilichen und der gewerbesteuerlichen Anmeldepflicht. Zur Aufnahme aller Anmeldungen der in Rede stehenden Art dient das von der Kommunalbehörde zu führende, zugleich für gewerbepolizeiliche Zwecke bestimmte Verzeichniß der beim stehenden Gewerbe vorgekommenen An- und Abmeldungen, während in das lediglich im Interesse der Gewerbesteuer-Kontrole von der Veranlagungsbehörde zu führende Notizregister nur die steuerpflichtigen und die wegen ihres Umfanges steuerfreien Gewerbe einzutragen sind.

R. d. F. M. v. 15. Juni 1883. Mitth. 17 S. 63.

Zu §. 29.

Die Wahlen erfolgen durch die jeder Abtheilung zur Zeit der Wahl angehörigen Gewerbtreibenden, indem die Letzteren zu diesem Zwecke in der 1. 2. und 3. Abtheilung durch die Veranlagungsbehörde in ortsüblicher Weise zur Wahl berufen werden. In der 4. Abtheilung wird die Wahl durch den Landrath veranlaßt.

Die Berufung zum Wahltermin erfolgt unter der Verwarnung, daß die Wahl ohne Rücksicht auf die Zahl der Erschienenen bezw. ihrer Stimmen-Ab-

§. 30.

a) Wo eine Vertheilung durch Gesellschaften der Steuerpflichtigen selbst nicht stattfindet, wird die Vertheilung in den drei ersten Abtheilungen durch die Kommunal- und in der vierten durch die Kreisbehörde bewirkt.

b) Diese Behörden sind jedoch verpflichtet, sich dabei des Raths der Gewerbetreibenden zu bedienen. Solche, welche in Kommunalämtern stehen, können hierbei ihre Mitwirkung nicht verweigern.

Gesetz vom 19. Juli 1861.

§. 13.

Die Vertheilung der Gewerbesteuer in der Klasse B erfolgt nach Vorschrift des §. 30 des Gesetzes vom 30. Mai 1820 wegen Entrichtung der Gewerbesteuer.

Verrichtungen der Kommunal und Kreisbehörden.

§. 31.

Den Kommunalbehörden in den drei ersten Abtheilungen und den Kreisbehörden in der vierten liegt es ob, die namentlichen Nachweisungen der Gewerbesteuerpflichtigen, welche in ihrer Stadtgemeinde oder in ihrem Kreise ein steuerpflichtiges Gewerbe treiben, jährlich anzufertigen. Sie sind für die Richtigkeit und Vollständigkeit dieser Nachweisungen verantwortlich.

---

gebenden vorgenommen werden können und daß, falls dieselbe überhaupt nicht oder nicht in vorgeschriebener Weise zu Stande kommt, die Steuervertheilung durch die Veranlagungsbehörde bewirkt werden wird.

§. 89 Anw. v. 20. Mai 1876.

Zu §. 31. 32.

Die von der Gemeinde- beziehungsweise Kreisbehörde festgestellte und den Abgeordneten Behufs Bewirkung der Einschätzung zugefertigte namentliche Nachweisung kann, wenn dabei von dem gutachtlichen Ausspruch der Mehrheit derselben abgewichen ist (unter a.), mittelst Berufung an die Bezirksregierung von ihnen binnen zehntägiger präklusivischer Frist angefochten werden. Wollen die Abgeordneten nach Mehrheitsbeschluß hiervon Gebrauch machen, so haben sie dies der Gemeinde- beziehungsweise Kreisbehörde innerhalb der zehntägigen Frist anzuzeigen, welche sodann ohne Verzug die Angelegenheit unter Angabe der von den Abgeordneten angeführten Gründe mit gutachtlicher Aeußerung über letztere der Regierung zur Entscheidung vorträgt.

Durch Entscheidung der Regierung über die Berufung der Abgeordneten wird die namentliche Nachweisung definitiv festgestellt und steht den

§. 32.

Auf den Grund derselben werden die Vertheilungen in vorgeschriebener Form (§§. 28. 30) vorgenommen, die Erhebungsrollen in den drei ersten Abtheilungen von der Kommunalbehörde, in der vierten von den Steuerbeamten angelegt und der Regierung zur Prüfung eingereicht. Der Finanzminister soll über das hierbei zu beobachtende Verfahren und über die Kontrole des Zu- und Abgangs besondere Anweisungen ertheilen.

Abgeordneten, denen nunmehr die Bewirkung der Steuervertheilung obliegt, ein weiteres Rechtsmittel nicht zu, wogegen es auch hier den einzelnen Steuerpflichtigen überlassen bleibt, falls sie sich durch die Besteuerung in einer vermeintlich zu hohen Steuerklasse beschwert finden, im Reklamations- und Rekursverfahren Abhülfe zu suchen und, sofern die Beschwerde begründet befunden wird, die Versetzung in die entsprechende niedrigere Klasse schon für das laufende Jahr zu erlangen.

Den Veranlagungsbehörden bleibt es unbenommen, sofern in einzelnen Fällen die von der zuständigen Regierung getroffenen Anordnungen etwa nicht mit ihrer eigenen Ansicht übereinstimmen, letztere der Regierung und bei gegebener Veranlassung auch dem Finanzministerium vorzutragen und wegen der ihnen erforderlich scheinenden Aenderung vorstellig zu werden. Das geordnete Verfahren in Bezug auf die Feststellung der namentlichen Nachweisungen darf hierdurch aber niemals durchbrochen und der Abschluß derselben nicht dergestalt verzögert werden, daß die rechtzeitige Bewirkung der Steuervertheilung und Feststellung der Rolle in Frage gestellt wird.

In Klasse A. II. kann den Abgeordneten, soweit es zur Verhütung von Mißgriffen oder zur Vermeidung von Aufenthalt zweckmäßig erscheint, ein Deputirter der Veranlagungsbehörde zur Seite gestellt werden, unter dessen Leitung, jedoch ohne allen materiellen Einfluß, das Geschäft zu vollziehen ist.

In Klasse B. erfolgt, sofern nicht auch für diese Klasse nach Bestimmung der Regierung eine Steuergesellschaft gebildet ist, die Steuervertheilung in den drei ersten Abtheilungen durch die Kommunalbehörde, in der vierten Abtheilung durch die Kreisbehörde.

Diese Behörden sind jedoch verpflichtet, sich dabei des Rathes der Gewerbetreibenden der Klasse B. zu bedienen und haben deshalb erfahrene und das Vertrauen ihrer Mitbürger genießende Gewerbsgenossen zuzuziehen. Glauben sie von deren gutachtlichem Ausspruch aus überwiegenden Gründen absehen zu müssen, so bleibt ihnen dies unbenommen, es sind aber dann die Gründe in der letzten Spalte der Rolle anzugeben.

Der Finanzminister ist gesetzlich ermächtigt, solchen Gewerbetreibenden der Klasse B., welche nur den niedrigsten Steuersatz dieser Klasse aufzubringen vermögen, den Betrieb des Gewerbes steuerfrei zu gestatten. Dieselben sind alsdann bei Berechnung der Gewerbesteuer der Klasse B. des Steuerbezirkes mit Mittelsätzen nicht in Ansatz zu bringen.

Die desfallsigen Vorschlagslisten haben die Veranlagungsbehörden unter Beachtung der ihnen von der zuständigen Regierung bekannt gemachten Grundsätze rechtzeitig aufzustellen und derselben einzureichen, damit vor Beginn der Steuervertheilung festgestellt werden kann, wie viele Mittelsätze außer Ansatz bleiben.

Anw. v. 20. Mai 1876. Anl. I. Nr. 14—16 und B.

Das Veranlagungsgeschäft bezüglich der Klasse A. I. beginnt mit Aufstellung der Nachweisung der für das bevorstehende Veranlagungsjahr in der Klasse zu besteuernden Gewerbetreibenden seitens der Regierung.

Die Veranlagungsbehörden sind verpflichtet, falls in ihren Steuerbezirken Geschäfte von ungewöhnlich erheblichem Umfange vorkommen, welche sich in Anwendung der Vorschriften über die Abgrenzung der Handelssteuerklassen (vergl. A. Nr. 1 bis 6. der Anl. I. zur Abtheilung I. der Anweisung) zur Veranlagung in Klasse A. I. eignen, gleichwohl aber nicht in derselben besteuert sind, der Regierung hiervon Anzeige zu machen.

Andererseits ist auf die Versetzung derjenigen bisher in dieser Klasse besteuerten Geschäfte, deren Umfang im letzten Jahre so herabgesunken ist, daß sie nicht mehr dahin gehören, in eine niedrigere Gewerbssteuerklasse hinzuwirken.

Die Regierung übersendet die Nachweisung nebst den die Abänderung derselben gegen das Vorjahr begründenden Verhandlungen dem Regierungskommissar, welcher die Abgeordneten beruft, die Feststellung der Nachweisung in Gemäßheit der Bestimmungen unter A. 12.a. und 12.b. der Anl. I. zu Abtheilung I. der Anweisung, sowie demnächst die Steuervertheilung nach der Vorschrift unter Nr. 15. daselbst und der Veranlagungsbehörde ist ein den Rollenbezirk derselben umfassender Auszug aus der Nachweisung der Klasse A. I. mitzutheilen, damit derselbe der Gewerbesteuerrolle des Rollenbezirks einverleibt wird und die in der Klasse A. I. erfolgten Veranlagungen bei Aufstellung der namentlichen Nachweisungen der Klasse A. II. berücksichtigt werden können.

Sollte die Wahl von Abgeordneten der Klasse A. I. oder die Vertheilung der Steuer seitens der Abgeordneten nicht bewirkt werden, so ist die definitive Feststellung der namentlichen Nachweisung, sowie die Vertheilung der Steuer durch die Regierung vorzunehmen.

Die Veranlagung der Klasse A. I. für das Veranlagungsjahr muß so zeitig erfolgen, daß die Benachrichtigungen darüber zur Zeit der Aufstellung der namentlichen Nachweisungen der übrigen Klassen, also spätestens im Januar in die Hände der Veranlagungsbehörden gelangen.

Auf Grund der letzten Steuerrolle und der Ab- und Zugangslisten, ferner unter Berücksichtigung der Mittheilungen bezüglich der in Klasse A. I. veranlagten Steuerpflichtigen, sowie der aus dem Notizregister sich ergebenden Veränderungen hinsichtlich der Steuerpflichtigen der einzelnen Klassen stellt die Veranlagungsbehörde jedes Rollenbezirks für jede der Klassen A. II., B., C., H. und K. die namentliche Nachweisung auf.

Für die Richtigkeit und Vollständigkeit der Nachweisung ist die aufstellende Behörde verantwortlich.

Die namentliche Nachweisung der den Kleinhandel mit geistigen Getränken als Nebengewerbe Betreibenden erhält die Bezeichnung der Klasse B. II., die Nachweisung der übrigen in Klasse B. gehörigen Gewerbetreibenden, bei welchen eine Steuervertheilung stattfindet, die Bezeichnung der Klasse B. I.

Die Marketenderinnen werden bei der Klasse B. I., sowie diejenigen Personen, welche nur an Soldaten und Unteroffiziere der Garnison monatsweise den Mittagstisch gegen Entgelt verabreichen, unter dem Abschlusse nachgetragen und wird der auf sie fallende Steuerbetrag mit aufsummirt.

Die steuerfrei zu stellenden Händler und Handwerker sind ebensowenig in die namentlichen Nachweisungen aufzunehmen, wie andere von der Steuer befreite Gewerbetreibende.

Nach Aufstellung der namentlichen Nachweisungen werden von der Veranlagungsbehörde die Abgeordneten der Gesellschaften unter der Verwarnung zur Beschlußfassung eingeladen, daß die Steuervertheilung rechtsgültig von den Erschienenen ohne Rücksicht auf deren Zahl werde vorgenommen werden und daß, im Falle Niemand erscheinen sollte, dieselbe durch die Veranlagungsbehörde erfolgen werde.

Die Abgeordneten der Klasse A. II. werden zunächst über die namentliche Nachweisung ihrer Klasse gutachtlich gehört; über das Resultat ist eine Verhandlung aufzunehmen, welche die etwaigen Differenzen zwischen den Abgeordneten und der Veranlagungsbehörde ersehen läßt. Sind Differenzen nicht hervorgetreten, so bedarf es der Aufnahme einer Verhandlung nicht.

Erheben die Abgeordneten wegen verbliebener Differenzen Berufung, so muß die Entscheidung der Regierung schleunigst herbeigeführt und abgewartet werden, ehe die Steuervertheilung erfolgt.

Bevor den Abgeordneten der Steuergesellschaften die namentliche Nachweisung zur Steuervertheilung übergeben bezw. die Letztere unter Zuziehung der Gewerbsgenossen in Klasse H. und B. vorgenommen wird, hat die Veranlagungsbehörde am Schlusse bei jeder Klasse den aufzubringenden Steuerbetrag durch Anlegung einer besonderen Berechnung, in welcher die etwaigen Zuschläge und Gutschreibungen besonders hervortreten, festzustellen. Sodann erfolgt die Steuervertheilung für die Steuergesellschaften durch deren Abgeordnete, für diejenigen Klassen, welche eine Steuergesellschaft nicht bilden (B. I. und H.), durch die Veranlagungsbehörde. Darnach sind die betreffenden Spalten der Nachweisnng für jeden Steuerpflichtigen auszufüllen und Letztere von den Abgeordneten bezw. der Veranlagungsbehörde und den zugezogenen Gewerbsgenossen unterschriftlich zu vollziehen und dahin zu bescheinigen, daß die vorgenommene Vertheilung der Steuer nach bestem Wissen und Gewissen erfolgt ist.

Ist die Steuervertheilung für die Steuergesellschaft nicht nach den zulässigen Sätzen oder nicht unter Berücksichtigung der von der Regierung getroffenen Anordnungen bewirkt, so hat die Veranlagungsbehörde die betreffenden Abgeordneten sofort zur anderweiten Vertheilung unter der Verwarnung aufzufordern, daß, falls die Vertheilung nicht unter Beachtung der bezüglich der bestimmt bezeichneten Mängel ertheilten Vorschriften binnen der von der Veranlagungsbehörde festzusetzenden Frist bewirkt werde, die Vertheilung der Steuer bezw. die Berichtigung der Steuervertheilung durch die Veranlagungsbehörde erfolgen würde.

Die Ansetzung der Steuer in Klasse K., in B. II. für die Marketenderinnen, sowie für die vorhin bezeichneten Gewerbetreibenden der Klasse C. ist ohne Weiteres von der Veranlagungsbehörde vorzunehmen.

Aus den fertig gestellten namentlichen Nachweisungen der einzelnen Klassen wird von der Veranlagungsbehörde die Gewerbesteuerrolle gebildet. Dieselbe wird sodann durch den von der Regierung mitgetheilten Auszug über die Veranlagung der dem Rollenbezirke angehörigen Gewerbetreibenden der Klasse A. I., sowie durch Ausfüllung des Titelblatts und durch Hinzufügung einer Rekapitulation, weche den Steuerbetrag jeder Klasse und den Gesammtbetrag der von allen Klassen des Rollenbezirks aufzubringenden Jahressteuer enthält, ergänzt und abgeschlossen. Hiernach ist die Rolle in einem Exemplare nebst den Belägen unter Beifügung einer namentlichen Nachweisung der gegen die Rolle des ablaufenden Veranlagungsjahres eingetretenen Personalveränderungen der Regierung mittels Berichts einzureichen.

In den Provinzen Schleswig-Holstein, Hannover, Westfalen, Hessen-Nassau und der Rheinprovinz überträgt die Veranlagungsbehörde die Resultate der Gewerbesteuerrolle (einschließlich der Klasse A. I.) in die für jede Steuerklasse, und zwar für die 4. Abtheilung ortschaftsweise (bezw. nach Bürgermeistereien) aufzustellende Nachweisung, und fügt dieselbe in doppelter Ausfertigung den an die Regierung einzureichenden Veranlagungsverhandlungen bei.

Die Aufstellung der namentlichen Nachweisungen muß bis zum 1. Februar geschehen und die Einsendung der Veranlagungsverhandlungen bis zum 20. Februar erfolgen.

Die Regierung unterwirft die Steuerrollen und Beläge einer genauen Prüfung.

Ergeben sich bei dieser Prüfung so erhebliche Bedenken gegen die geschehene Veranlagung, daß die Festsetzung der Rollen nach den gesetzlichen Bestimmungen unthunlich erscheint, so ist die vorherige Abstellung der Mängel anzuordnen.

Ist dies nicht der Fall, so hat die Festsetzung der Rollen, sowie der in den Provinzen Schleswig-Holstein, Hannover, Westfalen, Hessen-Nassau und in der Rheinprovinz aufgestellten Sollnachweisungen zu erfolgen, und ist festgesetzte Rolle nebst Belägen, sowie in den genannten Provinzen ein festgesetztes Exemplar der Sollnachweisung an die Veranlagungsbehörden zurückzustellen.

Die Veranlagungsbehörden übersenden sodann in den genannten Provinzen die festgesetzte Nachweisung über das Sollaufkommen nach Kenntnisnahme und etwa erforderlicher Berichtigung des Konzepts, sowie auch die festgesetzte Gewerbesteuerrolle der betreffenden Steuerkasse. Sofern aber ein Rollenbezirk in mehrere Kassenbezirke zerfällt, sind seitens der Veranlagungsbehörde der Kasse Auszüge aus der Rolle behufs Wahrung des Erforderlichen in den Kontobüchern zuzusenden; doch wird nachgelassen, daß die Veranlagungsbehörden auch in diesen Fällen an Stelle der Auszüge die festgesetzte Rolle selbst nach vorgängigem Einvernehmen mit den betreffenden Steuerempfängern denselben der Reihenfolge nach mittheilt.

In den Provinzen Preußen, Brandenburg, Pommern, Posen, Schlesien und Sachsen fertigen die Regierungen nach erfolgter Festsetzung der Rollen den

§. 33.

a) Jedem Steuerpflichtigen wird vor dem Eintritt des ersten Zahlungstages bekannt gemacht, wie viel er an Gewerbesteuer für ein Jahr zu entrichten habe.

b) Der erste Satz ist aufgehoben durch das Gesetz vom 18. Juni 1840 über die Verjährungsfristen bei öffentlichen Abgaben. (Ges.S. S. 140.)

b) . . . .

Inzwischen muß er unter Vorbehalt des Ersatzes die Gewerbesteuer, soweit sie fällig wird, vorläufig abtragen.

Kreiskassen eine Mittheilung über die Hauptresultate der Gewerbesteuerrollen der einzelnen Rollenbezirke zu, während die Landräthe bezüglich der 4. Abtheilung den Kreiskassen die Rolle selbst zur Anlegung ihrer Kontobücher für die einzelnen Ortschaften übersenden, für die Ortsvorstände aber behufs Abgabe an den Ortserheber Auszüge aus der Gewerbesteuerrolle anfertigen lassen.

Den Steuerpflichtigen ist mittelst besonderen Schreibens (Auszugs aus der Rolle) oder mittelst Aufnahme der erforderlichen Angaben in die den Steuerpflichtigen zuzufertigenden Steuerzettel von der erfolgten Veranlagung unter Angabe der Klasse und des sie treffenden Gewerbesteuersatzes Kenntniß zu geben. Es ist dafür Sorge zu tragen, daß der Tag der Behändigung dieser Benachrichtigung aufgezeichnet wird und jederzeit konstatirt werden kann, weil danach die Reklamationsfrist sich bestimmt.

§. 90—97 Anw. v. 20. Mai 1876.

Zu §. 33.

Reklamationen und Rekurse sind bezüglich der Klasse A I bei der Regierung (Direktion für die Verwaltung der direkten Steuern), bezüglich der übrigen Klassen bei der Veranlagungsbehörde anzubringen.

Werden Reklamationen oder Rekurse bei einer nicht zuständigen Behörde angebracht, so sind sie seitens derselben unverzüglich an die zuständige Behörde zu befördern, ohne daß dem Beschwerdeführer die Zwischenzeit auf die Frist anzurechnen ist.

Reklamationen und Rekurse, welche nach Ablauf der gedachten Fristen eingehen, sind ohne Weiteres von der Veranlagungsbehörde als verspätet zurückzuweisen.

Die Reklamationen, abgesehen von der Klasse A I, werden, wenn der Reklamant zu einer durch Abgeordnete vertretenen Steuergesellschaft gehört, zunächst den Abgeordneten zur Erklärung vorgelegt. Spricht sich die Mehrheit derselben für eine Steuerermäßigung aus, so ist diese seitens der Veranlagungsbehörde festzustellen und dem Reklamanten bekannt zu machen, der dadurch ausfallende Steuerbetrag ohne Weiteres als Abgang zu behandeln und der mit der Erhebung beauftragten Kasse davon sogleich Kenntniß zu geben, der Steuerausfall aber im nächsten Jahre dem Sollaufkommen der Steuergesellschaft hinzuzusetzen.

Die Abgeordneten können jedoch auf diese Weise nur Ermäßigungen innerhalb der für die Klasse zulässigen Steuersätze, nicht aber Versetzung in eine andere Klasse beschließen. Sprechen sie sich für Versetzung des Reklamanten in eine andere Steuerklasse (z. B. aus A II nach B) aus, so ist die Entscheidung über die Reklamation herbeizuführen. In gleicher Weise ist auch dann zu verfahren, wenn der Reklamant die Ermäßigung auf einen bestimmten Steuersatz beansprucht hat, die Abgeordneten aber nur für eine Ermäßigung auf einen höheren als den beanspruchten Steuersatz sich ausgesprochen haben.

Ueber die nicht von den Abgeordneten als begründet anerkannten oder nicht durch dieselben erledigten Reklamationen, fertigt die Veranlagungsbehörde nach Ablauf der Reklamationsfrist und nach Vornahme der Ermittelungen, wozu die Beschwerden Veranlassung geben, eine Reklamationsnachweisung an, und reicht dieselbe nebst den Reklamationsverhandlungen der Regierung zur Entscheidung ein. Zugleich ist unter Benutzung desselben Formulars ein Verzeichniß der von den Gesellschaftsabgeordneten bereits zugestandenen Ermäßigungen beizufügen oder unter besonderer Abtheilung in die Reklamationsnachweisung aufzunehmen. Die Regierung notirt die Letzteren, entscheidet über die übrigen Reklamationen mittelst Eintragung ihrer Entscheidung in die betreffende Spalte der Nachweisung und läßt die vollzogene Nachweisung nebst den Reklamationsverhandlungen an die Veranlagungsbehörde zurückgelangen, indem sie zugleich die sonst erforderlichen Anordnungen trifft.

Im Falle der Steuerermäßigung oder Befreiung werden besondere Ausfertigungen der dieselbe betreffenden Erlasse beigefügt, um den Verwaltungsbehörden, welche den betreffenden Steuerpflichtigen davon Kenntniß zu geben haben, als Beläge für die Abgänge zu dienen.

Erfolgt die gänzliche oder theilweise Zurückweisung der Beschwerde, so werden die mit Gründen versehenen Bescheide durch die Veranlagungsbehörde unverzüglich ausgefertigt und dem Reklamanten gegen Empfangsbescheinigung zugestellt.

Ueber die rechtzeitig eingehenden Rekurse stellt die Veranlagungsbehörde nach Ablauf der Rekursfrist und nach Vornahme der erforderlichen Ermittelungen bezw. Einholung des Gutachtens der Abgeordneten oder Gewerbsgenossen eine Nachweisung auf und reicht dieselbe unter Beifügung der betreffenden Reklamations- und Rekursverhandlungen der Regierung ein.

Letztere trägt event. nach Vornahme der etwa erforderlichen Ermittelungen ihr Gutachten ein und befördert die Nachweisung nebst den Verhandlungen an den Finanzminister zur Entscheidung.

§. 98—101 Anw. v. 20. Mai 1876.

Wegen der Behandlung der Ab- und Zugänge vgl. §. 104—110. 114 a. a. O.

Die bezüglichen Bestimmungen lauten:

§. 1.

Reklamationen gegen .... die Gewerbesteuer .... müssen ohne Unterschied, ob sie auf Ermässigung oder auf gänzliche Befreiung gerichtet sind, binnen drei Monaten vom Tage der Bekanntmachung der Heberrolle, oder, wenn die Steuer im Laufe des Jahres auferlegt worden, binnen drei Monaten nach erfolgter Benachrichtigung von deren Betrage .... bei der Behörde angebracht werden.

Wird diese Frist versäumt, so erlischt der Anspruch auf Steuerermässigung oder Befreiung, sowie auf Rückerstattung für das laufende Kalender**jahr** *).

Ist die Reklamation vor dem Ablauf der Frist angebracht und wird solche begründet gefunden, so erfolgt die Ermässigung oder gänzliche Befreiung für das laufende Jahr. Für verflossene Jahre wird keine Rückzahlung gewährt**).

Tritt eine solche Veränderung ein, wodurch die bisherige Steuerverpflichtung aufgehoben wird, so muss davon der Behörde Anzeige gemacht werden. Bis zu Ende des Monats, in welchem diese Anzeige erfolgt, kann die Entrichtung der Steuer gefordert werden.

§. 3.

Wird in den Fällen der §§. 1 .... die Reklamation zurückgewiesen, so ist dagegen der Rekurs an die vorgesetzte Behörde binnen einer Präklusivfrist von sechs Wochen, vom Tage der Bekanntmachung des Bescheides gerechnet, zulässig. Wendet sich der Reklamant an eine incompetente Behörde, so hat diese das Rekursgesuch an die competente Behörde abzugeben, ohne dass dem Reklamanten die Zwischenzeit auf die Frist anzurechnen ist.

§. 6.

Die Nachforderung von ... Gewerbesteuer findet im Falle gänzlicher Uebergehung nach den im §. 5 — d. i. nur für das Kalenderjahr**), worin die Nachforderung geltend gemacht wird — enthaltenen Regeln statt. Im Fall eines zu geringen Ansatzes fällt bei dieser Steuer jede Nachforderung weg, jedoch unbeschadet der gesetzlichen Wiederumlage bei Gewerbesteuergesellschaften, welche nach Mittelsätzen steuern.

---

*) An Stelle des Kalenderjahres ist das Etatjahr getreten. Dasselbe beginnt mit dem 1. April und schließt mit dem 31. März jeden Jahres.
Ges. v. 29. Juni 1876. Ges.S. S. 177.
Ges. v. 12. Juli 1876. Ges.S. S. 288.

**) Die im Reklamationsverfahren durch Einholung von schriftlichen Gutachten der Vertrauensmänner, Abgeordneten, Gemeindevorstände rc. aufgelaufenen Kosten sind ein Theil der Veranlagungskosten, welche aus den den Gemeinden überwiesenen Veranlagungsprozenten zu decken sind.
Mitth. 10 S. 26. R. d. F. M. v. 29. Januar 1878.

§. 8.

Zur Hebung gestellte direkte ... Steuern, welche im Rückstande verblieben sind, verjähren in vier Jahren, von dem Ablaufe des Jahres an gerechnet, in welches ihr Zahlungstermin fällt.

Die Verjährung wird durch eine an den Steuerpflichtigen erlassene Aufforderung zur Zahlung sowie durch Verfügung der Exekution oder durch bewilligte Stundung der Steuer unterbrochen.

Nach Ablauf des Jahres, in welchem die letzte Aufforderung zugestellt, Exekution verfügt worden, oder die bewilligte Frist abgelaufen ist, beginnt eine neue vierjährige Verjährungsfrist.

§. 10.

Ist in der unterlassenen Entrichtung der ganzen Steuer oder eines Theils derselben eine Contravention gegen die Steuergesetze enthalten, so verjährt die Nachsteuer nur gleichzeitig mit der gesetzlichen Strafe.

§. 11.

Die in diesem Gesetze festgesetzten Fristen laufen auch gegen Minderjährige und bevormundete Personen, sowie gegen moralische Personen, denen gesetzlich die Rechte der Minderjährigen zustehen, ohne Zulassung der Wiedereinsetzung in den vorigen Stand, jedoch mit Vorbehalt des Regresses gegen die Vormünder und Verwalter.

§. 12.

Durch den Ablauf der Verjährungsfrist wird der Steuerpflichtige von jedem ferneren Anspruch sowohl des Staates als der Steuerbeamten und der Steuersocietät befreit.

Gesetz betreffend die Erweiterung des Rechtsweges vom 24. Mai 1861.

(Ges.S. S. 241.)

§. 9.

Wegen allgemeiner ... Abgaben ... kann auf Grund der Behauptung, dass die einzelne Forderung bereits früher getilgt oder verjährt sei, die Klage auf Erstattung des Gezahlten angestellt werden, jedoch bei Verlust des Klagerechts nur binnen spätestens sechs Monaten nach erfolgter Beitreibung der geleisteten Zahlung.

§. 10.

Der Rechtsweg findet ferner statt, wenn der Herangezogene behauptet, dass die geforderte Abgabe keine öffentliche Abgabe sei, sondern auf einem aufgehobenen privatrechtlichen Fundamente, insbesondere einem früheren gutsherrlichen, schutzherrlichen oder grundherrlichen Verhältnisse beruhe.

§. 34.

a) Zur Erhebung der Gewerbesteuer sind die Kommunalbehörden verpflichtet.

Zu §. 34.

Im Allgemeinen finden die bezüglich der Erhebung und Beitreibung der Klassensteuer erlassenen Vorschriften (§. 1 der Instr. v. 12. Decbr. 1873) auf die Erhebung und Beitreibung der Gewerbesteuer gleichmäßig Anwendung. Insbesondere gilt dies auch von den halbjährlich, am Schlusse der Monate September und März, von dem Gemeindevorstande — in den Provinzen Schleswig-Holstein, Hannover, Westfalen, Hessen-Nassau und der Rheinprovinz von dem Steuerempfänger — in doppelter Ausfertigung und mit den erforderlichen Unterlagen vorzulegenden Verzeichnissen der ungeachtet der angewendeten Zwangsmaßregeln in dem betreffenden halben Jahre rückständig gebliebenen Gewerbesteuerbeträge, sowie von der Prüfung (Revision) und Bescheinigung dieser Verzeichnisse und deren Einreichung an die Regierung.

§. 111 Anw. v. 20. Mai 1876.

Die Kosten der Veranlagung und Erhebung der Gewerbesteuer der Klasse A. I. werden aus der Staatskasse bestritten, insbesondere die in Gemäßheit der Verordnung vom 19. Mai 1873 (Ges.S. S. 225) bezw. der Verordnung vom 20. Decbr. 1876 (Ges.S. für 1877, S. 3) festzusetzenden Reisekosten und Tagegelder der Abgeordneten.

Für die Erhebung erhalten nur die Steuerempfänger in den 5 westlichen Provinzen die besonders dafür festgesetzten Hebeprozente.

Die Kosten der Veranlagung und Erhebung der Gewerbesteuer der übrigen Klassen sind aus den im §. 36 des Gewerbesteuergesetzes vom 30. Mai 1820 zugestandenen 4 Prozenten der Isteinnahme zu bestreiten. Auf dieselben haben in denjenigen Landestheilen, in welchen den Gemeinden zugleich die Erhöhung obliegt, die Letzteren Anspruch; in den übrigen Provinzen dagegen erhalten die Gemeinden nur den für die Veranlagung bestimmten Antheil, während das Uebrige zur Remunerirung der Steuerempfänger für die Erhebung dient.

Zu den aus den bezeichneten Veranlagungsprozenten zu deckenden Kosten gehören auch die durch das Zusammenkommen der gewählten Abgeordneten der vierten Abtheilung etwa entstehenden und den Abgeordneten auf Verlangen zu ersetzenden Auslagen. Die Vertheilung der fraglichen Kosten auf die einzelnen betheiligten Gemeinden in der 4. Gewerbesteuerabtheilung erfolgt, ohne Rücksicht darauf, für welche Steuerklassen dieselben entstanden sind, nicht nach Verhältniß der von den Gemeinden in den einzelnen Steuerklassen zu zahlenden Gewerbesteuer, sondern nach deren Gesammtbetrage.

Nur die Kosten der Formulare für die Nachweisungen über das Sollaufkommen 2c., sowie derjenigen Formulare, welche die Berechnung zwischen den Empfangskassen und der Regierungshauptkasse nothwendig macht, fallen der Staatskasse zur Last und sind auf die vorgeschriebenen etatsmäßigen Titel anzuweisen.

Für die Herstellung der erforderlichen Drucksachen haben die Regierungen

Die Erhebung in den sieben östlichen Provinzen erfolgt — abgesehen von der Steuer der Klasse A 1, welche durch die Kreissteuerkassen erhoben wird, — durch die Kommunalbehörden, in den übrigen Provinzen durch die Königlichen Steuerempfänger, in der Stadt Berlin durch die damit beauftragte Kasse bezw. deren Erheber.

Vgl. Kab.O. v. 6. Februar 1841 u. v. 28. April, 11. Mai und 24. Juni 1867.

b) Aufgehoben durch §. 33 des Gesetzes vom 3. Juli 1876.

c) Von stehenden Gewerben wird die Steuer in monatlichen Theilen erhoben, und zwar mit der Klassensteuer zugleich, wo dieselbe eingeführt ist.

Gesetz vom 25. Mai 1873.

wegen Abänderung des Gesetzes vom 1. Mai 1851 betreffend die Einführung einer Klassen- und klassificirten Einkommensteuer.
(Ges.S. S. 213.)

Art. IV.

Der Finanzminister ist ermächtigt, die direkten Staatssteuern, soweit dieselben in monatlichen Raten zu entrichten sind, nach seinem Ermessen in dem auf den Monat der Fälligkeit folgenden nächsten oder zweiten Monate zugleich mit den für die letztere fälligen Raten einziehen zu lassen.

d) Die Gewerbesteuer muß monatlich in den ersten 8 Tagen jedes Monats vorausbezahlt werden, wenn der Steuerpflichtige nicht vorzieht, sie auf mehrere Monate voraus zu berichtigen.

e) Bei unterbliebener Vorausbezahlung läßt der Steuerempfänger den Säumigen auffordern, die Steuer binnen drei Tagen bei Vermeidung der Exekution zu berichtigen.

f) Nach Ablauf dieser Frist wird zur Exekution geschritten.

g) Spätestens fünf Tage vor dem Ablauf jedes Monats muß die eingezogene Steuer nebst der Nachweisung der unvermeidlichen Ausfälle und der Reste, bei welchen die Aufforderung und Exekution bis dahin fruchtlos geblieben, an die zum Empfange bestimmte Staatskasse abgeliefert sein.

---

zu sorgen und den betreffenden Behörden, von welchen Druckereien und zu welchen Preisen dieselben zu beziehen sind.

§. 115 Anw. v. 20. Mai 1876.

h) Was der Steuerempfänger vorstehend (g) nicht nachweisen kann, muß er aus eigenem Vermögen, in Stelle des Steuerschuldigen, vorschußweise an die Kasse berichtigen.

§. 35.

Bleibt die Exekution fruchtlos, so kann der Schuldner an dem ferneren Betriebe des steuerpflichtigen Gewerbes durch Schließung der Laden und durch Beschlagnahme der Waaren und Werkzeuge bis zur vollständigen Berichtigung der Steuer verhindert werden.

§. 36.

Den Kommunen wird für die bei Ermittelung, Vertheilung und Erhebung der Gewerbesteuer ihnen übertragenen Geschäfte der fünfundzwanzigste Theil der Einnahme zugestanden.

Cabinetsordre vom 6. Februar 1841.*)
(Schimmelpfennig S. 897.)

Auf den Antrag des Staatsministeriums vom 18. v. Mts. bestätige Ich die in den westlichen Provinzen vorgefundene und auf Grund des §. 3 des Gesetzes vom 30. Mai 1820 über die Einrichtung des Abgabenwesens und des §. 6c. des Gesetzes wegen Einführung der Klassensteuer beibehaltene Einrichtung der Elementar-Rezepturen der direkten Steuern dahin, dass auch ferner die Erhebung der ..... Gewerbesteuer durch die von den Regierungen ernannten Empfänger der Grundsteuern bewirkt werden soll, und entbinde demgemäss die Kommune in den gedachten Provinzen von der ihnen ... in §. 34 des Gewerbesteuergesetzes auferlegten Verpflichtung zur örtlichen Erhebung der ... Gewerbesteuer und der damit verbundenen Bestellung und Vertretung der Ortserheber. Von den für die Veranlagung und Erhebung der .... Gewerbesteuer ... ausgesetzten vier Prozent von der Einnahme sollen in der Regel die Steuerempfänger drei Prozent für die Erhebung, und die Gemeinden ein Prozent für das ihnen auch fernerhin obliegende Veranlagungsgeschäft erhalten. Der Finanzminister soll jedoch befugt sein, wo die Verhältnisse es gestatten, ausnahmsweise den Gemeinden eine grössere Quote dieser 4 Prozent zu überweisen.**)

§ 39.

c) Wer das Aufhören eines steuerpflichtigen Gewerbes nicht anzeigt, bleibt, so lange er diese Anzeige unterläßt, zur Bezahlung der Steuer verpflichtet.

---

*) Diese Bestimmung gilt auch für die neuerworbenen Landestheile (Kab.O. v. 28. April, 11. Mai und 24. Juni 1867).

**) In Berlin findet eine Betheiligung der Kommune an der Ermittelung, Vertheilung und Erhebung der Gewerbesteuer nicht statt.

Beilage B

zu dem Gesetze wegen Entrichtung der Gewerbesteuer, die Ausmittelung und Vertheilung der Sätze betreffend, wonach dieselbe erhoben werden soll.

Steuer-Abtheilungen.

1. Es werden nach Maßgabe der Wohlhabenheit und Gewerbsamkeit vier Abtheilungen angenommen.

2. Zur ersten Abtheilung gehören die Städte:
Aachen, Altona, Berlin, Breslau, Cöln, Danzig, Elberfeld, Frankfurt a/M., Hannover, Königsberg i/Pr., Magdeburg mit Sudenburg, und Stettin.

3. Zur zweiten Abtheilung gehören die Städte:

Reg.Bez. Königsberg:
Allenstein, Braunsberg, Memel, Pillau.

Reg.Bezirk Gumbinnen:
Gumbinnen, Insterburg, Tilsit.

Reg.Bezirk Danzig:
Elbing, Marienburg.

Reg.Bezirk Marienwerder:
Graudenz, Marienwerder, Thorn.

Reg.Bezirk Potsdam:
Brandenburg, Charlottenburg, Eberswalde, Luckenwalde, Perleberg, Potsdam, Prenzlau, Rathenow, Neu-Ruppin, Schwedt, Spandau, Wittstock, Wriezen a/O.

Reg.Bezirk Frankfurt a/O.:
Cottbus, Crossen, Cüstrin, Frankfurt, Fürstenwalde, Guben, Landsberg a/W., Sorau.

Reg.Bezirk Stettin:
Anclam, Demmin, Pasewalk, Pyritz, Stargard, Swinemünde, Treptow a/R.

Reg.Bezirk Cöslin:
Cöslin, Colberg, Rügenwalde, Stolp.

Reg.Bezirk Stralsund:
Barth, Greifswald, Stralsund, Wolgast.

Reg.Bezirk Posen:
Fraustadt, Lissa, Posen, Rawicz.

Reg.Bezirk Bromberg:
Bromberg, Gnesen.

Reg.Bezirk Breslau:
Brieg, Frankenstein, Glatz, Oels, Reichenbach, Schweidnitz, Waldenburg.

Reg.Bezirk Liegnitz:
Bunzlau, Glogau, Görlitz, Grünberg, Hirschberg, Jauer, Lauban, Liegnitz, Sagan.

Reg.Bezirk Oppeln:
Beuthen, Gleiwitz, Kattowitz, Königshütte, Leobschütz, Neisse, Neustadt Oppeln, Ratibor.

Reg.Bezirk Magdeburg:
Aschersleben, Burg, Calbe, Halberstadt, Neustadt, Quedlinburg, Salzwedel, Schönebeck, Staßfurt, Stendal.

Reg.Bezirk Merseburg:
Delitzsch, Eilenburg, Eisleben, Halle, Merseburg, Naumburg, Sangerhausen, Torgau, Weißenfels, Wittenberg, Zeitz.

Reg.Bezirk Erfurt:
Erfurt, Langensalza, Mühlhausen, Nordhausen, Suhl.

Reg.Bezirk Schleswig:
Elmshorn nebst Vormstegen und Klostersande, Flensburg, Hadersleben, Heide, Itzehoe, Kiel mit Brunswick und Düsternbrock, Neumünster, Ottensen, Rendsburg, Schleswig, Wandsbeck.

Provinz Hannover:
Celle, Emden, Göttingen, Harburg, Hildesheim, Leer, Linden, Lüneburg, Osnabrück.

Reg.Bezirk Münster:
Münster.

Reg.Bezirk Minden:
Bielefeld, Herford, Minden, Paderborn.

Reg.Bezirk Arnsberg:
Altena, Bochum, Dortmund, Hagen, Hamm, Iserlohn, Lippstadt, Lüdenscheid, Siegen, Soest, Witten.

Reg.Bezirk Cassel:
Bockenheim, Cassel, Eschwege, Fulda, Hanau, Marburg.

Reg.Bezirk Wiesbaden:
Bockenheim, Wiesbaden.

Reg.Bezirk Coblenz:
Coblenz mit Ehrenbreitstein, Creuznach, Neuwied.

Reg.Bezirk Düsseldorf:
Barmen, Cleve, Crefeld, Düsseldorf, Duisburg, Emmerich, Essen, Gladbach, Lennep, Mülheim a/R., Neuß, Remscheid, Rheydt, Ruhrort, Solingen, Viersen, Wesel.
Reg.Bezirk Cöln:
Bonn, Deutz, Mülheim.
Reg.Bezirk Trier:
St. Johann, Saarbrücken, Trier.
Reg.Bezirk Aachen:
Burtscheid, Düren, Eupen, Malmedy.

Da die Gewerbsamkeit der einzelnen Städte jedoch an sich wandelbar ist, so bleibt die Ansetzung anderer hier nicht genannten Städte in die zweite Abtheilung, sowie die Absetzung einzelner vorbenannten Städte aus derselben, besonderer Festsetzung mit unmittelbarer Königlicher Genehmigung vorbehalten.

4. Die dritte Abtheilung enthält der Regel nach alle Städte, welche 1500 oder mehr Civileinwohner haben und nicht zur ersten oder zweiten Abtheilung gehören. Ausnahmen von dieser Regel begründet ein besonders lebhafter Verkehr der schwächer bewohnten oder eine besonders auffallende Nahrlosigkeit der stärker bewohnten Städte. Welche Städte hiernach namentlich für jetzt in die dritte Klasse gehören, wird jede Regierung für ihren Bezirk ausmitteln und nach erfolgter Genehmigung des Finanzministerii durch die Amtsblätter bekannt machen.

5. Die vierte Abtheilung enthält die übrigen Städte und das Land, wozu alle Ortschaften gehören, die in den drei ersten Abtheilungen nicht enthalten sind.

6. Auf bisherige oder vormalige Stadtrechte kommt es bei Bildung der Abtheilungen nicht an.

7. Dagegen ist bei denselben der Zusammenhang der Ortschaften mit ihren Umgebungen wohl zu beachten. Diejenigen nahen Anlagen und Oerter, welche durch und für die Gewerbe und Genüsse einer großen oder Mittelstadt ganz oder doch hauptsächlich bestehen, sind in dieser Rücksicht als Zubehör derselben anzusehen und daher mit ihr zu einer Abtheilung zu bringen, worüber das Finanzministerium entscheidet.

8. Da, wo nach den folgenden Erhebungssätzen ein Mittelsatz für jede Abtheilung besteht, den die Gewerbetreibenden dieser Art im Durchschnitt als Gewerbesteuer aufbringen müssen, wird derselbe mit

der Zahl der Gewerbesteuerpflichtigen einer Stadt in den drei ersten Abtheilungen oder eines Kreises in der vierten Abtheilung multiplicirt. Das Ergebniß dieser Berechnung enthält die Summe, welche die Stadt oder der Kreis im Ganzen an Gewerbesteuer aufbringen muß.

9. Dieser Mittelsatz ist dasjenige, was Jeder, der das Gewerbe dieser Art in der gegebenen Abtheilung betreibt, als Gewerbesteuer zu zahlen hat. Da indeß der Umfang, worin jeder Einzelne das Gewerbe betreibt, sehr verschieden sein kann, so ist von denjenigen, welche den Mittelsatz nicht aufbringen können, ein bestimmter niedrigerer Satz zu zahlen. Der Ausfall, welcher hierdurch entsteht, muß durch höhere Beiträge derjenigen gedeckt werden, welche vermöge ihres stärkeren Gewerbebetriebes mehr als den Mittelsatz zahlen können.

B. Wanderlager.

Gesetz, betreffend die Besteuerung des Wanderlagerbetriebes vom 27. Februar 1880.

(Ges.S. S. 174.)

§. 1.

Wer außerhalb seines Wohnortes und ohne Begründung einer gewerblichen Niederlassung die Waaren eines Wanderlagers von einer festen Verkaufsstätte aus feilbieten will, hat vom 1. April 1880 ab neben und unabhängig von der Steuer für den Gewerbebetrieb im Umherziehen (Gesetz vom 3. Juli 1876 G.S. S. 247) in jedem Orte, an welchem er das Geschäft betreibt oder durch Vermittelung eines daselbst einheimischen Verkäufers oder Auktionators betreiben läßt, eine nach den folgenden Vorschriften für die Gemeinden beziehungsweise Kreise zu erhebende Steuer zu entrichten.

Zu §. 1.

1. Waarenbestände von ganz minimalem Umfange können als Waarenlager im Sinne des Gesetzes nicht angesehen werden. Es können aber auch bei solchen Gewerbebetrieben, für welche die Anwendung ermäßigter Hausirsteuersätze gerechtfertigt sind, Waarenbestände vorkommen, deren Umfang nicht so minimal ist, daß sich darauf die Bezeichnung als Waarenlager nicht anwenden ließe.
R. d. F. M. v. 8. Januar 1881. Mitth. 14 S. 66.

2. Für den Begriff der Verkaufsstätte ist es gleichgültig, ob sich die Verkaufsstätte in einem umschlossenen Lokale befindet, oder ob die Waaren mit

Durch die Erfüllung der gesetzlichen Förmlichkeiten der Begründung des Wohnsitzes oder einer gewerblichen Niederlassung wird der Inhaber eines Wanderlagers von der Entrichtung der Steuer nicht befreit, wenn die begleitenden Umstände erkennen lassen, daß die Förmlichkeiten behufs Verdeckung des Wanderlagerbetriebes erfüllt sind.

Das Veranstalten einer Auktion von Waaren eines Wanderlagers wird dem Feilbieten derselben gleich geachtet.

Erlaubniß der Polizeibehörde auf einem öffentlichen Platze bezw. einem sonstigen freien Raum feilgeboten werden. Im letzteren Falle ist der von der zuständigen Behörde angewiesene Platz als feste Verkaufsstätte im Sinne des §. 1 und als Verkaufslokal im Sinne des §. 2 anzusehen.

R. d. F. M. v. 28. Juni 1880.

Mitth. 14 S. 64.

3. Das Anfertigen von Photographien ist nicht als ein Feilbieten von Waaren eines Wanderlagers anzusehen.

R. F. M. v. 7. Januar 1886.

Mitth. 19 S. 30.

4. Es ist weder als ein Wanderlagerbetrieb noch überhaupt als Gewerbebetrieb anzusehen, wenn der gerichtlich bestellte Verwalter einer Konkursmasse die Bestände derselben öffentlich versteigern läßt.

R. d. F. M. v. 11. Mai 1882.

Mitth. 14 S. 70.

5. Ob und in wie weit die Konstruktion der Verkaufsstelle in baulicher Beziehung als eine feste anzusehen, sei, erscheint unerheblich.

R. d. F. M. v. 22. Septbr. 1882.

Mitth. 17 S. 100.

6. Ein unbespannter, stille stehender Wagen, von welchem aus Waaren verkauft werden, kann nach den sonstigen begleitenden Umständen als „feste Verkaufsstätte" erachtet werden.

Wanderlagerbetrieb liegt auch dann vor, wenn der Betrieb die Dauer einer Woche nicht erreicht hat.

Erk. K.G. v. 1. Dezbr. 1887. VIII. S. 166.

7. Bei dem durch Vermittelung eines einheimischen Verkäufers oder Auktionators veranstalteten Wanderlagerbetrieb ist es gleichgültig, ob der Besitzer des Wanderlagers selbst mit an Ort und Stelle ist oder an seinem Wohnort verbleibt.

Anw. v. 4. März 1880 Nr. 2 b.

8. Die Verdeckung des Wanderlagerbetriebes (§. 1 Abs. 2) darf sich nicht auf bloße Vermuthungen gründen, vielmehr müssen Thatsachen ermittelt und nachgewiesen werden, aus denen sie deutlich hervorgeht.

Anw. v 4. März 1880 Nr. 2a.

9. Eine bloße Erweiterung des Verkaufslokals so wie ein Wechsel in den Räumen desselben Gebäudes u. s. w. begründet keine neue Steuerpflicht.

Anw. v. 4. März 1880 Nr. 3.

§. 2.

Werden die Waaren des Wanderlagers an einem Orte in mehreren Verkaufslokalen (gleichzeitig oder nach einander) feilgeboten, so ist für jedes derselben die Steuer besonders zu entrichten.

§. 3.

Der in diesem Gesetze vorgeschriebenen Besteuerung ist nicht unterworfen:

1. der Markt- und Meßverkehr, sowie der Verkauf von Ausstellungsobjekten auf öffentlichen, von den zuständigen Behörden genehmigten Ausstellungen,
2. die Errichtung fester Verkaufsstellen für die Dauer der Kurzeit (Saison) in Bade-, Brunnen-, und ähnlichen Orten,

---

Zu §. 3.

1. Unter Marktverkehr ist nur der nach allgemeinen oder lokalen Anordnungen zulässige und zwar hauptsächlich der Verkehr auf Jahrmärkten oder Märkten für gewisse Waaren zu verstehen. Der Wochenmarktverkehr kommt hierbei nur hinsichtlich derjenigen Gegenstände in Betracht, welche von Jedermann auf dem Wochenmarkte feilgeboten werden dürfen.

Anw. v. 4. März 1880 Nr. 4 I.

2. Wenn das Feilbieten der Waaren eines Wanderlagers in einer großen Stadt zwar zur Zeit eines Marktes aber in einer vom Marktverkehr nicht berührten, entfernten Stadtgegend, welche nach den obwaltenden Umständen ohne wirklichen Zusammenhang mit dem Marktverkehr steht, stattfindet, findet §. 3 Nr. 1 keine Anwendung.

R. d. F. M. v. 30. Januar 1884. Mitth. 17 S. 101.

3. Der Verkauf von Ausstellungsgegenständen auf öffentlichen, von der zuständigen Behörde genehmigten Ausstellungen ist nur insoweit von der Steuer befreit, als das Feilbieten im Ausstellungslokal stattfindet.

Anw. v. 4. März 1880. Nr. 4 I.

4. Handwerker, welche zu den Erzeugnissen ihres Handwerks gehörige Waaren auf innerhalb einer Entfernung von 15 km von ihrem Wohnorte stattfindenden öffentlichen Festen u. s. w. feilbieten; und Personen, welche bei kirchlichen Festen Erbauungsschriften, Heiligenbilder, Rosenkränze, Wachskerzen und ähnliche zur Förderung der kirchlichen Andacht dienende Gegenstände feilbieten, sind durch das R. d. F. M. v. 9. Mai 1882 auf Grund des § 3 Nr. 5 des Gesetzes von der Entrichtung der Wanderlagersteuer befreit.

5. Steinkohlen sind zu denjenigen Wochenmarktsartikeln zu rechnen, deren Vertrieb vom Schiffe aus der Wanderlagersteuer nicht unterliegt. Sie gehören zu denjenigen rohen Naturerzeugnissen, welche im §. 66 Nr. 1 der Gew.O. den Gegenständen des Wochenmarktverkehrs beigezählt sind.

R. d. F. M. v. 27. Novbr. 1880.

Mitth. 14 S. 65.

3. das Feilbieten von Gegenständen des Wochenmarktverkehrs vom Schiffe aus — mit Ausnahme derjenigen Handwerkerwaaren, mit denen nur den einheimischen Verkäufern der Wochenmarktverkehr gestattet ist (§. 64 der Reichsgewerbeordnung vom 21. Juni 1869, Bundes-Gesetzbl. S. 245),
4. das Feilbieten von Lebensmitteln aller Art.
5. Außerdem kann der Finanzminister für gewisse Gewerbsarten oder in einzelnen Fällen den Geschäftsbetrieb steuerfrei gestatten.

§. 4.

Die Steuer beträgt für jede Woche der Dauer des Wanderlagerbetriebes in den Orten:

der ersten Gewerbesteuerabtheilung	50 Mark,
der zweiten und dritten Gewerbesteuerabtheilung	40 „
der vierten Gewerbesteuerabtheilung, sowie in den Hohenzollernschen Landen	30 „

Eine Theilung der Steuersätze für einen kürzeren als einwöchentlichen Betrieb findet nicht statt.

Die Woche wird vom Tage der Eröffnung des Betriebes bis zum Anfang des entsprechenden Tages der nächsten Kalenderwoche gerechnet. Eine Unterbrechung oder frühere Beendigung des Betriebes vor Ablauf der Woche bleibt unberücksichtigt.

---

6. Weintrauben gehören zu den Lebensmitteln im Sinne des §. 3 Nr. 4 des Gesetzes.

R. d. F. M. v. 29. Septbr. 1880.

Mitth. 14 S. 65.

7. Aus dem Gesetz folgt nicht, daß, wenn ein Gewerbebetrieb seiner Geringfügigkeit wegen von der Steuer vom Gewerbebetriebe im Umherziehen befreit ist, auch die Steuer vom Wanderlagerbetrieb fortfallen muß.

R. d. F. M. v. 8. Januar 1881.

Mitth. 14 S. 66.

8. Anträge auf Bewilligung der Steuerfreiheit sind an diejenige Regierung, in deren Bezirk der Geschäftsbetrieb stattfinden soll bezw. an die Direktion für die Verwaltung der direkten Steuern in Berlin zu richten. Im Falle der Bewilligung ist die betreffende Verfügung vorzulegen, widrigenfalls die Steuer (vorbehaltlich der Erstattung) vor Beginn des Betriebes entrichten zu ist.

Anw. v. 4. März 1880. Nr. 4 II.

Zu §. 4.

1. Die Woche umfaßt 7 auf einanderfolgende Kalendertage, endet demgemäß z. B. wenn der Geschäftsbetrieb an einem Donnerstage begonnen ist, um 12 Uhr in der Nacht vom folgenden Mittwoch zum Donnerstage.

Für die Wanderauktionen wird dieselbe Steuer für den Tag erhoben.

§. 5.

Die Isteinnahme der Steuer wird

a) in den Orten der ersten, zweiten und dritten Gewerbesteuerabtheilung der Gemeinde, in deren Bezirk der Wanderlagerbetrieb stattgefunden hat,

b) in den Orten der vierten Gewerbesteuerabtheilung den betreffenden Kreisen, in den Hohenzollernschen Landen den betreffenden Amtsverbänden

überwiesen.

Ueber die Verwendung haben im Falle zu Littr. b die Kreisvertretungen beziehungsweise in den Hohenzollernschen Landen die Amtsversammlungen zu Gunsten der betheiligten Gemeinden und Gutsbezirke zu beschließen.

Insoweit die Erhebung der Steuer durch Staatsbeamte (Steuerempfänger, Steuerkasse in Berlin, Kreiskasse in Frankfurt a. M.) bewirkt wird, sind von der zu überweisenden Isteinnahme drei Prozent als Erhebungskosten für die Staatskasse vorweg in Abzug zu bringen.

Ingleichen wird bei Auktionen der Tag von Mitternacht zu Mitternacht gerechnet, ohne Rücksicht darauf, zu welcher Tagesstunde der Betrieb begonnen hat.

Anw. v. 4. März 1880 Nr. 5.

2. Wer die Steuer für eine Wanderauktion entrichtet hat, kann an dem Tage, für welchen der volle Steuersatz erlegt ist, auch freihändig verkaufen ohne nochmalige Steuerzahlung. Erfolgt aber das Feilbieten in der Form des gewöhnlichen freihändigen Verkaufs und durch Auktion an verschiedenen Tagen nacheinander, so ist die Steuer für jede der beiden Betriebsarten besonders zu entrichten.

Anw. v. 4. März 1880 Nr. 5.

3. Ist ein Gemeindebezirk in Bezug auf die Gewerbesteuer getheilt und sind die Theile verschiedenen Gewerbesteuer-Abtheilungen zugewiesen, so bestimmt sich die Höhe des Steuersatzes danach, zu welcher Gewerbesteuer-Abtheilung derjenige Theil des Ortes gehört, in welchem sich das Verkaufslokal befindet.

Anw. v. 4. März 1880 Nr. 12.

Zu §. 5.

1. Die Isteinnahme, welche in dem zu einer der drei ersten Gewerbesteuer-Abtheilungen gehörigen Theile des Ortes aufkommt, wird der Gemeinde auch dann überwiesen, wenn dieselbe im Uebrigen zur vierten Abtheilung gehört.

Anw. v. 4. März 1880 Nr. 12.

Im Uebrigen steht weder dem Staate noch den Gemeinden für ihre Mitwirkung bei Festsetzung und Erhebung der Steuer ein Anspruch auf Vergütung zu.

§. 6.

Wer ein nach §. 1 steuerpflichtiges Geschäft beginnen, oder nach Ablauf der Zeit (§. 4), für welche die Steuer entrichtet ist, fortsetzen oder wieder beginnen will, ist verpflichtet, davon der Gemeindebehörde des Ortes — in Berlin der Direktion für die Verwaltung der direkten Steuern — unter Angabe der Verkaufsstelle und der Dauer des Betriebes (§. 4) Anzeige zu machen und den in der Anmeldungsbescheinigung bestimmten Steuerbetrag an die daselbst bezeichnete Empfangsstelle gegen Quittung vor Eröffnung des Betriebes zu entrichten.

In den Fällen des §. 2 ist die gleiche Verpflichtung für jede Verkaufsstelle zu erfüllen.

---

2. Es ist den Kreisvertretungen nicht verwehrt und wird sich vielfach am meisten empfehlen, daß die Einnahme aus der Steuer auf den Gesammtbetrag der von den betheiligten Gemeinden und Gutsbezirken aufzubringenden Kreisabgaben angerechnet wird.

Anw. v. 4. März 1880 Nr. 11.

Zu §. 6.

1. Die Anzeige ist schriftlich in zwei gleichlautenden Exemplaren — beim Vorhandensein mehrerer Verkaufslokale für jedes derselben besonders — einzureichen. Sie muß alle zur Festsetzung der Steuer nöthigen Angaben enthalten. Soll der Betrieb über die Zeit hinaus, für welche die Steuer entrichtet ist, fortgesetzt oder nach deren Ablauf wieder begonnen werden, so ist rechtzeitig eine neue Anzeige zu machen.

Anw. v. 4. März 1880 Nr. 6.

2. Die Gemeindebehörde — in Berlin die Direktion für die Verwaltung der direkten Steuern — prüft die Vollständigkeit der Anmeldung und führt nöthigenfalls deren Ergänzung herbei. Sodann bescheinigt sie auf beiden Exemplaren der Anmeldung den Eingang und verbindet damit die Festsetzung der Steuer und die Bezeichnung der Stelle, an welche sie einzuzahlen ist. Die Empfangstelle nimmt die ihr unter Vorlegung der Anmeldebescheinigung angebotene Steuer in Empfang, bucht dieselbe in der in den Gemeinden der drei ersten Gewerbesteuer-Abtheilungen von der Gemeindebehörde, in denen der vierten Gewerbesteuer-Abtheilung bezw. in den Hohenzollernschen Landen von dem Landrath bezw. Oberamtmann angeordneten Art und Weise, quittirt über den Empfang auf der Anmeldebescheinung und giebt dem Zahlenden diese zurück. Zugleich hat sie der Gemeindebehörde, von welcher die Anmeldungsbescheinigung ausgestellt ist, von dem Eingang der festgesetzten Steuer Nachricht zu geben. Letztere hat, wenn diese Nachricht ausbleibt, festzustellen oder durch Ersuchen der

§. 7.

Wer ein nach §§. 1 und 2 steuerpflichtiges Geschaft beginnt beziehungsweise fortsetzt, ohne die im §. 6 bestimmten Verpflichtungen erfüllt zu haben, wird mit einer dem doppelten Betrage der vorenthaltenen Steuer (§. 4) gleichen Geldstrafe bestraft.

Außerdem ist die vorenthaltene Steuer zu entrichten.

§. 8.

Wird festgestellt, daß die strafbare Handlung (§. 7) im Auftrage und für Rechnung einer anderen Person ausgeübt ist, so ist gegen den Auftraggeber auf die gleiche Strafe wie gegen den Beauftragten zu erkennen, und haften Beide solidarisch für die Strafbeträge, die Kosten und die vorenthaltene Steuer.

§. 9.

Die empfangene Steuerquittung muß bei jeder Verkaufsstelle während der Dauer des Geschäftsbetriebes den zuständigen Beamten auf Erfordern vorgezeigt werden.

Zuwiderhandlungen gegen diese Vorschrift werden mit Geldstrafe bis zu 30 Mark bestraft.

---

zuständigen Polizeibehörde feststellen zu lassen, ob der Betrieb ohne Entrichtung der Steuer stattfindet, und, falls dies geschehen, die Einleitung des Strafverfahrens zu veranlassen.

Sobald die Gemeindebehörde von der Empfangstelle die Mittheilung von der Entrichtung der Steuer erhält, verbindet sie dieselbe mit dem zurückbehaltenen zweiten Exemplare der Anmeldung. Letzteres ist in den Gemeinden der drei ersten Abtheilungen aufzubewahren, in denen der vierten, sobald die angemeldete Betriebszeit abgelaufen ist, dem Landrath zu übersenden. In den letztgedachten Gemeinden führt die Empfangstelle die eingekommenen Steuerbeträge nach näherer Anordnung des Landraths periodisch an die Kreiskommunalkasse ab.

Anw. v. 4. März 1880. Nr. 7.

Zu §. 7.

Die bezüglich der Festsetzung einer ermäßigten Nachsteuer in Gewerbesteuer-Kontraventionsfällen überhaupt geltenden Bestimmungen finden auch auf die Wanderlagersteuer Anwendung.

R. d. F. M. v. 24. Septbr. 1884. Mitth. 19 S. 29.

Zu §. 8.

Da nach §. 1 nur der auswärtige Auftraggeber zur Entrichtung der Steuer und zur Erfüllung aller hieraus folgenden Verbindlichkeiten verpflichtet ist, so findet die im §. 8 vorgesehene solidarische Haftung auf den einheimischen Verkäufer oder Auktionator keine Anwendung.

Anw. v. 4. März 1880 Nr. 2b.

§. 10.

In Betreff der Umwandlung der Geldstrafen in Haft, des Strafverfahrens und der Beschlagnahme der zum Geschäftsbetriebe mitgeführten Gegenstände finden die §§. 26 bis einschließlich 29 des Gesetzes vom 3. Juli 1876 (G.S. S. 247) entsprechende Anwendung.

In den Fällen des §. 9 findet eine vorläufige Festsetzung der Strafe durch die Regierung nicht statt.

§. 11.

In Betreff des Beschwerdeverfahrens, der Verpflichtungen der Kommunal- und Kreisbehörden sowie der Kommunen bezüglich der Ermittelung und Erhebung der Steuer sind auf die nach Vorschrift dieses Gesetzes zu erhebende Steuer, soweit in demselben nicht etwas Anderes bestimmt ist, die wegen der Gewerbesteuer vom stehenden Gewerbebetriebe geltenden Bestimmungen anzuwenden.

Dasselbe gilt bezüglich der Vorschriften des Gesetzes über die Verjährungsfristen bei öffentlichen Abgaben vom 18. Juni 1840 (G.S. S. 140).

§. 12.

Mit der Ausführung dieses Gesetzes sind die Minister des Innern und der Finanzen beauftragt.

Zu §. 11.

1. Die Gemeindebehörden, denen die Festsetzung der Steuer nach §. 6 obliegt, sind verpflichtet, für deren Erhebung in jedem dazu geeigneten Falle Sorge zu tragen. Es bedarf hierzu weder eines vorgängigen Gemeindebeschlusses noch kann durch Gemeindebeschluß auf die Erhebung der Steuer verzichtet oder deren Betrag ermäßigt werden, dieselbe ist vielmehr in allen Gemeinden lediglich nach Maßgabe der gesetzlichen Vorschriften zu erheben.

Anw. v. 4. März 1880. N. 2.

2. Beschwerden über die Steuerfestsetzung sind in den drei ersten Gewerbesteuer-Abtheilungen bei der Behörde, welche die Steuer festgesetzt hat, in der vierten beim Landrath anzubringen. Auf das Beschwerdeverfahren finden die bezüglichen Bestimmungen für die Gewerbesteuer vom stehenden Gewerbe entsprechende Anwendung.

Anw. v. 4. März 1880. Nr. 9.

Zu §. 12.

Nach Ablauf eines jeden Etatjahres und spätestens am 1. Mai jeden Jahres hat für die Gemeinden der drei ersten Abtheilungen die Gemeindebehörde, für die der vierten der Landrath eine Nachweisung einzureichen, welche die im

C. Hausir-Gewerbe.

Gesetz betreffend die Besteuerung des Gewerbebetriebes im Umherziehen vom 3. Juli 1876.

(Ges.S. S. 247.)

§. 6.

Wer ein der Steuer vom Gewerbebetriebe im Umherziehen unterliegendes Gewerbe ausüben will, ist verpflichtet, dasselbe für jedes Jahr, in welchem der Gewerbebetrieb stattfinden soll, behufs Entrichtung der Steuer anzumelden und einen die Bezeichnung der Person, der Art und des Gegenstandes des Gewerbebetriebes, der Anzahl der mitzuführenden Begleiter, Fuhrwerke oder Wasserfahrzeuge, sowie die Festsetzung der Steuer und die Quittung über deren Entrichtung oder die Bescheinigung der Steuerfreiheit enthaltenden Gewerbeschein für das betreffende Jahr vor Beginn des Gewerbebetriebes einzulösen. Der Gewerbeschein ist nur für die Person und das Kalenderjahr gültig, für welche derselbe ausgefertigt ist.

Die Anmeldung ist, insofern es zu dem beabsichtigten Gewerbebetriebe nach den Vorschriften der Reichs-Gewerbeordnung des Wandergewerbescheines einer Preußischen Behörde bedarf, mit dem Antrage auf Ertheilung der letzteren zu verbinden und wird alsdann regelmäßig auch der Gewerbeschein mit dem Legitimationsschein verbunden.

Andernfalls ist die Anmeldung bei der Polizeibehörde des Wohnortes des Gewerbetreibenden, und wenn derselbe innerhalb des Preußischen Staates keinen Wohnsitz hat, bei der Polizeibehörde des Ortes, an welchem er den Gewerbebetrieb in Preußen beginnen will, — in Berlin stets bei der Direktion für die Verwaltung der direkten Steuern — schriftlich oder zu Protokoll zu bewirken. Für Ortschaften der vierten Gewerbesteuer-Abtheilung erfolgt die Anmeldung bei der Polizeibehörde des Kreises (Landrath ꝛc.). Bei der Anmeldung muß der Gegenstand des Gewerbebetriebes, die Anzahl der mitzuführenden Begleiter, Fuhrwerke oder Wasserfahrzeuge angegeben, auch auf Erfordern über die Verrichtungen der Begleiter,

Vorjahre (1. April bis 31. März) vorgekommenen Wanderlagerbetriebe, getrennt nach Wanderlagern und Wanderauktionen, so wie den festgesetzten und den in Isteinnahme verbliebenen Betrag an Steuer ergiebt.

Anw. v. 4. März 1880. Nr. 10.

die Beschaffenheit und Bestimmung der Transportmittel Auskunft ertheilt werden. Nach Maßgabe der Anmeldung fertigt diejenige Behörde, welcher die Festsetzung der Steuer obliegt, den Gewerbeschein aus und überweist denselben der mit der Einziehung der Steuer beauftragten Kasse zur Aushändigung gegen Erlegung der Steuer.

Die Festsetzung der Steuer erfolgt durch die Regierung, kann jedoch für einzelne Gattungen des Gewerbebetriebes im Umherziehen den der Regierung nachgeordneten Verwaltungsbehörden von dem Finanzminister übertragen werden.

Wegen der Form der Gewerbescheine, wegen der Verbindung derselben mit den Wandergewerbescheinen und wegen des sonstigen Verfahrens hat der Finanzminister die erforderlichen Anordnungen zu erlassen. In die mit einem Wandergewerbescheine nicht verbundenen Gewerbescheine kann auch das Signalement des Inhabers aufgenommen werden.

§. 7.

Will der Gewerbetreibende nach Einlösung des Gewerbescheines im Laufe des Jahres ein anderes als das darin bezeichnete Gewerbe im Umherziehen beginnen oder letzteres auf andere als die im Gewerbescheine bezeichneten Gegenstände, Waaren oder Leistungen ausdehnen, oder Begleiter, Fuhrwerk oder Wasserfahrzeuge mitführen, ohne daß dies im Gewerbescheine vermerkt ist, oder in größerer als der darin angegebenen Anzahl, so ist er verpflichtet, hiervon vorherige Anmeldung behufs Aenderung beziehungsweise Ergänzung des eingelösten oder Ertheilung eines anderen Gewerbescheines zu machen. Die Bestimmungen des §. 6 finden hierbei gleichmäßige Anwendung.

Insofern die beabsichtigte Aenderung des Gewerbebetriebes eine Erhöhung der Steuer oder die Entziehung der Steuerfreiheit bedingt, hat die Regierung zugleich den zu entrichtenden Steuersatz, auf welchen jedoch der für das betreffende Jahr bereits entrichtete Steuerbetrag in Anrechnung gebracht wird, anderweit festzusetzen und die Aushändigung des Gewerbscheines gegen Erlegung des Mehrbetrages zu veranlassen.

Zu §. 6.

Jede Anmeldung muß die Angabe des Gegenstandes des beabsichtigten Gewerbebetriebes und der Anzahl der mitzuführenden Begleiter, Fuhrwerke oder Wasserfahrzeuge enthalten.

Jeder Angemeldete ist auch verpflichtet auf Erfordern über die Verrichtungen der Begleiter, die Beschaffenheit und die Bestimmung der Transportmittel (ob ein- oder mehrspänniges Fuhrwerk, ob dasselb zum Waarentransport oder nur zur Beförderung der Person und des Geräthes ꝛc. benutzt werden soll; bei Wasserfahrzeugen: von welcher Tragfähigkeit u. s. w.) Auskunft zu geben. In wie weit solche nähere Auskunft im einzelnen Falle zu erfordern sei, bestimmt sich hauptsächlich durch die Rücksicht, daß es darauf ankommt, für die Steuerabmessung die Grundlage zu gewinnen. Es wird deshalb vorzugsweise die Motivirung der Anträge auf Bewilligung ermäßigter Steuersätze für Gewerbetreibende, welche Begleiter, Fuhrwerk u. s. w. mit sich führen, auf diesem Wege zu beschaffen sein, wenn nicht schon die Anmeldung das Nöthige enthält.

In Betreff der Anbringung der Anmeldung wird unterschieden

a. ob es zu dem Gewerbebetriebe des Wandergewerbescheins einer Preußischen obern Verwaltungsbehörde bedarf, — alsdann ist keine besondere Anmeldung wegen des Gewerbescheines erforderlich, sondern die Beantragung des letzteren mit dem Antrage auf Ertheilung des Legitimationsscheines zu verbinden. Dasselbe gilt, wenn Angehörige anderer deutscher Staaten den von einer nichtpreußischen Behörde ertheilten Wandergewerbeschein zu den im §. 59 der Gewerbeordnung bezeichneten Gewerbebetrieben behufs Ausdehnung auf einen Preußischen Bezirk einreichen (§. 60 der Gewerbeordnung).

   An welche Behörde die Anträge auf Ertheilung beziehungsweise Ausdehnung eines Wandergewerbescheins zu richten sind, wird als aus den Ausführungsbestimmungen zu Titel III. der Gewerbeordnung bekannt vorausgesetzt.

b. Ist ein Wandergewerbeschein der Preußischen Ober-Verwaltungsbehörde nicht erforderlich, so muß die Anmeldung behufs Entrichtung der Steuer vom Gewerbebetriebe im Umherziehen besonders und zwar bei der Ortspolizeibehörde, — in den Ortschaften der IV. Gewerbesteuerabtheilung aber bei der Kreisbehörde bewirkt werden.

   Hierher gehören also namentlich die Anmeldungen wegen des Feilbietens nicht selbstgewonnener roher Erzeugnisse der Land- und Forstwirthschaft, des Garten- und Obstbaues, der Jagd und Fischerei, ferner die Anmeldungen zur Ertheilung Preußischer Gewerbescheine für Angehörige anderer deutscher Staaten, die schon im Besitze eines keiner Ausdehnung bedürfenden Wandergewerbescheins der obern Verwaltungsbehörde ihres Heimathsstaates sind. Den Gewerbetreibenden der letztgedachten Art soll jedoch auch gestattet sein, sich mit dem Antrage auf Ertheilung des Peußischen Gewerbescheines unmittelbar an die Regierung (Direktion für die Verwaltung der direkten Steuern) zu wenden.

c. Gehört der beabsichtigte Gewerbebetrieb sowohl zu der unter a. als zu der unter b. bezeichneten Kategorie, — z. B. Feilbieten verschiedener nicht selbstgewonnener Erzeugnisse der Landwirthschaft, welche nur zum Theil zu den rohen Erzeugnissen zu rechnen und wozu nur, insoweit dies zutrifft, kein Wandergewerbeschein nöthig ist, während wegen der übrigen Gegenstände allerdings ein solcher zu beantragen ist — so ist die Anmeldung auch in Betreff des nicht legitimationsscheinpflichtigen Gewerbebetriebes mit dem Antrage auf Ertheilung des Wandergewerbescheins zu verbinden.

Hinsichtlich der weiteren Behandlung der — nöthigenfalls vervollständigten — Anmeldung greift die zu II. vorstehend erörterte Unterscheidung wiederum Platz.

a. Bedarf es zugleich eines Preußischen Wandergewerbescheins, so ist die mit dem Antrage auf Ertheilung des Letzteren verbundene Anmeldung der Behörde, von welcher der Wandergewerbeschein auszufertigen ist, zu übersenden und gelangt erst mit demselben vor dessen Aushändigung an die für die Ertheilung des Gewerbescheines zuständige Behörde (bei den Regierungen an deren Finanz-Abtheilung), welche den mit dem Wandergewerbeschein in der Regel zu verbindenden Gewerbeschein ausfertigt und der betreffenden Kasse zugehen läßt. Die vorerwähnte Mittheilung des Wandergewerbescheines an die zur Ertheilung des Gewerbescheines zuständige Stelle hat auch dann einzutreten, wenn es ausnahmsweise eines Gewerbescheines nach Vorschrift dieses Gesetzes nicht bedarf. Letztere Stelle hat alsdann auf dem Wandergewerbescheine zu vermerken, daß ein Gewerbeschein nicht erforderlich, und denselben ohne Aufenthalt weiter zu befördern.

b. In den unter b. gedachten Fällen wird dagegen die Anmeldung direkt der zur Festsetzung der Steuer zuständigen Behörde vorgelegt.

c. In den unter c. erwähnten Fällen endlich ist wie vorstehend unter a. angegeben zu verfahren. Der Gewerbeschein für den nicht legitimationsscheinpflichtigen Gewerbebetrieb ist alsdann aber nicht besonders auszufertigen, sondern die betreffenden Gegenstände (z. B. nicht selbstgewonnene rohe Erzeugnisse der Landwirthschaft) werden in den mit dem Wandergewerbescheine zu verbindenden Gewerbeschein mit aufgenommen.

In allen Fällen (zu a. und b.) haben die die Anmeldungen vorlegenden Behörden und Beamten sich deren vorgängige Prüfung hinsichtlich des anzuwendenden Steuersatzes angelegen sein zu lassen, die etwa nöthigen weiteren Aufklärungen über Art und Umfang des Gewerbebetriebes, besondere Verhältnisse der Gewerbetreibenden u. s. w. zu beschaffen und ihre gutachtliche Aeußerung über den gemessenen Steuersatz beizufügen.

Anw. v. 3. Septbr. 1876. 12. I. II. III.

Anträge auf Ertheilung steuerfreier Gewerbescheine sind bei der Anmeldung des Gewerbes anzubringen.

Anw. v. 3. Septbr. 1876. 14. III.

Die von Gewerbetreibenden aus den zur vierten Gewerbesteuer-Abtheilung gehörigen Ortschaften bei den Ortspolizeibehörden angebrachten Anträge auf Ertheilung von — mit Gewerbescheinen verbundenen — Wandergewerbescheinen sind von diesen Behörden zunächst dem Kreislandrath und von diesem mit einer Aeußerung über die Angemessenheit des vorgeschlagenen Steuersatzes der Regierung einzureichen.

C.R. d. h. M., M. d. J. u. F. M. v. 4. Mai 1884.

IV. Grundsteuer.

Gesetz vom 8. Februar betreffend die definitive Untervertheilung und Erhebung der Grundsteuer in den sechs östlichen Provinzen des Staats und die Beschwerden wegen Grundsteuerüberbürdung. (Ges.S. S. 185.)

§. 3.

Einzelne Liegenschaften, welche nicht einem bestehenden Guts- oder Gemeindebezirke angehören, sind nach der Bestimmung der Bezirksregierung behufs der Grundsteuereinziehung benachbarten Gemeinde- und Gutsbezirken zuzuschlagen und große Komplexe zu besonderen Grundsteuererhebungsbezirken zu vereinigen.

§. 4.

Im Wege der Vereinbarung zwischen den betheiligten Gemeinde- bezw. Gutsbezirken können einzelne, einem Gemeinde- oder Gutsbezirke angehörige Liegenschaften zum Zwecke der Steuererhebung einem andern dergleichen Bezirke zugeschlagen oder ganze Gemeinde- und Gutsbezirke zu dem gedachten Zwecke vereinigt werden. Dergleichen Vereinbarungen unterliegen der Bestätigung der Bezirksregierung.

§. 5.

Diese Anordnungen bezw. Vereinbarungen (§. 3. 4) erfolgen ohne jegliche Aenderung der bestehenden Kommunal- oder sonstigen Rechtsverhältnisse.

§. 40.

Die Gemeinden . . . sind schuldig, die ihnen auferlegten Grundsteuerbeträge von den Steuerpflichtigen einzuziehen und in monatlichen Beträgen vor Ablauf jeden Monats an die ihnen bezeichneten Kassen abzuführen.

§. 41.

In der Stadt Berlin geschieht die Einziehung durch die Kasse der Direktion für die Verwaltung der direkten Steuern.

Hinsichtlich der Grundsteuer sind folgende, die Stadtgemeinden speziell betreffenden Bestimmungen bemerkenswerth:

Gesetz betreffend die anderweite Regelung der Grundsteuer vom 21. Mai 1861 (G.S. S. 255).

§. 4.

Befreit von der Grundsteuer bleiben:

a. . . . .

b. . . . .

c. Die den ... Gemeinden .. gehörenden Grundstücke, insofern sie zu einem öffentlichen Dienste oder Gebrauche bestimmt sind, insonderheit also: Gassen, Plätze, Brücken, Fahr- und Fußwege, Leinpfade, Bäche, Brunnen, schiffbare Kanäle, Häfen, Werfte, Ablagen, Kirchhöfe, Begräbnißplätze, Spaziergänge, Lust- und botanische Gärten, so wie lediglich zur Bepflanzung öffentlicher Straßen, Plätze und Anlagen bestimmte Baumschulen;

d. . . . .

e. diejenigen bisher von der Grundsteuer befreiten Grundstücke, welche zur Zeit des Erscheinens dieses Gesetzes zu dem Vermögen .... öffentlicher Schulen, höherer Lehranstalten oder besonderer zur Unterhaltung von ... Schulen und höheren Lehranstalten stiftungsmäßig bestimmter Fonds oder milder Stiftungen so wie zur Dotation der an denselben angestellten Lehrer gehören.

§. 43.

Der Verlust an Grundsteuerbeiträgen, welche als uneinziehbar anerkannt werden, trifft die Staatskasse.

§. 46.

Jede Gemeinde ist verpflichtet, zur Einziehung der Grundsteuer einen Ortserheber zu bestellen und zugleich die Bedingungen, unter welchen die Annahme erfolgen soll, insbesondere zu bestimmen, ob und in welcher Art derselbe für seine Mühwaltung entschädigt werden und ob event., in welcher Höhe er eine Kaution bestellen soll.

Falls dieser Verpflichtung von einer Gemeinde innerhalb der von der Bezirksregierung zu bestimmenden Frist nicht genügt wird, ist die Letztere befugt, die jedesmal fällige Grundsteuer so lange, bis der Ortserheber ordnungsmäßig bestellt ist, auf Kosten und Gefahr der Gemeinde im Wege besonders zu ertheilenden Auftrages einziehen zu lassen.

§. 47.

In den nach §. 3 zu bildenden besonderen Grundsteuererhebungsbezirken erfolgt die Einziehung durch Ortserheber, welche auf Anordnung der Bezirksregierung in einem von derselben

24*

zu bestimmenden Termin von den Grundsteuerpflichtigen des Bezirks durch Stimmenmehrheit gewählt werden. Die Letzteren haben zugleich über die Höhe und die Art der vom Erheber zu bestellenden Kaution zu bstimmen.

Falls eine Einigung über die Wahl nicht erzielt werden kann, erfolgt die Bestellung so wie die Bestimmung der Remuneration und Kaution seitens des Landraths.

§. 48.

Innerhalb desselben Kreises können sich zwei oder mehrere Gemeinden, selbständige Guts- und Grundsteuer-Erhebungsbezirke zur Wahl eines gemeinschaftlichen Ortserhebers mit Genehmigung der Bezirksregierung vereinigen.

V. Gebäudesteuer.

Gesetz vom 21. Mai 1861. (Ges.S. S. 317.)

§. 3.

Befreit von der Gebäudesteuer sind

1) . . . .

2) diejenigen Gebäude, welche dem Staate, den Provinzen, den kommunalständischen Verbänden, den Kreisen oder den Gemeinden bezw. zu selbständigen Gutsbezirken gehören, insofern sie zum öffentlichen Dienste oder Gebrauche bestimmt sind, insonderheit also die zum Gebrauche öffentlicher Behörden oder zu Dienstwohnungen für Beamte bestimmten Gebäude, als: Kreis- und Gemeindehäuser sowie Bibliotheken und Museen;

Zu §. 47.

In der Provinz Schleswig-Holstein erfolgt die Elementarerhebung der Grundsteuer durch die bestellten Steuerempfänger.

§. 11 Ges. v. 11. Februar 1870. Ges.S. S. 85.

Zur Regelung des Verfahrens bei der Erhebung sind unterm 31. März 1877 besondere Anweisungen ergangen.

Zu §. 3 Nr. 2.

1. Die Steuerfreiheit wird einerseits durch die Eigenschaft des Eigenthümers, andrerseits durch den Zweck, für welchen sie bestimmt sind, bedingt, und sind demnach nur diejenigen Gebäude steuerfrei, bei welchen beide Bedingungen zutreffen. Dabei macht es jedoch keinen Unterschied, ob die Benutzung zu einem öffentlichen Dienste oder Gebrauche durch den Eigenthümer selbst oder durch eine andere öffentliche Verwaltung (z. B. der Justizverwaltung) stattfindet, an welche das Gebäude ganz oder theilweise vermiethet oder auch ohne Entgelt überlassen ist. Demgemäß sind beispielsweise auch die von den Gemeinden zur Unterbringung der Mannschaften, zur Stallung der

3) Universitäts- und andere zum öffentlichen Unterrichte bestimmte Gebäude;

6) Armen-, Waisen- und Krankenhäuser, Besserungs- und Aufbewahrungs-Anstalten;

Dienstpferde u. s. w. an die Militärverwaltung vermietheten Gebäude (Kasernen, Pferdeställe u. s. w.) steuerfrei zu lassen. Insbesondere sind mit Rücksicht auf den Mangel der bezeichneten Bedingungen steuerpflichtig:

1. die den . . . Gemeinden gehörigen Gebäude, welche durch Vermiethen an Privatpersonen, ingleichen an einzelstehende Beamte, denen die Beschaffung ihrer Amtslokale selbst obliegt, benutzt werden;
2. städtische Gasbereitungsanstalten so wie andere zu einem Gewerbebetriebe dienenden Gebäude der Gemeinden.

Dagegen bleiben die auf Grund des Gesetzes vom 18. März 1868 errichteten öffentlichen Schlachthäuser der Gemeinden steuerfrei.

Die steuerfrei zu lassenden Gebäude müssen ferner der Hauptsache nach und dauernd zu einem öffentlichen Dienste oder Gebrauche bestimmt sein.

Ob nebenbei einzelne Räume eines hiernach steuerfrei zu belassenden Gebäudes auch zu anderen Zwecken benutzt werden, ist einflußlos, z. B. das Vermiethen von Kaufmannsläden in einem Rathhause u. s. w. Die hierher gehörigen Gebäude sind nach Maßgabe ihrer Hauptbestimmung entweder ganz steuerfrei oder ganz steuerpflichtig. Eine theilweise Veranlagung ist unstatthaft. Bei Ermittelung des Nutzungswerthes der überwiegend anderweit benutzten und deshalb steuerpflichtigen Rathhäuser bleibt aber der für den öffentlichen Dienst benutzte Theil außer Ansatz.

Veranlagungsgrundsätze vom 1. Februar 1878.
Drucksachen des Abg.-Hauses 1879/80.
Vgl. auch Gauß Gebäudesteuer S. 51.
R. d. F.M. v. 31. Octbr. 1876.

Büreauräume der Gemeindeverwaltung, Dienstwohnungen der Gemeindebeamten, Gebäude der städtischen Feuerwehr, Chausseehäuser, Eichungslokale sind als steuerfrei anzusehen, wogegen Theatergebäude, Gebäude städtischer Pfandleihanstalten oder Leihkassen ebenso wie dieses bezüglich der städtischen Gasanstalten bestimmt ist, als gewerblichen Zwecken dienende Gebäude zu betrachten sind.

Gauß Gebäudesteuer. S. 54 fgde.

Zu §. 2 Nr. 3.

Die Steuerfreiheit für die dem Unterrichte gewidmeten und die als Lehrerwohnung dienenden Gebäude hängt nicht von dem Eigenthumsverhältniß, sondern lediglich davon ab, ob sie dauernd zum öffentlichen Unterricht bestimmt sind bezw. als Dienstwohnung für die an einer öffentlichen Schule angestellten Lehrer dienen.

R. d. F.M. v. 2. März 1880.

Städtische Turnhallen sind demgemäß gleichfalls von der Gebäudesteuer frei zu stellen.

Zu §. 3 Nr. 6.

Ein von einer Gemeinde erbautes Familienhaus, welches einzelnen Fa-

§. 9.

Die Veranlagung der Gebäudesteuer geschieht unter Leitung der Bezirksregierung innerhalb zu bildender Veranlagungsbezirke durch Kommissionen unter dem Vorsitze besonderer Ausführungs-Kommissarien. Die Zahl der Mitglieder dieser Kommissionen wird mit Rücksicht auf den Umfang des Veranlagungsbezirks und die Anzahl der dazu gehörigen Städte von der Bezirksregierung bestimmt.

Die Mitglieder werden von der kreisständischen Versammlung, für solche Städte, welche einen Veranlagungsbezirk für sich bilden, von der Stadtverordneten-Versammlung gewählt.

Bei der Wahl durch die kreisständische Versammlung ist darauf zu sehen, daß die dem Veranlagungsbezirke angehörigen Städte angemessen vertreten werden, auch kann einzelnen dieser Städte von der Bezirksregierung das Recht beigelegt werden, durch die Stadtverordneten-Versammlung ein Mitglied der Veranlagungs-Kommission wählen zu lassen.

§. 13.

Die Kosten der Gebäudesteuer-Veranlagung fallen der Staatskasse zur Last. Jedoch sind von deu Gemeinden .... auf deren Kosten die zur Ausführung des Veranlagungsgeschäfts erforderlichen Vorarbeiten, insbesondere Nachweisungen und Beschreibungen von Gebäuden zu beschaffen.

Alle Behörden, Gemeinden und Privatpersonen sind verpflichtet, die in ihrem Besitze befindlichen Zeichnungen, Risse, Pläne, Taxen und sonstigen Schriftstücke, welche bei der Ausführung des Veranlagungsgeschäfts von Nutzen sein können, den damit beauf-

---

milien gegen einen bestimmten Miethzins zur Wohnung überlassen wird, ist als ein Armenhaus in diesem Sinne nicht anzusehen.

Vgl. Gauß Gebäudesteuer S. 71.

Zu §. 9.

Die Gemeindevorstände haben im Monat April jeden Jahres eine nach einem bestimmten Muster aufzustellende Nachweisung der in dem betreffenden Gemeindebezirk im Laufe des vorangegangenen Etatjahres vorgekommenen Veränderungen im Bestande der Gebäude dem Kataster-Kontroleur vorzulegen. Desgleichen hat der Landrath bezw. diejenige Behörde, welcher die Ertheilung der Baukonsense zusteht, im Monat April jeden Jahres eine Nachweisung der im

tragten Kommissarien auf deren Erfordern zur Einsicht und Benutzung vorzulegen.

§. 14.

Die Gebäudesteuer wird überall nach Maßgabe der für die Grundsteuer bestehenden Bestimmungen zur Staatskasse erhoben.

Die Gemeinden . . . in den östlichen Bezirken sind verpflichtet, die Gebäudesteuer von den einzelnen Steuerpflichtigen einzuziehen und in monatlichen Beträgen vor dem Ablaufe eines jeden Monats an die ihnen bezeichneten Kassen abzuführen. Für die Einziehung der Steuer wird der Betrag von 3 von 100 der eingegangenen Steuer als Hebegebühr gewährt, aus welchen auch alle Nebenkosten des Erhebungsgeschäfts zu bestreiten sind.

§. 20.

Die Gebäudesteuer-Veranlagung wird alle 15 Jahre einer

Laufe des vorangegangenen Etatjahres innerhalb des Kreises ertheilten Baukonsense dem Kataster-Kontroleur zuzustellen.

§. 11 der Anweisung III vom 31. März 1877.

Für die Stadt Berlin sind unterm 13. November 1877 besondere Zusatzbestimmungen ergangen.

Zu §. 14.

1. Für das Verfahren bei Erhebung der Grund- und Gebäudesteuer in den östlichen Provinzen sind die Vorschriften der Anweisung vom 31. März 1877 maßgebend.

Die Anweisung schließt sich dem hinsichtlich der Erhebung der Klassensteuer in den östlichen Provinzen bestehenden Verfahren eng an und weicht von letzterem nur insoweit ab, als es durch die Besonderheiten des Gegenstandes und durch die Bestimmungen der die Grund- und Gebäudesteuer betreffenden Gesetze geboten war.

2. Die aus der Staatskasse von der Gebäudesteuer zu gewährende Hebegebühr ist derjenigen Gemeinde zu gewähren, welcher die Gebäude in kommunaler Beziehung angehören.

R. d. F.M. v. 27. Juni 1879. Gauß S. 543.

3. Das Verfahren bei der Erhebung der Grund- und Gebäudesteuer in den Provinzen Schleswig-Holstein, Hannover und Hessen-Nassau ist durch eine besondere, gleichfalls vom 31. März datirte Anweisung geregelt.

4. Portokosten, welche durch die seitens der Katasterämter zu bewirkende Uebersendung der Formulare zu den Gebäudebeschreibungen an die Gemeindevorstände entstehen, sind auf die Staatskasse zu übernehmen.

R. d. F.M. v. 16. März 1882.

Revision unterworfen, bei deren Ausführung die im gegenwärtigen Gesetze enthaltenen Vorschriften ebenfalls zur Anwendung kommen.

Zu §. 20.

Für das formelle Verfahren bei der Revision sind die Vorschriften der Anweisung vom 26. Septbr. 1877 maßgebend. Danach liegt den Gemeindevorständen die Aufstellung der Gebäudebeschreibungen ob. Bei umfangreichen städtischen Gemeindebezirken kann die Ablieferung derselben und des zu denselben gehörigen Verzeichnisses abtheilungsweise (nach Stadtvierteln, Straßen u. s. w.) erfolgen.

Anhang II.

A.

Gesetz betreffend die Anlegung und Veränderung von Straßen und Plätzen in Städten und ländlichen Ortschaften vom 2. Juli 1875.

(G.S. S. 561.)

§. 1.

Für die Anlegung und Veränderung von Straßen und Plätzen in Städten und ländlichen Ortschaften sind die Straßen- und Baufluchtlinien[1]) vom Gemeindevorstande im Einverständnisse mit der Gemeinde bezüglich deren Vertretung dem öffentlichen Bedürfnisse entsprechend unter Zustimmung der Ortspolizeibehörde festzusetzen.

Die Ortspolizeibehörde kann die Festsetzung von Fluchtlinien verlangen, wenn die von ihr wahrzunehmenden polizeilichen Rücksichten die Festsetzung fordern.

Zu einer Straße im Sinne dieses Gesetzes gehört der Straßendamm und der Bürgersteig.

Die Straßenfluchtlinien bilden regelmäßig zugleich die Baufluchtlinien, das heißt die Grenzen, über welche hinaus die Bebauung[2]) ausgeschlossen ist. Aus besonderen Gründen kann aber

---

1. Für die Aufstellung von Fluchtlinien und Bebauungsplänen sind Ausführungsvorschriften erlassen unter dem 28. Mai 1876 (B.M.B. S. 131 ff.).

Vgl. E. O.V.G. II. S. 362 (Ertheilung des Bauconsenses) S. 370 (Vorgärten).

2. Vgl. E. O.V.G. VII. S. 321. 327. VIII. S. 312. X. S. 300 (Gegenstand der Bebauung). Hinter der Baufluchtlinie zurückzubleiben ist den Grundeigenthümern nicht verwehrt.

eine von der Straßenfluchtlinie verschiedene, jedoch in der Regel höchstens drei Meter von dieser zurückweichende Baufluchtlinie festgesetzt werden.

§. 2.

Die Festsetzung von Baufluchtlinien (§. 1) kann für die einzelnen Straßen und Straßentheile oder, nach dem voraussichtlichen Bedürfnisse der näheren Zukunft, durch Aufstellung von Bebauungsplänen [3]) für größere Grundflächen erfolgen.

Handelt es sich in Folge von umfassenden Zerstörungen durch Brand oder andere Ereignisse um die Wiederbebauung ganzer Ortstheile, so ist die Gemeinde verpflichtet, schleunigst darüber zu beschließen, ob und inwiefern für den betreffenden Ortstheil ein neuer Bebauungsplan aufzustellen ist und eintretenden Falls die unverzügliche Feststellung des neuen Bebauungsplans zu bewirken.

§. 3.

Bei Festsetzung der Fluchtlinien ist auf Förderung des Verkehrs, der Feuersicherheit und der öffentlichen Gesundheit Bedacht zu nehmen, auch darauf zu halten, daß eine Verunstaltung der Straßen und Plätze nicht eintritt.

Es ist deshalb für die Herstellung einer genügenden Breite der Straßen und einer guten Verbindung der neuen Bauanlagen mit den bereits bestehenden Sorge zu tragen.

§. 4.

Jede Festsetzung von Fluchtlinien (§. 1) muß eine genaue Bezeichnung der davon betroffenen Grundstücke und Grundstückstheile und eine Bestimmung der Höhenlage, sowie der beabsichtigten Entwässerung der betreffenden Straßen und Plätze enthalten.

§. 5.

Die Zustimmung der Ortspolizeibehörde (§. 1) darf nur versagt werden, wenn die von derselben wahrzunehmenden polizeilichen Rücksichten die Versagung fordern.

Will sich der Gemeindevorstand bei der Versagung nicht beruhigen, so beschließt auf sein Ansuchen der Kreisausschuß. [4])

---

3. Vgl. E.O.V.G. V. S. 383, E.R.G. Civilsachen VI. S. 296.

4. An Stelle des Kreisausschusses tritt in den Stadtkreisen sowie in den Städten von mehr als 10000 Einwohnern der Bezirksausschuß, in Berlin der Minister der öffentlichen Arbeiten (§. 146 Zust.Ges.).

Derselbe beschließt auf Ansuchen der Ortspolizeibehörde über die Bedürfnißfrage, wenn der Gemeindevorstand die von der Ortspolizeibehörde verlangte Festsetzung (§. 1 al. 2) ablehnt.

§. 6.

Betrifft der Plan der beabsichtigten Festsetzungen (§. 4) eine Festung oder fallen in denselben öffentliche Flüsse, Chausseen, Eisenbahnen oder Bahnhöfe, so hat die Ortspolizeibehörde dafür zu sorgen, daß den betheiligten Behörden rechtzeitig zur Wahrung ihrer Interessen Gelegenheit gegeben wird.

§. 7.

Nach erfolgter Zustimmung der Ortspolizeibehörde, bezw. des Kreisausschusses (§. 5) hat der Gemeindevorstand den Plan zu Jedermanns Einsicht offen zu legen. Wie letzteres geschehen soll, wird in der ortsüblichen Art mit dem Bemerken bekannt gemacht, daß Einwendungen gegen den Plan innerhalb einer bestimmt zu bezeichnenden präclusivischen Frist von mindestens vier Wochen bei dem Gemeindevorstand anzubringen sind.

Handelt es sich um Festsetzungen, welche nur einzelne Grundstücke betreffen, so genügt statt der Offenlegung und Bekanntmachung eine Mittheilung an die betheiligten Grundeigenthümer.

§. 8.

Ueber die erhobenen Einwendungen (§. 7) hat, soweit dieselben nicht durch Verhandlung zwischen dem Gemeindevorstand und den Beschwerdeführern zur Erledigung gekommen, der Kreisausschuß [5]) zu beschließen. Sind Einwendungen nicht erhoben, oder ist über dieselben endgültig (§. 16) beschlossen [6]), so hat der Gemeindevorstand den Plan förmlich festzustellen, zu Jedermanns Einsicht offen zu legen und, wie das geschehen soll, ortsüblich bekannt zu machen.

§. 9.

Sind bei Festsetzung von Fluchtlinien mehrere Ortschaften betheiligt, so hat eine Verhandlung darüber zwischen den betreffenden Gemeindevorständen stattzufinden.

---

5. Vgl. Anm. 1 zu §. 5.

6. Vgl. E. O.V.G. VIII. S. 319. Die Gemeindebehörde kann den Plan, soweit er einen unangefochten gebliebenen Theil betrifft, förmlich feststellen, obgleich im Uebrigen noch wegen der gegen den Plan erhobenen Einwendungen verhandelt wird.

Ueber die Punkte, hinsichtlich deren eine Einigung nicht zu erzielen ist, beschließt der Kreisausschuß[7]).

§. 10.

Jede sowohl vor[8]) als nach Erlaß dieses Gesetzes getroffene Festsetzung von Fluchtlinien kann nur nach Maßgabe der vorstehenden Bestimmungen aufgehoben oder abgeändert werden[9]).

Zur Festsetzung neuer oder Abänderung schon bestehender Bebauungspläne in den Städten Berlin, Potsdam, Charlottenburg und deren nächster Umgebung bedarf es Königlicher Genehmigung.

§. 11.

Mit dem Tage[10]), an welchem die im §. 8 vorgeschriebene Offenlegung beginnt, tritt die Beschränkung des Grundeigenthümers, daß Neubauten, Umbauten und Ausbauten[11]) über die Fluchtlinie hinaus versagt werden können, endgültig[12]) ein. Gleichzeitig erhält die Gemeinde das Recht, die durch die festgesetzten Straßenfluchtlinien für Straßen und Plätze bestimmte Grundfläche dem Eigenthümer zu entziehen.

§. 12.

Durch Ortsstatut kann festgestellt werden[13]), daß an Straßen oder Straßentheilen, welche noch nicht gemäß der baupolizeilichen

---

7. Vgl. Anm. 1 zu §. 5.

8. Ueber die rechtliche Wirkung einer vor Geltung dieses Gesetzes erfolgten Fluchtliniengesetzgebung vgl. E.Reichspr.Civilf. VI. S. 296 und E.O.V.G. V. S. 381, sowie E.O.V.G. VIII. S. 303.

9. Hinsichtlich Ausschluß des Rechtsweges gegen die auf Grund dieses Gesetzes getroffene Festsetzung von Fluchtlinien E.K. v. 8. Januar 1876 V.M.B. S. 78 und 11. Februar 1865 (V.M.B. S. 106).

10. Auch wenn die Einbringung des Baugesuchs vorher erfolgt war. E.O.V.G. V. S. 376. Ueber Ertheilung von Bauconsensen im Falle des §. 11 vgl. das M.Circular vom 15. Februar 1887 (V.M.Bl. S. 70).

11. Vgl. Anm. 2 zu §. 1. Es gehören hierzu auch Schuppen, Thürme Denkmäler, Thore, Portale, Mauern und Zäune.

Vgl. auch E.O.V.G. VIII. 319 (Baubeschränkung während des Verfahrens).

12. Vgl. E.O.V.G. VIII. S. 323, Reichsger.Civilf. XXI. S. 216.

13. Der Zweck dieser Bestimmung ist der, daß die Gemeinden gegen den Nachtheil geschützt werden sollen, den das wilde Bauen herbeiführt, indem schließlich die Gemeinden zur Herstellung von Straßen gezwungen werden, die an sich hätten entbehrt werden können. E.O.V.G. IX. S. 315.

Bestimmungen des Orts[14]) für den öffentlichen Verkehr und den Anbau fertig gestellt sind[15]), Wohngebäude[16]), die nach diesen Straßen keinen Ausgang haben, nicht errichtet werden dürfen.[17]) [18])

Das Ortsstatut hat die näheren Bestimmungen innerhalb der Grenze vorstehender Vorschrift festzusetzen und bedarf der Bestätigung des Bezirksausschusses. Gegen den Beschluß des Bezirksausschusses ist innerhalb einer Präclusivfrist von zwei Wochen die Beschwerde bei dem Provinzialrathe zulässig.

Nach erfolgter Bestätigung ist das Statut in ortsüblicher Art bekannt zu machen.

§. 13.

Eine Entschädigung kann wegen der nach den Bestimmungen des §. 12 eintretenden Beschränkung der Baufreiheit überhaupt nicht und wegen Entziehung oder Beschränkung des von der Festsetzung neuer Fluchtlinien[19]) betroffenen Grundeigenthums nur in folgenden Fällen gefordert werden:

1) wenn die zu Straßen und Plätzen bestimmten Grundflächen auf Verlangen der Gemeinde für den öffentlichen Verkehr abgetreten werden,

---

14. Ueber die Nothwendigkeit des Vorhandenseins baupolizeilicher Bestimmungen und über Letztere insbesondere vgl. E.O.V.G. III. S. 286, VIII. S. 345.

15. Es handelt sich um projectirte, aber noch nicht fertiggestellte Straßen. E.O.V.G. II. S. 375, V. S. 385, X. S. 313. Hierzu gehören auch polizeiwidrig angelegte Straßen E.O.V.G. III. S. 304, V. S. 346. Maßgebend dafür ob eine Straße noch nicht fertig gestellt ist, bleibt zunächst die Beschaffenheit des Straßenkörpers, nicht die der angrenzenden Grundstücke E.O.V.G. V. S. 346. Ueber den Begriff „historische" Straße vgl. E.O.V.G. III. S. 304, IX. S. 319, XIV. S. 147.

16. Hierzu gehören nur zum Bewohnen bestimmte und benutzte Gebäude, nicht auch solche welche nur zum dauernden Aufenthalt von Menschen dienen, wie z. B. Schulen, Fabriken, Werkstätten, Restaurants, Bahnhöfe, Wachtgebäude. E.O.V.G. VIII. S. 316. Ueber Anbau an ein älteres Wohngebäude (Erweiterungsbau) vgl. E.O.V.G. IX. S. 315. Ebenda siehe über die Begriffsbestimmung „eigener Ausgang".

17. Die Bauerlaubniß darf nicht versagt werden, wenn feststeht, daß die Umwandlung eines Weges zu einer Straße, die Fertigstellung überhaupt nicht bewirkt werden soll. E.O.V.G. X. S. 310.

18. Unter den Straßen des §. 12 sind auch Privatstraßen zu verstehen. E.O.V.G. v. 10. Juni 1886 (Par. u. Wied. S. 173).

19. Es sind hierunter nur die auf Grund dieses Gesetzes festgestellten, nicht die älteren Fluchtlinien zu begreifen.

E.Reichsger.Civils. VI. S. 295.

2) wenn die Straßen- oder Baufluchtlinie vorhandene Gebäude[20]) trifft und das Grundstück bis zur neuen Fluchtlinie von Gebäuden freigelegt wird.

3) wenn die Straßenfluchtlinie einer neu anzulegenden Straße ein unbebautes aber zur Bebauung geeignetes Grundstück trifft, welches zur Zeit der Feststellung dieser Fluchtlinie an einer bereits bestehenden und für den öffentlichen Verkehr und dem Anbau fertig gestellten andern Straße belegen ist und die Bebauung in der Fluchtlinie der neuen Straße erfolgt.

Die Entschädigung[21–24]) wird in allen Fällen wegen der zu *Straßen und Plätzen bestimmten Grundfläche für* Entziehung des Grundeigentums gewährt. Außerdem wird in denjenigen Fällen der Nr. 2, in welchen es sich um eine Einschränkung des Grundeigenthums in Folge der Festsetzung einer von der Straßenfluchtlinie verschiedenen Baufluchtlinie handelt, für die Beschränkung des bebaut gewesenen Theiles des Grundeigenthums (§. 12 des Gesetzes über Enteignung von Grundeigenthum vom 11. Juni 1874) Entschädigung gewährt.

In allen oben gedachten Fällen kann der Eigenthümer die Uebernahme des ganzen Grundstücks verlangen, wenn dasselbe durch die

---

20. Vorhandenes Gebäude d. h. bebautes Grundstück. Dadurch daß dasselbe durch Naturereignisse zerstört oder von dem Eingenthümer selbst zum Zweck eines Neubaus niedergelegt wird, verliert es nicht den Charakter eines bebauten Grundstückes.

E. Reichsger.Civilf. XXII. S. 220. E. O.Tr. XIII. S. 27.

21. Die Entschädigung kann nur verlangt werden, wenn die Fläche thatsächlich freigelegt wird. Daß bloße Erbieten zur Freilegung genügt nicht. E.Reichsger.Civilf. V. S. 214.

22. Eine nach §. 13 entschädigungspflichtige Gemeinde ist verpflichtet, das in §. 24 des Ges. v. 11. Juni 1874 vorgeschriebene Verfahren behufs Feststellung der Entschädigung zu beantragen.

E. Reichsger.Civilf. I. S. 171.

23. Die Entschädigung für die Entziehung eines Bauplatzes ist auch dann, wenn die Baufreiheit bezüglich desselben zur Zeit des Verlangens der Abtretung gemäß §. 11 des Ges. aufgehoben war, mit Rücksicht auf die Bauplatzeigenschaft festzustellen.

E. Reichsger.Civilf. VIII. S. 237.

24. Die ein Gebäude theilweise enteignende Gemeinde hat auf Verlangen des Eigentümers das gesammte Gebäude gegen Entschädigung zu übernehmen.
E. Reichsger.Civilf. II. S. 279.

Fluchtlinie entweder ganz oder soweit in Anspruch genommen wird, daß das Restgrundstück nach den baupolizeilichen Vorschriften des Orts nicht mehr zur Bebauung geeignet ist[25]).

Bei den Vorschriften dieses Paragraphen ist unter der Bezeichnung Grundstück jeder im Zusammenhang stehende Grundbesitz des nämlichen Eigenthümers begriffen.

§. 14.

Für die Feststellung der nach §. 13 zu gewährenden Entschädigungen und die Vollziehung der Enteignung kommen die §§. 24ff. des Gesetzes über Enteignung von Grundeigenthum vom 11. Juni 1874[26]) zur Anwendung[27]).

Streitigkeiten über Fälligkeit des Anspruchs auf Entschädigung gehören zur gerichtlichen Entscheidung.

Die Entschädignngen sind, soweit nicht ein aus besonderen Rechtstiteln Verpflichteter dafür aufzukommen hat, von der Gemeinde aufzubringen, innerhalb deren Bezirk das betreffende Grundstück belegen ist.

§. 15.

Durch Ortsstatut kann festgesetzt werden, daß bei der Anlegung einer neuen oder bei der Verlängerung einer schon bestehenden Straße, wenn solche zur Bebauung bestimmt ist, sowie bei dem Anbau an schon vorhandenen bisher unbebauten Straßen und Straßentheilen von dem Unternehmer der neuen Anlage oder von den angrenzenden Eigenthümern — von Letzteren, sobald sie Gebäude an der neuen Straße errichten — die Freilegung, erste Einrichtung, Entwässerungs- und Beleuchtungsvorrichtung der Straße in der dem Bedürfnisse entsprechenden Weise beschafft, sowie deren zeitweise höchstens jedoch fünfjährige Unterhaltung beziehungsweise ein verhältnißmäßiger Beitrag oder der Ersatz der zu allen diesen Maßnahmen erforderlichen Kosten geleistet werde[28–37]). Zu diesen Verpflichtungen können die angrenzenden Eigenthümer nicht für mehr als die Hälfte der Straßenbreite, und wenn die Straße breiter als 26 Meter ist, nicht für mehr als 13 Meter der Straßenbreite herangezogen werden.

25. Vgl. E.Reichsger.Civils. VII. S. 273.

26. Siehe Anm. 4 zu §. 13.

27. Vgl. E.Reichsger.Civils. VIII. S. 238.

28. Die Verpflichtung des §. 15 kann denjenigen Eigenthümern nicht auf-

Bei Berechnung der Kosten sind die Kosten der gesammten Straßenanlage und beziehungsweise deren Unterhaltung zusammenzurechnen und den Eigenthümern nach Verhältniß der Länge ihrer die Straße berührenden Grenze zur Last zu legen.

---

erlegt werden, welche bereits vor der Anlegung der neuen Straße Gebäude, die hiernächst an die neue Straße zu liegen kommen, errichtet haben.

E.O.V.G. III. S. 292 XV. S. 152.

29. Die polizeiliche Erlaubnis zum Anbau an einer neuen Straße darf nicht an die Bedingung der Erfüllung der dem Bauunternehmer auf dem Ortsstatut in Betreff der Kosten der Straßenanlagen obliegenden (communalen) Verpflichtungen geknüpft werden.

E.O.V.G. IV. S. 364.

30. Die Kosten des Grunderwerbs bilden einen Theil der zur „Freilegung" der neuen Straße erforderlichen Kosten. Zum Ersatz derselben können auch die angrenzenden Grundeigenthümer in Ansehung der bereits bei Anlegung der neuen Straße theilweise bebauten Grundstücke — sobald sie Gebäude an der Straße errichten — verpflichtet werden.

E.O.V.G. XIII. S. 161.

31. Die Kosten der Freilegung, ersten Einrichtung ꝛc. einer neu anzulegenden Straße haben die Eigenschaft einer (indirekten) Gemeindesteuer, hinsichtlich deren der Rechtsweg ausgeschlossen ist. Anders, wenn zwischen der Gemeinde und dem Verpflichteten eine Vereinbarung getroffen ist, in welchem Falle der Rechtsweg zulässig ist.

Entsch. Reichsger.Civils. XVII. S. 201.

32. Die Beitragspflicht erstreckt sich auf die Eigenthümer unbebauter Grundstücke erst dann, wenn sie zur Bebauung schreiten.

E.O.V.G. XII. S. 126.

33. Auch Fabrikgebäude können nach §. 15 zu den Straßenregulirungskosten herangezogen werden.

M.Erl. v. 9. März 1887 (V.M.B. S. 82 ff.).

34. Die vermögensrechtlichen Ansprüche der Gemeinde gegen den Unternehmer einer Straße aus dem gemäß §. 15 erlassenen Ortsstatut liegen nicht auf öffentlich-rechtlichem Gebiet. Für diese Ansprüche ist somit der Rechtsweg zulässig.

E.Reichsger.Civils. XXII. S. 291.

35. Die Gemeinden haben kein Recht, Kautionsleistung wegen des später zu leistenden Kostenbeitrages zu fordern, und dieses Recht kann ihnen auch nicht durch Ortsstatut beigelegt werden.

E.O.V.G. XV. S. 156.

36. Zu der „ersten Einrichtung einer Straße" gehört nicht die Herstellung einer Wasserleitnng, welche den Zweck hat, die an der Straße liegenden Häuser mit Wasser zu versorgen.

E.O.V.G. XV. S. 152.

Die Einforderung von Beiträgen der an eine neue Straße angrenzenden

Das Ortsstatut hat die näheren Bestimmungen innerhalb der Grenze vorstehender Vorschrift festzusetzen. Bezüglich seiner Bestätigung, Anfechtbarkeit und Bekanntmachung gelten die im §. 12 gegebenen Vorschriften[38]).

Eigenthümer zu den Kosten der Freilegung darf nicht als eine provisorische — unter dem Vorbehalt späterer anderweiter Normirung — sondern erst nach endgültiger Feststellung der Beitragshöhe erfolgen.

E. O.V.G. XVII. S. 163.

37. Bei Anlegung einer städtischen Straße mittelst entsprechender Umgestaltung eines Feld- oder Communikationsweges haften die angrenzenden Eigenthümer nur für die erst zu diesem Zweck — nicht auch für früher zur Instandsetzung jenes Weges als solchen — von der Gemeinde aufgewendeten Kosten.

Beiträge zu den Kosten der Herstellung städtischer Straßen können ortsstatutarisch nur den Eigenthümern solcher Grundstücke auferlegt werden, welche zum Stadtbezirk gehören.

E. O.V.G. XVII. S. 172.

Die durch §. 15 Ges. v. 2. Juli 1875 den Gemeinden beigelegte Befugniß, durch Ortsstatut festzusetzen, daß bei der Anlegung einer neuen oder der Verlängerung einer schon bestehenden Straße, wenn solche zur Bebauung bestimmt ist, sowie bei dem Anbau an schon vorhandenen, bisher unbebauten Straßen und Straßentheilen von den angrenzenden Eigenthümern, sobald sie Gebäude an der neuen Straße errichten, entweder die Straße selbst hergestellt und fünf Jahre lang unterhalten oder ein verhältnißmäßiger Beitrag hierzu bezw. der Ersatz der erforderlichen Kosten geleistet werde, schließt nicht die Berechtigung in sich, in den bezüglichen Ortsstatuten für den Grundstückseigenthümern auferlegten Verpflichtungen und insbesondere auch für die von denselben zu zahlenden Beiträge zu den Straßenbaukosten eine Sicherheitsstellung durch Bestellung von Kautionen zu verlangen.

C.R. d. M. d. J. v. 13. Dezbr. 1887. MBl. S. 264.

Vgl. auch Erk. d. O.V.G. v. 1. Novbr. 1887 a. a. O. S. 264/265 fgd.

Fabrikgebäude können auf Grund der Vorschriften in §. 15 Ges. v. 2. Juli 1875 bezw. der in Gemäßheit desselben erlassenen Ortsstatuten zu den Straßenregulirungskosten herangezogen werden. Die Ausführungen in dem Erkenntniß des Oberverwaltungsgerichts v. 25. April 1878 stehen dieser Auffassung nicht entgegen. In demselben sind zwar die Fälle des §. 15 und des §. 12 im Wesentlichen gleichartig bezeichnet. Thatsächlich ist indeß diese Gleichstellung nur bezüglich eines einzelnen, mit der vorliegenden Frage nicht im Zusammenhange stehenden Punktes ausgesprochen, indem — und zwar aus §. 15 heraus — der §. 12 dahin ausgelegt ist, daß derselbe ebenso wie §. 15 nur von neuen Straßen verstanden werden könne.

C.R. v. 9. März 1887. MBl. S. 83.

38. Hinsichtlich der Beschwerden gegen die Anordnungen der Gemeindebehörden kommt das im §. 18 Zust.Ges. vorgesehene Verfahren zur Anwendung.

§§. 16. 17. 18 sind aufgehoben durch §§. 51. 153 L.V.G. u. §. 146 Zust.Ges.

§. 19.

Alle den Bestimmungen dieses Gesetzes entgegenstehenden allgemeinen und besondern gesetzlichen Vorschriften werden hierdurch aufgehoben.

Alle Bestimmungen der im Verwaltungswege erlassenen Bauordnungen, sonstigen polizeilichen Anordnungen und Ortsstatuten, welche mit den Vorschriften dieses Gesetzes in Widerspruch stehen, treten außer Kraft.

§. 20.

Der Minister der öffentlichen Arbeiten wird mit der Ausführung dieses Gesetzes beauftragt.

B.

Reichsgesetz betreffend die Besteuerung der Dienstwohnungen der Reichsbeamten vom 31. Mai 1881.

(R.G.Bl. S. 99.)

§. 1.

In Gemeinden, welche eine nach dem Miethswerth der Wohnungen veranlagte Steuer (Miethsteuer) erheben, darf für die Dienstwohnungen der Reichsbeamten der Miethwerth, von welchem die Steuer erhoben wird, nicht höher als mit fünfzehn vom Hundert des baaren Gehalts dieser Beamten bemessen werden.

§. 2.

Bei Feststellung des baaren Gehalts bleiben diejenigen Beträge außer Ansatz, welche den Beamten zur Bestreitung von Repräsentations- oder Dienstaufwandskosten gewährt werden.

§. 3.

Das Gesetz tritt am 1. Juli 1881 in Kraft.

Zu §. 1. 2.

1. Das Gesetz betreffend die Rechtsverhältnisse der Reichsbeamten vom 31. März 1873 (R.G.Bl. S. 61) bestimmt im §. 19:

Auf die Rechtsverhältnisse der aktiven und der aus dem Dienste geschiedenen Reichsbeamten, über welche nicht durch Reichsgesetz Bestimmung getroffen ist, finden diejenigen gesetzlichen Vorschriften Anwendung, welche an ihren Wohnorten für die aktiven bezw. für die aus dem Dienste geschiedenen Staatsbeamten gelten.

Hienach sind, da die Reichsgesetzgebung über die Heranziehung der Reichsbeamten zu den Gemeindeabgaben keine Anordnung getroffen hat, die in Preußen wohnhaften Reichsbeamten den Vorschriften des preußischen Rechts über die Kommunalbesteuerung der Staatsbeamten unterworfen. Es finden mithin auf diejenigen unter ihnen, welche ihren Wohnsitz in Berlin haben, neben der Städteordnung vom 30. Mai 1853 auch die für diese Stadtgemeinde über Steuerverhältnisse erlassenen besonderen Anordnungen Anwendung, demgemäß auch die Vorschriften über die Miethsteuer (V. v. 26. Jan. 1815, Regulativ v. 27. Oktbr. 1858). Nach dem Gesetz vom 11. Juli 1822 darf nun das Diensteinkommen der Staatsbeamten zur Miethsteuer nur zur Hälfte seines Betrages herangezogen werden. Demgemäß wird in Berlin der regulativmäßige Betrag der Miethsteuer, nämlich $6^2/_3$ Prozent, nur von der Hälfte des eingeschätzten Miethswerths der Dienstwohnungen erhoben. In Folge hiervon schwankt der wirklich erhobene Miethsteuerbetrag in seinem Verhältniß zum Diensteinkommen bei den einzelnen Beamten zwischen 0,18 Prozent und nahezu 3 Prozent.

Diese Verschiedenheiten lassen erkennen, daß die Abschätzung des Miethwerths der Dienstwohnungen behufs Veranlagung der Miethsteuer, wie sie gegenwärtig erfolgt, nicht auf den richtigen Unterlagen beruht. Wenn der Betrag der Miethwerthe zwischen 5 und 87,5 Prozent des Diensteinkommens in den verschiedenen Abstufungen sich bewegen kann, so weist dieses auffallende Abschätzungsergebniß auf einen Fehler des Abschätzungsprinzips mit Nothwendigkeit hin. Dieser Fehler liegt darin, daß bei der Veranschlagung des Miethwerths die Dienstwohnungen den Privatwohnungen gleichgestellt werden. Es wird dabei der wesentliche Unterschied außer Acht gelassen, welcher zwischen beiden besteht.

Während der Privatmann seine Wohnung nach eigenem Ermessen und insbesondere unter Berücksichtigung der Mittel wählt, welche er für dieselbe nach seinen wirthschaftlichen Verhältnissen aufzuwenden in der Lage ist, hat der Beamte die Pflicht, die ihm als Dienstwohnung angewiesenen Räumlichkeiten ohne Rücksicht darauf zu übernehmen, ob dieselben seinen Einkommensverhältnissen entsprechen. Eine Dienstwohnung wird aber dem Beamten angewiesen, nicht, damit ihm eine dem sachlichen Werthe der Wohnung entsprechende Vergünstigung zu Theil werde, sondern damit er die Wohnung im Interesse des Dienstes benutze; es ist deshalb offenbar unbillig, wenn er angehalten wird, eine solche Wohnung, welche er freiwillig vielleicht niemals gewählt haben würde, nach ihrem gewöhnlichen Miethwerth zu versteuern. Namentlich erscheint es ungerechtfertigt, wenn die städtische Behörde der mehr oder weniger ornamentalen Ausstattung, welche das Reich seinen Dienstgebäuden zu geben angemessen findet, einen Einfluß auf die Höhe der von den Bewohnern derselben zu entrichtenden Miethsteuer beimißt, während die steuerliche Schätzung des Rechts dieser Beamten, miethfrei zu wohnen, von dem objektiven Werth der ihnen angewiesenen Räume nach der Natur der Sache nicht abhängig sein kann. Der Beamte darf für den Unterschied, welchen das Reich in der Ausstattung und Ausdehnung jeder einzelnen

Dienstwohnung absichtlich macht, oder zufällig zuläßt, nicht steuerlich in Anspruch genommen werden. Die Besteuerung der Inhaber von Dienstwohnungen nach dem gewöhnlichen Miethwerth der letzteren belastet gerade bei den größeren Wohnungen dieser Art die betheiligten Beamten um so empfindlicher, als sie durch die Beschaffenheit ihrer Wohnräume ohnehin nicht selten zu Ausgaben genöthigt werden, welche einen unverhältnißmäßigen Theil ihres Diensteinkommens in Anspruch nehmen. Je ausgedehnter der Umfang einer Dienstwohnung und je werthvoller ihre Ausstattung ist, desto höher steigt nicht nur der Antheil, welcher dem Inhaber an den Kosten der Unterhaltung der Wohnung und ihres Inventars bestimmungsmäßig zur Last fällt, sondern auch die Summe der unmittelbaren wirthschaftlichen Aufwendungen. Diese Verhältnisse müssen bei der Veranlagung der Miethsteuer Berücksichtigung finden, wenn dieselbe den Anforderungen der Gerechtigkeit genüge leisten soll. Thatsächlich findet aber eine solche Rücksichtnahme nicht statt, weil bei der Einschätzung der Dienstwohnungen die wirthschaftliche Lage der Inhaber grundsätzlich außer Betracht gelassen wird. Auch ist bei dem jetzigen Veranlagungsverfahren keine Sicherheit gegen die Gefahr vorhanden, daß die Parteistellung der Taxatoren gegenüber den betheiligten Beamten Einfluß auf die Schätzungen gewinnt und das pekuniäre Interesse der Beamten somit einer auf politischer Sympathie oder Antipathie beruhenden Willkür mehr oder weniger anheimgegeben wird.

Das mehrgedachte Regulativ bezeichnet es in §. 15 Ziffer 4 als einen Erfahrungssatz, daß auf die Wohnungsmiethe höchstens der fünfte Theil des Einkommens verwendet werde. Diesem Erfahrungssatz widerspricht es, wenn die Mehrzahl — etwa 3/5 — der an Reichsbeamte in Berlin überwiesenen Dienstwohnungen zu einem Miethwerth eingeschätzt ist, der mehr — und zwar in sehr vielen Fällen erheblich mehr — als 20 Prozent des Diensteinkommens beträgt. Es muß dabei besonders hervorgehoben werden, daß die meisten Dienstwohnungen, deren Miethwerth zu einem solchen Betrage geschätzt ist, nicht etwa von höheren, sondern von Subaltern- und Unterbeamten mit beschränktem Gehalt bewohnt werden.

Daß ein gerechter Maßstab für die Leistungen, welche dem Inhaber einer Dienstwohnung für deren Benutzung aufzuerlegen sind, nicht in dem Ertrage, welcher durch die Vermiethung derselben an eine Privatperson zu erzielen wäre, sondern nur in dem Diensteinkommen des Inhabers gefunden werden kann, ist in Preußen seit langer Zeit insofern anerkannt worden, als die Miethen, welche die Staatsbeamten an die Staatskasse bis zur Einführung der Wohnungsgeldzuschüsse für die ihnen überwiesenen Dienstwohnungen zu entrichten hatten, nicht nach dem Werth der letzteren, sondern lediglich nach Prozenten der Besoldungen berechnet wurden.

Nach diesem Vorgange erscheint es gerechtfertigt, sowohl für Berlin, als auch für diejenigen Orte, in welchen etwa sonst noch eine Miethsteuer besteht, oder neu eingeführt werden möchte, die Einschätzung des Miethwerths der Dienstwohnungen an eine Maximalgrenze des Diensteinkommens der Inhaber zu binden.

Motive des bezüglichen Gesetzentwurfs.

C.

Gesetz vom 14. Mai 1885
betreffend die Uebereignung von Beträgen, welche aus landwirthschaftlichen Zöllen eingehen, an die Kommunalverbände.
(G.S. S. 128.)

§. 1.

Von den auf Grund des §. 8 des Reichsgesetzes vom 15. Juli 1879 auf Preußen entfallenden Summen soll ein Betrag, welcher dem nach dem Maßstabe des erwähnten Reichsgesetzes auf Preußen entfallenden Antheile aus dem Ertrage der Getreide- und Viehzölle (Positionen 9a, 9b, 9c, 9e und 39a bis 39g des Zolltarifs von 1879) entspricht, abzüglich eines Betrages von 15000000 Mark, nicht zu allgemeinen Staatszwecken verwendet, sondern nach Maßgabe der nachstehenden Bestimmungen den Kommunalverbänden überwiesen werden.

---

2. Die Wirkung des Gesetzes besteht darin, daß die landesrechtlichen Bestimmungen über die Miethsteuer, soweit sie sich auf die Bemessung des miethsteuerpflichtigen Werthes der Dienstwohnungen beziehen, nicht mehr auf Dienstwohnungen der Reichsbeamten Anwendung finden. Dagegen bleiben im Uebrigen die landesrechtlichen Vorschriften über die Heranziehung der Staatsbeamten zur Miethsteuer auch auf Reichsbeamte anwendbar.

3. Die Absetzung der Ausgaben für Dienstaufwand und Repräsentation (§. 2 des Gesetzes) hat ihren Grund darin, daß diese Beträge für öffentliche Zwecke bestimmt sind.

4. Nach dem in Preußen geltenden Recht ist die Miethsteuer eine Einkommensteuer.

Kommissionsbericht des Reichstags S. 5.

Zu §. 1.

1. Die im §. 1 bezeichneten Tarifpositionen beziehen sich auf Weizen, Roggen, Hafer, Buchweizen, Hülsenfrüchte, andere nicht besonders genannte Getreidearten, ferner auf Gerste, Mais und syrischen Dari, endlich auf Pferde, Maulesel, Maulthiere, Esel, Stiere, Ochsen, Kühe, Jungvieh, Kälber, Schweine und Spanferkel.

2. Die Ermittelung und Feststellung der betreffenden Antheile an den überwiesenen Beträgen des Vorjahrs kann wegen der Abrechnungsarbeiten frühestens im Juni bezw. Juli erfolgen.

§. 2.

Die Ueberweisung erfolgt, mit Ausnahme der Hohenzollernschen Lande, an die Kreise (Land- und Stadtkreise).

In denjenigen Landkreisen, in welchen Kreisausschüsse nicht bestehen, haben die Kreistage zur Vorbereitung und Ausführung ihrer Beschlüsse über die Verwendung der nach Maßgabe des gegenwärtigen Gesetzes ihnen zufallenden Beträge Kommissionen unter dem Vorsitze des Landraths einzusetzen.

§. 3.

Die Vertheilung der nach §. 1 überwiesenen Summe auf die einzelnen Kreise erfolgt zu $^2/_3$ nach dem Maßstab der in den einzelnen Kreisen aufkommenden beziehungsweise fingirten Grund- und Gebäudesteuer, soweit solche nach den Grundsätzen der Kreisordnung vom 13. December 1872 durch Zuschläge zu den Kreissteuern herangezogen werden kann, zu $^1/_3$ nach der Civilbevölkerung. Bei der ersten Vertheilung der in dem Etatsjahre 1885/86 aufkommenden Zölle wird das Soll an Grund- und Gebäudesteuer des Jahres 1885/86 und die bei der Volkszählung im Dezember 1885 ermittelte Ziffer der Civilbevölkerung zu Grunde gelegt.

Zu §. 2.

Außer den Kommissionsmitgliedern sind auch Stellvertreter zu wählen. Auch ist die Amtsdauer (3 bis 6 Jahre) zu bestimmen.

C.R. v. 12. April 1886. M.Bl. S. 89.

Zu §. 3.

1. Die aus dem Ertrage der landwirthschaftlichen Zölle den Kommunalverbänden zu überweisenden Beträge werden nur dann von den Staatskassen unmittelbar an die Kommunal- bezw. Kämmereikassen gezahlt, wenn letztere von den zuständigen Vertretern der Kommunalverbände zur Empfangnahme der Gelder ausdrücklich ermächtigt sind. In diesem Falle hat die Zahlung gegen eine von den Landräthen bezw. Magistraten visirte Quittung der Kreiskommunal- bezw. Kämmereikassen zu erfolgen. Fehlt es an der gedachten Ermächtigung, so darf die Zahlung nur an die zuständigen Vertreter der Kommunalverbände erfolgen.

C.R. d. M. d. J. u. F. M. v. 9. Juni 1889.

2. Die Annahme, daß bei Feststellung des Vertheilungsmaßstabes für die den Kommunalverbänden nach §. 3 des Gesetzes vom 14. Mai 1885 (G.S. S. 128) aus landwirthschaftlichen Zöllen zu überweisenden Beträge die Gebäude der sogenannten verstaatlichten Eisenbahnen um deswillen einer anderen Behandlung unterliegen, als diejenigen der eigentlichen Staatseisenbahnen, weil die ersteren auf Grund der Bestimmung unter Nr. 1 im §. 3 des Gebäudesteuer-

Eine Revision dieser Zahlen findet in dem auf jede Volkszählung folgenden Jahre statt.

Die hiernach auf die einzelnen Kreise entfallenden Summen werden durch gemeinsame Verfügung des Ministers des Innern und des Finanzministers festgestellt.

§. 4.

Bis zum Erlasse eines die Verwendungszwecke endgültig regelnden Gesetzes sind die überwiesenen Summen zur Erfüllung solcher Aufgaben zu verwenden, für welche seitens der Land- und Stadt-

gesetzes vom 21. Mai 1861 (G.S. S. 317) als dem Staate gehörig, die letzteren dagegen aus Nr. 2 im §. 3 ebendaselbst als zu einem öffentlichen Dienste oder Gebrauche bestimmt von der Staatsgebäudesteuer freigelassen worden seien, und aus diesem Grunde nicht die ersteren, wohl aber die letzteren unter die Ausnahmebestimmung unter Nr. 6 zu e. der Anleitung zur Verfügung des mitunterzeichneten Finanzministers vom 18. November v. J., fallen, beruht auf einer unzutreffenden Auffassung der maßgebenden Vorschriften. Die Freiheit der Gebäude der eigentlichen Staatseisenbahnen von der Staatsgebäudesteuer fußt im allgemeinen nicht auf der Vorschrift unter Nr. 2, sondern auf derjenigen unter Nr. 1 im §. 3 a. a. O., woraus sich hinsichtlich derselben für den vorliegenden Zweck grundsätzlich die gleiche Art der Behandlung wie hinsichtlich der Gebäude der verstaatlichten Eisenbahnen ergiebt, dergestalt daß beide bei Feststellung des Vertheilungsmaßstabes für die den Kommunalverbänden zu überweisenden Beträge mit in Ansatz zu bringen sind.

Ausgenommen bleiben nur diejenigen Gebäude, welche wegen ihres besonderen Zweckes unter die Vorschrift zu Nr. 2 im §. 3 a. a. O. fallen, also insbesondere die ausschließlich oder in der Hauptsache als Dienstwohnungen für Beamte benutzten (gegen Wegfall des Wohnungsgeldzuschusses überwiesenen) Gebäude. Dieselben müssen bei Feststellung des Vertheilungsmaßstabes gemäß §. 17 der Kreisordnung (Ges.S. für 1881, Seite 179) ebenso unberücksichtigt bleiben, wie allgemein die Dienstwohnungen der Beamten anderer Verwaltnngen. Auch dies gilt gleichmäßig für beide vorgedachte Kategorien der Eisenbahnen. Die Bestimmung in den wegen des Erwerbes der verstaatlichten Eisenbahnen ergangenen Gesetzen, wonach durch den Uebergang auf den Staat in Ansehung der Kommunalbesteuerung eine Aenderung nicht eintreten soll, kann, wie zur Vermeidung von Irrungen ausdrücklich bemerkt wird, hieran nichts ändern, da sich dieselbe auf die Feststellung des Vertheilungsmaßstabes nicht bezieht, letztere vielmehr allgemein lediglich nach §. 3 des Gesetzes vom 14. Mai 1885 und den darin ausdrücklich in Bezug genommenen Vorschriften zu erfolgen hat.

C.R. d. M. d. J. u. F. M. v. 12. Januar 1886.

3. Unter Civilbevölkerung ist nicht die Wohnbevölkerung, sondern die ermittelte ortsanwesende Bevölkerung abzüglich der aktiven Militärpersonen zu verstehen.

C.R. v. 12. April 1886.

kreise die Mittel durch Zuschläge zu den direkten Staatssteuern oder durch direkte Gemeindesteuern aufgebracht werden.

In denjenigen Landkreisen, in welchen die überwiesenen Summen nach Absatz 1 nicht Verwendung finden, können die nicht verwendeten Beträge unter Genehmigung der zuständigen Aufsichtsbehörde durch Beschluß des Kreistages verwandt werden:

a) zur Entlastung der Schul- beziehungsweise engeren Kommunalverbände hinsichtlich der Schullasten, insbesondere auch zur Aufhebung oder Minderung des Schulgeldes in denjenigen Schulen, welche der allgemeinen Schulpflicht dienen;

b) zur Gewährung von Beihülfen an die Ortsarmenverbände, insoweit nicht die Landarmenverbände dazu verpflichtet sind.

Kommt ein solcher Beschluß zu den Zwecken Absatz 2a und b nicht zu Stande, so sind die nicht verwendeten Beträge an die Stadt- und Landgemeinden (Gutsbezirke) des Kreises unter Festhaltung des §. 3 Abs. 1 und 2 festgesetzten Maßstabes zu überweisen.

Diese Untervertheilung erfolgt durch die Kreisausschüsse, beziehungsweise Kreiskommissionen und wird in den Kreisblättern publizirt. Gegen die Richtigkeit der Untervertheilung steht den einzelnen Gemeinden binnen 2 Wochen von dem Tage ab, wo das betreffende Kreisblatt ausgegeben ist, die Beschwerde an die zuständige Aufsichtsbehörde zu.

Für die Verwendung der auf die Stadt- und Landgemeinden

Zu §. 4.

Im Abs. 1 ist kein Unterschied gemacht, ob die betreffenden Abgaben für die eigenen Zwecke des Kreises selbst oder von dem Kreise für die Zwecke andrer Verbände erhoben werden. Demgemäß fallen insbesondere auch die nach §. 29 Ges. v. 8. März 1871 auf die Kreise vertheilten Kosten des Landarmenwesens unter diejenigen Aufgaben, zu deren Erfüllung Ueberweisungsbeträge verwendet werden müssen. Das Gleiche gilt im Geltungsbereiche der Prov.O. v. 29. Juni 1875 von den Provinzialabgaben, die nach §. 108 a. a. O. den Charakter von Kreisabgaben an sich tragen. Auch in den Provinzen Posen, Westfalen und Schleswig-Holstein sind die Ausschreibungen der Provinzialverbände — mit Ausnahme der Kosten der Provinziallandtage in den beiden erstgenannten Provinzen, für welche besondere Bestimmungen gelten — im Allgemeinen als Lasten der Kreise anzusehen.

(Gutsbezirke) untervertheilten Beträge finden die Bestimmungen der Absätze 1 und 2 entsprechende Anwendung.

§. 5.

In der Provinz Schleswig-Holstein können durch Kreisstatut die überschießenden Summen (§. 4 Abs. 3) an andere Ver-

---

Den Kreisen und Gemeinden ist zwar die Verfügung über die Ueberweisungsbeiträge innerhalb des durch diese Bestimmungen gezogenen Rahmens freigestellt und muß es demgemäß ihrer Beschlußfassung überlassen bleiben, zu Gunsten welcher Aufgaben bezw. für welche zu deren Erfüllung dieselben dienenden Abgaben *verwendet werden sollen, hiebei ist aber daran festzuhalten,* daß das Gesetz lediglich darauf gerichtet ist, den Abgabepflichtigen eine Erleichterung zu gewähren, daß es aber außerhalb seiner Zwecke liegt, in der Art der Besteuerung Aenderungen herbeizuführen. Es würde daher mit demselben im Widerspruch stehen und als unzulässig zu bezeichnen sein, wenn die Verwendung dergestalt erfolgen sollte, daß durch dieselbe das in einem Kreise oder in einer Gemeinde bestehende Abgabensystem einseitig modifizirt wird. In denjeningen Fällen, in welchen die Abgaben durch Zuschläge zu den Staatssteuern aufgebracht werden, sind in Folge dessen die Ueberweisungsbeträge, falls dieselben nicht zur Bestreitung des gesammten Abgabebetrages ausreichen, auf die verschiedenen Zuschläge nach dem gleichen Verhältnisse, nach welchem die einzelnen Staatssteuern mit Zuschlägen belegt sind, pro rata in Anrechnung zu bringen, und in derselben Weise ist zu verfahren, wenn für bestimmte Kreiseinrichtungen z. B. für den Bau und die Unterhaltung von Chausseen einzelne Theile des Kreises gegenüber dem Gesammtkreise höher belastet sind. Auch in diesem Falle sind, vorbehaltlich einer anderweiten Beschlußfassung unter Bestätigung der zuständigen Instanzen, die Ueberweisungssummen stets nach gleichem Verhältniß auf die von dem ganzen Kreise zu entrichtenden Abgaben und auf die Mehrbelastungsbeträge zu vertheilen.

Es ist besonders wünschenswerth, daß die Kreise von der Befugniß (Abs. 2) im Interesse der Erleichterung der Gemeinden in den Volksschullasten in thunlichst weitem Umfange Gebrauch machen und hiebei vorzugsweise minder wohlhabende Schulverbände berücksichtigen. Soweit es sich um Beihülfen für Ortsarmenverbände handelt, werden dieselben in der Regel nur denjenigen Verbänden zu gewähren sein, welche entweder in Folge ausnahmsweiser Verhältnisse zu besonders hohen Aufwendungen genöthigt sind, ohne daß gleichwohl die Voraussetzungen zu einem Eintreten des Landarmenverbandes gegeben sind; oder die für die dauernde Aufbesserung des Armenwesens, namentlich zur Errichtung von Armenhäusern größere Ausgaben beschließen sollten. Die Genehmigung der gefaßten Verwendungsbeschlüsse, welche mit Rücksicht auf die schwankende Höhe der Ueberweisungen stets auf ein Jahr zu beschränken sein werden, liegt in den Kreisordnungs-Provinzen dem Regierungs-Präsidenten, in den übrigen Provinzen der Regierung ob.

C.R. v. 12. April 1886.

bände als an die Stadt- und Landgemeinden (Gutsbezirke) überwiesen werden.

§. 6.

Für die Hohenzollernschen Lande wird ein Betrag festgestellt und überwiesen, welcher dem im §. 3 aufgestellten Vertheilungsmaßstabe entspricht.

Die Feststellung erfolgt durch gemeinsame Verfügung des Ministers des Innern und des Finanzministers.

Der festgestellte Betrag wird nach dem Verhältnisse der durch die letztvorangegangene Volkszählung ermittelten Einwohnerzahlen auf die einzelnen Gemeinden vertheilt. Den Vertretern der letzteren steht die Beschlußfassung über die Verwendung zu.

§. 7.

Dieses Gesetz tritt gleichzeitig mit dem Reichsgesetz über die Aenderung des Zolltarifs in Kraft. Die Bestimmungen des §. 1 des Gesetzes vom 16. Juli 1880 finden auf die im §. 1 bestimmte Ueberweisung keine Anwendung.

Zu §. 5.

Die Aufnahme dieser Sonderbestimmung in das Gesetz hat ihren Grund in der Berücksichtigung der in dieser Provinz bestehenden Zweckverbände.

D.

Zusammenstellung

der für die Betheiligung der Gemeinden- bezw. Gemeindevorstände im Bereich

I. der Reichs-Gewerbeordnung,

II. der Reichs-Versicherungs-Gesetzgebung,

III. der Militär-Gesetzgebung,

IV. der Gerichts-Verfassung

maßgebenden Bestimmungen.

I.

Der Gemeindevorstand kommt in Betracht:

Nach Maßgabe der Bestimmungen der Reichs-Gewerbeordnung.

I. In seiner Eigenschaft als Polizeibehörde.

1. Entgegennahme der Anzeige des Gewerbebetriebes. §. 14, 15 Gew.O.

Vgl. auch Note 4 zu Abs. 1, Note 1 zu Abs. 2 des §. 14 Gew.O. und die Noten 2. 3. 4. 5 zu §. 15. a. a. O. des Commentars von Marcinowski.

2. Ertheilung der Genehmigung gewisser in §. 16. 25 Gew.O. bzw. den ergänzenden Vorschriften bezeichneten Anlagen.

Vgl. auch Note 18. 23 zu §. 16 Gew.O. des Commentars zu 1 und die Vorschrift in §. 147 Abs. 3 Gew.O.

3. Entgegennahme der Anzeige der Errichtung oder Verlegung solcher Anlagen, deren Betrieb mit ungewöhnlichem Geräusch verbunden ist. §. 27 Gew.O.

4. Begutachtung vor Ertheilung der Erlaubniß zum Betriebe der Gastwirthschaft, Schankwirthschaft oder des Kleinhandels mit Branntwein und Spiritus. §. 33 Gew.O.

5. Ertheilung der Erlaubniß bzw. Zurücknahme derselben bei gewerbsmäßiger Veranstaltung von Singspielen, Gesangs- und deklamatorischen Vorträgen, Schaustellungen von Personen oder theatralischen Vorstellungen. §. 33a Gew.O. Vgl. auch Note 1 des Commentars.

6. Ertheilung der Erlaubniß zur gewerbsmäßigen Veranstal-

tung von Musikaufführungen, Schaustellungen, theatralischen Vorstellungen oder sonstigen Lustbarkeiten von Haus zu Haus oder auf öffentlichen Wegen, Straßen und Plätzen. §. 33b Gew.O.

7. Die Ertheilung der Erlaubniß zum Betriebe des Pfandleihgewerbes. §. 34 Gew.O. Vgl. auch Note 1. 2. 3. 4 des Commentars. §. 38 Gew.O. und Note 2 des Commentars. Ges. vom 17. März 1881. §. 42b und 64 Gew.O.

8. Entgegennahme der Anzeige bezw. Untersuchung des Betriebes der im §. 35 Gew.O. gedachten Gewerbe (Tanz-, Turn-, Schwimmunterricht, Badeanstalten, Trödler, Rechtsconsulenten u. s. w.). Vgl. auch die Noten des Commentars.

9. Regelung des öffentlichen Verkehrs (Wagen, Gondeln, Pferde u. s. w. Dienstmänner). §. 37 Gew.O.

10. Gestattung des Verkaufs geistiger Getränke zum Genuß auf der Stelle im Jahrmarktsverkehr. §. 67 Abs. 2 GewO.

10a. Festsetzungen von Marktordnungen. §. 69 Gew.O.

11. Regelung der Bekanntmachung der Preise und des Gewichts von Backwaaren so wie des Verkaufs nach Gewicht. §. 73. 74 Gew.O.

12. Regelung der Bekanntmachung der Preise in Gastlokalen. §. 75 Gew.O.

13. Festsetzung der Taxen für Bahnbediente und andern Personen, welche auf öffentlichen Straßen und Plätzen oder in Wirthshäusern ihre Dienste anbieten, so wie für die Benutzung von Wagen und sonstigen Transportmitteln. §. 76 Gew.O.

14. Festsetzung der Taxen für Schornsteinfeger. §. 77 G.O.

15. Ausstellung der Arbeitsbücher. §. 108. 109 Gew.O.

16. Beglaubigung der Zeugnisse der Arbeiter über die Art und Dauer ihrer Beschäftigung. §. 114 Gew.O.

17. Ausstellung der Arbeitskarten für die Beschäftigung von Kindern in Fabriken. §. 137 Gew.O.

18. Entgegennahme der Anzeige der Beschäftigung jugendlicher Arbeiter in Fabriken. §. 138 Gew.O. Vgl. auch die bezügliche Note 2 des Commentars.

19. Gestattung von Ausnahmen bezüglich der Beschäftigung von jugendlichen Personen in Fabriken. §. 139 Gew.O.

II. In seiner Eigenschaft als Kommunalbehörde.

1. Herbeiführung von Gemeindebeschlüssen betreffend die Er-

richtung öffentlicher Schlachthäuser. §. 23 Abs. 2 Gew.O. Ges. v. 18. März 1868.

2. Gutachtliche Aeußerung im Falle zu I. Nr. 4.

3. Stellung von Anträgen bezüglich der Gegenstände des Wochenmarktverkehrs. §. 66 Abs. 2 Gew.O.

4. Herbeiführung von Gemeindebeschlüssen betreffend die Erhebung von Marktstandsgeldern. §. 68 Gew.O. — Ges. v. 26. April 1872.

5. Mitwirkung bei der Feststellung von Marktordnungen und der Erweiterung des Marktverkehrs. §. 69. 70. Vergl. auch I. Nr. 10a.

6. Mitwirkung in den Fällen I Nr. 13. 14.

7. Legitimations-Bescheinigung für Innungsvorstände. §. 88 Gew.O.

8. Ertheilung der Genehmigung zu gewissen Verträgen der Innungen. §. 89 Gew.O.

9. Aufsicht über die Innungen. §. 95. 98. 98b. 98c. 104 Gew.O. Vgl. auch Note 2. 3 zu §. 95 und Note 1 zu §. 98 des Commentars.

10. Entscheidung gewisser Streitigkeiten der selbständigen Gewerbetreibenden mit ihren Arbeitern. §. 120a Gew.O. und die bezüglichen Noten des Commentars.

11. Beglaubigung der für Lehrlinge ausgestellten Zeugnisse. §. 129 Gew.O.

12. Ergänzung der Zustimmung des Vaters bei der Ausstellung von Arbeitskarten. §. 137 Gew.O.

13. Regelung von Hülfskassen durch Ortsstatut. §. 141. 141a bis f. Gew.O.

14. Regelung von Ortsstatuten in andern gewerblichen Angelegenheiten. §. 142 Gew.O.

Nach Maßgabe der Bestimmungen der Reichsgesetze über die eingeschriebenen Hülfskassen vom 7. April 1876 bezw. 1. Juni 1884.

1. Uebersendnng des Statuts an den Regierungs-Präsidenten (in Berlin den Ober-Präsidenten). §. 4 Ges. Anw. vom 15. Mai 1876.

2. Entgegennahme der Anmeldung betreffend die Zusammensetzung des Vorstandes bezw. Ausstellung des Legitimations-Zeugnisses für denselben. §. 17 Ges. Anw. v. 15. Mai 1876.

3. Aufsichtsführung über die Kassen und deren örtliche Verwaltungsstellen. §. 33 Ges. Anw. Nr. 1a u. 12. 13. Commentar Note 1. 2. 3.

II.

Nach Maßgabe der Bestimmungen der Versicherungs-Gesetze.

A. Reichsgesetz betreffend die Krankenversicherung der Arbeiter v. 15. Juni 1883.

1. Erlaß statutarischer Bestimmungen. §. 2.

2. **Ausführung der Gemeinde-Krankenversicherung.** §. 4. 5. 6. 7. 9. 10. 11. 49. Abs. 4.

3. Aeußerung über den Betrag des ortsüblichen Tagelohns gewöhnlicher Tagearbeiter. §. 8.

4. Gemeinsame Krankenversicherung mehrerer Gemeinden. §. 12. 13. 14. 15.

5. Regelung von Orts-Krankenkassen. §. 16—23.

6. Aufsichtsführung über dieselben. §. 44. 45.

7. Entscheidung der Streitigkeiten zwischen dem Arbeitgeber und den von ihm beschäftigten Personen über die Berechnung und Anrechnung der Beiträge. §. 53 Abs. 2.

8. Entscheidung der Streitigkeiten zwischen den Versicherten oder ihren Arbeitgebern einerseits oder der Gemeinde-Krankenversicherung oder der Orts-Krankenkasse andrerseits über die Verpflichtung zur Leistung oder Einzahlung von Beiträgen oder über Unterstützungsansprüche. §. 58.

9. Mitwirkung bei der Regelung von Betriebs(Fabrik)-Krankenkassen (§. 60. 62), Entscheidung von Streitigkeiten (§. 65 Abs. 4) und Aufsichtsführung über dieselben (§. 66. 67. 68).

10. Wie zu 9 bei den Bau-Krankenkassen (§. 72).

B. Unfallversicherungsgesetz vom 6. Juli 1884.

1. Gutachtliche Aeußerung wie zu C. I. Nr. 3 (§. 3 Abs. 3).

2. Entscheidung von Streitigkeiten wie zu C. I. Nr. 8 (§. 5 Abs. 5 u. 7).

3. Entgegennahme der Anmeldungen bezw. Anzeigen der Unternehmer versicherungspflichtiger Betriebe (§. 11. 35. 36).

4. Ernennung der Beisitzer der Schiedsgerichte im Falle der

Weigerung der Gewählten oder des Nichtzustandekommens der Wahl. (§. 49 Abs. 4.)

5. Entgegennahme der Anzeige der Unfälle (als Ortspolizeibehörde), Führung des Unfallverzeichnisses und Erörterung der maßgebenden Thatsachen und Verhältnisse. (§. 51. 52. 53. 55.)

C. Reichsgesetz über die Ausdehnung der Unfall- und Krankenversicherung vom 28. Mai 1885.

Vgl. §. 1. 15. 16 dieses Gesetzes.

D. Reichsgesetz betreffend die Unfall- und Krankenversicherung der in land- und forstwirthschaftlichen Betrieben beschäftigten Personen vom 5. Mai 1886.

1. Gutachtliche Aeußerung über die Höhe des durchschnittlichen Jahresarbeitsverdienstes. §. 6.

2. Entscheidung von Streitigkeiten. §. 12.

3. Bezeichnung der Wahlmänner für die Wahl der Vertreter in der Genossenschafts-Versammlung. §. 20.

Vgl. auch Art. III des Preußischen Gesetzes v. 20. Mai 1887.

4. Aufnahme des Verzeichnisses der versicherungspflichtigen Betriebsunternehmer. §. 34. 38 Abs. 1.

5. Mittheilung der Eröffnung neuer Betriebe an den Genossenschaftsvorstand. §. 46.

6. Entgegennahme der Anzeige der Unfälle u. s. w. wie zu II Nr. 5. (§. 55—60. 64 Abs. 4. 67.)

7. Einziehung der Beiträge. §. 81. 82. 83.

8. Herbeiführung der Beschlußfassung statutarischer Bestimmungen. §. 134. 142.

9. Entscheidung über die Unterstützungspflicht in Fällen des §. 136.

10. Festsetzung des Werths der Naturalbezüge.

Ist durch Beschluß der konstituirenden oder einer späteren Genossenschaftsversammlung die Verwaltung der Genossenschaft bezw. der Sektion an Organe der Selbstverwaltung übertragen, so tritt an die Stelle des Sektionsvorstandes der Kreis-(Stadt-)Ausschuß. In den Stadtkreisen tritt an die Stelle des Landraths der Bürgermeister und an die Stelle der Kreisversammlung die Stadtverordneten-Versammlung. Für den Stadtkreis Berlin wird der Sektionsvorstand nach näherer Bestimmung des Genossenschaftsstatuts gebildet.

Art. IV des Preußischen Gesetzes v. 20. Mai 1887.

Vgl. auch Art. V. a. a. O.

E. Reichsgesetz betreffend die Unfallversicherung der bei Bauten beschäftigten Pesonen vom 11. Juli 1887.

1. Mitwirkung in den Fällen des §. 6 des Gesetzes (wie II Nr. 1. 2).

2. Einziehung der Beiträge. §. 25. 26. 30. 32.

3. Mitwirkung bei Konstituirung der Schiedsgerichte. §. 36.

4. Entgegennahme der Anzeige der Unfälle u. s. w. wie II Nr. 5 (§. 37).

F. Reichsgesetz betreffend die Unfallversicherung der Seeleute und andrer bei der Seeschifffahrt betheiligter Personen vom 13. Juli 1887.

1. Entscheidung von Streitigkeiten wie C. I Nr. 8 (§. 12).

2. Aufnahme des Verzeichnisses der in das Schiffsregister nicht eingetragenen Fahrzeuge (Ortspolizeibehörde). §. 21.

3. Entgegennahme der Anmeldung der Unternehmer versicherungspflichtiger Betriebe, welche nicht Seeschiffahrtsbetriebe sind bezw. Aufstellung des betreffenden Verzeichnisses. §. 22.

4. Mitwirkung bei Konstituirung der Schiedsgerichte. §. 52.

5. Entgegennahme der Anzeige des Unfalls (§. 57 Abs. 5. 6. §. 58 59) und Führung des Unfallverzeichnisses (§. 60) so wie Feststellung des Unfalls (§. 61. 62).

6. Entgegennahme der Anmeldung des Entschädigungsanspruchs im Falle des §. 68 Abs. 4. §. 70.

G. Reichsgesetz betreffend die Invaliditäts- und Altersversicherung vom 22. Juni 1889.

1. Festsetzung des Durchschnittswerths des Lohns, Gehalts u. s. w. §. 3 Abs. 1.

2. Entscheidung über Anträge auf Befreiung von der Versicherungspflicht. §. 4 Abs. 3.

3. Antragstellung betreffend die Berücksichtigung besonderer Kasseneinrichtungen. §. 5 Abs. 2.

4. Anregung des Erlasses statutarischer Bestimmungen betreffend die Gewährung von Renten in Form der Naturalleistung (§. 13) so wie wegen Einziehung der Beiträge (§. 112. 113).

5. Ausstellung der Bescheinigung zum Nachweise der Krankheit im Falle des §. 18.

6. Bestellung des Vorstandes der Versicherungsanstalt. §. 47.

7. Aeußerung bei Veränderungen von Versicherungsanstalten. §. 66. 67. 68.

8. Mitwirkung bei Konstituirung der Schiedsgerichte. §. 73 Abs. 4.

9. Entgegennahme der Anmeldung der Ansprüche auf Bewilligung einer Invaliden- oder Alters-Rente. §. 75. 84.

10. Entgegennahme der Mittheilung wegen Feststellung bezw. Aenderung der Rente. §. 86.

11. Entscheidung von Streitigkeiten. §. 122. 123. 124.

12. Ausübung der Kontrole. §. 126. 127. 128.

13. Mitwirkung in Angelegenheiten der Vermögensverwaltung der Versicherungs-Anstalten. §. 129.

14. Festsetzung von Ordnungsstrafen. §. 146.

III.

1. Wegen der Kriegsleistungen der Gemeinden vgl. R.Ges. v. 13. Juni 1873 (§. 3—15. 20—22) und V. v. 1. April 1876 (I). R.Ges. v. 23. Februar 1874.

2. Wegen Feststellung und Zahlung der bezüglichen Vergütungen (IIIa Nr. 1. 2. a. a. O.), wegen der Beschwerden über die Feststellung (IIIa Nr. 5—7).

3. Führung der Stammrollen über Militärpflichtige vgl. R.Ges. v. 2. Mai 1874. §. 31. 32.

4. Naturalleistungen für die bewaffnete Macht durch die Gemeinden. Vgl. R.Ges. v. 13. Februar 1875 (§. 2. 5—9. 16). Instr. v. 2. Septbr. 1875 (Nr. 1—6. 10). R.Ges. v. 21. Juni 1887. §. 5. 6. 8. Instr. v. 30. August 1887. §. 2—9. Verpflichtungen der Gemeindevorstände hinsichtlich der Requisitionen wegen der Naturalleistungen (Erl. v. 11. Juli 1878 Anl. zu Nr. 1) so wie wegen der Anmeldung von Ansprüchen für Flurschäden durch Truppenübungen (Anl. zu Nr. 6 a. a. O.).

5. Verpflichtungen der Gemeinden zur Quartierleistung u. s. w. für mobile Truppen auf dem Marsch vgl. V. v. 18. April 1881. Anl. B—E. V. v. 14. April 1888. Anl. II.

6. Mitwirkung der Gemeinden bei der Abschätzung der durch Truppenübungen verursachten Flurschäden. Erl. v. 24. Juli 1883. §. 14. 16 Instr. v. 30. August 1887.

7. Verpflichtungen der Gemeindebehörden hinsichtlich der Unterstützung von Familien in den Militärdienst eingetretener Mannschaften. R.Ges. v. 28. Februar 1888. §. 6—8.

IV.

1. Verpflichtung der Gemeinden zur Bestellung von Waisenräthen für Mündel. §. 52 Vormundschafts-Ordnung v. 5. Juli 1875.

2. Zuziehung von Gemeindebeamten beim Widerstand gegen Zwangsvollstreckungen (§. 679 Civil-Proz.-O.) und bei Durchsuchungen ohne Beisein des Richters oder Staatsanwalts (§. 105 Straf-Proz.-O.).

3. Anwesenheit von Vertretern der Gemeinden bei Hinrichtungen. §. 456 Straf-Proz.-O.

4. Aufstellung der Urlisten der Schöffen durch den Gemeindevorsteher. Gerichts-Verf. Ges. §. 36. 38. Niederlegung der Zustellungen bei demselben. §. 167 Civ.-Pr.-O.

5. Wahl der Schiedsmänner durch die Gemeindevertretung und Uebernahme der sachlichen Kosten der Schiedsmanns-Aemter durch die Gemeinden. §. 3. 45 Schiedsmanns-Ordnung v. 29. März 1879.

E.

Gesetz betreffend die Heranziehung von Militärpersonen zu Abgaben für Gemeindezwecke vom 29. Juni 1886.

(G.S. S. 181.)

§. 1.

Die im Offiziersrange stehenden Militärpersonen des Friedensstandes, welche der Heranziehung zur Klassen- oder klassifizirten Einkommensteuer unterliegen, haben neben den nach den bestehenden Bestimmungen (§. 1 Ziffer 1 der Verordnung vom 23. Sep-

---

Zu §. 1.

Nach diesem Gesetz erfolgt vom 1. April 1887 ab die Heranziehung der im Offiziersrange stehenden Militärpersonen zu Abgaben für Gemeindezwecke und liegt nach §. 4 die Feststellung des der Abgabe unterliegenden Einkommensbe-

tember 1867, Gesetz-Samml. S. 1648) bereits zu entrichtenden Kommunalabgaben vom Grundbesitz und Gewerbebetrieb von dem aus sonstigen Quellen fließenden außerdienstlichen Einkommen nach Maßgabe der folgenden Bestimmungen eine Abgabe zu Gemeindezwecken zu entrichten.

---

trages, die Ermittelung der Steuerstufe, die Mittheilung an die betreffenden Steuerpflichtigen, so wie die Benachrichtigung der berechtigten Gemeinden den Vorsitzenden der Einkommensteuer-Einschätzungs-Commissionen ob.

Die Regelung der im Laufe des Steuerjahres eintretenden Zu- und Abgänge bezw. die Ueberweisung und Inabgangstellung der betreffenden Abgabenbeträge haben die Kommunalbehörden ihrerseits ohne Mitwirkung der Vorsitzenden der Einkommen-Einschätzungskommissionen zu bewirken, und sind demgemäß die diesen Gemeinde-Abgaben unterliegenden Militärpersonen von dem Kriegsminister angewiesen, bei der Verlegung des Wohnsitzes aus einem Gemeindebezirk in den anderen so wie bei einer Versetzung innerhalb Preußens von einer solchen Veränderung sowohl der bisher empfangsberechtigten Gemeinde, als auch der Gemeinde des neuen Wohn- bezw. Garnisonortes unter Bezeichnung des Monats, mit dessen Ablauf die Empfangsberechtigung der ersteren erlischt, ohne Verzug Mittheilung zu machen.

Voraussetzung dieses Gesetzes war die entsprechende Modifikation der Verordnung v. 22. Dezbr. 1868 (Bundes-Ges.Bl. S. 571). Dieselbe ist durch das Reichsgesetz v. 28. März 1886 (R.G.Bl. S. 65) bewirkt und durch dasselbe der Landesgesetzgebung überlassen, über die Heranziehung des außerdienstlichen Einkommens der im Offiziersrang stehenden Militärpersonen und der Pension der zur Disposition gestellten Offiziere zu den Gemeindeabgaben Bestimmungen zu treffen.

Das Gesetz erstreckt sich nur auf die im Offiziersrange stehenden Militärpersonen (Offiziere, Sanitätsoffiziere, obere Militärbeamte, in der Marine außerdem die Ingenieure des Soldatenstandes). Der Abgabe unterliegen daher die Offiziere, Sanitätsoffiziere und oberen Militärpersonen des Friedensstandes, so wie die Ingenieure des Soldatenstandes, welche innerhalb Preußens in Garnison stehen und zur preußischen Klassen- bezw. klassifizirten Einkommensteuer veranlagt sind.

Motive. Erlaß des Kriegsministers vom 12. Februar 1887: Bekanntmachung des Chefs der Admiralität v. 14. März 1887.

2. Die citirte Bestimmung des §. 1 Nr. 1 der Verordnung v. 23. Septbr. 1867 lautet:

> Von allen direkten Kommunal-Auflagen sowohl der einzelnen bürgerlichen Stadt- und Land-Gemeinden als der weiteren kommunalen Körperschaften (Amtsbezirke, Distriktsgemeinden u. s. w.) und der Kreis-, Kommunal- und Provinzialständischen Verbänden sind vollständig befreit
>
> 1) die servisberechtigten Militärpersonen des aktiven Dienststandes sowohl hinsichtlich ihres Diensteinkommens als des sonstigen Einkommens; nur zu den auf den Grundbesitz oder das stehende Gewerbe,

§. 2.

Gegenstand dieser Besteuerung ist das außerdienstliche selbständige Einkommen der Abgabepflichtigen, unter Hinzurechnung des etwaigen besonderen Einkommens der zu ihrem Haushalte gehörigen Familienglieder. Außer Ansatz bleibt jedoch:

a) dasjenige Einkommen, welches bereits nach den bestehenden Bestimmungen der Kommunalabgabenpflicht unterliegt,

b) in Ansehung der vor dem 1. April 1887 in den Ehestand getretenen Militärpersonen derjenigen Chargen, welche bei Nachsuchung des Heirathskonsenses zur Führung des Nachweises eines bestimmten außerdienstlichen Einkommens verpflichtet sind, der vorschriftsmäßige Satz des letzteren.

§. 3.

Der der Veranlagung der abgabepflichtigen Militärperson zur Klassen- oder klassifizirten Einkommensteuer für das betreffende Steuerjahr zu Grunde gelegte Einkommensbetrag, vermindert um den Betrag des nach den §§. 1 und 2 außer Betracht zu lassenden Einkommens, stellt den nach Maßgabe dieses Gesetzes zur Versteuerung gelangenden Einkommensbetrag dar.

---

oder auf das aus diesen Quellen fließende Einkommen gelegten Kommunalsteuern müssen auch sie beitragen, wenn sie in dem Kommunalbezirk Grundbesitz haben oder ein stehendes Gewerbe betreiben. Militärärzte genießen rücksichtlich ihres Einkommens aus der Civilpraxis die Befreiung nicht.

Zu §. 2.

1. Als zum Haushalt gehörige Familienmitglieder sind diejenigen anzusehen, welche nach den Vorschriften wegen der Veranlagung der Klassen- und klassifizirten Einkommensteuer zum steuerpflichtigen Haushalt gerechnet werden.

2. Als vorschriftsmäßiger Satz im Sinne des §. 2b ist der der Charge entsprechende Satz anzusehen. Vgl. Stenograph. Bericht des Herrenhauses vom 8. Juni 1886.

3. Besteht das Heirathsgut in Grundbesitz, so ist das Einkommen aus demselben nach wie vor steuerpflichtig.

Vgl. wie zu §. 2.

Zu §. 3.

1. Diese Vorschriften bezwecken, unter Anlehnung an die bezüglich der Veranlagung zu der betreffenden Staatssteuer bestehenden Bestimmungen, klare und unzweideutige Grundsätze über die Berechnung des der Abgabepflicht unterliegenden Einkommensbetrages aufzustellen. Derselbe soll sich dadurch ergeben, daß von dem aus der Einkommensnachweisung ersichtlichen Gesammteinkommens-

Von diesem Einkommensbetrage haben die im §. 1 bezeichneten Militärpersonen für Gemeindezwecke an die Gemeinde des Garnisonorts — sofern die Garnison mehrere Gemeindebezirke umfaßt, oder der Abgabepflichtige nicht in dem Garnisonorte selbst wohnt, an die Gemeinde des Wohnorts — eine Abgabe zu entrichten, welche der nach den Bestimmungen der §§. 7 und 20 des Gesetzes vom $\frac{\text{1. Mai 1851}}{\text{25. Mai 1873}}$ (Gesetz-Samml. S. 213) von einem gleichen Jahreseinkommen zu entrichtenden Staatssteuer gleichkommt, mindestens aber den Satz der ersten Stufe der Klassensteuer beträgt.

Die **Abgabe** ist in den für die Entrichtung der Staatssteuern vorgeschriebenen Raten **im Voraus abzuführen**. Dem Abgabepflichtigen steht frei, die Abgabe auch für einen längeren Zeitraum bis zum Jahresbetrage zu bezahlen. Durch die Vorausbezahlung wird die Verpflichtung der Gemeinde zur Erstattung eines ihr nicht gebührenden Abgabebetrages nicht berührt.

§. 4.

Die **Feststellung** des der Abgabe unterliegenden **Einkom-**

---

betrage, nach welchem der Abgabepflichtige zur Staatssteuer veranlagt ist, die Summe der außer Betracht bleibenden Einkommensbeträge, nämlich:

a) der Dienstbezüge,

b) des behufs Ertheilung des Heirathskonsenses nach dienstlicher Vorschrift nachzuweisenden Einkommens, soweit dieses nach §. 2 frei bleibt,

c) des nach anderweiter gesetzlicher Vorschrift bereits kommunalsteuerpflichtigen Einkommens insbesondere aus Grundbesitz und Gewerbebetrieb,

abgerechnet wird. Auch die Ziffern zu a. c. sind aus dem amtlichen Material der Einschätzungs-Kommission unmittelbar zu entnehmen. Die Ziffern zu b ergeben sich, ebenfalls unmittelbar, aus den bezüglichen Vorschriften. Der verbleibende Rest ergiebt ohne Weiteres die Stufe, zu welcher die Veranlagung zu erfolgen hat, mit der Maßgabe, daß die untere Grenze der ersten Stufe der Klassensteuer (420 M.) hier in Wegfall kommt.

Motive.

2. Erlischt die Empfangsberechtigung der betreffenden Gemeinde vor Ablauf des Zeitraums, für welchen dieselbe die **Abgabe im Voraus empfangen** hat, so ist es Sache des Abgabepflichtigen, die für die überschießenden Monate bereits entrichtete Steuer von der Gemeinde zurück zu fordern. Eine Verpflichtung, den zu viel empfangenen Betrag unmittelbar an die Gemeinde des neuen Wohnorts abzuführen, liegt der Gemeinde nicht ob. Beschwerden über etwa verweigerte Rückzahlung sind an die Bezirksregierung zu richten, zu deren Bezirk die sich weigernde Gemeinde gehört.

Erl. des Kriegsministers v. 12. Februar 1887.

3. Vgl. §. 12 Ges. v. 27. Juli 1885 abgedruckt Seite 309.

mensbetrages und die Ermittelung der Steuerstufe erfolgt durch den Vorsitzenden der Einkommensteuer-Einschätzungskommission.

§. 5.

Jedem Abgabepflichtigen ist die erfolgte Feststellung der Steuerstufe mit dem Betrage der von ihm für das Steuerjahr zu entrichtenden Abgabe durch eine verschlossene Zuschrift bekannt zu machen. Die Benachrichtigung der berechtigten Gemeinde erfolgt durch Mittheilung einer Liste, welche die Personen der Abgabepflichtigen und den von ihnen zu entrichtenden Abgabebetrag nachweist.

Gegen die Feststellung steht dem Abgabepflichtigen, sowie der Gemeinde binnen zwei Monaten vom Empfange der Zuschrift die Beschwerde bei der Bezirksregierung frei, bei deren Entscheidung es bewendet.

Die Beschwerde hat keine aufschiebende Wirkung.

§. 6.

Die Abgabepflicht beginnt mit dem Ersten desjenigen Monats, welcher auf den Monat folgt, in welchem die Ernennung be-

Zu §. 4.

1. Die Beauftragung des Vorsitzenden der Einschätzungs-Kommission mit der Feststellung des Betrages der Abgabe beruht nach Inhalt der Motive auf der Erwägung, daß das gesammte hierzu erforderliche Material sich theils bereits in seinem Besitz befindet, theils ihm amtlich zugänglich ist, und es zur Feststellung des Betrages keiner Einschätzung, sondern lediglich einer Berufung bedarf, deren Elemente den Einkommens-Nachweisungen zu entnehmen sind oder anderweit feststehen.

2. Vgl. Nr. 10 Abs. 2 der Ausführungs-Anweisung vom 1. Februar 1887 abgedruckt Seite 408 ff.

Zu §. 5.

Eine erfolgreiche Reklamation gegen die Veranlagung zur Staatssteuer zieht eine Herabsetzung der hier in Rede stehenden Abgabe nicht von selbst nach sich. Es ist daher die in diesem Gesetz vorgesehene Beschwerde neben jener Reklamation einzulegen, wenn der Abgabepflichtige sich durch die Höhe der festgestellten Abgabe für überbürdet hält.

Erl. des Kriegsministers v. 12. Februar 1887.

Zu §. 6.

Es wird hier der Grundsatz zum Ausdruck gebracht, daß Anfang und Ende der Abgabepflicht mit dem Ablauf des Monats zusammenfallen sollen, in welchem der Betreffende in die Kategorie der im §. 1 bezeichneten Militärpersonen eintritt bezw. aus derselben ausscheidet, und daß in gleicher Weise auch beim Wechsel der Garnison bezw. beim Umzuge innerhalb derselben (§. 3) die Abgabe für den

ziehungsweise die Verlegung des Wohnsitzes stattfindet, für die zur Klassen- beziehungsweise klassifizirten Einkommensteuer einstweilen noch nicht herangezogenen Personen mit dem Zeitpunkt der Heranziehung; sie endet mit dem Ablauf des Monats, in welchem der Abgabepflichtige seinen Wohnsitz in dem Bezirk der berechtigten Gemeinde aufgiebt, versetzt wird, stirbt oder aus dem aktiven Dienst ausscheidet.

§. 7.

Die Abgabepflicht ruht während der Zugehörigkeit zur Besatzung eines zum auswärtigen Dienst bestimmten Schiffes oder Fahrzeuges der Kaiserlichen Marine, und zwar vom Ersten desjenigen Monats ab, welcher auf den Monat folgt, in welchem die heimischen Gewässer verlassen werden, bis zum Ablauf des Monats, in welchem die Rückkehr in dieselben erfolgt.

Die Abgabepflicht ruht ferner während der Zugehörigkeit zu einem in der Kriegsformation befindlichen Theile des Heeres oder der Marine vom Ersten desjenigen Monats ab, welcher auf den Monat folgt, in welchem die Zugehörigkeit begonnen hat, bis zum Ablauf des Monats, in welchem dieselbe endet.

---

vollen Monat, in welchem die Veranlagung eintritt, noch der bisher berechtigten Gemeinde gebühren soll.

Motive.

Zu §. 7.

Unter heimischen Gewässern ist das Gebiet der Ost- und Nordsee — die letztere im Norden durch den Breitenparallel von 60° Nordbreite, im Westen nördlich von Schottland durch den Meridian von 3° Westlänge von Greenwich und südlich von England von der Linie Dover-Calais begrenzt — zu verstehen.

Die Kommandanten der zum auswärtigen Dienst bestimmten Schiffe und Fahrzeuge, sowie die Führer der Ablösungskommandos haben von dem Passieren der Grenze bei der Ausreise und bei der Rückreise dem Chef der Admiralität Meldung zu machen und zugleich eine Liste der abgabepflichtigen Offiziere 2c. unter Bezeichnung des bisherigen Wohnortes derselben einzureichen.

Diejenigen Abgabepflichtigen, welche die Ausreise oder die Rückreise nicht an Bord des betreffenden Kriegsschiffes oder Kriegsfahrzeuges oder nicht im geschlossenen Kommando zurücklegen, haben selbst dem Magistat bezw. dem Ortsvorstande der berechtigten Gemeinde ohne Verzug die erforderliche Mittheilung zu machen. Wird diese Reise nicht durch die Nordsee zurückgelegt, so ist der Tag des Passierens der Grenze des Reichsgebiets dem Chef der Admiralität zu melden bezw. dem Magistrat oder Ortsvorstand mitzutheilen.

Erl. des Chefs der Admiralität v. 14. März 1887.

§. 8.

Ab- und Zugänge am Einkommen während des Jahres, für welches die Veranlagung erfolgt ist, ändern an der einmal veranlagten Abgabe nichts. Nur wenn nachgewiesen werden kann, daß durch den Verlust einzelner Einnahmequellen das veranschlagte abgabepflichtige Einkommen um mehr als den vierten Theil vermindert worden, darf eine verhältnißmäßige Ermäßigung der veranlagten Abgaben gefordert werden.

Ueber den Antrag entscheidet der Vorsitzende der Einkommensteuer-Einschätzungskommission vorbehaltlich der Beschwerde an die Bezirksregierung (§. 5 Abs. 2).

§. 9.

Die mit Pension zur Disposition gestellten Offiziere werden, so lange dieselben nicht zum aktiven Dienst wieder herangezogen werden, hinsichtlich der Verpflichtung zur Entrichtung der Gemeindeabgaben den verabschiedeten Offizieren gleichgestellt, die vor dem 1. April 1886 mit Pension zur Disposition gestellten Offiziere jedoch nur dann, wenn ihre Militärpension auf Grund des Reichsgesetzes vom 21. April 1886 (Reichs-Gesetzbl. S. 78) entsprechend erhöht worden ist.

§. 10.

Dieses Gesetz gelangt zuerst für das mit dem 1. April 1887 beginnende Steuerjahr zur Anwendung.

Zu §. 8.

Es liegt dem Abgabepflichtigen ob, von einer die Abgabeberechtigung betreffenden Veränderung sowohl der bisher empfangsberechtigten Gemeinde als auch der Gemeinde des neuen Wohnorts unter Bezeichnung des Monats, mit dessen Ablauf die Empfangsberechtigung der ersteren erlosch, ohne Verzug Mittheilung zu machen. Die Mittheilung ist an den Magistrat bezw. an den Ortsvorstand zu richten. Der Gemeinde des neuen Wohnorts ist zugleich der Jahresbetrag der Abgabe mitzutheilen.

Erl. des Kriegsministers v. 12. Februar 1887.

Zu §. 9.

Das Wort „entsprechend" bedeutet, daß ein zur Disposition gestellter Offizier, wenn er eine höhere Pension erhält und in Folge dessen zur Kommunalsteuer herangezogen wird, dadurch nicht schlechter als früher gestellt werden darf. Die Kommunalsteuer darf über die erhöhte Pension nicht hinausgehen.

Vgl. Kommissionsbericht des Abgeordnetenhauses.

Zu §. 10.

Die für die Vorsitzenden der Einkommensteuer-Einschätzungs-Kommissionen erlassene Ausführungs-Anweisung vom 1. Februar 1887 lautet wie folgt:

Mit der Ausführung werden die Minister des Innern, der Finanzen und des Krieges beauftragt.

---

1. Die dem Vorsitzenden der Einkommensteuer-Einschätzungs-kommission durch das Gesetz vom 29. Juni 1886 übertragenen Obliegenheiten bestehen in:

a) der Feststellung des der Abgabe für Gemeindezwecke unterliegenden Einkommens und der diesem entsprechenden jährlichen Abgabe (§. 4);

b) der Benachrichtigung des Abgabepflichtigen und der berechtigten Gemeinde von der Feststellung zu a (§. 5);

c) der Entscheidung über etwaige Erlaßanträge (§. 8);

d) der Mitwirkung bei etwaigen Beschwerden an die Bezirks-Regierung.

Eine weitere Betheiligung des Vorsitzenden in Bezug auf die Erhebung der Abgabe, die Veränderungen, welche im Laufe des Jahres in Folge von Garnison- oder Wohnungswechsel, Abkommandirung, Versetzung, Ausscheiden aus dem Dienst u. s. w. eintreten, findet nicht statt. Jedoch sind im Falle der Anzeige von der Verlegung des Wohnsitzes des Abgabepflichtigen in den Bezirk einer anderen Einschätzungs-Kommission dem Vorsitzenden der letzteren die auf die Feststellung der Abgabe bezüglichen Mittheilungen zu machen.

2. Der Abgabe unterliegen die Offiziere, Sanitäts-Offiziere und oberen Militärbeamten des Friedensstandes, welche innerhalb des preußischen Staates in Garnison stehen und zur preußischen Klassen- beziehungsweise klassifizirten Einkommensteuer veranlagt sind.

Wird diese Veranlagung im Laufe des Jahres — auf Reklamation oder aus anderen Gründen — aufgehoben, so zieht dies auch die Aufhebung bezw. das Erlöschen der Verpflichtung zur Entrichtung der Gemeindeabgabe nach sich. Andererseits wird bei nachträglich im Laufe des Jahres erfolgender Heranziehung zur Staatssteuer damit auch für dieselbe Zeit, für welche letztere erfolgt, die hier in Rede stehende Bedingung für die Heranziehung zur Gemeindeabgabe erfüllt.

3. Die Abgabe wird nicht erhoben vom Diensteinkommen, sondern lediglich von dem Privateinkommen und auch von diesem nur insoweit, als dasselbe nicht bereits nach den bestehenden gesetzlichen Bestimmungen der Kommunalsteuerpflicht unterliegt.

Nur diejenigen Personen sind also zur Abgabe heranzuziehen, welche außer dem dienstlichen und außer etwaigem Einkommen aus Grundbesitz und Gewerbebetrieb ausweislich der Einkommens-Nachweisung noch aus anderen Quellen fließendes Einkommen beziehen. (Zinsen von Kapitalien, Renten, Nutzungen u. s. w.)

4. Für die Ermittelung der Gemeindeabgabe ist es unerheblich, ob bei der Veranlagung der Staatssteuer wegen besonderer wirthschaftlicher Verhältnisse und dergl. eine geringere als die dem nachgewiesenen Einkommen entsprechende Steuerstufe festgesetzt ist. (§. 7 des Gesetzes vom 25. Mai 1873 und §. 2 des Gesetzes vom 26. März 1883.)

5. Die nach erfolgter Feststellung der Gemeindeabgabe etwa im Wege der Reklamation, Remonstration oder des Rekurses erzielten Aenderungen der Staatssteuerveranlagung bleiben für die Gemeindeabgabe an sich wirkungslos. Wenn jedoch der Abgabepflichtige auch gegen die Feststellung der Gemeindeabgabe Beschwerde eingelegt hat, bleibt der Regierung überlassen, die Entscheidung über diese Beschwerde bis zur Erledigung der Beschwerde gegen die Staatssteuerveranlagung auszusetzen und letztere demnächst zu berücksichtigen, falls im Reklamations- bezw. Remonstrationsverfahren das Einkommen aus anderen Quellen als aus Grundbesitz, Gewerbebetrieb oder dem Dienstverhältniß zu einem geringeren Betrage angesetzt worden ist.

Die Bewilligung eines Erlasses an der Staatssteuer im Laufe des Jahres ist indeß ohne Bedeutung für die Gemeindeabgabe.

6. Von dem bei der Veranlagung der Staatssteuer für das betreffende Steuerjahr zum Grunde gelegten aus der Einkommens-Nachweisung zu ersehenden Jahresbetrage des steuerpflichtigen Einkommens ist in Abzug zu bringen:

a) das gesammte Diensteinkommen,

b) das Einkommen aus Grundbesitz oder Gewerbebetrieb sowie bei Militärärzten das Einkommen aus einer Civilpraxis.

Hierbei muß jedoch beachtet werden, daß der Jahresbetrag des steuerpflichtigen Einkommens, von welchem die Abzüge gemacht werden, sich nur aus den Nettoerträgen der verschiedenen Quellen zusammensetzt, nachdem die Schuldenzinsen, Steuern, Renten, Leibgedinge und sonstige Lasten von den in der Einkommens-Nachweisung aufgeführten Pächten, Miethen und sonstigen Brutto-Einnahmen in Abzug gebracht sind, (vergl. die Formulare zu den Einkommens-Nachweisungen). Die das Einkommen aus Grundbesitz und Gewerbebetrieb vermindernden Zinsen, Steuern, Renten u. s. w. müssen deshalb zuvörderst, soweit es nicht schon bei Aufstellung der Einkommens-Nachweisung geschehen, von den nachgewiesenen Erträgen dieser Quellen abgezogen werden, ehe diese wiederum geeignet sind, von dem Betrage des steuerpflichtigen Jahreseinkommens abgezogen zu werden.

Außerdem ist in Abzug zu bringen:

c) bei denjenigen vor dem 1. April 1887 in den Ehestand getretenen Militärpersonen, welche einer Charge angehören, für die die Ertheilung des Heirathskonsenses an den Nachweis eines bestimmten Vermögens geknüpft ist, derjenige Einkommensbetrag, welcher nach den zur Zeit der Nachsuchung des Heirathskonsenses maßgebend gewesenen Vorschriften für die Charge, welcher sie zur Zeit der Veranlagung angehören, vorschriftsmäßig nachzuweisen war.

Die etwa nach Feststellung der Abgabe eintretende Beförderung zu einer höheren Charge bleibt im Laufe des Jahres unberücksichtigt.

7. Die Abgabepflicht beginnt mit dem 1. April 1887, für diejenigen Offiziere ꝛc., deren Ernennung erst vom 1. April 1887 oder später datirt, oder welche erst zum 1. April 1887 oder später in eine preußische Garnison versetzt werden, vom Ersten des auf die Ernennung oder auf die Verlegung des Wohnsitzes nach der preußischen Garnison folgenden Monats. Sie endet mit dem Ablauf des-

jenigen Monats, in welchem der Abgabenpflichtige stirbt, aus dem aktiven Dienst ausscheidet oder in eine nicht zur preußischen Monarchie gehörende Garnison versetzt wird. Inwieweit ein Kommando einer Versetzung gleich zu achten, ergiebt sich aus den dieserhalb bestehenden Bestimmungen. (Vergl. die Circular-Verfügung vom 16. Februar 1875 und §. 8 der Anweisung zur Veranlagung der klassifizirten Einkommensteuer vom 4. März 1877.)

8. Berechtigt zur Erhebung der Abgabe ist regelmäßig die Gemeinde des Garnisonortes; erstreckt sich aber die Garnison auf mehrere Gemeindebezirke, oder wohnt der Abgabepflichtige in dem Bezirk einer benachbarten Gemeinde, so steht die Abgabe derjenigen Gemeinde zu, in deren Bezirk der Abgabepflichtige thatsächlich wohnt. Bei der Verlegung des Wohnsitzes aus einem Gemeindebezirk in den andern, sowie bei einer Versetzung innerhalb Preußens geht die Berechtigung zum Bezuge der Abgabe mit dem Ersten des auf die Verlegung des Wohnsitzes folgenden Monats auf die Gemeinde des neuen Wohnortes über.

9. Nach Vorstehendem (7 und 8) hat der Vorsitzende der Einkommensteuer-Einschätzungs-Kommission, bevor er die „berechtigte" Gemeinde von der Feststellung der Gemeindeabgabe benachrichtigt (§. 5 al. 1 des Gesetzes), die Berechtigung derselben zwar zu prüfen und die Vermeidung von Weiterungen sich thunlichst angelegen sein zu lassen, auch nach Bedürfniß die zuständigen Behörden um die zu diesem Zwecke nothwendige Auskunft zu ersuchen.

Wird gleichwohl demnächst ermittelt, daß die Benachrichtigung an eine nicht berechtigte Gemeinde erlassen ist, so hat der Vorsitzende, da der Abgabepflichtige nur an eine Gemeinde die Abgabe für dieselbe Zeit zu entrichten verpflichtet ist, seine Benachrichtigung zu berichtigen, sodann aber an die berechtigte Gemeinde eine anderweite Benachrichtigung, bezw. wenn diese Gemeinde außerhalb seines Geschäftsbezirkes belegen ist, an den Vorsitzenden der Einkommensteuer-Einschätzungs-Kommission dieser Gemeinde die erforderliche Mittheilung gelangen zu lassen.

10. Behufs Festsetzung der Abgabe hat nach Veranlagung der Einkommensteuer für das Steuerjahr der Vorsitzende der Einschätzungs-Kommission die der Gemeinde-Abgabe unterliegenden Einkommensteuerpflichtigen in eine Nachweisung einzutragen, auf Grund der Einkommens-Nachweisung die Ermittelung des abgabepflichtigen Einkommens vorzunehmen und die entsprechende Steuer einzutragen.

Ein Muster zu dieser, demnächst mit dem Feststellungsvermerk zu versehenden Nachweisung ist beigefügt. Dieselbe kann nach Bedürfniß gemeindeweise geführt, auch so eingerichtet werden, daß sie für mehrere Jahre zu gebrauchen ist. In Betreff der der Gemeindeabgabe unterliegenden Klassensteuerpflichtigen hat der Vorstand der zur Erhebung der Abgabe berechtigten Gemeinde, nachdem die Klassensteuerrolle von der Regierung festgestellt ist, für jedes Steuerjahr ein Verzeichniß nach einem bestimmten Muster aufzustellen und dem Vorsitzenden der Einkommensteuer-Einschätzungs-Kommission zu übersenden. Für diejenigen in dem Verzeichniß eingetragenen Personen, bei denen die Einkommensnachweisung außerordentliches Einkommen aus anderen Quellen als aus Grundbesitz oder Gewerbebetrieb angiebt, ist, wenn dies Einkommen mehr als 660 M. beträgt, eine beglaubigte Abschrift der bezüglichen Eintragungen in der Einkommensnachweisung beizufügen. Beträgt das fragliche Einkommen nur 660 M. oder weniger, so bedarf es keiner weiteren Berechnung in der Nachweisung des Vorsitzenden, indem der Steuersatz von 3 M. eintritt. Für diese Abgabepflichtigen kann deshalb auch das Verzeichniß — wo es zweckmäßig erscheint — gleich so eingerichtet werden, daß die Feststellung der Abgabe in demselben erfolgen kann ohne Eintragung in die Nachweisung. Beträgt das fragliche Einkommen aber über 660 M., so sind die betreffenden Spalten der Nachweisung von dem Vorsitzenden auszufüllen.

Die Feststellung der Abgabe ist lediglich nach den für die Klassen- und Einkommensteuer gültigen Steuerstufen und jährlichen Steuersätzen zu bewirken mit der Maßgabe, daß der Steuersatz der ersten Klassensteuerstufe — 3 M. — auch dann festzusetzen ist, wenn das abgabepflichtige Einkommen auf weniger als 420 M. ermittelt ist.

Von der Beifügung beglaubigter Abschriften aus der Klassensteuer-Einkommensnachweisung kann der Vorsitzende absehen, sofern die Einkommensnachweisung selbst ihm zur Verfügung gestellt wird und deren Benutzung keine besonderen Schwierigkeiten macht.

11. Hat der Vorsitzende gegen die Einschätzung eines Abgabepflichtigen zur Einkommensteuer Berufung eingelegt, so ist bis zur Entscheidung über letztere die Feststellung der Gemeindeabgabe desselben auszusetzen.

12. Zu den Benachrichtigungsschreiben an die Abgabepflichtigen (§. 5 Al. 1 des Gesetzes) ist ein Muster beigefügt. Die Behändigungsscheine sind mindestens ein Jahr lang geordnet aufzubewahren.

13. Die für die berechtigten Gemeinden aufzustellenden Listen, in welche die Personen der Abgabepflichtigen und der Jahresbetrag der von ihnen zu entrichtenden Abgabe einzutragen, hat der Vorsitzende zu vollziehen. Der Empfang ist zu bescheinigen.

14. Das vorstehend geordnete Verfahren (Nr. 10—13) findet auch in Betreff derjenigen Abgabepflichtigen, welche erst im Laufe des Steuerjahres zur Einkommen- oder Klassensteuer herangezogen werden, sobald die Veranlagung derselben erfolgt ist, entsprechende Anwendung, indem zu diesen Zwecken ein Nachtrag zu der Nachweisung bezw. zu dem Verzeichniß angelegt bezw. dem Vorsitzenden übersandt und ebenso ein Nachtrag zu der Liste (Nr. 13) der berechtigten Gemeinde zugestellt wird.

15. Die Bewilligung einer Ermäßigung der veranlagten Abgabe (§. 8 d. Ges.) kann nur in Frage kommen, wenn der Verlust einzelner derjenigen Einnahmequellen dargethan wird, aus welchen das abgabepflichtige Einkommen fließt. (Kapitalien, Renten u. s. w.)

Im Uebrigen sind die Grundsätze, welche bezüglich der Erlaßbewilligung bei der Einkommensteuer maßgebend sind, anzuwenden.

Das dienstliche Einkommen, sowie das Einkommen aus Grundbesitz und Gewerbebetrieb bleiben außer Betracht.

16. Die Beschwerde (§. 5 al. 2 des Gesetzes) an die Bezirks-Regierung

F.

Servis-Klasseneintheilung der Orte im Königreich Preußen nach Maßgabe des Reichsgesetzes vom 28. Mai 1887. (R.G.Bl. S. 159.*)

Aachen,	Reg.Bez.	Aachen	I.
Adlershorst	"	Bromberg	III.
Ahaus	"	Münster	IV.
Ahlbeck	"	Stettin	IV.
Ahlen (Stadt)	"	Münster	IV.
Ahrensburg	"	Schleswig	IV.
Ahrweiler	"	Coblenz	IV.
Aken	"	Magdeburg	IV.
Allenberg	"	Königsberg	IV.
Allendorf	"	Cassel	IV.
Allenstein mit Schloßfreiheit	"	Königsberg	II.
Allenvorwerk	"	Königsberg	IV.
Alsleben	"	Merseburg	IV.
Alstaden (bei Styrum)	"	Düsseldorf	III.
Alteburg (bei Cöln)	"	Cöln	III.
Altena	"	Arnsberg	III.
Altenbeken	Reg.Bez.	Minden	IV.
Altendorf	"	Oppeln	III.
Altendorf	"	Düsseldorf	II.
Altenessen	"	Düsseldorf	III.
Altenhagen s. Eckesey.			
Altenhundem	"	Arnsberg	IV.
Altenwald s. Sulzbach (Preußen).			
Altona	"	Schleswig	A.
Altwasser	"	Breslau	IV.
Andernach	"	Coblenz	IV.
Angerburg	"	Gumbinnen	IV.
Angermünde	"	Potsdam	III.
Anklam	"	Stettin	III.
Annen	"	Arnsberg	IV.
Apenrade	"	Schleswig	III.
Aplerbeck	"	Arnsberg	IV.
Arnis	"	Schleswig	IV.

(in Berlin an die Direktion für die Verwaltung der direkten Steuern) kann innerhalb der vorgeschriebenen zweimonatlichen Frist bei der Regierung unmittelbar oder bei dem Vorsitzenden der Einkommensteuer-Einschätzungs-Kommission schriftlich eingereicht werden.

Letztere hat die etwa erforderlichen thatsächlichen Ermittelungen unverzüglich zu veranlassen und das Ergebniß mit gutachtlicher Aeußerung zur Entscheidung vorzulegen. Der Regierung bleibt überlassen, ob vor der Entscheidung über eine Beschwerde der berechtigten Gemeinde auch der Abgabepflichtige anzuhören ist und umgekehrt. Hinsichtlich der Zuständigkeit zur Entscheidung der Beschwerden im Falle der Verlegung des Wohnsitzes des Abgabepflichtigen finden die Bestimmungen der Circular-Verfügung vom 27. October 1874 entsprechende Anwendung.

*) Diese Klasseneintheilung ist an Stelle der durch das Reichs-Gesetz vom 3. August 1878 und die Verordnungen v. 22. Februar 1881 u. 9. Mai 1882 festgestellten Klasseneintheilung getreten.

Der Tarif unterliegt vom Jahre 1887 ab einer allgemeinen von 10 zu 10 Jahren zu wiederholenden Revision. §. 1. 2 R.Ges. v. 28. Mai 1887.

Arnoldshöhe (bei Cöln)	Reg.Bez.	Cöln	III.
Arnsberg	„	Arnsberg	II.
Arnswalde	„	Frankfurt a. O.	IV.
Artern	„	Merseburg	IV.
Aschersleben	„	Magdeburg	II.
Attendorn	„	Arnsberg	IV.
Augustenburg	„	Schleswig	III.
Aurich	„	Aurich	III.
Bacharach	„	Coblenz	IV.
Bärwalde	„	Frankfurt a. O.	IV.
Bahn	„	Stettin	IV.
Bahrenfeld	„	Schleswig	III.
Barbara, St. (bei Trier), mit Löwenbrücken	„	Trier	II.
Barby	„	Magdeburg	IV.
Barmen	„	Düsseldorf	I.
Barmstedt	„	Schleswig	IV.
Barop	„	Arnsberg	IV.
Bartelsee, Groß- und Klein-	„	Bromberg	IV.
Bartenstein	„	Königsberg	III.
Barth	„	Stralsund	III.
Bauerwitz	„	Oppeln	IV.
Bayenthal	„	Cöln	III.
Bebra	„	Cassel	IV.
Beckum	„	Münster	IV.
Beeck	„	Düsseldorf	IV.
Beelitz, Neu-	„	Bromberg	IV.
Beeskow	„	Potsdam	III.
Belgard	„	Cöslin	III.
Belgern	„	Merseburg	IV.
Belzig	„	Potsdam	IV.
Bendorf	„	Coblenz	IV.
Benrath	„	Düsseldorf	IV.
Bensberg	„	Cöln	IV.
Bentheim	„	Osnabrück	IV.
Bergen	„	Stralsund	III.
Bergen	„	Cassel	IV.
Berlin mit der vereinigten Artillerie- und Ingenieurschule	Reg.Bez.	Potsdam	A.
Berlinchen	„	Frankfurt a. O.	IV.
Bernau	„	Potsdam	III.
Berncastel	„	Trier	III.
Bernstadt	„	Breslau	IV.
Bettenhausen	„	Cassel	IV.
Betzdorf	„	Coblenz	IV.
Beuthen a. O.	„	Liegnitz	IV.
Beuthen O. S.	„	Oppeln	I.
Biebrich-Mosbach	„	Wiesbaden	II.
Bickern (Wanne)	„	Arnsberg	III.
Biedenkopf	„	Wiesbaden	IV.
Bielefeld	„	Minden	II.
Biesdorf	„	Potsdam, Kr. Niederbarnim	III.
Bildstock s. Friedrichsthal.			
Bingerbrück s. Weiler.			
Birnbaum	„	Posen	IV.
Bischofsburg	„	Königsberg	IV.
Biskupitz (Gemeinde- und Gutsbezirk) mit Borsigwerk	„	Oppeln	IV.
Bitburg	„	Trier	IV.
Bitterfeld	„	Merseburg	III.
Blankenese s. Wedel.			
Bleichfelde	„	Bromberg	IV.
Blume	„	Hildesheim	III.
Bocholt	„	Münster	III.
Bochum	„	Arnsberg	I.
Bockenheim s. Frankfurt a. M.			

Böttchershöfchen (bei Königsberg i. Ostpreußen)	Reg.Bez.	Königsberg	II.
Bogutschütz mit Zawodzie	"	Oppeln	IV.
Bojanowo	"	Posen	IV.
Bolkenhain	"	Liegnitz	IV.
Bommelsvitte	"	Königsberg	II.
Bonames	"	Wiesbaden	IV.
Bonn	"	Cöln	I.
Boppard	"	Coblenz	IV.
Borbeck	"	Düsseldorf	II.
Borken	"	Münster	IV.
Born (Eisenbahnstation) s. Hückeswagen.			
Bornheim s. Frankfurt a. M.			
Borsigwerk s. Biskupitz.			
Bosatz mit Schloß Ratibor	"	Oppeln	III.
Bottrop	"	Münster	III.
Boxhagen — Rummelsburg	"	Potsdam	II.
Brakel	"	Minden	IV.
Bramstedt	"	Schleswig	IV.
Brandenburg a. H.	"	Potsdam	II.
Braunfels	"	Coblenz	IV.
Braunsberg	"	Königsberg	III.
Breckerfeld	"	Arnsberg	IV.
Bredow	"	Stettin	III.
Bredstedt	"	Schleswig	IV.
Bremervörde	"	Stade	IV.
Breslau	"	Breslau	I.
Brieg	"	Breslau	II.
Brilon	"	Arnsberg	IV.
Britz (bei Berlin) mit Buschkrug	"	Potsdam	II.
Broich	Reg.Bez.	Düsseldorf, Kr. Mülheim a. d. Ruhr	IV.
Bromberg	"	Bromberg	I.
Brühl (Schloß)	"	Cöln	IV.
Brzezinka	"	Oppeln	IV.
Bublitz	"	Cöslin	IV.
Buchholz, Französisch-	"	Potsdam	IV.
Buckau s. Magdeburg.			
Bünde	"	Minden	IV.
Buer (Dorf u. Gemeinde) mit Eisenbahnstation Hugo	"	Münster	IV.
Büren	"	Minden	IV.
Bütow	"	Cöslin	IV.
Bunzlau	"	Liegnitz	III.
Burbach-Malstatt	"	Trier	III
Burg	"	Magdeburg	III.
Burg	"	Düsseldorf	IV.
Burg a. F.	"	Schleswig	IV.
Burgdorf	"	Lüneburg	IV.
Burgsteinfurt	"	Münster	IV.
Burscheid	"	Düsseldorf	IV.
Burtscheid	"	Aachen	I.
Buschkrug s. Britz.			
Buxtehude	"	Stade	IV.
Calau	"	Frankfurt a. O.	IV.
Calbe a. S.	"	Magdeburg	III.
Camberg	"	Wiesbaden	IV.
Camen	"	Arnsberg	IV.
Cammin	"	Stettin	III.
Campe (bei Stade	"	Stade	IV.
Canth	"	Breslau	IV.
Carlshafen	"	Cassel	IV.
Carlshorst s. Friedrichsfelde.			

Carolinenhof m. Harieshof Landkr. Königsberg	Reg.-Bez.	Königsberg	II.
Carthaus	„	Danzig	IV.
Cassel mit Wilhelmshöhe	„	Cassel	I.
Castrop	„	Arnsberg	IV.
Caub	„	Wiesbaden	IV.
Celle	„	Lüneburg	II.
Charlottenbrunn	„	Breslau	IV.
Charlottenburg mit Unterschleuse	„	Potsdam	I.
Château-Salins s. Salzburg.			
Clausthal	„	Hildesheim	III.
Cleve	„	Düsseldorf	III.
Coblenz	„	Coblenz	I.
Cochem	„	Coblenz	IV.
Cölleda	„	Merseburg	IV.
Cöln	„	Cöln	I.
Cöpenick	„	Potsdam	II.
Cörlin	„	Cöslin	IV.
Coesfeld	„	Münster	III.
Cöslin	„	Cöslin	II.
Colberg	„	Cöslin	II.
Constadt	„	Oppeln	IV.
Cosel	„	Oppeln	III.
Cottbus	„	Frankfurt a. O.	II.
Cracau	„	Magdeburg	IV.
Cranz	„	Königsberg	IV.
Crefeld	„	Düsseldorf	I.
Cronberg	„	Wiesbaden	IV.
Crone a. d. Brahe	„	Bromberg	IV.
Cronenberg	„	Düsseldorf	IV.
Cronthal	„	Bromberg	IV.
Crossen a. O.	„	Frankfurt a. O.	III.
Cues	„	Trier	IV.
Cüstrin	„	Frankfurt a. O.	II.
Culm mit Fischereidorf	Reg.-Bez.	Marienwerder	III.
Czarnikau	„	Bromberg	IV.
Daber (Stadt)	„	Stettin	IV.
Dahlem	„	Potsdam	III.
Dahlhausen	„	Arnsberg	IV.
Dahme (Stadt) mit Amtsfreiheit	„	Potsdam	IV.
Damm, Alt-	„	Stettin	IV.
Damm, Neu-	„	Frankfurt a. O.	IV.
Dannenberg	„	Lüneburg	IV.
Danzig mit Langfuhr u. Neufahrwasser	„	Danzig	I.
Darkehmen	„	Gumbinnen	IV.
Delitzsch	„	Merseburg	III.
Demmin	„	Stettin	III.
Depenstücken s. Lockstedt.			
Deutz	„	Cöln	I.
Diez mit Oranienstein	„	Wiesbaden	III.
Dillenburg	„	Wiesbaden	III.
Dillingen	„	Trier	IV.
Dinslaken	„	Düsseldorf	IV.
Dirschau	„	Danzig	III.
Dittersbach	„	Breslau	IV.
Dockenhuden	„	Schleswig	IV.
Dom-Kietz (bei Brandenburg a. H.)	„	Potsdam	II.
Dorotheendorf	„	Oppeln	IV.
Dorp	„	Düsseldorf	IV.
Dorsten (Stadt)	„	Münster	IV.
Dortmund	„	Arnsberg	I.
Dramburg	„	Cöslin	IV.
Driburg	„	Minden	IV.
Driesen	„	Frankfurt a. O.	IV.
Drossen	„	Frankfurt a. O.	III.
Duderstadt	„	Hildesheim	IV.

Dudweiler	Reg.Bez.	Trier	III.
Düben	"	Merseburg	IV.
Dülken	"	Düsseldorf	IV.
Dülmen (Stadt)	"	Münster	IV.
Dümpten (bei Styrum)	"	Düsseldorf	III.
Düren	"	Aachen	II.
Düsseldorf	"	Düsseldorf	I.
Duisburg	"	Düsseldorf	I.
Dyhernfurth	"	Breslau	IV.
Eberswalde	"	Potsdam	III.
Eckernförde	"	Schleswig	III.
Eckesey mit Altenhagen	"	Arnsberg	IV.
Egeln	"	Magdeburg	IV.
Ehrenbreitstein	"	Coblenz	I.
Ehrenfeld	"	Cöln, Landkr. Cöln	II.
Eickel (Wanne)	"	Arnsberg	III.
Eidelstedt s. Stelling.			
Eierhäuschen s. Treptow (Preußen, Reg. Bez. Potsdam).			
Eilenburg	"	Merseburg	III.
Einbeck	"	Hildesheim	III.
Eisleben	"	Merseburg	II.
Elberfeld	"	Düsseldorf	I.
Elbing	"	Danzig	II.
Elmshorn mit Vormstegen und Klostersande	"	Schleswig	IV.
Eltville	"	Wiesbaden	III.
Elze	"	Hildesheim	IV.
Emden	"	Aurich	II.
Emmerich	"	Düsseldorf	III.
Ems	"	Wiesbaden	II.
Engers	"	Coblenz	III.
Erfurt	"	Erfurt	I.
Erkelenz	"	Aachen	III.
Erkner	"	Potsdam	IV.
Eschwege	"	Cassel	III.
Eschweiler	"	Aachen	II.
Essen	Reg.Bez.	Düsseldorf	I.
Eupen	"	Aachen	III.
Euskirchen	"	Cöln	IV.
Exin	"	Bromberg	IV.
Eydtkuhnen	"	Gumbinnen	III.
Eylau, Deutsch-	"	Marienwerder	IV.
Eylau, Preuß.- (Stadt)	"	Königsberg	IV.
Falkenberg O.S.	"	Oppeln	IV.
Fechenheim	"	Cassel	IV.
Filehne mit Schloß	"	Bromberg	IV.
Finsterwalde	"	Frankfurt a. O.	IV.
Fischereidorf s. Culm.			
Flatow mit Vorwerk	"	Marienwerder	IV.
Flensburg	"	Schleswig	I.
Flottbeck, Groß- und Klein-, mit Teufelsbrück	"	Schleswig	III.
Forst	"	Frankfurt a. O.	III.
Frankenberg	"	Cassel	IV.
Frankenstein	"	Breslau	IV.
Frankfurt a. M. mit Bockenheim und Bornheim	"	Wiesbaden	A.
Frankfurt a. O.	"	Frankfurt a. O.	I.
Franzburg	"	Stralsund	IV.
Fraulautern	"	Trier	III.
Fraustadt	"	Posen	III.
Freiburg	"	Breslau	III.
Freiburg	"	Stade	IV.
Freienwalde	"	Stettin	IV.
Freienwalde a. O.	"	Potsdam	III.
Freisenbruch	"	Arnsberg	IV.
Freistadt	"	Liegnitz	IV.
Freyburg a. U.	"	Merseburg	IV.
Friedeberg a. O.	"	Liegnitz	IV.

Friedeberg i. N.	Reg.-Bez.	Frankfurt a. O.	IV.
Friedenau (bei Berlin)	"	Potsdam	II.
Friedland a. d. Alle	"	Königsberg	IV.
Friedrichsberg s. Lichtenberg.			
Friedrichsfelde mit Carlshorst	"	Potsdam, Kr. Niederbarnim	III.
Friedrichshagen	"	Potsdam	III.
Friedrichsort	"	Schleswig	III.
Friedrichstadt	"	Schleswig	IV.
Friedrichsthal mit Bildstock	"	Trier	IV.
Friesack	"	Potsdam	IV.
Fritzlar	"	Cassel	IV.
Fürstenwalde	"	Frankfurt a. O.	III.
Fulda	"	Cassel	III.
Gadderbaum-Sandhagen	"	Minden	II.
Gardelegen	"	Magdeburg	III.
Garding	"	Schleswig	IV.
Garz a. O.	"	Stettin	III.
Geestemünde	"	Stade	II.
Geestendorf	"	Stade	II.
Geilenkirchen	"	Aachen	IV.
Geisenheim	"	Wiesbaden	IV.
Geldern	"	Düsseldorf	IV.
Gelnhausen	"	Cassel	IV.
Gelsenkirchen	"	Arnsberg	II.
Genthin	"	Magdeburg	IV.
Gerresheim	"	Düsseldorf	IV.
Gevelsberg	"	Arnsberg	IV.
Giebichenstein	"	Merseburg	III.
Gladbach	"	Cöln, Kr. Mühlheim a. Rhein	III.
Gladbach, München- (Stadt)	"	Düsseldorf, Kr. Gladbach	I.

Gladbach, München- (Landgemeinde)	Reg.-Bez.	Düsseldorf, Kr. Gladbach	IV.
Glatz	"	Breslau	II.
Gleiwitz mit Neudorf	"	Oppeln	II.
Glogau	"	Liegnitz	II.
Glogau, Ober-	"	Oppeln	IV.
Glückstadt	"	Schleswig	III.
Gnesen	"	Bromberg	II.
Goar, St.	"	Coblenz	IV.
Goarshausen, St.	"	Wiesbaden	IV.
Goch	"	Düsseldorf	IV.
Godesberg	"	Cöln	IV.
Görlitz	"	Liegnitz	I.
Göttingen	"	Hildesheim	II.
Goldap	"	Gumbinnen	IV.
Goldberg	"	Liegnitz	IV.
Gollnow	"	Stettin	III.
Goslar	"	Hildesheim	III.
Gostyn	"	Posen	IV.
Gottesberg	"	Breslau	III.
Grabow a. O.	"	Stettin	III.
Gräfrath	"	Düsseldorf	III.
Grätz (Stadt)	"	Posen	IV.
Gransee	"	Potsdam	IV.
Graudenz	"	Marienwerder	II.
Grebenstein	"	Cassel	IV.
Greifenberg i. P.	"	Stettin	III.
Greifenhagen	"	Stettin	IV.
Greiffenberg	"	Liegnitz	IV.
Greifswald	"	Stralsund	II.
Grevenbroich	"	Düsseldorf	IV.
Grimmen	"	Stralsund	IV.
Großalmerode	"	Cassel	IV.
Grottkau	"	Oppeln	III.
Grünberg	"	Liegnitz	III.
Grunewald (Schloß, bei Berlin) mit Paulsborn	"	Potsdam	II.
Guben	"	Frankfurt a. O.	II.
Gütersloh	"	Minden	III.

Gützkow	Reg.-Bez.	Stralsund	IV.
Guhrau (Stadt)	„	Breslau	IV.
Gumbinnen	„	Gumbinnen	III.
Gummersbach	„	Cöln	IV.
Guttstadt	„	Königsberg	IV.
Haardt	„	Arnsberg	IV.
Habelschwerdt	„	Breslau	IV.
Hadersleben	„	Schleswig	II.
Hagen	„	Arnsberg	II.
Hainholz	„	Hannover	III.
Halberstadt	„	Magdeburg	II.
Halle	„	Minden	IV.
Halle a. S.	„	Merseburg	I.
Halver	„	Arnsberg	IV.
Hameln	„	Hannover	III.
Hamm	„	Arnsberg	II.
Hanau	„	Cassel	II.
Hannover	„	Hannover	I.
Harburg mit Schloß und Hafenbezirk	„	Lüneburg	II.
Harieshof s. Carolinenhof			
Haspe	„	Arnsberg	IV.
Hattingen	„	Arnsberg	III.
Hausen	„	Wiesbaden	IV.
Havelberg	„	Potsdam	III.
Haynau	„	Liegnitz	IV.
Hechingen	„	Sigmaringen	IV.
Heddesdorf	„	Coblenz	IV.
Heide (Flecken)	„	Schleswig	III.
Heiduk, Neu-, Nieder- und Ober-	„	Oppeln	III.
Heiligenhafen	„	Schleswig	IV.
Heiligenstadt	„	Erfurt	IV.
Heiligkreuz	„	Trier	III.
Heilsberg	„	Königsberg	IV.
Heinersdorf	„	Potsdam, Kr. Niederbarnim	II.
Heinrichswalde	„	Gumbinnen	IV.
Hemelingen	„	Stade	III.
Hemer, Nieder- und Ober-	Reg.-Bez.	Arnsberg	IV.
Hengstey	„	Arnsberg	IV.
Heppens s. Wilhelmshaven.			
Herbesthal	„	Aachen	IV.
Herborn	„	Wiesbaden	IV.
Herdecke	„	Arnsberg	IV.
Herford	„	Minden	II.
Heringsdorf	„	Stettin	IV.
Hermsdorf, Nieder-	„	Breslau	IV.
Herne	„	Arnsberg	III.
Herrnstadt	„	Breslau	IV.
Hersfeld	„	Cassel	III.
Herzberg	„	Merseburg	IV.
Hettstedt	„	Merseburg	IV.
Hilchenbach	„	Arnsberg	IV.
Hilden	„	Düsseldorf	IV.
Hildesheim	„	Hildesheim	II.
Hirschberg	„	Liegnitz	III.
Hitdorf	„	Düsseldorf	IV.
Hochheim	„	Wiesbaden	IV.
Höchst a. M.	„	Wiesbaden	III.
Höhscheid	„	Düsseldorf	IV.
Hörde	„	Arnsberg	III.
Höxter	„	Minden	III.
Hofgeismar	„	Cassel	III.
Hoheluft s. Lockstedt.			
Hohenlimburg	Reg.-Bez.	Arnsberg	III.
Holland, Preuß.-, mit Schloß	„	Königsberg	IV.
Holzwickede	„	Arnsberg	IV.
Homberg	„	Cassel	IV.
Homburg	„	Düsseldorf	IV.
Homberg v. d. H.	„	Wiesbaden	II.
Honnef	„	Cöln	III.
Horst	„	Arnsberg, Amt Hattingen	IV.
Hoyer	„	Schleswig	IV.
Hoyerswerda	„	Liegnitz	IV.
Hückeswagen (Stadt und Landgemeinde) mit Eisenbahnstation Born	„	Düsseldorf	IV

Hüls	Reg.Bez.	Düsseldorf	IV.
Hünfeld	"	Cassel	IV.
Husen, Mittel- und Vorder- (mit Sprechan)	"	Königsberg	II.
Hugo (Eisenbahnstation) s. Buer.			
Hultschin	"	Oppeln	IV.
Husum	"	Schleswig	III.
Jacobshagen	"	Stettin	IV.
Jarmen	"	Stettin	IV.
Jastrow	"	Marienwerder	IV.
Jauer	"	Liegnitz	III.
Ibbenbüren	"	Münster	IV.
Idstein	"	Wiesbaden	IV.
Jerzyce (Jersitz)	"	Posen	III.
Inowrazlaw	"	Bromberg	III.
Insterburg	"	Gumbinnen	II.
Joachimsthal	"	Potsdam	IV.
Johann, St.	"	Trier	II.
Iserlohn	"	Arnsberg	II.
Isselburg	"	Düsseldorf	IV.
Itzehoe	"	Schleswig	III.
Jülich	"	Aachen	III.
Jüterbog	"	Potsdam	III.
Kalk (bei Köln), einschließlich des in der Gemeinde Vingst belegenen Bahnhofes Kalk	"	Cöln	II.
Kalthof	"	Königsberg, Landkr. Königsberg	II.
Kappeln	"	Schleswig	IV.
Katscher	"	Oppeln	IV.
Kattowitz	"	Oppeln	II.
Kellinghusen	"	Schleswig	IV.
Kemberg	"	Merseburg	IV.
Kempen	"	Posen	IV.
Kempen	"	Düsseldorf	III.
Kettwig	"	Düsseldorf	IV.
Kieferstädtel	"	Oppeln	IV.
Kiel	Reg.Bez.	Schleswig	I.
Kirchberg	"	Coblenz, Kr. Simmern	IV.
Kirchditmold	"	Cassel	IV.
Kirchhain	"	Cassel	IV.
Kirn	"	Coblenz	IV.
Klostersande s. Elmshorn.			
Köben (Stadt)	"	Breslau	IV.
Königsberg i. N.	"	Frankfurt a. O.	III.
Königsberg i. Ostpr.	"	Königsberg	I.
Königshütte	"	Oppeln, Kr. Beuthen	II.
Königsteele	"	Arnsberg	IV.
Königstein	"	Wiesbaden	IV.
Königswinter	"	Cöln	III.
Kösen	"	Merseburg	III.
Kolmar i. Posen	"	Bromberg	IV.
Konitz	"	Marienwerder	III.
Kosten	"	Posen	IV.
Krappitz	"	Oppeln	IV.
Kreuzburg	"	Oppeln	III.
Kreuznach	"	Coblenz	III.
Krojanke mit Vorwerk	"	Marienwerder	IV.
Krone, Deutsch-	"	Marienwerder	III.
Krotoschin	"	Posen	III.
Kürenz	"	Trier	III.
Kurnick	"	Posen	IV.
Kyritz	"	Potsdam	III.
Labes	"	Stettin	III.
Labiau	"	Königsberg	IV.
Labischin	"	Bromberg	IV.
Lamberti	"	Münster	III.
Landeck	"	Breslau	III.
Landeshut	"	Liegnitz	III.
Landsberg a. W.	"	Frankfurt a. O.	II.
Landsberg O. S. (Stadt)	"	Oppeln	IV.

Langenberg	Reg.-Bez.	Düsseldorf	IV.
Langenbielau	"	Breslau	IV.
Langendreer	"	Arnsberg	III.
Langenfelde s. Stelling.			
Langensalza	"	Erfurt	III.
Langenschwalbach	"	Wiesbaden	II.
Langfuhr s. Danzig.			
Lauban	"	Liegnitz	III.
Lauchstädt	"	Merseburg	IV.
Lauenburg	"	Cöslin	III.
Lauenburg	"	Schleswig	IV.
Laurahütte	"	Oppeln	IV.
Lazarus, St. (bei Posen)	"	Posen	III.
Lebus	"	Frankfurt a. O.	IV.
Leer	"	Aurich	III.
Lehe	"	Stade	II.
Lehrte	"	Lüneburg	IV.
Leichlingen	"	Düsseldorf	IV.
Lennep	"	Düsseldorf	III.
Leobschütz	"	Oppeln	III.
Letmathe	"	Arnsberg	IV.
Lewin	"	Breslau	IV.
Lichtenberg mit Friedrichsberg	"	Potsdam, Kr. Niederbarnim	II.
Lichterfelde, Groß-	"	Potsdam, Kr. Teltow	I.
Liebau	"	Liegnitz	IV.
Liebenwalde	"	Potsdam	IV.
Liebenwerda	"	Merseburg	IV.
Liegnitz	"	Liegnitz	II.
Limburg a. d. Lahn	"	Wiesbaden	III.
Linden	"	Hannover	I.
Linden	"	Arnsberg	IV.
Lingen	"	Osnabrück	III.
Linz	"	Coblenz	IV.
Lipine	"	Oppeln	III.
Lippstadt	Reg.-Bez.	Arnsberg	III.
Lissa in Posen mit Lissa (Dorf) (Leszczynko)	"	Posen	II.
List	"	Hannover	III.
Lobberich	"	Düsseldorf	IV.
Lobsens	"	Bromberg	IV.
Lockstedt mit Hoheluft und Depenstücken	"	Schleswig	IV.
Löbau	"	Marienwerder	IV.
Lötzen	"	Gumbinnen	IV.
Löwen	"	Breslau	IV.
Löwenberg	"	Liegnitz	III.
Löwenbrücken (b. Trier) s. Barbara, St.			
Loslau	"	Oppeln	IV.
Lublinitz	"	Oppeln	IV.
Luckau	"	Frankfurt a. O.	IV.
Luckenwalde	"	Potsdam	III.
Ludwigshaf bei Königsberg i. Ostpr)	"	Königsberg, Landkr. Königsberg	II.
Lübbecke	"	Minden	IV.
Lübben	"	Frankfurt a. O.	III.
Lüben	"	Liegnitz	III.
Lüchow	"	Lüneburg	IV.
Lüdenscheid	"	Arnsberg	II.
Lügumkloster	"	Schleswig	IV.
Lüneburg	"	Lüneburg	II.
Lütjenburg	"	Schleswig	IV.
Lüttringhausen	"	Düsseldorf	III.
Lützel-Coblenz	"	Coblenz	I.
Lützen	"	Merseburg	IV.
Lunden	"	Schleswig	IV.
Lyck	"	Gumbinnen	III.
Maar (bei Trier)	"	Trier	II.
Magdeburg mit Neustadt, Su-			

denburg u.	Reg.Bez.		
Buckau	„	Magdeburg	I.
Malmedy	„	Aachen	IV.
Malstatt s. Burbach—Malstatt.			
Mannsfeld (bei Cöln)	„	Cöln	III.
Marburg	„	Cassel	II.
Mareese	„	Marienwerder	III.
Marggrabowo	„	Gumbinnen	IV.
Marienau	„	Marienwerder	III.
Marienburg	„	Danzig	*III.*
Marienburg (bei Cöln)	„	Cöln	III.
Mariendorf mit Südende	„	Potsdam	IV.
Marienfelde	„	Marienwerder, Kr. Marienwerder	III.
Marien, St. s. Zurlauben.			
Marienthal s. Rixdorf.			
Marienwerder	„	Marienwerder	III.
Marten	„	Arnsberg	IV.
Martin, St. s. Zurlauben.			
Massow	„	Stettin	IV.
Mathias, St. (bei Trier) mit Medart, St.	„	Trier	II.
Mauritz	„	Münster	III.
Mayen	„	Coblenz	IV.
Medart, St. s. Mathias, St.			
Meiderich	„	Düsseldorf	III.
Meldorf	„	Schleswig	IV.
Melsungen	„	Cassel	IV.
Memel mit Leuchtthurm und Navigationsschule	„	Königsberg	II.
Menden	„	Arnsberg	III.
Meppen	Reg.Bez.	Osnabrück	III.
Merscheid	„	Düsseldorf	IV.
Merseburg	„	Merseburg	II.
Merzig	„	Trier	IV.
Meschede	„	Arnsberg	IV.
Meseritz	„	Posen	III.
Mettmann	„	Düsseldorf	IV.
Mewe	„	Marienwerder	IV.
Militsch (Stadt)	„	Breslau	IV.
Minden	„	Minden	II.
Misdroy	„	Stettin	IV.
Mittelwalde	„	Breslau	IV.
Mittenwalde (Stadt)	„	Potsdam	IV.
Mochbern, Klein-	„	Breslau	III.
Mocker	„	Marienwerder	III.
Mölln	„	Schleswig	IV.
Mörs	„	Düsseldorf	IV.
Mogilno	„	Bromberg	IV.
Mohrungen	„	Königsberg	IV.
Montabaur	„	Wiesbaden	IV.
Morgenroth (Bahnhof) s. Orzegow.			
Moritzberg	„	Hildesheim	III.
Mosbach (Preußen) s. Biebrich-Mosbach.			
Mühlberg (Stadt)	„	Merseburg	IV.
Mühlenberg s. Wedel.			
Mühlhausen	„	Erfurt	II.
Mülheim a. d. Ruhr	„	Düsseldorf	II.
Mülheim a. Rhein	„	Cöln	II.
Müncheberg	„	Frankfurt a. O.	IV.
Münden	„	Hildesheim	III.
Münster a. Stein	„	Coblenz	IV.
Münster (Stadt)	„	Münster	I.

Münsterberg	Reg.-Bez.	Breslau	IV.
Münstereifel	„	Cöln	IV.
Muskau	„	Liegnitz	IV.
Myslowitz	„	Oppeln	III.
Nakel	„	Bromberg	III.
Namslau	„	Breslau	IV.
Nassau	„	Wiesbaden	IV.
Nauen	„	Potsdam	III.
Naugard	„	Stettin	III.
Naumburg a. S.	„	Merseburg	II.
Neheim	„	Arnsberg	IV.
Neidenburg	„	Königsberg	IV.
Neisse	„	Oppeln	II.
Nenndorf	„	Cassel	IV.
Neudorf s. Gleiwitz.			
Neuebleiche	„	Königsberg	II.
Neuekrug s. Schönweide, Nieder-.			
Neuenburg (Stadt) mit Fischerei	„	Marienwerder	IV.
Neuerburg	„	Trier, Kr. Bitburg	IV.
Neufahrwasser s. Danzig.			
Neuhaldensleben	„	Magdeburg	IV.
Neuhaus (Flecken)	„	Minden	III.
Neukirchen	„	Düsseldorf, Kr. Solingen	IV.
Neumarkt	„	Breslau	IV.
Neumünster	„	Schleswig	II.
Neunkirchen	„	Trier, Kr. Ottweiler	III.
Neurode (Stadt)	„	Breslau	IV.
Neusalz a. O.	„	Liegnitz	IV.
Neuß	„	Düsseldorf	II.
Neustadt	„	Schleswig	IV.
Neustadt a. D.	„	Potsdam	IV.
Neustadt a. R.	„	Hannover	IV.
Neustadt (bei Magdeburg) s. Magdeburg.			
Neustadt i. Westpr.	Reg.-Bez.	Danzig	IV.
Neustadt O. S.	„	Oppeln	III.
Neustädtel	„	Liegnitz	IV.
Neustettin	„	Cöslin	III.
Neutomischel	„	Posen	IV.
Neuwerk	„	Düsseldorf	IV.
Neuwied	„	Coblenz	III.
Nicolai	„	Oppeln	IV.
Niebane (bei Ratibor)	„	Oppeln	IV.
Niederlahnstein	„	Wiesbaden	IV.
Niedermarsberg	„	Arnsberg	IV.
Niederrad	„	Wiesbaden	IV.
Nienburg	„	Hannover	III.
Nienstädten	„	Schleswig	III.
Nimptsch	„	Breslau	IV.
Nippes (bei Cöln)	„	Cöln	II.
Nörenberg	„	Stettin	IV.
Norburg	„	Schleswig	IV.
Norden	„	Aurich	III.
Norderney	„	Aurich	IV.
Nordhausen	„	Erfurt	II.
Northeim	„	Hildesheim	III.
Nortorf (Flecken)	„	Schleswig	IV.
Nowaweß	„	Potsdam	IV.
Oberhausen	„	Düsseldorf	II.
Oberlahnstein	„	Wiesbaden	IV.
Oberrad	„	Wiesbaden	III.
Oberursel	„	Wiesbaden	IV.
Oberwesel	„	Coblenz	IV.
Obornik	„	Posen	IV.
Odenkirchen	„	Düsseldorf	III.
Oderberg	„	Potsdam	IV.
Oelde (Stadt)	„	Münster	IV.
Oels	„	Breslau	III.
Oevelgönne	„	Schleswig, Kr. Pinneberg	III.

Oeynhausen (Stadt)	Reg.Bez.	Minden	IV.
Ohlau	„	Breslau	III.
Ohra	„	Danzig	IV.
Okollo	„	Bromberg	III.
Oldenburg	„	Schleswig	IV.
Oldesloe	„	Schleswig	IV.
Oliva	„	Danzig	IV.
Olpe	„	Arnsberg	IV.
Opladen	„	Düsseldorf	IV.
Oppeln	„	Oppeln	II.
Oranienburg	„	Potsdam	IV.
Oranienstein s. Diez.			
Orb	„	Cassel	IV.
Orsoy	„	Düsseldorf	IV.
Ortelsburg (Stadt) mit Amtsfreiheit	„	Königsberg	IV.
Orzegow (Gut) mit Bahnhof Morgenroth	„	Oppeln	III.
Oschersleben	„	Magdeburg	III.
Osnabrück	„	Osnabrück	II.
Osterburg	„	Magdeburg	IV.
Osterfeld	„	Münster	IV.
Osterode (Stadt) mit Amts- u. Schloßfreiheit	„	Königsberg	III.
Osterode mit Freiheit	„	Hildesheim	III.
Osterwiek	„	Magdeburg	IV.
Ostrog	„	Oppeln	III.
Ostrowo	„	Posen	III.
Othmarschen	„	Schleswig	III.
Ottensen	„	Schleswig	II.
Otterndorf	„	Stade	III.
Ottmachau	„	Oppeln	IV.
Ottweiler	„	Trier	III.
Paderborn	„	Minden	II.
Pankow	„	Potsdam, Kr. Niederbarnim	II.
Papenburg	„	Osnabrück	III.
Parchwitz (Stadt)	Reg.Bez.	Liegnitz	IV.
Pasewalk	„	Stettin	III.
Patschkau	„	Oppeln	IV.
Paulin, St. (bei Trier)	„	Trier	II.
Paulsborn s. Grunewald (Schloß).			
Peine	„	Hildesheim	III.
Peiskretscham	„	Oppeln	IV.
Peitz (Stadt)	„	Frankfurt a. O.	IV.
Perleberg	„	Potsdam	III.
Petersdorf	„	Oppeln	III.
Pfaffendorf	„	Coblenz	III.
Piask	„	Marienwerder	III.
Piekar, Deutsch-	„	Oppeln	IV.
Pillau mit Hafenbezirk und Alt-Pillau	„	Königsberg	III.
Pinnau (bei Wehlau)	„	Königsberg	IV.
Pinneberg	„	Schleswig	IV.
Pitschen	„	Oppeln	IV.
Plania	„	Oppeln	III.
Pleschen	„	Posen	III.
Pleß	„	Oppeln	III.
Ploen	„	Schleswig	III.
Plötzensee (bei Berlin)	„	Potsdam, Kr. Niederbarnim	II.
Podgorz	„	Marienwerder	III.
Polkwitz	„	Liegnitz	IV.
Polzin (Stadt) mit Schloß	„	Cöslin	IV.
Ponarth	„	Königsberg	IV.
Poppelsdorf	„	Cöln	III.
Posen	„	Posen	I.
Potsdam	„	Potsdam	I.
Prausnitz	„	Breslau	IV.
Praust	„	Danzig	IV.
Preetz (Flecken)	„	Schleswig	III.

Prenzlau	Reg.Bez.	Potsdam	III.
Prinzenthal	"	Bromberg	III.
Pritzwalk	"	Potsdam	IV.
Proschowitz	"	Oppeln	III.
Prüm	"	Trier	III.
Putbus	"	Stralsund	III.
Pyritz	"	Stettin	III.
Quedlinburg	Reg.Bez.	Magdeburg	II.
Querfurt	"	Merseburg	IV.
Radevormwald	"	Düsseldorf	IV.
Ragnit	"	Gumbinnen	III.
Rastenburg (Stadt und Domäne)	"	Königsberg	IV.
Rathenow	"	Potsdam	II.
Ratibor	"	Oppeln	II.
Ratibor (Schloß) s. Bosatz.			
Ratingen	"	Düsseldorf	IV.
Ratzeburg	"	Schleswig	III.
Rawitsch	"	Posen	III.
Recklinghausen (Stadt)	"	Münster	III.
Rees	"	Düsseldorf	IV.
Regenwalde (Stadt)	"	Stettin	IV.
Reichenbach	"	Breslau	III.
Reichenstein	"	Breslau	IV.
Reinerz	"	Breslau	IV.
Reinfeld	"	Schleswig	IV.
Reinickendorf	"	Potsdam	III.
Remagen	"	Coblenz	IV.
Remscheid	"	Düsseldorf	II.
Rendsburg	"	Schleswig	II.
Reppen	"	Frankfurt a. O.	IV.
Rheda (Stadt)	"	Minden	IV.
Rheinbach	"	Cöln	IV.
Rheinberg	"	Düsseldorf	IV.
Rheindahlen	"	Düsseldorf	IV.
Rheine (Stadt)	"	Münster	IV.
Rheydt	"	Düsseldorf	III.
Richtenberg	"	Stralsund	IV.
Riemke	"	Arnsberg	IV.

Riesenburg	Reg.Bez.	Marienwerder	IV.
Rinteln	"	Cassel	IV.
Rixdorf mit Marienthal und Rollkrug	"	Potsdam	II.
Rödelheim	"	Wiesbaden	III.
Rössel mit Burg und Schloßfreiheit	"	Königsberg	IV.
Rogasen	"	Posen	III.
Rollkrug s. Rixdorf.			
Ronsdorf	"	Düsseldorf	III.
Rosenberg	"	Oppeln, Kr. Rosenberg	IV.
Rosenberg (Stadt)	"	Marienwerder	IV.
Roßberg	"	Oppeln	II.
Rotenburg	"	Cassel	IV.
Rothenburg O.L.	"	Liegnitz	IV.
Rothenditmold	"	Cassel	IV.
Ruda	"	Oppeln	IV.
Rüdesheim	"	Wiesbaden	III.
Rügenwalde	"	Cöslin	IV.
Rügenwaldermünde	"	Cöslin	IV.
Ruhbank	"	Liegnitz	IV.
Ruhrort	"	Düsseldorf	III.
Rummelsburg (Preußen, Reg. Bez. Potsdam) s. Boxhagen-Rummelsburg.			
Rummelsburg	"	Cöslin	IV.
Ruppin, Neu-	"	Potsdam	III.
Rybnik	"	Oppeln	IV.
Saarbrücken	"	Trier	II.
Saarburg	"	Trier	IV.
Saarlouis	"	Trier	II.
Sagan	"	Liegnitz	III.
Salze, Groß-	"	Magdeburg	IV.
Salzwedel	"	Magdeburg	II.

Samter	Reg.-Bez.	Posen	IV.
Sandhagen s. Gadderbaum-Sandhagen.			
Sangerhausen	„	Merseburg	II.
Schäferei	„	Marienwerder, Kr. Marienwerder	III.
Schalke	„	Arnsberg	II.
Schiffbek	„	Schleswig	IV.
Schivelbein	„	Cöslin	IV.
Schkeuditz (Stadt)	„	Merseburg	IV.
Schlawe	„	Cöslin	IV.
Schleswig	„	Schleswig	I.
Schleusenau	„	Bromberg	III.
Schlüchtern	„	Cassel	IV.
Schmalkalden	„	Cassel	III.
Schmargendorf	„	Potsdam, Kr. Teltow	III.
Schmelz	„	Königsberg, Kr. Memel	IV.
Schmiedeberg	„	Liegnitz	IV.
Schmiedeberg	„	Merseburg	IV.
Schmiegel	„	Posen	IV.
Schneidemühl	„	Bromberg	III.
Schönau (Stadt)	„	Liegnitz	IV.
Schöndorf	„	Bromberg	III.
Schönebeck	„	Magdeburg	III.
Schöneberg	„	Potsdam, Kr. Teltow	II.
Schönhausen, Hohen-, nebst Kolonie	„	Potsdam	II.
Schönhausen, Nieder-, mit Schönholz	„	Potsdam	II.
Schönlanke (Stadt)	„	Bromberg	IV.
Schönweide, Nieder-, mit Neuekrug	„	Potsdam, Kr. Teltow	III.
Schönweide, Ober-	„	Potsdam, Kr. Niederbarnim	III.
Schrimm (Stadt)	Reg.-Bez.	Posen	III.
Schroda	„	Posen	IV.
Schröttersdorf	„	Bromberg	IV.
Schubin	„	Bromberg	IV.
Schwarzort	„	Königsberg	IV.
Schwedenhöhe	„	Bromberg	III.
Schwedt a. O.	„	Potsdam	III.
Schweidnitz	„	Breslau	II.
Schwelm (Stadt)	„	Arnsberg	III.
Schwerin a. W.	„	Posen	IV.
Schwersenz (Stadt)	„	Posen	IV.
Schwerte	„	Arnsberg	IV.
Schwetz (Stadt)	„	Marienwerder	IV.
Schwiebus	„	Frankfurt a. O.	IV.
Schwientochlowitz	„	Oppeln	III.
Sebastian, St.	„	Coblenz	IV.
Seehausen i. A.	„	Magdeburg	IV.
Seelow (Stadt)	„	Frankfurt a. O.	IV.
Segeberg	„	Schleswig	III.
Siegburg	„	Cöln	III.
Siegen	„	Arnsberg	II.
Sierakowo (bei Rawitsch)	„	Posen	IV.
Sigmaringen	„	Sigmaringen	IV.
Silberberg	„	Breslau	IV.
Simmern	„	Coblenz	IV.
Sinzig	„	Coblenz	IV.
Sobernheim	„	Coblenz	IV.
Soden	„	Wiesbaden	IV.
Sömmerda	„	Erfurt	III.
Soest	„	Arnsberg	III.
Sohrau	„	Oppeln	IV.
Soldin	„	Frankfurt a. O.	IV.
Solingen	„	Düsseldorf	III.
Sommerfeld	„	Frankfurt a. O.	III.
Sonderburg	„	Schleswig	II.
Sonnborn mit Vohwinkel	„	Düsseldorf	IV.

Sonnenburg	Reg.-Bez.	Frankfurt a. O.	IV.
Sorau	"	Frankfurt a. O.	III.
Spandau	"	Potsdam	I.
Speldorf	"	Düsseldorf	IV.
Sprechan s. Husen.			
Spremberg	"	Frankfurt a. O.	III.
Sprind	"	Königsberg	II.
Sprottau	"	Liegnitz	IV.
Stade	"	Stade	II.
Stallupönen	"	Gumbinnen	IV.
Stargard i. P.	"	Stettin	II.
Stargard, Preuß.-	"	Danzig	III.
Staßfurt	"	Magdeburg	II.
Steele	"	Düsseldorf	III.
Steglitz	"	Potsdam	II.
Steinau	"	Cassel	IV.
Steinau a. O. (Stadt)	"	Breslau	IV.
Stelling mit Langenfelde und Eidelstedt	"	Schleswig	IV.
Stendal	"	Magdeburg	II.
Sterkrade	"	Düsseldorf	IV.
Sternberg (Stadt)	"	Frankfurt a. O.	IV.
Stettin	"	Stettin	I.
Stolberg	"	Aachen	II.
Stolp	"	Cöslin	II.
Stolpmünde	"	Cöslin	IV.
Storkow (Stadt)	"	Potsdam	IV.
Stralau	"	Potsdam	II.
Stralsund	"	Stralsund	II.
Strasburg	"	Marienwerder	IV.
Strasburg	"	Potsdam	IV.
Strausberg (Stadt)	"	Potsdam	IV.
Strehlen	"	Breslau	III.
Strehlitz, Groß-	"	Oppeln	III.
Strelno (Stadt)	"	Bromberg	IV.
Striegau	Reg.-Bez.	Breslau	III.
Stromberg	"	Coblenz	IV.
Styrum	"	Düsseldorf	III.
Sudenburg s. Magdeburg.			
Süchteln	"	Düsseldorf	IV.
Südende s. Mariendorf.			
Suhl	"	Erfurt	III.
Sulzbach mit Altenwald	"	Trier, Kr. Saarbrücken	III.
Sundwig	"	Arnsberg	IV.
Swinemünde	"	Stettin	II.
Tangermünde	"	Magdeburg	IV.
Tannenhof (bei Königsberg i. Ostpr.)	"	Königsberg, Landkr. Königsberg	II.
Tarnowitz	"	Oppeln	III.
Tarpen, Groß- und Klein-, nebst Gut	"	Marienwerder	III.
Tegel mit Schloß	"	Potsdam	III.
Telgte	"	Münster	IV.
Teltow	"	Potsdam	IV.
Tempelburg	"	Cöslin	IV.
Tempelhof	"	Potsdam	II.
Templin	"	Potsdam	IV.
Teufelsbrück s. Flottbeck.			
Thale	"	Magdeburg	IV.
Thorn	"	Marienwerder	I.
Tilsit	"	Gumbinnen	II.
Tönis, St.	"	Düsseldorf	IV.
Tönning	"	Schleswig	IV.
Tondern	"	Schleswig	III.
Torgau	"	Merseburg	II.
Tost (Stadt)	"	Oppeln	IV.
Trachenberg	"	Breslau	IV.
Trarbach	"	Coblenz	IV.
Trebnitz	"	Breslau	IV.

Tremessen	Reg.Bez.	Bromberg	IV.
Treptow a. R.	„	Stettin	III.
Treptow a. T.	„	Stettin	IV.
Treptow mit Eierhäuschen	„	Potsdam	II.
Treuenbrietzen	„	Potsdam	IV.
Treysa	„	Cassel	IV.
Trier	„	Trier	II.
Trynnek	„	Oppeln	IV.
Tuchel	„	Marienwerder	IV.
Ueberwasser (bei Münster)	„	Münster	III.
Ueckendorf	„	Arnsberg	IV.
Ueckermünde	„	Stettin	III.
Uelzen	„	Lüneburg	III.
Uerdingen	„	Düsseldorf	IV.
Uetersen (Stadt)	„	Schleswig	IV.
Unna	„	Arnsberg	III.
Unterschleuse s. Charlottenburg.			
Usingen	„	Wiesbaden	IV.
Vahrenwald	„	Hannover	III.
Vallendar	„	Coblenz	IV.
Velbert	„	Düsseldorf	IV.
Verden	„	Stade	III.
Viersen	„	Düsseldorf	III.
Vlotho	„	Minden	IV.
Völklingen, Ober- und Unter-	„	Trier	III.
Vohwinkel s. Sonnborn.			
Vormstegen s. Elmshorn.			
Wahlershausen	„	Cassel	IV.
Wahlstatt	„	Liegnitz	IV.
Wald	„	Düsseldorf	IV.
Waldenburg	„	Breslau	II.
Wandsbeck	„	Schleswig	II.
Wangerin	„	Stettin	IV.
Wanne s. Bickern, Eickel.			
Wanzleben	„	Magdeburg	IV.

Warburg	Reg.Bez.	Minden	IV.
Warendorf	„	Münster	III.
Warmbrunn	„	Liegnitz	IV.
Wartenberg, Polnisch-	„	Breslau	IV.
Wartenburg mit Strafanstalt	„	Königsberg, Kr. Allenstein	IV.
Wartha	„	Breslau	IV.
Wattenscheid	„	Arnsberg	III.
Wattlau	„	Königsberg	IV.
Wedel mit Blankenese u. Mühlenberg	„	Schleswig	IV.
Weener	„	Aurich	IV.
Wehlau	„	Königsberg	III.
Wehlheiden	„	Cassel	IV.
Weichselmünde	„	Danzig	III.
Weilburg	„	Wiesbaden	III.
Weiler mit Bingerbrück	„	Coblenz	II.
Weißenfels	„	Merseburg	II.
Weißensee	„	Erfurt	IV.
Weißensee mit Neu-Weißensee	„	Potsdam	II.
Weißhaus (bei Cöln)	„	Cöln	III.
Weißstein mit Neu-Weißstein	„	Breslau	IV.
Weitmar	„	Arnsberg	III.
Wendel, St.	„	Trier	III.
Werden	„	Düsseldorf	III.
Werder (Stadt)	„	Potsdam	IV.
Werdohl	„	Arnsberg	IV.
Werl	„	Arnsberg	IV.
Wermelskirchen	„	Düsseldorf	III.
Werne	„	Arnsberg	III.
Wernigerode	„	Magdeburg	III.
Wesel	„	Düsseldorf	II.
Wesselburen	„	Schleswig	IV.
Westhofen	„	Arnsberg	IV.
Westswine	„	Stettin	IV.
Wetzlar mit Bahnhof	„	Coblenz	III.
Wevelinghoven	„	Düsseldorf	IV.

Wickrath	Reg.Bez.	Düsseldorf	IV.
Wiedenbrück	„	Minden	III.
Wiesbaden	„	Wiesbaden	I.
Wilda, Ober- und Unter-	„	Posen	II.
Wilhelmsburg	„	Lüneburg	IV.
Wilhelmshaven (Heppens)	„	Aurich	I.
Wihelmshöhe s. Cassel.			
Wilmersdorf, Deutsch-	„	Potsdam, Kr. Teltow	II.
Wilster	„	Schleswig	IV.
Winsen a. d. Luhe	„	Lüneburg	IV.
Winzig	„	Breslau	IV.
Wipperfürth	„	Cöln	IV.
Witten	„	Arnsberg	II.
Wittenberg	„	Merseburg	II.
Wittenberge	„	Potsdam	III.
Wittlich	„	Trier	IV.
Wittstock (Stadt)	„	Potsdam	IV.
Witzenhausen	„	Cassel	IV.
Wohlau (Stadt)	„	Breslau	IV.
Woldenberg	„	Frankfurt a. O.	IV.
Wolfhagen	„	Cassel	IV.
Wolgast	„	Stralsund	III.
Wollin (Stadt)	„	Stettin	IV.
Wollstein	„	Posen	IV.
Wolmirstedt (Stadt)	„	Magdeburg	IV.
Wongrowitz	„	Bromberg	IV.
Wormditt (Stadt)	„	Königsberg	IV.
Wreschen	„	Posen	IV.
Wriezen a. O.	„	Potsdam	III.
Wülfrath	„	Düsseldorf	IV.
Wunstorf	„	Hannover	IV.
Wusterhausen a. D.	Reg.Bez.	Potsdam	IV.
Xanten	„	Düsseldorf	IV.
Zaborze	„	Oppeln	III.
Zabrze, Alt- und Klein-	„	Oppeln	II.
Zachan	„	Stettin	IV.
Zawodzie s. Bogutschütz.			
Zduny	„	Posen	IV.
Zehdenick (Stadt)	„	Potsdam	IV.
Zehlendorf	„	Potsdam, Kr. Teltow	III.
Zeitz	„	Merseburg	II.
Zell	„	Coblenz	IV.
Zellerfeld	„	Hildesheim	III.
Zempelburg	„	Marienwerder	IV.
Ziegenhain	„	Cassel	IV.
Ziegenhals	„	Oppeln	IV.
Zielenzig	„	Frankfurt a. O.	IV.
Zinnowitz	„	Stettin	IV.
Zoppot	„	Danzig	IV.
Zossen (Stadt)	„	Potsdam	IV.
Züllchow	„	Stettin	IV.
Züllichau	„	Frankfurt a. O.	III.
Zülpich	„	Cöln	IV.
Zurlauben (bei Trier) mit St. Martin, Zurmayen und St. Marien	„	Trier	II.
Zurmayen s. Zurlauben.			

Alle übrigen Ortschaften des Reichsgebietes V.

Militär-Etablissements, welche außerhalb des Gemeindebezirks des Garnisonortes liegen, zu dem sie gehören, fallen der Servisklasse des letzteren zu, sofern der Ort, in dessen Bezirk sie belegen sind, nicht selbst Garnisonort ist.

Für die zum Zweck der Artillerieschießübungen sowie bei Gelegenheit der militärischen Maßregeln, welche zum Zweck der Abwehr der Rinderpest getroffen werden, zu beschaffenden Quartierleistungen wird, sofern die davon getroffenen

Ortschaften nicht einer höheren Klasse angehören, die Entschädigung der II. Servisklasse gewährt; für vorübergehende Quartierleistungen (§. 2 unter 2 des Gesetzes vom 25. Juni 1868), insoweit dieselben die Dauer von 30 Tagen übersteigen, wird eine höhere Servisentschädigung in der Weise gewährt, daß die betreffenden Ortschaften in die nächst höhere, jedoch mindestens in die III. Servisklasse aufrücken, die Ortschaften der höchsten Servisklasse aber einen Zuschlag von 20 Prozent erhalten.

Alphabetisches Sachregister.

A.

B.

C.

D.

E.

F.

G.

H.

Q.

R.

S.

Z.

Erklärung der Abkürzungen.

Allg. Landr. .	= Allgemeines Preußisches Landrecht.
Allg. Ger.-Ordn.	= Allgemeine Preußische Gerichtsordnung.
Ann	= *v. Kamptz Annalen der Preuß. inneren Staatsverwaltung.*
E.K. Erk. K.G. .	= Erkenntniß des Gerichtshofes zur Entscheidung der Kompetenz-Konflikte.
Entsch. Erk. O. Tr.	= Entscheidungen des Königl. Obertribunals.
Ges.S.	= Gesetz-Sammlung.
J.M.B. . . .	= Justiz-Ministerialblatt.
K.O. Kab.O. .	= Kabinets-Ordre.
M.R.	= Ministerial-Reskript.
O.Tr.E. . . .	= Obertribunals-Erkenntniß.
Strieth. . . .	= Striethorst, Archiv für Rechtsfälle.
V.M.B. . . .	= Ministerialblatt für die innere Verwaltung.
B.G.B. . . .	= Bundesgesetzblatt.
Gew.O. . . .	= Gewerbe-Ordnung.
Parey	= Rechtsgrundsätze des O.V.G. von K. Parey.
Grotef.	= Theorie u. Praxis des Reichsger. u. O.V.G. von Grotefend.
Brauchitsch . .	= Verwaltungsgesetze von Brauchitsch, jetzt von Studt und Braunbehrens, 7. Auflage.
Par. u. Wied. .	= Rechtsgrundsätze des O.V.G. von Parey u. Wiedemann 1888.
Oertel	= Städteordnung von Oertel.
G.A.	= Gleicher Ansicht.
Zelle	= Städteordnung von Zelle.
Parey E.B. . .	= Rechtsgrundsätze des O.V.G. von K. Parey, I Ergänzungsband 1887.
Parey E B. II .	— Rechtsgrundsätze des O.V.G. von Parey, Ergänzungsband 1889.

Kolibri 360 GmbH
Ferdinand-Jühlke-Straße 7
99095 Erfurt, Deutschland
produktsicherheit@kolibri360.de